"十三五"国家重点出版物出版规划项目
国家科技基础性工作专项重点项目
国家社会公益研究专项项目
中国农业科学院科技创新工程

中国土壤剖面数据集

·新疆卷

主　编　张维理

本卷主编　冀宏杰　陈署晃　徐爱国　黄鸿翔　耿庆龙

浙江科学技术出版社·杭州

版权所有　侵权必究

图书在版编目（CIP）数据

中国土壤剖面数据集. 新疆卷 / 张维理主编；冀宏杰等本卷主编. -- 杭州：浙江科学技术出版社，2024.6. -- ISBN 978-7-5739-1262-6

Ⅰ．S152.2

中国国家版本馆CIP数据核字第2024AM4014号

书　　名	中国土壤剖面数据集·新疆卷			
主　　编	张维理			
本卷主编	冀宏杰　陈署晃　徐爱国　黄鸿翔　耿庆龙			
出版发行	浙江科学技术出版社			
	杭州市拱墅区环城北路177号　邮政编码：310006			
	办公室电话：0571-85152719			
	销售部电话：0571-85176040			
排　　版	杭州万方图书有限公司			
印　　刷	浙江新华数码印务有限公司			
经　　销	全国各地新华书店			
开　　本	787 mm×1092 mm　1/8	印　张	42	
字　　数	737千字			
版　　次	2024年6月第1版	印　次	2024年6月第1次印刷	
书　　号	ISBN 978-7-5739-1262-6	定　价	320.00元	
地图审核号	GS浙（2024）312号			
策划组稿	詹　喜　章建林	责任编辑	詹　喜	
责任校对	赵　艳	责任美编	金　晖	责任印务　吕　琰

如发现印、装问题，请与承印厂联系。电话：0571-85155604

《中国土壤剖面数据集》
编委会

主　　任　赵其国

副 主 任　张维理

委　　员　（按姓氏笔画排序）

毛达如　　史学正　　刘　旭　　刘先林　　刘更另

孙　睿　　孙九林　　孙铁珩　　杨　鹏　　张洪江

张维理　　周健民　　赵其国　　陶　澍　　黄鸿翔

黄德明　　傅伯杰

《中国土壤剖面数据集·新疆卷》
编写人员

主　　编　张维理

本卷主编　冀宏杰　　陈署晃　　徐爱国　　黄鸿翔　　耿庆龙

本卷编委　（按姓氏笔画排序）

王新勇　　龙怀玉　　田有国　　白由路　　吴克宁

何　雄　　张认连　　张怀志　　张维理　　陈署晃

孟凤轩　　耿庆龙　　徐爱国　　黄鸿翔　　盛建东

雷秋良　　冀宏杰

土壤大数据整合与数字制图

设　　计　张维理

制　　作　徐爱国　　张认连　　冀宏杰

程序编制　贾　萌　　吴章生　　严　豪

地图编辑　中国地图出版社集团有限公司

内容提要

本数据集以分县主要土壤类型与土壤剖面点分布图、土壤剖面理化性状表的形式，提供了我国各地详尽的土壤资源与质量的科学数据。全集共 25 卷，收录了全国 2200 多个县（市、区）的分县土壤图和 6 万多个土壤剖面的分层理化性状数据。根据各省级行政区土壤剖面数量和地域关联特征，既有一个省（自治区）的单卷，也有多个省（自治区、直辖市、特别行政区）的合订卷。各卷内容包含分县主要土类说明、主要土壤类型与土壤剖面点分布图、中心区气候特征图表，还含有全国和各卷所涉省级行政区的土壤图、土壤有机质含量图与地势图，以便读者在全国、省级和县级不同视角和尺度上，了解土壤资源与质量状况及其空间分布特征，以及土壤类型、土壤肥力与气候条件、地势、地貌之间的相互关联。

新疆维吾尔自治区位于我国西北地区，是陆地面积最大的省级行政区，约占国土总面积的 1/6。地形特点为"三山夹两盆"：北部为阿尔泰山，南部为昆仑山系；中部为天山，把新疆维吾尔自治区分为南北两部分，南部是塔里木盆地，北部是准噶尔盆地。新疆维吾尔自治区远离海洋，深居内陆，四周有高山阻隔，海洋气流不易到达，形成明显的温带大陆性气候。年平均降水量约为 150mm，但各地降水量相差很大，南疆的气温高于北疆，北疆的降水量高于南疆。新疆维吾尔自治区冰川面积占全国冰川面积的 42%，沙漠面积占全国沙漠面积的 2/3，塔里木盆地中的塔克拉玛干沙漠和准噶尔盆地中的古尔班通古特沙漠分别是我国最大和第二大沙漠。主要土壤类型有风沙土、棕漠土、棕钙土、寒冻土、灰棕漠土、石质土、冷钙土、栗钙土、草甸盐土、寒钙土、草毡土、草甸土、黑毡土、黑钙土、寒漠土、林灌草甸土、灰漠土、漠境盐土、潮土、灰褐土、沼泽土、灌淤土、灰钙土、龟裂土、灰色森林土、灌漠土、新积土、棕色针叶林土等 28 个土类。本卷收录了新疆维吾尔自治区 80 个县（市、区）701 个典型土壤剖面的分层理化性状数据，便于读者了解新疆维吾尔自治区主要土壤类型的分布特征及剖面特征，可作为农业、林业、环境、气象、国土、水利、经济等领域的科研、管理、技术人员的工具书和参考书，也适合高等院校研究生参考使用。

序

万物土中生，有土斯有粮。土为万物之本，土壤的重要性是怎么强调都不为过的。现在，土壤相关数据已成为农业、林业、环境、气象、国土、水利等各部门、各行业的基础数据。土壤研究最基础、最重要的表现形式是土壤剖面数据，其反映了不同层次的土壤理化性状。然而，长期以来，我国一直缺乏一套完整的系统性表现全国各区域土壤性状的剖面数据。

中华人民共和国成立以来，我国曾开展了两次全国性土壤普查，其中20世纪70年代末开始的全国第二次土壤普查是迄今为止最完整的。当时全国挖掘了550余万个剖面，各地分县完成了大比例尺土壤图，数据完整且可靠性高；然而，限于种种因素，当时仅完成了全国范围小比例尺土壤类型图和养分图的汇总，未及时完成全国土壤剖面库的整理。这些纸质资料散落于各地，并且年代久远，面临丢失、损毁的风险。这些宝贵数据具有时空尺度的唯一性，一旦出现问题，将对国家和社会各层面造成无法挽回的损失。

自2001年起，在国家社会公益研究专项项目资助下，张维理研究员带领团队，在全国范围开始对分散存留各地的土壤调查资料进行抢救性收集和整理。2006年，科技部启动了国家科技基础性工作专项项目，"我国1:5万土壤图籍编撰及高精度数字土壤构建"项目被列入首批重点项目并连续获得两期资助。该项目由中国农业科学院农业资源与农业区划研究所牵头，全国近20个科研单位（两期）共同承担任务，极大地加快了土壤数据抢救的进程，为编制本数据集奠定了基础。在参与本数据集编制的土壤科技工作者20年的持续努力下，在2019年度国家出版基金的资助下，在中国农业科学院科技创新工程的持续支持下，本数据集终于得以面世。

本数据集以涵盖全国2200多个县的土壤剖面分层数据为主体，首次同时展示了分县土壤图与典型土壤剖面分布图，描述了影响土壤发生的气候特征、主要土类的性状等，内容丰富，兼具专业性和科普性。全集共25卷，既有一个省、自治区的单卷，也有多个省、自治区、直辖市、特别行政区的合订卷。鉴于其数据的完整性、系统性、科学性，本数据集可成为我国资源环境领域的必备工具书之一。

本数据集至少可以应用于以下几个方面：

第一，直接服务于农业生产，保障粮食安全和食品安全。全国分县的不同土壤类型分层养分数据、土壤质地信息，可为科学施肥、土壤培肥与耕作措施的制定提供决策依据。

第二，为水利、环境、建筑、旅游等行业提供便捷、直观的土壤分层次基础信息。信息后标有剖面点经纬度，便于查询获取。

第三，对于土壤质量演变、耕地地力演变、碳储量、面源污染、气候变化等多学科研究具有土壤科学起始点数据意义。

我国疆域辽阔，编制本数据集需要对各地分县完成的大比例尺土壤图和土壤调查资料进行数字化整合，创建覆盖我国全域的高精度数字土壤，再进行分县土壤剖面表的提取与分县土壤图的缩编。本数据集的总数据处理量达到 TB 级且数据来源多而复杂、专业性强、处理难度大，按常规方法，需数万人历时多年方能处理完成。张维理研究员创造性地将数据科学、人工智能与人机交互设计原理引入土壤学范畴，首创土壤大数据方法，以土壤科学需求设计统领其他各层级设计，以智能化、自动化、人机交互式的数据分析流程替代人工流程，高效、精准地完成了土壤大数据的时空整合和表达，这一巨著才得以面世。作为两期项目的专家组组长，我亲历了整个项目的全过程，对张维理研究员勇于创新、踏实、勤奋、务实、敬业、有担当的优秀品质印象深刻，也深感钦佩！

本数据集的完成前后历时 20 年之久，直接参与数据收集、编撰人数近百人，涉及我国各省（自治区、直辖市）的土壤肥料相关单位。正是他们的付出和努力，才使得本数据集得以面世。衷心希望本数据集能在农业、林业、环境、气象、国土、水利以及肥料工业等领域发挥积极作用，更好地服务于我国经济和社会发展。

中国科学院院士 赵其国

2021 年 12 月

前 言

　　土壤是农业的基础，是陆地生态系统生命过程的基础，也是维持地球上能量与水的交换、生命元素循环的重要基础。《中国土壤剖面数据集》首次以分县土壤图和土壤剖面理化性状表的形式，提供了我国陆域全覆盖的土壤资源与质量的科学数据，为农业、林业、环境、气象、国土、水利等部门和相关行业精准了解各地土壤资源分布与质量状况，科学利用土壤资源，发展绿色农业、特色农业和节水农业，进行耕地保育、科学施肥、面源污染防治和基本农田保护等提供了科学依据；也为农业科学、环境科学及地学、气象、测绘、水利等多个学科领域的科研工作者研究陆地生态系统生产力演变、地球物质循环、气候与环境变化提供了基础数据。

　　编入本数据集的分县土壤图和土壤剖面理化性状表主要源于对全国第二次土壤普查（以下简称"二普"）调查资料的收集、整理、提取与汇总。二普是我国现代规模最大的以查清土壤资源和土壤肥力为主要目标的土壤资源综合调查，既完成了我国迄今为止最详尽的土壤分类调查，也首次在全国范围进行了较高密度的土壤采样化验，开启了我国用土壤理化性状量化指标描述土壤资源与土壤质量状况的时代。二普地面调查采样实施于1979—1987年，通过550万个土壤剖面观测和采样，分县完成了1∶5万比例尺土壤图绘制和10万余个土壤剖面的分层采样、化验、记录，其中的土壤质量稳定性要素，如土体构造、质地、母质、成土条件、土壤类型等时效性长，CRT值（土壤特性响应时间，characteristic response time）达上千年，可长久使用；土壤有机质含量，氮、磷、钾含量，酸碱度，耕层厚度等土壤质量变化性要素为了解土壤与环境质量演变提供了重要信息。无论从数量还是质量上看，二普获取的土壤科学数据至今都是我国最详尽、最有价值的土壤资源基础数据，其精度与质量超过许多发达国家的土壤资源基础数据。

　　20世纪末期以来，全球性人口和经济快速增长导致的人均土地资源与水资源紧缺、环境污染、气候变化、粮食安全危机，使科学界对土壤及其形成过程的关注度不断提高，关注重点也从了解土壤与环境质量现状转变为弄清演变趋势、引致变化的内在机理和驱动因素。土壤圈处于地球大气圈、水圈、生物圈和岩石圈的交会处。土壤层中的生物过程和物质循环过程既活跃，又具有一定的稳定性，能较好地反映地球水圈、土壤圈、大气圈、生物圈及岩石圈五大圈层动态交互作用的结果。只要对近年来国际上关于碳足迹、气候变化的研究进展稍加关注，就可知晓具有时空维度的土壤科学数据对于阐明土壤与环境过程并弄清其驱动因素、预测未来土壤与环境质量变化具有无可替代的作用。本数据集编入的土壤质量数据既是我国在全国范围内首次完成的土壤理化性状的科学记载，也是40多年前对我国土壤质量变化性要素的客观记录，能帮助我们了解改革开放以来经济、农业高速发展以及农用化学品投入量高速增长对土壤与环境质量的影响，对了解我国土壤与环境质量时空演变亦具有起始点土壤科学数据的意义。本数据集编入的起始点数据使我们对全国土壤及相关过程的认识延伸了40多年。历史上的土壤调查结果不能被新的调查结果替代，这一不可替代性使得本数据集将成为我国农业与环境领域最具影响力的工具书和参考书之一。

本数据集既是我国老一辈土壤与农业科研工作者在全国土壤普查工作中取得的成果，也是数据集编制人员长期以来默默耕耘的结晶。二普完成的大比例尺土壤图件和土壤剖面理化性状主要为手绘纸质图件和非正式出版的铅印或油印资料，份数少且由各地自行保存。二普结束后，随着各地机构调整与人员变动，土壤调查资料被损毁或丢失严重，难以发挥作用。在我国多位知名科学家的倡议和推动下，"十一五"期间，"我国1∶5万土壤图籍编撰及高精度数字土壤构建"项目（2006—2017）被列为国家科技基础性工作专项重点项目。其目的是对各地宝贵的土壤科学数据进行抢救性收集、数字化和整合，提升我国科学研究与管理基础数据的条件。为实现这一目标，项目组研究人员首先对各地分散存留的纸质分县土壤调查资料进行了全面的收集、修复和整理。针对国际范围内缺少对异源、异质、异构、异形土壤大数据的提取、整合方法的难题，项目组研究人员积极探索、勇于创新，融合应用土壤学、地理信息系统技术、数据科学、人工智能、人机交互设计方法，创建了土壤大数据方法，以层级化的流程设计实现土壤科学层面的需求设计统领体系架构、数据流程及模块设计，以独立于数据流程的监控设计实现土壤科学家对全流程的掌控和人工干预，以智能化、人机交互式数据流程替代人工流程，优质、高效地完成了对各地异源土壤资料的审核、提取、过滤、分类、整合与表达，完成了覆盖我国全陆域的1∶5万比例尺土壤图绘制与土壤剖面点空间数据库建设工作。为满足各行各业准确了解我国各地土壤资源与质量状况的广泛需求，编者通过对1∶5万比例尺土壤图数据的缩编表达与10万余个土壤剖面理化性状数据的进一步提取，最终完成了本数据集的编制。

本数据集共25卷，收录了全国2200多个县（市、区）的分县土壤图和6万多个土壤剖面的理化性状数据。根据各省级行政区土壤剖面数量的多寡和地域关联特征，既有一个省（自治区）的单卷，也有多个省（自治区、直辖市、特别行政区）的合订卷。为便于读者了解全国及各省级行政区土壤资源与质量的分布特征，特别编制了全国及各省级行政区土壤图、土壤有机质含量图与地势图三个序图，读者可以方便地查询全国及各省级行政区任何地区拥有的主要土壤类型，了解其土壤有机质含量及地势、地貌特征。在各分卷中，分县土壤资源与土壤质量性状由主要土类说明、中心区气候特征图表、分县主要土壤类型与土壤剖面点分布图以及土壤剖面理化性状表共同呈现。

本数据集既可作为工具书、参考书，供农业、林业、环境、气象、国土、水利、经济等领域的管理人员和技术人员使用，也适合高等院校相关专业研究生参考使用。

我国幅员辽阔，从收集、整理全国分县土壤调查资料，到完成覆盖我国全境的1∶5万比例尺土壤图籍，再到完成本数据集的编制，来自全国近20家研究机构的科研人员组成项目组，辛苦工作了20多年。其间，本项工作得到了国家社会公益研究专项项目、国家科技基础性工作专项重点项目的长期、连续资助和在项目实施年限上给予的充分理解，同时得到了中国农业科学院科技创新工程的资助，全国50多家国家级及省级土壤、测绘、农业科研与管理机构的大力支持以及我国老一辈土壤科学家自始至终的关心和鼓励。在整个项目实施期间，有9位院士和7位长期从事土壤科学、农业资源环境研究的专家给予了直接和全程的指导。近20年间，项目组研究人员一方面要承担艰难而繁重的科研任务，另一方面要顶着多年没有科研产出的压力，没有他们的坚持和付出，就没有本数据集的面世。在此，谨向所有参加数据集编制的科研人员及对本项工作给予支持的部门和人员一并表示衷心的感谢！

由于本数据集包含的数据量庞大，且不限于土壤学本身，尽管我们在编撰过程中极尽斟酌，仍难免存在不足之处，敬请读者批评指正，以便今后修订完善。

中国农业科学院研究员 张维理

2021年12月

目 录

第一编　编制说明与序图

编制说明

编制目的	002
土壤数据基础知识	002
数据集内容	005
土壤数据来源	005
编制方法——土壤大数据方法	006
中国土壤图、中国土壤有机质含量图与中国地势图编制	007
分省土壤图、分省土壤有机质含量图与分省地势图编制	009
县域中心区气候特征图表编制	011
分县主要土壤类型与土壤剖面点分布图编制	012
分县土壤剖面理化性状表编制	012
土壤专题图与土壤剖面数据可靠性检验	017
参编单位	019

序　图

中国土壤图	020
中国土壤有机质含量图	022
中国地势图	024
新疆维吾尔自治区土壤图	026
新疆维吾尔自治区土壤有机质含量图	028
新疆维吾尔自治区地势图	030

第二编　分县土壤图与土壤剖面数据

乌鲁木齐市

市辖区……………………034　　米东区……………………038

克拉玛依市

市辖区……………………041

吐鲁番市

高昌区……………………044　　托克逊县…………………050
鄯善县……………………047

哈　密　市

伊州区……………………053　　巴里坤哈萨克自治县………057

昌吉回族自治州

昌吉市……………………060　　玛纳斯县…………………071
阜康市……………………063　　奇台县……………………075
呼图壁县…………………067　　木垒哈萨克自治县…………078

博尔塔拉蒙古自治州

博乐市……………………081　　温泉县……………………088
精河县……………………085

巴音郭楞蒙古自治州

库尔勒市…………………091　　且末县……………………104
轮台县……………………094　　和静县……………………107
尉犁县……………………097　　和硕县……………………111
若羌县……………………101　　博湖县……………………114

阿克苏地区

阿克苏市	117	拜城县	130
库车市	120	乌什县	133
温宿县	124	阿瓦提县	136
新和县	127	柯坪县	139

克孜勒苏柯尔克孜自治州

阿图什市	142	阿合奇县	148
阿克陶县	145	乌恰县	151

喀什地区

喀什市	154	叶城县	176
疏附县	157	麦盖提县	179
疏勒县	161	岳普湖县	182
英吉沙县	164	伽师县	186
泽普县	168	巴楚县	191
莎车县	172	塔什库尔干塔吉克自治县	194

和田地区

和田市	197	策勒县	210
墨玉县	200	于田县	213
皮山县	203	民丰县	216
洛浦县	207		

伊犁哈萨克自治州

伊宁市	219	巩留县	236
奎屯市	222	新源县	240
伊宁县	225	昭苏县	245
察布查尔锡伯自治县	228	特克斯县	249
霍城县	232	尼勒克县	252

塔城地区

塔城市 ………… 255
乌苏市 ………… 258
沙湾市 ………… 262
额敏县 ………… 266
托里县 ………… 269
裕民县 ………… 272
和布克赛尔蒙古自治县 ………… 275

阿勒泰地区

阿勒泰市 ………… 278
布尔津县 ………… 281
富蕴县 ………… 284
福海县 ………… 287
哈巴河县 ………… 291
青河县 ………… 294

新疆维吾尔自治区直辖县级市

石河子市 ………… 297

附 录

附录1 新疆维吾尔自治区县级行政区及分县主要土壤类型与土壤剖面点分布图地域名对照表 ………… 302
附录2 专题图基础地理要素图例 ………… 305
附录3 土壤图土类图例 ………… 306
附录4 中国主要土壤类型简表 ………… 308
附录5 新疆维吾尔自治区主要土壤类型表 ………… 313
附录6 分省土壤有机质含量图有机质含量分级图例 ………… 315
附录7 新疆维吾尔自治区典型剖面0—20cm土层土壤理化性状中位数与平均数 ………… 316
附录8 新疆维吾尔自治区主要土地利用类型0—30cm土层土壤有机质含量 ………… 317
附录9 新疆维吾尔自治区耕地、园地、林地和草地中主要土壤类型占比 ………… 318
附录10 《中国土壤剖面数据集》参编单位 ………… 319

参考文献 ………… 321

中 国 土 壤 剖 面 数 据 集 · 新 疆 卷

第一编 | 编制说明与序图

编 制 说 明

编制目的

土壤是农业的基础，也是维持地球碳、氮、硫、磷等重要生命元素正常循环的基础。肥沃的土壤促进了人类文明的诞生和繁荣。科学研究表明，地球上种类繁多、形态各异的土壤是在气候、生物、地形、时间、成土母质五大成土因素共同作用下形成的。北京社稷坛铺设的青、白、红、黑、黄五种不同颜色的土壤（五色土），分别代表我国东、西、南、北、中五大区域的典型土壤。不同类型的土壤性状差别很大。例如，南方红壤呈酸性，易缺乏钾离子、钙离子、镁离子等阳离子，农业生产上要注意调酸和补充富含钾、钙、镁的肥料；而西部土壤有机质含量低，施用有机肥料和秸秆还田对提高地力至关重要。我国人均土地资源紧缺，要实现粮食安全、环境安全和可持续发展，需要精准掌握各地土壤资源与质量状况，做到因土制宜，科学管理。

《中国土壤剖面数据集》是国家自然资源基本资料之一，其首次以分县土壤图和土壤剖面理化性状表的形式，提供了我国各地详尽的土壤资源与质量科学数据，为农业、林业、环境、气象、国土、水利等部门了解各地土壤质量状况，科学利用土壤资源，发展绿色农业、特色农业和节水农业，进行耕地保育、科学施肥、面源污染防治和基本农田保护提供了基础数据，也为农业科学、环境科学及地学、气象、测绘、水利多个学科领域的科研工作者研究陆地生态系统生产力及其演变、地球物质循环、气候与环境变化提供了科学依据。

本数据集编入的土壤质量数据亦是我国在全国范围内首次完成的土壤理化性状的科学记载，对了解我国土壤与环境质量时空演变具有起始点数据的意义。通过这些数据，科研工作者可以追溯我国全国范围土壤与环境相关过程至20世纪80年代，分析和了解导致土壤质量变化的环境和人为因素，并对土壤与环境质量演变趋势进行预报与预警。历史上的土壤调查结果不能被新的调查结果替代，这一不可替代性使得本数据集将成为我国农业与环境领域最具影响力的工具书和参考书之一。

土壤数据基础知识

本数据集收录的土壤数据源于土壤调查。为便于读者了解和应用这些数据，本节对土壤调查的目标、内容与主要方法，土壤数据的时空维度特征，土壤数据的应用领域与时效性做一简要介绍。

（一）土壤调查的目标、内容与主要方法

土壤调查的主要目标是查清一个区域内土壤资源与质量状况及其空间分布特征。19世纪末期至20世纪中后期，各国土壤调查的主要目标是查清土壤类型及分布特征[1-2]。由于不同土壤类型最典型的区别是成土过程中形成的土壤剖面特征，因而在传统的土壤调查中，需要在调查区域内进行多点采样，并在每个采样点对0—1—2m深土体的土壤剖面进行分层采样、观测、理化性状分析，记录剖面各分层土壤理化性状，据此进行土壤

分类、命名，并最终依据多点调查结果完成土壤图的绘制。

20 世纪末期以来，全球人口及经济快速增长导致人均土地资源和水资源紧缺、环境污染、气候变化与粮食安全危机，不同行业及学科领域对土壤生产功能和环境功能的关注度不断提高，土壤调查的核心内容也逐步从查清土壤类型分布特征转为土壤功能调查。土壤功能调查的目标是了解土壤生产力、土壤环境质量和土壤健康质量等。例如，为了耕地保育和科学施肥，需要进行土壤有效养分含量状况、土壤障碍因素调查；为了了解环境质量，需要进行土壤污染状况、土壤环境容量调查；为了发展节水农业，需要进行土壤保水性状调查；为了控制水污染，需要进行流域农田土壤氮、磷流失特征与风险调查。土壤功能调查的内容主要为可量化的，或含义单一且明确、易于被其他学科和行业认知的土壤功能性指标，如土壤有机碳含量、土壤重金属含量、土壤质地类型、耕层厚度等。在土壤功能调查中，也需要在调查区进行多点采样，并根据调查目标的不同，选择适宜的采样深度。例如，当调查目标是了解土壤有效养分供应量或农田土壤污染物含量时，通常仅对耕层土壤进行采样；当调查目标是了解土壤保水性能、土壤水土流失与养分流失性状时，则需要对较深的土壤剖面进行分层采样和观测。

较早的土壤调查主要通过地面多点采样来了解一个区域土壤资源与质量性状的空间分布特征。近年来，随着遥感技术、地理信息系统（GIS）技术、模拟技术与大数据技术的发展，土壤质量相关数据（如数字高程、土地覆盖、植被数据等）产生量急剧增长，这使得在大区域尺度内通过多类型相关信息精确地捕捉和表达土壤质量性状以及相关过程成为可能。在国际上，地面采样调查与辅助信息结合的方法——数字土壤制图方法（digital soil mapping）已成为土壤调查的重要方法[3]。该方法能利用采样设计、辅助信息、推理模型与地统计检验，大幅度减少地面采样和土壤理化性状测试分析的工作量。与传统方法相比，采用数字土壤制图方法进行土壤调查，可缩短调查周期，降低调查成本，提高用土壤专题地图表征土壤资源与土壤质量性状空间分布特征的可靠性和精度，从而提高土壤调查的效率与质量。

（二）土壤数据的时空维度特征

在现代社会，农业、环境等领域的专业工作者要了解最新的土壤调查结果，更需要掌握未来土壤质量变化趋势，以便根据变化趋势、自然与人为要素对土壤质量的影响，制定具有针对性的政策与技术措施，实现高产、稳产和环境安全。要精确进行土壤与环境质量预测和预警，就需要对重要的土壤质量性状进行周期性的采样、调查、记录，构建具有时空维度的土壤质量数据。这意味着历史上完成的土壤调查不能被新的调查所替代，所以其结果十分宝贵。

土壤数据最重要的特征之一是时空维度特征。通过历史上的土壤调查结果记录，构建具有时间序列的土壤质量科学数据，能将土壤质量现状与土壤质量演变过程相关联，并以此对土壤质量演变趋势和导致其变化的因素进行分析、预测。而土壤数据标有空间坐标，便于科研工作者将土壤调查结果与其他类别的要素和过程，如与气候、地形、土地利用情况有关的变化信息，以及随施肥投入农田的碳、氮、硫、磷数据等相关联，从而进一步提高分析的精度和预测、预报的可靠性。

土壤圈处于地球大气圈、水圈、生物圈和岩石圈的交会处。土壤层中的生物过程和物质循环过程既活跃，又具有一定的稳定性，能较好地反映地球水圈、土壤圈、大气圈、生物圈及岩石圈五大圈层动态交互作用的结果。具有时空维度的土壤科学数据对于阐明土壤与环境过程并弄清其驱动因素、预测未来土壤与环境质量变化具有不可替代的作用。

近年来，具有地理坐标的土壤剖面点数据受到科学界的广泛关注。剖面数据记载了土体构造、剖面分层土壤理化性状，是了解成土过程的基础，也是构建推理模型，量化表征区域尺度土壤过程、流域水土流失与氮磷流失特征、碳氮循环与环境质量演变的基础。在过去的半个世纪中，尽管完成了大量的土壤剖面调查，但由于在较早的土壤调查中尚未使用全球定位系统（GPS）设备，各国在构建地理坐标的土壤剖面点数据库上差别较大。目前，美国完成了约 2 万个有地理位点标识的土壤剖面数据[4]，澳大利亚已完成约 16 万个有地理坐标的土壤剖面数据[5]，欧盟各成员国共享使用的土壤剖面数据库含 4000 个剖面的分层土壤理化性状数据[6]。本数据集则汇集了我国总计 6 万多个有地理坐标的土壤剖面数据。

（三）土壤数据的应用领域与时效性

表1汇总了本数据集编入的土壤理化性状及其主要影响因素与过程、时间变化特征、所关联的土壤质量性状和应用领域。

表1　土壤理化性状及其主要影响因素与过程、时间变化特征、所关联的土壤质量性状和应用领域

土壤理化性状	主要影响因素与过程	时间变化特征	所关联的土壤质量性状	应用领域
土壤类型	成土过程	变化慢	土壤肥力与环境质量	农业、水利、环境、建筑、肥料工业等
剖面深度（指剖面各土层厚度的总和）	成土过程	变化慢	土壤肥力、土壤环境容量、土壤保水和保肥性能、土壤持水性能	农业、环境等
土体构造（指土壤剖面各发生层有规律的组合，是土壤剖面最重要的特征）	成土过程	变化慢	土壤肥力、土壤环境容量、土壤保水和保肥性能、土壤持水性能、土壤透水性能	农业、水利、环境等
母质	成土因素	变化慢	土壤肥力、土壤矿物组成、矿质养分含量、土壤质地	农业、水利、环境、肥料工业等
质地	成土过程、母质	变化慢	土壤肥力、土壤环境容量、土壤持水性能、土壤耕性、土壤有机碳与养分含量、土壤重金属吸附性能等	农业、水利、环境、建筑等
颜色	土壤氧化还原、淋溶等成土过程，土壤有机质累积过程	变化较慢	土壤肥力、土壤有机碳与养分含量	农业
土壤结构	成土过程、耕作措施	耕层：变化快；深层：变化慢	土壤水分、通气与养分供应状况，土壤持水性能、土壤透水性能、土壤阳离子交换量、土壤孔隙度、土壤松紧度、土壤耕性等多个土壤肥力相关性状	农业
有机质含量	成土过程、质地、土地利用、施肥、轮作等	变化较慢	与多项土壤肥力与环境指标密切相关，是土壤肥力最重要的指标	农业、环境、肥料工业等
全氮含量	成土过程、土地利用、施肥、轮作等	变化较慢	土壤肥力、土壤供氮性能	农业、环境等
全磷含量	成土过程、母质等	变化较慢	土壤肥力、土壤供磷性能	农业、环境等
全钾含量	成土过程、母质等	变化较慢	土壤肥力、土壤供钾性能	农业、环境等
pH	成土过程、酸雨、土壤调理剂施用等	变化快	土壤肥力、土壤养分有效性、土壤结构及重金属吸附性能	农业、环境、肥料工业等
碱解氮含量	土地利用、施肥等	变化快	土壤供氮性能、土壤氮素流失特征	农业、环境、肥料工业等
有效磷含量	土地利用、施肥等	变化快	土壤供磷性能、土壤磷素流失特征	农业、环境、肥料工业等
速效钾含量	土地利用、施肥等	变化快	土壤供钾性能、土壤钾素流失特征	农业、环境、肥料工业等
阳离子交换量	成土过程、黏粒、有机质含量、盐分含量	变化较慢	土壤供肥和保肥性能、土壤重金属吸附性能	农业、环境

在表1中，主要影响因素与过程指对某项理化性状起主要作用的过程和因素。例如，土壤类型、土壤剖面深度、土体构造、母质、土壤质地类型主要由成土过程或成土条件决定；土壤有机质含量和土壤全氮含量则受成土过程、施肥及轮作等农业技术措施的共同影响；在耕地土壤上，施肥等农业技术措施对土壤碱解氮、有效磷、速效钾等土壤有效养分含量的影响很大。

土壤理化性状的现势性主要取决于其影响因素与过程的时间尺度。自然条件下，成土过程通常需要数万年。受成土过程影响的土壤类型、土层厚度、土体构造、土壤质地类型、母质等土壤理化性状变化很慢，CRT值（土壤特性响应时间，characteristic response time）达上千年，可称为土壤稳定性要素或慢变化性状，其相关数据时效性很长，可长久使用。而农田土壤有效养分含量、酸碱度、耕层厚度等土壤质量性状受施肥和耕作等农业措施影响大，变化较快。例如，农田土壤有效磷、速效钾养分含量，在大量施用磷、钾肥条件下，10 余年后可成倍提升。这些土壤理化性状亦可称为土壤变化性要素或快变化性状。

不同土壤理化性状的应用范围既取决于其现势性、时空维度特征，又取决于其所关联的土壤质量性状。土壤剖面深度、土体构造、质地、有机质含量等与土壤持水、保肥、通气和透水性能密切相关，可供农业、水利、环境、金融等行业用于农田稳产、高产性能，农田排灌设施规划与灌溉定额编制，农田水土流失风险分级，流域农田蓄水容量与降雨后流失水量分级，农田水、旱灾害风险分级，农田环境容量测算等各方面的地力评价。土壤有效养分含量、pH 与土壤需肥性状和调酸性状密切相关，可供农业、肥料生产和销售部门用于科学施肥和土壤改良。土体构造和质地、土壤结构、土壤有效养分含量还影响流域农田土壤养分流失特征，农业和环境部门在进行农业面源污染防控时，可利用这些土壤性状与其他要素共同编制流域污染源解析与控制类型区分布图，以便对农业面源污染采取分类型、分区段的源头控制措施。土壤有机质含量变化也是了解气候变化和碳减排措施效果的基础，对于环境管控和环境外交具有重要意义。

数据集内容

本数据集全集共 25 卷，收录了我国 2200 多个县（市、区）的分县土壤图和 6 万多个土壤剖面的理化性状数据。根据各省级行政区土壤剖面数量的多寡和地域关联特征，既有一个省（自治区）的单卷，也有多个省（自治区、直辖市、特别行政区）的合订卷。

为便于读者了解各地土壤资源与质量分布概况及其主要特征，编者为各分卷编制了省级行政区的土壤图、土壤有机质含量图与地势图三图。读者可通过分省三图查询各省级行政区任何地区拥有的主要土壤类型，了解其土壤有机质含量及其地势、地貌特征。此外，编者还编制了全国土壤图、土壤有机质含量图与地势图三图附于各分卷，供读者比较和了解各省级行政区土壤资源及质量特征同全国其他地区的区别和关联。

各分卷的第二部分为分县土壤图与土壤剖面数据。在每个省级行政区内，各分县按四部分展示土壤及其相关信息，即分县主要土类说明、本区域中心区气候特征、主要土壤类型与土壤剖面点分布图以及土壤剖面理化性状表。在本卷目录中，分县按民政部于 2022 年 3 月发布的《2021 年中华人民共和国行政区划代码》中的地级、县级行政区顺序排序。各分卷目录中仅收录了县域内有土壤剖面数据的县级行政区，无土壤剖面数据的县级行政区未纳入分卷目录中，并在附录 1 中对其进行了标注。

土壤数据来源

编入数据集的分县土壤图与土壤剖面理化性状数据主要源于全国第二次土壤普查（以下简称"二普"）。二普是我国现代规模最大的、以查清土壤类型和土壤肥力为主要目标的土壤资源综合调查。二普之前，我国土壤调查以观测性调查和定性评价为主，很少有采样化验。在总结之前国内外土壤调查经验的基础上，二普不仅完成了我国迄今为止最为详尽的土壤分类调查，也首次在全国范围进行了高密度土壤采样化验，开启了我国用土壤理化性状量化指标描述土壤资源与土壤质量状况的时代。

二普地面采样调查实施于 1979—1987 年，调查区域基本覆盖我国全陆域。二普不仅地面采样密度高，科学性和系统性也比较突出。全国百余名长期从事土壤研究的科研工作者共同制定了全国土壤分类系统和统一的土壤调查技术规程[7]。在地面调查中，各地以 1∶1 万比例尺地形图作为工作底图，以乡为调查单元进行野外采样作业，全国共挖取土壤观察剖面 550 余万个，记录了 1—2m 深土体各发生层形态和特征，并根据土壤分类标准对土壤进行了分类和命名。对边远区、高寒区和无人区应用遥感解译方法，填补了之前土壤调查及成图中上述地区土壤数据的空白。在大量剖面土体观测和采样调查的基础上，完成了全国绝大部分分县 1∶5 万比例尺土壤图的绘制，牧区和边疆地区完成了1∶20万—1∶10万比例尺土壤图的绘制。二普还完成了10余万个典型剖面的分层采样，化验分析了剖面分层质地，有机质含量，大量、中量和微量元素含量，pH，阳离子交换量，土壤矿物组成等多项土壤理化性状，编制了分县土壤志。二普通过野外实地调查、采样和测试获取的土壤科学数据，至今仍是我国最详尽、最有实用价值的土壤资源基础数据，其精度与质量超过许多发达国家的土壤资源基础数据[8]。

如图1所示，收录于本数据集的土壤质量数据是对我国40多年前土壤质量状况的客观记录，亦是我国在全国范围内首次完成的土壤理化性状的科学记载，其中的土壤稳定性要素现势性较长，可在今后若干年间长期使用；而土壤变化性要素对了解我国土壤与环境过程的作用亦不可替代。这些数据使我们用现代科学手段研究各地土壤及相关过程的历史可上溯至20世纪80年代。

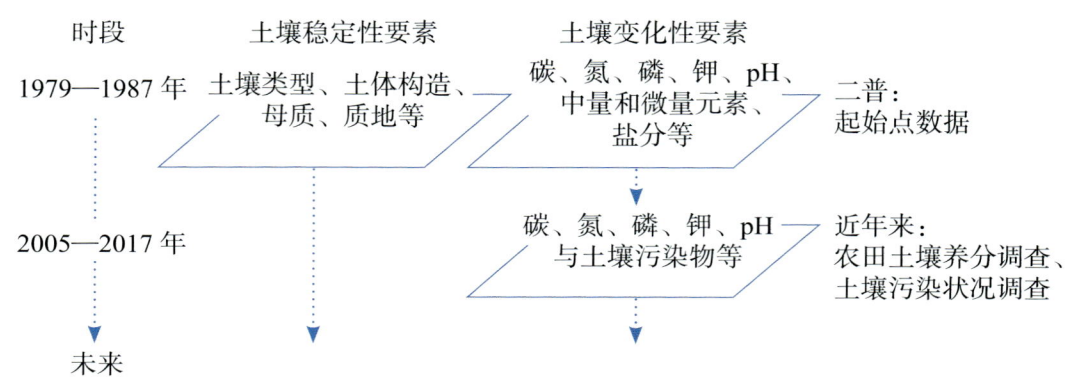

图1　全国性土壤调查所覆盖的时段

受历史条件限制，二普完成的大比例尺土壤图和土壤剖面理化性状主要为手绘纸质图件、非正式出版的铅印或油印资料，份数少且由各地自行保存。二普结束后，随着各地机构调整与人员变动，土壤调查资料被损毁或丢失严重。2000年以来，编者开始对各地分散存留的纸质分县土壤调查资料进行系统性收集、修复与整理，通过对宝贵的土壤科学数据的提取、整合和表达，我国科学研究与管理基础数据的水平得到了提升。本数据集收录的分县土壤图和剖面数据主要源于对全国分县土壤图、分县土种志和分省土种志的整理、提取、汇总与表达（表2）。

表2　数据集主要土壤资料与数据来源

资料类型	资料名称及数量
土壤图（纸质）	1∶5万分县土壤图，总计约1600个县
	1∶100万—1∶50万省级土壤图，总计570个县
土壤剖面资料（纸质）	分县土种志：约2200册，计约2200个县；分省土种志：28册
土壤有机质含量图（纸质）	全国、分省土壤有机质含量图
农区土壤耕层采样数据（电子）	2005—2017年在全国农区采集的、含GPS坐标定位的1000万个采样点耕层有机质含量数据

为编制全国与分省土壤有机质含量分布图，本数据集还使用了我国于二普期间完成的全国、分省土壤有机质含量图纸质图件和于2005—2017年在全国采集的1000万个具有GPS坐标定位的采样点耕层有机质含量数据[9]。

编制方法——土壤大数据方法

我国幅员辽阔，不同地区土壤的土壤类型及其质量状况和分布特征差别较大，各地土壤调查技术条件和水平差别也较大，因此各地分县完成的图件和剖面资料在形式和内容上有较大差异。在用异源土壤数据生成新数据时，新数据的科学性既取决于各异源数据本身的科学性和可靠性，也取决于数据整合采用方法的科学性和可靠性。例如，对分县剖面资料进行整合时，对国标上未出现过的土壤类型名进行归并需要有土壤分类学上的依据；用新的土壤调查数据对原有土壤有机质含量图进行更新，也需要有进行合并表达的科学依据。编制本数据集需要对海量异源数据进行提取、分析、整合、缩编与表达，数据分析流程复杂。同时，在数据分析过程中，土壤专业问题、非标准化数据问题、计算机硬、软件平台系统问题和数据分析员、程序员疏漏问题等可能引致多类别数据分析错误。若既要准确无误地完成各项数据分析技术任务，又要在繁复的数据分析流程中有效贯彻科学原则、实现数据分析科学目标，这就需要一套科学的方法体系。为此，本数据集编者通过研究异源非标准土壤数据特征，融合应用土壤学、数据科学、人工智能、人机交互设计方法与地理信息系统技术，创建了土壤大数据方法[10-11]。

土壤大数据方法是专门供土壤科研工作者使用的一种设计方法，是对经典土壤学研究方法的补充，主要适用于对海量异源土壤数据信息的提取、筛选、分析与表达。通过土壤大数据方法的使用，科研工作者能够分析、认识和阐明土壤性状及相关过程和规律。土壤大数据方法的主要设计规则为以层级化的流程设计实现土壤科学层面的需求设计统领体系架构设计，界定各分段流程目标和关联，部署低层级分段流程、模型和功能模块；以独立于数据流程的监控设计实现土壤科学家对全流程的掌控和人工干预。土壤大数据方法的设计内容包括数据科学分析目标与科学基础界定，数据流程体系架构，流程及软件工具设计，数据流程监控设计。设计中，所有节点均采用双命名制命名，对流程中各节点数据同时进行土壤科学内涵命名和函数代码命名。应用以上设计方法编制设计文档，能在庞杂的异源、异质、异形、异构大数据分析中，实现以科学目标引领数据分析流程，以自动化、人工智能、人机交互式的数据流程替代人工流程，提高大数据分析效率。

在本数据集编制过程中，编者需要完成图件与资料数字化、矢量化，元数据构建，信息提取、过滤、分类、赋码，土壤空间数据逻辑结构、存储结构归一化，统计检验，数据整合，缩编表达，输出等多项数据分析任务，分段流程达1500余个，需要存储的重要节点数据超过2000个，数据量超过20TB。采用土壤大数据方法，编者自主设计和完成了6个土壤大数据分析工具软件包，其中包含157个功能模块（表3），设计文档的科学和工程目标实现率超过99%，为准确、高效完成数据集编制提供了保障，也为土壤学研究提供了新的方法。

表3　系列化土壤大数据分析软件包及其主要功能与模块数

软件包	主要功能	模块数/个
IMAT2.0（intelligent mapping tools）智能化制图工具	异源土壤空间数据的要素提取、过滤、分类、赋码、坐标转换，空间库要素与字段的编辑，图幅与图层的编辑，土壤要素空间库外挂属性表编辑与管理等	35
IMAT-big（intelligent mapping tools for big data）智能化大数据制图工具	超大土壤及相关要素空间数据的要素筛选、图层拆分、数据整合、节点监控、逻辑结构重组等分析	37
IMAP（intelligent map presentation）智能化地图表达工具	土壤大数据地图制图表达与输出	30
ISPA（intelligent soil profile data analysis）智能化土壤剖面数据分析	异源土壤剖面数据的信息提取、过滤、赋码、坐标匹配、检验、整合与统计等	22
ISPP（intelligent soil profile presentation）智能化土壤剖面表达	土壤剖面图表及辅助信息的表达	12
IMAT-SOM（intelligent mapping tools-SOM）土壤有机质制图工具	异源土壤有机质数据整合与表达	21

中国土壤图、中国土壤有机质含量图与中国地势图编制

编制全国三图的目的是便于读者在全国视角和尺度上了解我国各地区土壤资源与质量状况空间分布特征，土壤类型和土壤肥力与地势、地貌之间的相互关联。其中，土壤图用于展示土壤资源分布状况及与成土过程相关的土壤质量状况；土壤有机质含量图用于直观反映土壤肥力情况；地势图便于读者了解不同类型和肥力水平土壤的地势、地貌特征。全国三图的制图比例尺为1∶1300万。

全国三图中采用的境界、城市等基础地理信息要素源于中国地图出版社出版的《第一次全国地理国情普查地图集》[12]和《中国地图集》[13]。全国三图中，境界、水系、居民地、地级以上城市等基础地理信息要素的图示与图例表达见附录2。

（一）中国土壤图

由于制图比例尺小，中国土壤图是在二普完成的 1:400 万比例尺全国土壤图的基础上进行矢量化和缩编表达获得的。在缩编表达过程中，土壤类型仅保留了我国土壤分类系统中的第三层级——土类。

在土壤图中，土类颜色主要根据不同土类在其成土因素、发育程度下形成的典型颜色进行设计（附录3）。红色系供土壤富铝化程度高的土壤选用，如红壤、砖红壤、赤红壤等；黄色系、棕色系供干旱区发育程度低的土壤选用，如黄绵土、灰漠土、灰棕漠土等。受灌水、耕作和地下水影响大的土壤采用绿色系，如水稻土、灌淤土、潮土、草甸土等，表示土壤肥力较高，绿色植物生长茂盛；黑土、黑钙土、栗钙土、棕壤、褐土、黄棕壤、紫色土等分别选用深棕色系、褐色系、紫色系；盐土、碱土、沼泽土等植物生长有障碍的土类采用暗色系，如暗紫色系、灰褐色系、青灰色系等，表示土壤生产力低下，植物生长较差。这一颜色设计与国标相关规定一致[14]。

在图例中，按照我国主要土壤类型从南到北、从东向西的地带性分布规律对土类进行排序，附录4所列中国主要土壤类型的排序也按此规则编排。

（二）中国土壤有机质含量图

土壤有机质含量是指土壤中各种含碳有机物质的总和。土壤有机质主要包括土壤腐殖质、半分解的动植物残体、与土壤黏粒和细粉粒紧密结合的有机物质、土壤微生物体所含的有机物质等。以动植物残体形式进入土壤的有机物质成为土壤生物的食物，供养土壤生物的生命活动；在土壤生物，特别是土壤微生物作用下生成的土壤腐殖质，能够促进土壤团聚体形成，提高土壤保水、保肥、供水、供肥性能，提高土壤肥力，并大幅度提高耕地土壤高产、稳产性能。因此，土壤有机质含量是最重要的土壤质量指标之一。土壤有机质碳量是大气总碳量的2倍，是地球植被总碳量的3倍，参与地球陆域碳循环总碳量中80%的碳以土壤有机质碳的形式存在。研究显示，土壤有机质含量实质上是土壤有机碳投入和分解之间动态平衡的表现，影响这一平衡的主要因素为气候、土壤质地与土地利用方式，施肥和耕作等农业技术措施对其影响则相对较小。当影响平衡的主要因素未发生变化时，土壤有机质含量也比较稳定[15]。

中国土壤有机质含量图由各分省土壤有机质含量图（0—30cm 土层）合并编制生成。制图用源数据和编制方法在分省土壤有机质含量图编制说明中加以叙述。

为展示全国范围的土壤有机质含量空间分布特征，编者在中国土壤有机质含量图的图示和图例表达中采用了有机质含量范围的非等距划分分级方式，将我国土壤有机质含量分为 7 个等级（表4），各分级所占我国陆域面积的比例也列于表中。其中，占我国陆域面积 29% 的"很低"和"低"两个分级的土壤（有机质含量小于 10g/kg）主要分布于西北干旱地区，而"较高""高""很高"三个分级的土壤（有机质含量大于 25g/kg）主要分布于东北、西南地区，这些地区森林覆盖率较高，雨量充沛，温度适宜，有利于土壤有机质的累积。

表4 中国土壤有机质含量（0—30cm 土层）分级

分级	分级释义	有机质含量/（g/kg）	换算系数	有机碳含量/（g/kg）	占陆域面积/%
1	很低	≤5	1.724	≤2.9	5
2	低	5—10（含）	1.724	2.9—5.8（含）	24
3	较低	10—15（含）	1.724	5.8—8.7（含）	18
4	中	15—25（含）	1.724	8.7—14.5（含）	19
5	较高	25—35（含）	1.724	14.5—20.3（含）	9
6	高	35—45（含）	1.724	20.3—26.1（含）	16
7	很高	>45	1.724	>26.1	6

（三）中国地势图

地势图是表示制图区域地貌特征的专题地图，强调表现地面的高低起伏、倾斜程度及其区域对比关系，以及与地形密切相关的河流、湖泊等水系要素分布特征，显示出制图区域山河分布的脉络体系、结构形式、各种地貌类型的形态特征。地势是影响土壤类型的重要因素，地势图也是编制土壤图、气候图、植被图等的基础。

中国地势图的地貌晕渲图采用SRTM3 DEM（shuttle radar topography mission, digital elevation model, 2003）数据，考虑我国地势呈三级阶梯状分布的特点，按0—50—100—200—500—800—1000—1200—1500—2000—2500—3000—3500—5000m及以上设计高度表，以深绿色—黄绿色—棕色—紫色色调的象征色表示海拔由低向高过渡。其他矢量数据来源于中国地图出版社编制的1∶400万《中国地形图》[16]。河流参照中国地图出版社编制的《中国河流、水运资料图》进行选取、表达，三级及以上河流全部选取，二级及以上河流标注名称，低级别河流适当选取以反映区域水系特点；成图面积4mm²以上湖泊和水库全部表示，但仅标注大型湖泊名称，小面积湖泊适当选取以反映区域特点，如青藏高原湖泊群分布；山脉、山峰参照中国地图出版社编制的《中国山脉资料图》选取，三级及以上山脉全部选取、表达，二级山脉主峰及知名山峰标注名称和高程，我国主要高原、平原、盆地和沙漠均选取、表达；自然地理要素分级参考中国地图出版社采用的地图编制分级系统；根据版面载负量情况选取省会、部分地级市和少量县级居民点（主要位于西部地区），居民地主要用于定位参照。

分省土壤图、分省土壤有机质含量图与分省地势图编制

编制分省土壤图、分省土壤有机质含量图与分省地势图三图的主要目的是使读者了解各省级行政区内不同地区土壤类型、土壤肥力与地貌的主要分布特征及其相互关联。其中，土壤图用于展示土壤资源分布状况及与成土过程相关的土壤质量状况；土壤有机质含量图用于直观反映土壤肥力情况；地势图便于读者了解不同类型和肥力水平土壤的地势、地貌特征。为便于比较，每个省级行政区的分省三图采用的比例尺相同，制图则采用幅面固定、各省级行政区制图比例尺自适应方法。

分省三图中采用的境界、城市等基础地理信息要素源于中国地图出版社出版的《第一次全国地理国情普查地图集》[12]和《中国地图集》[13]。分省三图中，境界、水系、居民地、地级以上城市等基础地理信息要素的图示与图例表达见附录2。

（一）分省土壤图

为编制数据集用分省土壤图，编者对二普完成的纸质分省土壤图（原图比例尺主要为1∶50万）进行了地理校正、空间要素提取、图层与分级码标准化、土壤学专业校正、属性表制作、挂接和专题图缩编表达。在缩编表达过程中，制图比例尺一般为1∶200万—1∶100万之间。由于制图比例尺较小，土壤类型仅保留了我国土壤分类系统中的第三层级——土类。各土类颜色与中国土壤图中采用的土类颜色相同（附录3）。在分省土壤图中，按照我国主要土壤类型从南到北、自东向西的分布规律对图例中的土壤类型进行排序。附录4所列中国主要土壤类型的排序也按此规则编排。附录5列出了新疆维吾尔自治区主要土壤类型及其占省级行政区域面积百分比。

（二）分省土壤有机质含量图

1. 数据源说明

本数据集中，土壤剖面理化性状表给出了有确切时间和空间坐标的剖面信息。分省土壤有机质含量图的主要作用是便于读者直观了解各省级行政区最重要的土壤肥力指标——土壤有机质含量的空间分布特征。

二普中，受当时技术条件限制，全国仅完成了比例尺为1∶400万的纸质土壤有机质含量分布图的绘制，19个省、自治区、直辖市完成了比例尺为1∶250万—1∶50万的纸质分省土壤有机质含量分布图的绘制。直接采用小比例尺纸质图矢量化生成的土壤有机质含量等级划线图作为分省土壤有机质含量图，存在有机质含量分级的级差大、信息均化、图斑大、制图精度不够等问题，难以精细表现一个省级行政区域内土壤有机质含量的空间分布特征。

2005—2017年，我国在农区进行了测土施肥，农田耕层采样点达到1000万个。这批数据的主要优点是采样密度大且有空间坐标，通过对这批数据进行空间插值分析，可较精细地展示各地农田土壤有机质含量分布特征；其缺点是采样点主要集中于占陆域面积不到20%的农田，仅采用这批数据难以绘制覆盖全域的土壤有机质含量分布图。考虑到土壤，尤其是林地、草地土壤的有机质含量变化较慢，在制图中采用了混合时段数据合并表达的方式。对无测土数据的林地、草地等，仍然采用从小比例尺土壤有机质含量等级划线图中提取的数据；对有测土数据的农田，则采用2005—2017年间耕层采样数据，对原有数据进行了更新。通过对两源数据的提取、土层转换、合并、插值，最终生成各省级行政区土壤有机质含量分布图（土层厚度0—30cm），这样既可较精细展示出各省级行政区土壤有机质含量的空间分布特征，也能保证所做专题图有很强的现势性。

三个数据源制图表达结果比较显示，采用异源数据合并表达的方式制图，各分省图展示的有机质含量空间分布特征与二普小比例尺图相近，但制图精度有较大改进，一个省级行政区域内土壤有机质含量的空间分布特征更为清晰（表5）。

表5　三个数据源制图表达结果比较

数据源	土壤有机质含量图制图表达效果	
	优点	存在问题
采用二普完成的手绘图	小比例尺手绘图中，土壤有机质含量地带性分布特征十分明显；基本无数据空区	局部地区图斑大，制图精度不够
采用新的测土数据插值生成	有数据的区域制图精度高	占陆域面积约80%的林地、草地和一些县域无新的测土数据，难以通过采样点插值生成覆盖全域的有机质含量图
异源数据合并表达	基本无数据空区；制图精度有较大改进；小比例尺图中土壤有机质含量的地带性分布特征被保留	用混合时段数据表达全陆域土壤有机质含量分布状况，其中林地、草地数据主要源于20世纪80年代采样数据，农田数据更新至2017年

表6汇总了分省土壤有机质含量图的主要制图信息。制图采用异源数据合并表达的方式，生成的分省土壤有机质含量图所代表的时间段为1979—2017年，图中核算土壤有机质含量的土层厚度为0—30cm。

表6　分省土壤有机质含量图制图信息

制图数据	异源数据合并表达
采样时间	草地、林地及其他非农田土壤采样时间段为1979—1987年，农田土壤采样时间段为2005—2017年
土层厚度	0—30cm（对采样深度不足0—30cm的耕层采样数据，用剖面数据进行了土层厚度转换，统一转换为0—30cm）
制图方法	普通克利金插值（ordinary Kriging）
网格尺寸	200m

2. 制图表达说明

我国地域辽阔，各地土壤有机质含量差异极大。西北部地区降水量少，土壤粗砂粒含量高，风沙土、漠土大量分布，占我国陆域总面积的12.6%，其0—30cm土层内有机质平均含量不到10g/kg；东北部地区雨量充沛，气候、植被有利于土壤有机碳累积，其0—30cm土层有机质平均含量在40g/kg以上。另外，一些省级行政区的土壤有机质含量变化范围很宽，如内蒙古土壤有机质含量主要为4—70g/kg；而北京、山东等地土壤有机质含量变化范围很窄，为7—17g/kg。

为使各省级行政区域内土壤有机质含量空间分布特征均能得到充分展示，编者在分省土壤有机质含量图的图示和图例表达中对有机质含量范围进行等距划分分级，根据各省级行政区土壤有机质含量分布特征，将有机质含量分为7—14个等级。各分级的颜色设计及其RGB与CMYK色码见附录6。

（三）分省地势图

根据各省级行政区的成图比例尺和地形特点，选取合适精度的数字高程模型（DEM）栅格数据，确定设色原则和色层表进行分层设色，编制彩色晕渲的分省地势图。图中的河流水系及山峰、山脉等地理要素基于中国地图出版社研制的多尺度中国地图数据库选取，按各省级行政区地图设定的投影参数和比例尺投影转换后进行数据融合处理，再进行图形化编辑和地图整饰，最后输出成图。各省级行政区的彩色地貌晕渲图，按0—50—200—500—1000—1500—2000—3000—4000—5000—6000m及以上设计统一的高度表，但对一些低海拔平原地区，如天津、山东、上海等省、直辖市，则增添了20m等高距。确定统一的设色原则，建立色层表，以深绿色—黄绿色—棕色—紫色色调的象征色过渡方式表示海拔由低向高过渡，低海拔地区以绿色为主，中海拔地区以棕色为主，高海拔地区的高寒地带则用冷色调紫色。地势图中的其他地理要素，地级市及以上级别居民地全部选取，县级居民地根据图面载负量情况酌情选取；河流按等级选取以反映地域水系结构特点，主要河流加注名称；成图面积4mm²以上的湖泊和水库全部选取，大型湖泊、水库加注名称，适当选取小面积湖泊以反映区域分布特点；山脉按等级选取，仅标注主要山脉主峰和知名山峰。

县域中心区气候特征图表编制

气候是五大成土因素之一，也是土壤质量的重要影响因素。为便于读者了解各地土壤资源与质量状况及其与气候特征的关联，编者编制了各县域中心区（位于各县域中心点、代表面积约为400km²的区域）气候特征值表、月平均气温与月平均降水量分布图。各县域中心区气候特征值是通过对160个中国地面国际交换站的气象年值、月值以及日值数据的计算和空间分析获得的。气象数据的相关用语也采用中国地面国际交换站所用的表达方式。鉴于各地气候特征值需要依据多年气象观测数据分析和提取，而二普采样时段为1979—1987年，因此采用了1971—2000年共计30年的年值、月值和日值气象数据，气象数据时段覆盖二普采样时段。

在分县气候特征值编制过程中，先从相应的各数据源中提取出各站点年值、月值以及日值数据，再按照表7所示计算方法，计算160个站点的各项气候特征值并对其分别进行插值计算，获得覆盖我国全域、网格尺寸约为20km的网格化气候特征年值与月值数据，最后再与县域中心点图层叠加，提取出各县中心区气候特征值。各县所处气候带则是通过县域中心点图层与中国气候区划图叠加后提取获得的[17]。

表7　县域中心区气候特征值的计算方法与数据来源

县域中心区气候特征	计算方法	气象数据来源
年平均气温 /℃	30年的年值平均	中国地面国际交换站气候标准值年值数据集（160个站点，1971—2000年）
年平均最高气温 /℃		
年平均最低气温 /℃		
年降水量 /mm		
年平均相对湿度 /%		
年日照时数 /h		
月平均气温 /℃	30年的月值平均	中国地面国际交换站气候标准值月值数据集（160个站点，1971—2000年）
月平均降水量 /mm		
≥10℃的积温 /℃	一年中日平均气温≥10℃的温度值加和	中国地面国际交换站气候资料日值数据集（160个站点，1971—2000年）
干燥度	修正的谢良尼诺夫公式：$$干燥度 = 0.16 \times \frac{全年 \geq 10℃的积温}{全年 \geq 10℃期间的降水量}$$	
气候带	提取	1:3200万中国气候区划图

分县主要土壤类型与土壤剖面点分布图编制

编制分县主要土壤类型与土壤剖面点分布图的主要目的是使读者在一个较小的图幅上也能大致了解一个县域内主要土壤类型概况。编者通过对全国1∶5万土壤图的缩编表达，为有土壤剖面数据的县级行政区编制了分县主要土壤类型图。受地图幅面限制，在分县土壤图中，仅保留了我国土壤分类系统中的第三层级——土类，通过缩编滤掉了亚类、土属、土种信息。

各分县主要土壤类型与土壤剖面点分布图的制图采用幅面固定、制图比例尺自适应的方法，制图比例尺一般为1∶35万—1∶20万，自适应制图由编制者自行设计的软件模块自动完成。

在分县主要土壤类型与土壤剖面点分布图中，各土类颜色与中国土壤图中采用的土类颜色相同（附录3）。图中各土类在图例中的排序则按各土类占本县县域面积比例从大到小的顺序排列，便于读者了解本县内主要土壤类型的分布。

在分县主要土壤类型与土壤剖面点分布图中，为便于读者查找，剖面点按照其在图面的位置，先左后右、先上后下顺序编码，编码过程也由ISPP软件包（表3）中的模块自动完成。

分县主要土壤类型与土壤剖面点分布图中的基础地理底图来源于国家基础地理信息中心提供的1∶25万DLG（公众版）数据（使用许可协议编号：非2011-1011），基础地理信息要素的图示与图例表达主要参照相关国标（详见附录2）。为保证本数据集中主要土壤类型与土壤剖面点分布图的内容和土壤剖面数据表对应，分县主要土壤类型与土壤剖面点分布图中的市级界线、县级界线均采用二普时的普查界线，并以此作为分县主要土壤类型与土壤剖面点分布图的分幅标准。为兼顾地名位置定位准确性和图书实用性，地图中乡镇级及以上居民地分别根据新版《中华人民共和国行政区划简册》和各省级行政区地图册进行了更新，现势性截至2021年12月。为更好地表现全书的系统性与协调性，在地图下方加注说明县级行政区划变更情况，部分市辖区图幅的图名根据图上县级居民点进行了更新。

二普后，随着城市化的加快，城市周边土地利用情况变化很大，居民地面积大幅增加，导致一些分县土壤图中的土壤面积占县域面积比例和分县主要土类说明中的一些土类面积占县域面积比例较二普时均有下降。在一些大城市周边县（市、区），土地利用情况的变化使各类土壤总面积不到县域面积的60%。

二普时，分县完成了1∶5万比例尺土壤图编绘后，还通过省级汇总和缩编制图，完成了1∶50万比例尺省级土壤图。在省级汇总中，对一些分县土壤图中原有土壤类型名进行了修订。例如，浙江在进行省级汇总时，将分县土壤图中原命名为侵蚀型红壤亚类的大部分土属划归粗骨土类；安徽、湖北等省在省级汇总时将黏盘黄棕壤亚类改为黄褐土类。在对二普调查成果的数字整合中，编者仅收集到约1600个县的大比例尺土壤图（表2）。对大比例尺图数据缺失的县，则以省级土壤图裁切方式进行了补全。这种补全虽有利于完成覆盖我国全域的高、中精度土壤图，但也引起了在一个省级行政区里源于分县和分省的两类土壤图中土壤分类命名不统一的问题，编者在尽量保持调查资料原始记载的前提下，对这类问题进行了力所能及的修订。

分县土壤剖面理化性状表编制

分县土壤剖面理化性状表是本数据集的主体内容。前文已对各项土壤理化性状应用范围以及从分县纸质土种志中进行信息提取、表达和制作的方法做了说明，本节仅对土壤理化性状测试方法、剖面点坐标匹配方法与土壤剖面分类名的修订加以说明。

（一）土壤理化性状测定方法

本数据集所列土壤理化性状的测定方法见表8。其中，土壤有机质含量，土壤氮、磷、钾全量与有效态含量，pH，土壤阳离子交换量的测定方法以及土壤分类方法均为国标方法。剖面理化性状表中的土壤全氮、全磷、全钾、碱解氮、有效磷、速效钾含量均以N、P、K纯养分量计。

在二普中，我国大多数地区土壤质地分级采用了卡庆斯基制，仅极少数地区采用了国际制。其中，卡庆斯基制采用了简制，将土壤质地分为3组9种类型；国际制将土壤质地分为12种类型（表9）。由于两种分级制中的质地分级名并无重复，因此在分县土壤剖面理化性状表中未对两种分级制的分级名进行合并。

表8 土壤理化性状的测定方法

土壤理化性状	测定方法
有机质	湿灰化或干灰化消化后，重铬酸钾滴定法测定（丘林法）
全氮	凯氏定氮法测定
全磷	酸溶或碱熔消化后，钼锑抗比色法测定
全钾	碱熔或酸溶消化后，火焰光度法或四苯硼钠比浊法测定
pH	水浸提法，水土比为5∶1或2∶1
碱解氮	扩散吸收法（康惠法）测定
有效磷	中性及石灰性土壤：Olsen法测定；酸性土壤：Bray法测定
速效钾	醋酸铵浸提后，火焰光度法或四苯硼钠比浊法测定
阳离子交换量	醋酸铵法测定

表9 卡庆斯基制与国际制土壤质地分级名

等级序号	卡庆斯基制[1]土壤质地分级名	等级序号	国际制[2]土壤质地分级名
1	松砂土	1	砂土
2	紧砂土	2	壤质砂土
3	砂壤土	3	砂质壤土
		4	壤土
4	轻壤土	5	粉砂质壤土
5	中壤土	6	砂质黏壤土
		7	黏壤土
6	重壤土	8	粉砂质黏壤土
7	轻黏土	9	砂质黏土
		10	壤质黏土
8	中黏土	11	粉砂质黏土
9	重黏土	12	黏土

注：1）卡庆斯基制指按卡庆斯基粒径分级的质地分类。该分类制有简制和详制两种。简制有3组9种质地，其主要特点是将土粒分为物理性黏粒和物理性砂粒两级；按物理性黏粒或物理性砂粒的数量进行质地分类，而不是按照砂粒、粉粒、黏粒三个粒级的质量比分组。详制是在简制的基础上，把9种质地进一步细分为39种质地类别，把含量最多和次多的粒组作为冠词，顺序放在简制名称前面，主要用于土壤基层分类及大比例尺制图。卡庆斯基还提出根据石砾含量而定的附加分类，也可作为质地分类的冠词，主要应用于山地土壤的质地分类。

2）国际制土壤质地分类在第二届国际土壤学会上通过，根据砂粒（粒径0.02—2mm）、粉粒（粒径0.002—0.02mm）、黏粒（粒径小于0.002mm）三粒组含量的比例，通过国际制土壤质地分类三角图，以黏粒含量为主要标准，小于15%者为砂土质地组和壤土质地组，15%—25%者为黏壤组，黏粒含量大于25%者为黏土组，划定12种质地类别。

（二）土壤剖面点的坐标匹配

含地理坐标的剖面数据可直观展示该土壤剖面点所代表土壤的土层厚度、土体构造及理化性状等特征，也是构建推理模型，进行土壤及其理化性状数字制图的基础。

二普完成的分县土种志中虽无典型剖面地理坐标记载，却有关于剖面采样地点、景观和土壤剖面分类命名的详细记录，如乡镇名、村名、高程和土类、亚类、土属、土种名等。从1∶5万土壤类型图与1∶5万基础地理信息数据库中也能提取出上述信息。在 1∶5 万比例尺空间数据库中，空间对象分辨率可达到 100m×100m 精度，折合为 1hm²。在全国性土壤调查中，对于选择、确定典型剖面采样点点位，通常要求其所代表的土壤类型在面积上能代表采样点周围 100 亩（1 亩 ≈ 666.7m²）以上的土壤，通过这种匹配方法获得的点位对实际采样点点位有较高的代表性。

为了使分县土种志中记载的剖面数据获得坐标，编者构建了多要素土壤剖面点坐标匹配模型，无空间坐标的土壤剖面从 1∶5 万土壤类型图和基础地理信息数据库中获得空间坐标。坐标匹配模型工作机制如图 2 所示。首先，从分县土种志中提取出 A 源数据，即每个剖面隶属的土类、亚类、土属、土种名及剖面采样点地名、采样点高程等多要素信息；然后，用分县 1∶5 万土壤图与多要素基础地理信息数据库叠加，生成含土类、亚类、土属、土种名和村名、乡镇名、高程等要素信息的空间数据，即 B 源数据；最后，利用多要素匹配模型，逐县对 A、B 两源数据进行匹配。当 A 源数据中某剖面点土类、亚类、土属、土种名和采样点地名、高程与 B 源数据中某土壤要素空间对象的四个土壤分类名、地名、高程等多要素信息一致时，该剖面点获得 B 源数据中土要素空间对象中心点坐标。若一个县域内，某剖面点与 B 源数据中多个空间对象存在配对关系，则取其中面积最大的空间对象的中心点坐标。

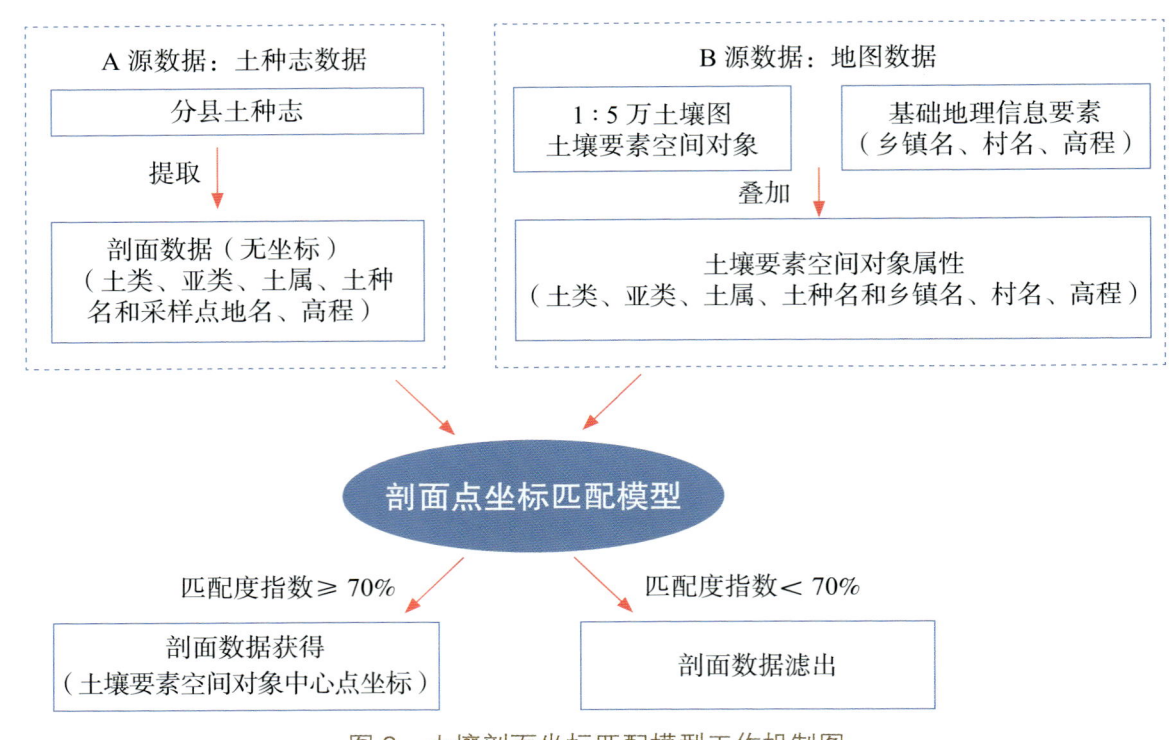

图 2　土壤剖面坐标匹配模型工作机制图

为衡量每个土壤剖面坐标匹配的质量，在匹配模型中植入了匹配度评价模型，分析和提取每个土壤剖面点坐标匹配中多要素信息的吻合度。匹配度指数较高，代表两源数据中的土类、亚类、土属、土种名和地名、高程等多要素信息一致性高；匹配度指数较低，代表 A、B 两源多要素信息存在一些不一致性；匹配度指数小于 70% 的剖面数据会被滤出，该剖面也会从分县土壤剖面理化性状表中删除（表 10）。利用坐标匹配模型，从分县土种志中提取出的 10 万余个剖面数据中，有 6 万多个获得了地理坐标并被收录于本数据集的分县土壤剖面理化性状表中，有约 3 万个由于匹配度指数较低被滤出。

表 10　坐标匹配的匹配度指数及释义

匹配度指数 / %	释义
90—100	匹配度高：A（分县土种志）、B（地图）两源数据中乡镇名、村名和三个以上土壤分类名（土类、亚类、土属、土种）、高程均一致
80—90	匹配度较高：A、B 两源数据中乡镇名、村名和两个土壤分类名（土类、亚类）、高程一致
70—80	具有一定匹配度：A、B 两源数据中乡镇名、村名、土类名、高程一致
＜70	匹配度较低：A、B 两源数据中地名和土类名不能全匹配

为检验通过匹配模型获得地理坐标的剖面对当地土壤类型是否具有代表性，编者自 2008 年以来，在河北、

山东、黑龙江、宁夏、海南等地挖取了300余个校验剖面，进行了比对研究。比对研究结果显示，校验剖面与二普完成的剖面记载在土壤类型、土体构造、母质、质地等土壤质量慢变化性状上都有很好的一致性。

（三）土壤剖面分类名的修订

分县土壤剖面理化性状表列出了每个土壤剖面的分类名。土壤分类名是对某一类土壤资源的抽象概括和表达，表述了各类土壤的主要成土过程以及各类土壤综合性的典型特征。如黑土是指在温带半湿润地区草甸草原植被条件下形成的具有深厚均匀腐殖质层的土壤，呈黑色，富含有机质和各种养分；褐土是指在暖温带半湿润地区形成的具有弱腐殖质表层和黏化层的土壤，盐基饱和度较高，呈棕褐色。土壤分类名既具有典型性，又具有综合性，是土壤最基本的属性。

二普中，我国基于全国第一次土壤普查经验制定了六等级土壤分类系统，这也是目前的国标系统。该系统中的六等级分别为土纲、亚纲、土类、亚类、土属和土种，从高级到低级，不同层级之间为隶属关系。其中，土纲用于界定水、温等主要的土壤成土条件，亚纲用来进一步区分土纲内成土条件与过程的差异，土类反映成土条件引致的最典型土壤特征，亚类反映土类内成土条件引致剖面特征的进一步分异，土属反映母质等成土条件引致亚类剖面的分异，土种反映同一土属中土壤的分异或当地群众对该土壤的命名。

在对各地土壤调查数据进行全国汇总时，编者发现，从全国2200多个分县土壤剖面资料中提取出的土壤分类名与我国在1998—2009年发布的三版《中国土壤分类与代码》国标差异较大[18-20]。国标发布的土类、亚类、土属、土种名数量分别为60个、229个、663个和3246个，而从2200多个分县土壤图件与剖面资料中提取出的土类、亚类、土属、土种名数量分别为312个、1520个、12150个和43200个。对国标上从未出现的土壤类型名进行审核和归并需要有土壤分类学上的依据。通过对俄罗斯、美国、加拿大、澳大利亚、德国、英国等各国土壤分类研究及发展状况的研究，编者总结了我国和其他世界各国过去半个世纪中在土壤分类方面的经验，确定了土壤剖面分类名的修订原则[1]。

研究显示，我国国标分类系统中的第三层级——土类（附录4），能很好地反映我国主要土壤类型形态上的典型特征。通过土类及其隶属的12大土纲可清晰展现出我国60个土类受温度、海拔、降雨、土壤发育度、地下水盐运动、耕种垦殖等主要成土条件影响而形成的地带性分布特征。另外，土类本身属于高层级分类，数目有限，命名符合汉语语言特征，易于专业及非专业人员掌握。通过土类名，读者能够辨识各种土壤类型，了解其成土过程、土壤质量与肥力特征。因此，在土壤剖面分类名的修订中，应重视维护土类名的稳定性。根据这一原则，在对分县资料中土壤分类名的编审中，编者将国标发布的60个土类名进行了归并，对亚类及以下的中、低级分类名称则在尽量保留现场获取的一手土壤调查信息的前提下进行适度归并与整合。

为便于读者了解我国目前采用的土壤分类名与国际土壤学会推荐的土壤分类名（world reference base for soil resources，WRB）[21]之间的关联，附录4中还给出了由史学正研究员通过剖面比对建立的WRB土组名与我国60个土类名的关联及WRB土组名对我国土类名的最大可参比性[22]。

（四）剖面土层代码

在形成过程中，由于物质迁移和转化，土壤会分化成一系列组成、性质和形态各不相同的层次，称为发生层或土层。土壤剖面各土层的顺序和变化情况，反映了土壤形成过程及土壤性质。

目前各国尚无统一的土层命名。1967年国际土壤学会提出将土壤剖面划分成O层（有机层）、A层（腐殖质层）、E层（淋溶层）、B层（淀积层）、C层（母质层）和R层（基岩）等6个主要土层。全国土壤普查办公室编制出版的《中国土种志》（6卷）[23-28]、《中国土壤》[29]则将自然土壤剖面划分成O层（凋落物有机质层）、A层（表层）、B层（淀积层）、C层（母质层）、D层（岩石碎屑层）和R层（坚硬岩石层）等6个主要土层；将旱地农田土壤划分成A（耕层）、C_1（心土层）和C_2（底土层）等几个主要土层；将水田土壤划分成Aa（耕作层）、Ap（犁底层）、P（渗育层）、W（潴育）和G（潜育层）等5个主要土层。

由于分县土种志中，土层代码和释义与以上文献给出的土层码不尽相同，因此在数据集编制中，编者主要保留了2200多个分县土种志中实际采用的土层代码和释义（表11）。为便于读者参考，编者在附录4中列出了引自《中国土壤》部分土类典型剖面的土体构造及其关联的土层代码[29]。

表 11　土壤剖面土层代码和释义[1]

代码		释义
自然土壤与旱地土壤	Ao	位于土表的枯枝落叶层
	A	自然土壤指表土层，耕地土壤指耕作层
	B	心土层，受成土作用形成的淋溶淀积层
	C	底土层，受成土作用少的母质层，较紧实，通常不受耕作、施肥影响
	D	未风化的母岩层，岩石碎屑层
水田土壤	A	耕作层，亦称淹育层和作物栽培层
	P	犁底层，位于耕作层下，经机械耕作和黏粒淀积，结构较为紧实
	W[2]	潴育层，位于犁底层下，水田在干湿交替作用下，铁、锰淋溶淀积形成斑纹层，使水稻土有较好的通透性，渗水而不漏水，溃水而不滞水
	G	潜育层，存在于水稻土、沼泽土和泥炭土中。土体长期积水，通透性不良，在还原状态下形成青灰色土层又叫青泥层，作物受还原性物质危害。若在其他土层出现，可用g表示，如Pg、Wg
	E	漂洗层，侧渗作用下黏粒、有机质被淋洗，铁质溶脱，形成灰白色或白色漂洗层

注：1）表中土层代码和释义主要根据全国各分县土种志中实际采用代码和释义进行综合与汇总。土体构造中，两个字母并列表示过渡层土壤，例如 AB 层、BC 层等。
　　2）一些地区将潴育层细分为 W_1（渗育层）和 W_2（淀积层）两层。渗育层指有明显水化铁层，多见黄色锈斑；淀积层指明显有铁锰淀斑或铁锰结核的土层。

（五）其他

分县土壤剖面理化性状表中，空格代表本项无数据。

若土壤剖面的土层码为数字，则表示调查中未对该剖面的各分层进行土层代码赋码。对这类剖面，编者按从地表至底土顺序赋土层序号 1、2、3……。土层序号不具有土壤发生学上的含义，仅表达每一土层的顺序。

分县土壤剖面理化性状表中土层厚度的上、下边界表示该土层采样范围。例如：土层厚度为 0—17cm，表示土层采自剖面 0—17cm 部位；土层厚度为 50—100cm 表示采自剖面 50—100cm 部位。一些剖面底土的土层厚度仅有上界而无下界。例如：85—，表示该土层采自剖面 85cm 至更深部位。

个别剖面上、下土层的上、下边界相互不衔接，例如：两个土层厚度分别为 0—10cm、30—35cm，表示该剖面的采样为不连贯采样，每个土层只选取了该土层的代表性层段。

一些剖面分层样本上、下土层的上、下边界相互不衔接，例如：按从地表至底土顺序，6 个土层采样范围分别为 0—13cm、13—18cm、18—40cm、18—32cm、32—100cm、50—100cm，其中第三个土层 18—40cm 为额外增加的采样层。在土壤调查中，当调查者认为需要对某些区域或土类的特定土层进行单独采样和分析时，往往会出现这一情形。为了最大限度保持第一手调查资料的完整性，编者将这类土层也编入了分县土壤剖面理化性状表中。

本卷收录的新疆维吾尔自治区典型土壤剖面共计 701 个。通过对剖面数据的土层厚度转换，附录 7 给出了这些典型剖面 0—20cm 土层土壤理化性状中位数与平均数。二普剖面采样为典型土类采样，而非网格化采样。0—20cm 土层土壤理化性状中位数与平均数不代表本自治区土壤理化性状平均状况。但二普是我国最早的大样本量调查，附录 7 所示的 0—20cm 土层土壤理化性状中位数与平均数对了解新疆维吾尔自治区 20 世纪 80 年代土壤肥力性状具有一定参考价值。

附录 8 列出了新疆维吾尔自治区耕地、园地、林地、草地和湿地 0—30cm 土层土壤有机质含量的平均值。该值由新疆维吾尔自治区土壤有机质含量图和自然资源部土地科学数据中心编制的 2019 年 1:100 万比例尺全国土地利用缩编图通过叠加、计算生成。其中，耕地包括水田、水浇地、旱地三种土地利用类型；园地包括果园、茶园和其他园地三种土地利用类型；林地包括有林地、灌木林地和其他林地三种土地利用类型；草地包括天然牧草地、人工牧草地和其他草地三种土地利用类型；湿地包括沼泽地、沿海滩涂和内陆滩涂三种土地利用类型。鉴于新疆维吾尔自治区土壤有机质含量图源于大样本量地面采样，土壤有机质含量亦为变化较慢的土壤质量性状[15]，附录8对了解新疆维吾尔自治区耕地、园地、林地、草地和湿地的土壤有机质含量状况及演变具有较高的参考价值。为便于读者了解新疆维吾尔自治区耕地、园地、林地和草地四种土地利用类型中受成土过程影响而形成的各主要土壤类型及其在各土地利用类型中的占比情况，附录9给出了主要土壤类型在这四种土地利用类型中的占比。

土壤专题图与土壤剖面数据可靠性检验

该检验目的是对数据集中的土壤专题图和土壤剖面数据能否真实反映土壤资源与土壤理化性状及其空间分布特征给出科学、客观的评价。另外，数据集中的土壤专题图和土壤剖面数据主要源于1979—1987年的二普和2005—2017年在全国测土配方施肥项目中的土壤养分调查，因此，该检验也是对我国两次全国性土壤调查所获成果的质量评估。

对土壤专题图及含地理坐标的剖面数据的检验涉及地图制图学、测绘科学、土壤学、地统计学等多学科内容，而对于不同的学科，数据检验的目标和内容也不同。对于地图制图，精度检验十分重要；而在土壤学范畴，可靠性检验更为重要。精度检验方面，本数据集剖面坐标是通过1:5万比例尺地图数据匹配获得，匹配用地图精度直接影响剖面数据坐标精度。可靠性检验方面，土壤专题图和土壤剖面数据均属于土壤学范畴，还需要从土壤学角度给出科学评价。借助目前仍在发展中的地统计方法，编者最终给出了合理的可靠性检验方法。为便于读者理解，本节将重点说明两点：一是地图精度与土壤专题图制图的关联；二是土壤专题图和剖面数据的地统计检验结果。

在地图制图中，地图精度用于衡量某一地物点或地物轮廓点的平面位置和高程位置偏离其真实位置的平均误差。这里的地物点或地物轮廓点可以是测量控制点、水准点、道路交叉点、境界线方向变化点、山脚点、山顶等。地图精度与地图投影、比例尺、制作方法和工艺有关。地图比例尺不同，误差控制要求也不同。一般来说，地图比例尺越大，误差越小，精度越高。换言之，地图精度或比例尺主要反映对地图中基础地理信息要素，如测量控制点、河流、道路、等高线、境界的误差控制要求。

在土壤专题图制图中，需要用基础地理信息要素标识土壤要素空间位置。在较早的土壤调查中，没有GPS设备，通常用纸质地形图为底图标识采样点位置。地面土壤采样调查完成后，根据底图标记的采样点位置和实测获得的土壤要素值，由经验丰富的土壤科学家依据土壤及相关要素的空间分布、空间相关性和空间依赖性规律进行人工综合判图，在底图上手工完成土壤专题图的勾绘和制图。我国的二普与欧美各国在20世纪80年代之前进行的全国性土壤调查基本均采用这一方法进行土壤专题图编绘。二普为大样本量土壤调查，采样密度高，采用1:1万大比例尺地形图为工作底图，全国共挖取土壤观察剖面550余万个，采集0—20cm土壤表层样本200余万个，通过综合判图和人工勾绘，最终完成分县1:5万比例尺土壤图和各类土壤养分含量图的编制。土壤专题图比例尺不代表地图中对土壤要素的误差控制要求，客观上，地面采样中应用大比例尺的工作底图，采样密度高，土壤采样点均衡分布于调查区域中，以此为依据编制的土壤专题图能精细地表达调查区域内土壤要素的空间变化特征。采样密度低的土壤调查结果则不适合编制大比例尺土壤专题图。

近年来，随着GPS和GIS技术的发展，地统计方法已较多用于反映和研究土壤要素的空间变化规律。地统计方法不仅提供了利用含地理坐标的土壤采样点数据制作土壤专题图的地统计模型，还提供了对模拟结果进行不确定性检验的方法。地统计检验的主要目的是了解模拟结果对真实情况反演的客观性和可靠性，而不是评价地图中土壤要素的精度或误差控制。检验结果既受地面采样原则、采样量的影响，也受所选模型类型、建模过程中是否引入协变量等因素的影响。

由于二普完成的土壤图和养分含量图中没有采样点标注，难以对其进行地统计检验。为此，编者同时对我国在全国测土配方施肥项目中完成的有GPS定位坐标的农田耕层土壤有机质含量数据进行了地统计分析和检验。与二普相似，全国测土配方施肥项目也按网格化均匀分布原则进行大样本量、高密度土壤采样，全国总计完成1000万个农田土壤耕层样本的采集。

检验方法为：首先，在我国东、南、西、北、中不同地域选取7个代表性片区，每片区包含地域相连、域内无大面积剖面点缺失的多个行政县，且含土壤剖面点500个以上。其次，提取7个片区源于二普剖面0—

20cm 土层和源于 2005—2017 年 0—20cm 农田耕层采样的土壤有机质含量数据。二普剖面数据的采样特征为在优先选取典型土壤类型的前提下，尽量均衡分布；样本量较小，全国有 6 万多个具有匹配坐标的剖面。2005—2017 年农田养分调查数据为网格化均衡分布的大样本量，全国完成了 1000 万个有 GPS 定位坐标的耕层样本。最后，用普通克利金插值（ordinary Kriging）方法进行地统计分析和检验。在每片区剖面点和耕层采样点的数据中分别随机选取 80% 作为训练样本集，20% 作为验证样本集，同时进行建模；将验证样本预测值与实测值进行线性回归，计算 R^2（决定系数）和 RMSE（均方根误差），以此评价两组数据表达土壤要素空间分布特征的可靠性和误差。选择土壤有机质含量作为检验指标的原因为该指标是最重要的土壤质量性状之一，且可量化表达，便于进行地统计检验。

二普剖面数据的检验结果显示，在 7 个代表性片区，剖面点数据表达的有机质含量分布状况可靠性均达极显著水平（表 12）。这表明，尽管二普典型剖面数据为非网格化采样，含地理坐标样本量较少，需采用匹配坐标替代原点坐标，但在一个由多县组成的片区内，当剖面样本量达到一定数量后，即使未引入可极大改进 R^2 的地形、土地利用类型等辅助变量，用普通克利金插值仍然能比较真实、可靠地反演土壤要素空间分布特征。2005—2017 年耕层采样点数据的检验结果显示，与二普剖面点数据相比，大部分片区的有机质含量分布数据 R^2 更大（达到中等相关至强相关），RMSE 更小，可靠性和预测精度明显更优，这说明就表征土壤要素空间分布特征而言，网格化均衡分布的大样本量采样得到的数据可靠性和精度相对较高。这为二普大比例尺土壤专题图数据（土壤图和土壤 pH、有机质、氮、磷、钾养分含量图）的地统计检验特征提供了佐证。二普大比例尺土壤专题图数据均源于网格化均衡分布的大样本量地面调查，其可靠性和精度应优于二普剖面点数据。

两组数据地统计检验结果还显示，尽管相隔近 30 年，两时段调查的土壤有机质含量也有一定变化，但各片区土壤有机质含量的空间分布规律总体相近。图 3 展示了东北片区两组数据通过克里格插值获得的土壤有机质含量分布图。可以看出，尽管二普土壤剖面样本数（546）远少于农田耕层土壤样本数（45182），20% 校验集所获 R^2 较低，预测值与实测值偏差较大，但两组数据展示的土壤有机质含量空间分布格局相近，均为东北角最高，西南角最低。另外，该片区 2005—2017 年的农田耕层有机质含量均值为 36.41g/kg，低于 1979—1987 年间的二普采样结果（40.53g/kg），这一结果与东北地区所做长期定位试验结论一致。这表明，本数据集剖面数据可为了解土壤质量时空演变规律提供可靠的数据支持[9]。

表 12　二普典型土壤剖面数据和 2005—2017 年耕层采样点数据的地统计检验结果

编号	片区名	县数	面积/km²	二普剖面土壤有机质含量[1]			耕层土壤有机质含量[2]		
				样本量	R^2 [3]	RMSE[3]	样本量	R^2 [3]	RMSE[3]
1	东北片区	19	72353	546	0.329**	14.77	45182	0.689**	6.32
2	冀鲁豫片区	64	50071	881	0.363**	5.65	256341	0.429**	3.47
3	江浙片区	53	63003	1312	0.334**	8.83	51759	0.666**	4.05
4	湖北片区	10	21044	515	0.286**	20.21	60545	0.281**	11.09
5	四川片区	39	98052	1283	0.380**	9.20	206682	0.344**	7.08
6	粤闽赣片区	27	58745	801	0.223**	13.33	51759	0.285**	6.42
7	陕甘片区	47	109010	990	0.296**	7.20	256341	0.558**	2.48

注：1）数据源于二普土壤剖面（1979—1987 年采样，0—20cm 土层）数据库，土壤有机质含量单位为 g/kg。
2）数据源于 2005—2017 年农田耕层（0—20cm）土壤养分调查数据库，土壤有机质含量单位为 g/kg。
3）20% 验证样本所获预测值与实测值的线性回归 R^2（决定系数，其中 ** 表示 1% 水平显著）和 RMSE（均方根误差）。

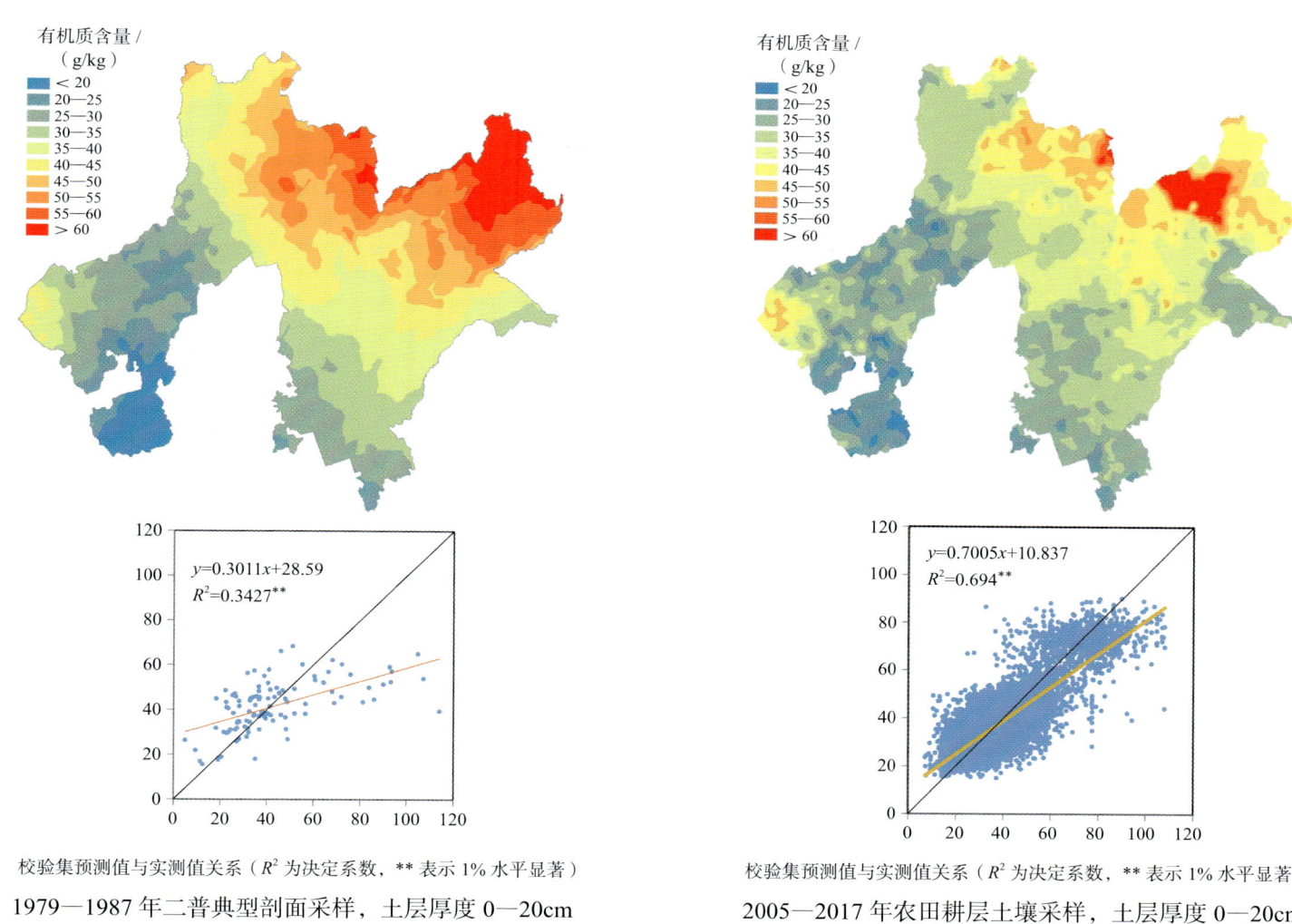

图3　东北片区土壤有机质含量分布图及地统计检验结果

参编单位

《中国土壤剖面数据集》的编制工作始于1998年。其编制过程主要分为以下两个阶段：

第一阶段为全国1∶5万土壤图编制和中国剖面数据库构建阶段。20世纪末，随着现代科学研究与管理对土壤时空信息的迫切需要和大数据技术的发展，利用土壤调查结果构建我国土壤资源与质量时空数据库日益显现出可行性和必要性。1998年，我国土壤科技工作者开始对二普分县土壤图件和资料进行系统收集和整理，这项工作曾得到国家社会公益性研究专项的资助。"十一五"期间，"我国1∶5万土壤图籍编撰及高精度数字土壤构建"被列为国家科技基础性工作专项重点项目。在全国各地农业、国土、档案等多家单位的大力配合和各地土壤科技工作者的支持下，项目组汇聚全国土壤科学、农业、测绘与环境领域多家专业科研院所的科研力量，深入31个省、自治区、直辖市以及数百个县的原始图件与资料存放部门，完成了2200多个县的分县大比例尺纸质土壤图与土种志的收集。同时，项目组还收集了全国31个省、自治区、直辖市的分省土壤图、土壤有机质含量图等多类别土壤专题图和分省土壤调查资料，并在此基础上，项目组研究人员通过融合多学科方法创建土壤大数据方法，以方法创新带动异源非标准海量土壤信息的时空整合与表达，至2017年，完成了我国1∶5万土壤图的整合表达和中国土壤剖面数据库的构建，为编制《中国土壤剖面数据集》奠定了科学基础、方法基础和数据基础。

第二阶段为《中国土壤剖面数据集》编制阶段。为满足我国农业、林业、环境、气象、国土、水利等各部门对公众版土壤资源与质量信息的迫切需求，项目组于2017年启动了数据集编制工作。在数据集编制过程中，项目组一方面利用土壤大数据方法进行数据的审核、土壤专题图的缩编与剖面数据表的表达等多项工作，另一方面组织了各省级土壤专业科研院所参与各分卷内容的审核和修订工作。数据集的编制还得到了中国农业科学院科技创新工程的资助。

本数据集的最终面世离不开多家科研单位在过去20多年时间里的共同付出。这些单位包括国家科技基础性工作专项重点项目"我国1∶5万土壤图籍编撰及高精度数字土壤构建""我国1∶5万土壤图籍编撰及高精度数字土壤构建二期工程"主持与参加单位、参加数据集各分卷审核和修订工作的土壤专业科研单位以及参与分县大比例尺纸质土壤图与土种志收集的各地相关管理与科研部门（附录10）。

（张维理、徐爱国、张认连、冀宏杰）

序图

中国土壤图
1:13 000 000

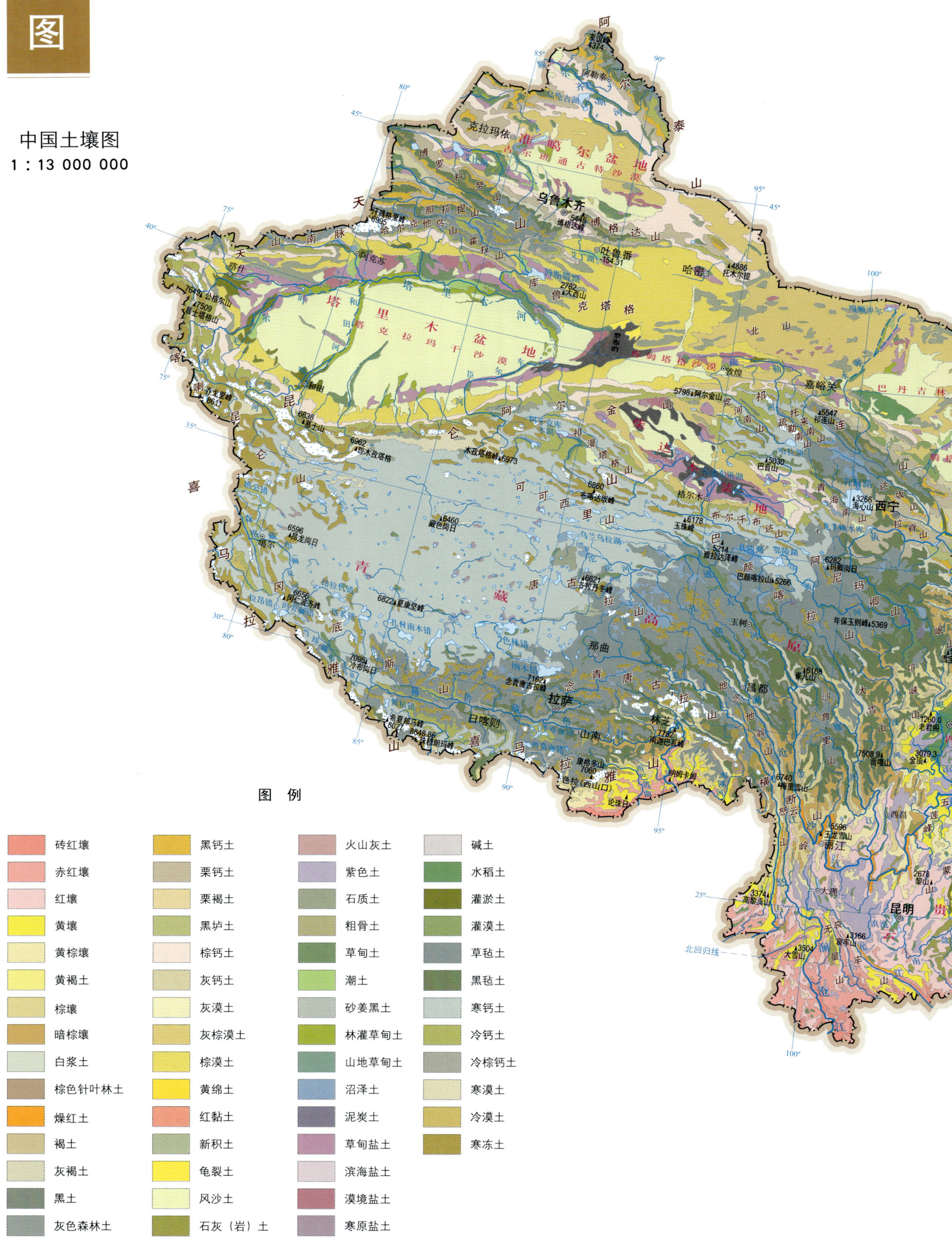

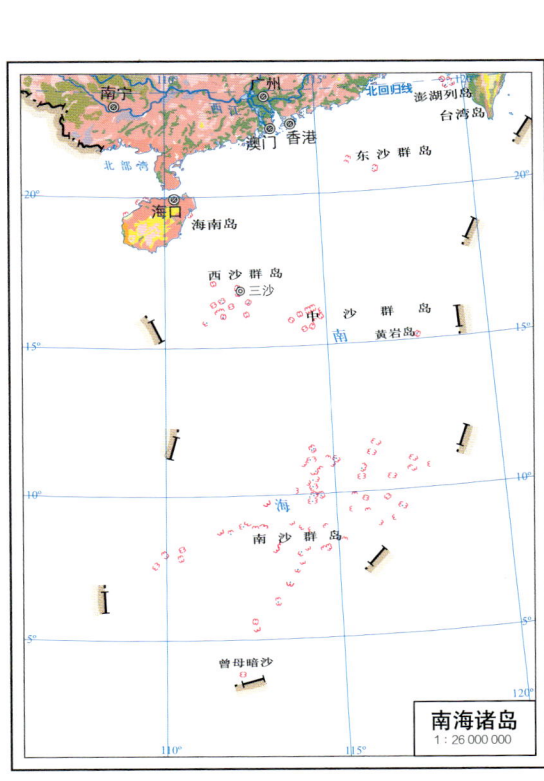

中国土壤有机质含量图
1∶13 000 000

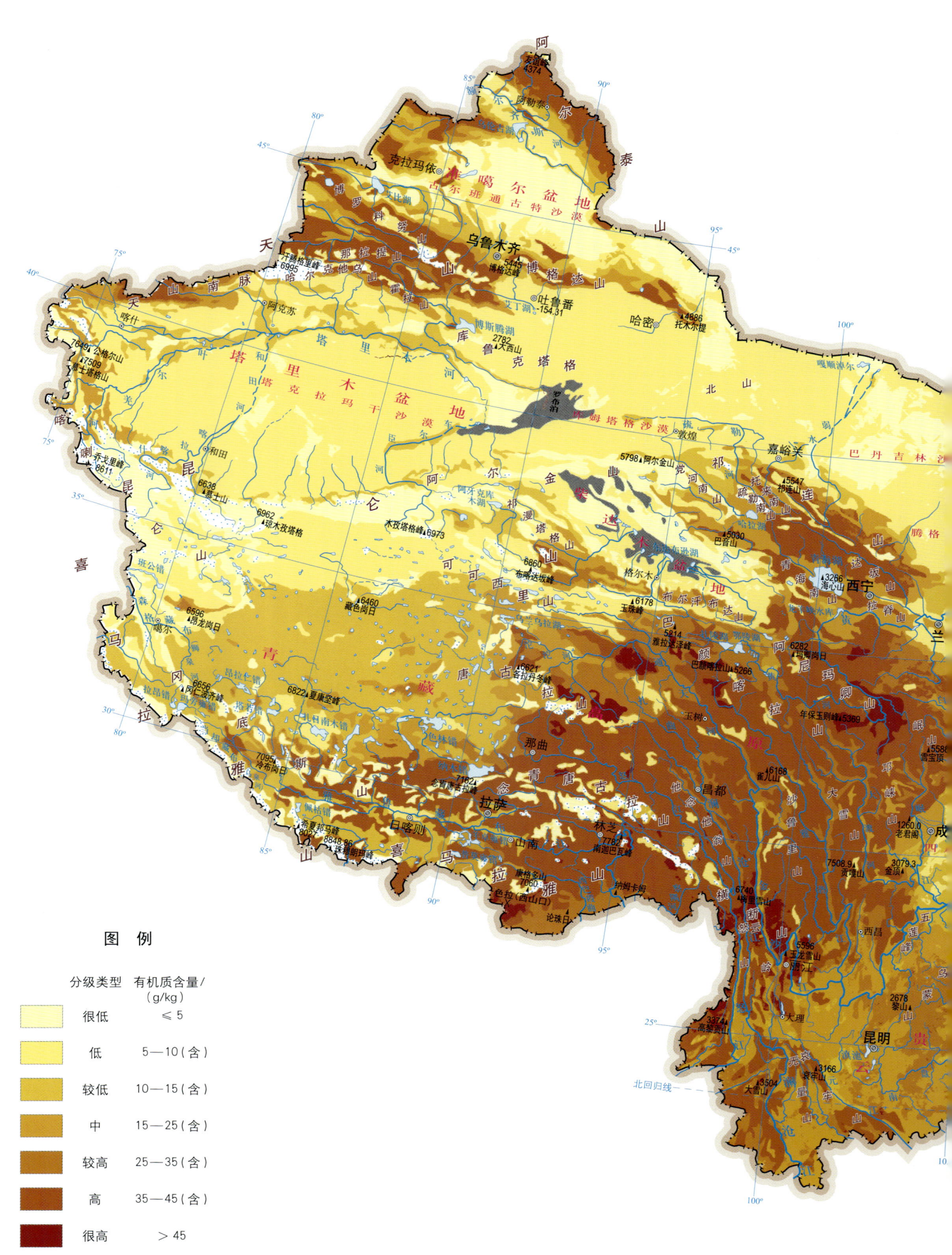

图 例

分级类型	有机质含量/(g/kg)
很低	≤5
低	5—10（含）
较低	10—15（含）
中	15—25（含）
较高	25—35（含）
高	35—45（含）
很高	>45

注：土层厚度为 0—30 cm。

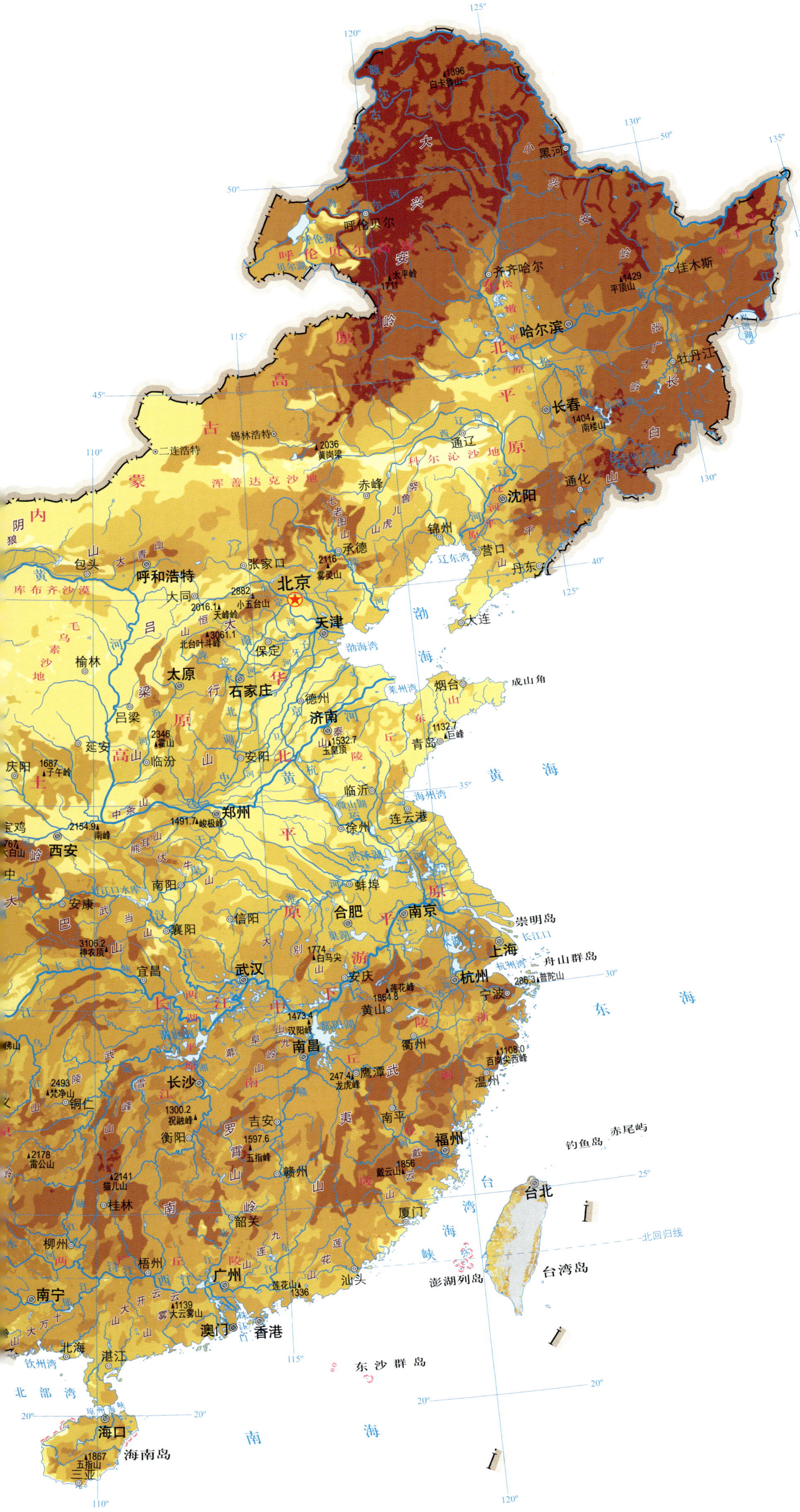

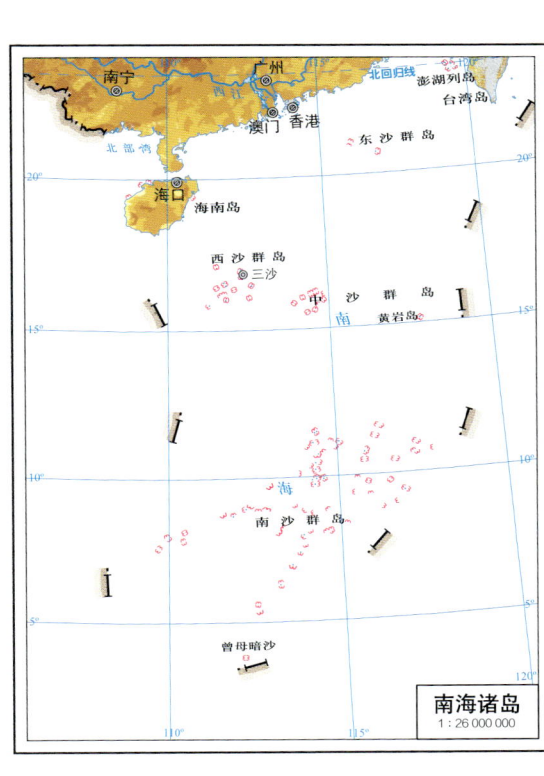

中国地势图

1 : 13 000 000

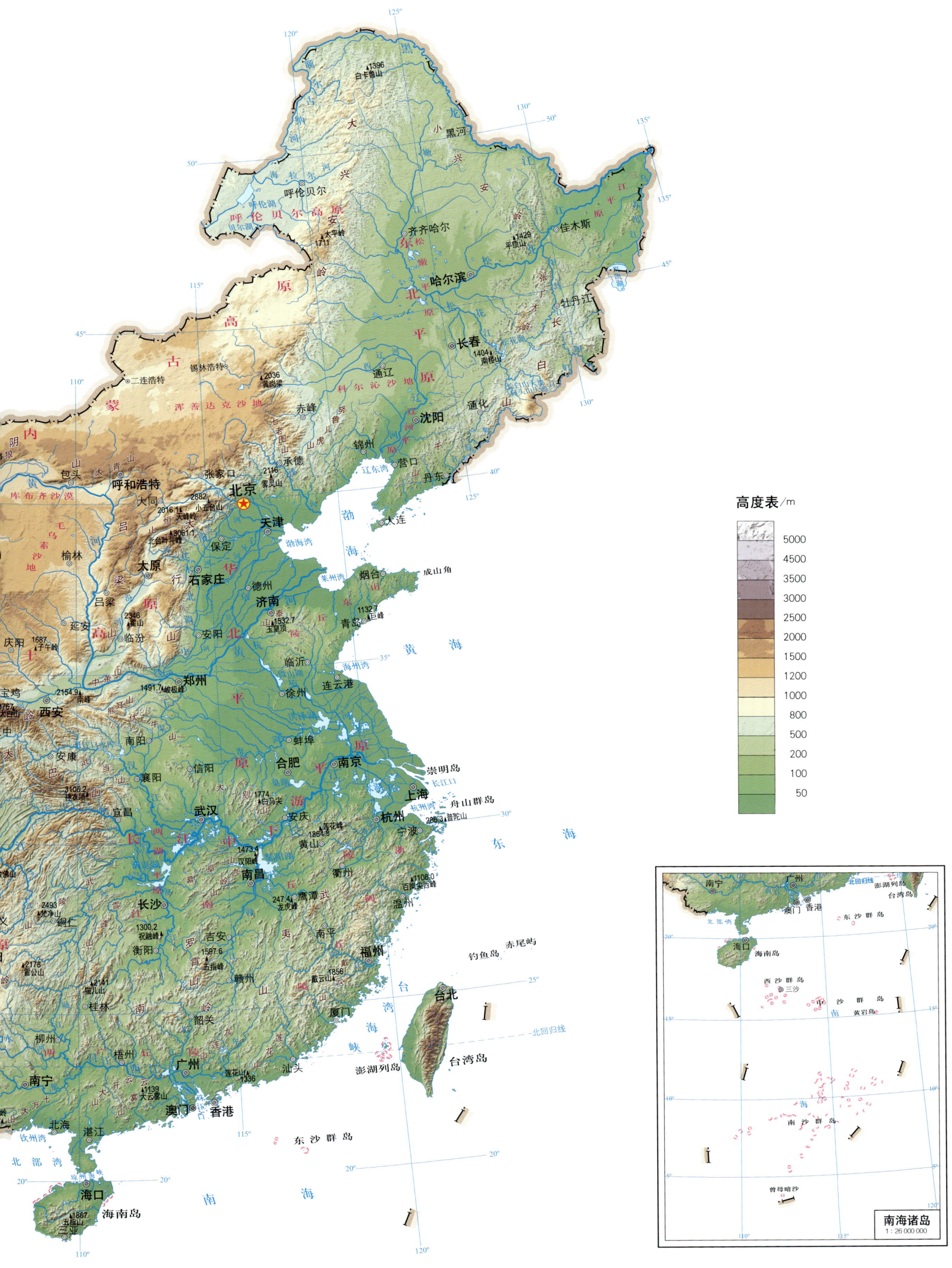

新疆维吾尔自治区土壤图
1 : 5 500 000

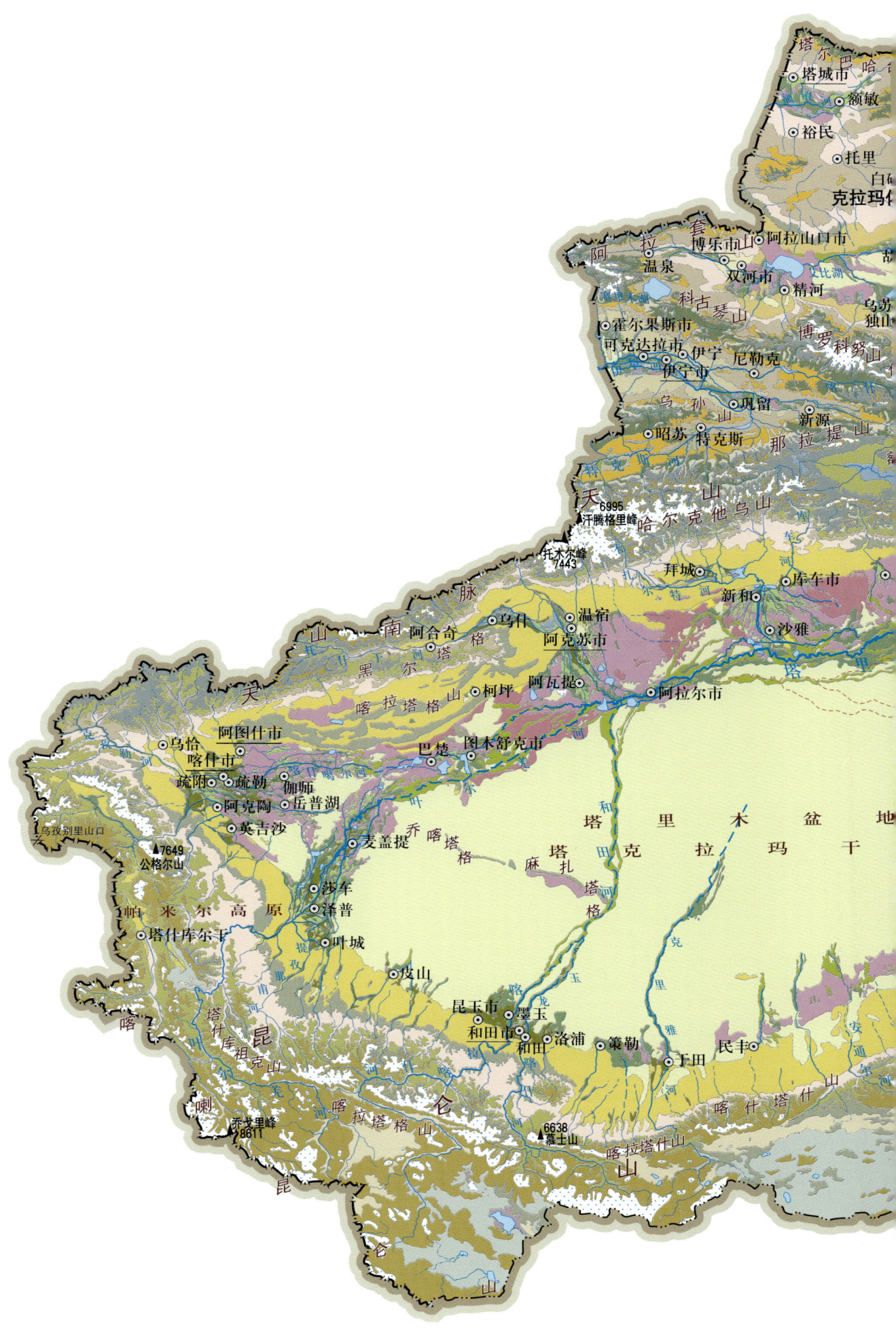

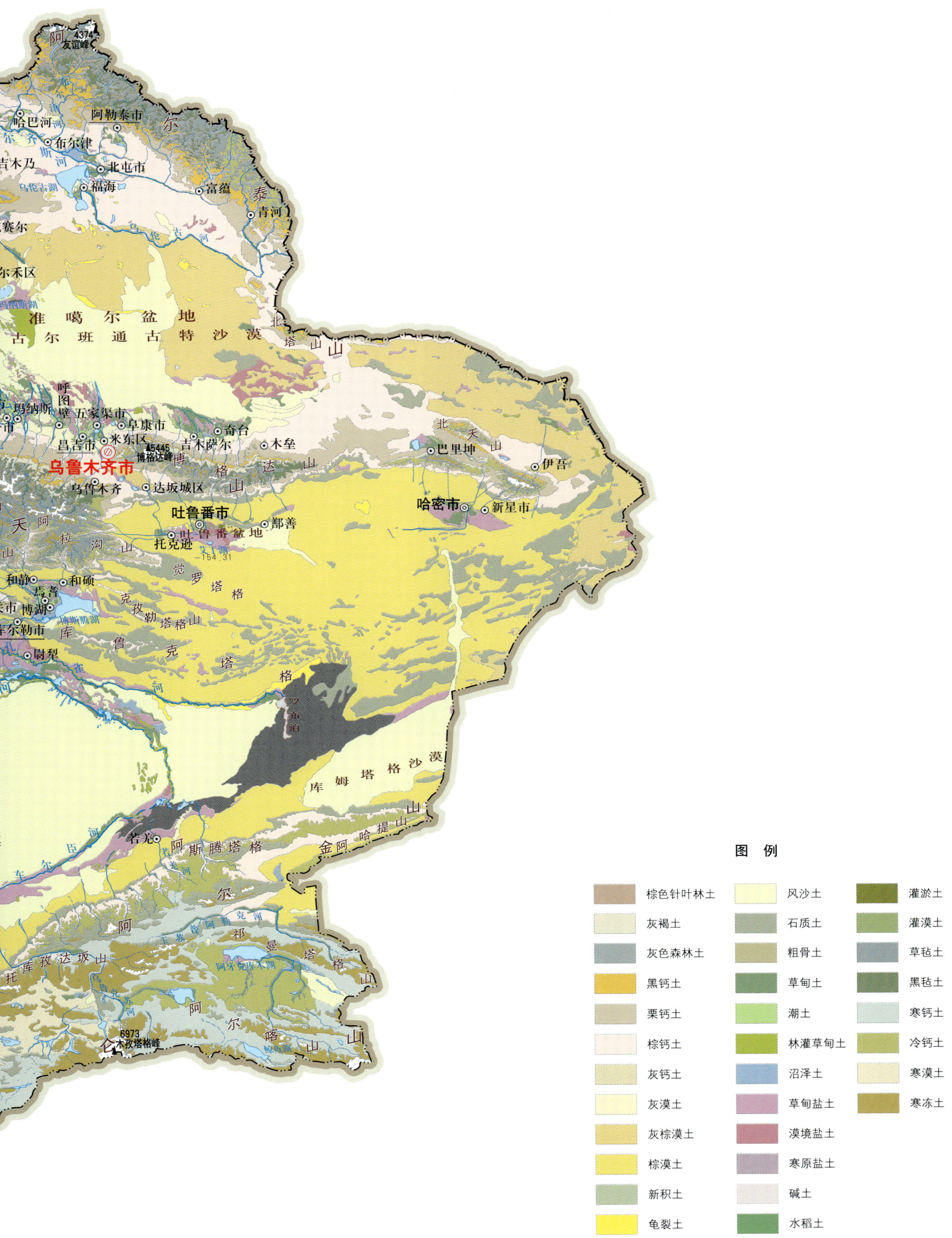

新疆维吾尔自治区土壤有机质含量图
1:5 500 000

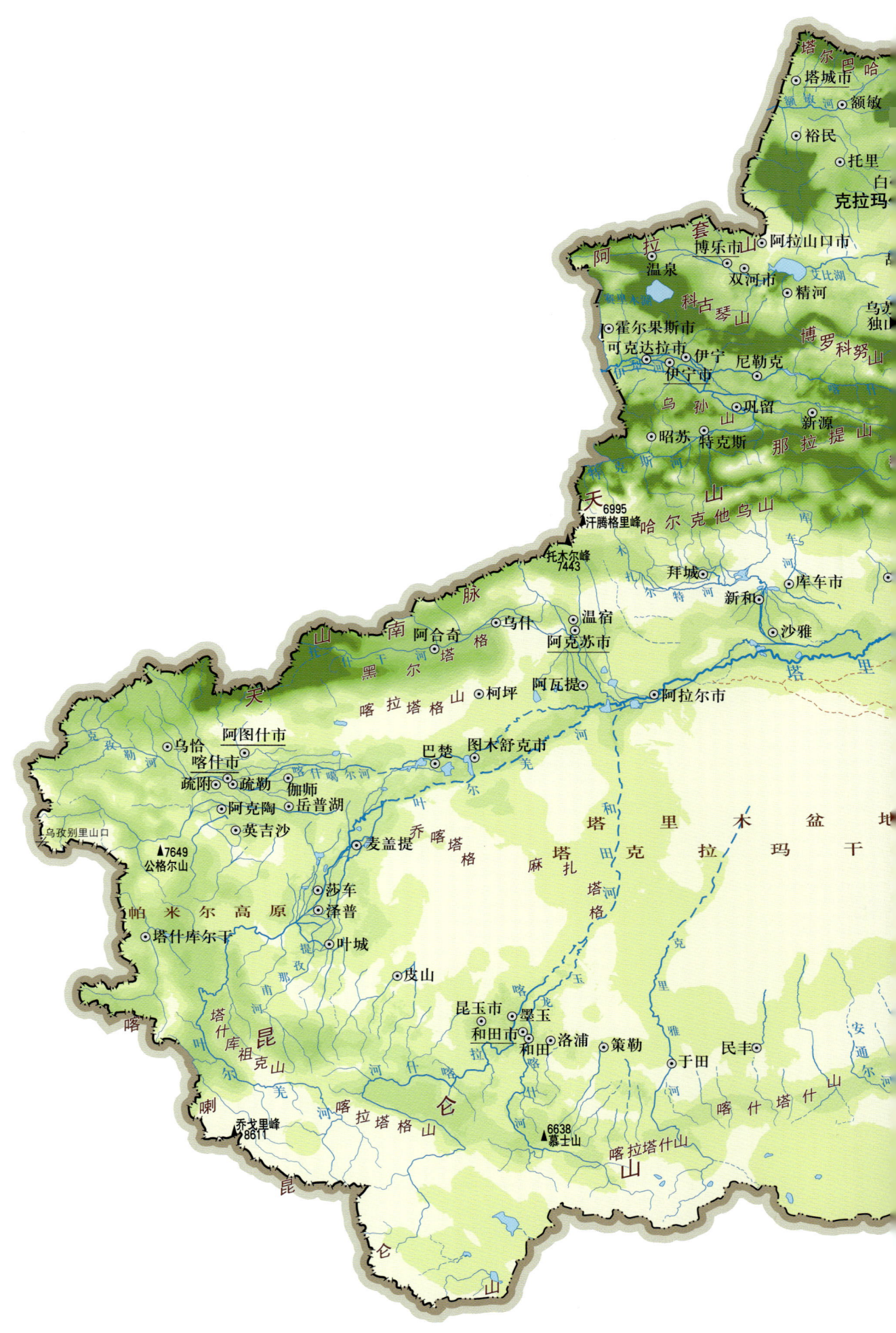

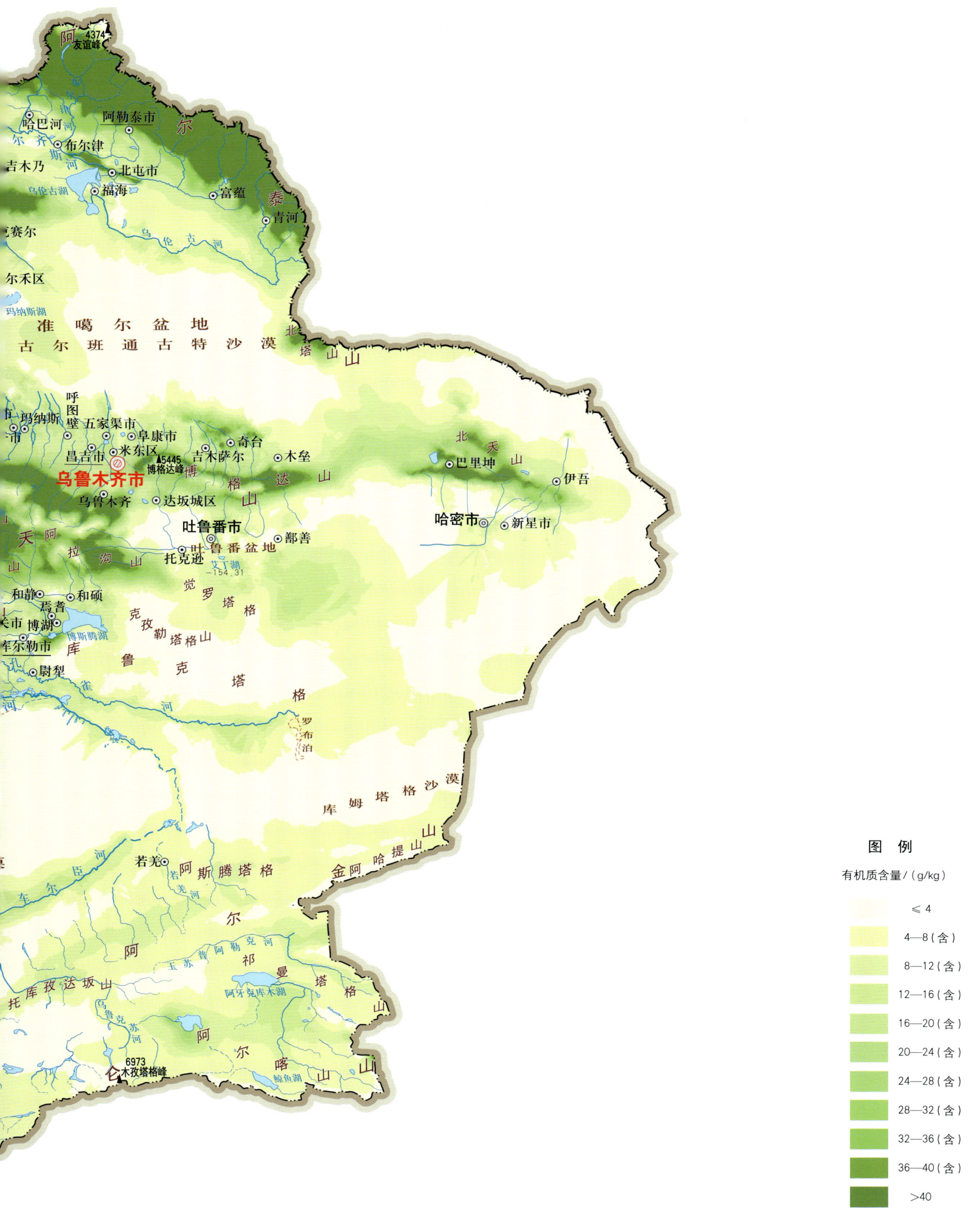

新疆维吾尔自治区地势图
1 : 5 500 000

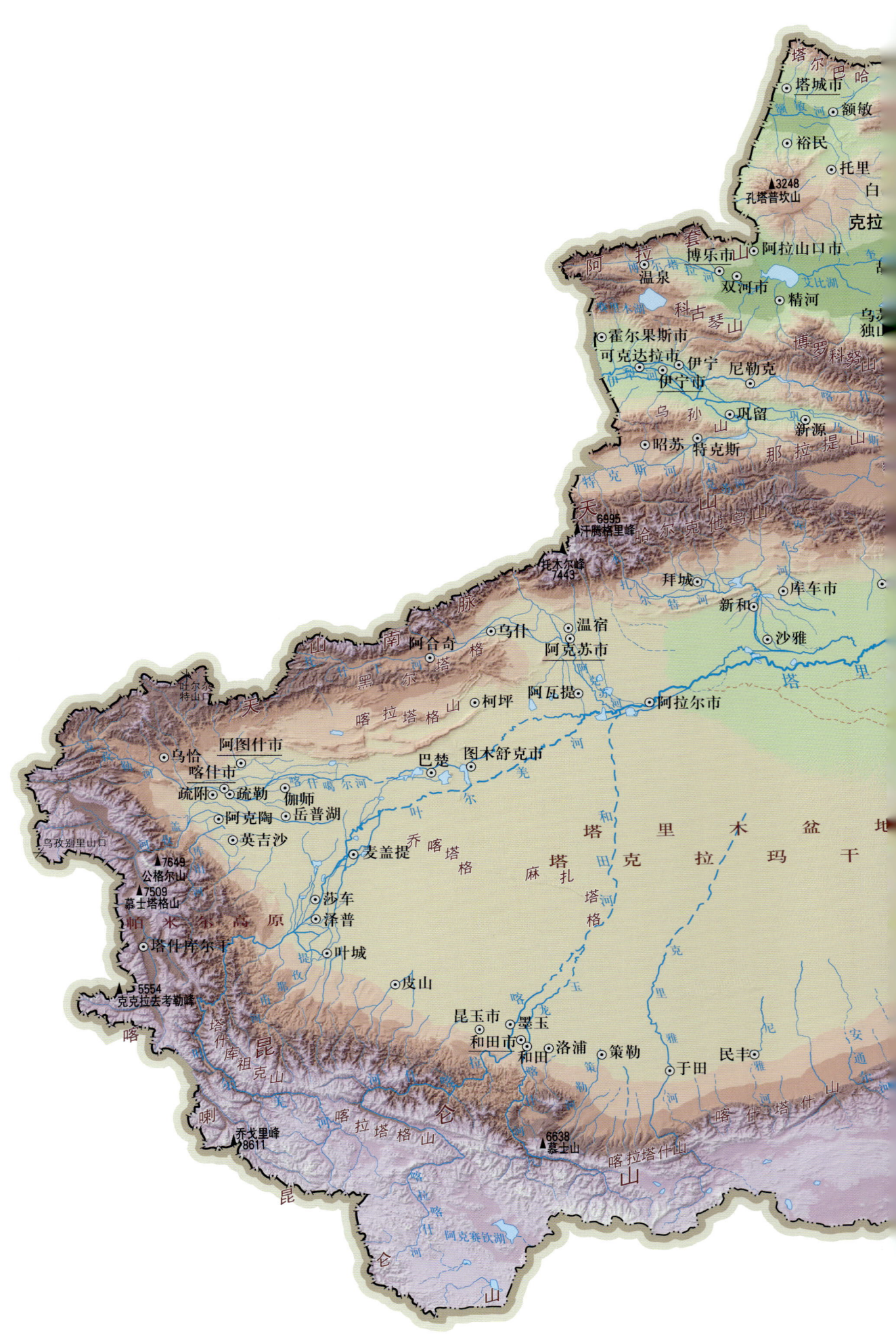

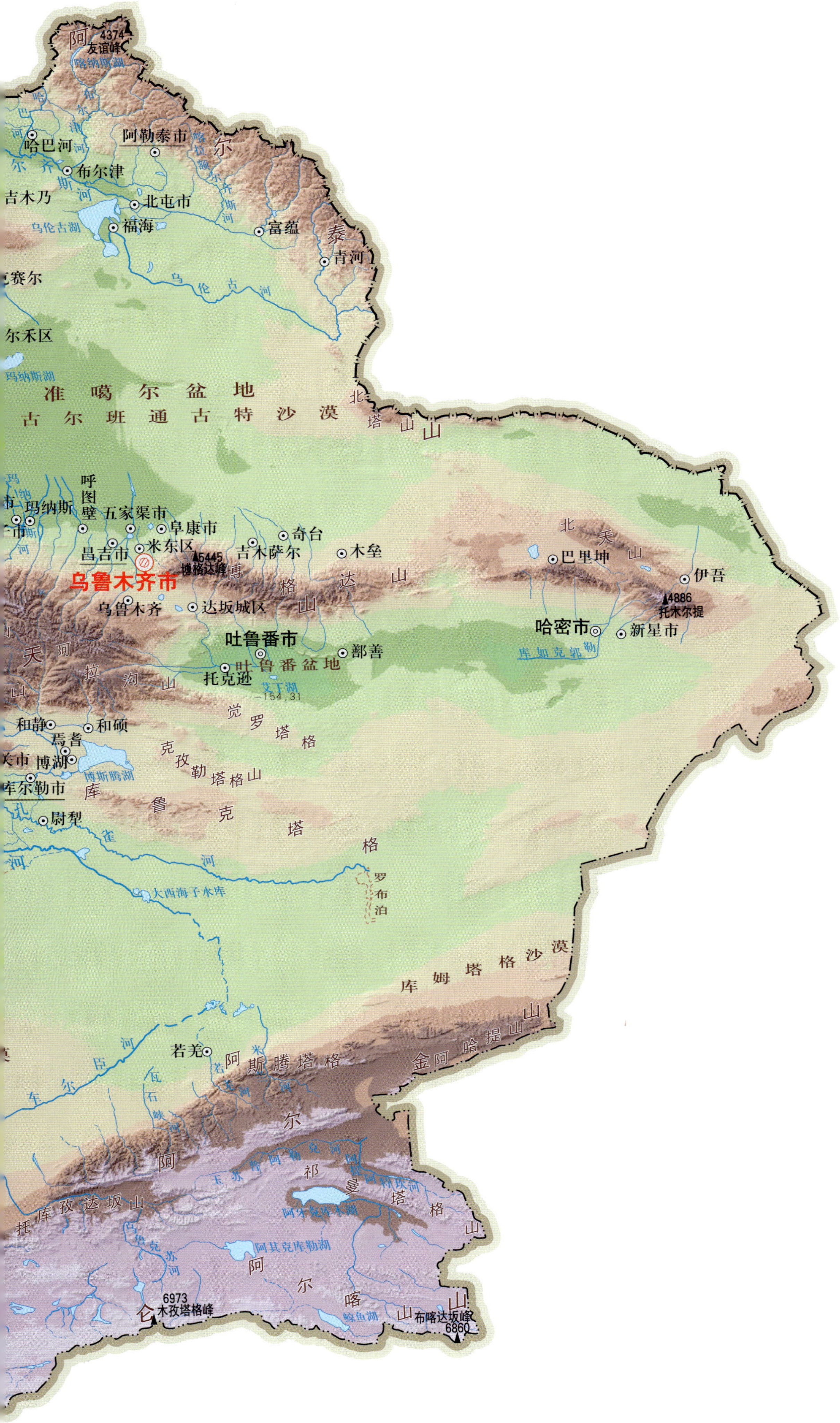

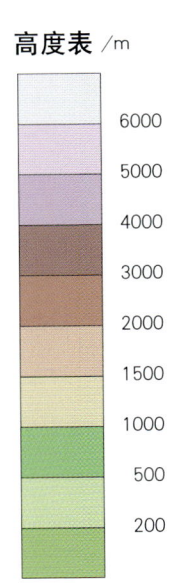

中国土壤剖面数据集·新疆卷

第二编 | 分县土壤图与土壤剖面数据

乌鲁木齐市

市 辖 区

主要土类说明

棕钙土是乌鲁木齐市主要土壤类型，占本市地域面积的28%。棕钙土以草原土壤腐殖质积累作用和钙积作用为主，并有荒漠成土过程的一些特点，具有薄的腐殖质松软表层，其下为棕色弱黏化、铁质化的过渡层（Bw），在0.5m左右深度内出现灰白色薄钙积层，并有石膏（有时还有易溶盐）在底部聚集。地表多砂砾石，有机质含量低，阳离子交换量较低；质地较粗，土体中钙质有较明显移动。

栗钙土是乌鲁木齐市第二大土壤类型，占本市地域面积的16%。表层为栗色或暗栗色的腐殖质层，厚度25—45cm，有机质含量15—40g/kg；其下为含有多量灰白色斑状或粉状石灰的钙积层，石灰含量10%—30%。底土有数量不等的石膏和盐分聚积，但土壤无碱化和黏化现象。

草毡土占乌鲁木齐市地域面积的9%。主要形成过程有生草过程、有机质积累过程、有机质腐殖化过程、碳酸钙淋溶淀积过程和高山冻融过程等。一般有五个发生层次，即生草层、有机质层、淋溶层、钙积层和母质层。在高山强烈冻融交替条件下，土壤有机质腐殖化程度低，矿物分解弱。土体一般较湿润，密生高山矮草草甸。

灰棕漠土占乌鲁木齐市地域面积的7%。地表见砾幂及褐色结皮，亦见干面包状结皮；石灰表聚，下见纤维状石膏聚积，亦见铁质黏化现象。有机质含量小于5g/kg，且土层甚薄。

黑毡土占乌鲁木齐市地域面积的7%。主要形成过程有生草过程、有机质积累过程、有机质腐殖化过程、碳酸钙淋溶淀积过程和山地冻融过程等。有机质层深厚，表土层的有机质含量大于220g/kg。

本市面积小于7%的土壤类型还有寒冻土、冷钙土、灰褐土、灰漠土、棕漠土、黑钙土、草甸盐土、石质土、灌漠土、潮土等。

本区域中心区气候特征

本区域中心区气候特征值
Regional climate characteristics in central area of the region

气候带：中温带亚干旱气候 Climate region: Mid temperate sub arid climate	
年平均气温 /℃ Annual average temperature /℃	9.2
年平均最高气温 /℃ Annual average maximum temperature /℃	15.4
年平均最低气温 /℃ Annual average minimum temperature /℃	3.9
年降水量 /mm Annual precipitation /mm	201
≥10℃的积温 /℃ Daily temperature accumulated in a year (≥10℃) /℃	3373
年日照时数 /h Annual sunshine /h	2648
年平均相对湿度 /% Annual average relative humidity /%	53
干燥度 Dryness	17.81

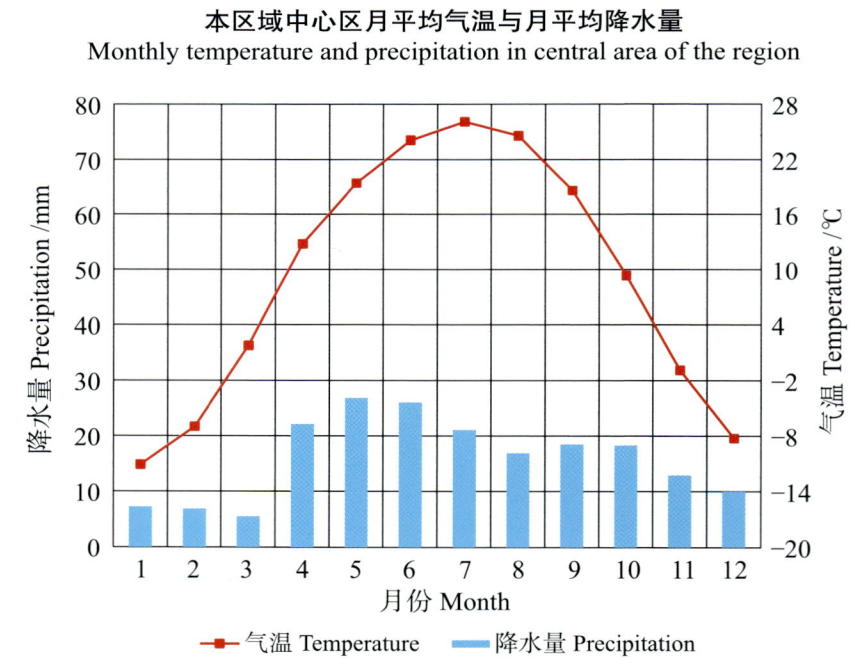

本区域中心区月平均气温与月平均降水量
Monthly temperature and precipitation in central area of the region

乌鲁木齐市市辖区（部分）主要土壤类型与土壤剖面点分布图

1∶670 000

图例： 棕钙土、栗钙土、草毡土、灰棕漠土、黑毡土、寒冻土、冷钙土、灰漠土、灰褐土、棕漠土、黑钙土、草甸盐土、石质土、灌漠土、潮土、草甸土、林灌草甸土、沼泽土、水稻土、剖面点

第二编　分县土壤图与土壤剖面数据　｜　035

乌鲁木齐市土壤剖面理化性状表

剖面号 Soil profile	土纲 Soil order	土类 Soil great group	亚类 Soil subgroup	土属 Soil genus	土种 Soil species	土层码 Layer code	土层厚度 Depth/cm	颜色 Soil color	质地 Soil texture	土壤结构 Soil structure	pH	有机质 OM/(g/kg)	全氮 TN/(g/kg)	全磷 TP/(g/kg)	全钾 TK/(g/kg)	有效磷 AP/(mg/kg)	速效钾 AK/(mg/kg)	土壤母质 Parent material	剖面点坐标 Profile coordinate	匹配指数 Matching index/%
剖1	半水成土	草甸土	盐化草甸土			1	0–26	黑色	黏土	核状	9.2	35.7	1.60	1.58		5.9	>500		E 87° 29′ 06.0″ N 44° 04′ 16.0″	82
						2	26–55	暗棕色	黏土	粒状	9.2	21.4	0.94	1.33		2.2	>500			
						3	55–88	灰色	黏土	粒状	8.6	20.7	1.02	0.96						
						4	88–157	灰色	黏土	粒状	8.4	8.5								
剖2	半水成土	潮土	盐化潮土	苏打盐化潮土	苏打盐化潮土	1	0–33				>9.5	20.9	0.93	2.90		2.0	>500		E 87° 31′ 11.3″ N 44° 02′ 22.6″	82
						2	33–99				9.2									
						3	99–123				8.3									
剖3	漠土	灰漠土	灌耕灰漠土	黄土型灰漠土	灰土	1	0–24	灰棕色	中壤土	团块状		23.8	1.38	0.87	22.4				E 87° 29′ 56.0″ N 43° 58′ 04.4″	83
						2	24–50	灰棕色	中壤土	小块状		14.9	0.89	1.01	23.2					
						3	50–75	灰棕色	砂壤土	小块状		12.2	0.75	0.73	23.2					
						4	75–104	灰棕色	轻壤土	小块状		5.7	0.29	0.57	23.2					
剖4	漠土	灰漠土	灌耕灰漠土	黄土型灰漠土	白板土	1	0–18	黄棕色	中壤土	小块状		10.7	0.53	0.56	22.0				E 87° 31′ 44.9″ N 43° 56′ 28.0″	92
						2	18–32	黄棕色	少砾质轻壤土	片状		7.9	0.43	0.56	21.4					
						3	32–60	红棕色	少砾质轻壤土	块状		5.9	0.36	0.56	21.5					
						4	60–100	黄棕色	中壤土	小块状		4.3	0.25	0.53	19.9					
剖5	漠土	灰漠土	灌耕灰漠土	黄土型灰漠土	灰黄土	1	0–20	黄棕色	轻壤土	小团块状		14.4	0.66	0.72	19.0				E 87° 27′ 29.9″ N 43° 55′ 48.7″	84
						2	20–38	灰黄色	轻壤土	小块状		13.7	0.69	0.73	19.1					
						3	38–65	黄棕色	轻壤土	块状		5.6	0.37	0.60	18.6					
						4	65–88	黄棕色	中壤土	块状		4.2	0.26	0.59						
剖6	漠土	灰漠土	灌耕灰漠土	黄土状灌耕灰漠土	灰板土	A₁₁	0–27	黄棕色	重壤土	块状	8.2	12.1	0.56	0.62			244	冲积物	E 87° 18′ 15.8″ N 43° 55′ 47.3″	90
						B₁	27–43	黄棕色	重壤土	块状	8.3	7.3	0.41	0.59			165			
						B₂	43–70	淡棕色	中壤土	小块状	8.3	7.2								
						BC	70–91	黄棕色	重壤土	块状	8.0	6.3								
						C	91–115	淡棕色	重壤土	块状	8.3	4.9								
剖7	钙层土	黑钙土	黑钙土			1	0–14	灰棕色	黏土	团块状	7.4	160.6	>6.00	2.59	25.8			黄土母质	E 87° 53′ 01.0″ N 43° 49′ 28.9″	88
						2	14–70	灰褐色	中壤土	块状	7.2	80.6	4.35	1.74	26.8					
						3	70–87	淡黄棕色	中壤土	块状	7.5	22.6	1.21	1.03	27.5					
						4	87–110	黄棕色	砂壤土	块状	8.3	9.8	0.55	1.35	21.6					
剖8	半水成土	林灌草甸土	林灌草甸土			1	0–22	黄棕色	中壤土	小团块状		25.2	1.26	0.80	14.9			洪积母质	E 88° 15′ 52.6″ N 43° 36′ 37.1″	80
						2	22–45	黄棕色	中壤土	小块状		19.0	0.97	0.78	14.9					
						3	45–60	黄棕色	重壤土	小块状		8.5	0.42	0.76	14.8					
						4	60–102	黄棕色	中壤土	小块状		10.8	0.61	0.78	16.6					
剖9	盐碱土	草甸盐土	草甸盐土			1	0–26	淡灰棕色	中壤土	团块状	6.3	43.9	2.46	0.66	11.6			湖积物	E 87° 50′ 16.1″ N 43° 32′ 46.7″	88
						2	26–43	淡灰棕色	中壤土	小块状	9.3	27.1	1.50	0.55	11.6					
						3	43–58	淡灰棕色	中壤土	块状	9.1	20.6	1.10	0.51	11.3					
						4	58–100	淡灰棕色	中壤土	块状	8.7	14.7	0.87	0.48	10.8					
剖10	漠土	灰棕漠土	灰棕漠土			1	0–0.5	棕灰色	轻壤土、中壤土	片状	8.1	5.6	0.33						E 88° 05′ 21.1″ N 43° 30′ 32.4″	84
						2	0.5–2	淡灰棕色	轻壤土、中壤土	片状	8.4	5.5	0.36							
						3	2–6	淡灰棕色	中壤土	块状	8.3	4.1	0.20							
						4	6–14	棕色	砂壤土	块状	8.3	3.5								
						5	14–25	淡棕色	中壤土	小粒状	8.1		0.20							

续表 Continued

剖面号 Soil profile	土纲 Soil order	土类 Soil great group	亚类 Soil subgroup	土属 Soil genus	土种 Soil species	土层码 Layer code	土层厚度 Depth/cm	颜色 Soil color	质地 Soil texture	土壤结构 Soil structure	pH	有机质 OM/(g/kg)	全氮 TN/(g/kg)	全磷 TP/(g/kg)	全钾 TK/(g/kg)	有效磷 AP/(mg/kg)	速效钾 AK/(mg/kg)	土壤母质 Parent material	剖面点坐标 Profile coordinate	匹配指数 Matching index/%
剖11	半淋溶土	灰褐土	石灰性灰褐土			1	0—2	灰褐色		小块状	7.8	170.6	5.69	2.31	21.9			黄土母质	E 87°03′36.0″ N 43°29′11.4″	80
						2	2—7	棕褐色	中壤土	小粒状	7.9	35.5	1.72	1.14	28.2					
						3	7—26	淡灰褐色	轻壤土	粒状、核状	8.5	18.8	0.96	1.69	21.6					
						4	26—50	黄灰色	轻壤土	片状	8.3	17.8	0.96	1.47	21.4					
						5	50—110				8.3	11.2	0.59	1.29	22.3					
剖12	高山土	草毡土	草毡土	淋溶型草毡土	壤质草毡土	As	0—10	暗棕色		团粒状	7.2	225.6	>6.00	1.17	9.0	9.0	115	花岗岩坡积物	E 87°04′29.3″ N 43°24′28.8″	88
						Ai	10—25	暗棕色	壤质黏土	粒状	7.1	96.9	4.79	1.25	11.5	7.0	60			
						AC	25—70	棕灰色	砂壤土	小粒状	7.1	32.2	1.71	0.70	13.5	6.0	50			
						C	70—90	灰黄色	黏壤土	小粒状	5.9	16.9	0.94	0.52	13.8		50			
剖13	水成土	沼泽土	草甸沼泽土			1	0—26					>250.0	>6.00	0.80	8.8				E 88°20′16.8″ N 43°20′31.9″	92
						2	26—40				7.6	26.7	1.04	0.79	18.7					
						3	40—70				7.7	17.1	0.78	0.74	19.5					
剖14	高山土	黑毡土	黑毡土			1	0—6	灰褐色	轻壤土	粒状	7.6	>250.0	>6.00						E 87°03′23.0″ N 43°20′24.4″	94
						2	6—22	棕褐色	轻壤土	小块状	7.7	198.9	>6.00							
						3	22—37	暗棕色	轻壤土	片状	8.0	73.2	4.21							
						4	37—62	棕色	轻壤土	小块状	8.1									
						5	62—85	棕色	轻壤土	小块状	8.1									
						6	85—105	黄棕色	轻壤土	小块状	8.1									
剖15	高山土	草毡土	草毡土			1	0—9	暗灰棕色	中壤土	块状	7.4	155.0							E 86°59′53.9″ N 43°12′23.4″	80
						2	9—18	暗灰棕色	中壤土	块状	7.5	73.5	3.81							
						3	18—43	暗灰棕色	中壤土	块状	7.1	64.2	3.49							
						4	43—65	暗灰棕色	中壤土	块状	7.2	66.4	3.52							

米 东 区

主要土类说明

风沙土是米东区主要土壤类型,占本区地域面积的 54%。风沙土是风沙地区风成沙性母质上发育的土壤。土壤养分含量低,阳离子交换量低。分布规律:地形转折的过渡带,洪积扇扇缘与冲积平原的交接地带,或靠近沙漠的地带,地形多起伏。风沙土类根据形成过程的阶段分流动、固定两个亚类。风沙移动堆积形成的多种形态的风沙沉积,由于成土时间短暂,无剖面发育,属 C 型及 A-C 型土,反映了风沙流动堆积与固定的不同阶段。

灰漠土是米东区第二大土壤类型,占本区地域面积的 11%。灰漠土主要分布在古牧地镇戈壁扇形地。漠境地区初显石灰表聚及易溶盐与石膏分层累积的土壤。主要成土过程是弱生物积累。剖面结构一般地表具有多角形裂缝;表面有发育良好的干面包状空隙荒漠结构,其下有片状或鳞片状结构,厚度 2—4cm,再下有淡红棕或褐棕色紧实层;腐殖质层不明显。通体强石灰反应。土壤 pH 大于 8.0,表层有机质积累弱且层薄,含量仅 6—15g/kg。

草甸盐土是米东区第三大土壤类型,占本区地域面积的 7%。分布区地下水埋深一般为 1—2m。矿化度较低。其形成受地下水常年上下活动的影响,积盐过程和草甸过程相伴进行,以积盐过程为主。具 Az-C 剖面构型。其易溶盐组成中所含的氯化物与硫酸盐比例有差异。

草甸土占米东区地域面积的 6%。本区草甸土以浅色草甸土分布最广。草甸土水分主要来源于地下水,埋藏深度一般在 1—3m,矿化度 1—3g/L。平均有机质含量为 22.0g/kg。冷湿条件下受地下水浸润并在草甸植被下发育,有明显腐殖质积累,铁锰氧化还原形成锈纹层 Cu,具 A-Cu 或 A-C-Cu 剖面构型。

棕钙土占米东区地域面积的 6%。主要分布在海拔 800—1200m 的低山地区。植被有小蓬、针茅和灰蒿等。成土过程为生物累积、碳酸钙移动淀积。一般有腐殖质层、钙积层和母质层三个基本层次,腐殖质层厚度 8—15cm。由于棕钙土在其特定的自然条件下形成,具有一定的有机质积累,母质为残积物、坡积物或洪积物,土层中具有碳酸钙淀积层。

漠境盐土占米东区地域面积的 4%。指古代或过去的积盐过程所形成的残余盐土。地下水埋深 10m 以下,脱离了地下水的影响。漠境盐土土体干燥,由于气候极端干旱,强烈蒸发而聚积了大量盐分,在地表形成起伏不平的盐结皮或结壳。地面植被稀疏,植被覆盖百分率不及 10%。有的地表光秃,只见少量枯死灌丛而呈现荒漠景观。荒漠地区,土壤水分遭受强烈蒸发,盐分表聚,甚少淋洗,大量盐分累积,可形成盐壳与盐磐,含盐量通常在 100g/kg 以上。也有由于山洪带来的盐分在谷口外大量累积,还有古积盐土体的残存。

本区面积小于 3% 的土壤类型还有水稻土、栗钙土、潮土、冷钙土、沼泽土、灰褐土、黑钙土、灌漠土、草毡土等。

本区域中心区气候特征

本区域中心区气候特征值
Regional climate characteristics in central area of the region

气候带:中温带干旱气候 Climate region: Mid temperate arid climate	
年平均气温 /℃ Annual average temperature /℃	5.9
年平均最高气温 /℃ Annual average maximum temperature /℃	11.9
年平均最低气温 /℃ Annual average minimum temperature /℃	0.8
年降水量 /mm Annual precipitation /mm	250
≥10℃的积温 /℃ Daily temperature accumulated in a year(≥10℃)/℃	2329
年日照时数 /h Annual sunshine /h	2638
年平均相对湿度 /% Annual average relative humidity /%	58
干燥度 Dryness	1.93

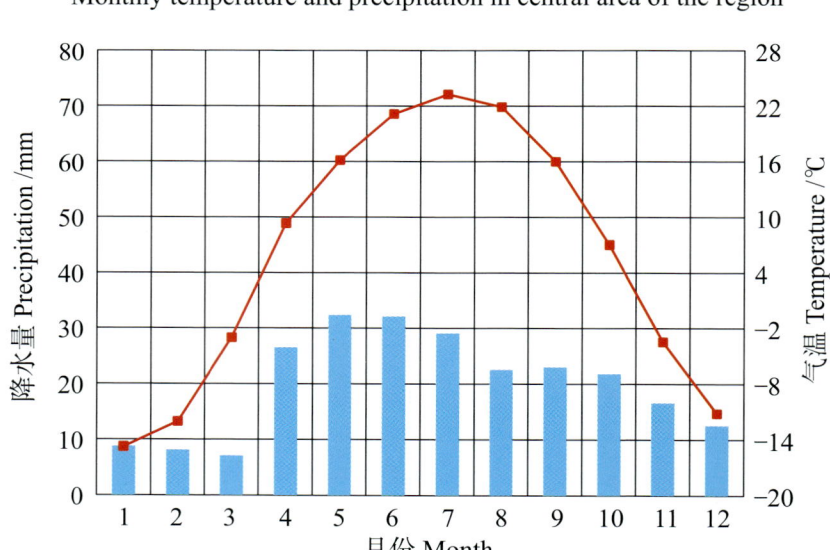

本区域中心区月平均气温与月平均降水量
Monthly temperature and precipitation in central area of the region

米泉县主要土壤类型与土壤剖面点分布图
1:450 000

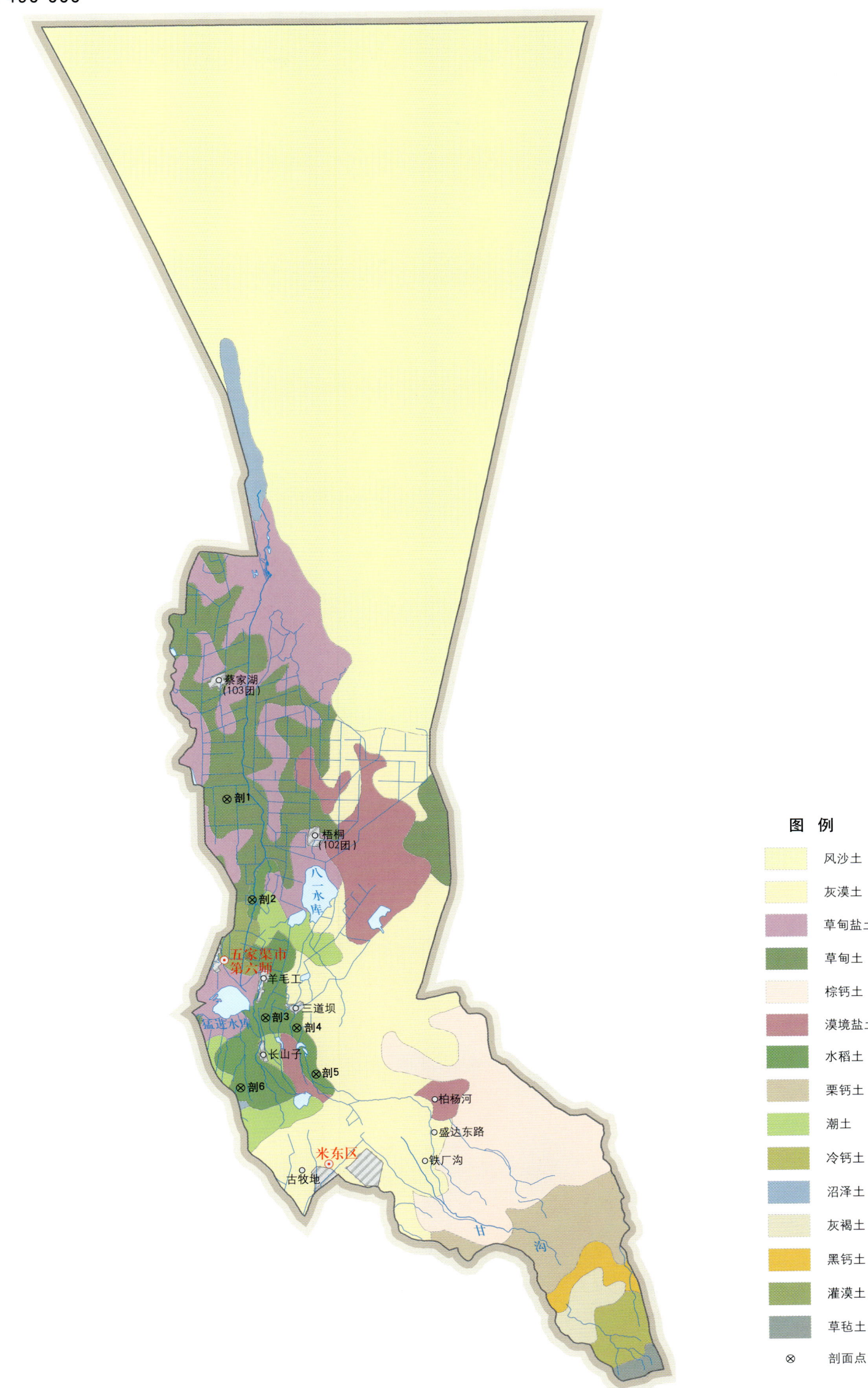

注：国务院2002年9月批准，设立县级五家渠市，由自治区直辖。
国务院2007年6月批准，撤销昌吉回族自治州米泉县和乌鲁木齐市东山区，设立乌鲁木齐市米东区。

米东区土壤剖面理化性状表

剖面号 Soil profile	土纲 Soil order	土类 Soil great group	亚类 Soil subgroup	土属 Soil genus	土种 Soil species	土层码 Layer code	土层厚度 Depth/cm	颜色 Soil color	质地 Soil texture	土壤结构 Soil structure	pH	有机质 OM/(g/kg)	全氮 TN/(g/kg)	全磷 TP/(g/kg)	全钾 TK/(g/kg)	碱解氮 AN/(mg/kg)	有效磷 AP/(mg/kg)	速效钾 AK/(mg/kg)	土壤母质 Parent material	剖面点坐标 Profile coordinate	匹配指数 Matching index/%
剖1	半水成土	草甸土	盐化草甸土	盐化草甸土（荒地）		1	0—22	暗灰色	中壤土	小块状	8.3	>250.0	>6.00	>4.00		91	2.0	>500		E 87°32′43.8″ N 44°18′07.2″	79
						2	22—56	灰色	中壤土	块状	8.1	199.0	>6.00	>4.00		58	2.0	309			
						3	56—67	棕灰色	轻壤土	片状	8.3	132.0	>6.00	>4.00							
						4	67—100	灰棕色	轻壤土	块状	8.2	54.0	3.80								
剖2	人为土	水稻土	潜育水稻土			1	0—16	灰色	中壤土	块状	7.8	>250.0	>6.00	>4.00		81	3.0	258		E 87°34′28.6″ N 44°12′37.1″	85
						2	16—25	灰褐色	中壤土	块状	8.5	96.0	4.90	>4.00		22	3.0	206			
						3	25—38	棕褐色	轻壤土	核状	8.5	110.0	5.30	>4.00		33	2.0	232			
						4	38—76	青灰色	轻壤土	核状	8.4	45.0	2.70								
						5	76—87	灰青色	重壤土	小块状	8.3										
						6	87—120	棕褐色	中壤土	小块状	8.3										
剖3	人为土	水稻土	潜育水稻土	湖积物潜育水稻土	青泥水稻土	1	0—14	青灰色	中壤土	块状	8.2	>250.0	>6.00	>4.00		57	3.0	144		E 87°35′18.6″ N 44°06′10.4″	89
						2	14—24	深灰色	中壤土	块状	8.4	>250.0	>6.00	>4.00		77	2.0	136			
						3	24—36	棕灰色	轻壤土	块状	8.3	174.0	>6.00	>4.00		40	1.0	82			
						4	36—100	灰色	重壤土	片状	8.4	161.0	>6.00	>4.00		38	1.0				
剖4	人为土	水稻土	渗育水稻土			1	0—16	灰青色	轻壤土	无明显结构	8.0	>250.0	>6.00	>4.00		43	9.0			E 87°37′33.2″ N 44°05′35.9″	86
						2	16—26	深灰色	中黏土	无明显结构	8.4	>250.0	>6.00	>4.00		30	8.0				
						3	26—34	黄棕色	轻壤土	块状	8.6	87.0	5.20	>4.00		19	2.0				
						4	34—100	黄棕色	轻壤土	小块状	8.7	46.0	3.00	>4.00		15	2.0				
剖5	人为土	水稻土	渗育水稻土	漠土型渗育水稻土	爽水灰土	Aa	0—16	深灰色	中壤土	片状		34.2	0.95	0.98	14.3		9.0	115	冲积物	E 87°38′54.2″ N 44°03′06.1″	93
						Ap	16—26	黄棕色	中壤土	片状	8.3	25.8	1.00	0.94	15.0		8.0	55			
						P	26—34	黄棕色	轻壤土	块状	8.0	8.5	0.52	0.97	17.4		2.0	44			
						Cu	34—100	黄棕色	轻壤土	块状		4.6	0.30	0.60	15.8		2.0	150			
剖6	人为土	水稻土	渗育水稻土	漠土型渗育水稻土	灰泥土	Aa	0—18	淡灰色	黏土	板块状	8.0	29.4	1.62	0.76					洪积物、冲积物	E 87°33′24.5″ N 44°02′24.7″	93
						Ap	18—28	淡灰色	粉砂质黏土	板块状	8.3	14.0	0.80	0.83							
						P₁	28—46	灰黄色	粉砂质黏土	片状	8.0	6.3	0.41	0.89							
						P₂	46—78	灰黄色	粉砂质黏土	小块状	8.1	8.9	0.53	0.81							
						W	78—90	灰色	砂壤土	块状	8.2	5.6	0.26	0.63							

克拉玛依市

市辖区

主要土类说明

灰棕漠土是克拉玛依市主要土壤类型，占本市地域面积的34%。主导成土过程是荒漠化过程。灰棕漠土分布在本市西部和北部，地貌部位属于准噶尔盆地西部山地的山麓剥蚀残丘，洪积扇及风蚀桌状平原。这类土壤由于所处山前、荒漠地带，因而植被稀少，植被覆盖百分率低，个别地表光秃无草，土壤发育甚微，剖面层次分化不明显，质地粗而均，地下水埋藏较深。

灰漠土占克拉玛依市地域面积的15%。灰漠土是在干旱少雨的大陆性气候及荒漠植被下，在黄土性母质上形成的地带性土壤。主导成土过程是荒漠化过程。土壤pH大于8.0，表层有机质积累弱且层薄。灰漠土地表有龟裂纹，部分地区结皮层1cm左右，结皮下有片状层，另外附加碱化过程和灌耕熟化过程，分化为冲积性黄土。

沼泽土占克拉玛依市地域面积的13%。沼泽土发育于长期积水并生长喜湿植物的低洼地。其表层积聚大量分解程度低的有机质或泥炭，土壤呈微酸性至酸性反应；底层有低价铁、锰存在。

风沙土占克拉玛依市地域面积的12%。风沙土是在风成沙性母质上发育起来的土壤，而且在绿洲周围和风沙地区分布最多，它是本市最大的隐形土壤。在干旱多风的气候条件下，风力将周围的细沙吹扬至本市堆积，在原始的残余沼泽土、盐化草甸土基础上形成大面积沙垄、沙堆、沙丘状态的风沙土。

草甸土占克拉玛依市地域面积的10%。主要分布在农业综合开发区、乌尔禾区。草甸土是直接受地下水季节性浸润影响，在草甸植被下发育的一类半水成型土壤，主要分布在河滩、低河阶、湖积平原或洪积扇扇缘等地区。

草甸盐土占克拉玛依市地域面积的6%。主要分布在洪积扇边缘、泉水溢出带的外缘、河谷和平原洼地、大河两侧和河滩地、河间低地以及湖滨平原。自然植被为草甸植被和盐生植被。地下水埋深一般1—2m，最低3m。矿化度一般为2.0—5.0g/L。其形成以积盐过程主导，生草过程次要或附加的成土过程。

潮土占克拉玛依市地域面积的3%。潮土主要是在平原灌区河流沉积物上发育的土壤，受地下水活动和灌溉水的共同影响，土体经常保持湿润状态。形成过程为潮化过程、灌耕熟化过程、盐化过程、灌淤过程、潮湿过程和脱潮过程。潮土区地下水位浅，潜水参与成土过程，底土氧化还原作用交替，形成锈色斑纹。

本市面积小于3%的土壤类型还有棕钙土、漠境盐土、林灌草甸土、新积土、栗钙土等。

本区域中心区气候特征

本区域中心区气候特征值
Regional climate characteristics in central area of the region

气候带：中温带干旱气候 Climate region: Mid temperate arid climate	
年平均气温 /℃ Annual average temperature /℃	8.4
年平均最高气温 /℃ Annual average maximum temperature /℃	13.6
年平均最低气温 /℃ Annual average minimum temperature /℃	3.8
年降水量 /mm Annual precipitation /mm	119
≥10℃的积温 /℃ Daily temperature accumulated in a year (≥10℃) /℃	2967
年日照时数 /h Annual sunshine /h	2652
年平均相对湿度 /% Annual average relative humidity /%	50
干燥度 Dryness	4.39

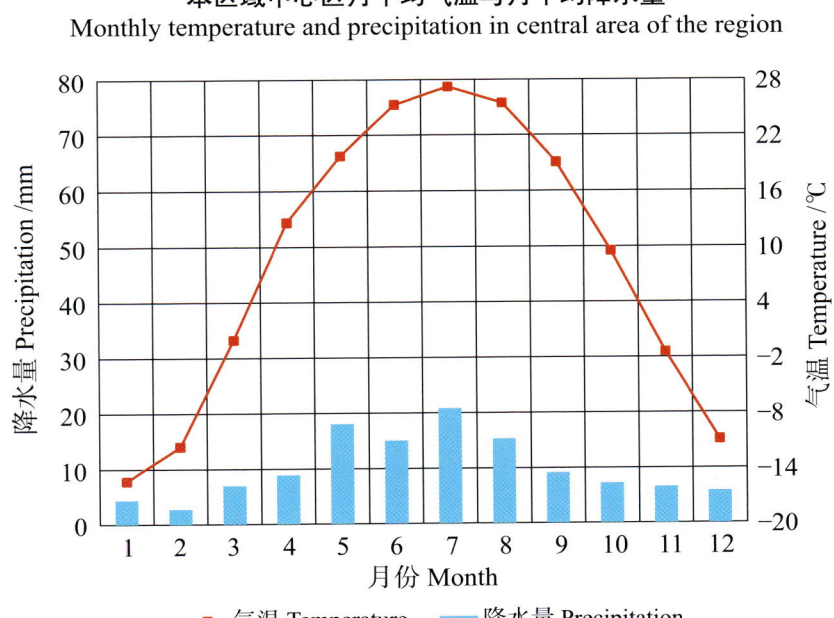

本区域中心区月平均气温与月平均降水量
Monthly temperature and precipitation in central area of the region

克拉玛依市市辖区主要土壤类型与土壤剖面点分布图
1:790 000

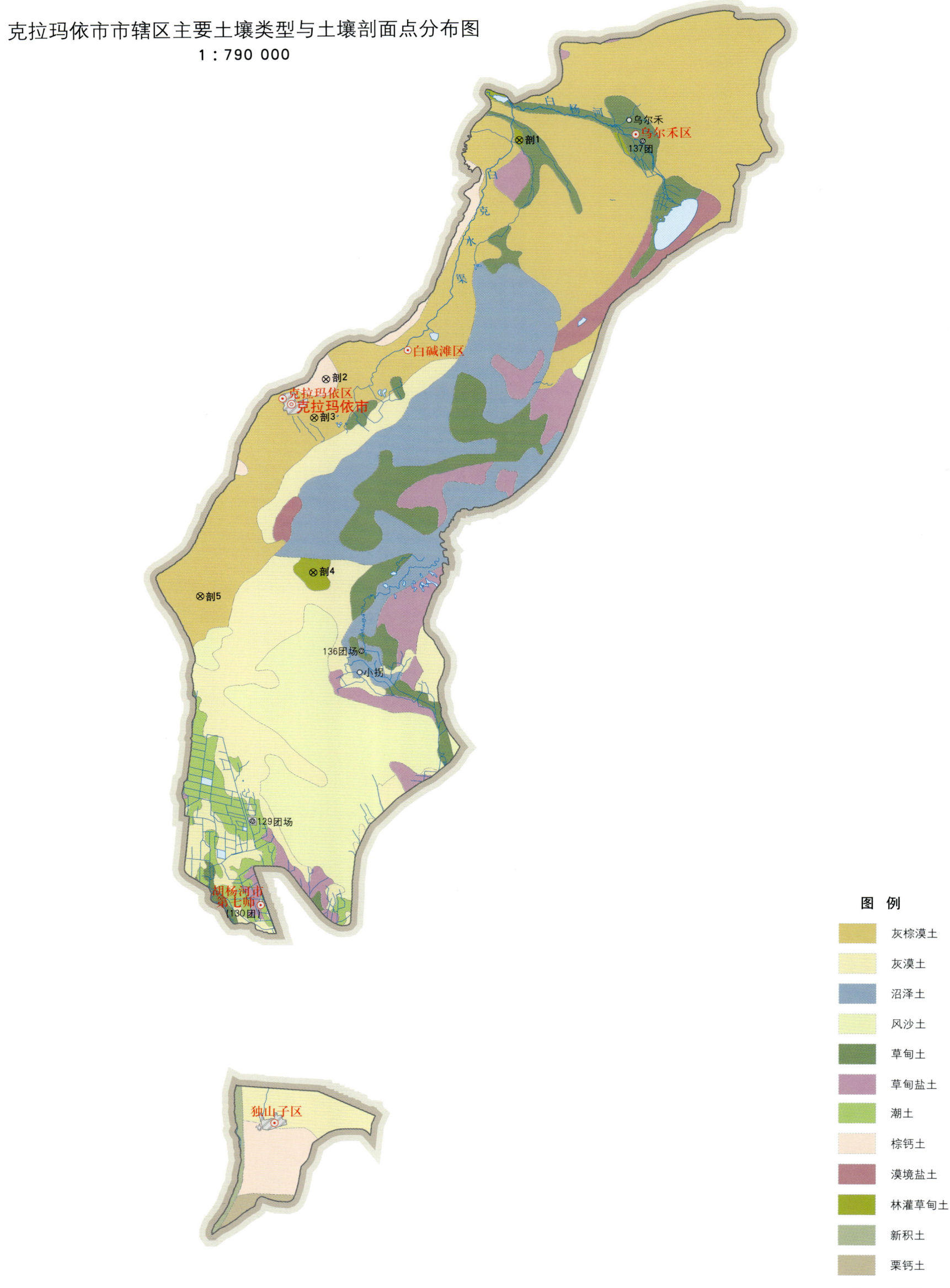

注：国务院 2019 年 11 月批准，设立县级胡杨河市，由自治区直辖。

克拉玛依市土壤剖面理化性状表

剖面号 Soil profile	土纲 Soil order	土类 Soil great group	亚类 Soil subgroup	土属 Soil genus	土种 Soil species	土层码 Layer code	土层厚度 Depth/cm	颜色 Soil color	质地 Soil texture	土壤结构 Soil structure	pH	有机质 OM/(g/kg)	全氮 TN/(g/kg)	全磷 TP/(g/kg)	全钾 TK/(g/kg)	有效磷 AP/(mg/kg)	速效钾 AK/(mg/kg)	土壤母质 Parent material	剖面点坐标 Profile coordinate	匹配指数 Matching index/%
剖1	半水成土	林灌草甸土	盐化林灌草甸土	苏打盐化林灌草甸土	苏打林灌土	Az	0—8	褐棕色	砂土	单粒状	9.1	34.7	1.79	1.03	21.6			冲积物	E 85°24′22.0″ N 46°04′30.0″	95
						Cz	8—34	灰色	细砂土	单粒状	8.7	6.6	0.29	0.84	21.6					
						C₁	34—56	灰色	细砂土	小块状	8.6	4.7	0.14	0.78	21.2					
						C₂	56—81	灰色	砂壤土	小块状	>9.5	5.2	0.22	0.95	20.4					
						C₃	81—100	灰色	砂壤土	无明显结构	>9.5	4.9	0.23	0.87	20.4					
剖2	干旱土	棕钙土	淡棕钙土			1	0—9	淡棕色	砂壤土		9.0	11.5	0.67	1.09	21.5				E 84°56′45.2″ N 45°38′47.0″	81
						2	9—21	淡黄棕色	砂壤土		8.6	6.6	0.41	0.64	21.0					
						3	21—39	淡棕色	砂壤土		8.5	13.9	0.74	0.60	20.5					
						4	39—62	黄色	砂壤土		8.4	8.8	0.53	0.62	22.3					
剖3	漠土	灰棕漠土	石膏灰棕漠土			1	0—3	淡黄灰色	砾质轻壤土	片状									E 84°55′10.6″ N 45°34′40.1″	83
						2	3—12	红棕色	砂砾土											
						3	12—40		砂砾土											
						4	40—70		砂砾土											
						5	70—100													
剖4	半水成土	林灌草甸土	林灌草甸土	灌耕林灌草甸土	灌耕轻硫林灌土	A₁₁	0—27	棕灰色	轻壤土	小块状	8.3	14.4	0.72	0.62		13.0	484	冲积物	E 84°55′36.1″ N 45°18′12.6″	79
						C	27—44	棕灰色	轻壤土	小块状	8.4	5.2	0.32	0.62		6.0	221			
						Cz	44—69	灰棕色	中壤土	块状	8.5	4.6	0.24	0.62		4.0	201			
						Cu₁	69—83	黄棕色	轻壤土	片状	8.6	5.0	0.30	0.54						
						Cu₂	83—100	黄棕色	砂壤土	单粒状	8.5	5.0	0.24	0.58						
剖5	漠土	灰棕漠土	灰棕漠土			1	0—5				8.1	3.4	0.30						E 84°39′19.8″ N 45°15′24.8″	94
						2	5—12				7.8	3.5	0.40							
						3	12—25				8.3	2.9								
						4	25—35				8.0	2.8								
						5	43—50													

吐 鲁 番 市

高 昌 区

主要土类说明

棕漠土是高昌区主要土壤类型，占本区地域面积的 57%。地表通常为成片的黑色砾幂，全剖面由砾石或碎石组成，剖面分化比较明显。其形态特征是表层有发育很弱的孔状结皮，呈淡灰色或乳黄色，厚度小于 1cm，在结皮之下为红棕色或玫瑰红色的铁质染色层，细土粒增加，但无明显的结构。生物积累过程极弱，有机质与氮的含量较低。

石质土是高昌区第二大土壤类型，占本区地域面积的 13%。石质土是指与母岩风化物性质近似的土壤，多发育于抗风化力较强的母质上。成土作用不明显，没有剖面发育。石质土多分布于山丘顶部陡坡，地势陡峻，水蚀风蚀严重，地表岩石裸露，土层浅薄，含岩石碎屑砂粒多，保水保肥力差。土壤质地偏砂，含砾石多，地表水土流失严重。

草甸盐土是高昌区第三大土壤类型，占本区地域面积的 8%。草甸盐土由各种类型的草甸土逐渐演变而成。其形成受地下水常年上下活动的影响，积盐过程和草甸过程相伴进行，且以积盐过程为主。土壤积盐状况各地差异很大，愈干旱积盐愈重，积盐层或盐壳愈厚。表层有一定数量的有机质积累，底土有明显的锈色斑纹。

栗钙土占高昌区地域面积的 4%。栗钙土发育于温带半干旱草原植被下。其剖面由栗色腐殖质层、灰白色钙积层以及母质层组成。主要特征是剖面上部呈栗色，下部有菌丝状或斑块状或网纹状的钙积层。栗钙土质地较轻，多属粉砂与粉土两级，其表层有机质含量多在 19—39g/kg。腐殖质含量比黑土少，是比较肥沃的土壤。

本区面积小于 4% 的土壤类型还有草毡土、棕钙土、漠境盐土、灌漠土、冷钙土、寒冻土、黑毡土、风沙土、龟裂土、灌淤土等。

本区域中心区气候特征

本区域中心区气候特征值
Regional climate characteristics in central area of the region

气候带：暖温带极干旱气候
Climate region: Warm temperate extremely arid climate

年平均气温 /℃ Annual average temperature /℃	13.9
年平均最高气温 /℃ Annual average maximum temperature /℃	21.1
年平均最低气温 /℃ Annual average minimum temperature /℃	7.6
年降水量 /mm Annual precipitation /mm	26
≥ 10℃的积温 /℃ Daily temperature accumulated in a year（≥ 10℃）/℃	4765
年日照时数 /h Annual sunshine /h	2913
年平均相对湿度 /% Annual average relative humidity /%	43
干燥度 Dryness	53.35

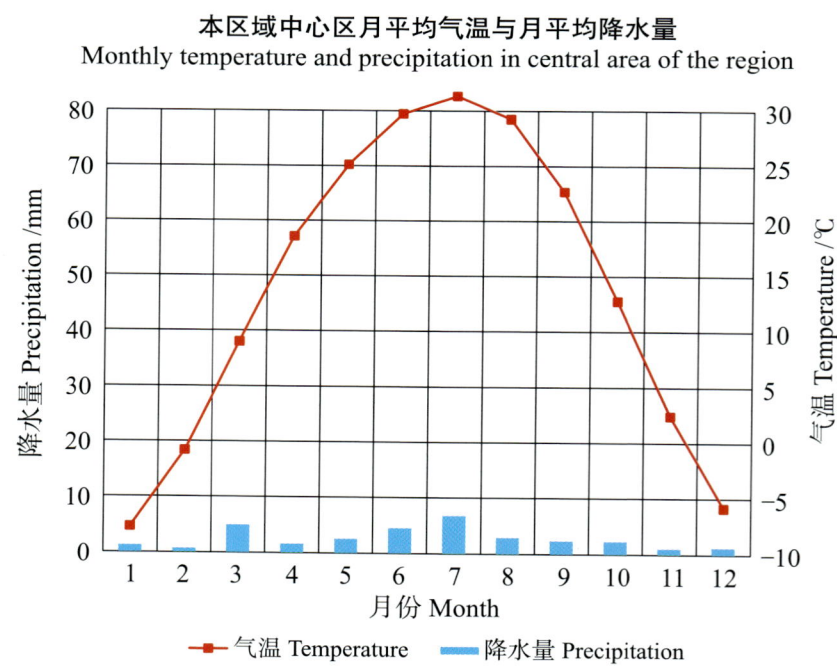

本区域中心区月平均气温与月平均降水量
Monthly temperature and precipitation in central area of the region

高昌区主要土壤类型与土壤剖面点分布图
1:830 000

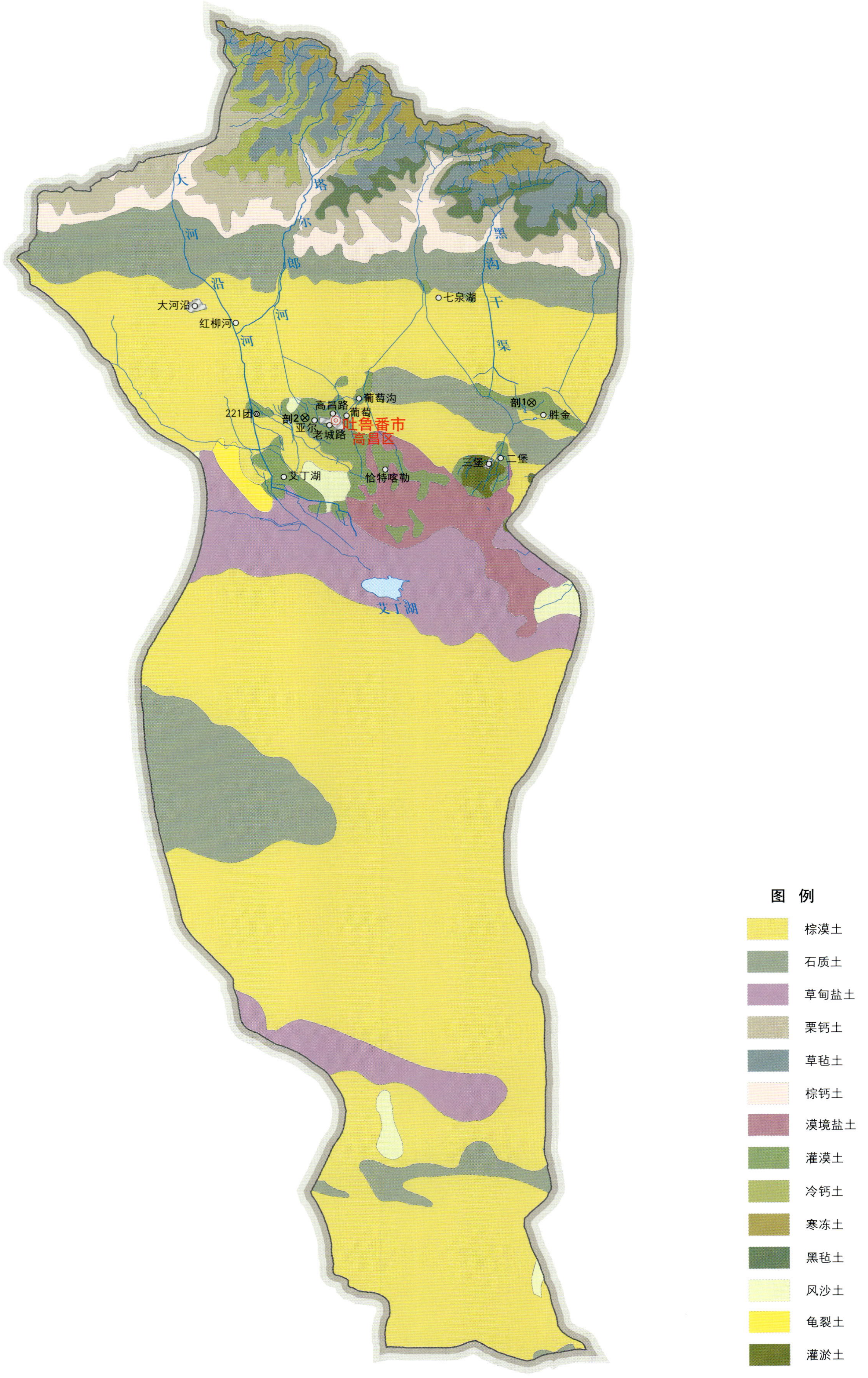

图例

- 棕漠土
- 石质土
- 草甸盐土
- 栗钙土
- 草毡土
- 棕钙土
- 漠境盐土
- 灌漠土
- 冷钙土
- 寒冻土
- 黑毡土
- 风沙土
- 龟裂土
- 灌淤土
- ⊗ 剖面点

高昌区土壤剖面理化性状表

剖面号 Soil profile	土纲 Soil order	土类 Soil great group	亚类 Soil subgroup	土属 Soil genus	土种 Soil species	土层码 Layer code	土层厚度 Depth/cm	颜色 Soil color	质地 Soil texture	土壤结构 Soil structure	pH	有机质 OM/(g/kg)	全氮 TN/(g/kg)	全磷 TP/(g/kg)	有效磷 AP/(mg/kg)	速效钾 AK/(mg/kg)	土壤母质 Parent material	剖面点坐标 Profile coordinate	匹配指数 Matching index/%
剖1	人为土	灌漠土	灰灌漠土	黄土状灌漠土	火洲黄板土	A₁₁	0—13	暗棕色	黏壤土	团块状	8.1	14.2	0.61	0.55	17.0	430	洪积物、冲积物	E 89°36′51.5″ N 42°58′10.2″	93
						A₁₂	13—24	黄棕色	黏壤土	团块状	8.3	9.6	0.40	0.52	8.0	>500			
						B	24—45	黄棕色	黏壤土	团块状	8.3	2.7	0.12	0.35	7.0	330			
						C	45—100	黄棕色	黏壤土	块状	8.4	2.4	0.12	0.22	7.0	203			
剖2	人为土	灌漠土	灰灌漠土	红土状灌漠土	火洲红土	A₁₁	0—35	红棕色	黏土	团块状	8.1	11.8	0.61	0.70	6.0	233	洪积物、冲积物	E 89°06′29.5″ N 42°57′12.6″	91
						A₁₂	35—50	红棕色	黏土	片状	8.1	12.3	0.61	0.73	10.0	235			
						B	50—59	深灰色	砂土	单粒状	8.1	2.7	0.13	0.56	7.0	50			
						Bk	59—72	红棕色	黏土	块状		2.7	0.13	0.33	7.0	189			
						Ck	72—100	暗棕色	黏土	块状		2.4	<0.10	0.33	6.0	190			

鄯 善 县

主要土类说明

棕漠土是鄯善县主要土壤类型，占本县地域面积的76%。母质为砂砾质洪积物或石质残积物、坡积物。地表通常为成片的黑色砾幂，全剖面由砾石或碎石组成，剖面分化较明显，植被极稀疏，剖面发育微弱，有机质含量极少，地下水位很低，属自成型土壤，地下水不直接参与土壤发育过程。火焰山北部的扇缘地带，水分条件好，植被多，母质更细。棕漠土由于地下水位低，经过人工灌溉、施肥、耕种熟化过程，逐渐发育演变成过渡类型的灌溉棕漠土，再演变成灌淤土。

石质土是鄯善县第二大土壤类型，占本县地域面积的9%。石质土是指与母岩风化物性质近似的土壤，多发育于抗风化力较强的母质上。成土作用不明显，没有剖面发育。质地偏砂，含砾石多，地表水土流失严重。石质土是深受母岩岩性影响的初育土。各种母岩的矿物组成不同，风化物的性状各异，直接影响土壤性质也各异。石质土多分布于山丘顶部陡坡，地势陡峻，水蚀风蚀严重，地表岩石裸露，土层浅薄，含岩石碎屑砂粒多，保水保肥力差。

风沙土是鄯善县第三大土壤类型，占本县地域面积的7%。吐鲁番盆地的气候特点除炎热干燥、无降雨外，风大、风多也是该盆地特点之一，尤其以火焰山南部的玉尔蒙迪坎等地为甚。常常由于大风起而地表的细土沙子被刮走，在遇到阻碍时风速减小沙子堆积，形成风积地貌和风沙土，再经人们的灌溉垦殖，又成为今日的灌溉风沙土。农田附近的风沙土，经防风固沙，长期灌溉淤积和耕作、施肥，已演变成灌溉风沙土。如进一步熟化则演变成灌淤土，一些地势低洼、水位高的，经灌淤耕作熟化而演变成潮土。

本县面积小于3%的土壤类型还有黑毡土、栗钙土、棕钙土、草毡土、草甸盐土、灌漠土、寒冻土、灌淤土、潮土等。

本区域中心区气候特征

本区域中心区气候特征值
Regional climate characteristics in central area of the region

气候带：暖温带极干旱气候 Climate region: Warm temperate extremely arid climate	
年平均气温 /℃ Annual average temperature /℃	12.1
年平均最高气温 /℃ Annual average maximum temperature /℃	20.0
年平均最低气温 /℃ Annual average minimum temperature /℃	5.1
年降水量 /mm Annual precipitation /mm	20
≥10℃的积温 /℃ Daily temperature accumulated in a year（≥10℃）/℃	4217
年日照时数 /h Annual sunshine /h	3103
年平均相对湿度 /% Annual average relative humidity /%	43
干燥度 Dryness	39.66

本区域中心区月平均气温与月平均降水量
Monthly temperature and precipitation in central area of the region

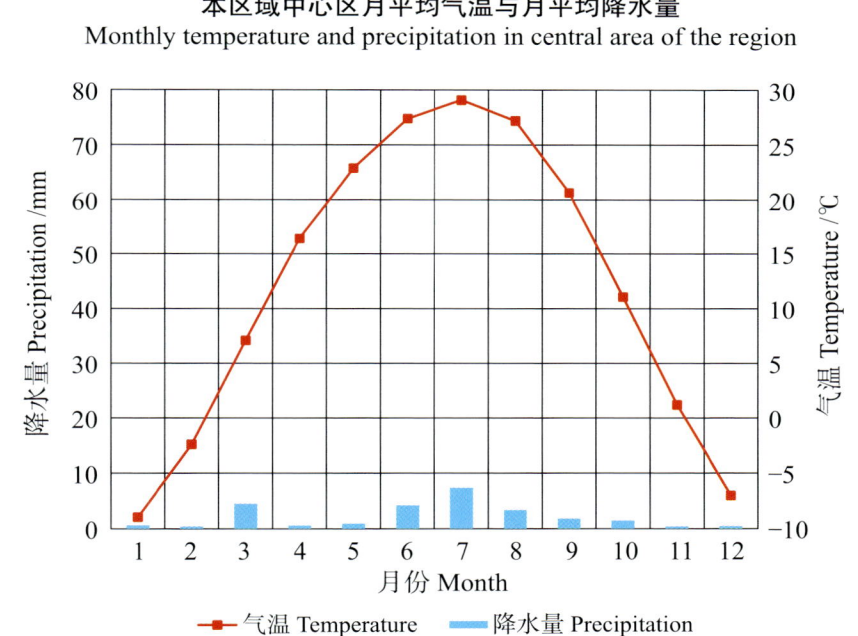

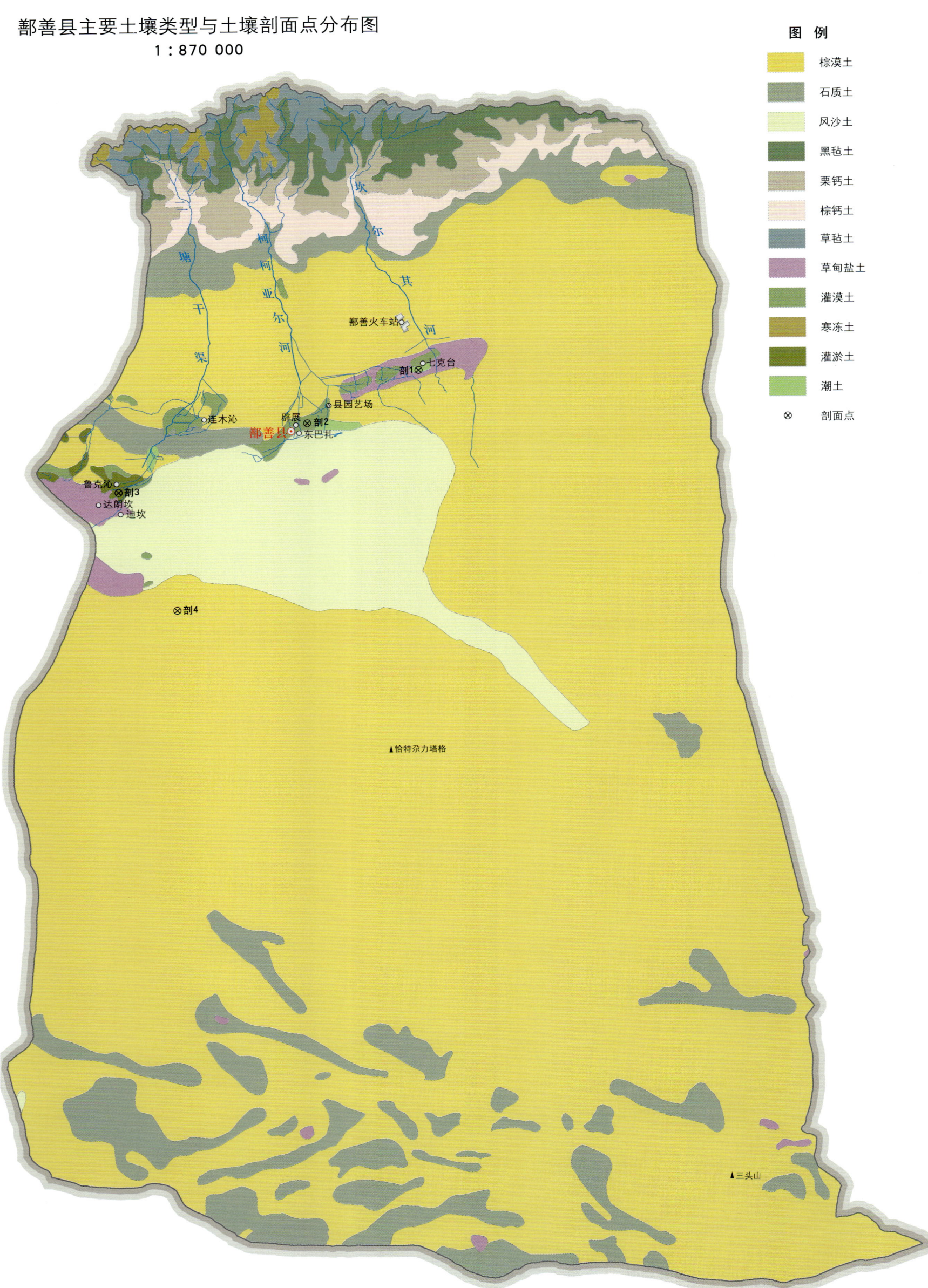

鄯善县土壤剖面理化性状表

剖面号 Soil profile	土纲 Soil order	土类 Soil great group	亚类 Soil subgroup	土属 Soil genus	土种 Soil species	土层码 Layer code	土层厚度 Depth/cm	颜色 Soil color	质地 Soil texture	土壤结构 Soil structure	pH	有机质 OM/(g/kg)	全氮 TN/(g/kg)	全磷 TP/(g/kg)	有效磷 AP/(mg/kg)	速效钾 AK/(mg/kg)	土壤母质 Parent material	剖面点坐标 Profile coordinate	匹配指数 Matching index/%
剖1	半水成土	潮土	潮土	二潮黄潮土	砂质二潮黄土	A_{11}	0—18	黄灰色	砂壤土	小块状	7.5	12.3	0.82	0.36	4.0	419	冲积物	E 90°32′06.0″ N 42°59′23.6″	79
						C	18—59	黄灰色	砂土	单粒状	7.5	5.0	0.28	0.33	1.0	425			
						Cu	59—100	黄灰色	砂土	单粒状	7.6	5.9	0.26	0.31		269			
剖2	人为土	灌淤土	灰灌漠土	黄土状灌漠土	火洲灰黄土	A_{11}	0—22	灰棕色	轻壤土	块状	8.4	16.7	0.84	0.70	8.0	303	洪积物、冲积物	E 90°14′52.4″ N 42°52′41.9″	80
						A_{12}	22—45	黄棕色	轻壤土	粒状	8.6	11.5	0.77	0.98	4.0	91			
						B	45—73	黄棕色	轻壤土	粒状	8.2	10.3	0.70	0.94	4.0	144			
剖3	人为土	灌淤土	灌淤土	黄灌淤土	棕黄淤土	A_{11}	0—18	黄棕色	轻壤土	块状		13.6	0.60	0.43	3.0	188	灌溉淤积物	E 89°45′45.7″ N 42°43′41.2″	84
						Ab_1	18—40	黄棕色	轻壤土	块状	8.2	9.3	0.47	0.41	1.0	250			
						Ab_2	40—78	黄棕色	中壤土	块状	8.3	8.5	0.35	0.46	1.0	113			
						C	78—100	黄棕色	中壤土	块状	8.2	8.1	0.39	0.46		212			
剖4	漠土	棕漠土	石膏盐磐棕漠土	膏盐棕漠泥砂土	膏盐土	J	0—2	灰棕色	砂质黏壤土		8.2	1.5					洪积物	E 89°55′35.0″ N 42°29′48.8″	94
						By_1	2—8	淡红棕色	砾质黏壤土		7.9	2.4							
						By_2	8—15	淡红棕色	砂质黏土		8.3	1.0							
						By_3	15—30	淡灰棕色	砂质壤土		8.2	3.1							
						Bzy	30—40	棕黑灰色	砂质黏壤土		8.2								
						R	40—												

托克逊县

主要土类说明

棕漠土是托克逊县主要土壤类型，占本县地域面积的61%。棕漠土是由暖温带极端干旱荒漠砂砾质洪积物和石质残积物、坡积物母质发育而来的，地表有明显砾幂，剖面分化较明显，具孔泡结皮层、紧实层、石膏层、石膏-盐磐层等土层序列的干旱土壤。其生物积累过程极弱，有机质与氮的含量均很低。剖面构型主要是由薄的孔状结皮层、淡红棕色紧实层和砾质母质层组成。

石质土是托克逊县第二大土壤类型，占本县地域面积的20%。石质土多发育于抗风化力较强的母质上，一般见于无森林覆被、侵蚀强烈的山地。成土作用不明显，没有剖面发育。质地偏砂，含砾石多。地表水土流失严重。

棕钙土是托克逊县第三大土壤类型，占本县地域面积的7%。棕钙土是发育于温带荒漠草原植被下的土壤，成土母质是黄土和砂砾质洪积物、冲积物。其形成是以草原土壤腐殖质积累作用和钙积作用为主，并有荒漠成土过程的一些特点。地表多砂砾石，有机质含量低，剖面上部呈褐棕色，下部为粉末层状或斑块状灰白色钙积层。

草甸盐土占托克逊县地域面积的4%。其形成受地下水常年上下活动的影响，积盐过程和草甸过程相伴进行，且以积盐过程为主。土壤积盐状况各地差异很大，愈干旱积盐愈重，积盐层或盐壳愈厚。表层有一定数量的有机质积累，底土有明显的锈色斑纹。

栗钙土占托克逊县地域面积的4%。栗钙土发育于温带半干旱草原植被下，形成的具有栗色腐殖质层和灰白色钙积层的土壤，并多存在弱度的石膏化和盐化过程。其剖面由栗色腐殖质层、灰白色钙积层以及母质层组成。主要特征是剖面上部呈栗色，下部有菌丝状或斑块状或网纹状的钙积层。其质地较轻，多属粉砂与粉土两级，表层有机质含量多在19—39g/kg。腐殖质含量比黑土少，是比较肥沃的土壤。

本县面积小于3%的土壤类型还有冷钙土、灌漠土、草甸土、风沙土、潮土、草毡土、黑毡土等。

本区域中心区气候特征

本区域中心区气候特征值
Regional climate characteristics in central area of the region

气候带：中温带亚干旱气候 Climate region: Mid temperate sub arid climate	
年平均气温 /℃ Annual average temperature /℃	12.6
年平均最高气温 /℃ Annual average maximum temperature /℃	19.7
年平均最低气温 /℃ Annual average minimum temperature /℃	6.4
年降水量 /mm Annual precipitation /mm	68
≥10℃的积温 /℃ Daily temperature accumulated in a year (≥10℃) /℃	4419
年日照时数 /h Annual sunshine /h	2846
年平均相对湿度 /% Annual average relative humidity /%	45
干燥度 Dryness	39.39

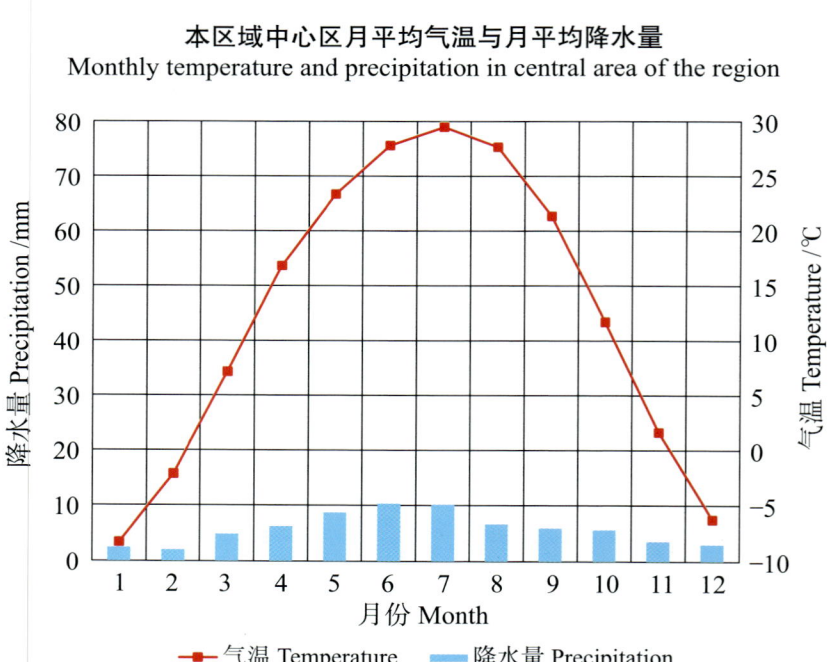

本区域中心区月平均气温与月平均降水量
Monthly temperature and precipitation in central area of the region

托克逊县主要土壤类型与土壤剖面点分布图
1:680 000

图例

- 棕漠土
- 石质土
- 棕钙土
- 草甸盐土
- 栗钙土
- 冷钙土
- 灌漠土
- 草甸土
- 风沙土
- 潮土
- 草毡土
- 黑毡土
- 寒冻土
- 林灌草甸土
- ⊗ 剖面点

托克逊县土壤剖面理化性状表

剖面号 Soil profile	土纲 Soil order	土类 Soil great group	亚类 Soil subgroup	土属 Soil genus	土种 Soil species	土层码 Layer code	土层厚度 Depth/cm	颜色 Soil color	质地 Soil texture	土壤结构 Soil structure	pH	有机质 OM/(g/kg)	全氮 TN/(g/kg)	全磷 TP/(g/kg)	碱解氮 AN/(mg/kg)	有效磷 AP/(mg/kg)	土壤母质 Parent material	剖面点坐标 Profile coordinate	匹配指数 Matching index/%
剖1	漠土	棕漠土	棕漠土			1	0–10					1.2		0.40		2.1		E 88°16′10.9″ N 43°08′28.0″	83
						2	10–30					5.3	0.31	0.47		1.7			
						3	30–72					4.6	0.31	0.40		1.2			
						4	72–100					2.8	0.41	0.63		<1.0			
剖2	初育土	风沙土	荒漠风沙土	灌溉风沙土	风沙土	1	0–25	黄棕色	砂土	粒状	7.5	4.1	0.51	0.60	10			E 88°44′46.0″ N 42°52′10.6″	86
						2	25–65	黄棕色	砂土	粒状	7.5	9.2	0.89	0.58	4				
						3	65–80	棕黄色	砂壤土	小块状	7.5	4.6	0.37	0.72	3				
						4	80–110	红棕色	轻壤土	小块状	7.5	12.0	0.85	0.86	2				
剖3	半水成土	潮土	盐化潮土	黄土母质盐化潮土	砂壤潮土	1	0–30	褐色	砂壤土	小块状	7.5	8.0	0.90	0.72			黄土母质	E 88°38′40.9″ N 42°49′30.7″	81
						2	30–67	黄棕色	砂壤土	小块状	7.8	2.9	0.24	0.76					
						3	67–100	黄棕色	轻壤土	小块状	7.8	4.6	0.69	0.66					
剖4	半水成土	草甸土	盐化草甸土			1	0–7					27.5	0.78		17	3.0		E 88°29′46.3″ N 42°48′37.4″	80
						2	7–24					14.9	0.58		13	2.0			
						3	24–60					21.6	0.40		11	2.0			
						4	60–80					5.0	0.35		7	1.0			
						5	80–100					7.1	0.40		6	1.0			
剖5	半水成土	潮土	盐化潮土	草甸型盐化潮土	下潮土	1	0–30	栗色	轻壤土	小块状	7.3	18.3	1.15	0.66				E 88°45′25.2″ N 42°48′11.5″	83
						2	30–50	黄棕色	轻壤土	块状	7.4	13.8	0.58	0.68					
						3	50–76	褐色	中壤土	小块状	7.5	9.1	0.49	0.63					
						4	76–100	褐色	中壤土	小块状	7.5	9.8	0.58	0.60					
剖6	半水成土	潮土	盐化潮土	黄土母质盐化潮土	轻盐化砂壤化	1	0–25	黄棕色	砂壤土	小块状	7.8	8.4	0.60	0.76			黄土母质	E 88°50′50.6″ N 42°50′11.2″	84
						2	25–55	灰黄色	轻壤土	小块状	7.3	5.8	0.53	0.68					
						3	55–83	棕黄色	砂壤土	小块状	7.1	7.6	0.44	0.59					
						4	83–100	黄棕色	轻壤土	小块状	7.1	6.4	0.33	0.50					
剖7	半水成土	潮土	盐化潮土	草甸型盐化潮土	灰潮土	1	0–22	深棕色	中壤土	小块状	7.2	15.7	1.38	0.79				E 88°41′31.9″ N 42°46′18.8″	94
						2	22–50	黑灰色	重壤土	块状	7.3	39.8	1.83	0.75					
						3	50–100	黑色	中壤土	块状	7.3	40.4	1.82	0.60					
剖8	初育土	风沙土	荒漠风沙土	灌溉风沙土	底壤风沙土	1	0–33	棕灰色	砂土	粒状	7.5	10.4	0.60	0.65				E 88°34′59.2″ N 42°45′50.0″	81
						2	33–70	棕灰色	砂壤土	小块状	7.4	4.5	0.46	0.66					
						3	70–105	黄棕色	轻壤土	小块状	7.5	1.4	0.14	0.60					
						4	105–140	黄棕色	轻壤土	小块状	7.3	3.3	0.30	0.58					
剖9	半水成土	潮土	盐化潮土	沼泽型盐化潮土	湿轻壤潮土	1	0–20	深栗色	轻壤土	小块状	7.5	21.7	1.15	0.63				E 88°46′27.8″ N 42°44′35.5″	88
						2	20–40	栗色	轻壤土	小块状	7.5	7.4	0.77	0.53					
						3	40–58	紫色	轻壤土	小块状	7.4	6.0	0.59	0.51					
						4	58–105	灰棕色	轻壤土	小块状	7.2	5.3	0.43	0.47					
剖10	半水成土	潮土	盐化潮土		中盐化壤土	1	0–33	褐色	中壤土	块状	7.4	35.6	1.83	0.68				E 88°49′09.5″ N 42°43′23.5″	92
						2	33–66	栗黑色	中壤土	块状	7.4	26.2	1.85	0.66					
						3	66–100	灰棕色	重壤土	块状	7.2	16.2	1.00	0.59					

哈 密 市

伊 州 区

主要土类说明

棕漠土是伊州区主要土壤类型，占本区地域面积的 60%。棕漠土是暖温带极端干旱条件下形成的具有明显盐磐的漠土，主要分布在山前洪积平原第四纪洪积扇上以及东戈壁、南湖戈壁。在第四纪洪积扇上，其成土母质主要是砾质土、砂土、黄土状母质，粗骨多、细粒少。在南湖戈壁，其成土母质主要是第三纪红土状母质的剥蚀残丘。在干旱、炎热、多风的盆地中，植被生长极少，具荒漠景观，只有在耕种的绿洲部分，经长时间的利用，土壤发育才较好。盆地中的棕漠土具有特殊的剖面特征与理化性质。土壤石灰、石膏、易溶盐分层聚积地表，可见孔状结皮、砾幂、黑结皮、多砾石，结皮层下见红棕色或玫瑰色铁染色层，下为石膏层，再下为盐磐层。整个土层厚度不足 50cm，结皮层以下碳酸钙含量 60—110g/kg，石膏含量 300—550g/kg；盐磐层含盐量 300—600g/kg。盐磐层的存在是棕漠土的重要特征。

石质土是伊州区第二大土壤类型，占本区地域面积的 17%。广泛分布于侵蚀严重的岩石裸露的石质山地、侵蚀残丘，以及在丘顶、山脊、山坡等坡度陡峻的地形部位。表层岩石裸露，风化层浅薄，一般小于 10cm，风化度低，富含砾石，多碎屑岩粒，属 A-R 型土。

灰棕漠土是伊州区第三大土壤类型，占本区地域面积的 10%。灰棕漠土是温带极端干旱环境砾质化明显的土壤。灰棕漠土发育于洪积、冲积黄土状母质及湖积母质。地表一般是砾质戈壁，土体中盐分含量较高而有机质等养分含量一般均较低。有机质含量少于 5g/kg，且土层甚薄。铁铝结合的胡敏酸多于钙结合者，铁铝结合的富啡酸少于钙结合者是本土类特征。该土壤地表见砾幂及褐色结皮，亦见干面包状结皮，石灰表聚，下见纤维状石膏聚积，亦见铁质黏化现象。

本区面积小于 3% 的土壤类型还有棕钙土、草甸盐土、栗钙土、风沙土、冷钙土、草甸土、草毡土、寒冻土、漠境盐土、龟裂土、灌漠土、灰褐土等。

本区域中心区气候特征

本区域中心区气候特征值
Regional climate characteristics in central area of the region

气候带：暖温带极干旱气候 Climate region: Warm temperate extremely arid climate	
年平均气温 /℃ Annual average temperature /℃	10.3
年平均最高气温 /℃ Annual average maximum temperature /℃	18.3
年平均最低气温 /℃ Annual average minimum temperature /℃	3.1
年降水量 /mm Annual precipitation /mm	30
≥10℃的积温 /℃ Daily temperature accumulated in a year（≥10℃）/℃	3661
年日照时数 /h Annual sunshine /h	3276
年平均相对湿度 /% Annual average relative humidity /%	43
干燥度 Dryness	19.36

本区域中心区月平均气温与月平均降水量
Monthly temperature and precipitation in central area of the region

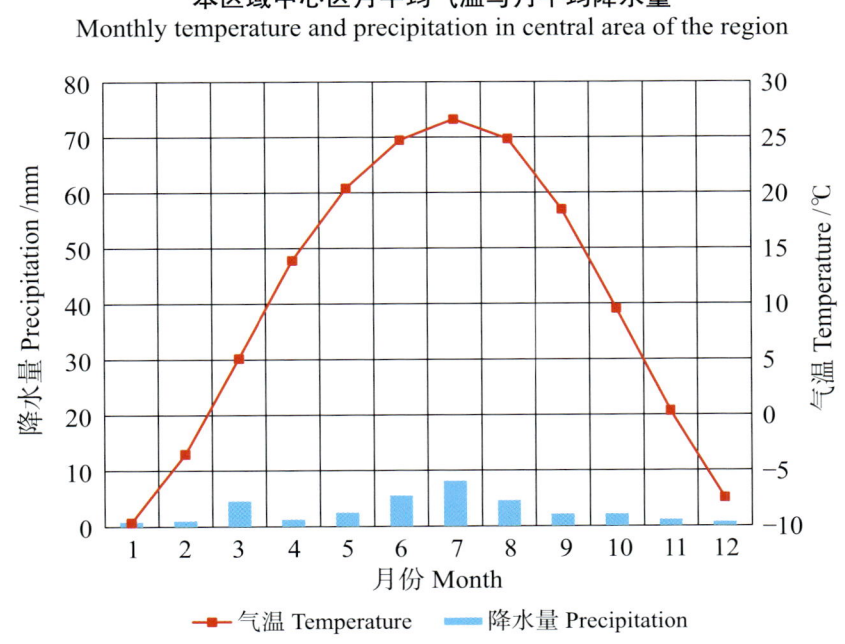

伊州区主要土壤类型与土壤剖面点分布图

1∶1 470 000

图 例

- 棕漠土
- 石质土
- 灰棕漠土
- 棕钙土
- 草甸盐土
- 栗钙土
- 风沙土
- 冷钙土
- 草甸土
- 草毡土
- 寒冻土
- 漠境盐土
- 龟裂土
- 灌漠土
- 灰褐土
- 潮土
- 粗骨土
- ⊗ 剖面点

注：国务院2021年2月批准，设立县级新星市。

伊州区土壤剖面理化性状表

剖面号 Soil profile	土纲 Soil order	土类 Soil great group	亚类 Soil subgroup	土属 Soil genus	土种 Soil species	土层码 Layer code	土层厚度 Depth/cm	颜色 Soil color	质地 Soil texture	土壤结构 Soil structure	pH	有机质 OM/(g/kg)	全氮 TN/(g/kg)	全磷 TP/(g/kg)	全钾 TK/(g/kg)	有效磷 AP/(mg/kg)	速效钾 AK/(mg/kg)	阳离子交换量CEC/(cmol/kg)	土壤母质 Parent material	剖面点坐标 Profile coordinate	匹配指数 Matching index/%
剖1	漠土	棕漠土	灌耕棕漠土	洪积黄土	黄土	1	0—22	黄棕色	粉砂质黏壤土	块状	8.5	23.0	1.34	0.80						E 92°51′55.1″ N 43°05′32.6″	91
						2	22—81	黄色	粉砂质黏壤土	块状	8.3	11.3	0.56	0.67							
						3	81—100	淡黄色	粉砂质黏壤土	块状	8.2	2.9	0.24	0.82							
剖2	漠土	棕漠土	灌耕棕漠土	洪积黄土	少砾质砂壤黄土	1	0—19	黄色	砂壤土		8.1	9.8	0.48	0.57						E 92°49′05.5″ N 43°00′24.5″	88
						2	19—60	灰色	砂壤土			14.5	0.72	0.60							
						3	60—100	浅红色	砂壤土			6.5	0.40	0.72							
剖3	漠土	棕漠土	灌耕棕漠土	洪积黄土	灰黄土	1	0—23	灰黄色	粉砂质黏壤土	块状	8.4	19.5	1.78	0.85						E 93°17′19.0″ N 42°56′11.0″	81
						2	23—64	灰黄色	粉砂质黏壤土	块状	8.4	14.7	1.28	0.86							
						3	64—100	淡灰黄色	粉砂质黏壤土	块状	8.4	13.2	0.96	0.80							
剖4	漠土	棕漠土	灌耕棕漠土	洪积黄土	底黏砂壤质黄土	1	0—22	青灰色	壤土	块状		13.5	0.64	1.42						E 93°12′50.4″ N 42°55′59.9″	94
						2	22—36	青灰色	壤土	块状		17.2	1.28	2.00							
						3	36—100	灰黄色	粉砂质黏壤土	团粒状		17.0	1.43	1.80							
剖5	漠土	棕漠土	灌耕棕漠土	洪积黄土	灰黄土	1	0—25	灰黄色	砂壤土	块状		26.1	1.71	0.76						E 93°27′11.2″ N 42°52′35.0″	92
						2	25—55	灰黄色	壤土	块状		22.7	1.44	0.93							
						3	55—100	淡灰黄色	黏壤土	块状		18.1	1.12	0.55							
剖6	人为土	灌漠土	灌漠土	灌漠泥砂土	黏底酥油土	A₁₁	0—28	浊黄棕色	轻砾质粉质黏壤土	小粒状	8.2	29.4	1.59	0.96	19.3	33.0	184	14.3	洪积物、冲积物	E 93°35′17.5″ N 42°49′26.4″	92
						A₁₂	28—40	浊黄棕色	轻砾质粉质黏壤土	块状	8.2	24.2	1.28	0.90	19.4	11.0	225	14.6			
						AC	40—59	浊黄棕色	轻砾质黏壤土	板片状	8.2	17.4	1.21	0.77	20.4	6.0	265	12.8			
						Ck₁	59—67	浊黄棕色	轻砾质黏壤土	片状	8.1	15.9	0.96	0.63	19.4	4.0	240	12.4			
						Ck₂	67—100	灰黄棕色	重砾质黏壤土	块状	8.1	16.9	1.03	0.54	15.8	4.0	200	12.3			
剖7	漠土	棕漠土	灌耕棕漠土	洪积黄土	底黏砂壤质黄土	1	0—27					9.6	0.72	1.60						E 94°35′01.7″ N 42°47′20.0″	89
						2	27—80					27.0	2.00	2.08							
						3	80—100					4.4	0.33	1.43							
剖8	人为土	灌漠土	灌漠土	灌漠泥砂土	酥油土	A₁₁	0—30	灰黄棕色	轻砾质粉质黏壤土	小粒状	8.2	22.1	1.45	1.19	21.4	31.0	169	13.5	洪积物、冲积物	E 93°29′29.4″ N 42°47′07.4″	87
						A₁₂	30—42	灰黄棕色	轻砾质粉质黏壤土	块状	8.3	22.9	1.13	1.14	21.8	23.0	119	12.8			
						AC	42—77	灰黄棕色	轻砾质粉质黏壤土	块状	8.3	16.9	0.89	1.22	21.8	10.0	143	12.9			
						Ck₁	77—105	灰黄棕色	轻砾质粉质黏壤土	块状	8.3	13.3	0.86	1.17	21.4	8.0	149	12.6			
						Ck₂	105—128	灰黄棕色	轻砾质粉质黏壤土	棱块状	8.3	11.7	0.76	1.16	21.1	6.0	158	13.1			
剖9	漠土	棕漠土	石膏棕漠土	膏棕漠泥砂土		J	0—1												砂砾质	E 95°14′09.2″ N 42°32′55.7″	93
						Ay	1—10	红棕色	轻砾质粉质黏壤土		8.5	1.3						5.1			
						By	10—30	淡黄色	砂质壤土		8.1	1.8						5.8			
						BC	30—70	淡黄棕色	砂土		8.5	1.5						4.1			
剖10	盐碱土	漠境盐土	残余盐土			1	0—1												洪积物	E 96°02′15.0″ N 42°15′39.2″	79
						2	1—5	浅红色	砂土			5.8									
						3	5—30	红色	砂土			11.9									
						4	30—60	黄色	松砂土												
						5	60—100	青色	砾质粗砂土			3.4									

续表 Continued

剖面号 Soil profile	土纲 Soil order	土类 Soil great group	亚类 Soil subgroup	土属 Soil genus	土种 Soil species	土层码 Layer code	土层厚度 Depth/cm	颜色 Soil color	质地 Soil texture	土壤结构 Soil structure	pH	有机质 OM/(g/kg)	全氮 TN/(g/kg)	全磷 TP/(g/kg)	全钾 TK/(g/kg)	有效磷 AP/(mg/kg)	速效钾 AK/(mg/kg)	阳离子交换量CEC/(cmol/kg)	土壤母质 Parent material	剖面点坐标 Profile coordinate	匹配指数 Matching index/%
剖11	盐碱土	漠境盐土	残余盐土			1	0—3				8.3	11.5								E 96°02′33.4″ N 42°03′51.8″	79
						2	3—11				8.2	10.7									
						3	11—30				8.5	9.4									
						4	30—60				8.2	15.3									
						5	60—83				8.6	8.3									
						6	83—112				8.7	3.6									
						7	112—126				8.6	7.0									
						8	126—156				8.6	5.5									
						9	156—193				8.3	12.9									
剖12	漠土	棕漠土	石膏盐磐棕漠土	石膏盐磐棕漠土	厚盐磐漠黄土	Aj	0—3	黄色	砂壤土		8.4	2.9	0.33	0.28	13.5				洪积物	E 92°11′08.2″ N 42°02′18.6″	87
						By	3—10	黄棕色	砂壤土	块状	8.5	4.3	0.37	0.32	17.3						
						B	10—29	白色	砾质砂壤土	块状	8.6	4.3	0.40	0.26	15.8						
						Bm	29—90	灰白色	砾石土	块状	8.3				17.6						
						Cy	90—	红色			8.4				12.3						

巴里坤哈萨克自治县

主要土类说明

棕钙土是巴里坤哈萨克自治县主要土壤类型，占本县地域面积的35%。棕钙土是在半荒漠（包括荒漠草原和草原化荒漠）条件下进行的土壤形成过程，主要分布在萨尔乔克区大片丘陵地带和山区低山地带。棕钙土的形成过程包括有机质积累过程、碳酸钙淀积过程和耕种熟化过程。与栗钙土相比，棕钙土干旱化和荒漠化增强，使腐殖质层变薄，有机质含量变低和土壤结构变差，而且在表层形成微弱的结皮和片状结构，在剖面的中下部有时也出现比较明显的石膏积累。在棕钙土的形成过程中，土体上部（表层）仍然进行着一定的生物积累过程，碳酸钙也经受着微弱的淋溶，但相对而言，棕钙土的有机质积累过程相对减弱，碳酸钙淀积过程增强，同时石膏积累亦已经萌芽，可以说棕钙土是栗钙土向荒漠土过渡的地带性土壤。

灰棕漠土是巴里坤哈萨克自治县第二大土壤类型，占本县地域面积的33%。主要分布在三塘湖乡，该土处在高山的两个盆地之中、海拔400—1000m的区域。灰棕漠土发育于洪积、冲积黄土状母质及湖积母质。地表一般是砾质戈壁，土体中盐分含量较高而有机质等养分含量一般均较低。

栗钙土是巴里坤哈萨克自治县第三大土壤类型，占本县地域面积的16%。栗钙土是温带干草原生物气候条件下形成的土壤。土壤所处地形复杂，且极不平坦，均在海拔1600—2400m山间极小洪积扇上，绝大部分为山坡地。栗钙土的形成过程为有机质积累过程、碳酸钙淀积过程和耕种熟化过程。其形态特征表现为在干草原植被下，土体上部进行着强烈的有机质积累过程，腐殖质的厚度随所处地形部位变化很大，土色较暗，呈现栗色或黑灰色、黑褐色，粒状结构或块状结构，无石灰反应；土体中的碳酸钙普遍发生淋溶，并淀积在剖面的中下部；可溶性盐则全部淋失，一般无盐害，总盐含量小于0.2%。栗钙土具有栗色腐殖质层，厚度20—30cm，钙积层一般出现在30—50cm处，呈层状、斑块状、网纹状形态积累，厚度30—40cm，底部碱化层性状显著。

石质土占巴里坤哈萨克自治县地域面积的9%。表层岩石裸露，风化层浅薄，一般小于10cm，风化度低，富含砾石，多碎屑岩粒，属A–R型土。目前见到的均有程度不同的石灰反应，属于钙质石质土亚类。

本县面积小于3%的土壤类型还有草甸盐土、灰褐土、草甸土、冷钙土、黑钙土、草毡土、寒冻土、风沙土、灌漠土等。

本区域中心区气候特征

本区域中心区气候特征值
Regional climate characteristics in central area of the region

气候带：中温带干旱气候 Climate region: Mid temperate arid climate	
年平均气温 /℃ Annual average temperature /℃	7.5
年平均最高气温 /℃ Annual average maximum temperature /℃	15.4
年平均最低气温 /℃ Annual average minimum temperature /℃	0.6
年降水量 /mm Annual precipitation /mm	104
≥10℃的积温 /℃ Daily temperature accumulated in a year（≥10℃）/℃	2798
年日照时数 /h Annual sunshine /h	3162
年平均相对湿度 /% Annual average relative humidity /%	52
干燥度 Dryness	10.48

本区域中心区月平均气温与月平均降水量
Monthly temperature and precipitation in central area of the region

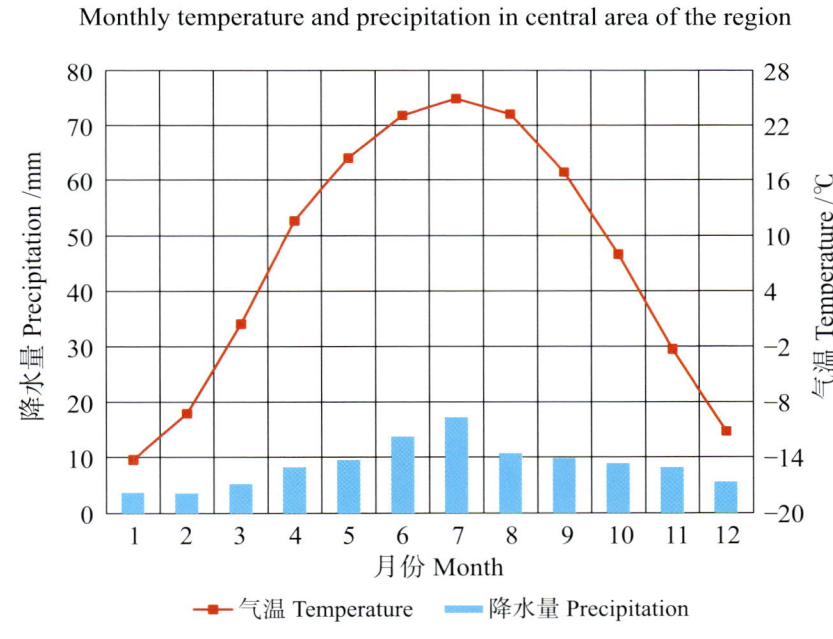

巴里坤哈萨克自治县主要土壤类型与土壤剖面点分布图

1:940 000

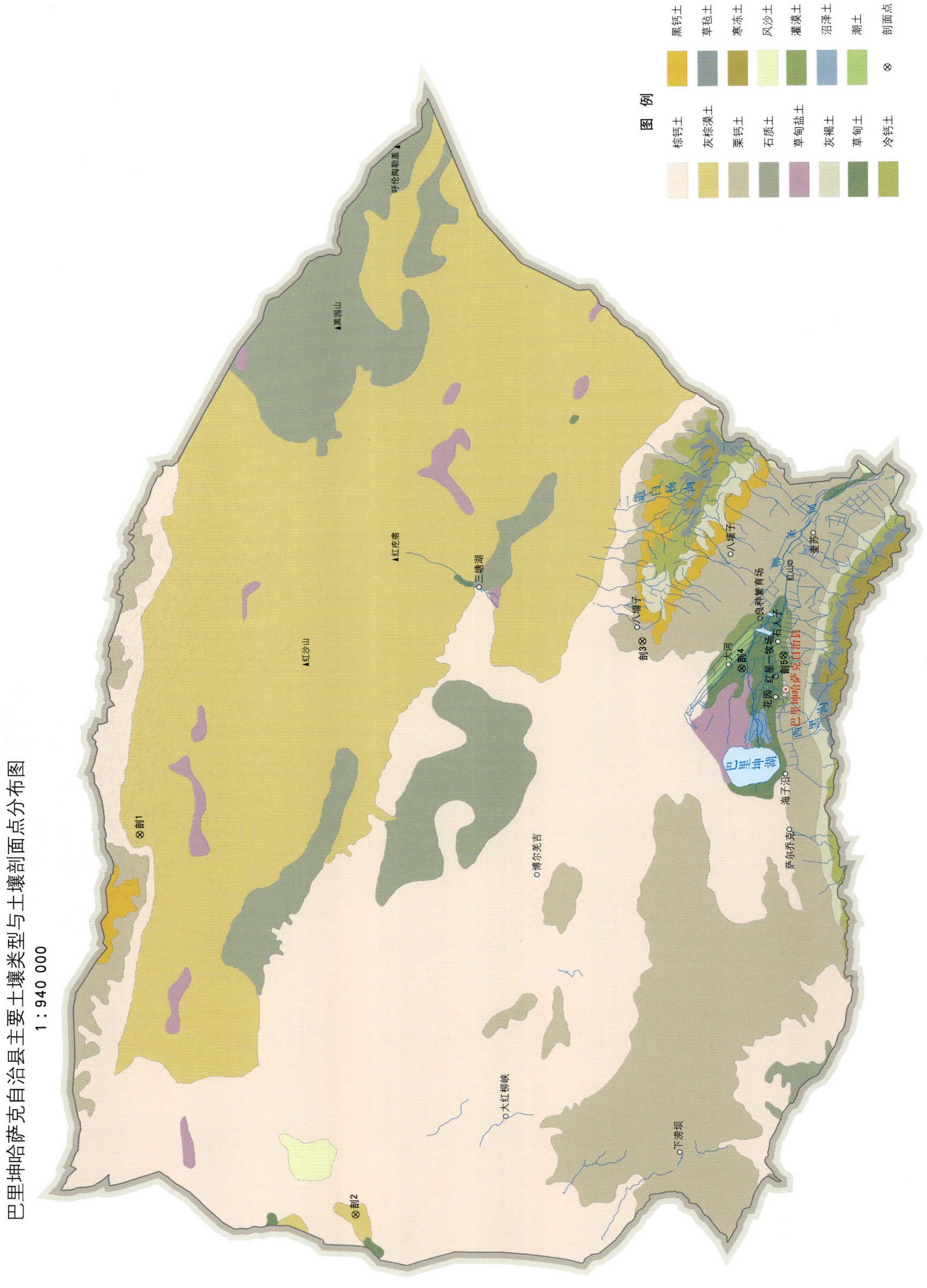

巴里坤哈萨克自治县土壤剖面理化性状表

剖面号 Soil profile	土纲 Soil order	土类 Soil great group	亚类 Soil subgroup	土属 Soil genus	土种 Soil species	土层码 Layer code	土层厚度 Depth/cm	颜色 Soil color	质地 Soil texture	土壤结构 Soil structure	pH	有机质 OM/(g/kg)	全氮 TN/(g/kg)	全磷 TP/(g/kg)	全钾 TK/(g/kg)	有效磷 AP/(mg/kg)	速效钾 AK/(mg/kg)	阳离子交换量CEC/(cmol/kg)	剖面点坐标 Profile coordinate	匹配指数 Matching index/%
剖1	漠土	灰棕漠土	灰棕漠土			1	1—5	灰黄色	砂壤土	无明显结构		<1.0	0.14	1.05					E 92°34′55.9″ N 44°56′51.0″	89
						2	5—10	黄棕色	轻壤土	片状		1.3	0.11	0.83						
						3	10—15	灰色	砾质轻壤土	块状		1.0	0.28	0.72						
						4	15—50	灰黄色	砾质土	无明显结构		<1.0	0.28	0.72						
剖2	漠土	灰棕漠土	灰棕漠土			1	0—6	灰色	轻壤土	片状		5.3	0.44	0.60					E 91°26′07.4″ N 44°29′08.9″	80
						2	6—14	棕色	轻壤土	小块状		7.3	0.61	0.12						
						3	14—30	棕色	砾质土	无明显结构		8.9	0.91	0.35						
剖3	钙层土	栗钙土	暗栗钙土			1	0—4	黑色	中壤土	团粒状	7.8	65.8	3.52	1.02					E 93°10′07.0″ N 43°53′46.0″	88
						2	4—21	栗色	中壤土	块状	7.8	25.3	1.02	0.73						
						3	21—31	黑栗色	重壤土	块状	8.0	22.7	1.02	0.90						
						4	31—45	灰黄色	轻壤土	块状	8.0	18.6	1.02	0.94						
						5	45—70	淡黄色	轻壤土	块状	8.0	14.8	0.86	0.83						
剖4	半水成土	草甸土	盐化草甸土			1	0—30	黑色	重壤土	粒状	7.2	52.6	2.72	1.43	10.8				E 93°05′05.3″ N 43°11′17.9″	78
						2	30—63	黑灰色	轻黏土	块状	8.0	26.5	2.03	0.10	17.3					
						3	63—100	灰黄色	轻黏土	块状	8.0	10.6	0.80	0.80	15.9					
剖5	人为土	灌漠土	灌漠土	灰灌漠泥砂土	棕灰灌土	A₁₁	0—30	浊黄棕色	轻砾质黏壤土	粒状、块状	8.1	21.1	1.31	1.10	23.4	10.0	145	9.5	E 93°07′26.8″ N 43°36′04.7″	91
						AC	30—50	浊黄棕色	轻砾质黏壤土	片状	8.3	18.5	1.08	1.06	22.7	6.0	123	7.6		
						Ck₁	50—60	浊黄橙色	轻砾质黏壤土	块状	8.3	11.1	0.61	1.12	21.1	7.0	78	7.5		
						Ck₂	60—90	浊黄橙色	轻砾质砂壤土	棱块状	8.3	8.3	0.43	1.00	19.8	7.0	54	7.0		
						Ck₃	90—103	浊黄色	轻砾质砂壤土	棱块状	8.4	8.1	0.32	1.08	19.7	5.0	33	6.9		

昌吉回族自治州

昌 吉 市

主要土类说明

灰漠土是昌吉市主要土壤类型，占本市地域面积的21%。灰漠土主要分布在天山山前洪积冲积扇和古老冲积平原的黄土状母质上。其形成过程有微弱的生物累积过程（腐殖质形成过程）、黏化铁质化过程（紧实层的形成过程）、弱度淋溶过程（碳酸钙有微弱的移动过程）。此外，有的还有草甸化过程和盐化现象。

风沙土是昌吉市第二大土壤类型，占本市地域面积的19%。无明显的层次分化，有发育稍好的初具结皮和稍紧实的表土层，如固定风沙土和半固定风沙土。表土层中的有机质含量为3—6g/kg，而流动风沙土的有机质含量则更少，往下即为松散的沙质母质，20—30cm及以下有湿润感，较低部位有盐化现象。

栗钙土是昌吉市第三大土壤类型，占本市地域面积的13%。成土母质有洪积物、冲积物或坡积物。主导成土过程为钙积化过程，附加腐殖化过程。土壤特征与黑钙土有许多相似之处，如腐殖质层、钙积层。有机质含量较高，有机质平均含量为23.5g/kg，全氮平均含量为1.12g/kg。

草毡土占昌吉市地域面积的7%。成土母质为冰积物、冰水沉积物及残积物、坡积物。表层有厚度5—18cm的草皮层和腐殖质层，根系交织似毛毡，软韧且具弹性，往下过渡明显。土壤有机质含量为150—200g/kg，pH为6.0—7.0。由于冰冻物理风化强烈，碎石块很多，成土过程不稳定，在夏季融雪时，往往容易发生土层滑坡，所以土壤中常有埋藏层出现。土壤为水分饱和，表层有弱度的泥炭化，碳酸盐完全被淋溶。由于春夏土壤水分状况的变化而形成铁的还原和氧化以及铁质的移动，所以土壤剖面表现出鲜明的棕色和棕褐色。

本市面积小于7%的土壤类型还有漠境盐土、黑毡土、草甸盐土、灰褐土、黑钙土、潮土、棕钙土、寒冻土、草甸土、灌漠土、灌淤土等。

本区域中心区气候特征

本区域中心区气候特征值
Regional climate characteristics in central area of the region

气候带：中温带干旱气候 Climate region: Mid temperate arid climate	
年平均气温 /℃ Annual average temperature /℃	5.9
年平均最高气温 /℃ Annual average maximum temperature /℃	11.9
年平均最低气温 /℃ Annual average minimum temperature /℃	0.9
年降水量 /mm Annual precipitation /mm	241
≥10℃的积温 /℃ Daily temperature accumulated in a year (≥10℃) /℃	2332
年日照时数 /h Annual sunshine /h	2635
年平均相对湿度 /% Annual average relative humidity /%	58
干燥度 Dryness	5.88

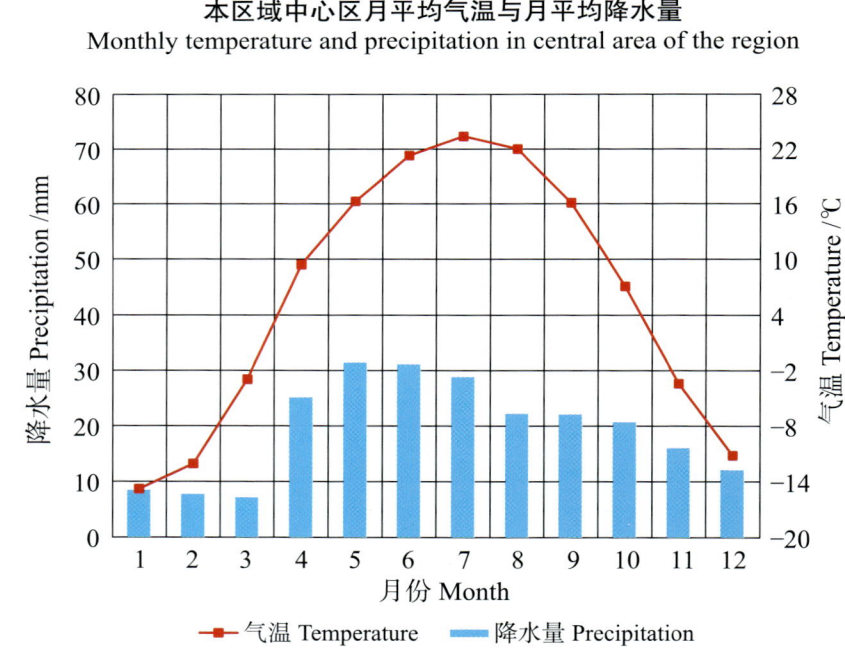

本区域中心区月平均气温与月平均降水量
Monthly temperature and precipitation in central area of the region

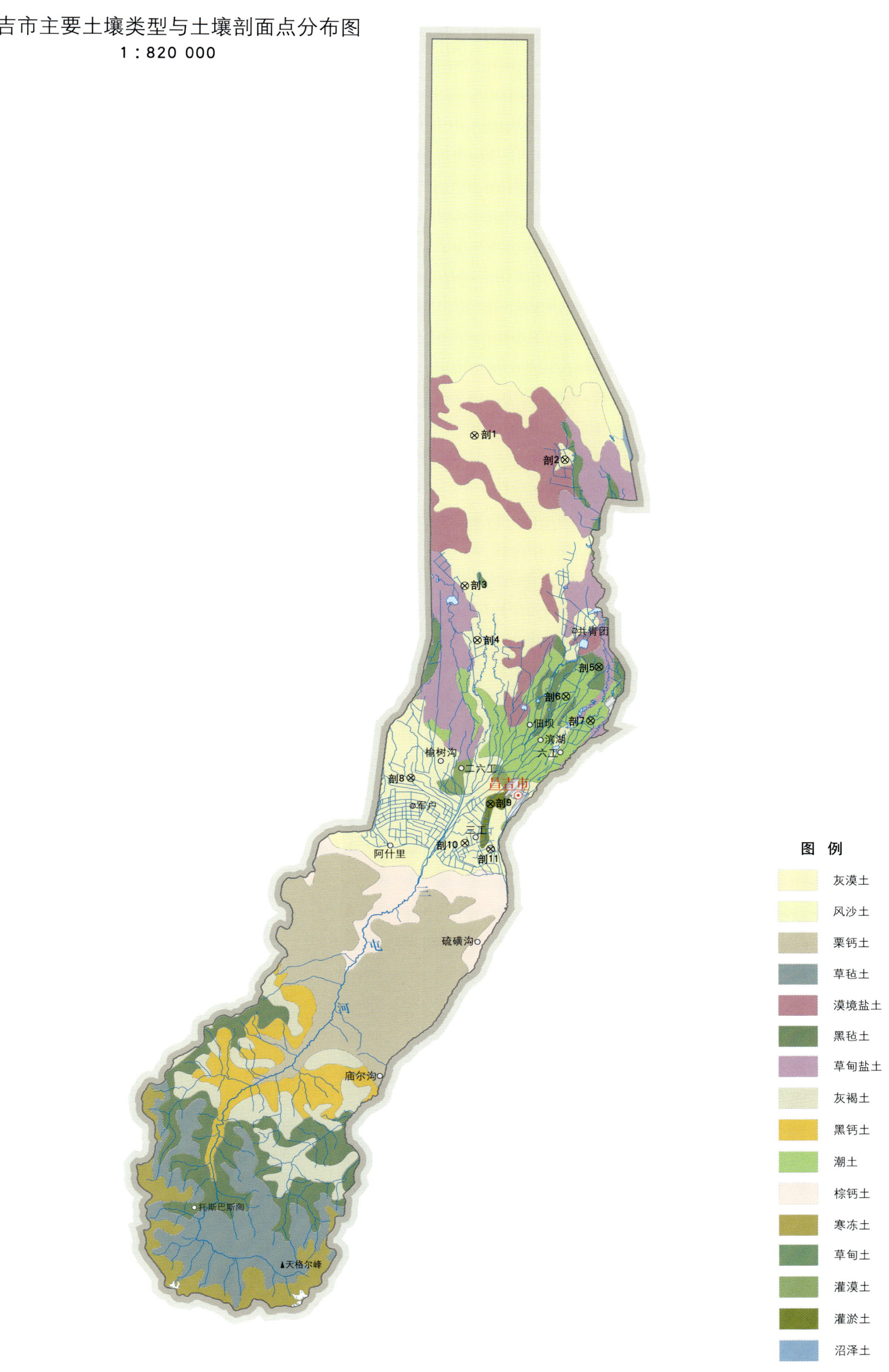

昌吉市土壤剖面理化性状表

剖面号 Soil profile	土纲 Soil order	土类 Soil great group	亚类 Soil subgroup	土属 Soil genus	土种 Soil species	土层码 Layer code	土层厚度 Depth/cm	颜色 Soil color	质地 Soil texture	土壤结构 Soil structure	pH	有机质 OM/(g/kg)	全氮 TN/(g/kg)	全磷 TP/(g/kg)	全钾 TK/(g/kg)	碱解氮 AN/(mg/kg)	有效磷 AP/(mg/kg)	速效钾 AK/(mg/kg)	阳离子交换量CEC/(cmol/kg)	土壤母质 Parent material	剖面点坐标 Profile coordinate	匹配指数 Matching index/%
剖1	漠土	灰漠土	盐化灰漠土	戈壁盐化灰漠土	盐化灰漠土	1	0-25				8.4	14.1	0.50	0.60		48	15.0	170			E 87°12′07.6″ N 44°38′06.4″	91
						2	25-65				8.1	9.2	0.40	0.50								
						3	65-100				8.5	2.3	0.20	0.20								
剖2	漠土	灰漠土	灌耕灰漠土	戈壁灌耕灰漠土	戈壁板红土	1	0-22				8.3	9.9	0.60	0.70		33	8.9	210			E 87°24′58.7″ N 44°35′33.0″	82
						2	22-46				7.8	8.9	0.20	0.60								
						3	46-100				7.8	5.3	0.50	0.60								
剖3	漠土	灰漠土	灌耕灰漠土	黄土状灌耕灰漠土	轻氯盐灌耕灰漠土	A_{11}	0-30	灰棕色	重黏土	块状	8.2	12.0	0.60	0.58			5.0	304			E 87°10′43.7″ N 44°22′16.0″	81
						B_1	30-45	黄灰色	重黏土	片状	8.2	7.0	0.37	0.45			5.0	147				
						B_2	45-83	棕灰色	重黏土	小块状	8.0	9.0	0.43	0.58			5.0	169				
						BC	83-100	棕灰色		小块状		9.0	0.56	0.51			4.0	128		洪积物、冲积物		
剖4	漠土	灰漠土	灌耕灰漠土	老冲积平原灌耕灰漠土	黄土	1	0-29	黄棕色	粉砂质轻壤土	块状											E 87°12′29.2″ N 44°16′32.9″	83
						2	29-76	淡黄色	轻壤土	片状												
						3	76-100	淡黄色		层状												
剖5	半水成土	草甸土	盐化草甸土	灰色盐化草甸土	盐化灰板土	1	0-25				8.4	10.0	0.40	0.50		31	10.0	214			E 87°29′39.8″ N 44°13′42.6″	82
						2	25-40				8.4	6.0	0.30	0.50								
						3	40-80				8.4	13.8	0.60	0.60								
						4	80-100				8.3	8.6	0.60	0.50								
剖6	半水成土	潮土	盐化潮土	黄土型盐化潮土	盐化黄潮土	1	0-20	淡黄色	轻壤土	块状	8.8	8.8	0.30	0.60		10	4.2	163			E 87°24′58.7″ N 44°10′36.8″	93
						2	20-50	灰黄色	片状	片状	8.8	6.3	0.60	0.60								
						3	50-100	灰棕色	中壤土	核状	8.8	5.7	0.10	0.60								
剖7	半水成土	潮土	盐化潮土	红土型盐化潮土	盐化红潮土	1	0-30				>9.5	5.0	0.42	0.60		25	15.7	384			E 87°28′27.5″ N 44°08′03.8″	83
						2	30-70				8.8	3.0	0.30	0.50								
						3	70-100				8.6	6.3	0.30	0.50								
剖8	漠土	灰漠土	灌耕灰漠土	老冲积平原灌耕灰漠土	黄土	1	0-25			小块状	8.2	9.7	0.50	0.60		48	9.0	184			E 87°03′04.7″ N 44°02′03.1″	81
						2	25-55			块状	8.0	11.7	0.50	0.60								
						3	55-100				8.2	9.5	0.60	0.70								
剖9	人为土	灌淤土	灌淤土	淤土	红淤土	1	0-20	油红橙色	壤质黏土	小块状	8.2	15.6	0.91	0.79	13.8		5.0	265	25.1	淤积物	E 87°14′16.1″ N 43°59′17.5″	87
						A_{b1}	20-36	红棕色	黏土	块状	8.1	14.2	0.82	0.80	22.0		3.0	240	24.5			
						A_{b2}	36-58	灰棕色	壤质黏土	块状	8.2	9.1	0.62	0.70	13.8		1.0	215	23.4			
						C	58-100	油红橙色	壤质黏土	团块状	8.2	6.8	0.48	0.68	13.9		1.0	179	24.3			
剖10	漠土	灰漠土	灌耕灰漠土	黄土状灌耕灰漠土	灰漠白板土	A_{11}	0-35	黄棕色	轻壤土	片状	8.2	10.0	0.80	0.60			6.0	150		冲积物	E 87°10′40.1″ N 43°55′10.2″	81
						B_1	35-65	棕色	轻壤土	板片状	8.2	7.5	0.60	0.57								
						B_2	65-95	红棕色	轻壤土	板片状	8.3	4.2	0.50	0.60								
剖11	漠土	灰漠土	灌耕灰漠土	灌耕灰漠红土	灌淤灰红土	A_{11}	0-20	红棕色	壤质黏土	块状、粒状	8.0	15.6	0.91	0.79	13.8					红色页岩坡积物	E 87°14′17.2″ N 43°54′32.4″	88
						A_{12}	20-28	红棕色	壤质黏土	板片状	8.1	14.2	0.82	0.80	22.0							
						B	28-68	红棕色	壤质黏土	棱块状	8.2	9.1	0.62	0.70	13.8							
						BC	68-100	黄棕色	黏壤土	棱块状	8.1	5.8	0.41	0.67	15.0							

阜 康 市

主要土类说明

风沙土是阜康市主要土壤类型，占本市地域面积的 51%。风沙土是在风力长期风蚀搬运下，地面上的细沙随风带到平原边缘，因受地势和植被（固沙植被如骆驼刺、白刺、红柳等）阻挡沉降，逐渐堆积形成风沙土。风沙土的成土过程微弱，由于风蚀和沙积作用，成土过程经常被中断，成土作用时间短，且很不稳定。风沙土通体沙质，干燥松散，肥力很低，没有盐害，只要人工平整灌溉耕种，熟化后可演变为灌溉风沙土亚类。

灰漠土是阜康市第二大土壤类型，占本市地域面积的 18%。灰漠土主要分布在天山山前洪积冲积扇和古老冲积平原的黄土状母质上，海拔 800—900m 以下区域。其形成过程有微弱的生物累积过程（腐殖质形成过程）、黏化铁质化过程（紧实层的形成过程）、弱度淋溶过程（碳酸钙有微弱的移动过程）。此外，有的还有草甸化过程，灰漠土地区的盐化现象较普遍。土壤质地为粉砂质壤土或砂质壤土。地表有孔状结皮，腐殖质层不明显，表层有机质含量约 1%。

棕钙土是阜康市第三大土壤类型，占本市地域面积的 5%。棕钙土主要分布在山前谷地或山前倾斜平原中下部，发育于洪积、冲积母质上，土层较薄，厚度 30—60cm，大多混有小砾石，整个土体碳酸钙的淋溶作用比较明显。土壤水稳性结构少，故土壤多较紧实，不耐旱，适合种植浅根耐旱作物。

栗钙土占阜康市地域面积的 5%。栗钙土主要分布在水磨沟乡及上户沟乡，发育于冲积洪积扇上部，整个土类占全部耕地面积比例很小，且均表现为轻度盐渍化。

草甸盐土占阜康市地域面积的 4%。草甸盐土分布在冲积平原地势低平的地区，既有盐渍化过程，又有草甸化过程，土壤含盐较少，一般在 20—35g/kg。由于强烈的毛管上升水流导致剖面通体湿润，上部有盐渍斑，下部有锈纹锈斑或潜育斑，个别可见到石灰结核；再往下是底土层。土壤呈碱性，pH 为 8.2—8.4。

本市面积小于 3% 的土壤类型还有潮土、寒冻土、草毡土、黑钙土、草甸土、灰褐土、黑毡土、林灌草甸土、灌漠土、漠境盐土、冷钙土等。

本区域中心区气候特征

本区域中心区气候特征值
Regional climate characteristics in central area of the region

气候带：中温带干旱气候 Climate region: Mid temperate arid climate	
年平均气温 /℃ Annual average temperature /℃	5.4
年平均最高气温 /℃ Annual average maximum temperature /℃	12.1
年平均最低气温 /℃ Annual average minimum temperature /℃	−0.2
年降水量 /mm Annual precipitation /mm	238
≥10℃的积温 /℃ Daily temperature accumulated in a year（≥10℃）/℃	2208
年日照时数 /h Annual sunshine /h	2753
年平均相对湿度 /% Annual average relative humidity /%	60
干燥度 Dryness	0.06

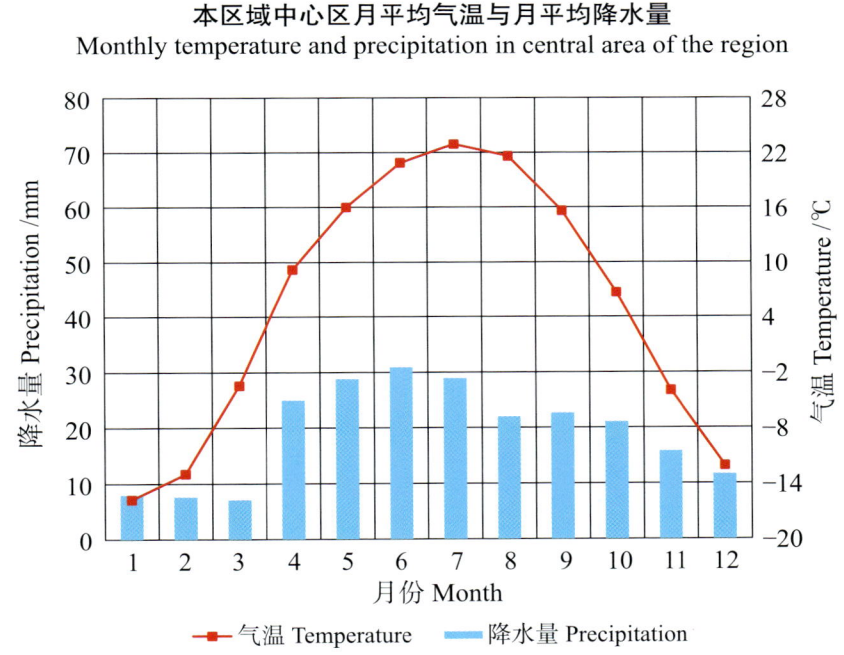

本区域中心区月平均气温与月平均降水量
Monthly temperature and precipitation in central area of the region

阜康市主要土壤类型与土壤剖面点分布图
1:450 000

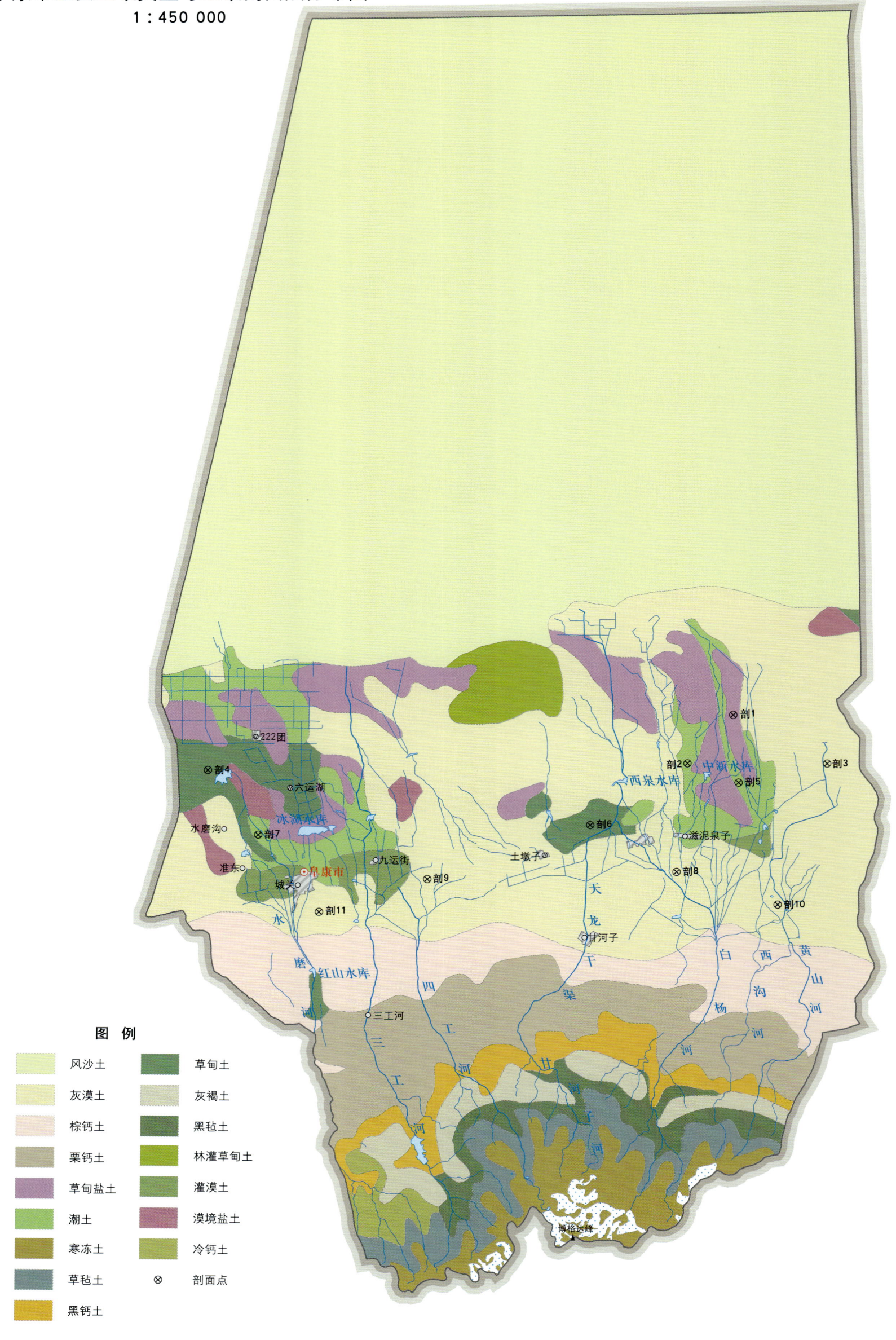

阜康市土壤剖面理化性状表

剖面号 Soil profile	土纲 Soil order	土类 Soil great group	亚类 Soil subgroup	土属 Soil genus	土种 Soil species	土层码 Layer code	土层厚度 Depth/cm	颜色 Soil color	质地 Soil texture	土壤结构 Soil structure	pH	有机质 OM/(g/kg)	全氮 TN/(g/kg)	碱解氮 AN/(mg/kg)	有效磷 AP/(mg/kg)	速效钾 AK/(mg/kg)	土壤母质 Parent material	剖面点坐标 Profile coordinate	匹配指数 Matching index/%
剖1	盐碱土	草甸盐土	草甸盐土			1	0—15	暗褐色	轻壤土	团状	8.0	50.5	2.39	79	3.0	397	冲积物	E 88°32′56.8″ N 44°18′43.9″	92
						2	15—29	暗褐色	轻壤土	板状	7.9	44.3	1.09	55	1.0	>500			
						3	29—46	青灰色	中壤土	板状	8.2	34.1	1.58	40		405			
						4	46—68	黄白色	重壤土	片状	8.8	18.2	0.95	32		268			
						5	68—100	黄白色	重壤土	片状	8.8	13.7	0.76	35	29.0	219			
剖2	半水成土	潮土	盐化潮土	盐化退潮土	中盐化土	1	0—19	黄灰色	轻壤土	小块状	8.2	30.6	1.19	60	22.0	206	冲积黄土	E 88°29′15.4″ N 44°15′54.7″	78
						2	19—28	黄灰色	轻壤土	块状	8.0	29.3	1.19	60	9.0	165			
						3	28—39	黄黄色	轻壤土	块状	8.2	18.0	0.70	43	6.0	180			
						4	39—54	灰棕色	轻壤土	块状	7.8	11.2	0.70	31	5.0	180			
						5	54—100	棕色	砂壤土	粒状	8.2	7.4	0.45	18	8.0	196			
剖3	漠土	灰漠土	灌耕灰漠土	冲积黄土		1	0—28	灰黄色	砂壤土	小块状		6.3	0.30	18	3.0	198	冲积黄土	E 88°40′19.9″ N 44°15′47.5″	94
						2	28—38	黄黄色	砂壤土	片状		3.8	0.35	21	3.0	134			
						3	38—55	棕黄色	砂壤土	块状		6.8	0.35	40	5.0	139			
						4	55—100	黄色	中壤土	块状		3.9	0.25	27	1.0	180			
剖4	半水成土	草甸土	盐化草甸土	下潮土盐化草甸土	轻盐化土	1	0—22	暗褐色	中壤土	团块状	9.0	53.6	2.53	53	1.0	283	冲积黄土	E 87°51′11.5″ N 44°15′44.3″	82
						2	22—32	暗棕灰色	中壤土	块状	9.0	54.2	2.65	53	1.0	355			
						3	32—46	暗棕灰色	中壤土	片状	9.0	61.7	2.34	79	1.0	253			
						4	46—82	灰白色	重壤土	小块状	8.9	36.7	1.64	53	24.0	98			
						5	82—120	青灰色	重壤土	小块状	8.4	24.0	1.01	47		54			
剖5	半水成土	潮土	盐化潮土	盐化下潮土	强盐化土	1	0—20	黄棕色	轻壤土	块状	8.0	26.9	1.19	46	7.0	283	冲积物	E 88°33′17.6″ N 44°14′44.5″	90
						2	20—60	棕黄色	砂壤土	块状	7.9	8.8	0.50	21		294			
						3	60—85	灰黄色	砂壤土	块状、粒状	8.3	4.4	0.30	15		123			
						4	85—100	黄灰色	中壤土	粒状	8.2	6.4	0.30	21		180			
剖6	半水成土	潮土	盐化潮土	盐化下潮土		1	0—31	暗黄棕色	中壤土	块状	8.2	46.5	2.14	75	7.0	>500	冲积物	E 88°21′29.2″ N 44°12′19.8″	92
						2	31—49	黄黄棕色	中壤土	块状	8.2	39.8	1.76	49	1.0	>500			
						3	49—65	黑色	中壤土	粒状	8.2	40.7	1.64	32		453			
						4	65—100	灰白色	重壤土	粒状	8.3	14.2	0.82	35					
剖7	半水成土	潮土	盐化草甸土	盐化下潮土	轻盐化土	1	0—5				9.2						冲积物	E 87°55′10.2″ N 44°11′52.8″	81
						2	5—14				9.0								
						3	14—38				8.8								
						4	38—52				8.6								
						5	52—73				8.6								
剖8	漠土	灰漠土	灌耕灰漠土	洪积黄土	白板土	1	0—30	灰黄色	轻壤土	块状	8.2	9.0	0.50	18	8.0	108	洪积黄土	E 88°28′18.1″ N 44°09′30.2″	87
						2	30—50	棕灰色	轻壤土	片状	8.3	12.3	0.60	24	4.0	134			
						3	50—80	灰棕色	轻壤土	块状	8.8	10.7	0.60	18	4.0	142			
						4	80—100	黄棕色	中壤土	块状	7.9	8.4	0.45	18	3.0	154			
剖9	漠土	灰漠土	灌耕灰漠土	硫酸盐-氯化物型灌耕灰漠土		1	0—20	灰黄色	中壤土	块状	8.2	24.8	0.85				洪积黄土	E 88°08′33.0″ N 44°09′12.2″	79
						2	20—35	黄棕色	中壤土	块状	8.3	15.4							
						3	35—60	黄棕色	重壤土	块状	7.9	18.3	0.80						
						4	60—100	黄色	轻壤土	块状	8.3	23.2	1.34						

续表 Continued

剖面号 Soil profile	土纲 Soil order	土类 Soil great group	亚类 Soil subgroup	土属 Soil genus	土种 Soil species	土层码 Layer code	土层厚度 Depth/ cm	颜色 Soil color	质地 Soil texture	土壤结构 Soil structure	pH	有机质 OM/ (g/kg)	全氮 TN/ (g/kg)	碱解氮 AN/ (mg/kg)	有效磷 AP/ (mg/kg)	速效钾 AK/ (mg/kg)	土壤母质 Parent material	剖面点坐标 Profile coordinate	匹配指数 Matching index/%
剖10	漠土	灰漠土	灌耕灰漠土	洪积黄土	黄土	1	0—22	灰棕色	轻壤土	团块状		15.7	0.75	34	3.0	196	洪积黄土	E 88°36′17.3″ N 44°07′30.0″	81
						2	22—47	棕色	中壤土	块状		10.1	0.75	32	2.0	98			
						3	47—75	黄棕色	砂壤土	粒状		9.4	0.60	18	1.0	268			
						4	75—100	黄色	中壤土	粒状		9.9	0.50	18	7.0	155			
剖11	漠土	灰漠土	灌耕灰漠土	洪积红土	红土	1	0—20	棕灰色	重壤土	块状		13.6	0.70	38	3.0	323	洪积红土	E 87°59′58.2″ N 44°07′17.8″	80
						2	20—46	灰棕色	中壤土	块状		8.5	0.50	29	3.0	139			
						3	46—59	灰棕色	中壤土	块状		4.1	0.25	20	3.0	289			
						4	59—91	棕灰色	砂壤土	块状		2.0	0.10	17	3.0	219			
						5	91—100	灰棕色	重壤土	块状		3.3	0.35	23	3.0	108			

呼图壁县

主要土类说明

风沙土是呼图壁县主要土壤类型，占本县地域面积的26%。风沙土是在风沙地区风成沙性母质上发育的土壤。风沙土的成土过程微弱，由于风蚀和沙积作用，成土过程经常被中断，成土作用时间短，且很不稳定。风沙土全剖面是粉砂质的沙层，无明显的层次分化，有发育稍好的初具结皮和稍紧实的表土层，如固定风沙土和半固定风沙土。风沙土有机质含量低，沙性重，阳离子交换量很低。表土层中的有机质含量为3—6g/kg，而流动风沙土的有机质含量则更少，往下即为松散的沙质母质，20—30cm及以下有湿润感，较低部位有盐化现象。

灰漠土是呼图壁县第二大土壤类型，占本县地域面积的24%。灰漠土主要分布于呼图壁河及雀尔沟河的冲积洪积扇。由于漠境地区的荒漠气候，生物累积十分微弱，风化和成土作用均较微弱。植被有苦豆子、宾草、芨芨草及短小灌木等。灰漠土在形成过程中表现出以下特点：土壤淋溶微弱，钙在整个剖面分布比较均匀，有表聚现象；可溶性盐在剖面中移动于中位和深位，有盐化现象；由于风蚀作用强烈，表土常含有一定数量的砾石。

栗钙土占呼图壁县地域面积的8%。栗钙土分布于海拔1300—1700m的中山、前山低丘，山间盆地，集中在雀尔沟镇至石梯子乡沿国防公路一带的中山地带及其以北的前山低丘、阴坡等地。表层为生草层，其厚度在10cm以上。表层以下为栗色、深栗色至淡黑色的腐殖质层，厚度20—40cm。第三层为淋溶层，由于淋溶作用不强，表现为较薄，厚度只有10cm左右。第四层是灰白色或灰棕色的钙积层，碳酸钙呈层状、粉末状或斑块状。钙积层厚20—35cm，碳酸钙含量为11%—19%。钙积层下面为母质层。栗钙土的成土母质多为坡积物、残积物及部分洪积物、冲积物，层次杂乱，土壤颗粒组成差异较大，但总的来说成土母质的质地较轻。

漠境盐土占呼图壁县地域面积的5%。漠境盐土分布在山前洪积冲积平原、古老冲积平原、大河干三角洲和沙漠边缘等地貌部位的稍高处。该土类是由原来的盐土经过自然条件的改变，地层的变化，河床的下切，河流改道、断流，湖泊的干涸等多种原因，促使地下水逐渐下降，而脱离了地下水的影响，使土壤逐渐向漠化演变，停止了积盐。因此，漠境盐土是过去积盐过程所形成的土壤，没有现代积盐过程。但有时能见到微弱的淋溶过程和龟裂现象。

黑毡土占呼图壁县地域面积的5%。原称亚高山草甸土，处于草毡土下部，森林线上限，海拔2700—3300m范围内。地形多为古冰碛台地或开阔的山原面、高平台地，阴阳坡差别不大，缓坡、坡麓堆积土层较厚。成土母质主要为坡积物、残积物或冰水沉积物，部分出现黄土状物质。有机质层深厚，有机质含量高，土壤呈微酸性。

本县面积小于5%的土壤类型还有草甸盐土、棕钙土、草甸土、灰褐土、草毡土、寒冻土、黑钙土、潮土、灌漠土、新积土、灌淤土等。

本区域中心区气候特征

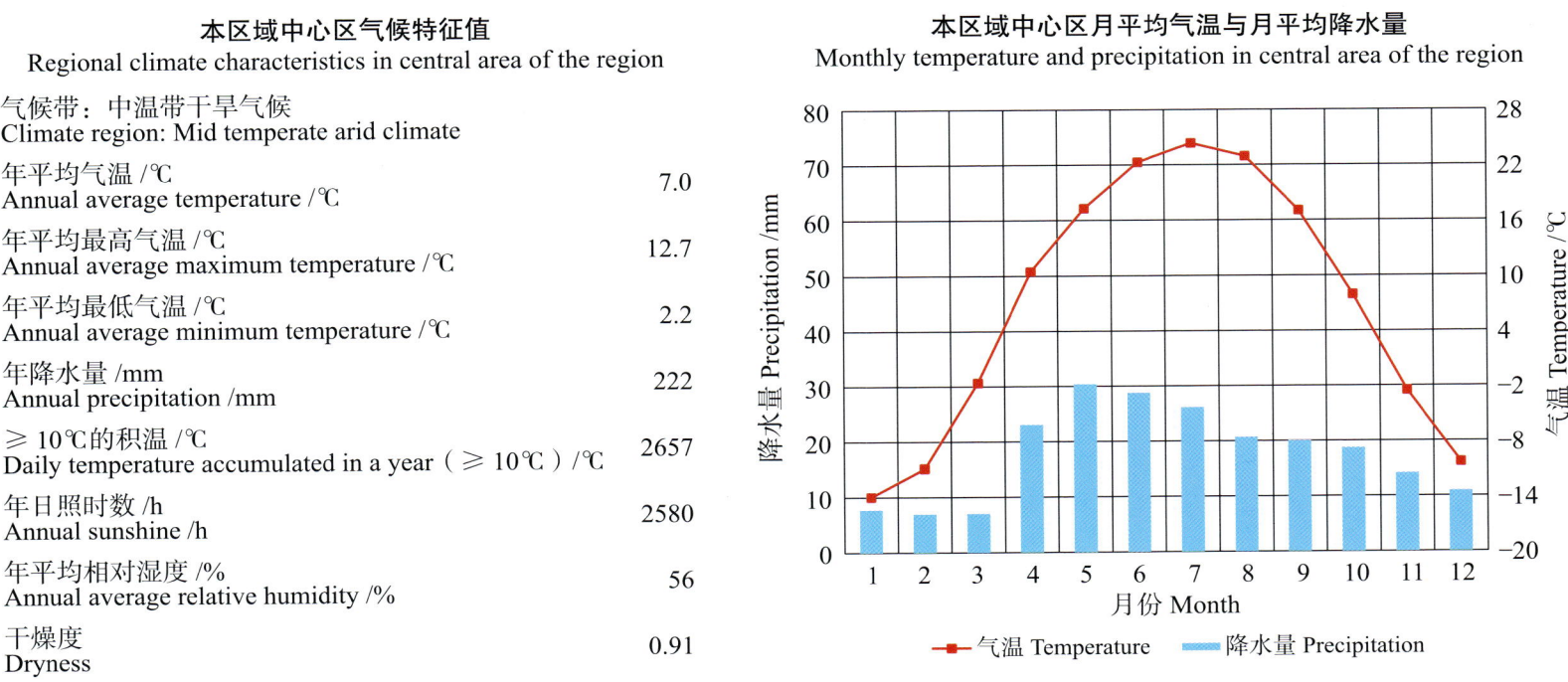

本区域中心区气候特征值
Regional climate characteristics in central area of the region

气候带：中温带干旱气候 Climate region: Mid temperate arid climate	
年平均气温 /℃ Annual average temperature /℃	7.0
年平均最高气温 /℃ Annual average maximum temperature /℃	12.7
年平均最低气温 /℃ Annual average minimum temperature /℃	2.2
年降水量 /mm Annual precipitation /mm	222
≥10℃的积温 /℃ Daily temperature accumulated in a year（≥10℃）/℃	2657
年日照时数 /h Annual sunshine /h	2580
年平均相对湿度 /% Annual average relative humidity /%	56
干燥度 Dryness	0.91

本区域中心区月平均气温与月平均降水量
Monthly temperature and precipitation in central area of the region

呼图壁县主要土壤类型与土壤剖面点分布图
1:760 000

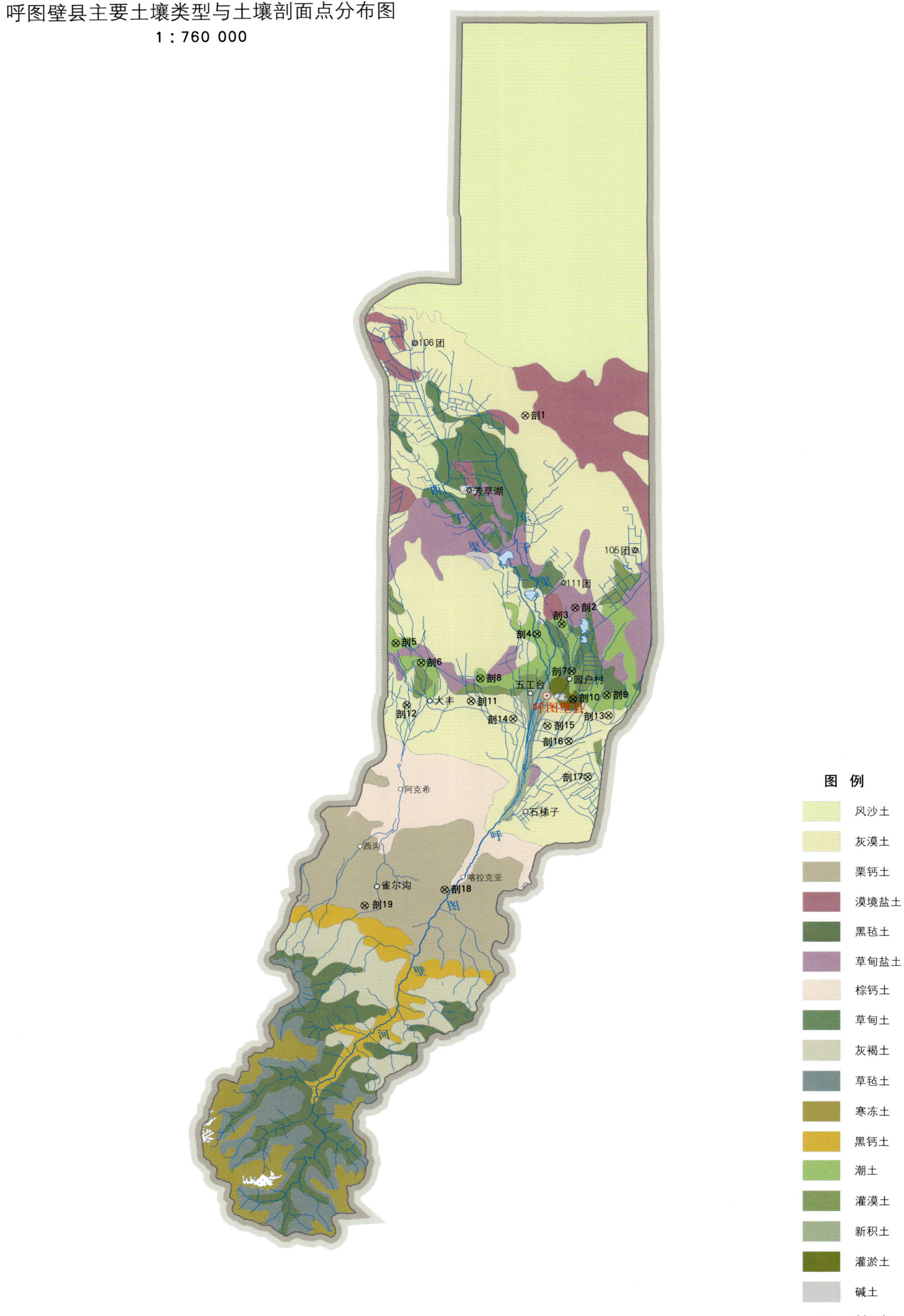

呼图壁县土壤剖面理化性状表

剖面号 Soil profile	土纲 Soil order	土类 Soil great group	亚类 Soil subgroup	土属 Soil genus	土种 Soil species	土层码 Layer code	土层厚度 Depth/cm	颜色 Soil color	质地 Soil texture	土壤结构 Soil structure	pH	有机质 OM/(g/kg)	全氮 TN/(g/kg)	全磷 TP/(g/kg)	剖面点坐标 Profile coordinate	匹配指数 Matching index/%
剖1	漠土	灰漠土	盐化灰漠土			1	0—26				8.1				E 86°48′47.9″ N 44°39′55.4″	88
						2	26—40				8.0					
						3	40—70				8.1					
						4	0—45				8.0					
						5	45—80				8.1					
剖2	盐碱土	草甸盐土	草甸盐土			1	0—3	棕灰色	中壤土	粒状	8.5	11.6	0.68	0.83	E 86°55′37.2″ N 44°20′20.0″	87
						2	3—24	棕黄色	中壤土	块状	8.6	6.1	0.39	0.63		
						3	24—54	棕黄色	中壤土		8.4	5.6	0.30	0.64		
						4	70—80	棕色	中壤土		8.5	4.7	0.28	0.53		
						5	80—90	棕色	中壤土		8.3	3.9	0.30	0.42		
剖3	半水成土	潮土	盐化潮土	氯化物硫酸盐盐化潮土	轻盐化黄土	1	0—22	黄棕色	轻黏土	团块状	8.2	12.0	0.53	0.89	E 86°53′47.4″ N 44°18′41.8″	84
						2	22—50	棕色	中壤土	团块状	8.3	4.2	0.30	0.60		
						3	50—100	棕色	中壤土	团块状	8.1	3.4	0.23	0.46		
剖4	半水成土	潮土	盐化潮土	氯化物硫酸盐盐化潮土	强盐化黄土	1	0—26	黄棕色	中壤土	小块状	8.1	17.3	1.02	0.82	E 86°50′23.3″ N 44°17′40.6″	83
						2	26—43	棕色	中壤土	小块状	8.4	6.1	0.36	0.60		
						3	43—64	棕色	中壤土	小块状	8.5	3.8	0.19	0.53		
						4	64—100	黄棕色	中壤土	小块状	8.5	3.2	0.21	0.53		
剖5	半水成土	潮土	盐化潮土	氯化物硫酸盐盐化潮土	中盐化红土	1	0—27	紫色	轻黏土	块状	8.0	16.2	1.04	0.63	E 86°31′01.6″ N 44°16′44.4″	78
						2	27—43	紫棕色	轻黏土	团块状	8.1	14.7	0.91	0.61		
						3	43—58	紫棕色	轻黏土	团块状	8.2	11.4	0.74	0.60		
						4	58—100	灰棕色	轻黏土	片状	8.6	5.7	0.35	0.56		
剖6	半水成土	潮土	盐化潮土	氯化物硫酸盐盐化潮土	中盐化红土	1	0—24				7.9				E 86°34′31.4″ N 44°14′43.8″	85
						2	24—44				7.9					
						3	44—56				7.9					
						4	56—100				7.9					
剖7	半水成土	潮土	盐化潮土	氯化物硫酸盐盐化潮土	轻盐化红土	1	0—22	紫色	轻黏土	块状	8.3	20.4	1.32	0.68	E 86°55′08.8″ N 44°13′54.1″	92
						2	22—35	紫棕色	轻黏土	团块状	8.2	18.7	1.16	0.68		
						3	35—53	紫棕色	轻黏土	板状	8.2	12.0	0.85	0.65		
						4	53—100	棕色	轻黏土	板状	8.2	9.2	0.61	0.59		
剖8	半水成土	潮土	盐化潮土	氯化物硫酸盐盐化潮土	轻盐化黄土	1	0—25	黄棕色	重黏土	块状	8.3	12.0	0.60	0.87	E 86°42′38.5″ N 44°13′08.8″	79
						2	25—40	棕色	重黏土	片状	8.3	8.0	0.39	0.77		
						3	40—66	黄棕色	中壤土	块状	8.4	4.2	0.24	0.60		
						4	66—100	黄棕色	轻壤土	板状	8.3	4.0	0.16	0.53		
剖9	半水成土	潮土	盐化潮土	氯化物硫酸盐盐化潮土	强盐化红土	1	0—19				8.2				E 86°59′56.4″ N 44°11′24.4″	94
						2	19—38				8.3					
						3	38—100				8.4					
剖10	人为土	灌淤土	灌淤土	灌淤黄土	灌淤灰黄土	1	0—30	紫色	轻壤土	团块状	8.0	11.7	0.65	0.53	E 86°55′18.5″ N 44°11′00.6″	84
						2	30—55	棕色	砂壤土	板状	8.3	4.6	0.21	0.44		
						3	55—100	紫色	中壤土	板状	8.2	9.5	0.55	0.53		
剖11	漠土	灰漠土	灌耕灰漠土	扇形地黄土	白板土	1	0—21	黄棕色	砂壤土	块状	8.2	10.8	0.61	0.59	E 86°41′22.6″ N 44°10′49.4″	83
						2	21—44	棕色	砂壤土	片状	8.2	8.4	0.41	0.53		
						3	44—75	棕色	轻壤土	板状	8.3	6.3	0.36	0.51		
						4	75—100	黄棕色	砂壤土	团状	8.3	5.9	0.31	0.42		

续表 Continued

剖面号 Soil profile	土纲 Soil order	土类 Soil great group	亚类 Soil subgroup	土属 Soil genus	土种 Soil species	土层码 Layer code	土层厚度 Depth/cm	颜色 Soil color	质地 Soil texture	土壤结构 Soil structure	pH	有机质 OM/(g/kg)	全氮 TN/(g/kg)	全磷 TP/(g/kg)	剖面点坐标 Profile coordinate	匹配指数 Matching index/%
剖12	漠土	灰漠土	灌耕灰漠土	扇形地黄土	砂性黄土	1	0—30	黄棕色	中壤土	粒状	8.2	7.7	0.46	0.58	E 86° 32′ 34.4″ N 44° 10′ 25.3″	79
						2	30—48	棕色	中壤土	块状	8.5	8.7	0.60	0.49		
						3	48—63	黄棕色	轻壤土	粒状	8.7	6.1	0.44	0.49		
						4	63—100	黄棕色	中壤土	片状	9.0	6.1	0.42	0.51		
剖13	漠土	灰漠土	灌耕灰漠土	扇形地红土	红板土	1	0—25	紫色	重壤土	团块状	8.4	6.6	0.39	0.42	E 87° 00′ 10.8″ N 44° 09′ 21.2″	79
						2	25—50	紫棕色	重壤土	片状	8.4	3.1	0.45	0.41		
						3	50—100	红棕色	重壤土	块状	8.4	3.1	0.18	0.41		
剖14	漠土	灰漠土	灌耕灰漠土	扇形地黄土	底砂白板土	1	0—19	黄棕色	轻壤土	块状		15.6	0.78	0.62	E 86° 47′ 06.4″ N 44° 09′ 01.8″	91
						2	19—38	棕色	轻壤土	板状		15.6	0.86	0.55		
						3	38—63	黄棕色	砂壤土	板状		8.4	0.41	0.53		
						4	63—100	栗色	紧砂土	粒状		5.5	0.22	0.41		
剖15	漠土	灰漠土	灌耕灰漠土	扇形地红土	底砂白红土	1	0—26	棕色	轻壤土	团块状	8.3	20.4	1.23	0.72	E 86° 51′ 50.8″ N 44° 08′ 18.6″	88
						2	26—50	黄棕色	轻壤土	小块状	8.2	24.5	1.43	0.72		
						3	50—60	紫色	砂壤土	块状	8.4	8.0	0.45	0.48		
						4	60—100	青灰色	紧砂土	粒状						
剖16	漠土	灰漠土	灌耕灰漠土	扇形地黄土	中层白板土	1	0—11	灰棕色	砂壤土	片状	8.8	9.9	0.62	0.62	E 86° 54′ 44.6″ N 44° 06′ 45.7″	83
						2	11—25	黄棕色	砂壤土	板状	8.4	6.6	0.38	0.40		
						3	25—40	黄棕色	砂壤土	团块状	8.0	5.7	0.35	0.41		
剖17	漠土	灰漠土	灌耕灰漠土	扇形地黄土	薄层白板土	1	0—14	棕灰色		片状	8.9	9.0	5.70	0.64	E 86° 57′ 18.7″ N 44° 03′ 07.2″	87
						2	14—26	黄棕色		板状	9.0	7.3	4.40	0.62		
剖18	钙层土	栗钙土	淡栗钙土			1	0—20	灰棕色	中壤土	粒状	8.4	30.6	1.45	0.57	E 86° 37′ 48.4″ N 43° 51′ 34.2″	78
						2	20—36	黄棕色	中壤土	块状	9.1	12.6	0.71	0.57		
						3	36—53	棕灰色	重壤土	块状	8.1	5.6	0.32	0.53		
						4	53—100	棕色	中壤土	粒状	8.5	6.3	0.31	0.54		
剖19	钙层土	栗钙土	暗栗钙土			1	0—9	深栗色	轻壤土	粒状	7.8	85.7	4.65	0.55	E 86° 26′ 56.0″ N 43° 49′ 54.5″	93
						2	9—25	栗色	轻壤土	小块状	8.0	56.4	3.24	0.51		
						3	25—43	黄棕色	中壤土	粒状	8.0	41.2	2.33	0.56		
						4	43—100	棕黄色	中壤土	块状	8.5	16.0	0.81	0.53		

玛纳斯县

主要土类说明

风沙土是玛纳斯县主要土壤类型，占本县地域面积的37%。风沙土是在风的搬迁、堆积下形成的，是在风沙地区风成沙性母质上发育的土壤。风沙土全剖面是粉砂质的沙层，生物成土过程十分微弱，成土年龄短而不稳定。表土层中的有机质含量为3—6g/kg，而流动风沙土的有机质含量则更少，往下即为松散的沙质母质，20—30cm及以下有湿润感，较低部位有盐化现象。风沙土沙性重，阳离子交换量很低。

灰漠土是玛纳斯县第二大土壤类型，占本县地域面积的12%。灰漠土主要分布在海拔800—900m以下的天山山前洪积冲积扇和古老冲积平原的黄土状母质上。其形成过程有微弱的生物累积过程（腐殖质形成过程）、黏化铁质化过程（紧实层的形成过程）、弱度淋溶过程（碳酸钙有微弱的移动过程），有的还有草甸化过程。灰漠土地区的盐化现象较普遍，石灰反应强烈。

栗钙土是玛纳斯县第三大土壤类型，占本县地域面积的7%。栗钙土分布在清水河团庄、牙湖一带山间平凹地上，海拔1500m左右。土层较厚，为壤质土，多为旱作，部分土壤可引水灌溉。成土母质有洪积物、冲积物或坡积物。主导成土过程为钙积化过程，附加腐殖化过程。碳酸钙在心土层有淀积现象。

黑毡土占玛纳斯县地域面积的6%。原称亚高山草甸土。成土母质主要为坡碛物、残积物或冰水沉积物，部分出现黄土状物质。有机质层深厚，有机质含量高，土体的pH较低，土壤呈微酸性。

草毡土占玛纳斯县地域面积的5%。曾称高山草甸土。成土母质为冰碛物、冰水沉积物及残积物、坡积物。其形成过程有生草过程、有机质积累过程（包括腐殖化过程）、淋溶过程、淀积过程（包括钙化过程）和高山冻融过程等。

寒冻土占玛纳斯县地域面积的5%。原称高山寒漠土，分布于高山冰雪带下缘。成土母质主要是冰碛物、残积物、坡积物。成土过程以寒冻物理风化为主，弱生物累积，土层薄，含石砾多，仅在岩屑中见少量细土物质堆积。植被主要为稀疏垫状植物及雪莲。土壤pH为8.0左右，石灰反应强烈。

本县面积小于5%的土壤类型还有潮土、草甸土、棕钙土、漠境盐土、灰褐土、草甸盐土、林灌草甸土、黑钙土、新积土、灌漠土等。

本区域中心区气候特征

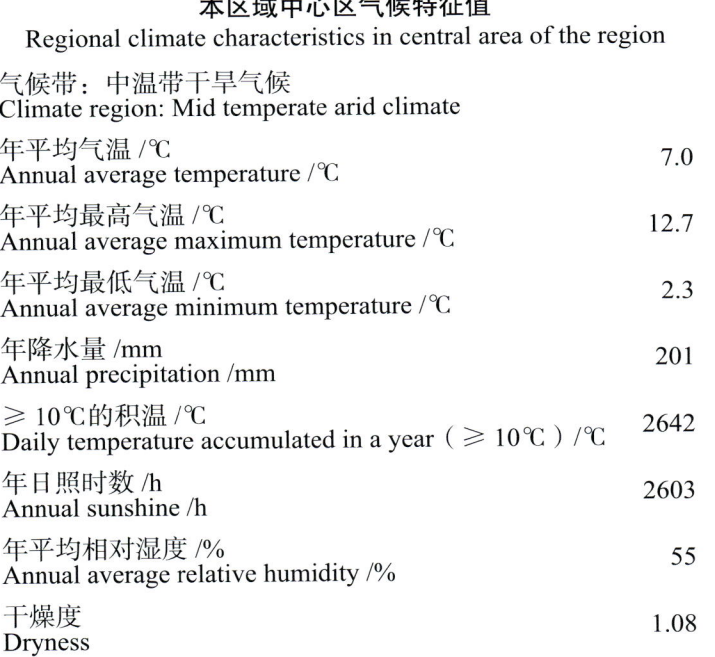

本区域中心区气候特征值
Regional climate characteristics in central area of the region

气候带：中温带干旱气候 Climate region: Mid temperate arid climate	
年平均气温 /℃ Annual average temperature /℃	7.0
年平均最高气温 /℃ Annual average maximum temperature /℃	12.7
年平均最低气温 /℃ Annual average minimum temperature /℃	2.3
年降水量 /mm Annual precipitation /mm	201
≥10℃的积温 /℃ Daily temperature accumulated in a year (≥10℃) /℃	2642
年日照时数 /h Annual sunshine /h	2603
年平均相对湿度 /% Annual average relative humidity /%	55
干燥度 Dryness	1.08

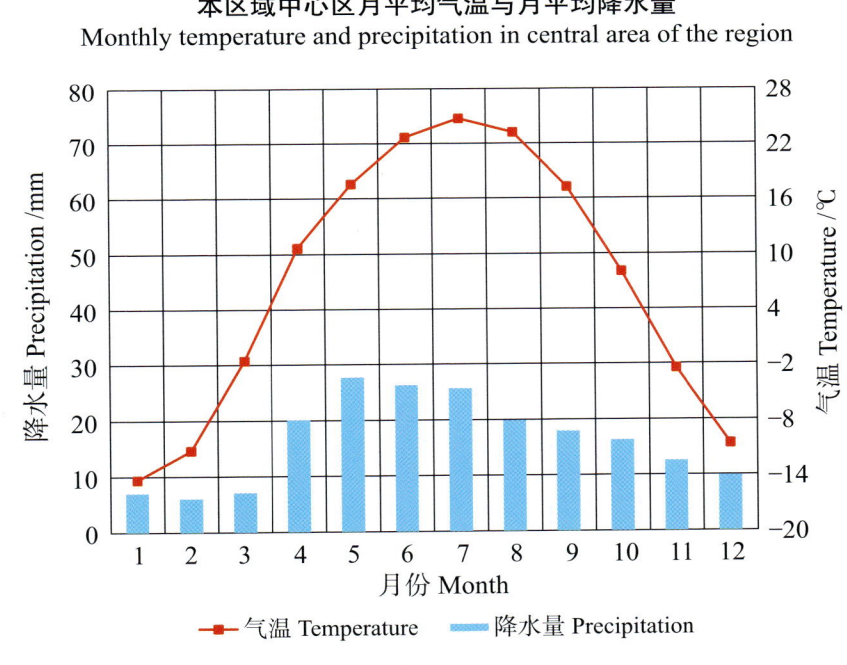

本区域中心区月平均气温与月平均降水量
Monthly temperature and precipitation in central area of the region

玛纳斯县主要土壤类型与土壤剖面点分布图
1:740 000

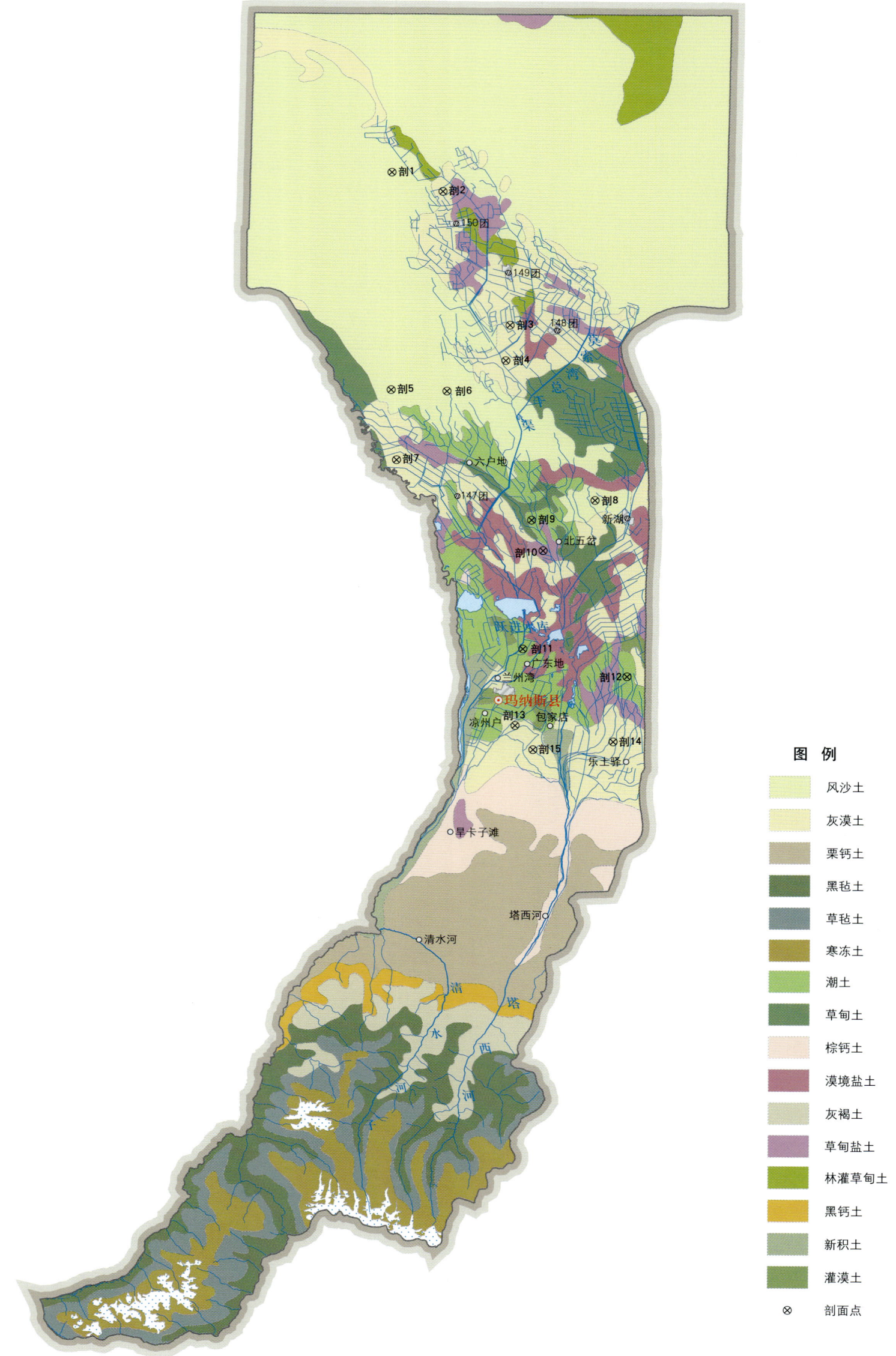

玛纳斯县土壤剖面理化性状表

剖面号 Soil profile	土纲 Soil order	土类 Soil great group	亚类 Soil subgroup	土属 Soil genus	土种 Soil species	土层码 Layer code	土层厚度 Depth/cm	颜色 Soil color	质地 Soil texture	土壤结构 Soil structure	pH	有机质 OM/(g/kg)	全氮 TN/(g/kg)	全磷 TP/(g/kg)	全钾 TK/(g/kg)	碱解氮 AN/(mg/kg)	有效磷 AP/(mg/kg)	速效钾 AK/(mg/kg)	土壤母质 Parent material	剖面点坐标 Profile coordinate	匹配指数 Matching index/%
剖1	初育土	风沙土	荒漠风沙土	荒漠固沙土	定漠沙土	J	0—6	灰黄色	壤质砂土	单粒状	8.5	6.9	0.32	0.56	18.0				风积砂	E 85°57′57.2″ N 45°05′27.2″	83
						A	6—18	浊灰黄色	壤质砂土	单粒状	8.5	5.7	0.32	0.50	17.0						
						AC	18—36	灰色	壤质砂土	单粒状	8.6	2.4	0.14	0.52	22.0						
						C_1	36—55	灰色	壤质砂土	单粒状	8.5	2.6	0.20	0.52	22.7						
						C_2	55—100	灰黄色	砂壤土	小块状	8.4	5.5	0.30	0.68	29.3		5.0	180			
剖2	漠土	灰漠土	灌耕灰漠土	黄土状灌耕灰漠土	中硫盐灌耕黄土	A_{12}	0—28	棕色	重壤土	小块状	8.5	5.1	0.24	0.66	27.8			260	洪积物、冲积物	E 86°04′21.7″ N 45°03′44.6″	78
						B	28—37	黄棕色	黏壤土	片状	8.8	2.7	0.15	0.68				160			
						C	37—63	棕色	重壤土	片状	8.7	2.0	0.12	0.61							
							63—120	淡黄棕色	砂壤土	单粒状	8.5	3.8	0.20	0.61	25.6						
剖3	漠土	灰漠土	盐化灰漠土	氯化物盐化灰漠土	氯盐化灰漠土	A	0—13	黄灰色	砂壤土	单粒状	8.5	1.2	<0.10	0.42	26.6		13.0	414	洪积物、冲积物	E 86°12′52.9″ N 44°51′37.4″	94
						B_1	13—49	黄灰色	轻壤土	块状	8.4	2.5	0.15	0.50	25.0		8.0	401			
						B_2	49—81	灰棕色	重壤土	块状	8.2	4.6	0.20	0.54	29.0		3.0	364			
						Bz	81—91	淡红棕色	重壤土	块状	8.2	3.5	0.19	0.49							
						C	91—100	灰棕色	轻壤土	块状	8.6	4.3	0.20	0.47	28.9						
剖4	漠土	灰漠土	灌耕灰漠土	黄土状灌耕灰漠土	中氯盐化灌耕黄土	A_{11}	0—28	灰棕色	轻壤土	小块状	8.2	9.8	0.49	0.54	21.6		2.0	113	洪积物、冲积物	E 86°12′24.1″ N 44°48′24.5″	80
						B_1	28—50	灰棕色	重壤土	小块状	8.3	6.3	0.30	0.48	20.1		2.0	113			
						B_2	50—70	灰棕色	中壤土	小块状	8.3	4.1	0.25	0.50	19.8		3.0	53			
						BCz	70—80	淡红棕色	重壤土	块状	8.1	1.9	0.19	0.49							
						Ckz	80—100	灰棕色	砂土	不明显块状	8.3	1.3	0.20	0.47							
剖5	初育土	风沙土	荒漠风沙土	灌溉灌耕风沙土	盐化湿沙土	A_{11}	0—27	黄棕色	砂壤土	层状	8.2	4.2	0.26	0.35	21.3				风积物	E 85°58′12.4″ N 44°45′38.2″	86
						AC	27—34	棕灰色	砂壤土	单粒状	8.2	4.2	0.30	0.35	21.3						
						Cz	34—54	灰棕色	砂土	单粒状	8.3	2.0	0.14	0.39	20.9						
						C_1	54—88	灰棕色	砂土	小块状	8.3	1.9	0.12	0.48							
						C_2	88—130	灰棕色	砂土	小块状	8.6	1.3	<0.10	0.39							
剖6	初育土	风沙土	荒漠风沙土	沙丘土灌溉风沙土	黄砂土	1	0—29	黄棕色	砂壤土	小块状	8.1	7.1	0.28	0.52					风积物	E 86°05′09.2″ N 44°45′34.2″	82
						2	29—70	棕色	中壤土	核状	7.8	2.7	0.24	0.45							
						3	70—100	棕色	中黏土		9.2	5.7	0.25	0.47	20.4		10.0	486			
剖7	漠土	灰漠土	灌耕灰漠土	黄土状灌耕灰漠土	苏打化灌耕黄土	A_{11}	0—30	灰棕色	中壤土	块状	9.3	3.8	0.26	0.82			6.0	>500	黄土状母质	E 85°59′01.3″ N 44°39′14.4″	80
						B	30—50	淡黄棕色	轻壤土	小块状	9.4	2.6	0.12	0.62							
						Bk	50—65	黄棕色	砂壤土	小块状	9.4	2.6	0.17	0.58							
						BC	65—90	黄棕色	轻壤土	块状				0.56							
						C	90—120	深棕色	松砂土		8.5	4.7	0.20	0.44							
剖8	初育土	风沙土	荒漠风沙土	沙丘土灌溉风沙土	表砂黄土	1	0—16	灰棕色	紧砂土	块状	8.5	2.9	0.13	0.53					风积物	E 86°23′35.5″ N 44°35′43.1″	83
						2	16—36	黄棕色	中壤土	块状	8.3	3.6	0.20	0.57							
						3	36—52	黄棕色	中壤土	片状	8.3	3.3	0.20	0.55							
						4	52—68	黄棕色	轻黏土	板状	8.5	2.5	0.13	0.56							
						5	68—120	深棕色	重壤土	团块状	8.2	17.0	0.98	1.05							
剖9	半水成土	潮土	盐化潮土	盐化灰潮土	轻盐化灰黑土	1	0—20	黄棕色	重壤土	块状	8.2	3.0	0.15	0.88					河流冲积物	E 86°15′47.2″ N 44°33′52.6″	83
						2	20—41	棕色	重壤土	块状	8.1	2.8	0.13	0.67							
						3	41—63		重壤土												
						4	63—100	棕灰色	紧砂土		8.8	2.1	0.12	0.54							

续表 Continued

剖面号 Soil profile	土纲 Soil order	土类 Soil great group	亚类 Soil subgroup	土属 Soil genus	土种 Soil species	土层码 Layer code	土层厚度 Depth/cm	颜色 Soil color	质地 Soil texture	土壤结构 Soil structure	pH	有机质 OM/(g/kg)	全氮 TN/(g/kg)	全磷 TP/(g/kg)	全钾 TK/(g/kg)	碱解氮 AN/(mg/kg)	有效磷 AP/(mg/kg)	速效钾 AK/(mg/kg)	土壤母质 Parent material	剖面点坐标 Profile coordinate	匹配指数 Matching index/%
剖10	盐碱土	草甸盐土	草甸盐土	草甸盐土	草甸盐土	1	0—5	黄棕色	中壤土	团块状	6.3									E 86°17′15.0″ N 44°31′06.6″	90
						2	5—29	淡灰棕色	中壤土	小块状	9.3										
						3	29—60	淡灰色	中壤土	小团块状	9.1										
						4	60—100	淡灰色	中壤土	小团块状	8.7										
剖11	半水成土	潮土	盐化潮土	盐化灰潮土	轻盐化青土	1	0—35	深灰色	中黏土	小块状	8.0	45.0	2.25	0.96					河流冲积物	E 86°14′53.2″ N 44°22′09.1″	86
						2	35—75	青灰色	重壤土	小块状	8.1	16.2	0.63	>4.00							
						3	75—100	蓝灰色	重壤土	小块状	8.1	7.7	0.36	0.61							
剖12	半水成土	潮土	盐化潮土	盐化红潮土	重盐化红土	1	0—24	红棕色	轻壤土	小块状	7.6	8.3	0.30	0.55					河流冲积物	E 86°27′42.8″ N 44°19′42.2″	83
						2	24—33	灰棕色	松砂土		8.0	1.3	<0.10	0.42							
						3	33—63	黄棕色	松砂土	片状	8.0	2.7	0.15	0.62							
						4	63—100	暗棕红色	中壤土	小块状	8.0	8.0	0.41	0.64							
剖13	漠土	灰漠土	盐化灰漠土	盐化黄板土	中盐化白板土	1	0—21	灰棕色	中壤土	块状	8.0	12.1	0.55	0.89						E 86°14′04.6″ N 44°15′10.1″	87
						2	21—62	黄棕色	中壤土	块状	8.0	5.6	0.28	0.80							
						3	62—100	棕黄色	中壤土	块状	7.9	3.3	0.15	0.61							
剖14	漠土	灰漠土	灌耕灰漠土	红板土	红板土	1	0—21	红棕色	重壤土	块状	7.7	6.9	0.33	0.61						E 86°26′07.1″ N 44°13′45.5″	80
						2	21—42	红棕色	重壤土	块状	7.8	8.3	0.50	0.61							
						3	42—65	黄棕色	中壤土	块状	7.8	4.0	0.25	0.55							
						4	65—100	黄棕色	紧砂土		8.0	<1.0	<0.10	0.39							
剖15	漠土	灰漠土	灌耕灰漠土	红土状灌耕灰漠土	红板土	A₁₁	0—14	红棕色	黏土	块状,碎块状	8.3	16.9	0.93	0.81	26.8				红土状沉积物	E 86°16′16.7″ N 44°12′59.0″	85
						B₁	14—30	红棕色	黏土	板状	8.4	14.0	1.00	0.78	27.4						
						B₂	30—63	红棕色	黏土	块状	8.4	12.0	0.71	0.71	19.8						
						BC	63—100	暗红棕色	黏土	块状	8.2	7.2	0.35	0.69	21.1						

奇 台 县

主要土类说明

灰棕漠土是奇台县主要土壤类型，占本县地域面积的26%。灰棕漠土是温带极端干旱环境砾质化明显的土壤。地表见砾幂及褐色结皮，亦见干面包状结皮，石灰表聚；下见纤维状石膏聚积，亦见铁质黏化现象。有机质含量少于5g/kg，且土层甚薄。铁铝结合的胡敏酸多于钙结合者，铁铝结合的富啡酸少于钙结合者是本土类特征。

风沙土是奇台县第二大土壤类型，占本县地域面积的15%。风沙土是在风沙地区风成沙性母质上发育的土壤。风沙土的成土母质是风成沙，母质来源是多方面的。风沙土的主要形成过程为风沙粒被固定过程，此外还有人工熟化附加过程。风沙土土壤颗粒组成十分均匀，有机质含量低，阳离子交换量很低。

棕钙土占奇台县地域面积的12%。棕钙土主要分布在山前谷地或山前倾斜平原中下部，发育于洪积、冲积母质上。土层厚度30—60cm，大多混有小砾石，土体碳酸钙的淋溶作用比较明显。土壤水稳性结构少，故土壤多较紧实。

漠境盐土占奇台县地域面积的10%。漠境盐土主要分布在山前洪积冲积平原、古老冲积平原、大河干三角洲和沙漠边缘等地貌部位的稍高处。漠境盐土是过去积盐过程所形成的土壤，没有现代积盐过程。

栗钙土占奇台县地域面积的8%。成土母质有洪积物、冲积物或坡积物。主导成土过程为钙积化过程，附加腐殖化过程。土壤特征与黑钙土有许多相似之处，如腐殖质层、钙积层。有机质含量较高。

石质土占奇台县地域面积的5%。石质土土壤表层岩石裸露，风化层浅薄，厚度一般小于10cm，风化度低，富含砾石，多碎屑岩粒。风化层下为坚硬岩石层。该土壤广泛分布于侵蚀严重、岩石裸露的石质山地、侵蚀残丘以及丘顶、山脊、山坡等坡度陡峻的地形或部位。

草甸土占奇台县地域面积的5%。草甸土主要分布在扇缘泉水溢出带和冲积平原低平地段，少部分的草甸土分布在前山的河谷、河流阶地和河滩地。成土母质为冲积物，地下水位高，一般在1—3m。腐殖质积累过程和氧化还原过程明显，而盐渍化过程较弱，盐化程度极轻。

灰漠土占奇台县地域面积的4%。灰漠土主要分布在海拔900m以下的天山山前洪积冲积扇和古老冲积平原的黄土状母质上。其形成过程有微弱的生物累积过程（腐殖质形成过程）、黏化铁质化过程（紧实层的形成过程）、弱度淋溶过程（碳酸钙有微弱的移动过程），有的还有草甸化过程。灰漠土地区的盐化现象较普遍。

黑钙土占奇台县地域面积的3%。由于降水多，淋溶作用强烈，可以见到腐殖质淋溶现象。在黑钙土区内，一般随着海拔高度的增加，降水量增大，淋溶作用增强，其大量的碳酸钙在剖面中被淋溶；随着海拔高度的降低，降水量减少，淋溶作用逐渐减弱，其钙积层在剖面中的部位就较高。土壤呈碱性，pH为7.4—8.4。

本县面积小于3%的土壤类型还有草甸盐土、灰褐土、黑毡土、冷钙土、潮土、草毡土、灌漠土、寒冻土、沼泽土、灰色森林土等。

本区域中心区气候特征

本区域中心区气候特征值
Regional climate characteristics in central area of the region

气候带：中温带干旱气候 Climate region: Mid temperate arid climate	
年平均气温 /℃ Annual average temperature /℃	5.0
年平均最高气温 /℃ Annual average maximum temperature /℃	12.7
年平均最低气温 /℃ Annual average minimum temperature /℃	−1.6
年降水量 /mm Annual precipitation /mm	195
≥10℃的积温 /℃ Daily temperature accumulated in a year（≥10℃）/℃	2099
年日照时数 /h Annual sunshine /h	2977
年平均相对湿度 /% Annual average relative humidity /%	61
干燥度 Dryness	0.78

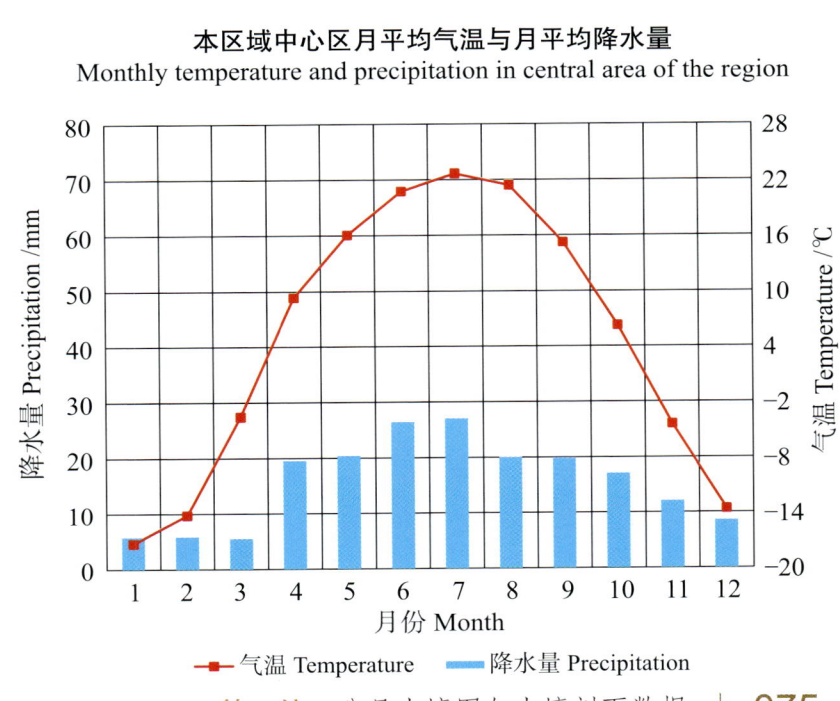

本区域中心区月平均气温与月平均降水量
Monthly temperature and precipitation in central area of the region

奇台县主要土壤类型与土壤剖面点分布图
1 : 790 000

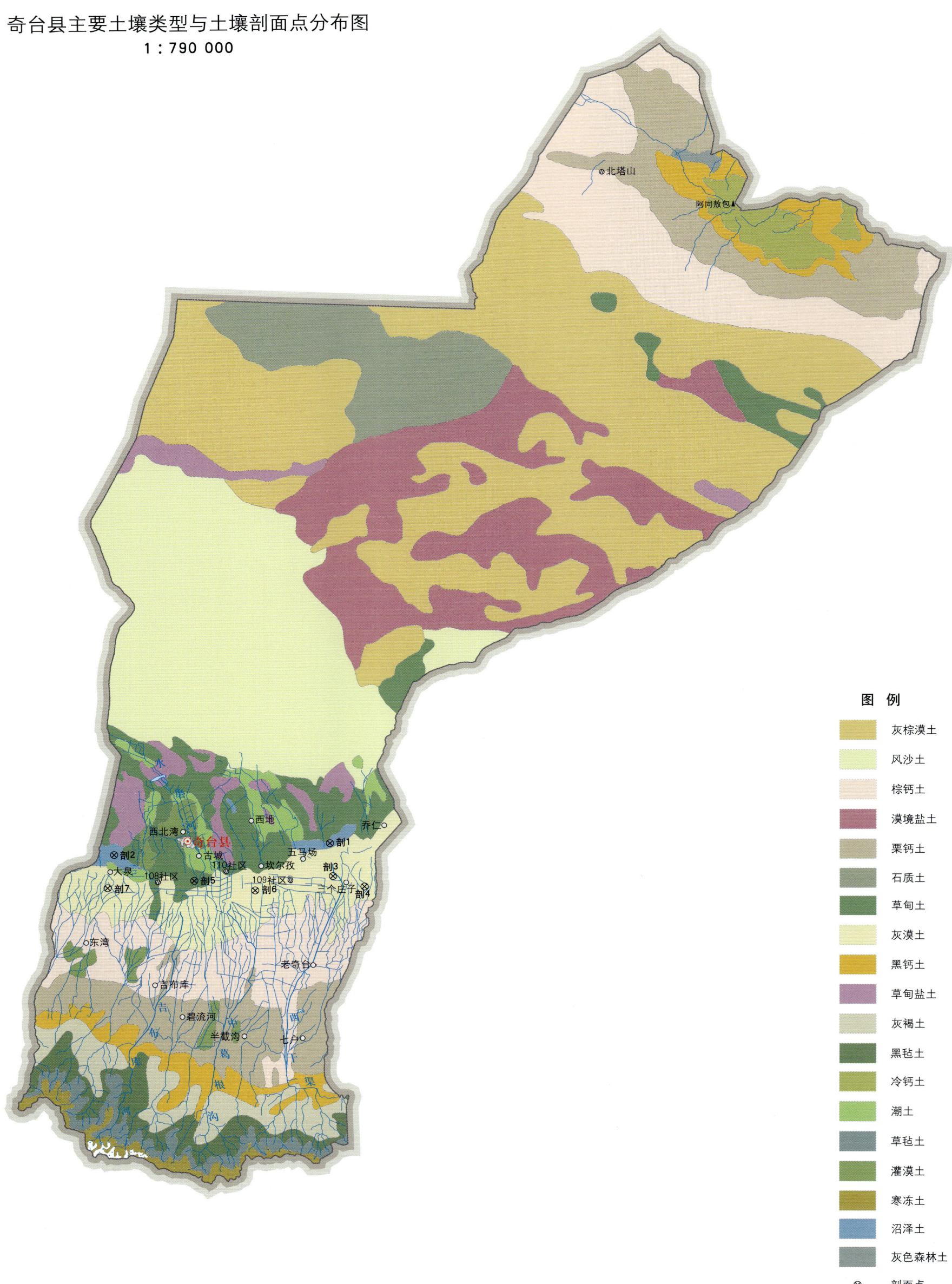

奇台县土壤剖面理化性状表

剖面号 Soil profile	土纲 Soil order	土类 Soil great group	亚类 Soil subgroup	土属 Soil genus	土种 Soil species	土层码 Layer code	土层厚度 Depth/cm	颜色 Soil color	质地 Soil texture	土壤结构 Soil structure	pH	有机质 OM/(g/kg)	全氮 TN/(g/kg)	全磷 TP/(g/kg)	全钾 TK/(g/kg)	碱解氮 AN/(mg/kg)	有效磷 AP/(mg/kg)	速效钾 AK/(mg/kg)	阳离子交换量CEC/(cmol/kg)	剖面点坐标 Profile coordinate	匹配指数 Matching index/%
剖1	水成土	沼泽土	盐化沼泽土	灌耕盐化沼泽土	黄砂土	1	0—20	淡灰黄色	砂壤土	块状	8.3	12.1	0.44	0.33		23	5.0	200		E 89°55′33.2″ N 44°01′47.6″	87
						2	20—50	淡黄色	砂壤土	层状	8.5	6.1	0.25	0.33		19	1.0	63			
						3	50—112	淡黄棕色	砂壤土	层状	8.8	6.1	0.16	0.23		13	1.0	50			
剖2	水成土	沼泽土	盐化沼泽土	灌耕盐化沼泽土	锈砂板土	1	0—34	黄灰色	砂壤土	块状										E 89°24′28.8″ N 43°59′37.0″	81
						2	34—100	黄灰色	轻壤土	块状											
						3	100—150	黄棕色	砂壤土	块状											
剖3	漠土	灰漠土	碱化灰漠土	灌耕碱化灰漠土	板干土	1	0—30					15.1	0.79	1.14		25	3.0	125		E 89°56′12.1″ N 43°58′14.2″	81
						2	30—55					8.0	0.36	0.92		13	1.0	150			
						3	55—80					10.2	0.52	0.69		18	1.0	88			
						C	80—100				8.1										
剖4	漠土	灰漠土	碱化灰漠土	灌耕碱化灰漠土	板干土	1	0—5	灰白色	轻壤土	片状										E 90°00′49.3″ N 43°57′13.0″	83
						2	5—25	淡黄棕色	砂砾土	柱状											
						3	25—70	黄棕色	重壤土	柱状											
						4	70—110	淡黄色	中壤土	块状											
剖5	半水成土	草甸土	石灰性草甸土	灌火甸土壤	灰黄底锈土	A_{11}	0—22	棕灰色	粉砂质壤土	小粒状、块状	7.9	32.3	1.54	1.71	19.7		12.0	324	17.6	E 89°36′14.0″ N 43°57′09.4″	81
						AC	22—35	棕灰棕色	粉砂质壤土	块状	7.9	30.4	1.51	1.68	19.3		11.0	341	17.0		
						C_1	35—58	灰黄棕色	粉砂质壤土	块状	8.0	13.6	0.67	1.17	18.6		19.0	329	12.0		
						C_2	58—74	棕灰色	粉砂质黏土	棱块状	8.1	13.7	0.66	0.78	18.6						
						Cu	74—93	黄灰色	壤质黏土	块状	8.1	8.7	0.38	0.92	22.9						
剖6	漠土	灰漠土	灌耕灰漠土	灌耕灰漠土	黄土	1	0—27	灰灰色	轻壤土	块状	9.2									E 89°45′02.2″ N 43°56′21.8″	89
						2	27—57	淡黄色	轻壤土	块状	9.3										
						3	57—100	淡黄色	中壤土	板状	9.4										
剖7	漠土	灰漠土	灌耕灰漠土	灌耕灰漠土	黄土	1	0—21	灰黄色	轻壤土	块状										E 89°23′45.6″ N 43°55′58.8″	87
						2	21—30	淡黄色	轻壤土	块状											
						C	30—100	淡黄黄色	轻壤土	板状											

木垒哈萨克自治县

主要土类说明

棕钙土是木垒哈萨克自治县主要土壤类型，占本县地域面积的39%。棕钙土是在黄土状冲积、洪积母质上和半荒漠干草原气候条件下形成的地带性土壤，主要分布于海拔900—1050m区域，东部因水热条件的影响在海拔1650m区域也有分布。由于夏季温和而干燥，冬季寒冷、多风，植被稀少，类型单一，自然植被有旱生和超旱生荒漠化干草原植被，如小针茅、小蓬、旱蒿、猪毛草等春生植物，植被覆盖百分率为20%—40%。有机质来源少，生物积累较栗钙土弱，稀疏的植被落叶和死根残留在土壤中，形成了较薄的腐殖质层，厚度15—20cm。

风沙土是木垒哈萨克自治县的主要土壤类型，占本县地域面积的14%。风沙土是在风沙地区风成沙性母质上发育的土壤。风沙土的成土母质是风成沙，母质来源是多方面的。风沙土的主要形成过程为风沙粒的被固定过程，此外还有人工熟化附加过程。风沙土土壤颗粒组成十分均匀，有机质含量低，阳离子交换量很低。

栗钙土是木垒哈萨克自治县的主要土壤类型，占本县地域面积的14%。栗钙土集中分布于南部低山丘陵带，零星分布于照壁山以东的山间坡地与谷地。栗钙土是在黄土状坡积物、残积物、冲积物、洪积物上以及干旱草原气候条件下形成的地带性土壤。生长有干草原草甸植被，如大小针茅蒿草属等。该土壤表层为栗色腐殖质层，厚度20—30cm，有机质含量15—45g/kg；其下灰白色钙积层发育明显，钙积层见于20—30cm深处，厚度达20—40cm，呈斑点状或层状积钙，石膏及易溶盐局部聚积。

灰漠土占木垒哈萨克自治县地域面积的9%。灰漠土主要分布在海拔900m以下的天山山前洪积冲积扇和古老冲积平原的黄土状母质上。其形成过程有微弱的生物累积过程（腐殖质形成过程）、黏化铁质化过程（紧实层的形成过程）、弱度淋溶过程（碳酸钙有微弱的移动过程），有的还有草甸化过程。盐化现象较普遍。

灰棕漠土占木垒哈萨克自治县地域面积的7%。灰棕漠土是温带极端干旱环境砾质化明显的土壤。地表见砾幂及褐色结皮，亦见干面包状结皮，石灰表聚；下见纤维状石膏聚积，亦见铁质黏化现象。有机质含量少于5g/kg，且土层甚薄。铁铝结合的胡敏酸多于钙结合者，铁铝结合的富啡酸少于钙结合者是本土类特征。

漠境盐土占木垒哈萨克自治县地域面积的5%。漠境盐土发生于荒漠地区，由于土壤水分遭受强烈蒸发，盐分表聚，甚少淋洗，大量盐分累积，可形成盐壳与盐磐，含盐量通常在100g/kg以上。

黑毡土占木垒哈萨克自治县地域面积的4%。原称高山草甸土。成土母质为冰积物、冰水沉积物及残积物、坡积物。黑毡土有暗色初步腐殖化的草根茎盘结层。该土壤色泽较暗，有机质含量较高，可达100—150g/kg，底土见锈色斑纹，土壤pH为6.5—8.0。

本县面积小于3%的土壤类型还有灰褐土、黑钙土、草甸土、草甸盐土、草毡土、灌漠土等。

本区域中心区气候特征

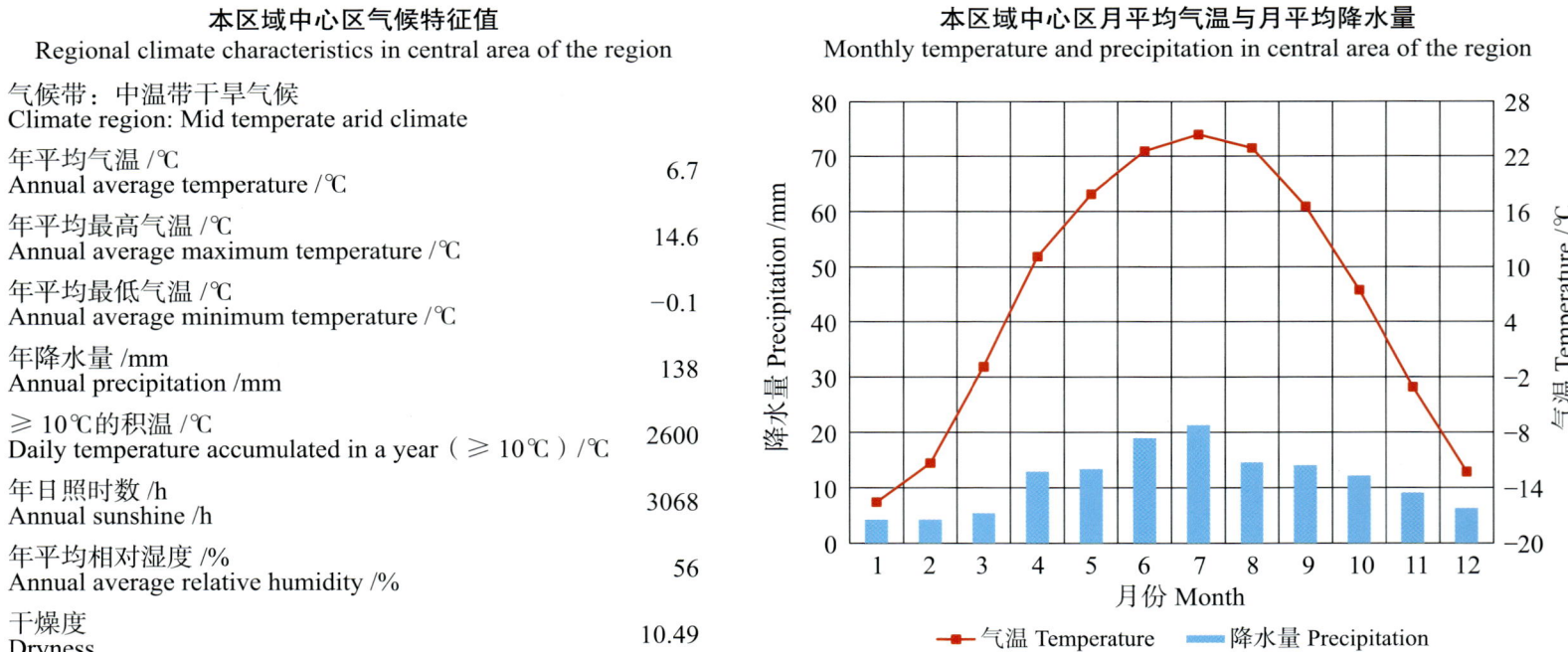

本区域中心区气候特征值
Regional climate characteristics in central area of the region

气候带：中温带干旱气候 Climate region: Mid temperate arid climate	
年平均气温 /℃ Annual average temperature /℃	6.7
年平均最高气温 /℃ Annual average maximum temperature /℃	14.6
年平均最低气温 /℃ Annual average minimum temperature /℃	−0.1
年降水量 /mm Annual precipitation /mm	138
≥10℃的积温 /℃ Daily temperature accumulated in a year（≥10℃）/℃	2600
年日照时数 /h Annual sunshine /h	3068
年平均相对湿度 /% Annual average relative humidity /%	56
干燥度 Dryness	10.49

本区域中心区月平均气温与月平均降水量
Monthly temperature and precipitation in central area of the region

木垒哈萨克自治县主要土壤类型与土壤剖面点分布图
1:610 000

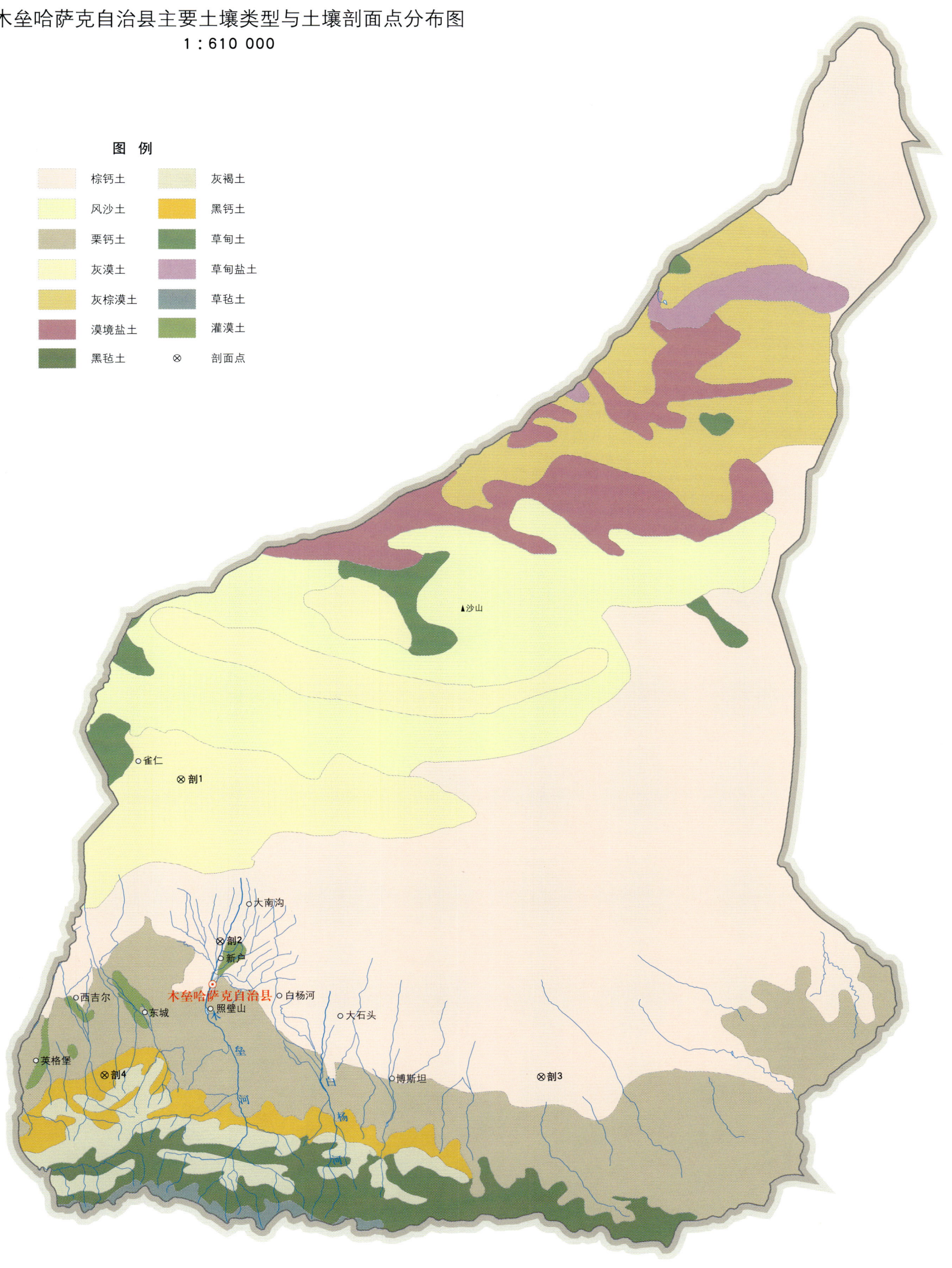

木垒哈萨克自治县土壤剖面理化性状表

剖面号 Soil profile	土纲 Soil order	土类 Soil great group	亚类 Soil subgroup	土属 Soil genus	土种 Soil species	土层码 Layer code	土层厚度 Depth/cm	颜色 Soil color	质地 Soil texture	土壤结构 Soil structure	pH	有机质 OM/(g/kg)	全氮 TN/(g/kg)	全磷 TP/(g/kg)	碱解氮 AN/(mg/kg)	有效磷 AP/(mg/kg)	速效钾 AK/(mg/kg)	土壤母质 Parent material	剖面点坐标 Profile coordinate	匹配指数 Matching index/%
剖1	漠土	灰漠土	碱化灰漠土			1	0—6	灰黄色	中壤土	片状, 块状	8.7	149.0	>6.00	>4.00	17	20.0	>500	冲积物	E 90°12′36.7″ N 44°06′29.9″	79
						2	6—20	灰黄色	轻壤土	块状	8.2	222.0	>6.00	>4.00	69	16.0	>500			
						3	20—40	黄棕色	轻壤土	小块状	8.0	76.3								
						4	40—60	黄棕色	重壤土	片状	8.8	72.5								
						5	60—100	黄棕色	轻壤土	块状	8.3	60.1								
剖2	干旱土	棕钙土	盐化棕钙土	氯化物硫酸盐型盐化棕钙土	中盐化棕黄土	1	0—20	灰黄色	中壤土	片状	9.0	103.0	>6.00	>4.00	15	10.0	71		E 90°17′23.6″ N 43°53′15.7″	93
						2	20—39	灰棕色	轻壤土	块状	>9.5	62.0	3.60	>4.00						
						3	39—57	棕黄色	轻壤土	小块状	8.6	41.0	2.20	>4.00						
						4	57—100	黄棕色	轻壤土	块状	8.6	36.0	2.30	>4.00						
剖3	干旱土	棕钙土	盐化棕钙土	盐化棕钙土		1	0—12	淡红棕色	轻壤土	片状	8.0	95.5	5.60	>4.00					E 90°52′47.3″ N 43°42′49.3″	93
						2	12—26	红棕色	轻壤土	块状	7.5	76.9	4.30							
						3	26—54	淡红棕色	轻壤土	小块状	7.5									
						4	54—112	灰棕色	砂壤土		7.4									
剖4	钙层土	黑钙土	黑钙土			1	0—20	黑褐色	轻壤土	团粒状	7.4	>250.0	>6.00	10.60	195	29.0	>500	黄土母质	E 90°05′11.8″ N 43°42′07.6″	78
						2	20—50	暗栗色	轻壤土	团粒状	7.4	>250.0	>6.00	>4.00	85	12.0	312			
						3	50—82	灰栗色	轻壤土	团粒状	8.4	>250.0	>6.00	>4.00						
						4	82—140	黄棕色	轻壤土	块状	8.1	84.0	5.50	>4.00						

博尔塔拉蒙古自治州

博 乐 市

主要土类说明

栗钙土是博乐市主要土壤类型，占本市地域面积的 23%。栗钙土的分布地区大多位于海拔 900—1500m 的低山丘陵、山间谷地。成土母质多为黄土，其次为坡积物和冰碛物。植被属于干草原类型。形成过程有明显的有机质积累过程和钙化过程。基本发生层由生草层、腐殖质层、过渡层、钙积层和母质层组成。腐殖质含量比黑土少，是比较肥沃的土壤。

棕钙土是博乐市第二大土壤类型，占本市地域面积的 20%。棕钙土母质多为黄土状沉积物，土层较厚，质地多壤土，有生物累积和碳酸钙移动淀积两个主要成土过程。剖面形态具有腐殖质层、钙积层和母质层三个基本层次。棕钙土的水分状况为季节性弱淋溶型。

灰漠土是博乐市的主要土壤类型，占本市地域面积的 10%。灰漠土是发育于本市为细土物质所覆盖的山前洪积扇中下部和古老冲积平原上的自成型土壤。海拔高度的上限大致在 750m 左右，地下水位 6—10m 或更深，水热条件属大陆性干旱荒漠。植被具有极为明显的旱生性，主要是琵琶柴、假木贼、猪毛菜和蒿属等。土壤呈强碱性，pH 为 8.5—9.1，石灰反应强烈。部分开垦较早，灌耕历史悠久，熟化程度高的已演变为灌耕土。

黑钙土是博乐市的主要土壤类型，占本市地域面积的 10%。黑钙土主要分布在谷地南北两侧海拔 2000m 以上的中山带。成土母质多为厚薄不等的黄土状物质。黑钙土形成过程具有明显的腐殖质积累过程和钙化过程，同时也伴有草甸化过程和退化过程。基本发生层由生草层、腐殖质层、过渡层、钙积层和母质层组成。

黑毡土占博乐市地域面积的 6%。原称亚高山草甸土。黑毡土的植被由蒿草、苔草、羊茅等为主的多种草类组成。成土母质通常以坡积物、残积物为主，部分为冰碛物或冰水沉积物，个别还有黄土母质。主要形成过程有生草过程、有机质积累过程、有机质腐殖化过程、碳酸钙的淋溶过程和山地冻融过程等。一般具有生草层、有机质层、淋溶层、钙积层和母质层。

本市面积小于 5% 的土壤类型还有灰棕漠土、灰褐土、草甸土、草甸盐土、草毡土、灌漠土、寒冻土、沼泽土、潮土、漠境盐土、新积土等。

本区域中心区气候特征

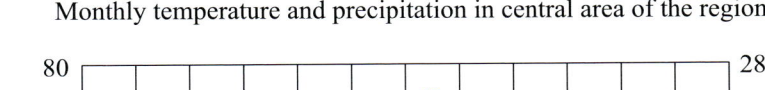

本区域中心区气候特征值
Regional climate characteristics in central area of the region

气候带：中温带亚干旱气候 Climate region: Mid temperate sub arid climate	
年平均气温 /℃ Annual average temperature /℃	8.0
年平均最高气温 /℃ Annual average maximum temperature /℃	14.6
年平均最低气温 /℃ Annual average minimum temperature /℃	2.1
年降水量 /mm Annual precipitation /mm	158
≥10℃的积温 /℃ Daily temperature accumulated in a year (≥10℃) /℃	2961
年日照时数 /h Annual sunshine /h	2679
年平均相对湿度 /% Annual average relative humidity /%	63
干燥度 Dryness	3.56

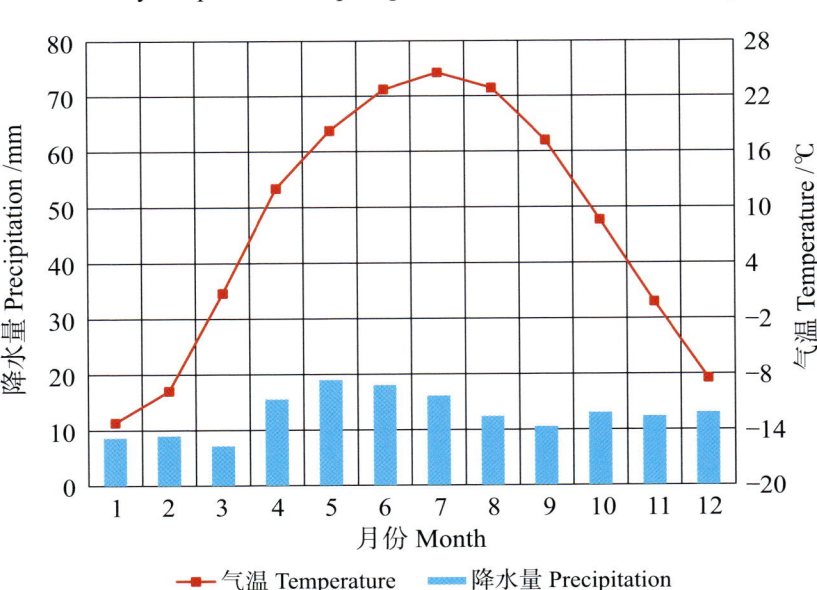

本区域中心区月平均气温与月平均降水量
Monthly temperature and precipitation in central area of the region

博乐市主要土壤类型与土壤剖面点分布图
1∶550 000

博乐市土壤剖面理化性状表

剖面号 Soil profile	土纲 Soil order	土类 Soil great group	亚类 Soil subgroup	土属 Soil genus	土种 Soil species	土层码 Layer code	土层厚度 Depth/cm	颜色 Soil color	质地 Soil texture	土壤结构 Soil structure	pH	有机质 OM/(g/kg)	全氮 TN/(g/kg)	全磷 TP/(g/kg)	全钾 TK/(g/kg)	有效磷 AP/(mg/kg)	速效钾 AK/(mg/kg)	阳离子交换量 CEC/(cmol/kg)	土壤母质 Parent material	剖面点坐标 Profile coordinate	匹配指数 Matching index/%
剖1	漠土	灰漠土	盐化灰漠土	盐黄土		1	0~4		中壤土		9.0	13.9	0.74	1.03						E 82°07′58.8″ N 45°01′22.1″	86
						2	4~10		重壤土		9.1	7.2	0.47	0.83							
						3	10~18		轻壤土		8.5	7.0	0.40	0.74							
						4	18~45		中壤土		8.5	7.9	0.31	0.82							
						5	45~87		中壤土		8.7	4.9	0.24	0.74							
						6	87—				8.8	4.2									
剖2	漠土	灰漠土	灌耕灰漠土	红土状灌耕灰漠土	红砂土	1	0~25		少砾质轻壤土		8.3	15.9	0.67	1.33						E 81°54′31.7″ N 44°59′29.4″	78
						2	25~35		轻壤土			11.5	0.71	0.69							
						3	35~100		砂壤土			4.4		0.42							
剖3	漠土	灰漠土	灌耕灰漠土	红土状灌耕灰漠土	红板土	1	0~23		轻黏土		8.1	26.0	1.08	0.81						E 81°47′35.5″ N 44°58′43.3″	84
						2	23~35		重壤土		8.0	13.3	0.61	0.70							
						3	35~57		中壤土		8.0	11.5	0.65	0.75							
						4	57~75		重壤土		8.0	12.8	0.61	0.75							
						5	75~100		重壤土		8.0	9.1	0.54	1.25							
剖4	半水成土	草甸土	盐化草甸土	新垦盐黑土	中盐黑土	1	0~24		轻壤土		8.0	42.7	2.08							E 81°57′28.1″ N 44°57′33.5″	82
						2	24~32		紧砂土		8.0	31.7	1.54								
						3	32~54		轻壤土		7.9	18.1	0.84								
						4	54~80		轻壤土		8.0	26.4	1.08								
						5	80~110		重壤土		7.9	7.3	0.43								
剖5	漠土	灰漠土	灌耕灰漠土	黄土型灌耕灰漠土	淡黄土	1	0~20		中壤土		8.5	9.9	0.57	0.57		3.0	240			E 82°09′25.9″ N 44°57′21.2″	79
						2	20~36		轻壤土		8.6	4.0	0.34	0.34							
						3	36~70		轻壤土		8.4	5.1	0.29	0.29							
						4	70~110		中壤土		8.4	9.9	0.45	0.45							
剖6	漠土	灰漠土	盐化灰漠土	新垦盐黑土	轻盐黄土	1	0~19				8.2									E 82°01′32.9″ N 44°56′17.5″	90
						2	19~30				8.0										
						3	30~46				8.2										
						4	46~85				8.2										
						5	85~115				8.2										
剖7	灌漠土	灌漠土	灰灌漠黏土	灰灌漠黏土	灰灌漠黏土	A_{11}	0~21	黄棕色	壤质黏土	小块状	8.2	18.7	0.99	0.86	20.8	8.0		16.0		E 81°53′10.7″ N 44°55′52.3″	95
						A_{12}	21~30	浊橙色	壤质黏土	片状	8.2	16.5	0.84	0.80	21.3	2.0		9.3			
						BK_1	30~51	浊棕色	壤质黏土	棱块状	8.3	12.3	0.72	0.82	20.7	1.0		10.5			
						BK_2	51~87	浊橙色	壤质黏土	棱块状	8.3	9.6	0.50	0.64	19.9	3.0		9.2			
						BK_3	87~100	橙色	壤质黏土	棱块状	8.4	9.9	0.49	0.74		3.0		9.5			
剖8	漠土	灰漠土	灰漠土	薄层灰漠土		1	0~2		中壤土		8.7	11.3	0.88							E 82°22′27.5″ N 44°55′20.3″	94
						2	2~10		中壤土		8.5	10.4	0.80								
						3	10~40		重壤土		8.5	6.2	0.68								
						4	40~62		砂砾土												
剖9	半水成土	草甸土	盐化草甸土	新垦盐黑土	中盐黑土	1	0~30		中壤土		9.2	23.0	0.87	0.82					洪积物、冲积物	E 82°36′01.8″ N 44°53′39.1″	84
						2	30~60		砂壤土		9.0	5.8	0.58	0.44							
						3	60~85		重壤土		8.7	7.5	0.52	0.73							
						4	85~110		中壤土		8.5	23.7	0.88	0.98							

续表 Continued

剖面号 Soil profile	土纲 Soil order	土类 Soil group	亚类 Soil subgroup	土属 Soil genus	土种 Soil species	土层码 Layer code	土层厚度 Depth/cm	颜色 Soil color	质地 Soil texture	土壤结构 Soil structure	pH	有机质 OM/(g/kg)	全氮 TN/(g/kg)	全磷 TP/(g/kg)	全钾 TK/(g/kg)	有效磷 AP/(mg/kg)	速效钾 AK/(mg/kg)	阳离子交换量 CEC/(cmol/kg)	土壤母质 Parent material	剖面点坐标 Profile coordinate	匹配指数 Matching index/%
剖10	漠土	灰漠土	灌耕灰漠土	黄土状灌耕灰漠土	灰漠黄板土	A_{11}	0—22	黄棕色	重壤土	块状	8.3	15.5	0.81		20.1	1.0	278		冲积物	E 82°14′13.6″ N 44°53′13.2″	78
						A_{12}	22—33	黄棕色	重壤土	板状	8.2	10.6	0.55		20.1		259				
						B_1	33—43	黄棕色	中壤土	棱块状	8.3	9.9	0.39		20.3		19				
						B_2	43—51	黄棕色	重壤土	块状	8.0	5.9	0.32		20.1		150				
						C	51—110	棕黄色	砂壤土	不明显块状	8.0	3.3	0.18		20.3		100				
剖11	漠土	灰漠土	灌耕灰漠土	黄土型灰漠土	黄板土	1	0—20		中壤土		8.5	15.0	0.89	0.80	25.0					E 82°08′35.2″ N 44°52′35.0″	85
						2	20—40		中壤土		8.4	10.4	0.51	0.65	23.0						
						3	40—80		中壤土		8.6	6.0	0.38	0.64	23.0						
						4	80—100		中壤土		8.5	8.9	0.45	0.68	23.0						
剖12	漠土	灰漠土	灌耕灰漠土	黄土型灰漠土	底砾黄板土	1	0—21		重壤土		8.5	15.8	0.98	0.70	25.0					E 82°19′52.0″ N 44°50′35.9″	89
						2	21—48		中壤土		8.5	9.6	0.58	0.64							
						3	48—66		中壤土		8.4	11.4	0.56	0.61							
						4	66—100		松砂土												
剖13	水成土	沼泽土	盐化沼泽土	硫酸盐盐化沼泽土	中硫盐化灰沼土	A_{11}	0—23	栗色	轻壤土	团块状	7.7	48.5	2.31	0.57					湖积物	E 82°39′25.2″ N 44°49′58.1″	87
						A_{12}	23—40	栗色	轻壤土	板片状	7.7	41.5	1.98	0.57							
						Cu	40—76	棕灰色	轻壤土	板片状	8.2	19.5	0.74	0.43							
						Cg	76—135	深棕灰色	重壤土	粒状	8.2	16.6	0.67	0.34							
剖14	漠土	灰漠土	灌耕灰漠土	白砂土	中层白砂土	1	0—16		中壤土		8.6	12.8	0.57	0.67						E 82°15′58.0″ N 44°46′46.9″	89
						2	16—24		中壤土		8.2	7.6	0.69	0.50							
						3	24—43		中壤土		8.2	11.2	0.65	0.66							
						4	43—57		中壤土		8.1	8.1	0.56	0.72							
						5	57—		松砂土												
剖15	盐碱土	草甸盐土	草甸盐土			1	0—2		轻壤土	小块状	8.7	56.9	2.45	0.93	20.6		190	12.5		E 82°19′37.9″ N 44°45′48.6″	82
						2	2—15		砂壤土	块状	8.9	16.6	0.61	0.52	21.1		200	11.8			
						3	15—30		中壤土	棱块状	8.6	11.5	0.52	0.23	19.9		170	10.2			
						4	30—66		重壤土	棱块状	8.9	6.3	0.43	0.39	20.0		145	11.2			
						5	66—105		中壤土	小块状	8.9	3.8	0.26	0.18	21.1		195	11.8			
						6	105—120		中壤土		8.3	6.8	0.41	0.39							
剖16	人为土	灌淤土	灰灌淤土	灰灌淤黏土	黏灰灌淤土	A_{11}	0—28	浊黄橙色	壤质黏土	小块状	8.1	20.2	1.27	0.95					冲积物	E 82°19′08.4″ N 44°45′32.8″	91
						AC	28—42	浊黄橙色	壤质黏土	块状	8.2	10.2	0.72	0.98							
						Ck_1	42—59	浊黄橙色	壤质黏土	棱块状	8.1	7.8	0.56	0.72							
						Ck_2	59—85	浊黄橙色	黏壤土	棱块状	8.2	5.4	0.38	0.72							
						Ck_3	85—104	浊黄橙色	壤质黏土	小块状	8.2	4.3	0.33	0.75							
剖17	半水成土	草甸土	盐化草甸土	新昆盐黑土	重盐黑土	1	0—22		中壤土		8.0	47.6	1.51	0.74						E 82°23′47.8″ N 44°44′14.3″	90
						2	22—35		中壤土		8.2	20.3	0.69	0.68							
						3	35—60		中壤土		8.2	8.8	0.48	0.74							
						4	60—90		重壤土		8.1	8.7	0.78	0.74							
剖18	钙层土	栗钙土	栗钙土	栗钙土	壤栗土	Ah	0—4	暗栗色	轻壤土	小粒状	7.3	45.1	2.77	0.43	22.4				洪积物、冲积物	E 81°23′46.7″ N 44°37′07.7″	87
						A	4—24	暗栗色	砂砾质轻壤土	小粒状	8.0	34.5	2.17	0.48	19.3						
						AB	24—45	黄灰色	轻壤土	块状	8.3	25.0	1.73	0.62	16.0						
						Bk	45—58	黄灰色	轻壤土	块状	8.6	11.0	0.58	0.50	13.6						
						Ck	58—75	淡黄色	轻壤土	块状	8.9	7.5	0.52	0.50	13.6						

精 河 县

主要土类说明

草甸盐土是精河县主要土壤类型，占本县地域面积的17%。草甸盐土主要分布在洪积扇边缘、泉水溢出带的外缘、河谷和平原洼地、大河两侧和河滩地、河间低地以及湖滨平原。地下水埋深一般为1—2m，最低3m。矿化度一般2.0—5.0g/L。自然植被为草甸植被和盐生植被。其形成以积盐过程主导，生草过程次要或附加的成土过程。

灰棕漠土是精河县第二大土壤类型，占本县地域面积的17%。灰棕漠土广泛发育在砾质洪积冲积扇、剥蚀高地及风蚀残丘上。成土母质最主要为砾质洪积物、冲积物和石质坡积物、残积物，均富含粗骨性石砾。该土壤地表见砾幂及褐色结皮，亦见干面包状结皮；石灰表聚，下见纤维状石膏聚积，亦见铁质黏化现象。

风沙土是精河县第三大土壤类型，占本县地域面积的12%。精河农区的风沙土，尽管受人为活动的影响很大，如樵采、放牧、耕作等，但风沙土的特点仍明显可见。由颗粒均匀的细沙组成，剖面分化不明显。表层为发育很弱的黄灰色腐殖质层，有机质及其他养分含量都很低；其下为灰黄或黄色，有机质含量更少。

栗钙土占本县地域面积的11%。栗钙土的分布地区大多为海拔900—1500m的低山丘陵、山间谷地。成土母质多为黄土，其次为坡积物和冰碛物。植被属于干草原类型。形成过程有明显的有机质积累过程和钙化过程。基本发生层是由生草层、腐殖质层、过渡层、钙积层和母质层组成的。

棕钙土占精河县地域面积的8%。棕钙土母质多为黄土状沉积物，土层较厚，质地多为壤土，有生物累积和碳酸钙移动淀积两个主要成土过程。剖面形态具有腐殖质层、钙积层和母质层三个基本层次。棕钙土的水分状况为季节性弱淋溶型。

草毡土占精河县地域面积的6%。原称高山草甸土。成土母质通常以坡积物、残积物为主，部分为冰碛物或冰水沉积物，极个别的为黄土母质等。形成过程有生草过程、有机质积累过程（包括腐殖化过程）、淋溶过程、淀积过程（包括钙化过程）和高山冻融过程等。发生层次为有机质层（包括生草层）、淋溶层、钙积层和母质层。

黑毡土占精河县地域面积的5%。原称亚高山草甸土。黑毡土的植被由蒿草、苔草、羊茅等为主的多种草类组成。成土母质通常以坡积物、残积物为主，部分为冰碛物或冰水沉积物，个别还有黄土母质。主要形成过程有生草过程、有机质积累过程、有机质腐殖化过程、碳酸钙的淋溶过程和山地冻融过程等。一般具有生草层、有机质层、淋溶层、钙积层和母质层。

本县面积小于5%的土壤类型还有草甸土、黑钙土、灰褐土、沼泽土、林灌草甸土、寒冻土、灌漠土、潮土、灰漠土等。

本区域中心区气候特征

本区域中心区气候特征值
Regional climate characteristics in central area of the region

气候带：中温带干旱气候 Climate region: Mid temperate arid climate	
年平均气温 /℃ Annual average temperature /℃	7.9
年平均最高气温 /℃ Annual average maximum temperature /℃	14.4
年平均最低气温 /℃ Annual average minimum temperature /℃	2.3
年降水量 /mm Annual precipitation /mm	113
≥10℃的积温 /℃ Daily temperature accumulated in a year（≥10℃）/℃	2971
年日照时数 /h Annual sunshine /h	2572
年平均相对湿度 /% Annual average relative humidity /%	62
干燥度 Dryness	4.60

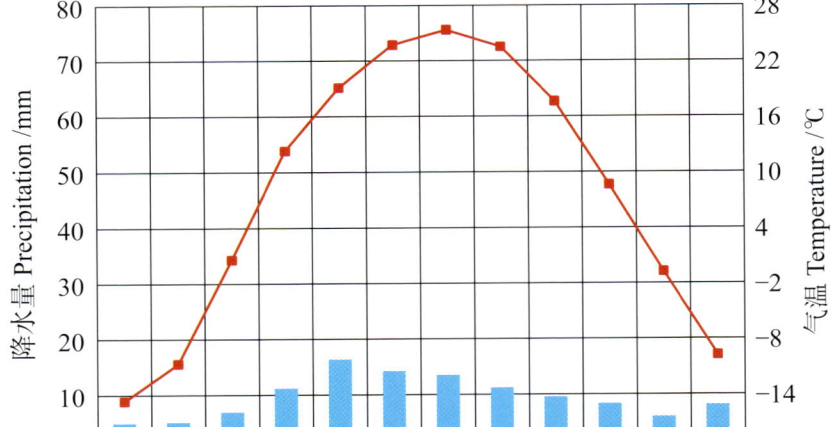

本区域中心区月平均气温与月平均降水量
Monthly temperature and precipitation in central area of the region

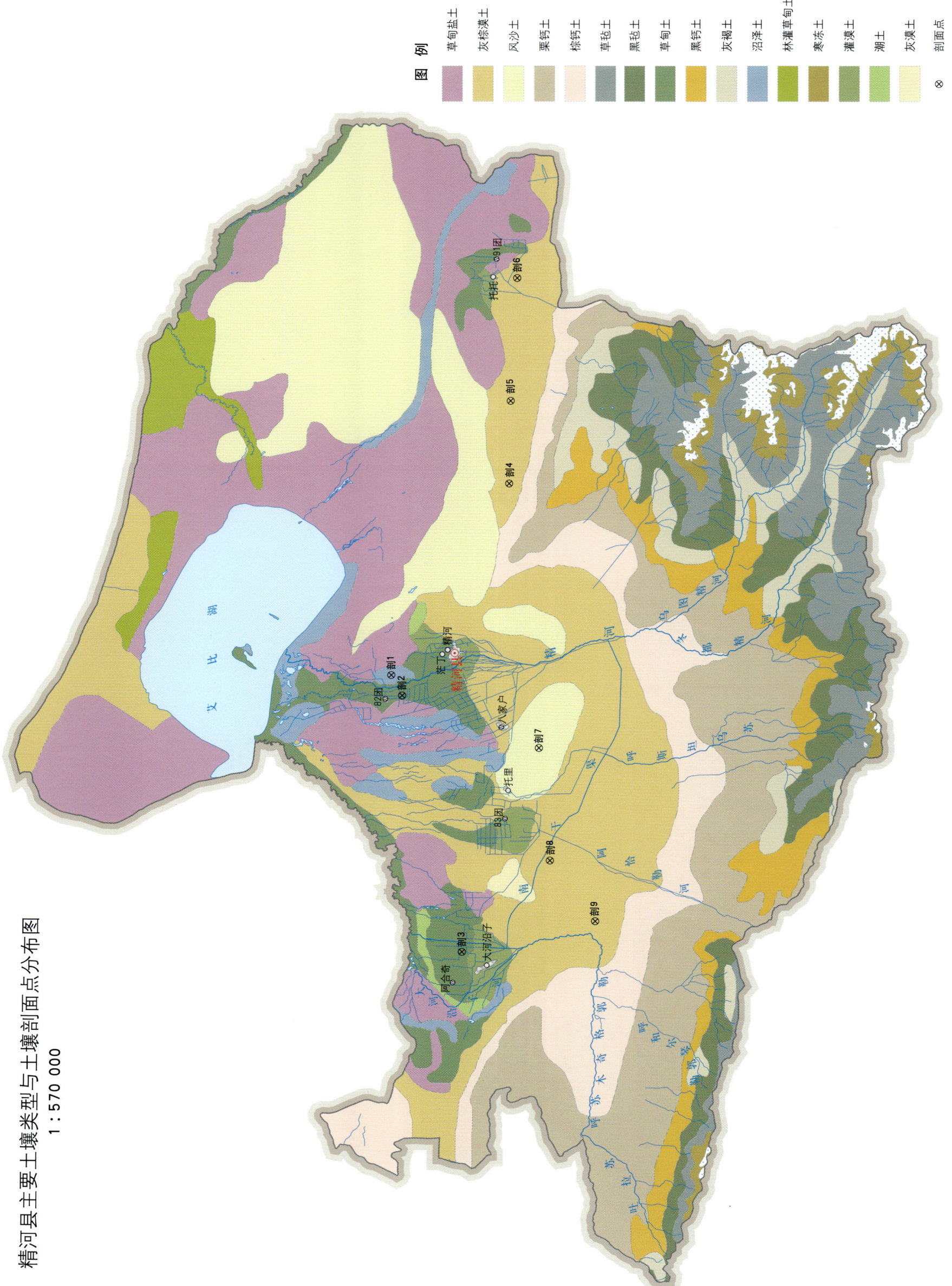

精河县土壤剖面理化性状表

剖面号 Soil profile	土纲 Soil order	土类 Soil great group	亚类 Soil subgroup	土属 Soil genus	土种 Soil species	土层码 Layer code	土层厚度 Depth/cm	颜色 Soil color	质地 Soil texture	土壤结构 Soil structure	pH	有机质 OM/(g/kg)	全氮 TN/(g/kg)	全磷 TP/(g/kg)	全钾 TK/(g/kg)	碱解氮 AN/(mg/kg)	有效磷 AP/(mg/kg)	速效钾 AK/(mg/kg)	土壤母质 Parent material	剖面点坐标 Profile coordinate	匹配指数 Matching index/%
剖1	水成土	沼泽土	草甸沼泽土	扇缘草甸沼泽土		1	0—25	黑褐色			8.3	238.9	>6.00	0.62						E 82°51′07.2″ N 44°41′11.8″	93
						2	25—70	黑青色		块状	8.8	82.9	3.50	0.58							
						3	70—100	灰蓝色		块状		8.6		0.47							
剖2	半水成土	草甸土	石灰性草甸土	灌耕石灰性草甸土	灰黑底锈色土	A₁₁	0—23	栗色	中壤土	团块状	8.2	48.7	2.37	0.53			5.0	237	冲积物	E 82°48′51.1″ N 44°40′25.0″	82
						AC	23—44	棕灰色	中壤土	核状	8.3	16.2	0.91	0.34			2.0	93			
						C	44—69	淡棕灰色	中壤土	团块状	8.1	11.8	0.68	0.38			2.0	144			
						Cu	69—100	灰棕色	重壤土	块状	7.9	10.1	0.50	0.38			1.0	134			
剖3	半水成土	草甸土	石灰性草甸土	灌耕石灰性草甸土	灌耕重氯砂灰土	A₁₁	0—17	淡灰棕色	中壤土	团块状	7.9	17.2	1.29	0.55			7.0	273	冲积物	E 82°20′41.3″ N 44°36′11.9″	86
						AC	17—27	淡灰棕色	中壤土	块状	8.1	15.2	0.53	0.55			5.0	196			
						C	27—45	淡黄色	黏土	片状	8.0	10.8	0.53	0.45			2.0	144			
						Cu	45—100	黄棕色	砂壤土	小块状	8.6	<1.0	<0.10	0.40			2.0	170			
剖4	漠土	灰棕漠土	石膏灰棕漠土	山地石膏灰棕漠土		1	0—4				8.3	4.9	0.33	0.59						E 83°11′44.5″ N 44°32′02.8″	94
						2	4—10				8.6	4.0	0.34	0.57							
						3	10—30				8.6										
						4	30—50				8.7										
剖5	漠土	灰棕漠土	灰棕漠土	灰棕漠泥砂土	砾质漠灰土	J	0—1	淡棕灰色	中砾质砂壤土		8.7	4.6	0.29	0.71					洪积物	E 83°20′46.7″ N 44°31′46.6″	79
						Ak	1—5	灰棕色	重砾质砂壤土	块状	8.8	3.6	0.22	0.75							
						Bk	5—23	棕色	重砾质砂壤土	单粒状	8.8	2.5	0.12	0.56							
						Cy	23—40	棕灰色	重砾质砂壤土	单粒状	8.7										
剖6	漠土	灰棕漠土	灰棕漠土	灌耕灰棕漠土	灌耕漠灰土	A₁₁	0—25	淡棕灰色	砾质砂壤土	块状	>9.5	6.1	0.29	0.51			4.0	93	洪积物、冲积物	E 83°34′05.5″ N 44°31′00.5″	79
						B	25—45	淡灰灰色	砾质砂壤土	块状	8.4	6.3	0.34	0.53			5.0	139			
						C	45—85		砾石土												
剖7	初育土	风沙土	荒漠风沙土	半固定风沙土		1	0—1				8.0	2.2		0.25	18.4	9	2.0	127		E 82°42′53.6″ N 44°30′12.2″	94
						2	1—5				7.9	1.8		0.23	18.4	9	1.3	93			
						3	5—20				8.0	1.5		0.22	17.9	9	1.3	103			
						4	20—75				7.9	1.3		0.21	17.6	8	1.0	93			
剖8	漠土	灰棕漠土	灰棕漠土	灰棕漠土	少砾质漠灰土	Aj	0—1	灰棕色	重砾质重壤土	片状	8.2	8.7	0.59	0.62			12.0	335	冲积物、洪积物	E 82°30′37.4″ N 44°29′29.8″	85
						A	1—8	红棕色	砂土	片状	8.3	3.3	0.17	0.34			2.0				
						B	8—25	黄棕色	砂土	核状	8.4	2.6	0.17	0.45			7.0				
						BC	25—50	黄棕色	砂土	单粒状	8.2	2.8	0.17	0.51			3.0				
剖9	漠土	灰棕漠土	石膏灰棕漠土			1	0—2				8.7	4.8	0.31							E 82°23′53.9″ N 44°26′08.9″	90
						2	2—9				8.6	3.3	0.21								
						3	9—19				8.5	3.9	0.21								
						4	19—38				8.2										
						5	38—60				8.4										

温 泉 县

主要土类说明

栗钙土是温泉县主要土壤类型，占本县地域面积的33%。栗钙土的分布地区大多为海拔900—1500m的低山丘陵、山间谷地。成土母质多为黄土，其次为坡积物和冰碛物。植被属于干草原类型。形成过程有明显的有机质积累过程和钙化过程。基本发生层是由生草层、腐殖质层、过渡层、钙积层和母质层组成的。

黑毡土是温泉县第二大土壤类型，占本县地域面积的17%。原称亚高山草甸土，分布于最好的夏季牧场。黑毡土的植被由蒿草、苔草、羊茅等为主的多种草类组成。成土母质通常以坡积物、残积物为主，部分为冰碛物或冰水沉积物，个别还有黄土母质。主要形成过程有生草过程、有机质积累过程、有机质腐殖化过程、碳酸钙的淋溶过程和山地冻融过程等。一般具有生草层、有机质层、淋溶层、钙积层和母质层。

草毡土是温泉县第三大土壤类型，占本县地域面积的16%。原称高山草甸土。成土母质通常以坡积物、残积物为主，部分为冰碛物或冰水沉积物，极个别的为黄土母质等。形成过程有生草过程、有机质积累过程（包括腐殖化过程）、淋溶过程、淀积过程（包括钙化过程）和高山冻融过程等。发生层次为有机质层（包括生草层）、淋溶层、钙积层和母质层。

棕钙土占温泉县地域面积的9%。棕钙土母质多为黄土状沉积物，土层较厚，质地多为壤土，有生物累积和碳酸钙移动淀积两个主要成土过程。剖面形态具有腐殖质层、钙积层和母质层三个基本层次。棕钙土的水分状况为季节性弱淋溶型。

黑钙土占温泉县地域面积的9%。黑钙土主要分布在谷地南北两侧海拔2000m以上的中山带。成土母质多为厚薄不等的黄土状物质。黑钙土形成过程具有明显的腐殖质积累过程和钙化过程，同时也伴有草甸化过程和退化过程。基本发生层由生草层、腐殖质层、过渡层、钙积层和母质层组成。

寒冻土占温泉县地域面积的5%。原称高山寒漠土。寒冻土发育于极端干旱而又极端寒冷的高山寒漠地带中永久雪线下缘冰雪活动带内。形成过程不仅有同平原或山地中的漠土以及平原的龟裂土的某些基本过程，还有寒冻物理风化过程和高山冻融过程。土壤有机质和全氮含量均极低。寒冻物理风化为主，弱生物累积，土层薄，含石砾多，仅在岩屑中见少量细土物质堆积，生长着稀疏垫状植物及雪莲。土壤pH为7.0—8.5，有的有石灰反应。寒冻土所处地形为高山峰脊、古冰斗、冰碛堤、冰碛台地和流石滩等。成土母质为寒冻风化物或冰碛物构成的碎屑状风化壳。

本县面积小于3%的土壤类型还有灌漠土、灰褐土、草甸土、新积土、林灌草甸土、沼泽土、灰漠土等。

本区域中心区气候特征

本区域中心区气候特征值
Regional climate characteristics in central area of the region

气候带：中温带亚干旱气候 Climate region: Mid temperate sub arid climate	
年平均气温 /℃ Annual average temperature /℃	8.2
年平均最高气温 /℃ Annual average maximum temperature /℃	15.1
年平均最低气温 /℃ Annual average minimum temperature /℃	2.0
年降水量 /mm Annual precipitation /mm	209
≥10℃的积温 /℃ Daily temperature accumulated in a year (≥10℃) /℃	3038
年日照时数 /h Annual sunshine /h	2794
年平均相对湿度 /% Annual average relative humidity /%	63
干燥度 Dryness	2.12

本区域中心区月平均气温与月平均降水量
Monthly temperature and precipitation in central area of the region

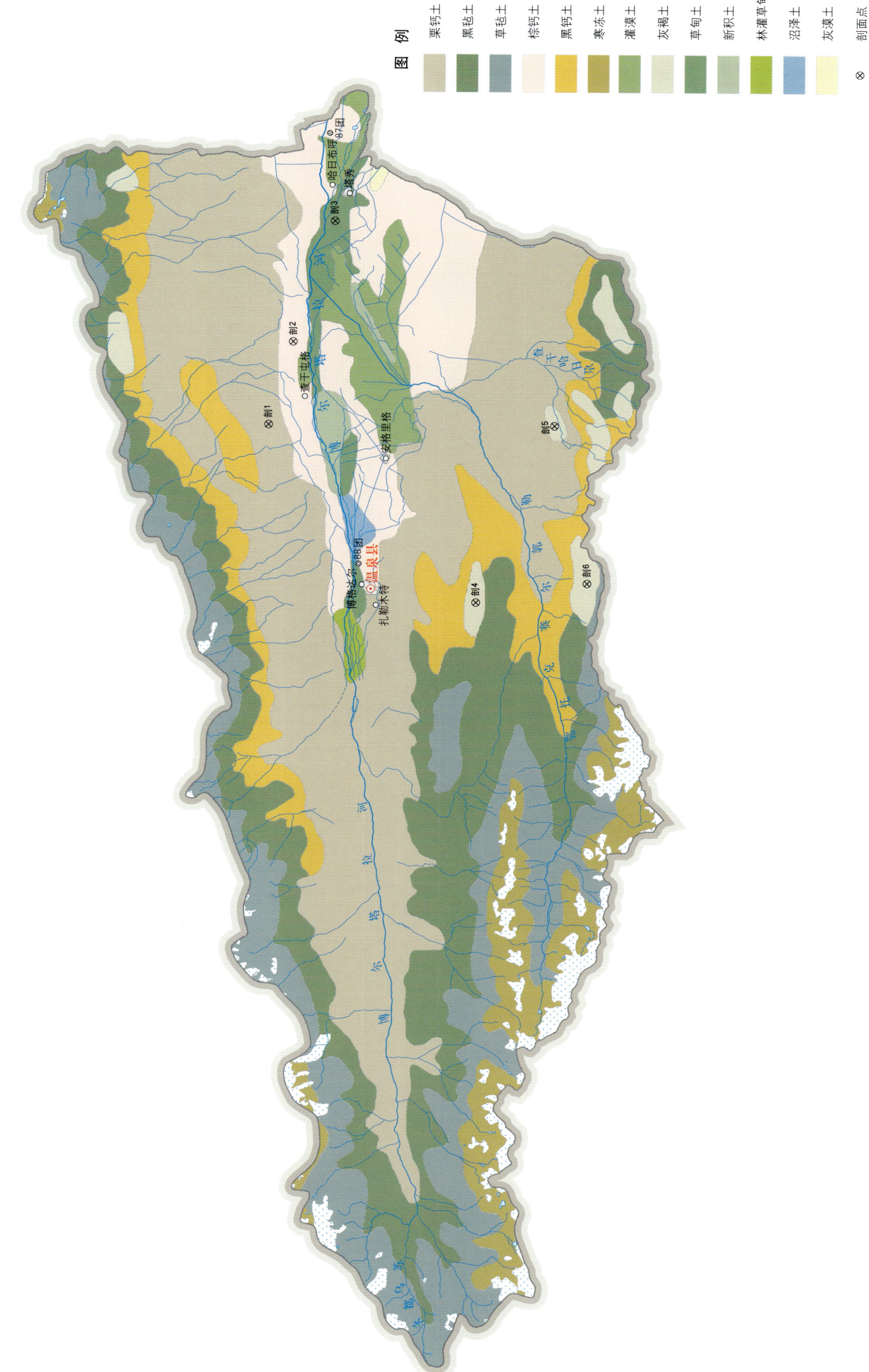

温泉县主要土壤类型与土壤剖面点分布图
1∶490 000

温泉县土壤剖面理化性状表

剖面号	土纲	土类	亚类	土属	土种	土层码	土层厚度/cm	颜色	质地	土壤结构	pH	有机质/(g/kg)	全氮/(g/kg)	全磷/(g/kg)	全钾/(g/kg)	有效磷/(mg/kg)	速效钾/(mg/kg)	阳离子交换量CEC/(cmol/kg)	土壤母质	剖面点坐标	匹配指数/%
剖1	钙层土	栗钙土	淡栗钙土	淡栗钙土	砾质栗黄土	A	0—9	灰棕色	轻壤土	片状	8.4	27.6	1.57	0.41	23.7	2.0	237		砾质洪积物	E 81°15′56.5″ N 45°04′21.0″	78
						AB	9—35	棕黄色	砾质砂壤土	小粒状	8.7	16.4	1.24	0.41	23.7		72				
						Bk	35—40	淡黄色	多砾质中壤土	块状	8.4	23.4	1.42	0.41			97				
						C	40—80	红棕色	砾石土		8.4	6.2	0.37	0.58							
剖2	干旱土	棕钙土	棕钙土			A_0	0—3				8.8	23.2	1.40	0.57						E 81°23′13.9″ N 45°02′51.0″	78
						A	3—7				9.0	17.6	1.16	0.53							
						AB	7—17				8.6	15.9	0.97	0.48							
						B	17—29				8.5	15.3	0.86	0.50							
						BC	29—50				8.6										
剖3	半水成土	草甸土	石灰性草甸土	灌耕石灰性草甸土	夹砂锈黄土	A_{11}	0—25	灰色	轻壤土	小块状	8.4	11.0	0.60	0.69		2.0			冲积物	E 81°33′51.8″ N 45°00′18.0″	92
						C_1	25—45	淡灰棕色	中壤土	片状	8.3	2.0	0.36	0.57		3.0					
						C_2	45—70	淡棕灰色	细砂土	单粒状	8.6	2.6	0.15	0.36		2.0					
						Cu	70—100	棕灰色	中壤土	块状	8.2	6.0	0.44	0.59		2.0					
剖4	半淋溶土	灰褐土	灰褐土		温泉灰褐黄土	As	0—15	褐棕色			7.7								次生黄土	E 81°00′15.1″ N 44°51′49.3″	91
						Ah	15—38	棕黑色	壤质黏土	团粒状	6.7	72.8	3.28	0.91	23.4						
						AB	38—72	棕黄色	壤质黏壤土	团基状	7.8	27.2	1.29	0.84	26.0						
						Bk	72—90	淡灰棕色	砂质黏壤土	块状	9.0	19.9	0.82	0.78	19.0						
						Ck	90—115	淡黄棕色	砂壤土	块状	9.4	8.5	0.44	0.82	20.8						
剖5	半淋溶土	灰褐土	灰褐土		薄层灰褐土	O	0—2				7.0	219.5	>6.00	1.11	19.9				坡积黄土状母质	E 81°15′46.8″ N 44°47′04.2″	89
						Ai	2—7	暗灰棕色	砂壤土	小块状	6.5	87.6	4.57	0.81	22.2						
						Ah	7—13	暗棕色	砂质黏壤土	粒状	6.8	31.5	1.67	0.65	23.4						
						Ck	13—34	淡棕色	砂质黏壤土		8.4	11.5	0.73	0.56	24.3						
							34—80	淡黄棕色	砂壤土		7.3										
剖6	半淋溶土	灰褐土	灰褐泥土	灰褐泥土	温泉灰褐泥土	As	0—16	棕褐色	砂壤土	小块状	7.0	241.0	>6.00	2.40	16.5			14.6	砂砾岩坡积物	E 81°01′54.8″ N 44°45′06.5″	81
						Ah	16—26	暗棕色	黏壤土	块状	8.0	42.2	1.47	1.10	24.0			23.8			
						ABk	26—65	暗棕色	砂质黏壤土	块状		31.5	0.92								
						Bk	65—95	淡灰棕色	砂质黏壤土		8.2			1.50	19.1			18.5			

巴音郭楞蒙古自治州

库尔勒市

主要土类说明

草甸盐土是库尔勒市主要土壤类型，占本市地域面积的25%。其形成受地下水常年上下活动的影响，积盐过程和草甸过程相伴进行，以积盐过程为主。地形部位仅在沼泽洼地的上坡地段，母质与沼泽盐土差异不大，仅生物活性相对较高，地下水位相对较低，无地面积水地段和地表径流浸渍。

风沙土是库尔勒市第二大土壤类型，占本市地域面积的18%。成土条件均以干旱荒漠气候条件为主，母质偏粗而均一。地势低平、干旱、高温、长日照强度直射和辐射、低气压频繁而高速空气流动，是风沙土发育形成的主要条件。一般剖面发育层段剖面构型为As-C，质地粗而均一，土壤养分含量及肥力水平很低，土壤含盐量低，石灰性弱，pH小于8.0。

棕漠土占库尔勒市地域面积的11%。暖温带极端干旱条件下，具有明显盐磐的漠土，常与砾质戈壁共存。植被覆盖百分率极低，且矮小。土壤石灰、石膏、易溶盐分层聚积地表，见孔状结皮、砾幂、黑结皮，多砾石；结皮层下见红棕色或玫瑰色铁染色层，下为石膏层，再下为盐磐层。整个土层不足50cm，结皮层以下碳酸钙含量为60—110g/kg，石膏含量为300—550g/kg，盐磐层含盐量可达300—600g/kg。盐磐层的存在是棕漠土的重要特征。

草甸土占库尔勒市地域面积的10%。本市草甸土均为灌溉草甸土，广泛分布于本市孔雀河三角洲各部及塔河与孔雀河河间低地的冲积平原上。它发育于河流沉积物上（冲积物、洪积物、湖积物）。地下水1—3m，淡水或弱矿化水。以草本植被为主，有少许灌木及半灌木。草甸土是本市农区的重要土壤，受环境因素及历史条件的影响有如下特点：①强烈的生草过程主导成土过程，主要特征表现为形成厚度5—10cm的草皮层，草皮层一般较紧实。②淋育过程。常在B-C层发现石灰新生体，钙化过程明显，剖面中下部有锈色斑纹层或有铁锰结核。③草甸化过程多伴随盐化过程，地下水通过毛细管上升水流而浸润剖面，地表常有盐霜及盐斑。

本市面积小于10%的土壤类型还有石质土、潮土、棕钙土、冷钙土、栗钙土、漠境盐土、林灌草甸土、草毡土、沼泽土、灌漠土、灌淤土等。

本区域中心区气候特征

本区域中心区气候特征值
Regional climate characteristics in central area of the region

气候带：暖温带极干旱气候 Climate region: Warm temperate extremely arid climate	
年平均气温 /℃ Annual average temperature /℃	10.8
年平均最高气温 /℃ Annual average maximum temperature /℃	17.8
年平均最低气温 /℃ Annual average minimum temperature /℃	4.5
年降水量 /mm Annual precipitation /mm	93
≥10℃的积温 /℃ Daily temperature accumulated in a year（≥10℃）/℃	3965
年日照时数 /h Annual sunshine /h	2753
年平均相对湿度 /% Annual average relative humidity /%	48
干燥度 Dryness	14.50

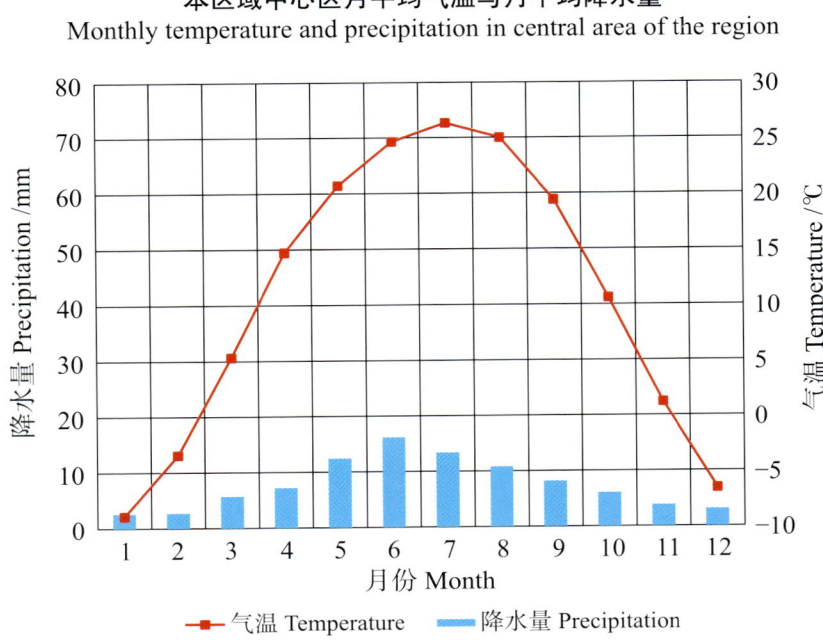

本区域中心区月平均气温与月平均降水量
Monthly temperature and precipitation in central area of the region

库尔勒市主要土壤类型与土壤剖面点分布图
1∶490 000

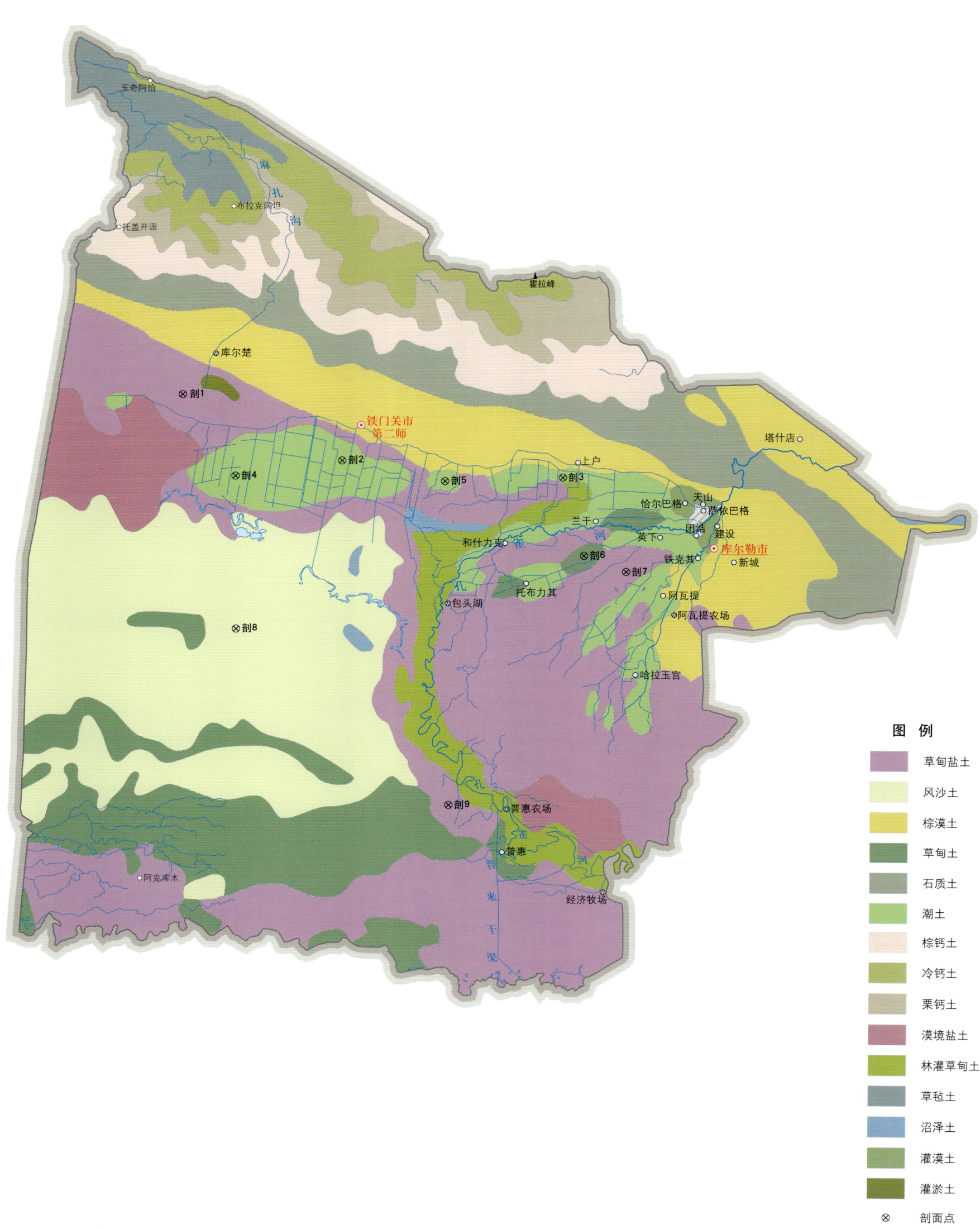

库尔勒市土壤剖面理化性状表

剖面号 Soil profile	土纲 Soil order	土类 Soil great group	亚类 Soil subgroup	土属 Soil genus	土种 Soil species	土层码 Layer code	土层厚度 Depth/cm	颜色 Soil color	质地 Soil texture	土壤结构 Soil structure	pH	有机质 OM/(g/kg)	全氮 TN/(g/kg)	全磷 TP/(g/kg)	全钾 TK/(g/kg)	碱解氮 AN/(mg/kg)	有效磷 AP/(mg/kg)	速效钾 AK/(mg/kg)	土壤母质 Parent material	剖面点坐标 Profile coordinate	匹配指数 Matching index/%
剖1	盐碱土	草甸盐土	结壳盐土	氯化物结壳盐土	斑状灰盐砂	J	0—2	灰棕色	砂壤土		8.6	2.4	0.10	0.50	12.0		4.0	237	冲积物	E 85°25′02.3″ N 41°53′12.5″	81
						Az₁	2—13	黄棕色	粉砂质壤土	块状	8.5	5.4	0.27	0.67	17.7		6.0	330			
						Cz₁	13—47	黄棕色	壤土	块状	8.6	4.7	0.27	0.55	17.6		6.0	254			
						Czk	47—80	黄棕色	砂壤土	块状	8.4	4.1	0.21	0.55	17.9						
						Cz₂	80—89		轻壤土	团块状	8.6										
剖2	半水成土	潮土	盐化潮土	苏打盐化潮土	苏打化青土	1	0—20	棕灰色	中壤土	片状	8.2									E 85°38′31.2″ N 41°49′04.8″	79
						2	20—68	青灰色	轻壤土	块状	8.4										
						3	68—110	灰黄色	砂壤土	块状	8.1										
						4	110—150	灰黄色	粉砂质壤土	小块状	7.9	19.7	0.98	0.74	16.9	72	6.0	206			
剖3	半水成土	潮土	盐化潮土	硫酸盐盐化潮土	中硫盐化潮土	A11z	0—22	灰黄色	粉砂质壤土	块状	8.0	18.6	0.87	0.76	17.4	27	5.0	199	冲积物	E 85°57′02.5″ N 41°48′11.9″	80
						A12z	22—30	灰黄色	砂壤土	块状	8.5	8.8	0.36	0.65	16.6	19	2.0	194			
						C	30—61	淡黄色	砂壤土	块状	8.7	4.2	0.20	0.62	18.9						
						Cu	61—100	灰黄色	轻壤土	团块状	8.4	21.2	0.99	0.79							
剖4	半水成土	潮土	盐化潮土	盐青土	轻盐化青土	1	0—27	青灰色	中壤土	片状	8.1	6.8	0.40	0.70						E 85°29′36.6″ N 41°47′57.5″	93
						2	27—87	黄棕色	轻壤土	块状	8.5	4.5	0.28	0.61							
						3	87—116	灰色	松砂土	无明显结构											
						4	116—145														
剖5	半水成土	潮土	盐化潮土	盐黄土	中盐化黄土	1	0—21	灰黄色	轻黏土	块状	8.5	16.0	0.81	0.74						E 85°47′11.4″ N 41°47′51.4″	84
						2	21—38	灰黄棕色	重壤土	片状	8.3	6.9	0.39	0.70							
						3	38—64	灰黄色	重壤土	层版状	8.1	6.3	0.42	0.65							
						4	64—155	棕灰色	松砂土	板片状	8.4	1.5	0.11	0.54							
剖6	半水成土	草甸土	盐化草甸土	普通盐化土		1	0—20	灰黑色	中壤土	块状	8.0	32.4	1.52							E 85°58′55.9″ N 41°43′09.1″	89
						2	20—32	棕灰色	中壤土	块状	7.8	17.0	0.75								
						3	32—70	灰黄色	轻壤土	片状	8.7	15.7	0.72	0.46			1.0				
剖7	盐碱土	草甸盐土	草甸盐土	苏打氯化物草甸盐土	马尿盐土	Az₁	0—5	灰棕色	轻壤土	小块状	8.3	8.8	0.55	0.53			1.0			E 86°02′28.7″ N 41°42′09.7″	87
						Az₂	5—31	灰黄色	轻壤土	块状	8.7	6.0	0.30	0.40			1.0				
						C	31—49	淡黄色	中壤土	无明显结构	8.7	3.0	0.14	0.46							
						Cu	49—100	黄黄色	砂土	无明显结构	8.3	6.0	0.10	0.54							
剖8	初育土	风沙土	荒漠风沙土	灌溉风沙土		1	0—18	灰黄色	砂土	无明显结构	8.6	<1.0	0.10	>4.00						E 85°29′56.4″ N 41°38′01.0″	81
						2	18—48	灰黄色	砂壤土	块状	8.4	2.2	0.14	0.50							
						3	48—81	灰色	砂砾土	无明显结构	8.2	14.3	1.05	0.94	11.6						
						4	81—120	淡灰色			8.3										
剖9	盐碱土	草甸盐土	草甸盐土	氯化物草甸盐土	灰甸盐砂	J	0—1	亮棕灰色	砂壤土	小块状	8.4	15.2	0.40	0.98	15.4				冲积物	E 85°48′00.0″ N 41°26′49.2″	81
						Az	1—15	灰棕色	砂壤土	块状	8.7	7.5	0.42	1.88	19.0						
						Cz₁	15—40	灰棕色	砂壤土	小块状	8.9	8.1	0.40	1.32	17.4						
						Cz₂	40—100														

轮 台 县

主要土类说明

草甸盐土是轮台县主要土壤类型，占本县地域面积的 24%。草甸盐土发生于半湿润至半干旱地区，由于高矿化地下水经毛细作用上升至地表，使其盐分累积大于 6g/kg 时，属盐土范畴。该土壤有盐化表土层，具 A–C 剖面构型。

风沙土是轮台县第二大土壤类型，占本县地域面积的 11%。成土条件均以干旱荒漠气候条件为主。风沙土的发生演变过程或阶段，是从流动风沙土演变为半固定风沙土，最后演变为固定风沙土。灌耕风沙土是参与了人为活动附加过程后的演变产物类型，风积过程为风沙土的主导成土过程。一般剖面发育层段构型为 As–C。质地粗而均一，土壤养分含量及肥力水平很低，土壤含盐量低，石灰性弱，pH 小于 8.0。

漠境盐土是轮台县第三大土壤类型，占本县地域面积的 10%。漠境盐土是漠境地区干旱气候条件下淋洗微弱而形成的积盐土壤，其积盐过程不受现在地下水的影响。主导成土过程为盐漠化过程，它是积盐过程与荒漠化干旱过程的结合。土壤中可溶性盐含量高，养分及肥力水平偏低，土层深厚，质地偏细。

草甸土占轮台县地域面积的 9%。草甸土主要母质为河流冲积物，也有少量的洪积物、湖积物。地下水埋藏深度一般在 1—3m，矿化度为 1—3g/L。草甸土可分腐殖质层和锈色斑纹层两个发生层。

棕漠土占轮台县地域面积的 9%。棕漠土是在暖温带极端干旱条件下，具有明显盐磐的漠土，常与砾质戈壁共存。土壤石灰、石膏、易溶盐分层聚积地表，见孔状结皮、砾幂、黑结皮、多砾石；结皮层下见红棕色或玫瑰色铁染色层，铁染色层下为石膏层，再下为盐磐层。整个土层厚度不足 50cm，结皮层以下碳酸钙含量 60—110g/kg，石膏含量 300—550g/kg；盐磐层含盐量 300—600g/kg。

冷钙土占轮台县地域面积的 7%。冷钙土主要分布在北部天山的亚高山地带。成土母质以坡积物或残积物为主。主导成土过程为生草化过程，即有机质的积累过程，也附加微弱的草甸化、腐殖质化及淋溶、淀积与干湿冻融等过程。土壤剖面一般可分 A_1–A_S–BC 三个基本发育层段构型。

草毡土占轮台县地域面积的 6%。草毡土仅在北部天山区发育分布。成土母质有残积物、坡积物、冰碛物和冰水沉积物等。主导成土过程与黑毡土相似，只是草甸化过程较弱，冰融过程更强，淋溶-淀积等附加过程相对较弱。剖面发育层段组合剖面构型为 A_0–A_1–A_SB–C。

林灌草甸土占轮台县地域面积的 6%。林灌草甸土分布于河流冲积平原，分布区域通常地势低平，地下水位一般埋深 2—5m。林灌草甸土首先在冲积母质上开始草甸化过程，随着成土母质的累积和土层增厚，河床的下切加深及地下水位下降，表土荒漠性的增强，使草甸植被的生长和草甸化过程减弱，植物群落向深根系的灌木和乔木发生演变，构成新的生态平衡。土层深厚，质地均一，具有一定的自然肥力水平，物理性状良好。

本县面积小于 5% 的土壤类型还有石质土、栗钙土、棕钙土、寒冻土、潮土、灰褐土、灌淤土等。

本区域中心区气候特征

本区域中心区气候特征值
Regional climate characteristics in central area of the region

气候带：暖温带极干旱气候 Climate region: Warm temperate extremely arid climate	
年平均气温 /℃ Annual average temperature /℃	10.8
年平均最高气温 /℃ Annual average maximum temperature /℃	17.6
年平均最低气温 /℃ Annual average minimum temperature /℃	4.8
年降水量 /mm Annual precipitation /mm	89
≥10℃的积温 /℃ Daily temperature accumulated in a year（≥10℃）/℃	3990
年日照时数 /h Annual sunshine /h	2722
年平均相对湿度 /% Annual average relative humidity /%	48
干燥度 Dryness	11.47

本区域中心区月平均气温与月平均降水量
Monthly temperature and precipitation in central area of the region

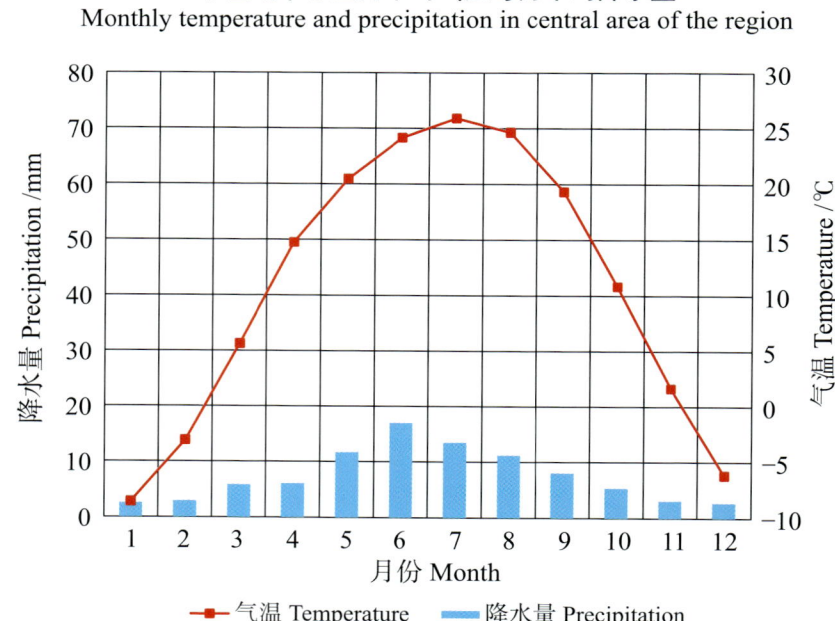

轮台县主要土壤类型与土壤剖面点分布图
1 : 540 000

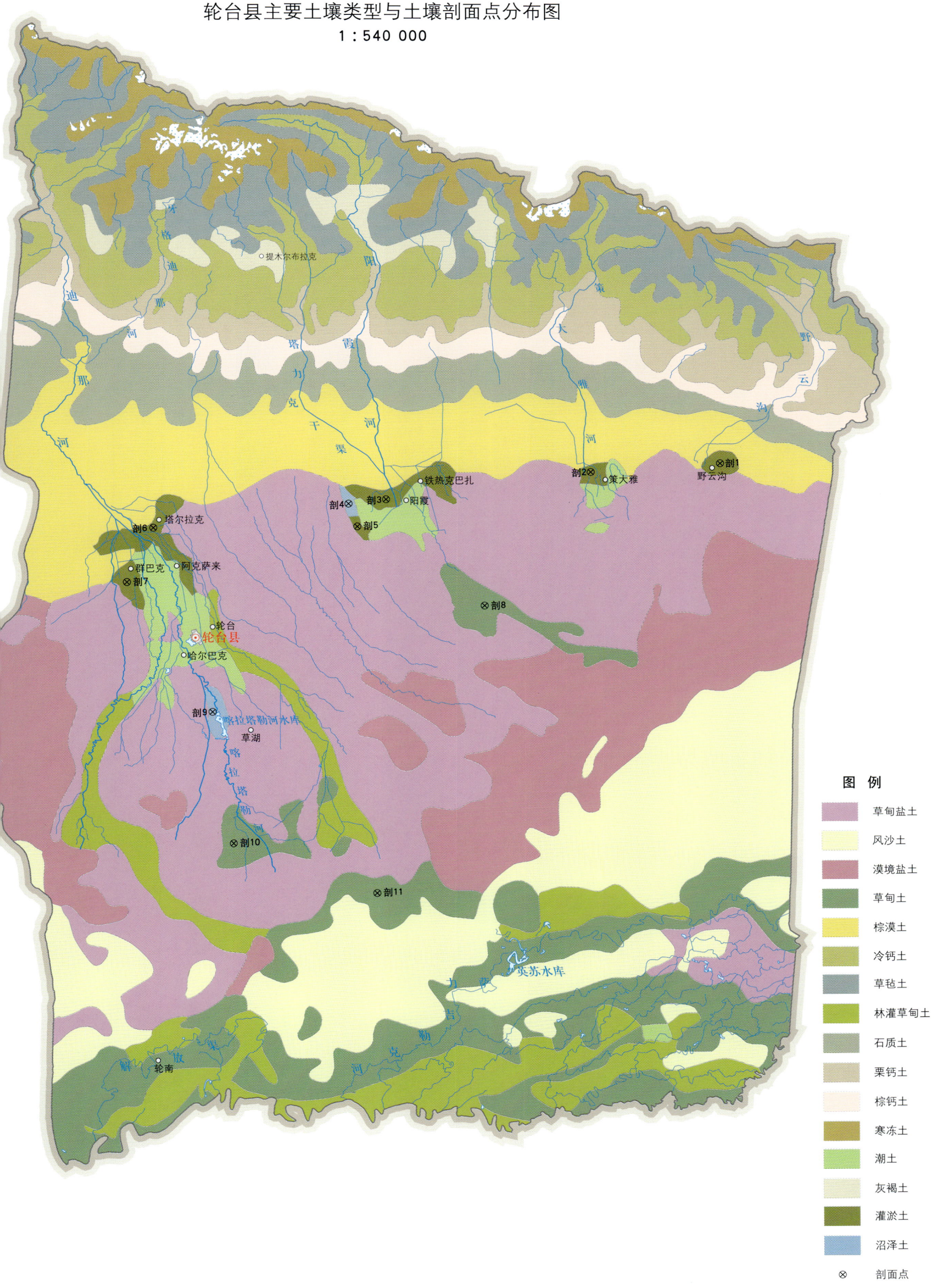

轮台县土壤剖面理化性状表

剖面号 Soil profile	土纲 Soil order	土类 Soil great group	亚类 Soil subgroup	土属 Soil genus	土种 Soil species	土层码 Layer code	土层厚度 Depth/cm	颜色 Soil color	质地 Soil texture	土壤结构 Soil structure	pH	有机质 OM/(g/kg)	全氮 TN/(g/kg)	全磷 TP/(g/kg)	碱解氮 AN/(mg/kg)	有效磷 AP/(mg/kg)	剖面点坐标 Profile coordinate	匹配指数 Matching index/%
剖1	人为土	灌淤土	灌淤土	厚淤土	厚淤底砂灰土	1	0—20	灰黄色	重壤土	小块状	8.0	16.5	0.79	0.68	33	1.0	E 85°04′53.8″ N 42°00′27.4″	85
						2	20—63	灰黄色	重壤土	块状								
						3	63—100	棕黄色	松砂土	无明显结构						6.0		
剖2	人为土	灌淤土	灌淤土	薄淤土	薄淤腰砂灰土	1	0—21	棕灰色	轻壤土	块状	8.1	14.6	0.74	0.72	26	1.0	E 84°52′22.8″ N 41°59′36.6″	80
						2	21—52	灰棕色	中壤土	块状	8.2	10.2	0.88	0.60	10	1.0		
						3	52—77	灰棕色	紧砂土	无明显结构	8.2	8.3		0.67	13	1.0		
						4	77—100	黄棕色	中壤土	无明显结构	8.2	9.8	0.64	0.70	20	2.0		
剖3	人为土	灌淤土	灌淤土	薄淤土	薄淤底砂灰土	1	0—15	灰黄色	中壤土	块状	8.5	19.0	0.59	0.63	39	1.0	E 84°32′38.8″ N 41°57′12.6″	94
						2	15—36	灰黄色	中壤土	片状	8.4	10.7	0.29	0.56	30	3.0		
						3	36—55	灰黄色	轻壤土	小块状	8.3	6.9	0.23	0.50	14	15.0		
						4	55—100	棕黄色	松砂土	无明显结构	8.2	2.5	0.11	0.51	9	1.0		
剖4	水成土	沼泽土	草甸沼泽土	扇缘草甸沼泽土		1	0—14	黄黄色	中壤土	块状		39.8	1.30	0.57	67	2.0	E 84°29′01.0″ N 41°56′48.5″	89
						2	14—35	青灰色	中壤土	小块状	8.2	23.9	0.72	0.52	60	2.0		
剖5	人为土	灌淤土	灌淤土	薄淤土	薄淤显黄土	1	0—20	灰黄色	中壤土	块状	8.2	14.1	0.57	0.58	47	2.0	E 84°29′55.3″ N 41°55′08.4″	92
						2	20—32	灰黄色	中壤土	片状	8.2	13.0	0.42	0.51	36	2.0		
						3	32—50	黄黄色	中壤土	小块状	8.2	7.5	0.29	0.51	32	3.0		
						4	50—100	棕黄色	轻壤土	小块状	8.2	4.6	0.23	0.56	20	2.0		
剖6	人为土	灌淤土	灌淤土	薄淤土	薄淤底砾黄土	1	0—16	灰棕色	中壤土	小块状	8.2	11.2	0.64	0.62	45	1.0	E 84°10′10.9″ N 41°54′38.5″	82
						2	16—30	灰棕色	中壤土	层状	8.2	7.9	0.74	0.72	24	<1.0		
						3	30—50	黄棕色	中壤土	块状	8.2	7.2	0.54	0.72	19	2.0		
						4	50—70	黄棕色	轻壤土	块状	8.2	<1.0	0.41	0.68	17	3.0		
						5	70—100	棕黄色	砂砾土	无明显结构	8.2	<1.0	0.40	0.55	24	4.0		
剖7	人为土	灌淤土	潮灌淤土	潮淤薄淤土	潮淤显黄土	1	0—20	黄黄色	中壤土	团块状	8.1	21.6	1.12	0.78	46	2.0	E 84°07′48.7″ N 41°50′33.4″	83
						2	20—50	黄棕色	重壤土	小块状	8.2	17.3	0.68	0.70	22	1.0		
						3	50—70	黑灰色	重壤土	板块状	7.8	24.5	0.90	0.75	44	1.0		
						4	70—100	青灰色	轻壤土	块状	7.8	6.9	0.32	0.70	24	1.0		
剖8	半水成土	草甸土	盐化草甸土	盐化灌溉草甸土	轻盐化草甸土	1	0—17	淡灰色	轻壤土	块状		18.7	0.71	0.53	32	5.0	E 84°42′25.9″ N 41°49′30.4″	85
						2	17—35	淡黄色	中壤土	板状	7.9	18.8	0.88	0.53	25	2.0		
						3	35—66	黄棕色	重壤土	板状	7.8	12.3	0.47	0.60	16	3.0		
						4	66—90	棕黄色	中壤土	块状	8.3	12.3	0.52	0.53	16	2.0		
						5	90—130	黄灰色	砂壤土	块状	8.0	7.8	0.40	0.52	11	2.0		
剖9	水成土	沼泽土	盐化沼泽土	盐化灌溉沼泽土	轻盐化沼泽土	1	0—30	棕色	黏土	块状	7.7	13.7	0.79	0.62	44	3.0	E 84°16′26.0″ N 41°41′04.6″	84
						2	30—50	黄棕色	黏土	块状	7.9	11.6	0.65	0.82	30	1.0		
剖10	半水成土	草甸土	盐化草甸土	盐化灌溉草甸土	强盐化草甸土	1	0—15	棕灰色	中壤土	块状	8.2	14.8	0.86	0.65	34	2.0	E 84°18′49.0″ N 41°31′14.9″	84
						2	15—52	灰灰色	中壤土	块状	8.0	12.5	0.82	0.70	38	1.0		
						3	52—82	灰棕色	重壤土	块状	7.7	8.8	0.58	0.63	22	1.0		
						4	82—145	灰黄色	重壤土	块状	7.9	4.3	0.40	0.60	17	<1.0		
剖11	半水成土	草甸土	盐化草甸土	盐化灌溉草甸土	中盐化草甸土	1	0—19	棕灰色	中壤土	块状	8.1	16.8	0.83	0.58	57	2.0	E 84°32′43.4″ N 41°27′44.6″	95
						2	19—33	灰灰色	重壤土	块状	8.0	17.1	0.79	0.73	50	1.0		
						3	33—59	黄色	重壤土	块状	8.0	10.7	0.86	0.75	37	1.0		
						4	59—134	棕黄色	重壤土	块状	7.7	7.5	0.65	0.62	19	1.0		

尉 犁 县

主要土类说明

风沙土是尉犁县主要土壤类型，占本县地域面积的 48%。风沙土的成土母质来源复杂，但成土过程简单，主要经过风力搬运、分选堆积形成，所以土层松散，剖面无层次、无结构性。由于水源缺乏，土壤干燥，所以植被稀少，土壤有机质及养分含量低。

棕漠土是尉犁县第二大土壤类型，占本县地域面积的 21%。棕漠土分布在库鲁克塔克山南麓的洪积锥和洪积扇上。成土母质为粗骨性，洪积或冲积母质。主要的形成过程为腐殖质积累过程、碳酸钙石膏可溶性盐聚积过程、灌淤熟化过程和现代积盐过程。植被稀少，仅有麻黄、戈壁藜、白刺等荒漠植被生长。

草甸土是尉犁县第三大土壤类型，占本县地域面积的 9%。草甸土在本县主要分布在孔雀河、塔里木河冲积平原（河阶、两河间洼地）及扇缘地带。草甸土主要母质为河流冲积物，也有少量的洪积物、湖积物。地下水埋藏深度一般在 1—3m，矿化度为 1—3g/L。主要成土过程为草甸化过程，包括表层土壤有机质积累和下层土壤季节性氧化还原交替过程，并附加盐化过程。草甸土可分腐殖质层和锈色斑纹层两个发生层，有较大量的有机质积累，腐殖质组成以胡敏酸为主。

石质土占尉犁县地域面积的 8%。石质土土壤表层岩石裸露，风化层浅薄，厚度一般小于 10cm，风化度低，富含砾石，多碎屑岩粒；风化层下为坚硬岩石层。该土壤广泛分布于侵蚀严重、岩石裸露的石质山地、侵蚀残丘，以及丘顶、山脊、山坡等坡度陡峻的地形部位。

草甸盐土占尉犁县地域面积的 6%。草甸盐土发生于半湿润至半干旱地区，由于高矿化地下水经毛细管作用上升至地表，使其盐分累积大于 6g/kg 时，属盐土范畴。该土壤有盐化表土层，具 A-C 剖面构型。

林灌草甸土占尉犁县地域面积的 4%。林灌草甸土是在漠境河谷平原沿河一带的胡杨林下发育的土壤。该土壤具 A-AC-C 剖面构型，有机质积累明显，在氧化还原交替作用下形成铁锈斑纹和积盐，且含有苏打成分，pH 为 7.8—8.8。

本县面积小于 3% 的土壤类型还有沼泽土、龟裂土、棕钙土、漠境盐土等。

本区域中心区气候特征

本区域中心区气候特征值
Regional climate characteristics in central area of the region

气候带：暖温带极干旱气候 Climate region: Warm temperate extremely arid climate	
年平均气温 /℃ Annual average temperature /℃	11.3
年平均最高气温 /℃ Annual average maximum temperature /℃	19.4
年平均最低气温 /℃ Annual average minimum temperature /℃	4.0
年降水量 /mm Annual precipitation /mm	55
≥ 10℃的积温 /℃ Daily temperature accumulated in a year（≥ 10℃）/℃	4121
年日照时数 /h Annual sunshine /h	2920
年平均相对湿度 /% Annual average relative humidity /%	46
干燥度 Dryness	17.53

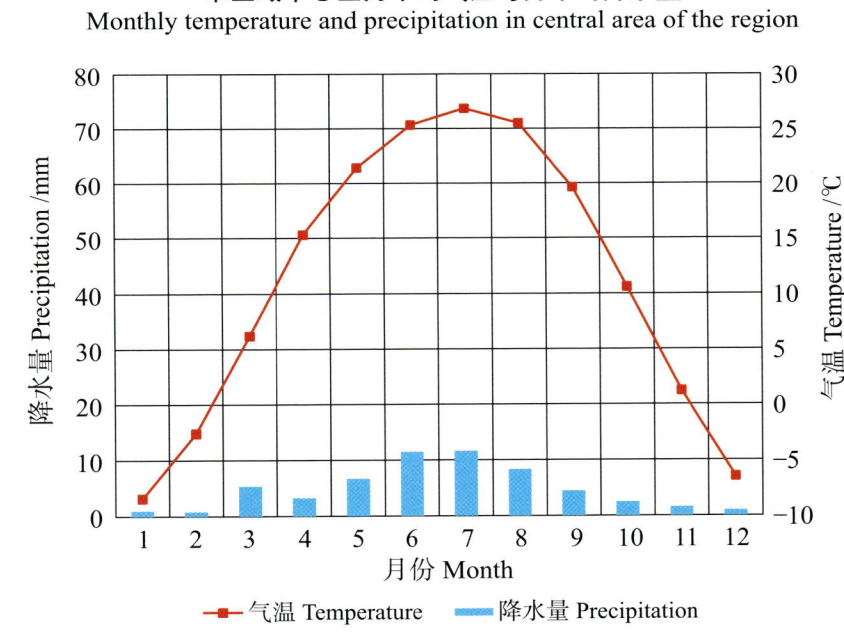

本区域中心区月平均气温与月平均降水量
Monthly temperature and precipitation in central area of the region

尉犁县主要土壤类型与土壤剖面点分布图

1∶1 660 000

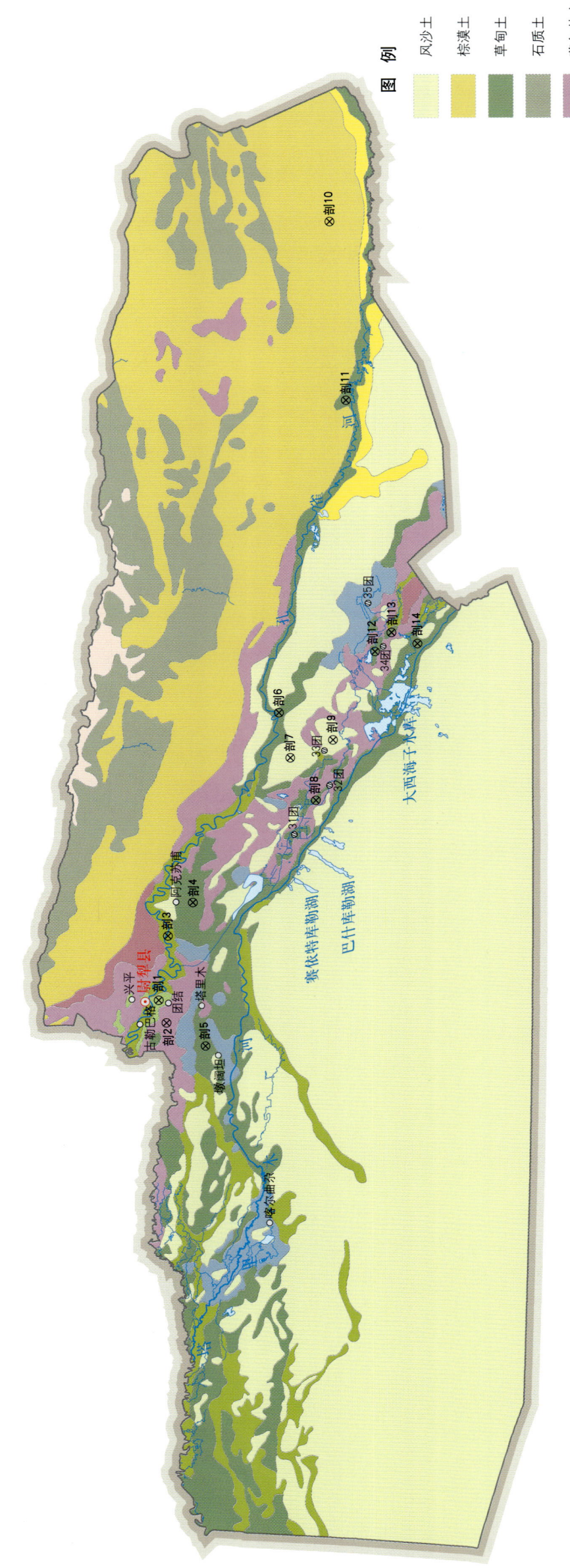

尉犁县土壤剖面理化性状表

剖面号 Soil profile	土纲 Soil order	土类 Soil great group	亚类 Soil subgroup	土属 Soil genus	土种 Soil species	土层码 Layer code	土层厚度 Depth/cm	颜色 Soil color	质地 Soil texture	土壤结构 Soil structure	pH	有机质 OM/(g/kg)	全氮 TN/(g/kg)	全磷 TP/(g/kg)	全钾 TK/(g/kg)	碱解氮 AN/(mg/kg)	有效磷 AP/(mg/kg)	速效钾 AK/(mg/kg)	土壤母质 Parent material	剖面点坐标 Profile coordinate	匹配指数 Matching index/%
剖1	半水成土	潮土	潮土	二潮黄潮土	腰菜二潮黄土	A_{11}	0—25	暗灰色	砂壤土	粒状	8.4	13.5	0.62	0.60			1.0	232	冲积物	E 86°15′26.6″ N 41°17′57.1″	90
						A_{12}	25—52	灰灰色	黏土	片状	8.2	9.6	0.48	0.51			1.0	316			
						Cu_1	52—80	淡灰黄色	砂壤土	小块状	8.1	5.1	0.21	0.56			1.0	134			
						Cu_2	80—100	淡灰黄色	重壤土	块状	8.2	7.2	0.42	0.61			1.0	>500			
剖2		盐碱土		三角洲草甸盐土	硫酸盐氯化物盐土	1	0—5	褐色			8.1	20.4	0.78	0.54		48	4.0			E 86°09′51.1″ N 41°16′30.0″	93
						2	5—35	暗灰色	轻壤土	棱块状	8.2	5.4	0.20	0.58		14	3.0				
						3	35—55	灰灰色	轻壤土	块状	7.7		0.29	0.62		17	3.0				
						4	55—100	淡灰棕色	砂壤土	片状	8.7	4.7	0.25	0.58		16	2.0				
剖3	半水成土	林灌草甸土	盐化林灌草甸土	盐化林灌草甸土	弱盐化林灌草甸土	1	0—19	棕黄色	砂壤土	块状	7.9	16.6	0.76	0.60		39	1.0			E 86°31′23.2″ N 41°16′25.3″	81
						2	19—35	灰黄色	中壤土	块状	8.0	7.7	0.31	0.52		20	1.0				
						3	35—100	灰黄色	砂壤土	棱块状	8.1	3.8	0.20	0.63		13	1.0				
剖4	半水成土	草甸土	盐化草甸土	氯化物盐化草甸土	氯盐化锈黄土	Az	0—26	棕灰色	中壤土	块状		11.9	0.61	0.64			4.0		冲积物	E 86°39′40.7″ N 41°11′57.5″	89
						C	26—63	棕灰色	重壤土	块状	7.7	5.9	0.42	0.61		22	3.0	267			
						Cu_1	63—85	灰黄色	轻黏土	棱块状	7.7	3.8	0.23	0.54			2.0	214			
						Cu_2	85—100	灰黄棕色	轻壤土	片状	8.0	<1.0	0.20	0.47			1.0	179			
剖5	半水成土	草甸土	盐化草甸土	盐化浅色草甸土	强盐化浅色草甸土	1	0—34	棕灰色	中壤土	块状	8.0	9.6	0.53	0.77			2.0	188		E 86°04′11.3″ N 41°09′25.6″	79
						2	34—69	棕灰色	重壤土	块状	8.2	8.4	0.29	0.72		18	2.0				
						3	69—84	青灰色	黏土	棱块状	8.0	9.6	0.34	1.02		23	1.0				
						4	84—100	灰黄色	轻壤土	片状	8.1	8.8	0.31	0.59		18	1.0				
剖6	半水成土	草甸土	盐化草甸土	盐化灌淤土	强盐化生灰土	1	0—26	灰灰色	黏土	小粒状	7.5	8.7	0.55	0.54		24	3.0			E 87°26′16.1″ N 40°56′24.7″	78
						2	26—37	灰灰色	轻壤土	片状	7.4	4.2	0.20	0.59		14	1.0				
						3	37—86	灰灰色	中壤土	片状	7.7	3.5	0.20	0.63		13	2.0				
						4	86—100	黄灰棕色	紧沙土	无明显结构	7.7	2.9	0.20	0.86		13	1.0				
剖7	初育土	风沙土	荒漠风沙土	荒漠流沙土	漠沙土	C_1	0—28	灰黄色	砂土	单粒状	8.0	<1.0	<0.10	0.94	20.0		1.0		风积砂	E 87°15′12.6″ N 40°54′22.7″	92
						C_2	28—68	灰黄色	砂土	单粒状	8.2	<1.0	<0.10	1.51	27.0		1.0				
剖8	半水成土	草甸土	石灰性草甸土	灌耕石灰性草甸土	底锈石灰黄土	A_{11}	0—20	灰黄色	轻壤土	块状	8.0	11.4	0.64	0.40					冲积物	E 87°04′49.4″ N 40°49′45.5″	85
						C_1	20—50	灰黄色	砂壤土	块状	8.0	6.1	0.38	0.40							
						C_2	50—80	灰黄色	砂壤土	块状	8.1	4.1	0.29	0.40							
						Cu	80—100	淡灰黄色	黏土	块状	7.9	4.4	0.25	0.75							
剖9	初育土	风沙土	荒漠风沙土	半固定风沙土	黄漠沙土	A	0—22	灰棕色	壤质砂土	单粒状	8.4	6.1	0.19	0.94	16.0				风积砂	E 87°19′36.5″ N 40°46′40.1″	80
						C_1	22—56	灰黄色	砂土	单粒状	8.4	1.6	<0.10	0.72	15.4						
						C_2	56—80	灰黄色	砂土	单粒状	8.3	1.5	<0.10	0.98	15.4						
剖10	漠土	棕漠土	石膏盐磐棕漠土			1	0—13	棕色	轻壤土	无明显显结构	7.4	3.6	0.20	0.47		13	1.0			E 89°26′29.4″ N 40°45′41.4″	90
						2	13—100	灰棕色	松黏土	块状	7.5	1.0	0.10	0.41		13	1.0				
剖11	半水成土	草甸土	盐化草甸土	盐化灌淤土	中盐化生灰土	1	0—27	暗灰黄色	中壤土	块状	8.0	14.1	0.65	0.54		40	1.0			E 88°42′43.9″ N 40°43′35.4″	95
						2	27—46	棕黄色	轻砂土	小粒块状	7.9	6.7	0.45	0.30		18	1.0				
						3	46—100	灰黄色	轻壤土	块状	7.9	3.8	0.23	0.26		13	1.0				
剖12	半水成土	草甸土	石灰性草甸土	灌耕石灰性草甸土	夹黏锈黄土	A_{11}	0—29	灰黄色	黏土	棱块状	8.4	8.6	0.41	0.62			2.0		冲积物	E 87°41′12.1″ N 40°39′02.5″	95
						C	29—48	棕灰色	重壤土	片状	8.6	7.4	0.25	0.56			2.0				
						Cu_1	48—73	灰黄色	重壤土	片状	8.6	6.0	0.34	0.56			2.0				
						Cu_2	73—100	棕黄色	轻壤土	片状	8.6	2.3	0.20	0.56			2.0				

续表 Continued

剖面号 Soil profile	土纲 Soil order	土类 Soil great group	亚类 Soil subgroup	土属 Soil genus	土种 Soil species	土层码 Layer code	土层厚度 Depth/cm	颜色 Soil color	质地 Soil texture	土壤结构 Soil structure	pH	有机质 OM/(g/kg)	全氮 TN/(g/kg)	全磷 TP/(g/kg)	全钾 TK/(g/kg)	碱解氮 AN/(mg/kg)	有效磷 AP/(mg/kg)	速效钾 AK/(mg/kg)	土壤母质 Parent material	剖面点坐标 Profile coordinate	匹配指数 Matching index/%
剖13	半水成土	草甸土	石灰性草甸土	灌耕石灰性草甸土	灌耕轻氯锈黄土	A₁₁	0—21	灰黄色	轻壤土	块状	8.3	10.1	0.39	0.61		20	3.0	>500	冲积物	E 87°45′50.8″ N 40°35′58.9″	81
						C	21—45	黄灰色	黏土	片状	8.3	6.8	0.29	0.57		19	1.0	281			
						Cu₁	45—61	灰黄色	砂壤土	片状	8.4	5.0	0.20	0.50		14	1.0	160			
						Cu₂	61—100	棕黄色	松砂土	单粒状	8.5	2.3	0.10	0.52		4	1.0	118			
剖14	半水成土	草甸土	盐化草甸土	盐化浅色草甸土	中盐化浅色草甸土	1	0—18	黄灰色	轻壤土	块状	7.9	11.2	0.52	0.57		25	1.0			E 87°43′03.0″ N 40°31′20.6″	79
						2	18—52	灰黄色	重壤土	棱块状	7.9	7.4	0.41	0.33		23	1.0				
						3	52—91	棕黄色	轻壤土	块状	7.8	4.7	0.26	0.32		17	1.0				
						4	91—100	灰黄色	砂壤土	小块状	8.3	8.4	0.41	0.34		22	1.0				

若羌县

主要土类说明

风沙土是若羌县主要土壤类型,占本县地域面积的25%。灌耕风沙土主要分布在瓦石峡乡的部分地区,质地良,以砂土为主,剖面质地构型为漏砂型。在绿洲附近、扇缘与洪积扇过渡地带等有一些零星分布,主要为流动沙丘,在近绿洲和河道处为盐化风沙土。

棕漠土是若羌县第二大土壤类型,占本县地域面积的17%。棕漠土是在极端干旱的荒漠生物气候条件下自然形成的地带性土壤,分布于阿尔金山山前倾斜平原、低山残丘和戈壁地区。主导成土过程为荒漠化过程,附加有强烈的盐化过程。棕漠土的形成过程中生物累积极端微弱,无腐殖质积累层次,养分含量甚低。

寒钙土是若羌县第三大土壤类型,占本县地域面积的12%。原称高山草原土,分布地区气候比较干旱而又寒冷,海拔在4000m以上。成土母质为坡积物,质地通常较轻。土壤形成过程为有机质积累过程和高山冻融过程等。石灰反应强,pH多在8.5以上。

冷钙土占若羌县地域面积的11%。曾称亚高山草原土,分布在北部天山的亚高山地带。天山区海拔2100—2800m,是重要的山区自然牧场。成土母质以坡积物或残积物为主,局部地段也有冰水沉积物或洪积物、湖积物。主导成土过程为生草化过程,即有机质的积累过程,也附加微弱的草甸化、腐殖质化及淋溶、淀积与干湿冻融等过程。土壤剖面一般可分 A_1–A_S–BC 三个基本发育层段构型。

漠境盐土占若羌县地域面积的9%。漠境盐土是漠境地区干旱气候条件下淋洗微弱而形成的积盐土壤,其积盐过程不受现在地下水的影响。漠境盐土的发育形成,受地形部位、气候及水文地质条件三个因素影响最大。生物作用只在成土初期影响较大,随后逐渐减弱。漠境盐土主导成土过程为盐漠化过程,它是积盐过程与荒漠化干旱过程的结合,相互促进,相互依存,共同作用并存于土壤中。

石质土占若羌县地域面积的8%。表层岩石裸露,风化层浅薄,一般小于10cm,风化度低,富含砾石,多碎屑岩粒,属 A–R 型土。目前见到的石质土均有程度不同的石灰反应,属于钙质石质土亚类。

寒冻土占若羌县地域面积的6%。曾称高山寒漠土,分布于高山冰雪带下缘。形成过程以寒冻物理风化为主,成土母质主要是冰碛物、残积物、坡积物。弱生物累积,土层薄,含石砾多,仅在岩屑中见少量细土物质堆积。生长着稀疏垫状植物及雪莲。土壤pH为8.0左右,石灰反应强烈。

棕钙土占若羌县地域面积的5%。以干旱荒漠或半荒漠气候影响为主,主导成土过程仍为半漠化钙积过程,附加腐殖化或生草化过程。基本发育层段剖面构型为 A_D–Ab–B–C。发育较微弱,有机养分含量及自然肥力均很低,生物活性和生物生产能力极差。

本县面积小于3%的土壤类型还有草甸盐土、草甸土、林灌草甸土、沼泽土、灰棕漠土、龟裂土等。

本区域中心区气候特征

本区域中心区气候特征值
Regional climate characteristics in central area of the region

气候带:高原寒带干旱气候 Climate region: Plateau frigid arid climate	
年平均气温 /℃ Annual average temperature /℃	9.9
年平均最高气温 /℃ Annual average maximum temperature /℃	18.4
年平均最低气温 /℃ Annual average minimum temperature /℃	2.1
年降水量 /mm Annual precipitation /mm	40
≥10℃的积温 /℃ Daily temperature accumulated in a year (≥10℃) /℃	3897
年日照时数 /h Annual sunshine /h	3105
年平均相对湿度 /% Annual average relative humidity /%	39
干燥度 Dryness	23.30

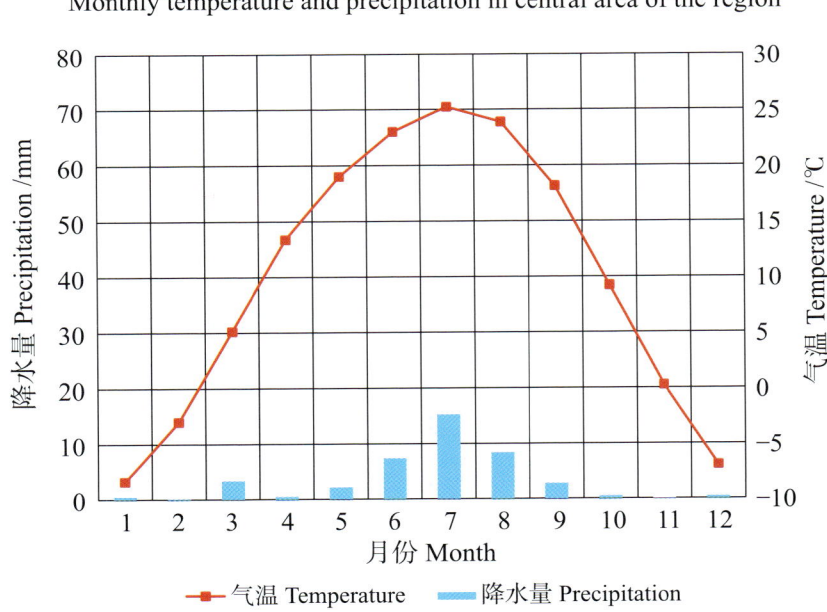

本区域中心区月平均气温与月平均降水量
Monthly temperature and precipitation in central area of the region

若羌县主要土壤类型与土壤剖面点分布图

1:2 570 000

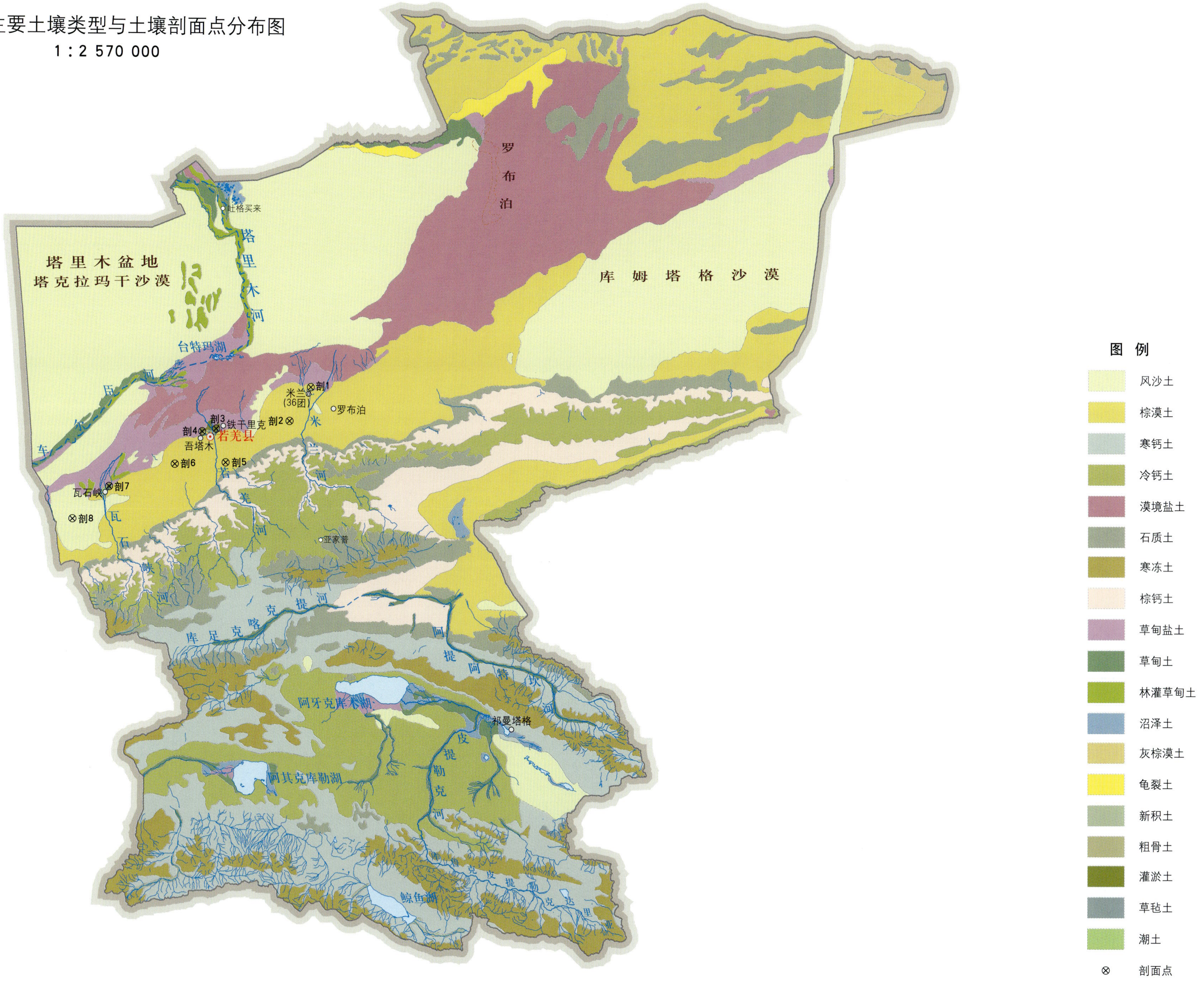

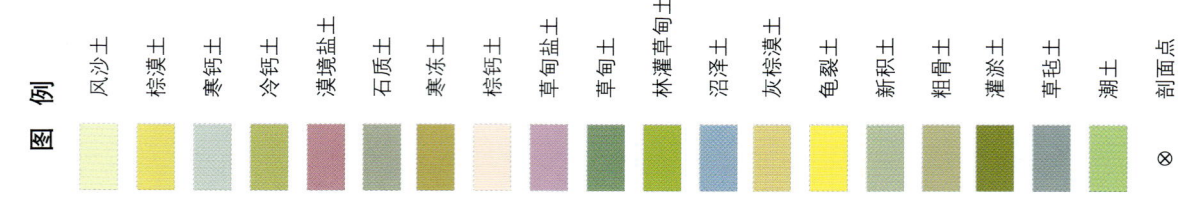

若羌县土壤剖面理化性状表

剖面号 Soil profile	土纲 Soil order	土类 Soil great group	亚类 Soil subgroup	土属 Soil genus	土种 Soil species	土层码 Layer code	土层厚度 Depth/cm	颜色 Soil color	质地 Soil texture	土壤结构 Soil structure	pH	有机质 OM/(g/kg)	全氮 TN/(g/kg)	全磷 TP/(g/kg)	碱解氮 AN/(mg/kg)	有效磷 AP/(mg/kg)	速效钾 AK/(mg/kg)	剖面点坐标 Profile coordinate	匹配指数 Matching index/%
剖1	漠土	棕漠土	灌耕棕漠土	黄土状灌耕棕漠土	灌耕硫盐棕漠土	A₁₁	0—25	暗灰色	砂壤土	块状	8.5	9.0	0.30	0.50		9.0	>500	E 88°54′26.3″ N 39°16′02.3″	78
						B	25—50	灰棕色	中壤夹砂土	片状	8.4								
						C	50—100	黄灰色	砂土	单粒状	8.3								
剖2	漠土	棕漠土	石膏棕漠土	洪积扇	砂砾土	1	0—1	灰棕色	中砾质砂土		8.4	2.1	0.12	1.08	14	2.0		E 88°44′40.9″ N 39°04′43.7″	88
						2	1—7	黄棕色	轻砾石土		8.2	2.2	0.10	0.74	21	1.0			
						3	7—30	棕灰色	中砾质砂土		8.2	3.2	0.16	0.48	24	1.0			
						4	30—100	灰棕色	重砾石土		8.5	2.9	0.14	0.80	22	2.0			
剖3	人为土	灌淤土	灌淤土	厚层灌淤土	底砂土	1	0—16	棕黄色	砂壤土	小块状		12.0	0.74	1.80	23	5.0	114	E 88°11′27.6″ N 39°02′21.8″	82
						2	16—23	黄棕色	砂壤土	小块状		10.7	0.74	1.36	19	17.0	84		
						3	23—80	棕灰色	砂壤土	小块状		6.6	0.43	1.16	14	7.0	144		
						4	80—100	灰黄色	砂土	单粒状		4.1	0.43	0.94	14	6.0	111		
剖4	人为土	灌淤土	盐化灌淤土	盐化土	轻盐化土	1	0—12	灰棕色	轻壤土	大块状	7.6	10.5	0.40	1.20	19	4.0		E 88°05′03.1″ N 39°01′28.6″	92
						2	12—50	棕色	轻壤土	大块状	7.5	6.9	0.48	1.12	8	3.0			
						3	50—89	黄棕色	砂壤土	片状	7.7	3.9	0.40	0.88					
						4	89—100	灰棕色	轻黏土	片状	7.7	4.9	0.50	1.24					
剖5	漠土	棕漠土	石膏棕漠土	洪积扇	砂砾土	1	0—1	灰黄色	中砾质砂土		8.2	2.1	0.12	1.08	14	2.0		E 88°15′40.3″ N 38°50′52.4″	85
						2	1—5	黄棕色	轻砾砾石土		8.3	4.3	0.44	1.08	10	3.0			
						3	5—40	棕灰色	中砾质砂土		8.1	2.3	0.20	2.14	26	2.0			
						4	40—60	黄棕色	中砾质砂土		8.2	1.8	0.14	1.54	21	2.0			
剖6	漠土	棕漠土	石膏盐盘棕漠土	洪积扇	砂砾土	1	0—2	灰棕色	中砾质砂土		7.6	2.3	0.16	1.34	19	6.0		E 87°52′48.4″ N 38°50′29.8″	95
						2	2—20	棕黄色			7.9	2.5	0.20	0.74	26	1.0			
						3	20—35	灰棕色			7.0	9.2	0.36	0.15	15	1.0			
						4	35—47	黄棕色	轻砾质砂土		7.6	3.0	0.28	0.74	19	1.0			
						5	47—80	灰色	紧砂土		8.1	2.1	0.16	0.88	19	5.0			
剖7	人为土	灌淤土	灌淤土	厚层灌淤土	全砂土	1	0—13	棕黄色	砂土	小团块状		8.9	0.47	1.54	140	3.0		E 87°23′34.1″ N 38°42′54.4″	90
						2	13—100	棕黄色	砂土	小块状		4.6	0.20	2.40	81	3.0			
剖8	初育土	风沙土	荒漠风沙土	盐化风沙土		1	0—9	灰棕色	松砂土	无明显结构	8.0	3.2	0.32	0.94	21	5.0		E 87°07′22.4″ N 38°31′55.2″	85
						2	9—41	棕黄色	松砂土		7.5	3.3	2.00	1.00	34	4.0			
						3	41—60	灰白色	松砂土		7.6	3.1	0.20	1.14	35	3.0			

且 末 县

主要土类说明

风沙土是且末县主要土壤类型，占本县地域面积的 48%。巴州各县中以且末境内面积最大。且末县周围的沙漠主要发育于第四纪冲积物之上。塔克拉玛干沙漠是其主要沙源。在东北风的作用下，大沙漠逐渐南移，这是流动风沙土阶段。当流动风沙土遇到绿洲植被阻挡而堆积下来，形成大小不等的被固定的沙丘。由于植被的阻挡，风速减慢，细土物质也同时堆积下来，再落叶而形成了半固定风沙土，它已具有一定的肥力。由于植被稀疏，因此在大风作用下，沙子还会被风刮走。在灌区周围由于水分条件较好，植被茂密，如且末河河道两侧，在茂密的红柳林下，形成了固定风沙土。

寒冻土是且末县第二大土壤类型，占本县地域面积的 12%。曾称高山寒漠土，分布于高山冰雪带下缘。形成过程以寒冻物理风化为主，成土母质主要是冰碛物、残积物、坡积物。弱生物累积，土层薄，含石砾多，仅在岩屑中见少量细土物质堆积，生长着稀疏垫状植物及雪莲。土壤 pH 为 8.0 左右，石灰反应强烈。

寒漠土是且末县第三大土壤类型，占本县地域面积的 9%。原称高山漠土，南部阿尔金山、昆仑山雪线以下、北山草毡土和南山冷钙土之上均有发育分布，分布区域海拔 4200—4500m。成土母质多为坡积物、残积物或冰碛物。高山寒漠气候为主导成土条件，成土过程为寒漠化冻融过程。

棕漠土占且末县地域面积的 9%。棕漠土类是且末县分布面积最广的暖温带地带性土壤，其表层有淡灰色的荒漠结皮和海绵状孔隙，下层表现为干热条件下而部分风化游离出高价氧化铁附着于土粒外围，形成红色或玫瑰色，在这一层里聚集大量的石膏。

寒钙土占且末县地域面积的 7%。原称高山草原土。分布地区气候比较干旱而又寒冷，海拔 4000—4500m 及以上。成土母质为坡积物，质地通常较轻。土壤形成过程有有机质积累过程和高山冻融过程等。石灰反应强，pH 多在 8.5 以上。

石质土占且末县地域面积的 4%。表层岩石裸露，风化层浅薄，一般小于 10cm，风化度低，富含砾石，多碎屑岩粒，属 A-R 型土。目前见到的石质土均有程度不同的石灰反应，属于钙质石质土亚类。

草甸盐土占且末县地域面积的 4%。仅分布在沼泽洼地的上坡地段。母质与沼泽盐土差异不大，仅生物活性相对较高。地下水位相对较低，无地面积水地段和地表径流浸渍。半湿润至半干旱地区，高矿化地下水经毛细管作用上升至地表，盐分累积达 6g/kg 以上时，属盐土范畴。具 Az-C 剖面构型。在垦殖利用时，一般将该土壤分布区作为天然牧场使用。

本县面积小于 3% 的土壤类型还有冷钙土、棕钙土、草甸土、林灌草甸土、沼泽土等。

本区域中心区气候特征

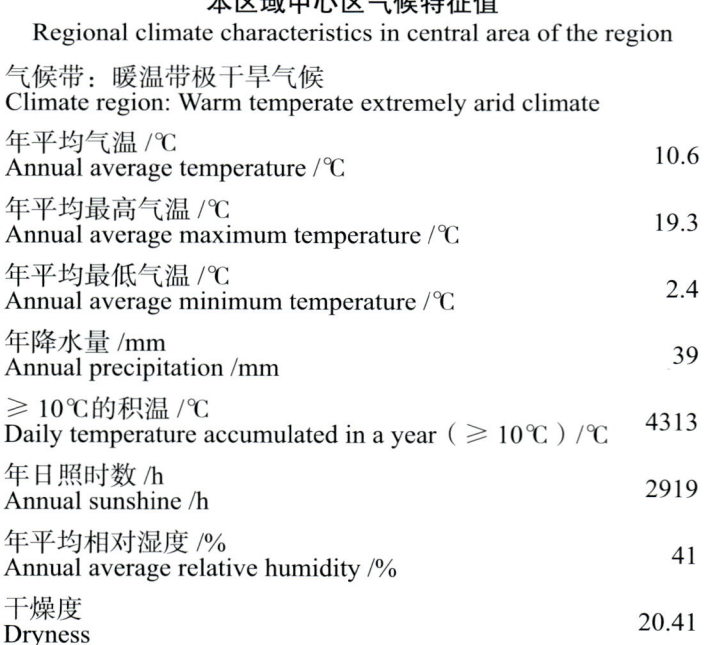

本区域中心区气候特征值
Regional climate characteristics in central area of the region

气候带：暖温带极干旱气候 Climate region: Warm temperate extremely arid climate	
年平均气温 /℃ Annual average temperature /℃	10.6
年平均最高气温 /℃ Annual average maximum temperature /℃	19.3
年平均最低气温 /℃ Annual average minimum temperature /℃	2.4
年降水量 /mm Annual precipitation /mm	39
≥10℃的积温 /℃ Daily temperature accumulated in a year (≥10℃) /℃	4313
年日照时数 /h Annual sunshine /h	2919
年平均相对湿度 /% Annual average relative humidity /%	41
干燥度 Dryness	20.41

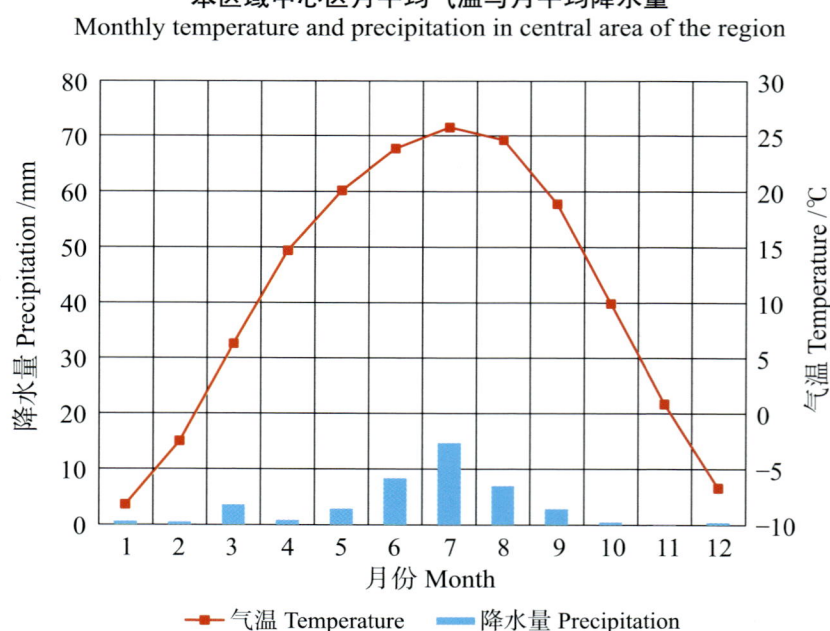

本区域中心区月平均气温与月平均降水量
Monthly temperature and precipitation in central area of the region

且末县主要土壤类型与土壤剖面点分布图

1:1 760 000

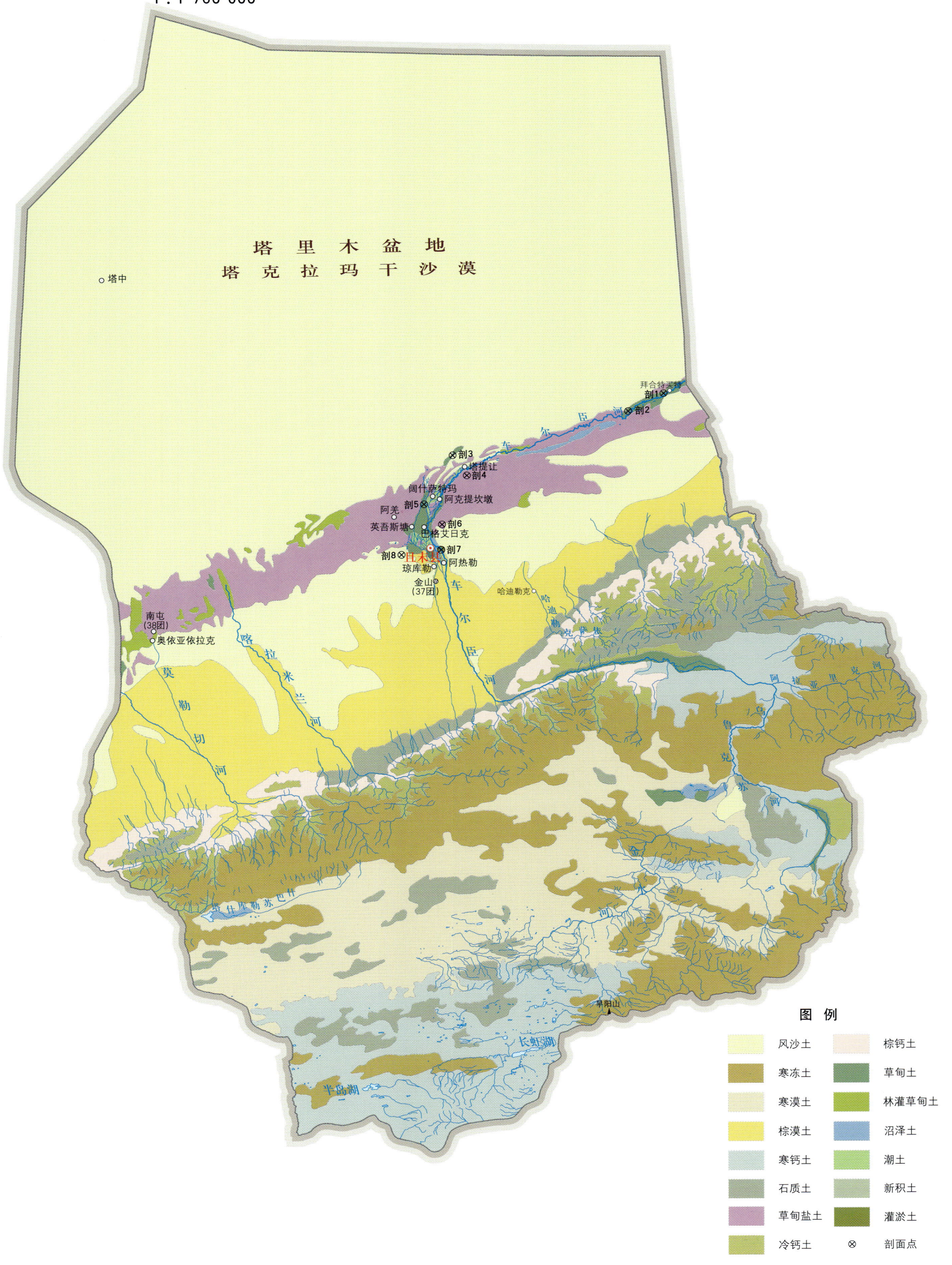

且末县土壤剖面理化性状表

剖面号 Soil profile	土纲 Soil order	土类 Soil great group	亚类 Soil subgroup	土属 Soil genus	土种 Soil species	土层码 Layer code	土层厚度 Depth/cm	颜色 Soil color	质地 Soil texture	土壤结构 Soil structure	pH	有机质 OM/(g/kg)	全氮 TN/(g/kg)	全磷 TP/(g/kg)	碱解氮 AN/(mg/kg)	有效磷 AP/(mg/kg)	速效钾 AK/(mg/kg)	剖面点坐标 Profile coordinate	匹配指数 Matching index/%
剖1	半水成土	草甸土	盐化草甸土	盐化淡色草甸土	强盐化草甸土	1	0—16	灰黄色	砂壤土	块状	8.6	11.9	0.93	0.54	30	1.0	248	E 86°42′23.8″ N 38°47′02.4″	85
						2	16—36	黄灰色	轻壤土	小块状	8.3	14.2	0.93	0.51	21	3.0	218		
						3	36—55	黄灰色	轻壤土	块状	8.1	13.7	0.59		16				
						4	55—80	灰棕黄色	重壤土	块状	8.2								
						5	80—140	淡黄灰色	中壤土	块状	8.4								
剖2	半水成土	草甸土	盐化草甸土	盐化淡色草甸土	轻盐化草甸土	1	0—23	灰黄色	轻壤土	小块状	7.8	13.2	0.78	0.45	35	3.0	365	E 86°31′37.2″ N 38°42′31.0″	83
						2	23—40	灰棕色	中壤土	小块状	8.2	12.5	0.59	0.54	35	3.0	165		
						3	40—90	灰棕色	砂壤土	小块状	8.2	6.8	0.38	0.48	17	2.0	130		
剖3	半水成土	草甸土	盐化草甸土	盐化林灌草甸土		1	0—6	棕色	重壤土	大块状	8.1	14.6	0.66	0.57	30	5.0	305	E 85°38′04.2″ N 38°31′06.6″	91
						2	6—30	黄棕色	中壤土	小块状	8.9	9.1	0.51	0.38	15	8.0	333		
						3	30—72	灰棕色	重壤土	小块状	8.6	10.2	0.40	0.52	17	3.0	415		
						4	72—100	灰棕色	重壤土	块状	8.4	14.1	0.51	0.54	20	2.0	410		
剖4	盐碱土	草甸盐土	草甸盐土	红柳林草甸盐土		1	0—14	黄灰色	砂土	单粒状	8.9	7.8	0.42	0.22	54	2.0	>500	E 85°42′29.5″ N 38°26′08.5″	84
						2	14—20	灰黄色			8.7	29.0	0.45			2.0	>500		
						3	20—47	灰黄色	轻壤土	块状	8.7	5.8	0.32	0.48	13	3.0	206		
						4	47—100		砂壤土	块状	8.6								
剖5	半水成土	草甸土	盐化草甸土	盐化灌溉草甸土	轻盐化灌溉草甸土	1	0—14	棕黄色	中壤土	团块状	8.4	10.0	0.63	0.49	49	3.0	413	E 85°29′33.0″ N 38°18′51.1″	86
						2	14—33	棕黄色	轻壤土	块状	8.5	10.2	0.83	0.63	27	2.0	150		
						3	33—57	淡黄色	砂壤土	单粒状	8.5	5.3	0.41	0.58	14	<1.0	150		
						4	57—100	青黄色	轻壤土	块状	8.3	9.9	0.83	0.58	32	2.0	263		
剖6	盐碱土	草甸盐土	草甸盐土	草甸盐土		1	0—5	棕灰色	松砂土	粒状	9.2	17.5	0.83	0.65	28	3.0	>500	E 85°35′08.5″ N 38°13′55.6″	90
						2	5—15	棕灰色	砂壤土	单粒状	8.8	3.1	0.21	0.70	5	1.0	133		
						3	15—43	棕灰色	轻壤土	块状	8.0	7.9	0.41	0.65	16	1.0	251		
						4	43—59	青黄色	轻壤土	大块状	8.2	15.4	0.66	0.72	23	1.0	256		
						5	59—70	棕黄色	松砂土	单粒状	8.2	3.8	0.13	0.70	7	1.0	100		
						6	70—100	青黄色	轻壤土	大块状	8.4	10.6	0.83	0.67	19	1.0	189		
剖7	人为土	灌淤土	灌淤土	灌淤黄土	壤质厚灌淤黄土	1	0—20	灰黄色	中壤土	粒状	8.2	11.8	0.48	0.57	41	4.0	188	E 85°35′00.6″ N 38°07′38.3″	91
						2	20—50	灰黄色	轻壤土	块状	8.4	10.2	0.48	0.48	30	2.0	113		
						3	50—110	棕黄色	轻壤土	块状	8.5	7.0	0.43	0.45	18	<1.0	185		
						4	110—205				8.6								
剖8	初育土	风沙土	荒漠风沙土	灌耕风沙土		1	0—18	黄灰色	砂壤土	粒状	8.4	5.8	3.40	0.52	19	<1.0	170	E 85°23′01.0″ N 38°06′13.0″	80
						2	18—35	棕黄色	砂壤土	小块状	8.4	4.6	0.27	0.54	19	1.0	250		
						3	35—100	淡黄色	砂壤土	小块状	8.2	4.0	0.23	0.52	16	1.0	170		

和 静 县

主要土类说明

草毡土是和静县主要土壤类型,占本县地域面积的37%。曾称高山草甸土,仅在北部天山区海拔3000—3500m的天然高山牧场发育分布。成土母质有残积物、坡积物、冰碛物和冰水沉积物等。主导成土过程与黑毡土相似,只是草甸化过程弱于黑毡土,冻融过程更强,淋溶、淀积等附加过程相对较弱。剖面发育层段组合构型为 $A_0-A_1-A_SB-C$。

冷钙土是和静县第二大土壤类型,占本县地域面积的23%。曾称亚高山草原土,分布在北部天山的亚高山地带。天山区海拔2100—2800m,是重要的山区自然牧场。成土母质以坡积物或残积物为主,局部地段也有冰水沉积物或洪积物、湖积物。主导成土过程为生草化过程,即有机质的积累过程,也附加微弱的草甸化、腐殖质化及淋溶、淀积与干湿冻融等过程。土壤剖面一般可分 A_1-A_S-BC 三个基本发育层段构型。土壤质地较轻,大部分含有石砾。

寒冻土是和静县第三大土壤类型,占本县地域面积的15%。曾称高山寒漠土,分布于高山冰雪带下缘。形成过程以寒冻物理风化为主,成土母质主要是冰碛物、残积物、坡积物。弱生物累积,土层薄,含石砾多,仅在岩屑中见少量细土物质堆积。植被为稀疏垫状植物及雪莲。土壤pH为8.0左右,石灰反应强烈。

栗钙土占和静县地域面积的5%。栗钙土主要分布于北部天山山麓河谷地带。成土母质有洪积物、冲积物或坡积物。主导成土过程为钙积化过程,附加腐殖化过程。有机质含量不高,可溶性盐含量多小于1%,土壤pH小于8.9。

棕漠土占和静县地域面积的5%。棕漠土是和静地区自然土壤中最大的一类荒漠化土类,它是荒漠化气候的产物,系洪积母质或洪积、冲积母质上发育而成。成土条件以干旱、少雨、多风、温差大的大陆性气候影响为主导,主导成土过程为棕漠化过程。和静地区的棕漠土依其附加成土过程和发育阶段划分为灌耕棕漠土、棕漠土、石膏棕漠土等亚类。

沼泽土占和静县地域面积的4%。沼泽土的主要成土母质为冲积、沉积或洪积、冲积母质。主导成土过程为沼泽化过程,即潜育化与淹育化过程的组合,也包括还原、盐化等理化过程。

本县面积小于3%的土壤类型还有棕钙土、石质土、黑毡土、潮土、灰褐土、草甸土、草甸盐土、水稻土、灌漠土、风沙土等。

本区域中心区气候特征

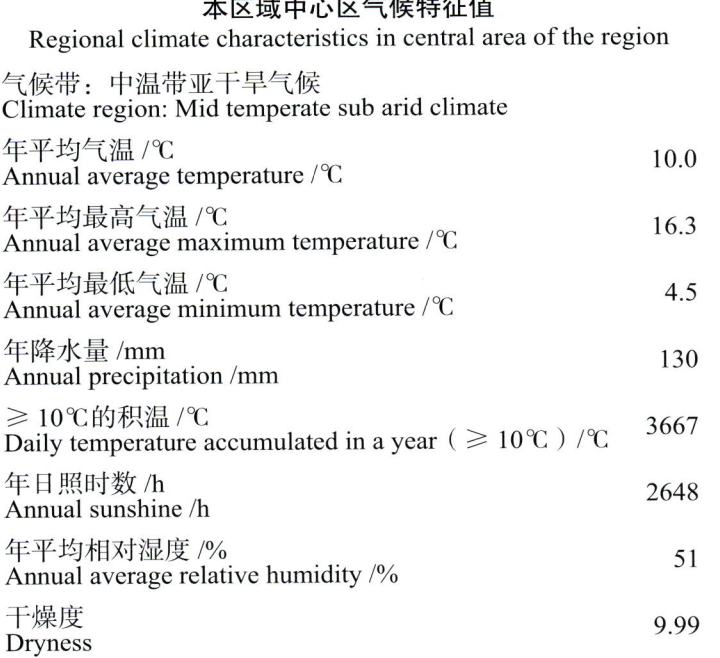

本区域中心区气候特征值
Regional climate characteristics in central area of the region

气候带: 中温带亚干旱气候 Climate region: Mid temperate sub arid climate	
年平均气温 /℃ Annual average temperature /℃	10.0
年平均最高气温 /℃ Annual average maximum temperature /℃	16.3
年平均最低气温 /℃ Annual average minimum temperature /℃	4.5
年降水量 /mm Annual precipitation /mm	130
≥10℃的积温 /℃ Daily temperature accumulated in a year (≥10℃) /℃	3667
年日照时数 /h Annual sunshine /h	2648
年平均相对湿度 /% Annual average relative humidity /%	51
干燥度 Dryness	9.99

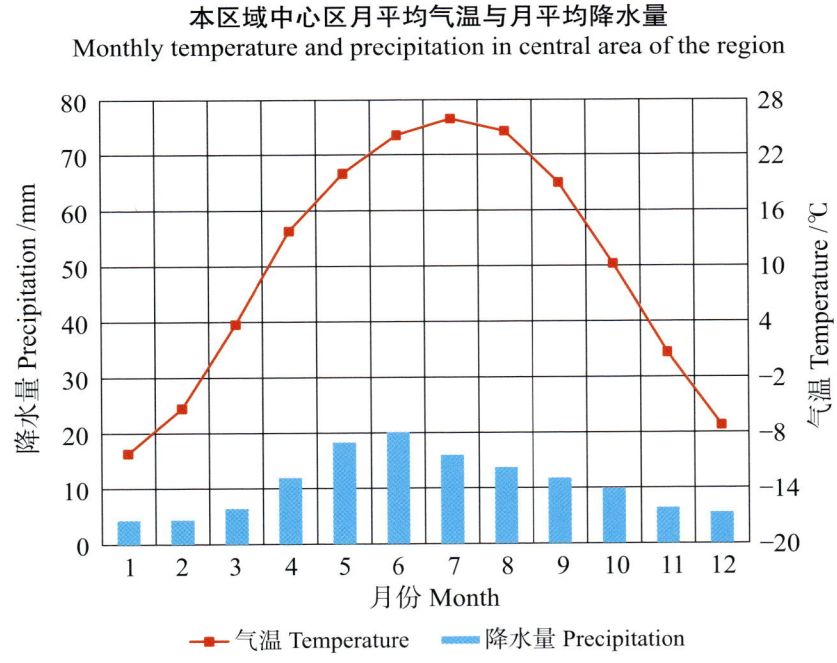

本区域中心区月平均气温与月平均降水量
Monthly temperature and precipitation in central area of the region

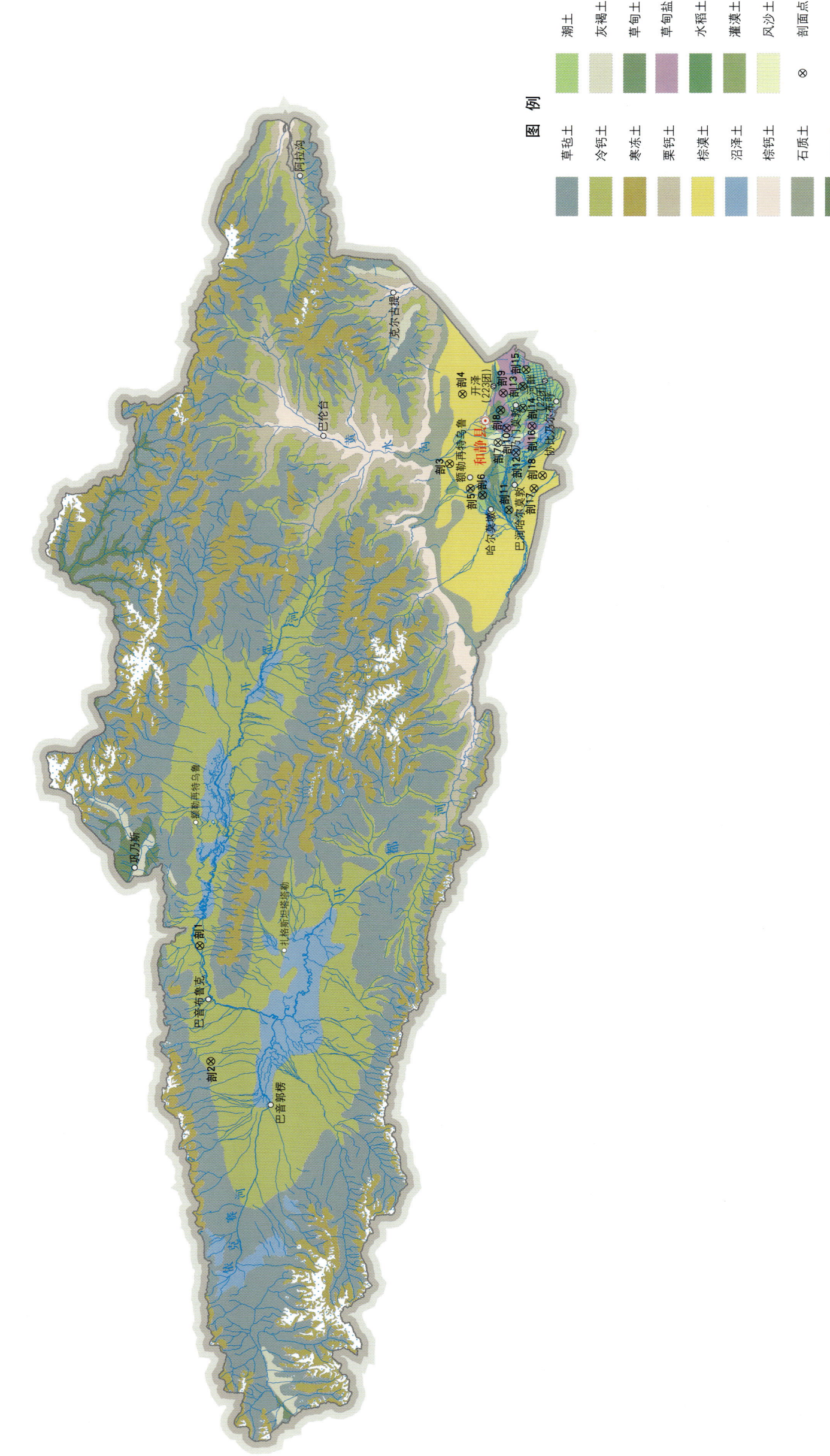

和静县主要土壤类型与土壤剖面点分布图
1∶1 370 000

和静县土壤剖面理化性状表

剖面号 Soil profile	土纲 Soil order	土类 Soil great group	亚类 Soil subgroup	土属 Soil genus	土种 Soil species	土层码 Layer code	土层厚度 Depth/cm	颜色 Soil color	质地 Soil texture	土壤结构 Soil structure	pH	有机质 OM/(g/kg)	全氮 TN/(g/kg)	全磷 TP/(g/kg)	全钾 TK/(g/kg)	碱解氮 AN/(mg/kg)	有效磷 AP/(mg/kg)	速效钾 AK/(mg/kg)	阳离子交换量 CEC/(cmol/kg)	土壤母质 Parent material	剖面点坐标 Profile coordinate	匹配指数 Matching index/%
剖1	高山土	冷钙土	冷钙土	冷钙土	冷钙土	Ai	0—14	淡黄褐色	壤质黏土	团粒状	8.2	68.8	4.30	0.90	13.5					冲积物、洪积物	E 84°21′04.7″ N 43°03′40.0″	79
						Ak	14—35	淡棕黄色	壤质黏土	小块状	8.7	30.7	1.99	0.70	13.8							
						ABk	35—52	黄棕色	砂质壤土	块状	9.2	6.7	0.40	0.90	22.7							
						Bk	52—75	淡黄黄色	黏壤土	块状	8.9	8.2	0.50	0.90	16.3							
						Ck	75—100	灰白色	砂壤土	松壤土												
剖2	高山土	冷钙土	暗冷钙土	暗冷钙壤土	天山甸淡土	As	0—12	暗棕色													变质岩风化残积物、坡积物	E 83°54′19.8″ N 43°01′04.4″	82
						A	12—34	暗棕色	壤质黏土	小粒状	7.4	78.1	4.10	0.97	14.8				42.5			
						ABk	34—64	重砾质黏壤土	块状	8.0	20.0	1.01	0.72	12.8				13.2				
						Bk	64—100	淡灰色	重砾质砂壤土	块状	8.2	10.6	0.56	0.45	22.0				10.7			
剖3	漠土	棕漠土	棕漠土	砾质棕漠土		1	0—73	灰棕色	砂砾土	无明显结构	7.6	2.6	0.16	0.36		14	6.0	80			E 86°13′08.8″ N 42°24′51.1″	93
						2	73—100	黄棕色	重壤土	片状	7.5	22.9	0.16	0.71		40	5.0	74				
剖4	漠土	棕漠土	石膏棕漠土	砾石质棕漠土		1	0—0.4	暗棕色	中壤土	片状	7.8	7.8	0.23	0.60		4	5.0				E 86°29′02.8″ N 42°22′52.7″	79
						2	0.4—13	黄棕色	细砂土	小块状	8.0	7.8	0.23	0.60		4	5.0					
						3	13—33	暗棕色	砂砾土	小块状	7.6	2.1	0.23	0.72		6	6.0					
						4	33—100	暗棕色	砂砾土			1.5		0.60		2	3.0					
剖5	漠土	棕漠土	灌耕灌漠棕漠土	腐缘灌漠棕漠土	薄土黄板土	1	0—24	棕灰色	砂砾土	粒状	8.2	6.3	0.57	0.57		24	5.0	50			E 86°07′32.9″ N 42°21′24.5″	95
						2	24—35	黄棕色	轻壤土	粒状	8.1	4.8	0.40	0.73		19	4.0	58				
						3	35—47	灰棕色	细砂土	块状	7.9	1.5	0.12	0.54		9	14.0	28				
剖6	半水成土	草甸土	盐化草甸土	灌溉盐化草甸土	苏打轻盐化生草土	1	0—24	灰灰色	砂壤土	块状	9.0										E 86°06′05.4″ N 42°19′25.7″	82
						2	24—42	灰灰色	壤土	块状	9.2											
						3	42—72	棕灰色	砂土	小块状	8.7											
						4	72—100	黄棕色	轻壤土	块状	8.2											
剖7	初育土	风沙土	荒漠风沙土	灌溉风沙土	腐缘白沙土	1	0—27	暗棕色	细砂壤土	单粒状											E 86°18′05.4″ N 42°16′57.7″	94
						2	27—53	棕棕色	砂土	单粒状												
						3	53—100	淡灰棕色	壤土	块状												
剖8	半水成土	草甸土	石灰性草甸土	灌耕灰性草甸土	灌耕轻硫锈黄土	A11	0—28	淡黄橙色	轻壤土	小块状	8.6	18.2	0.91	1.10	10.0	26	27.0			冲积物	E 86°25′27.8″ N 42°16′36.8″	86
						C	28—85	淡黄橙色	中壤土	片状	8.6	12.2	0.68	1.08	10.0	21	5.0					
						Cu	85—100	淡黄橙色	砂质黏土	块状	8.6	5.8	0.34	0.72	13.4	19	4.0					
剖9	盐碱土	草甸盐土	草甸盐土	氯化物硫酸盐盐土		1	0—32	棕灰色	重壤土	小块状	8.4	43.6	1.53	1.00		60	5.0	>500			E 86°29′21.1″ N 42°16′12.4″	94
						2	32—92	淡棕灰色	中壤土	块状	8.7	21.0	0.91	0.83		43	4.0	263				
剖10	盐碱土	草甸盐土	草甸盐土	河间草甸盐土		1	0—27	黄棕色	中壤土	块状	8.7	40.5	1.65	0.49		25	27.0				E 86°21′24.5″ N 42°15′34.2″	91
						2	27—50	棕棕色	中壤土	块状	8.9	5.8	0.20	0.13		11	5.0					
						3	50—100	灰棕色	中壤土	块状	8.9	13.6	0.74	0.78		10	6.0					
剖11	人为土	灌漠土	灰灌漠土	灰灌漠泥砂土	灰灌漠土	A11	0—20	淡黄橙色	壤质黏土	小粒状	8.2	21.0	1.32	2.20	10.0			208		洪积物、冲积物	E 86°02′48.5″ N 42°15′02.5″	87
						AC	20—40	淡黄橙色	粉砂质黏土	片状	8.2	9.3	0.62	1.02	10.0	271	9.0	73				
						Ck1	40—66	淡黄橙色	砂质壤土	块状	8.3	5.4	0.34	0.66	13.4	149	<1.0	58				
						Ck2	66—86	淡黄橙色	砂质黏壤土	块状	8.3	7.2	0.37	1.14	12.8	49	<1.0	60				
						Ck3	86—100	淡黄橙色	黏壤土	块状	8.3	4.5	0.31	0.74	11.0	101	1.0	53				
剖12	水成土	沼泽土	草甸沼泽土	腐缘草甸沼泽土		1	0—5	褐色	中壤土	小块状	8.1	146.2	2.95	0.78		47					E 86°15′52.6″ N 42°13′59.5″	85
						2	5—21	深灰色	中壤土	块状	8.3	57.1	2.21	0.49								
						3	21—40	灰黄色	中壤土	块状	8.3	9.1	0.36	0.50								
						4	40—64	淡蓝灰色	砂壤土	块状	8.3	23.0	0.93	0.43								
						5	64—100	淡蓝灰色	轻壤土	小块状	8.1	8.0	0.47	0.54								

续表 Continued

剖面号 Soil profile	土纲 Soil order	土类 Soil great group	亚类 Soil subgroup	土属 Soil genus	土种 Soil species	土层码 Layer code	土层厚度 Depth/cm	颜色 Soil color	质地 Soil texture	土壤结构 Soil structure	pH	有机质 OM/(g/kg)	全氮 TN/(g/kg)	全磷 TP/(g/kg)	全钾 TK/(g/kg)	碱解氮 AN/(mg/kg)	有效磷 AP/(mg/kg)	速效钾 AK/(mg/kg)	阴离子交换量CEC/(cmol/kg)	土壤母质 Parent material	剖面点坐标 Profile coordinate	匹配指数 Matching index/%
剖13	半水成土	草甸土	盐化草甸土	灌溉盐化草甸土	强盐化生草土	1	0—29	黄灰色	砂壤土	片状	8.7	17.1	0.45	0.95		24	18.0	>500			E 86°30′55.4″ N 42°13′03.4″	94
						2	29—45	灰棕色	轻壤土	片状	8.3	25.6	1.08	1.18		29	12.0	>500				
						3	45—56	黄棕色	中壤土	小块状	8.7	13.0	0.57	0.89		9	5.0	362				
						4	56—96	黄棕色	中壤土	粒状	>9.5	8.8	0.45	1.80		27	6.0	>500				
						5	96—130	灰棕色	砂壤土		8.6	8.3	0.46	0.95		11	4.0	175				
剖14	半水成土	潮土	盐化潮土	盐化灰潮土	轻盐化灰潮土	1	0—26	暗灰色	轻壤土	小团块状	8.5	31.2	1.30	1.32		70	9.0				E 86°25′57.4″ N 42°12′58.3″	89
						2	26—30	暗灰色	轻壤土	板块状	8.5	31.2	1.30	1.32		70	9.0					
						3	30—55	黄灰色	中壤土	小块状	8.5	13.4	0.68	0.83		32	5.0					
						4	55—80	黄灰色	重壤土	块状	8.5	32.3	1.53	1.04		28	30.0					
						5	80—100	淡灰色	砂土		8.5	4.6	0.34	0.94		16	6.0					
剖15	半水成土	潮土	盐化潮土	镁盐潮土	镁盐锈土	A11z	0—21	黄灰色	壤质黏土	块状	8.3	22.9	1.05	0.83	17.5				13.4		E 86°34′46.2″ N 42°12′30.2″	88
						A12	21—33	浊黄色	粉砂质黏土	块状	8.9	16.8	0.68	0.69	18.2				13.2			
						Cu₁	33—51	浊黄色	壤质黏土	块状	9.0	13.3	0.58	0.62	20.1				11.2			
						Cu₂	51—100	淡黄色	黏壤土		9.1	5.5	0.26	0.67	20.3				8.9			
剖16	盐碱土	草甸盐土	草甸盐土	苏打硫酸盐草甸盐土	白碱盐土	Az₁	0—5	棕色		粒状	>9.5	79.7	2.72	1.09		67	2.0			冲积物	E 86°21′58.7″ N 42°11′26.5″	83
						Az₂	5—24	淡棕色	轻壤土	小粒块状	9.2	26.9	1.19	0.87		25	5.0					
						C₁	24—38	黄灰色	轻壤土	小块状	8.6	19.1	0.57	0.87		26	3.0					
						C₂	38—100	灰棕色	砂壤土		8.3	16.5	0.68	0.80		38	3.0					
剖17	漠土	棕漠土	灌耕棕漠土	黄土状灌耕棕漠土	砂质棕漠黄土	A₁₁	0—24	棕褐色	砂土	粒状	8.5	11.0	0.57	0.83			5.0			洪积物	E 86°07′45.1″ N 42°10′59.5″	90
						B	24—56	棕褐色	砂土	粒状	8.4	8.1	0.52	0.78			4.0					
						C	56—100	棕黄色	砂土	块状	8.2	4.0	0.34	0.83			6.0					
剖18	漠土	棕漠土	石膏棕漠土	石膏棕漠土	中位石膏漠黄土	Aj	0—0.3	灰棕色	砂壤土	片状	7.9									洪积物	E 86°10′41.9″ N 42°09′38.5″	81
						A	0.3—5	灰棕色	砂壤土	片状	7.9											
						AB	5—16	灰棕色	砂壤土		8.0											
						B	16—29	灰棕色	砾石夹粗砂		8.0											
						By₁	29—57	黄棕色			8.1											
						By₂	57—71	棕黄色			8.1											
						C	71—81	黄棕色		不明显块状	8.3											

和 硕 县

主要土类说明

棕漠土是和硕县主要土壤类型，占本县地域面积的 39%。以干旱、少雨、多风、温差大的大陆性气候影响为主导成土条件，母质为洪积物，是构成土壤骨架的物质基础。棕漠土发育分布的地形地貌均为山前洪积平原，生物活性极端微弱。主导成土过程为棕漠化过程，由母质分解导致土壤积盐是棕漠土主要的附加成土过程。

石质土是和硕县第二大土壤类型，占本县地域面积的 23%。表层岩石裸露，风化层浅薄，厚度一般小于 10cm，风化度低，富含砾石，多碎屑岩粒，属 A-R 型土。目前见到的石质土均有程度不同的石灰反应，属于钙质石质土亚类。

棕钙土是和硕县第三大土壤类型，占本县地域面积的 8%。以干旱荒漠或半荒漠气候影响为主，主导成土过程仍为半漠化钙积过程，附加腐殖化或生草化过程。基本发育层段剖面构型为 A_D-Ab-B-C。发育较微弱，有机养分含量及自然肥力均很低，生物活性和生物生产能力极差。

草毡土占和硕县地域面积的 7%。原称高山草甸土，仅在北部天山区海拔 3000—3500m 的天然高山牧场发育分布。成土母质有残积物、坡积物、冰碛物和冰水沉积物等。主导成土过程与黑毡土相似，只是草甸化过程弱于黑毡土，冰融过程更强，淋溶、淀积等附加过程相对较弱。剖面发育层段组合剖面构型为 A_0-A_1-A_SB-C。主导自然成土因素为生物和气候。

冷钙土占和硕县地域面积的 6%。曾称亚高山草原土，分布在北部天山的亚高山地带海拔 2100—2800m 的山区自然牧场。成土母质以坡积物或残积物为主，局部地段也有冰水沉积物或洪积物、湖积物。主导成土过程为生草化过程，即有机质的积累过程，也附加微弱的草甸化、腐殖质化及淋溶、淀积与干湿冻融等过程。土壤剖面一般可分 A_1-A_S-BC 三个基本发育层段构型。土壤质地较轻，大部分含有石砾。

草甸盐土占和硕县地域面积的 6%。仅分布于沼泽洼地的上坡地段。母质与沼泽盐土差异不大，仅生物活性相对较高，地下水位相对较低，无地面积水地段和地表径流浸渍。在半湿润至半干旱地区，高矿化地下水经毛细管作用上升至地表，盐分累积达 6g/kg 以上时，属盐土范畴。具 Az-C 剖面构型。

栗钙土占和硕县地域面积的 5%。主要分布于北部天山山麓河谷地带，成土母质有洪积物、冲积物或坡积物。主导成土过程为钙积化过程，附加腐殖化过程。有机质含量不高，可溶性盐含量多小于 1%，土壤 pH 小于 8.9。

本县面积小于 3% 的土壤类型还有风沙土、潮土、寒冻土、灰褐土、灌漠土、草甸土、沼泽土等。

本区域中心区气候特征

本区域中心区气候特征值
Regional climate characteristics in central area of the region

气候带：暖温带极干旱气候 Climate region: Warm temperate extremely arid climate	
年平均气温 /℃ Annual average temperature /℃	11.7
年平均最高气温 /℃ Annual average maximum temperature /℃	19.0
年平均最低气温 /℃ Annual average minimum temperature /℃	5.3
年降水量 /mm Annual precipitation /mm	80
≥10℃的积温 /℃ Daily temperature accumulated in a year（≥10℃）/℃	4203
年日照时数 /h Annual sunshine /h	2829
年平均相对湿度 /% Annual average relative humidity /%	47
干燥度 Dryness	28.17

本区域中心区月平均气温与月平均降水量
Monthly temperature and precipitation in central area of the region

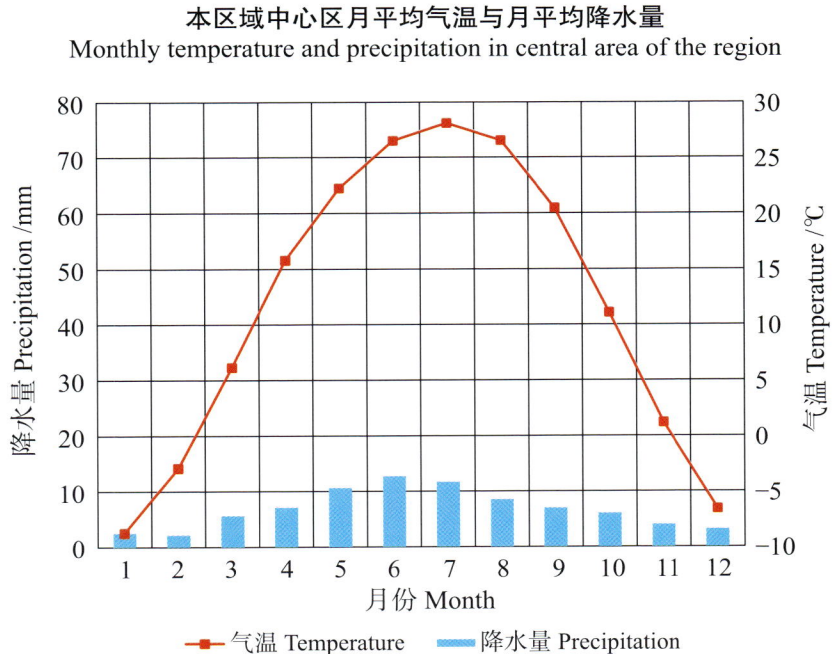

和硕县主要土壤类型与土壤剖面点分布图
1:650 000

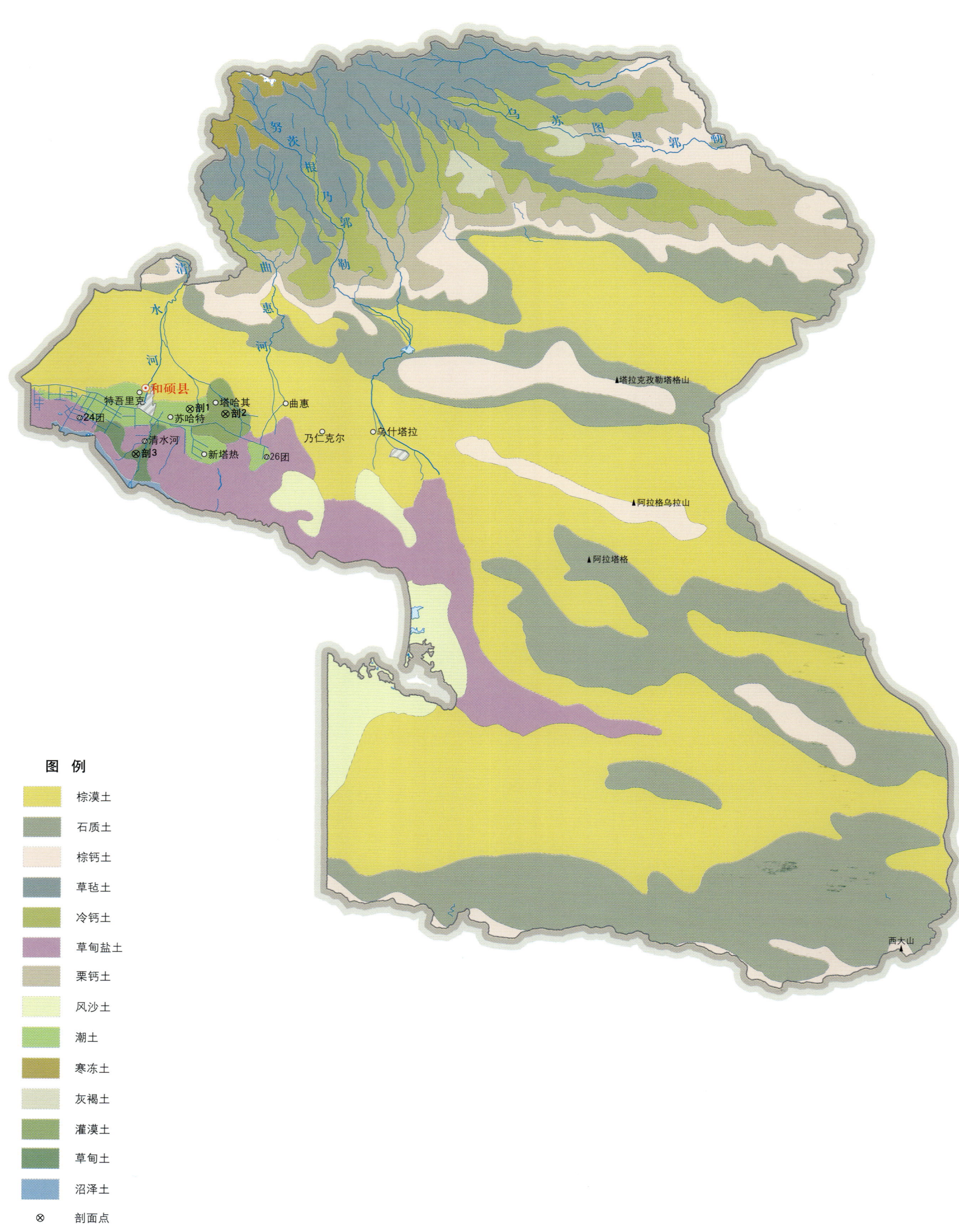

和硕县土壤剖面理化性状表

剖面号 Soil profile	土纲 Soil order	土类 Soil great group	亚类 Soil subgroup	土属 Soil genus	土种 Soil species	土层码 Layer code	土层厚度 Depth/cm	颜色 Soil color	质地 Soil texture	土壤结构 Soil structure	pH	有机质 OM/(g/kg)	全氮 TN/(g/kg)	全磷 TP/(g/kg)	全钾 TK/(g/kg)	碱解氮 AN/(mg/kg)	有效磷 AP/(mg/kg)	速效钾 AK/(mg/kg)	土壤母质 Parent material	剖面点坐标 Profile coordinate	匹配指数 Matching index/%
剖1	半水成土	潮土	盐化潮土	硫盐盐化潮土	轻度硫盐化潮土	Aa	0—20	暗灰色	轻壤土	团块状	8.0	20.6	1.00	0.80	17.4	46	11.0	181	洪积物、冲积物	E 86°55′58.4″ N 42°15′36.7″	88
						Ap	20—39	棕灰色	重壤土	片状	7.9	11.0	0.60	0.80	16.9	23	3.0	137			
						Bg	39—62	灰棕色	重壤土	块状	7.9	8.4	0.40	0.70	17.3	14	3.0	98			
						0G	62—100	灰棕色	轻壤土	块状	8.4	5.1	0.20	0.70	16.7	12	2.0	66			
剖2	人为土	灌漠土	灰灌漠土	黄土状灌漠土	底砂燥黄土	A₁₁	0—25	灰黄色	中壤土	团粒状		22.6	2.07				17.0		洪积物、冲积物	E 86°59′58.9″ N 42°15′11.5″	83
						A₁₂	25—50	黄棕色	紧砂土	块状		11.0	0.92				3.0				
						B	50—85	灰棕色	粗砂土	单粒状		7.7	0.46				2.0				
						C	85—100	灰棕色				5.3	0.46				3.0				
剖3	半水成土	草甸土	盐化草甸土	硫酸盐盐化草甸土	硫盐化锈黄土	Az	0—16	棕灰色	中壤土	板状	7.8	18.8	0.93	0.91		43	13.0	436	冲积物	E 86°49′55.9″ N 42°11′42.4″	78
						AC	16—38	灰棕色	中壤土	片状	7.6	12.7	0.65	0.72		24	8.0	289			
						C	38—62	棕黄色	轻壤土	棱块状	7.9	7.5	0.43	0.68		12	5.0	196			
						Cu₁	62—78	棕黄色	重壤土	棱块状	8.1	7.0	0.50	0.52		16	6.0	217			
						Cu₂	78—100	黄棕色	重壤土	片状	7.8	5.8	0.43	0.51		11	4.0	184			

博 湖 县

主要土类说明

风沙土是博湖县主要土壤类型，占本县地域面积的18%。博斯腾湖南岸遍布垄岗沙丘，主导成土过程为风积过程，全由风力搬运堆积而成。土壤发育极其微弱，无结构，呈松散的单粒。本区风沙土按其形成的特点，可分为流动风沙土亚类和盐化灌耕风沙土。流动风沙土亚类处于荒漠状态，在相对固定的地段生长零星的单株麻黄、骆驼刺等荒漠植物。一般剖面发育层段构型为As–C，质地粗而均一，土壤养分含量及肥力水平很低，土壤含盐量低，石灰性弱，pH小于8.0。

石质土是博湖县第二大土壤类型，占本县地域面积的17%。广泛分布于侵蚀严重岩石裸露的石质山地、侵蚀残丘，以及在丘顶、山脊、山坡等坡度陡峻的地形部位。表层岩石裸露，风化层浅薄，一般小于10cm，风化度低，富含砾石，多碎屑岩粒，属A–R型土。

沼泽土是博湖县第三大土壤类型，占本县地域面积的12%。沼泽土的主导成土过程为沼泽化过程，即潜育化与淹育化过程的组合，也包括还原、盐化等理化过程。成土母质以沉积物或冲积物为主，少许风积物掺混。本区矿化度低，水草丰茂，农牧业较发达。

棕漠土占博湖县地域面积的8%。棕漠土是在暖温带极端干旱条件下具有明显盐磐的漠土，常与砾质戈壁共存。该土壤植被覆盖百分率极低，且植株矮小。土壤石灰、石膏、易溶盐分层聚积地表，可见孔状结皮、砾幂、黑结皮，多砾石；结皮层下可见红棕色或玫瑰色铁染色层，染色层下为石膏层，石膏层下为盐磐层。整个土层厚度不足50cm，结皮层以下碳酸钙含量为60—110g/kg，石膏含量为300—550g/kg；盐磐层含盐量为300—600g/kg。盐磐层的存在是棕漠土的重要特征。

草甸盐土占博湖县地域面积的6%。仅分布于沼泽洼地的上坡地段。母质与沼泽盐土差异不大，仅生物活性相对较高。地下水位相对较低，无地面积水地段和地表径流浸渍。在半湿润至半干旱地区，高矿化地下水经毛细管作用上升至地表，盐分累积大于6g/kg以上时，属盐土范畴。具Az–C剖面构型。

潮土占博湖县地域面积的5%。潮土见于近代河流冲积平原或低平阶地，地下水位高，潜水参与成土过程。在潮土成土过程中，底土氧化还原交替作用形成锈色斑纹和小型铁子。在长期耕作条件下，表层有机质含量为10—15g/kg。

本县面积小于5%的土壤类型还有草甸土、棕钙土等。

本区域中心区气候特征

本区域中心区气候特征值
Regional climate characteristics in central area of the region

气候带：暖温带极干旱气候 Climate region: Warm temperate extremely arid climate	
年平均气温 /℃ Annual average temperature /℃	11.1
年平均最高气温 /℃ Annual average maximum temperature /℃	18.3
年平均最低气温 /℃ Annual average minimum temperature /℃	4.8
年降水量 /mm Annual precipitation /mm	93
≥10℃的积温 /℃ Daily temperature accumulated in a year（≥10℃）/℃	4041
年日照时数 /h Annual sunshine /h	2788
年平均相对湿度 /% Annual average relative humidity /%	48
干燥度 Dryness	20.61

本区域中心区月平均气温与月平均降水量
Monthly temperature and precipitation in central area of the region

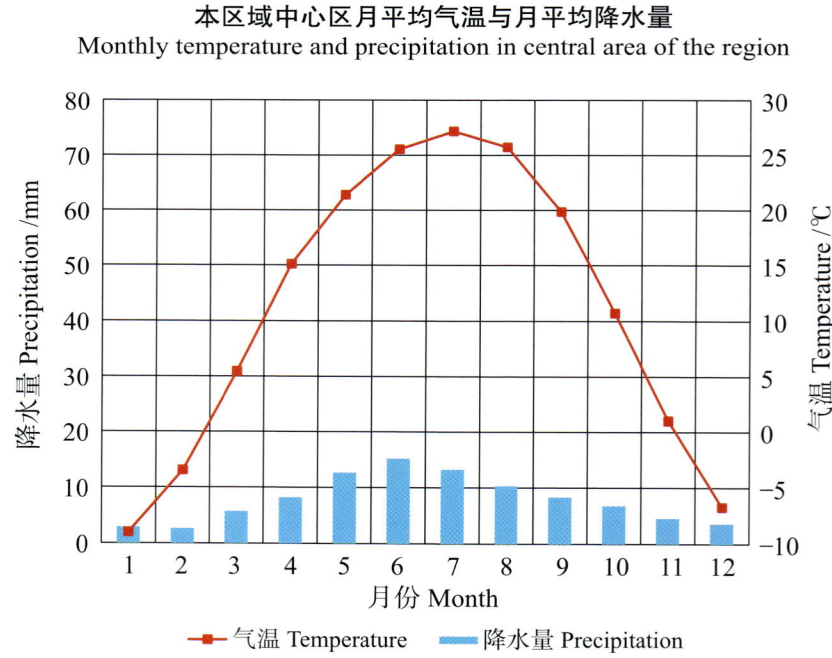

博湖县主要土壤类型与土壤剖面点分布图
1:340 000

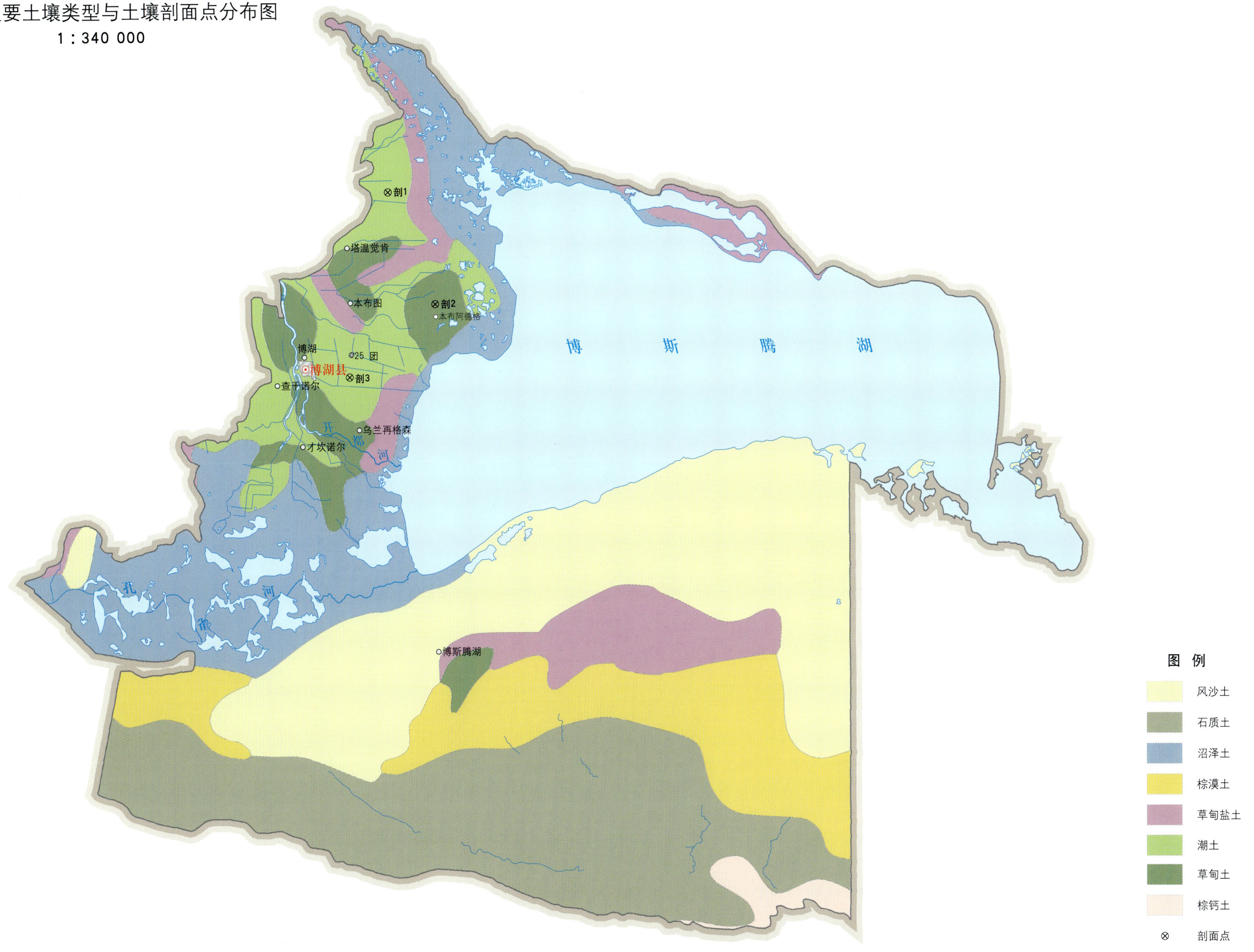

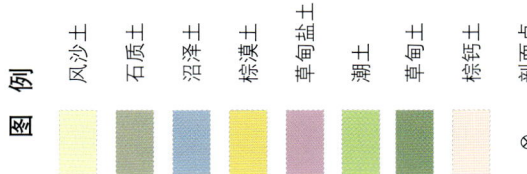

博湖县土壤剖面理化性状表

剖面号 Soil profile	土纲 Soil order	土类 Soil great group	亚类 Soil subgroup	土属 Soil genus	土种 Soil species	土层码 Layer code	土层厚度 Depth/cm	颜色 Soil color	质地 Soil texture	土壤结构 Soil structure	pH	有机质 OM/(g/kg)	全氮 TN/(g/kg)	全磷 TP/(g/kg)	全钾 TK/(g/kg)	碱解氮 AN/(mg/kg)	有效磷 AP/(mg/kg)	速效钾 AK/(mg/kg)	阳离子交换量CEC/(cmol/kg)	土壤母质 Parent material	剖面点坐标 Profile coordinate	匹配指数 Matching index/%
剖1	半水成土	潮土	盐化潮土	镁质盐化潮土	镁质轻盐化潮土	A₁₁	0—18	暗灰色	重壤土	小块状	8.9	27.7	2.10	1.30	18.6		8.0	316	9.5	冲积物	E 86°42′47.2″ N 42°06′34.2″	86
						A₁₂	18—23	暗灰色	重壤土	片状	8.6	27.1	1.40	1.00	16.9		6.0	305	9.1			
						Cu₁	23—51	棕灰色	重壤土	块状	8.6	14.3	1.10	1.20	18.3		6.0	311	8.9			
						Cu₂	51—100	棕灰色	重壤土	大块状	8.4	8.4	0.60	0.80	14.8		5.0	287	8.2			
剖2	半水成土	草甸土	盐化草甸土	苏打盐化生灰土		J	0—5	淡灰色	中壤土	小块状		32.5	1.30	1.00		10	9.0	496		冲积物	E 86°45′46.1″ N 42°01′34.0″	83
						AnH	5—29	棕灰色	中壤土	棱片状		29.2	1.20	1.20		41	16.0	499				
						AsH	29—48	棕灰色	中壤土	棱块状		17.8	0.80	0.70		38	7.0	412				
						OGH	48—79	灰棕色	轻壤土	块状		8.9	0.50	0.40		17	2.0	275				
						OG	79—100	淡灰棕色	中壤土	粒状		6.7	0.40	0.30		18	3.0	297				
剖3	半水成土	潮土	潮土	灰潮土	下潮灰潮土	A₁₁	0—20	棕灰色	中壤土	片状	8.2	26.5	1.50	0.50	16.6		9.0	281		冲积物	E 86°40′23.5″ N 41°58′17.0″	78
						A₁₂	20—29	棕灰色	重壤土	片状	8.2	17.7	1.40	0.40	16.2		7.0	278				
						Cu₁	29—64	暗灰色	轻壤土	小块状	8.4	21.3	1.20	0.40	12.3		7.0	286				
						Cu₂	64—100	灰棕色	轻壤土	大块状	8.3	12.0	0.70	0.20	10.8		6.0	173				

阿克苏地区

阿克苏市

主要土类说明

风沙土是阿克苏市主要土壤类型，占本市地域面积的53%。风沙土是在风成沙性母质上发育起来的，沙性大，漏水漏肥，土层分化很不明显，有机质含量极低。在半干旱、干旱漠境地区，风沙移动堆积形成了多种形态的风沙沉积。由于成土时间短暂，无剖面发育，属C型、（A）-C型及A-C型土，反映了风沙流动堆积与固定的不同阶段。

草甸盐土是阿克苏市第二大土壤类型，占本市地域面积的21%。主要分布在洪积扇边缘、泉水溢出带的外缘、河谷和平原洼地、大河两侧和河滩地、河间低地以及湖滨平原。分布区的地下水埋深一般在1—2m，最低3m，矿化度较低，一般在2.0—5.0g/L。自然植被为草甸植被和盐生植被。在半湿润至半干旱地区，高矿化地下水经毛细管作用上升至地表，盐分累积达6g/kg以上时，属盐土范畴。具Az-C剖面构型。其易溶盐组成中所含的氯化物与硫酸盐比例有差异。

草甸土是阿克苏市第三大土壤类型，占本市地域面积的7%。分布区域地下水位较浅，潜水参与土壤形成过程。具有明显腐殖质积累，地下水升降与浸润作用形成具有锈色斑纹的土壤。具有A-Cu或A-C-Cu剖面构型。

棕漠土占本市地域面积的6%。棕漠土是在暖温带极端干旱条件下具有明显盐磐的漠土，常与砾质戈壁共存。该土壤植被覆盖百分率极低，且植株矮小。土壤石灰、石膏、易溶盐分层聚积地表，见孔状结皮、砾幂、黑结皮、多砾石。结皮层下见红棕色或玫瑰色铁染色层，下为石膏层，再下为盐磐层。整个土层厚度不足50cm，结皮层以下碳酸钙含量为60—110g/kg，石膏含量为300—550g/kg；盐磐层含盐量为300—600g/kg。盐磐层的存在是棕漠土的重要特征。

本市面积小于5%的土壤类型还有林灌草甸土、漠境盐土、潮土、灌淤土、沼泽土、龟裂土和石质土等。

本区域中心区气候特征

本区域中心区气候特征值
Regional climate characteristics in central area of the region

气候带：暖温带极干旱气候 Climate region: Warm temperate extremely arid climate	
年平均气温 /℃ Annual average temperature /℃	11.6
年平均最高气温 /℃ Annual average maximum temperature /℃	19.0
年平均最低气温 /℃ Annual average minimum temperature /℃	4.9
年降水量 /mm Annual precipitation /mm	65
≥10℃的积温 /℃ Daily temperature accumulated in a year（≥10℃）/℃	4296
年日照时数 /h Annual sunshine /h	2787
年平均相对湿度 /% Annual average relative humidity /%	46
干燥度 Dryness	11.95

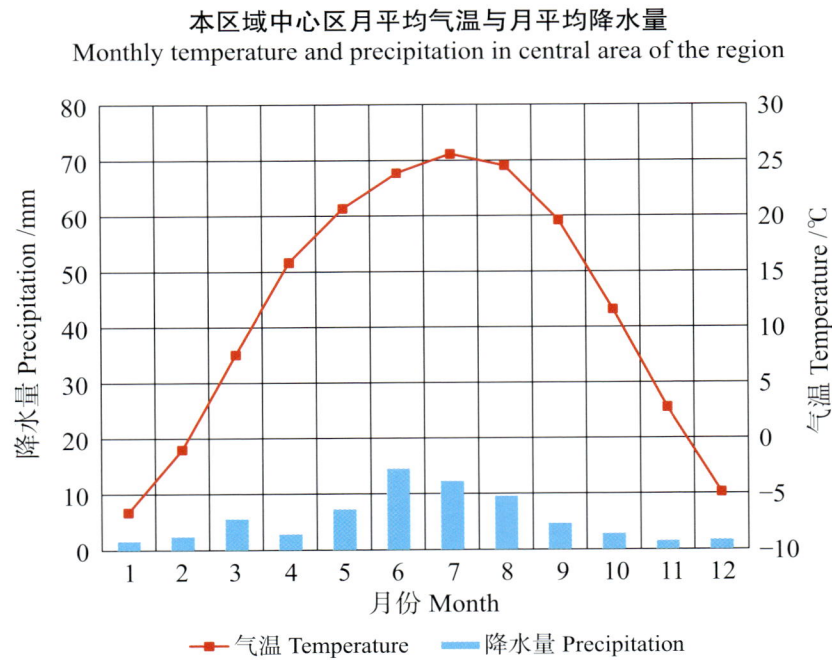

本区域中心区月平均气温与月平均降水量
Monthly temperature and precipitation in central area of the region

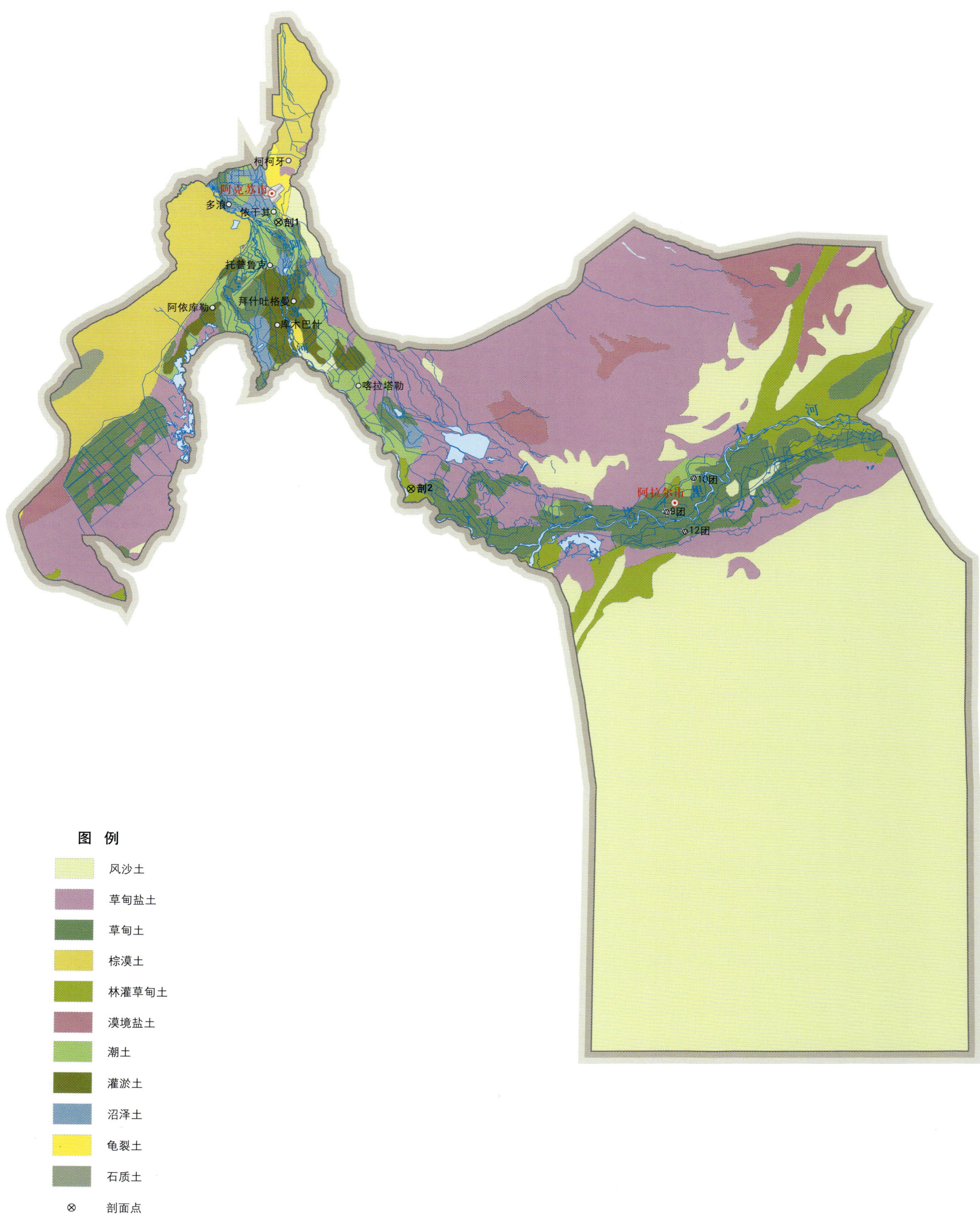

阿克苏市土壤剖面理化性状表

剖面号 Soil profile	土纲 Soil order	土类 Soil great group	亚类 Soil subgroup	土属 Soil genus	土种 Soil species	土层码 Layer code	土层厚度 Depth/cm	颜色 Soil color	质地 Soil texture	土壤结构 Soil structure	pH	有机质 OM/(g/kg)	全氮 TN/(g/kg)	全磷 TP/(g/kg)	全钾 TK/(g/kg)	有效磷 AP/(mg/kg)	速效钾 AK/(mg/kg)	土壤母质 Parent material	剖面点坐标 Profile coordinate	匹配指数 Matching index/%
剖1	半水成土	潮土	潮土	二潮灰潮土	二潮灰土	A₁₁	0—18	淡灰色	中壤土	团粒状	8.2	23.5	1.15	1.28	10.0	8.5		冲积物	E 80°17′01.3″ N 41°06′38.5″	88
						A₁₂	18—25	淡灰色	中壤土	片状	8.3	16.9	0.91	1.24	10.6	8.3				
						Cu₁	25—57	灰白色	轻壤土	块状	8.3	11.7	0.63	1.26	10.8	8.3				
						Cu₂	57—100	灰白色	砂土	单粒状	8.8	3.6	0.18	1.14	14.0					
剖2	半水成土	林灌草甸土	林灌草甸土	灌耕林灌草甸土	漏砂林灌土	A₁₁	0—28	淡黄灰色	轻壤土	小块状	8.6	7.5	0.51	0.68		5.0	345	冲积物	E 80°37′22.1″ N 40°35′16.8″	94
						C	28—122	灰黄色	砂土	单粒状	8.8	1.6	<0.10	0.65		2.0	23			
						Cu	122—221	淡灰色	砂壤土	小块状	9.2	3.4	0.29	0.35		2.0	62			

库 车 市

主要土类说明

棕漠土是库车市主要土壤类型，占本市地域面积的 22%。棕漠土是在暖温带极端干旱的荒漠气候条件下发育而成的地带性土壤。植被覆盖百分率极低，且矮小。成土母质主要有洪积、冲积细土母质和砂砾质洪积物以及石质残积物、坡积物。形成过程为微弱的腐殖质积累过程（土壤有机质含量大部分在 5—9g/kg）、明显的碳酸钙表聚作用和强烈的石膏及易溶盐聚积过程、较弱的残积黏化作用和较强的铁质化作用、灌淤熟化过程、现代积盐过程。棕漠土有三个发生层次：表层有发育很弱的孔状结皮，结皮下面是红棕色的铁质染色紧实层，紧实层下面是石膏和易溶盐聚积层。

漠境盐土是库车市第二大土壤类型，占本市地域面积的 14%。漠境盐土主要是指古代或过去的积盐过程所形成的残余盐土。它是由于自然条件发生变化（例如地质构造运动引起地层上升、河流下切或河流改道等）而形成的，现已不受地下水活动的影响，停止了积盐过程。主要分布在老洪积冲积平原、干三角洲上部古河道和戈壁地上。地下水埋深 5—10m，脱离了地下水的影响。现代积盐过程终止，荒漠过程增强，有的被风蚀或表层被风沙埋没，成为埋藏盐土。漠境盐土生长的植被有红柳、盐穗木、琵琶柴、梭梭、骆驼刺、盐蒿、黑刺、胡杨和少量旱生芦苇，植被覆盖百分率 5%—10%。漠境盐土发生于荒漠地区，由于土壤水分遭受强烈蒸发，盐分表聚，甚少淋洗，大量盐分累积，可形成盐壳与盐磐，含盐量通常在 100g/kg 以上。

草甸盐土是库车市第三大土壤类型，占本市地域面积的 12%。主要分布在洪积扇边缘、泉水溢出带的外缘、河谷和平原洼地、大河两侧和河滩地、河间低地以及湖滨平原。分布区的地下水埋深一般 1—2m，最低 3m，矿化度较低，一般为 2.0—5.0g/L。自然植被为草甸植被和盐生植被。草甸盐土是在盐生草甸植被下，受地下水的毛细管作用，经过积盐过程发育而成。积盐过程是草甸盐土主导的成土过程。生草过程为次要的或附加的成土过程。有盐化表土层，具 A–C 剖面构型。

草甸土占库车市地域面积的 9%。草甸土是在冷湿条件下，受地下水浸润并在草甸植被下发育形成的土壤。因所处地下水位较高，受地下水升降与浸润作用，潜水参与土壤形成过程。主要分布在河流的河滩低阶处、冲积平原、洪积扇和湖滨地带。主要母质为河流冲积物，也有少量洪积物、湖积物。地下水埋藏深度一般在 1—3m，矿化度 1—3g/L。草甸植被发育良好，但类型比较简单。草甸化过程是草甸土的主要成土过程，包括表层土壤有机质积累和下层土壤季节性氧化还原交替过程。基本上可以分为腐殖质层、锈色斑纹层两个发生层。有大量的有机质积累，普遍具有盐化特征。

草毡土占库车市地域面积的 8%。原称高山草甸土。草毡土是发生于高寒区（青藏高原）平缓高原面上，具强度生草腐殖质积累与弱度氧化还原特征的高山土壤。由于寒冻，蒿草根累积并弱度分解，土壤呈草毡状。土体滞水，冻融交替，弱度氧化还原交替进行，造成氧化铁微弱游离。成土母质通常以坡积物、残积物为主，部分为冰碛物或冰水沉积物，极个别的为黄土母质等。形成过程有生草过程、有机质积累过程（包括腐殖化过程）、淋溶过程、淀积过程（包括钙化过程）和高山冻融过程等。一般具有四个主要发生层次，分别为有机质层（包括生草层）、淋溶层、钙积层和母质层。

棕钙土占库车市地域面积的 8%。棕钙土是由生物累积和碳酸钙移动淀积两个主要成土过程共同作用而形成的地带性土壤。由于地面植被少，腐殖质的累积少，在水的淋溶作用下，母质和植物分解所释放的钙成为重碳酸钙形式下移，形成明显的碳酸钙淀积层，但由于降水量小，淋溶深度浅而不彻底，从而形成棕钙土。一般具有三个基本层次，分别为腐殖质层、钙积层与母质层。

冷钙土占库车市地域面积的 7%。原称亚高山草原土。成土母质以坡积物、残积物为主，部分有冰碛物、冰水沉积物或洪积物，黄土母质只在局部地区出现。具有较强的有机质积累过程、腐殖化过程，有淋溶过程、钙积过程（钙化过程）以及冻融过程等，都弱于草毡土。在土壤剖面上部有腐殖质积累，土壤有机质含量为 5% 左右，表层可见簇状草根层。腐殖质层厚 10—20cm，粒状结构，颜色为灰棕色或棕色，土壤常有受土壤动物扰动的痕迹。在剖面的中下部，即 30cm 或 50cm 的深度上，可见比较明显的钙积层。碳酸钙的淀积形态主要是斑点状或脉纹状，含量可达 10%—35%。土壤呈微碱性至碱性，pH 为 7.5—8.5。土壤质地较轻，大部分含有石砾。

潮土占库车市地域面积的5%。潮土是在平原灌区河流沉积物上发育的土壤，主要分布在冲积扇下部和三角洲的中下部，大河两岸的低阶地和地下水溢出带，多由草甸土、盐土、沼泽土开垦、改良、培肥而成。受地下水活动和灌溉水的共同影响，土体经常保持湿润状态，群众称之为潮地、夜潮地、下潮地等。潮土是在自然条件和农业生产措施综合影响下的产物，其主导的成土过程包括潮化过程和耕种熟化过程，还有附加形成过程，例如盐化、灌淤、脱潮等。土壤剖面层次分化明显，一般可分为耕作层、犁底层、心土层和底土层。有明显的锈斑锈纹。潮土土层深厚，质地适中，耕性好，保肥性高，养分充足。土体湿润，抗旱能力强。

林灌草甸土占库车市地域面积的3%。分布于塔里木盆地海拔800—1000m的区域。形成过程为有机质的积累过程、氧化还原过程、盐化过程。母质层多为河流冲积物。一般具有枯枝落叶层、粗腐殖质层、腐殖质层、过渡层、潴育层。在发育初期，由于土壤水分条件良好，草甸植被伴随胡杨幼林向乔灌混生群落过渡，其土壤发育特征与一般草甸土相似，残留凋落物少，腐殖质表土层薄，土体盐分含量低。在发育中期，随着林灌生长繁茂，林冠郁闭度增大，林下草类逐渐减少。当河滩下切或改道，地下水位下降较深（5—6m），土壤水分条件开始不适应草甸植被生长的需要，随之以胡杨林伴生灌木植被为主的群落代替了草甸植被，其下发育的土壤剖面分化出明显的枯枝落叶层、腐殖质表土层和氧化还原潴育层。此时，土体中易溶盐增多，苏打普遍积累，土壤碱性增强。在发育后期，河流继续下切，地下水位下降迅速加深，林灌逐渐衰老退化成疏林，草类也明显减少。此时，土壤漠土化作用加强，土色变淡，有机质含量降低，盐分开始积累，地表出现砾幂和林间龟裂等特征。平原区林灌草甸土植被所需水分的供给主要来自洪水期河流补给，几乎很难利用天然降水。而洪水期（地下水位上升）与枯水期（地下水位下降）水量变化极为明显，土壤水分随季节变化而有规律地垂直升降，引起土壤干湿交替氧化还原，形成具有铁锰锈纹斑的潴育特征土层，但尚未形成铁锰结核新生体。

本市面积小于3%的土壤类型还有风沙土、寒冻土、灰褐土、灌淤土、石质土、沼泽土、水稻土等。

本区域中心区气候特征

本区域中心区气候特征值
Regional climate characteristics in central area of the region

气候带：暖温带极干旱气候 Climate region: Warm temperate extremely arid climate	
年平均气温 /℃ Annual average temperature /℃	11.2
年平均最高气温 /℃ Annual average maximum temperature /℃	17.7
年平均最低气温 /℃ Annual average minimum temperature /℃	5.3
年降水量 /mm Annual precipitation /mm	76
≥10℃的积温 /℃ Daily temperature accumulated in a year（≥10℃）/℃	4100
年日照时数 /h Annual sunshine /h	2714
年平均相对湿度 /% Annual average relative humidity /%	47
干燥度 Dryness	9.59

本区域中心区月平均气温与月平均降水量
Monthly temperature and precipitation in central area of the region

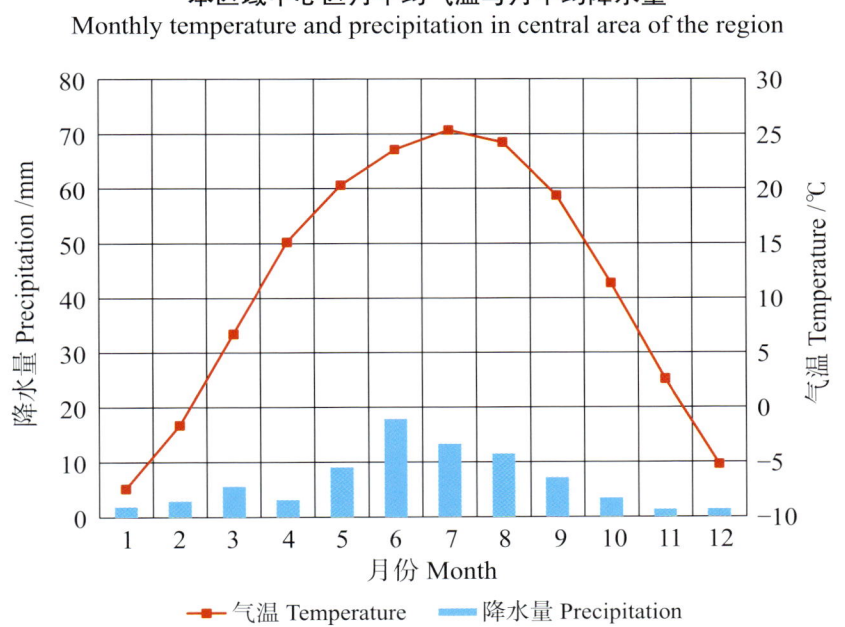

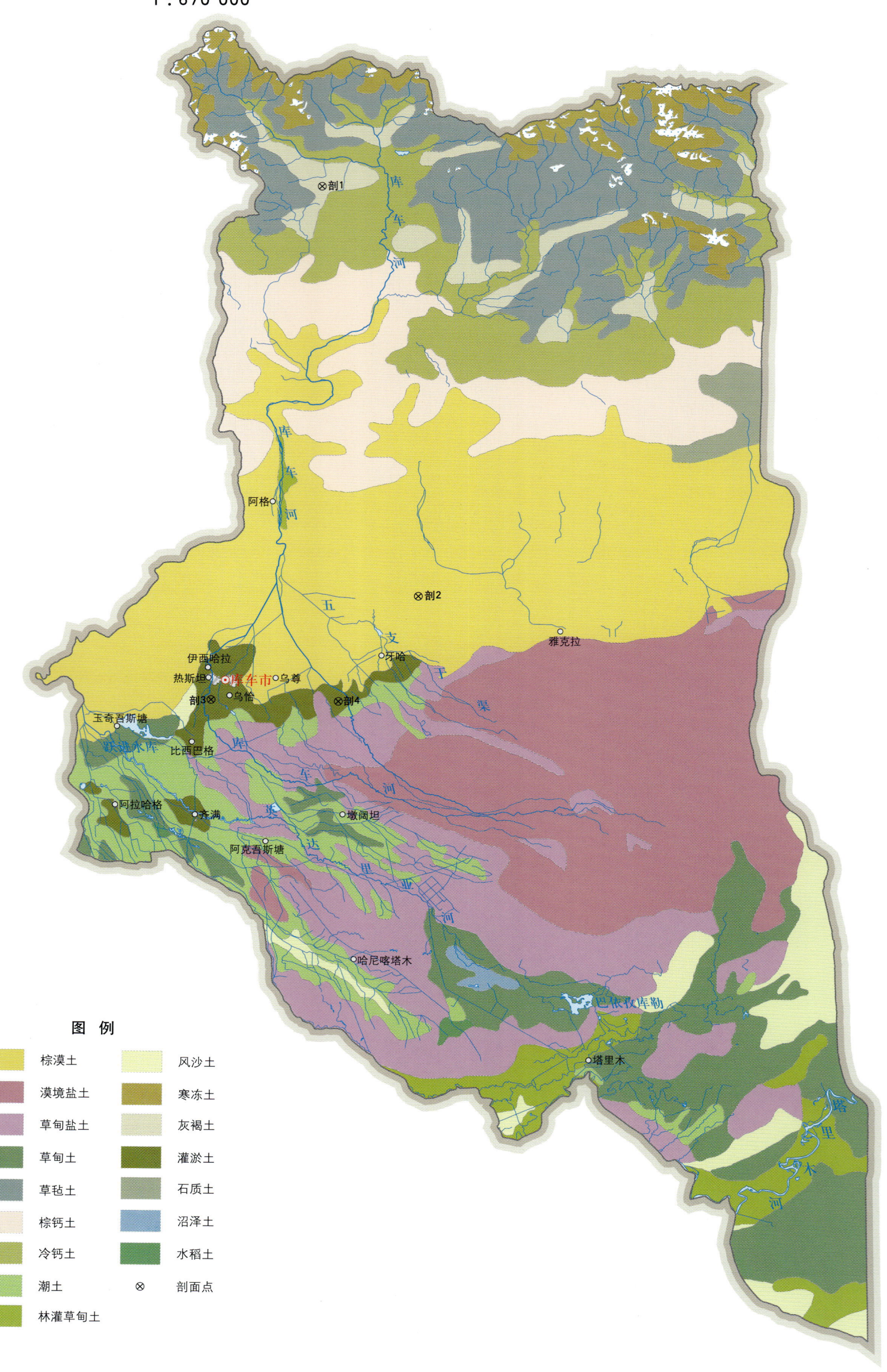

库车市主要土壤类型与土壤剖面点分布图

库车市土壤剖面理化性状表

剖面号 Soil profile	土纲 Soil order	土类 Soil great group	亚类 Soil subgroup	土属 Soil genus	土种 Soil species	土层码 Layer code	土层厚度 Depth/cm	颜色 Soil color	质地 Soil texture	土壤结构 Soil structure	pH	有机质 OM/(g/kg)	全氮 TN/(g/kg)	全磷 TP/(g/kg)	全钾 TK/(g/kg)	碱解氮 AN/(mg/kg)	有效磷 AP/(mg/kg)	阳离子交换量 CEC/(cmol/kg)	土壤母质 Parent material	剖面点坐标 Profile coordinate	匹配指数 Matching index/%
剖1	半淋溶土	灰褐土	石灰性灰褐土	灰褐黄土	灰黑土	O	0—3	淡灰棕色	黏壤土	粒状	8.1								残积物、坡积物	E 83°08′41.3″ N 42°24′13.3″	95
						Ai	3—6				8.0										
						Ah	6—24	暗棕色	粉砂质黏壤土	团粒状	8.3	128.8	4.59	1.54	17.1			35.4			
						AB	24—54	棕色	黏壤土	块状	7.9	96.1	4.68	1.30	17.8			31.7			
						Bk	54—96	灰棕色	粉砂质黏壤土	块状	8.2	29.1	1.22	1.23	18.8			22.0			
						Ck	96—138	棕灰色	粉砂质壤土	块状	8.8	18.4	0.51	1.25	21.1						
剖2	漠土	棕漠土	棕漠土			1	0—2					2.2	0.17	1.05		18	3.1			E 83°18′07.2″ N 41°49′39.0″	83
						2	2—7					1.0	0.11	0.85		19	3.1				
						3	7—17					1.2	0.11	0.72		53	1.3				
						4	17—36					1.6	0.17	0.76		92	1.3				
剖3	人为土	灌淤土	灌淤土	淤壤土	灰淤泥	A₁₁	0—20	浊橙色	黏壤土	小粒状	8.2	22.5	1.24	0.87	10.2		45.0	8.4	淤积物	E 82°55′30.0″ N 41°41′16.8″	94
						Ab₁	20—38	浊橙色	黏壤土	块状	8.2	13.1	0.81	0.79	10.7		14.0	7.9			
						Ab₂	38—80	浊橙色	粉砂质黏壤土	块状	8.3	11.0	0.72	0.78	11.5		4.0	9.8			
						C	80—110	浊橙色	粉砂质黏壤土	块状		5.8	0.35	0.62	10.7			7.8			
剖4	人为土	灌淤土	灌淤土			1	0—20	灰色	轻壤土	块状		16.8	1.20	0.55						E 83°09′14.4″ N 41°40′55.6″	91
						2	20—32	灰色	轻壤土	块状		14.0	0.80	0.58							
						3	32—60	灰色	轻壤土	块状		16.7	0.80	0.60							
						4	60—100		轻壤土	块状		13.3	0.70	0.70							

温 宿 县

主要土类说明

棕漠土是温宿县主要土壤类型，占本县地域面积的27%。成土母质主要有洪积、冲积细土母质和砂砾质洪积物以及石质残积物、坡积物。形成过程为微弱的腐殖质积累过程、明显的碳酸钙表聚作用和强烈的石膏及易溶盐聚积过程、较弱的残积黏化作用和较强的铁质化作用、灌淤熟化过程和现代积盐过程。

草甸盐土是温宿县第二大土壤类型，占本县地域面积的14%。主要分布在洪积扇边缘、泉水溢出带的外缘、河谷和平原洼地、大河两侧和河滩地、河间低地以及湖滨平原。分布区的地下水埋深一般为1—2m，最低3m，矿化度较低，一般为2.0—5.0g/L。自然植被为草甸植被和盐生植被。积盐过程是草甸盐土主导的成土过程，生草过程为次要的或附加的成土过程。

寒冻土是温宿县第三大土壤类型，占本县地域面积的9%。原称高山寒漠土。除岩块表面着生的冷生壳状地衣外，高等植物主要为耐寒、耐旱（生理干旱）的短命宿根多年生垫状植物，常见的有风毛菊、绿绒蒿、垫状点地梅、蚤缀、景天等。形成过程除了具有同平原或山地中的漠土以及平原的龟裂土某些基本过程，还有寒冻物理风化过程和高山冻融过程。成土母质均为冰碛物，地表有冰碛碎石块。土壤有机质和全氮含量均极低。

棕钙土占温宿县地域面积的8%。棕钙土是由生物累积和碳酸钙移动淀积两个主要成土过程共同作用而形成的地带性土壤。棕钙土比较分散，分布在中山地带，海拔多为1900—2200m。土壤有明显的生物累积现象，同时也出现了自然淋溶现象。一般具有三个基本层次，分别为腐殖质层、钙积层与母质层。

草毡土占温宿县地域面积的6%。原称高山草甸土。成土母质通常以坡积物、残积物为主，部分为冰碛物或冰水沉积物，极个别的为黄土母质等。形成过程有生草过程、有机质积累过程（包括腐殖化过程）、淋溶过程、淀积过程（包括钙化过程）和高山冻融过程等。一般具有四个主要发生层次，分别为有机质层（包括生草层）、淋溶层、钙积层和母质层。

栗钙土占温宿县地域面积的4%。成土母质多为黄土，其次为坡积物与冰碛物。形成过程有明显的有机质积累过程和钙化过程。表层土壤有机质含量为25g/kg，呈微碱到碱性，阳离子交换量一般为10.5—20cmol/kg，土体表层碳酸钙含量很少。

冷钙土占温宿县地域面积的4%。原称亚高山草原土。成土母质以坡积物、残积物为主，部分有冰碛物、冰水沉积物或洪积物，黄土母质只在局部地区出现。具有较强的有机质积累过程、腐殖化过程，有淋溶过程、钙积过程（钙化过程）以及冻融过程等，都弱于草毡土。

本县面积小于4%的土壤类型还有潮土、草甸土、沼泽土、灌淤土、漠境盐土、风沙土、灰褐土、石质土、水稻土等。

本区域中心区气候特征

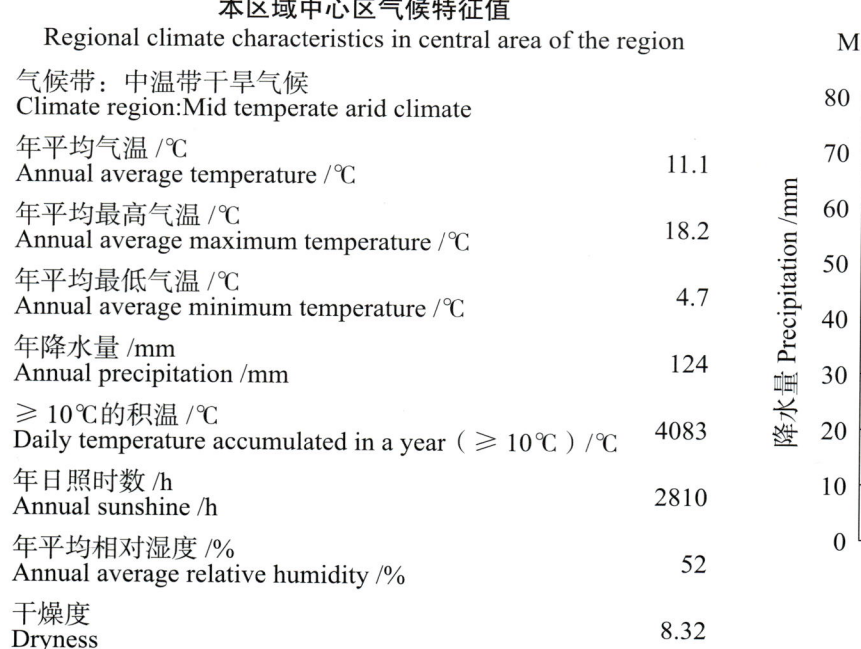

本区域中心区气候特征值
Regional climate characteristics in central area of the region

气候带：中温带干旱气候 Climate region: Mid temperate arid climate	
年平均气温 /℃ Annual average temperature /℃	11.1
年平均最高气温 /℃ Annual average maximum temperature /℃	18.2
年平均最低气温 /℃ Annual average minimum temperature /℃	4.7
年降水量 /mm Annual precipitation /mm	124
≥10℃的积温 /℃ Daily temperature accumulated in a year（≥10℃）/℃	4083
年日照时数 /h Annual sunshine /h	2810
年平均相对湿度 /% Annual average relative humidity /%	52
干燥度 Dryness	8.32

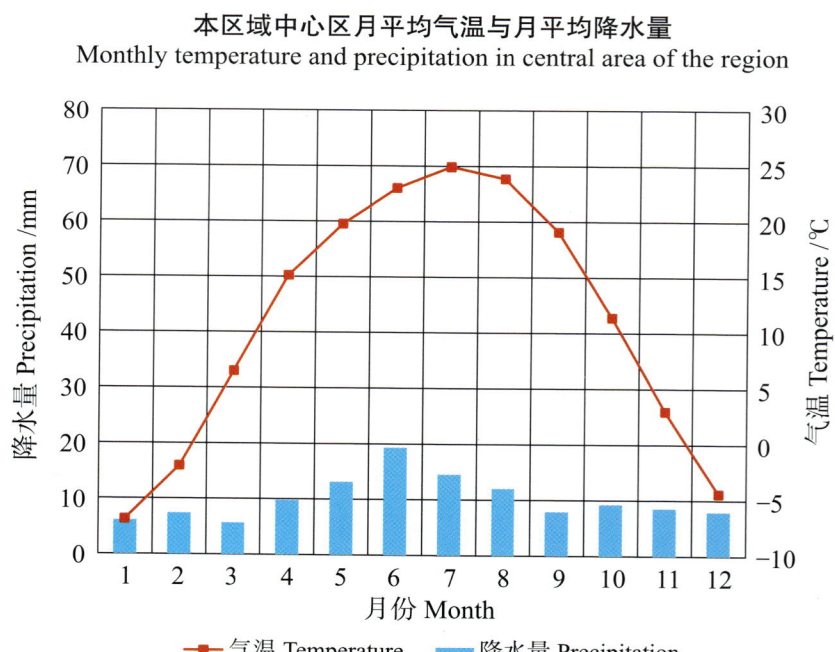

本区域中心区月平均气温与月平均降水量
Monthly temperature and precipitation in central area of the region

温宿县主要土壤类型与土壤剖面点分布图

1:700 000

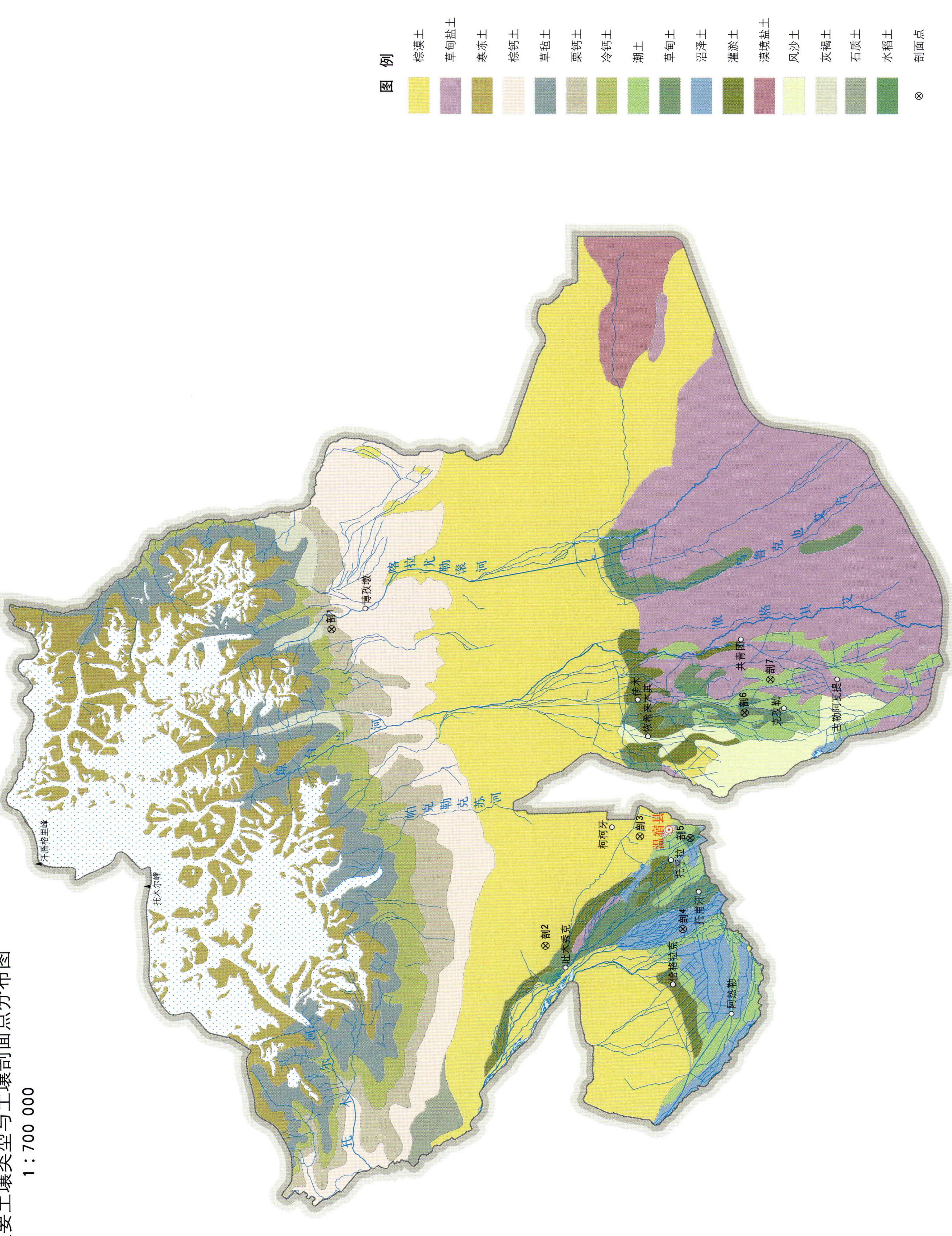

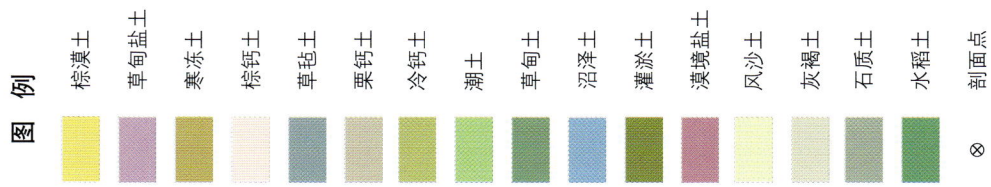

第二编 分县土壤图与土壤剖面数据 | 125

温宿县土壤剖面理化性状表

剖面号 Soil profile	土纲 Soil order	土类 Soil great group	亚类 Soil subgroup	土属 Soil genus	土种 Soil species	土层码 Layer code	土层厚度 Depth/cm	颜色 Soil color	质地 Soil texture	土壤结构 Soil structure	pH	有机质 OM/(g/kg)	全氮 TN/(g/kg)	全磷 TP/(g/kg)	全钾 TK/(g/kg)	碱解氮 AN/(mg/kg)	有效磷 AP/(mg/kg)	速效钾 AK/(mg/kg)	阳离子交换量 CEC/(cmol/kg)	土壤母质 Parent material	剖面点坐标 Profile coordinate	匹配指数 Matching index/%
剖1	钙层土	栗钙土	淡栗钙土	淡栗钙土	壤质栗黄土	A	0—15	红棕色	中壤土	小块状	8.1	29.1	1.28	0.67			3.0	227		坡积物、残积物	E 80° 39′ 22.3″ N 41° 46′ 28.2″	92
						AB	15—40	淡灰黄色	中壤土	小块状	8.6	18.4	0.89	0.59			1.0	121				
						Bk	40—85	淡灰棕色	重壤土	块状	8.7	8.0	0.41	0.52			1.0	143				
						C	85—100	棕红色	重壤土	块状	8.5	4.4	0.24	0.53			1.0	188				
剖2	漠土	棕漠土	棕漠土	棕漠土	砂质漠黄土	Aj	0—1.5	黄棕色	砂质砂土													
						A	1.5—11	淡黄棕色	砂质砂土	块状	8.9	1.3	<0.10	0.29	28.9					冲积物、洪积物	E 80° 00′ 08.6″ N 41° 27′ 11.2″	78
						B	11—23	黄棕色	砂质细砂土	块状	8.9	1.3	<0.10	0.20	31.1							
						BC	23—50	黄棕色	砂质细砂土	块状	8.9	1.2	<0.10	0.16	31.2							
						C	50—60	黄棕色	细砂土	块状	8.6	<1.0		0.72								
剖3	漠土	棕漠土	棕漠土			1	0—10	棕色	砂壤土	片状	7.8	1.5	<0.10	0.35							E 80° 13′ 48.0″ N 41° 18′ 46.4″	84
						2	10—21	淡黄棕色	砂壤土	片状	7.7	2.2	0.11	0.35								
						3	21—25	灰色	砂砾土		7.9	1.5	<0.10	0.33								
						4	25—56	灰色	砾石夹砂土		8.0	1.1	<0.10	0.43								
						5	56—	青灰色	砾石土		8.4	3.2	0.18	0.43								
剖4	水成土	沼泽土	草甸沼泽土	草甸沼泽土	灰沼田	Ai	0—11	暗棕色	轻壤土		7.5	179.2	>6.00	1.78	8.7						E 80° 02′ 19.7″ N 41° 14′ 53.5″	95
						A	11—33	棕灰色	轻壤土	块状	7.5	>250.0	>6.00	1.54	8.0							
						AC	33—55	灰黄色	轻壤土	块状	7.8	65.3	2.90	1.52	6.0							
						Cg	55—73	灰色	轻壤土	块状	7.7	63.3	2.18	1.50	7.0							
						G	73—100	青灰色	轻壤土	块状	8.1	12.9	0.40	1.53	11.0							
剖5	人为土	水稻土	潜育水稻土	青潮泥砂田土	青灰泥田	Aa	0—16	灰棕色	壤质黏土	块状	8.5	46.4	2.44	1.86	9.6	25	11.0		14.1	冲积物	E 80° 13′ 36.8″ N 41° 14′ 13.9″	89
						Ap	16—26	淡灰棕色	壤质黏土	块状	8.4	47.5	2.51	1.80	9.6	20	8.0		14.6			
						G₁	26—42	淡灰色	黏壤土	块状	8.4	29.8	1.58	1.72	9.6	16	5.0		11.3			
						G₂	42—100	灰色	砂壤土	块状	8.4	16.2	0.69	1.52	10.6							
剖6	半水成土	草甸土	盐化草甸土	氯化物-硫酸盐灌耕草甸土	重盐化灌耕草甸土	1	0—20				8.3	6.9	0.27	0.35						河流冲积物	E 80° 29′ 08.5″ N 41° 09′ 24.8″	88
						2	20—37	棕灰色	轻壤土	块状	8.1	14.1	0.64	0.35								
						3	37—80	棕灰色	轻壤土	块状	8.2	7.5	0.58	0.35								
剖7	半水成土	潮土	灌淤潮土	退潮灌淤潮土		1	0—19	棕灰色	轻壤土	块状	8.0	19.0	1.01	0.65							E 80° 33′ 14.8″ N 41° 07′ 06.6″	91
						2	19—40	灰棕色	轻壤土	块状	8.0	11.6	0.61	0.61								
						3	40—67	灰灰色	轻壤土	块状	8.2	12.1	0.57	0.74								
						4	67—83	暗灰棕色	轻壤土	块状	8.1	13.9	0.55	0.61								
						5	83—100	黄棕色	轻壤土	块状	8.1	6.8	0.29	0.61								

新 和 县

主要土类说明

漠境盐土是新和县主要土壤类型，占本县地域面积的28%。主要分布在老洪积冲积平原、干三角洲上部古河道和戈壁地上。漠境盐土是漠境地区干旱气候条件下淋洗微弱而形成的积盐土壤，其积盐过程不受现在地下水的影响。

棕漠土是新和县第二大土壤类型，占本县地域面积的18%。其成土母质主要有洪积、冲积细土母质和砂砾质洪积物以及石质残积物、坡积物。棕漠土的形成过程为微弱的腐殖质积累过程、明显的碳酸钙表聚作用和强烈的石膏及易溶性盐聚积过程、较弱的残积黏化作用和较强的铁质化作用、灌淤熟化过程和现代积盐过程。棕漠土表层有机质含量很低，多为干枯的植物残体和碎屑，生物作用十分弱。

风沙土是新和县第三大土壤类型，占本县地域面积的15%。主要植被有沙蒿、骆驼蓬、三芒草等，植物生长稀疏，植被覆盖百分率较低。成土母质是风成沙。风沙土是在风的搬迁、堆积下形成的，形成过程分为流动风沙土阶段、半固定风沙土阶段、固定风沙土阶段，主要形成过程为风沙粒的被固定过程，此外还有人工熟化附加过程。风沙土有机质含量低，阳离子交换量很低。

草甸盐土占新和县地域面积的12%。主要分布在洪积扇边缘、泉水溢出带的外缘、河谷和平原洼地、大河两侧和河滩地、河间低地以及湖滨平原。自然植被为草甸植被和盐生植被。分布区的地下水埋深一般为1—2m，最低3m，且矿化度较低，一般为2.0—5.0g/L。积盐过程是草甸盐土主导的成土过程，生草过程为次要的或附加的成土过程。

潮土占新和县地域面积的8%。主要分布在冲积扇下部和三角洲的中下部，大河两岸的低阶地和地下水溢出带。潮土的母质与区域沉积物有关，扇缘地带的部分潮土剖面中有黏土层，河滩地上的潮土剖面中常有粗相物质。潮土的地下水位在1—3m，土体潮润，加上土温低，不利于农作物根系发育。

林灌草甸土占新和县地域面积的6%。分布于塔里木盆地海拔800—1000m区域。形成过程为有机质的积累过程、氧化还原过程、盐化过程。母质层多为河流冲积物。林灌草甸土一般具有枯枝落叶层、粗腐殖质层、腐殖质层、过渡层、潴育层。

草甸土占新和县地域面积的5%。主要母质为河流冲积物，也有少量洪积物、湖积物。地下水埋藏深度一般在1—3m，矿化度1—3g/L。草甸植被发育良好，但类型比较简单。草甸化过程是草甸土的主要成土过程，包括表层土壤有机质积累和下层土壤季节性氧化还原交替过程，基本上可以分为腐殖质层、锈色斑纹层两个发生层。草甸土有大量的有机质积累，普遍具有盐化特征。

龟裂土占新和县地域面积的5%。所处地貌类型为山前洪积平原、古老冲积平原、干三角洲和丘间低地。地下水位埋藏都较深，多在数十米以下。植被中几乎没有高等植物。土壤中养分含量低，具有不同程度的盐渍化。

本县面积小于3%的土壤类型还有灌淤土、沼泽土、水稻土等。

本区域中心区气候特征

本区域中心区气候特征值
Regional climate characteristics in central area of the region

气候带：暖温带极干旱气候 Climate region: Warm temperate extremely arid climate	
年平均气温 /℃ Annual average temperature /℃	11.3
年平均最高气温 /℃ Annual average maximum temperature /℃	18.1
年平均最低气温 /℃ Annual average minimum temperature /℃	5.0
年降水量 /mm Annual precipitation /mm	95
≥10℃的积温 /℃ Daily temperature accumulated in a year (≥10℃) /℃	4098
年日照时数 /h Annual sunshine /h	2766
年平均相对湿度 /% Annual average relative humidity /%	49
干燥度 Dryness	8.91

本区域中心区月平均气温与月平均降水量
Monthly temperature and precipitation in central area of the region

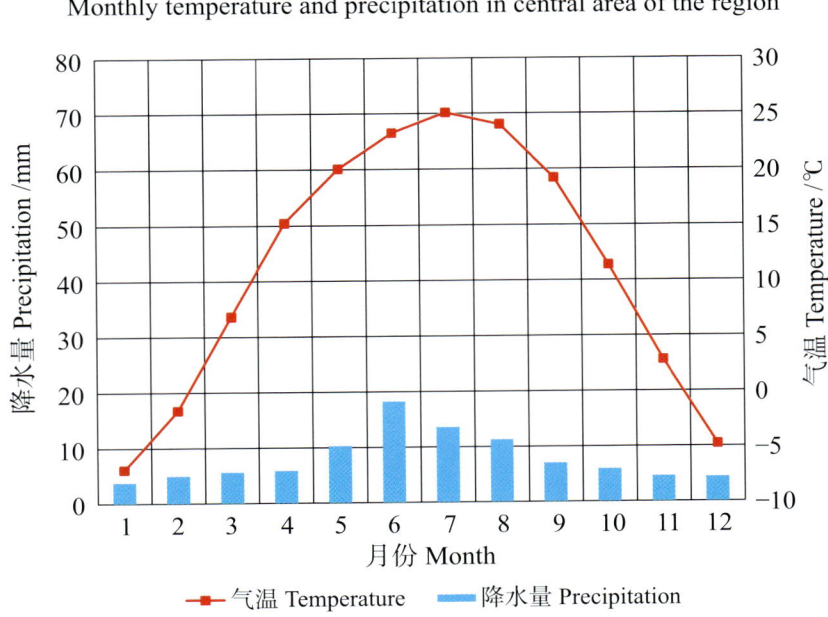

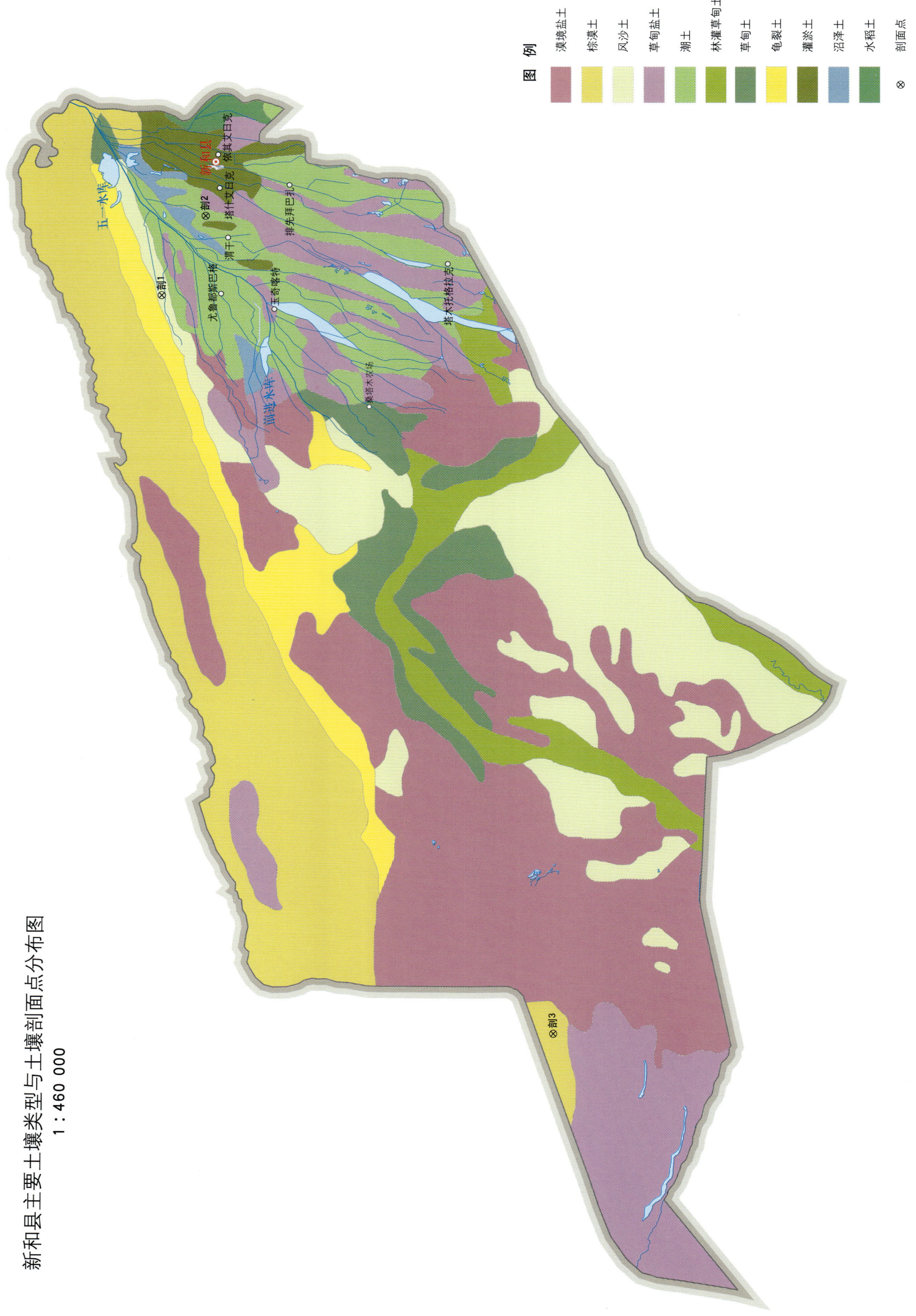

新和县土壤剖面理化性状表

剖面号 Soil profile	土纲 Soil order	土类 Soil great group	亚类 Soil subgroup	土属 Soil genus	土种 Soil species	土层码 Layer code	土层厚度 Depth/cm	颜色 Soil color	质地 Soil texture	土壤结构 Soil structure	pH	有机质 OM/(g/kg)	全氮 TN/(g/kg)	全磷 TP/(g/kg)	全钾 TK/(g/kg)	速效钾 AK/(mg/kg)	土壤母质 Parent material	剖面点坐标 Profile coordinate	匹配指数 Matching index/%
剖1	初育土	风沙土	荒漠风沙土	沙丘边缘灌耕风沙土	灰砂土	1	0—19	灰棕色	黏壤土	块状	8.5	9.8	0.59	0.53				E 82°25′29.6″ N 41°36′19.4″	92
						2	19—31	灰棕色	砂壤土	块状	8.5	8.1	0.39	0.45					
						3	31—58	灰棕色	松砂土	块状	8.5	5.0	0.39	0.40					
						4	58—90	暗灰棕色	砂壤土	块状	8.5	6.7	0.36	0.48					
						5	90—100	灰棕色	中壤土	块状	8.6	6.3	0.28	0.43					
剖2	半水成土	潮土	盐化潮土	氯化物盐化潮土	轻氯盐化潮土	A_{11}	0—18	棕灰色	中壤土	块状	8.4	10.9	0.64	0.58			冲积物	E 82°32′01.3″ N 41°33′35.6″	95
						A_{12}	18—51	棕灰色	砂壤土	片状	8.4	8.0	0.57	0.53					
						Cu_1	51—80	灰棕色	中壤土	粒状	8.4	7.2	0.52	0.41					
						Cu_2	80—100	灰棕色	中壤土	片状	8.4	5.7	0.36	0.41					
剖3	漠土	棕漠土	盐化棕漠土	硫酸盐棕漠泥砂土	盐漠泥砂土	J	0—4	红棕色			7.9	3.8	0.44	1.18	19.0	390	洪积物	E 81°24′06.5″ N 41°13′05.9″	88
						Az	4—20	淡棕红色	粉砂质黏土	块状	8.3	3.3	0.35	1.35	12.8	80			
						Bzy	20—30	灰棕色	壤质黏土	块状	8.3	3.1	0.29	1.68	10.6	70			
						Bz	30—55	灰棕色	粉砂质黏土	片状	8.3	3.6	0.28	1.48	11.0	70			
						Bk	55—70	灰黄色	砂壤土	层状	8.3	3.0	0.15	1.16	10.6	55			
						Ck	70—100	灰黄色	砂壤土	单粒状	8.8	1.8	0.11	1.51	9.6	55			

拜 城 县

主要土类说明

棕漠土是拜城县主要土壤类型,占本县地域面积的34%。棕漠土是在暖温带极端干旱的荒漠气候条件下发育而成的地带性土壤。植被稀疏而简单,多属肉质、深根、耐旱的小半灌木和灌木荒漠类型。成土母质主要有洪积、冲积细土母质和砂砾质洪积物以及石质残积物、坡积物。形成过程为微弱的腐殖质积累过程、明显的碳酸钙表聚作用和强烈的石膏及易溶性盐聚积过程、较弱的残积黏化作用和较强的铁质化作用、灌淤熟化过程和现代积盐过程。

棕钙土是拜城县第二大土壤类型,占本县地域面积的19%。棕钙土是发生在草原向荒漠过渡的生物气候地带上的土壤。棕钙土在拜城县山区呈垂直分布。由于降水较多,加之夏季温暖的气候条件,自然植被生长茂盛,主要植被有马莲、芨芨草、锦鸡儿、鹅冠草、苔草、针茅、红柳等。棕钙土既具有草原土壤形成过程的特点,又具有荒漠土壤形成过程的特点。前者指棕钙土有生物累积过程和钙盐移动过程,后者指在棕钙土中已开始出现微弱的黏化和铁质化过程,但以前者为主。

草毡土是拜城县第三大土壤类型,占本县地域面积的12%。原称高山草甸土。成土母质通常以坡积物、残积物为主,部分为冰碛物或冰水沉积物,极个别的为黄土母质等。形成过程有生草过程、有机质积累过程(包括腐殖化过程)、淋溶过程、淀积过程(包括钙化过程)和高山冻融过程等。一般具有四个主要发生层次,分别为有机质层(包括生草层)、淋溶层、钙积层和母质层。

寒冻土占拜城县地域面积的11%。原称高山寒漠土。形成过程除了具有同平原或山地中的漠土以及平原的龟裂土某些基本过程,还有寒冻物理风化过程和高山冻融过程。成土母质为冰碛物。地表有冰碛碎石块。土壤有机质和全氮含量均极低。

冷钙土占拜城县地域面积的7%。原称亚高山草原土。成土母质以坡积物、残积物为主,部分有冰碛物、冰水沉积物或洪积物,黄土母质只在局部地区出现。冷钙土具有较强的有机质积累过程、腐殖化过程,有淋溶过程、钙积过程(钙化过程)以及冻融过程等,都弱于草毡土。

栗钙土占拜城县地域面积的6%。栗钙土是草原土壤中的土类,此土类和棕钙土的分布一样,在拜城县山区呈垂直分布,但它居于棕钙土的上部,即海拔1900—2700m区域,且在哈雷克他山北麓分布。这里气候寒冷,冬季雪多,夏季温和,雨量丰富。

本县面积小于5%的土壤类型还有灰褐土、灌淤土、潮土、沼泽土、草甸盐土、草甸土等。

本区域中心区气候特征

本区域中心区气候特征值
Regional climate characteristics in central area of the region

气候带:中温带亚干旱气候 Climate region: Mid temperate sub arid climate	
年平均气温 /℃ Annual average temperature /℃	10.8
年平均最高气温 /℃ Annual average maximum temperature /℃	17.6
年平均最低气温 /℃ Annual average minimum temperature /℃	4.7
年降水量 /mm Annual precipitation /mm	124
≥10℃的积温 /℃ Daily temperature accumulated in a year (≥10℃) /℃	3966
年日照时数 /h Annual sunshine /h	2762
年平均相对湿度 /% Annual average relative humidity /%	52
干燥度 Dryness	7.4

本区域中心区月平均气温与月平均降水量
Monthly temperature and precipitation in central area of the region

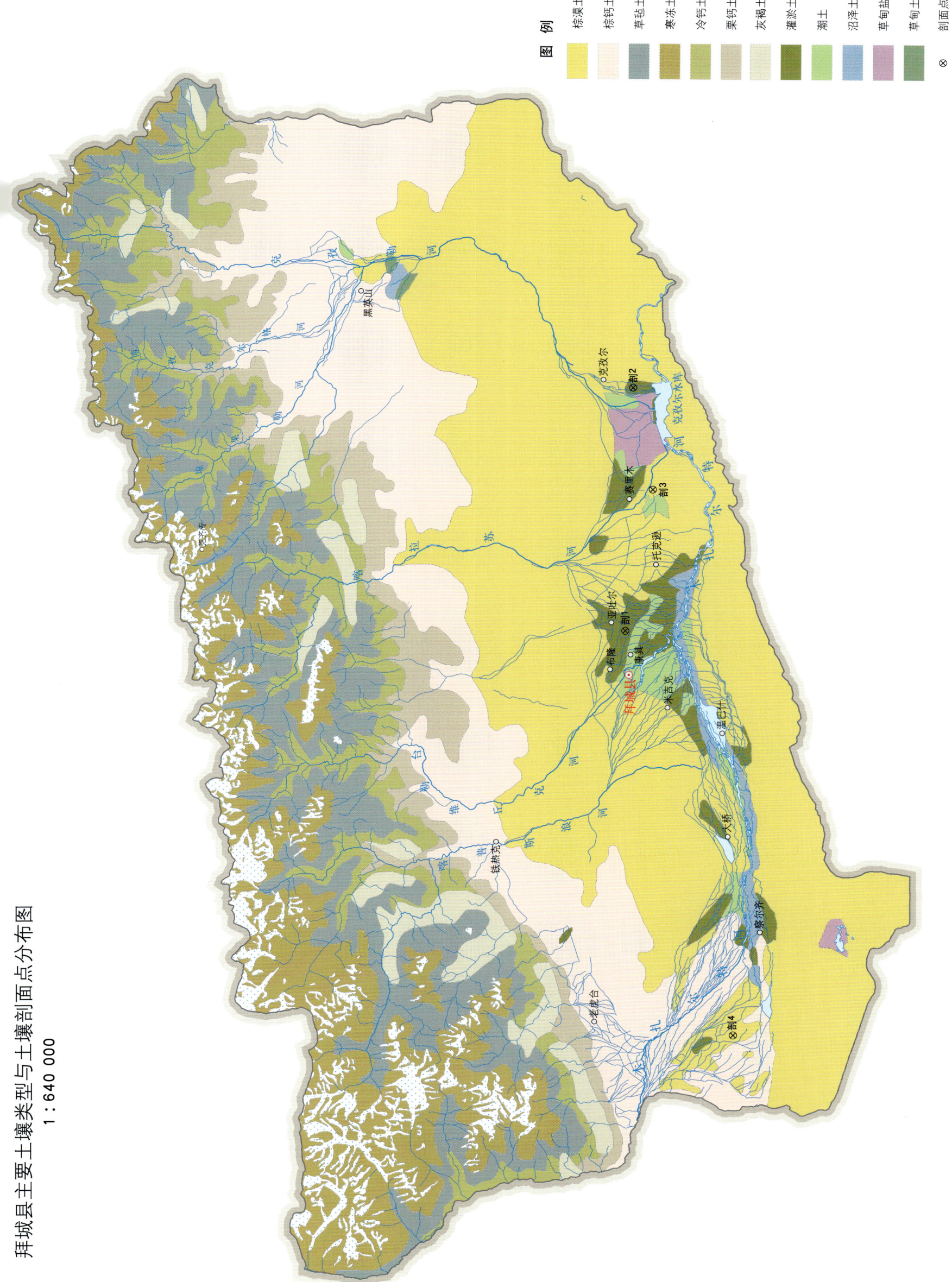

拜城县土壤剖面理化性状表

剖面号 Soil profile	土纲 Soil order	土类 Soil great group	亚类 Soil subgroup	土属 Soil genus	土种 Soil species	土层码 Layer code	土层厚度 Depth/cm	颜色 Soil color	质地 Soil texture	土壤结构 Soil structure	pH	有机质 OM/(g/kg)	全氮 TN/(g/kg)	全磷 TP/(g/kg)	土壤母质 Parent material	剖面点坐标 Profile coordinate	匹配指数 Matching index/%
剖1	人为土	灌淤土	灌淤土	洪灌淤土	灰土	1	0—18	灰色	中壤土	团粒状	8.4	17.9	0.97	0.62	灌溉淤积物	E 81°57′02.2″ N 41°48′05.8″	92
						2	18—65	灰色	中壤土	块状	8.5	13.9	0.71	0.52			
						3	65—105	红棕色	重壤土	片状	8.3	9.0	0.41	0.47			
						4	105—120	灰棕色	中壤土	块状	8.2	8.1	0.33	0.52			
剖2	人为土	灌淤土	潮灌淤土	灰潮灌淤土	潮灰淤土	A₁₁	0—22	灰色	中壤土	团粒状	8.6	18.3	0.82	0.64	灌溉淤积物	E 82°25′27.1″ N 41°47′11.8″	85
						Ab	22—94	灰色	重壤土	团块状	8.6	10.9	0.62	0.63			
						Cbu	94—120	青灰色	中壤土	片状	8.2	10.1	0.55	0.62			
剖3	漠土	棕漠土	灌耕棕漠土	黄土状灌耕棕漠土	底砂棕漠黄土	A₁₁	0—16	棕灰色	砂壤土	块状	8.4	12.9	0.65	0.56	洪积物、冲积物	E 82°13′31.1″ N 41°45′39.2″	84
						AB	16—37	棕灰色	轻壤土	片状	8.5	10.4	0.50	0.64			
						B₁	37—69	灰棕色	轻壤土	片状	8.4	10.1	0.58	0.58			
						B₂	69—82	红棕色	砂土	单粒状	8.5	3.1	0.16	0.33			
						C	82—100	棕色	砂壤土	小块状	8.3	6.7	0.38	0.56			
剖4	漠土	棕漠土	灌耕棕漠土	洪积-冲积灌耕棕漠土	淡黄土	1	0—16	黄棕色	轻壤土	块状		10.6	0.49	0.47		E 81°09′42.5″ N 41°39′13.7″	88
						2	16—35	灰棕色	砂壤土	块状		7.9	0.38	0.45			
						3	35—68	红棕色	中壤土	块状		6.1	0.33	0.41			
						4	68—120		中壤土	片状		4.4	0.22	0.47			

乌 什 县

主要土类说明

棕漠土是乌什县主要土壤类型，占本县地域面积的 38%。棕漠土为南疆地区荒漠地带性土壤，是暖温带极端干旱荒漠砂砾质洪积物和石质残积物或坡积物母质发育的干旱土壤，在本县的农业耕地土壤亚类为灌耕棕漠土。

栗钙土占乌什县地域面积的 10%。成土母质多为黄土，其次为坡积物与冰碛物。形成过程为明显的有机质积累过程和钙化过程。表层土壤有机质含量为 25g/kg，呈微碱到碱性，阳离子交换量一般为 10.5—20cmol/kg，土体表层碳酸钙含量很少。

冷钙土占乌什县地域面积的 10%。原称亚高山草原土。成土母质以坡积物、残积物为主，部分有冰碛物、冰水沉积物或洪积物，黄土母质只在局部地区出现。具有较强的有机质积累过程、腐殖化过程，有淋溶过程、钙积过程（钙化过程）以及冻融过程等，都弱于草毡土。

棕钙土占乌什县地域面积的 9%。棕钙土是由生物累积和碳酸钙移动淀积两个主要成土过程共同作用而形成的地带性土壤。一般具有三个基本层次，分别为腐殖质层、钙积层与母质层。

石质土占乌什县地域面积的 8%。石质土系发育于石质残积母质上的 A 层浅薄而又无 B 层发育的初育土。该土类有程度不同的石灰反应，属于钙质石质土亚类。广泛分布于各地的石质山地和剥蚀残丘上，且多在丘顶、山脊及阳坡、半阳坡，与裸岩组成复区。

草毡土占乌什县地域面积的 7%。原称高山草甸土。成土母质通常以坡积物、残积物为主，部分为冰碛物或冰水沉积物，极个别的为黄土母质等。形成过程有生草过程、有机质积累过程（包括腐殖化过程）、淋溶过程、淀积过程（包括钙化过程）和高山冻融过程等。一般具有四个主要发生层次，分别为有机质层（包括生草层）、淋溶层、钙积层和母质层。

寒冻土占乌什县地域面积的 6%。原称高山寒漠土。形成过程除了具有同平原或山地中的漠土以及平原的龟裂土某些基本过程，还有寒冻物理风化过程和高山冻融过程。成土母质均为冰碛物，地表有冰碛碎石块。土壤有机质和全氮含量均极低。

灌淤土占乌什县地域面积的 5%。在乌什县内长长的洪积坡上，广泛分布着以灌淤土为主的耕作土壤，是乌什县耕种历史最悠久的一个土壤类型。土壤高度熟化，地下水埋深 3—10m，无盐渍化威胁，养分含量丰富。

沼泽土占乌什县地域面积的 3%。在局部地区，如扇缘泉水溢出带、冲积平原上的凹形地，因地下水抬头而形成沼泽土。由于温凉气候的影响，沼泽植被非常丰茂，沼泽化过程的长短决定了沼泽土现有的分类：有的草甸过程在发育中，形成草甸沼泽土；有的草甸过程已很长，在潮润条件下，产生了很厚的腐殖质层，形成腐殖质沼泽土。

本县面积小于 3% 的土壤类型还有潮土、草甸土等。

本区域中心区气候特征

本区域中心区气候特征值
Regional climate characteristics in central area of the region

气候带：中温带干旱气候 Climate region: Mid temperate arid climate	
年平均气温 /℃ Annual average temperature /℃	11.3
年平均最高气温 /℃ Annual average maximum temperature /℃	18.5
年平均最低气温 /℃ Annual average minimum temperature /℃	4.8
年降水量 /mm Annual precipitation /mm	114
≥10℃的积温 /℃ Daily temperature accumulated in a year（≥10℃）/℃	4149
年日照时数 /h Annual sunshine /h	2825
年平均相对湿度 /% Annual average relative humidity /%	52
干燥度 Dryness	8.87

本区域中心区月平均气温与月平均降水量
Monthly temperature and precipitation in central area of the region

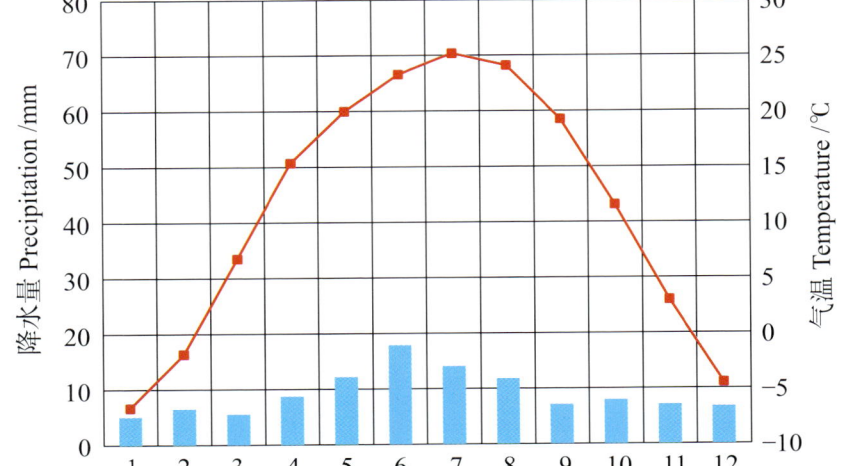

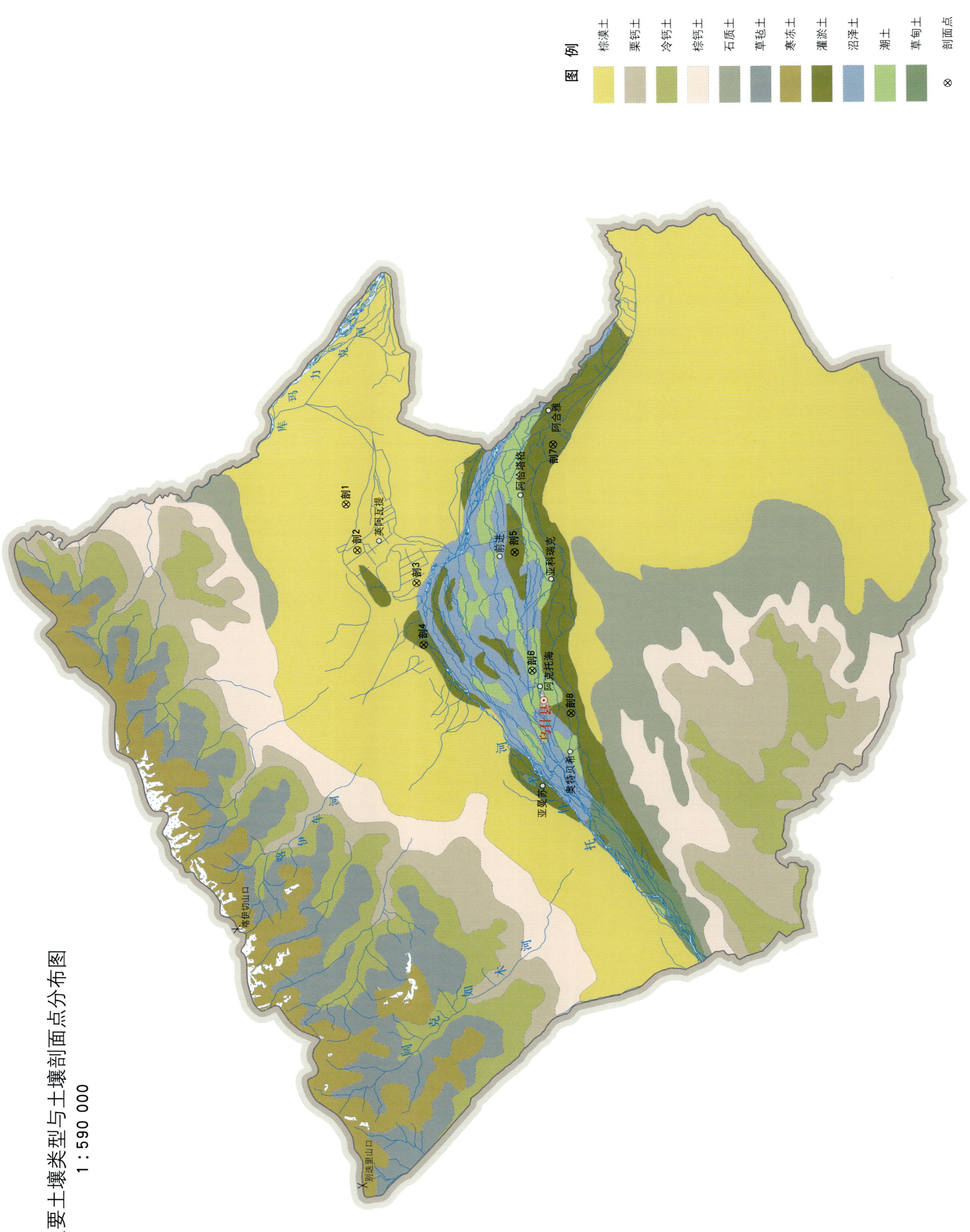

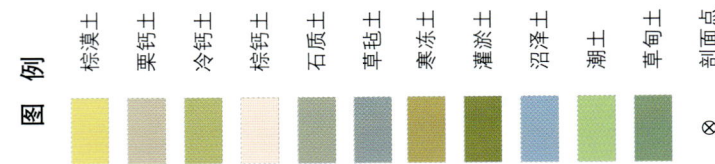

乌什县主要土壤类型与土壤剖面点分布图
1:590 000

乌什县土壤剖面理化性状表

剖面号 Soil profile	土纲 Soil order	土类 Soil great group	亚类 Soil subgroup	土属 Soil genus	土种 Soil species	土层码 Layer code	土层厚度 Depth/cm	颜色 Soil color	质地 Soil texture	土壤结构 Soil structure	pH	有机质 OM/(g/kg)	全氮 TN/(g/kg)	全磷 TP/(g/kg)	全钾 TK/(g/kg)	碱解氮 AN/(mg/kg)	有效磷 AP/(mg/kg)	速效钾 AK/(mg/kg)	阳离子交换量CEC/(cmol/kg)	土壤母质 Parent material	剖面点坐标 Profile coordinate	匹配指数 Matching index/%
剖1	漠土	棕漠土	棕漠土	棕漠土	砾质漠黄土	Aj	0—0.5	淡棕色	壤土	片状	8.1	6.2	0.32	0.37	14.7					洪积物	E 79°32′45.6″ N 41°27′16.9″	81
						A	0.5—6	黄棕色	壤土	块状	8.3	4.0	0.25	0.35	14.7							
						B	6—16	淡红棕色	砂壤土													
						Cy	16—49				8.0											
剖2	漠土	棕漠土	灌耕棕漠土	灌棕漠泥砂土	灌灰土	A_{11}	0—25	灰棕色	粉砂质黏壤土	小块状	8.2	16.6	0.98	0.70	17.5		6.0	316	7.8	洪积物、冲积物	E 79°28′11.6″ N 41°26′24.7″	92
						A_{12}	25—34	黄棕色	粉砂质黏壤土	片状	8.5	11.2	0.67	0.63	17.7		2.0	145	7.0			
						B_1	34—58	黄棕色	粉砂质壤土	片状	8.6	8.4	0.46	0.56	17.0		2.0	182	5.4			
						B_2	58—79	黄棕色	粉砂质壤土	片状	8.6	8.2	0.52	0.61	20.6				6.0			
						C	79—102	黄棕色	粉砂质壤土	块状	8.3	7.9	0.46	0.54	19.8				5.4			
剖3	漠土	棕漠土	灌耕棕漠土	砾质灌耕棕漠土	砾质灌漠土	A_{11}	0—28	黄灰色	中壤土	小块状	8.1	10.5	0.67	0.63			7.0			洪积物	E 79°25′01.9″ N 41°22′06.6″	78
						B	28—52	棕黄色	轻壤土	片状	8.2	6.2	0.38	0.53			1.0					
						C	52—															
剖4	人为土	灌淤土	灌淤土				1	0—14	暗黄棕色	重壤土	块状、团粒状		18.9	1.03	0.68					<2.0		E 79°18′55.8″ N 41°21′31.0″	90
						2	14—29	暗黄棕色	中壤土	块状		15.6	0.95	0.70					4.8			
						3	29—64	黄棕色	中壤土	块状		12.4	0.76	0.73					4.9			
						4	64—93	黄棕色	重壤土	块状		7.4	0.48	0.61					3.7			
剖5	人为土	灌淤土	潮灌淤土	灰潮灌淤土	锈灰淤土	A_{11}	0—17	棕灰色	轻壤土	团粒状	8.7	19.7	1.15	1.46	8.6	17	6.3			灌溉淤积物	E 79°28′13.4″ N 41°15′05.0″	79
						A_{12}	17—30	淡棕灰色	轻壤土	片状	8.6	15.7	0.92	1.34	9.6	15	3.9					
						Abu	30—70	淡棕灰色	轻壤土	层片状、碎片状	8.6	9.8	0.66	1.32	9.6							
						Cb	70—100	棕灰色	轻壤土	块状	8.6	7.6	0.57	1.54	9.6							
剖6	半水成土	潮土	灌淤潮土	二潮灌淤潮土			1	0—14	黄灰色	轻壤土	块状		12.1	0.71	0.63							E 79°16′33.2″ N 41°13′39.4″	89
						2	14—21	棕灰色	轻壤土	块状		11.7	0.52	0.63								
						3	21—43	黄灰色	砂壤土	块状		9.6	0.46	0.60								
						4	43—64	棕灰色	轻壤土	块状		6.2	0.30	0.65								
						5	64—91	灰棕色	轻壤土	块状		8.7	0.54	0.63								
剖7	人为土	灌淤土	灌淤土				1	0—19	暗棕色	轻壤土	片状		17.2	0.71	0.62							E 79°38′56.8″ N 41°12′25.2″	95
						2	19—23	暗棕色	轻壤土	片状		13.1	0.59	0.65								
						3	23—66	淡棕灰色	轻壤土	片状		12.3	0.48	0.64								
						4	66—100	灰棕灰色	轻壤土	片状		9.8	0.44	0.63								
剖8	人为土	灌淤土	灌淤土				1	0—17	暗棕色	轻壤土	团块状		35.2	1.71	1.54							E 79°12′25.2″ N 41°10′48.4″	91
						2	17—29	暗棕色	轻壤土	小块状		27.3	2.21	1.64								
						3	29—74	棕灰色	轻壤土	小块状		24.1	1.80	0.59								
						4	74—100	棕灰色	轻壤土	块状		17.4	0.90	1.33								

阿瓦提县

主要土类说明

风沙土是阿瓦提县主要土壤类型，占本县地域面积的 55%。风沙土的主要植被有沙蒿、骆驼蓬、三芒草等，植物生长稀疏，植被覆盖百分率较低。成土母质是风成沙，母质来源是多方面的，主要是岩石风化物和风积物，亦有部分冲积物和湖积物。风沙土是在风的搬迁、堆积下形成的。风沙土形成过程分为流动风沙土阶段、半固定风沙土阶段、固定风沙土三个阶段，主要形成过程为风沙粒的被固定过程，此外还有人工熟化附加过程。风沙土有机质含量低，阳离子交换量很低。

林灌草甸土占阿瓦提县地域面积的 11%。分布于塔里木盆地海拔 800—1000m 的区域。形成过程为有机质的积累过程、氧化还原过程、盐化过程。母质层多为河流冲积物。林灌草甸土一般具有枯枝落叶层、粗腐殖质层、腐殖质层、过渡层、潴育层。

漠境盐土占阿瓦提县地域面积的 11%。主要分布在老洪积冲积平原、干三角洲上部古河道和戈壁地上。地面植被稀疏，植被覆盖百分率不及 10%，主要植被是盐生灌丛，如盐穗木、盐爪爪、盐生草、黑刺、骆驼刺等。由于自然条件发生变化，现已不受地下水活动的影响，停止了积盐过程。

草甸盐土占阿瓦提县地域面积的 10%。主要分布在洪积扇边缘、泉水溢出带的外缘、河谷和平原洼地、大河两侧和河滩地、河间低地以及湖滨平原。分布区的地下水埋深一般为 1—2m，最低 3m，矿化度较低，一般为 2.0—5.0g/L。自然植被为草甸植被和盐生植被。草甸盐土是在盐生草甸植被下，受地下水的毛细管作用，经过积盐过程发育而成。积盐过程是草甸盐土主导的成土过程，生草过程为次要的或附加的成土过程。

潮土占阿瓦提县地域面积的 5%。潮土是本县的主要农业土壤。潮土分布区地势低平，地下水位 1—3m，个别地方几十厘米厚即可见到地下水、心土层和底土层；土体经常保持湿润，并有不同程度的锈纹、锈斑，个别地方还有石膏淀积。底墒足，抗旱保墒能力强，有夜潮现象。成土母质为河流冲积物，以壤土为主。结构主要为碎片状、片状和块状。潮土适种性广，缺点是土体过湿，地温低，杂草多，且盐渍化较普遍。

草甸土占阿瓦提县地域面积的 4%。草甸土是本县的主要水成型荒地土壤。地下水位浅，通常 1—3m，地下水矿化度 1—10g/L，常伴有一定程度的盐化过程。植被以芨芨草、芦苇、苦豆子、甘草、狐茅等草甸植物为主，植被覆盖百分率 30%—70%，差异很大，地表多为植物残体和盐分混合层，厚 1cm 左右，此层以下草根甚多。心土和底土有明显的锈纹、锈斑和青灰色的潴育层。

本县面积小于 3% 的土壤类型还有灌淤土、沼泽土、水稻土等。

本区域中心区气候特征

本区域中心区气候特征值
Regional climate characteristics in central area of the region

气候带：暖温带极干旱气候 Climate region: Warm temperate extremely arid climate	
年平均气温 /℃ Annual average temperature /℃	11.8
年平均最高气温 /℃ Annual average maximum temperature /℃	19.1
年平均最低气温 /℃ Annual average minimum temperature /℃	5.1
年降水量 /mm Annual precipitation /mm	70
≥10℃的积温 /℃ Daily temperature accumulated in a year（≥10℃）/℃	4316
年日照时数 /h Annual sunshine /h	2804
年平均相对湿度 /% Annual average relative humidity /%	47
干燥度 Dryness	11.68

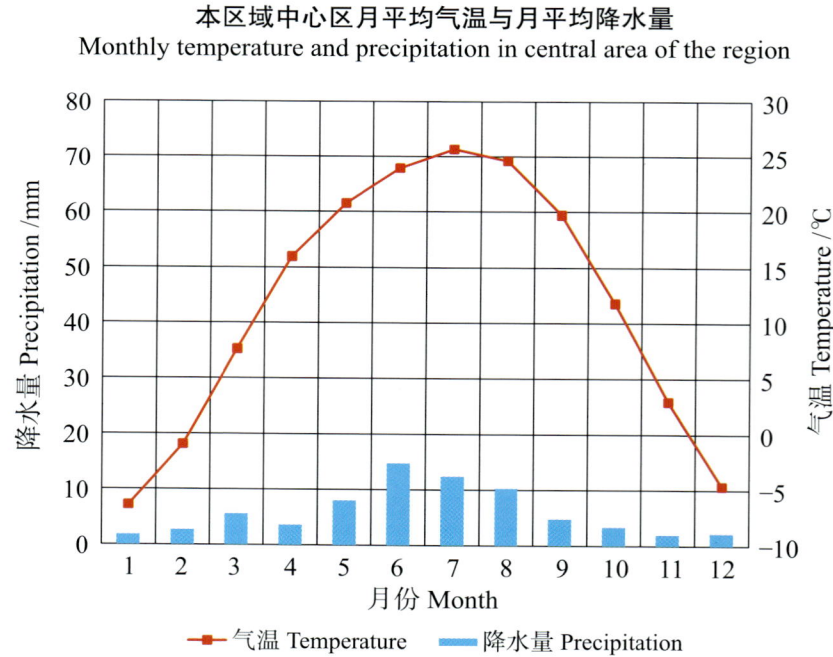

本区域中心区月平均气温与月平均降水量
Monthly temperature and precipitation in central area of the region

阿瓦提县主要土壤类型与土壤剖面点分布图
1:530 000

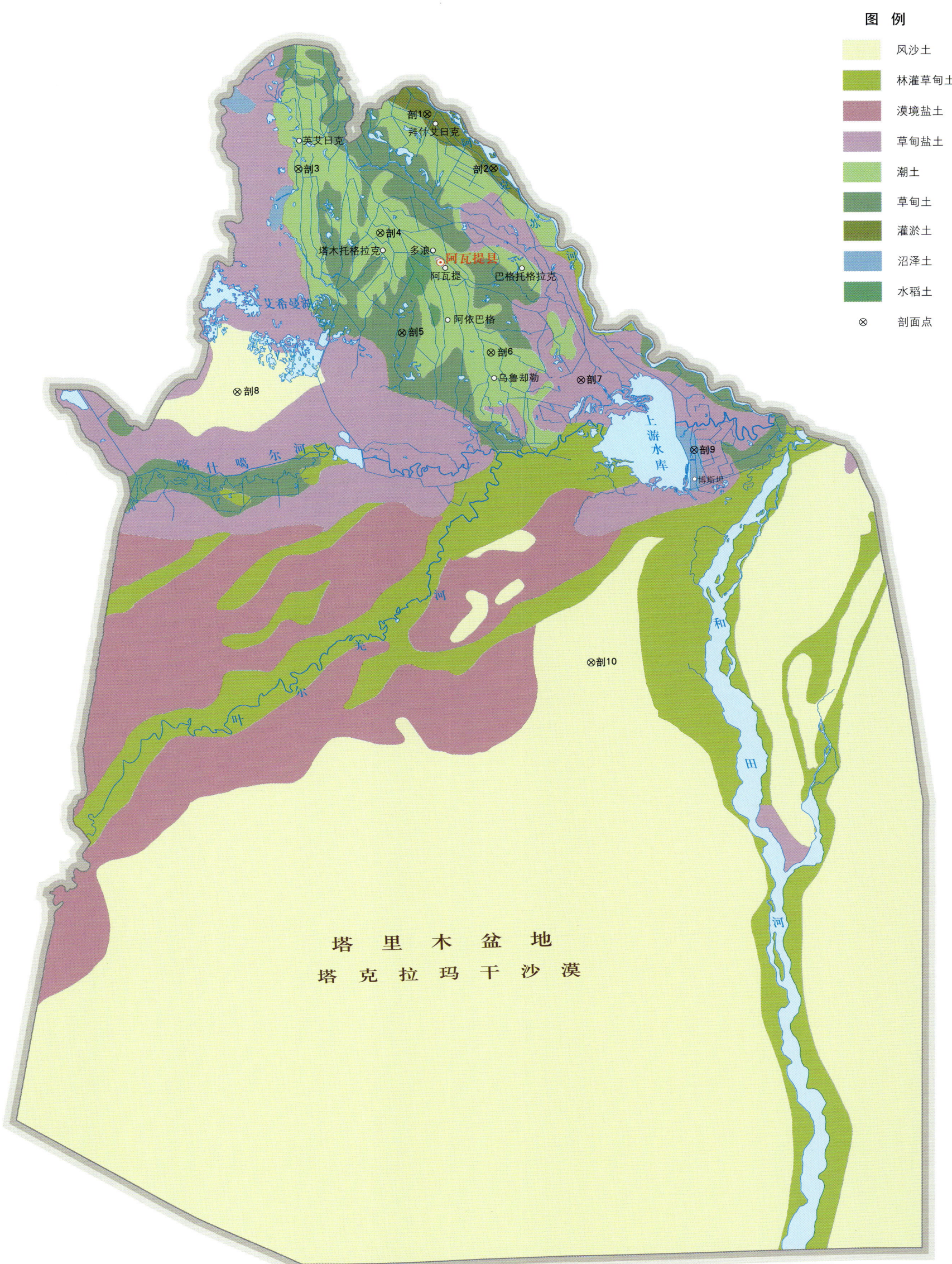

阿瓦提县土壤剖面理化性状表

剖面号 Soil profile	土纲 Soil order	土类 Soil great group	亚类 Soil subgroup	土属 Soil genus	土种 Soil species	土层码 Layer code	土层厚度 Depth/cm	颜色 Soil color	质地 Soil texture	土壤结构 Soil structure	pH	有机质 OM/(g/kg)	全氮 TN/(g/kg)	全磷 TP/(g/kg)	碱解氮 AN/(mg/kg)	有效磷 AP/(mg/kg)	速效钾 AK/(mg/kg)	土壤母质 Parent material	剖面点坐标 Profile coordinate	匹配指数 Matching index/%
剖1	人为土	灌淤土	灌淤土	河阶地灌淤土	黄土	1	0—17	灰黄色	轻壤土	小粒状	8.1	8.6	0.50	0.58	21	2.0	39	河流冲积物	E 80°21′22.0″ N 40°48′50.0″	88
						2	17—35	灰黄色	轻壤土	片状	8.4	6.7	0.53	0.59						
						3	35—57	灰黄色	轻壤土	片状	8.3	7.0	0.61	0.67						
						4	57—110	灰色	中壤土	片状	8.1	9.0	0.67	0.67						
剖2	人为土	灌淤土	灌淤土	河阶地灌淤土	灰土	1	0—19	黄灰色	轻壤土	小粒状	8.0	17.0	1.10	0.67	41	5.0	191	河流冲积物	E 80°27′19.1″ N 40°45′02.9″	94
						2	19—58	黄灰色	轻壤土	片状	8.2	13.4	0.76	0.65						
						3	58—83	暗灰色	轻壤土	片状	8.3	13.8	0.86	0.77						
						4	83—105	黄色	重壤土	片状	8.3	6.9	0.60	0.67						
剖3	半水成土	潮土	盐化潮土	下潮土	中盐化潮土	1	0—12	灰色	轻壤土	小粒状	7.7	9.7	0.64	0.58	25	2.0	97	黄土母质	E 80°27′53.3″ N 40°44′55.3″	81
						2	12—33	灰黄色	黏土	片状	7.7	8.3	0.48	0.52						
						3	33—63	灰黄色	黏土	片状	7.8	6.2	0.41	0.44						
						4	63—95	黄灰色	轻壤土	片状	7.8	5.3	0.55	0.46						
剖4	半水成土	潮土	盐化潮土	下潮土	轻盐化潮土	1	0—15	黄灰色	轻壤土	小粒状	7.9	15.6	0.88	0.67	37	3.0	89		E 80°17′13.6″ N 40°40′26.8″	91
						2	15—40	黑褐色	轻壤土	片状	7.6	14.7	0.88	0.69						
						3	40—77	灰黄色	轻壤土	块状	7.9	5.9	0.49	0.64						
						4	77—140	黄灰色	轻壤土	块状	7.9	3.3	0.31	0.63						
剖5	半水成土	草甸盐土	盐化草甸土			1	0—18	灰棕色	砂土	无明显结构	8.7	6.1	0.44	0.69	8	2.0	369		E 80°09′11.6″ N 40°33′25.6″	82
						2	18—36	棕黄色	重壤土	片状	8.7	11.1	0.55	0.46						
						3	36—65	棕黄色	黏土	片状	8.3	4.7	0.39	0.49						
						4	65—89	黄灰色	小砂土	小块状	8.1	4.6	0.45	0.47						
剖6	半水成土	潮土	盐化潮土		重盐化潮土	1	0—18	灰色	砂壤土	块状	8.1	9.9	0.45	0.61	16	2.0	140		E 80°17′07.6″ N 40°32′03.5″	90
						2	18—36	青灰色	砂壤土	无明显结构	8.4	3.9	0.25	0.71						
						3	36—61	青灰色	砂土	无明显结构	8.4	2.9	0.29	0.67						
						4	61—100	青灰色	细砂土	无明显结构	8.0	2.8	0.30	0.57						
剖7	盐碱土	草甸盐土				1	0—6	褐色	砂壤土	无明显结构	8.8	37.6	0.34	>4.00	50	4.0	153	风积物	E 80°35′07.8″ N 40°30′07.9″	79
						2	6—33	黄褐色	砂壤土	无明显结构	8.8	6.6	0.34	0.54						
						3	33—55	黄褐色	砂壤土	无明显结构	8.3	12.9	0.62	0.65						
						4	55—81	褐灰色	砂土	无明显结构	8.3	6.1	0.46	0.54						
						5	81—117	青灰色	砂土	无明显结构	7.9	2.1	0.14	0.42						
						6	117—147	青灰色	砂土	无明显结构	8.1	2.8	0.21	0.58						
剖8	初育土	风沙土	荒漠风沙土	沙丘边缘灌溉风沙土	灰砂土	1	0—11	浅灰色	砂土										E 80°04′33.6″ N 40°29′13.9″	82
						2	11—123	浅灰色	细砂土											
						3	123—150	灰色	砂土											
剖9	水成土	沼泽土	草甸沼泽土			1	0—15	灰棕色	中壤土	块状	8.0	61.2	1.94	0.52					E 80°45′11.2″ N 40°25′10.9″	83
						2	15—29	灰黄色	中壤土	块状	7.9	44.5	1.68	0.56						
						3	29—66	黑灰色	中壤土	块状	8.1	14.5	0.72	0.61						
						4	66—100	黑灰色	轻壤土	块状	8.0	7.3	0.42	0.54	37					
剖10	初育土	风沙土	荒漠风沙土	沙丘边缘灌溉风沙土	黄砂土	1	0—20	青色	砂土	小粒状	8.1	11.2	0.66	0.35				风积物、灌溉淤积物	E 80°35′59.3″ N 40°10′11.6″	78
						2	20—52	青灰色	砂壤土	核状	8.1	5.6	0.44	0.56						
						3	52—82	青黄色	重壤土	片状	8.3	8.4	0.53	0.56						
						4	82—110	灰色	细砂土	无明显结构	8.1	2.7	0.21	0.42						

柯 坪 县

主要土类说明

棕漠土是柯坪县主要土壤类型，占本县地域面积的45%。在暖温带极端干旱的荒漠气候条件下发育而成的地带性土壤。植被稀疏而简单，多属深根、耐旱的小半灌木和灌木荒漠类型。成土母质主要有洪积、冲积细土母质和砂砾质洪积物以及石质残积物、坡积物。形成过程为微弱的腐殖质积累过程、明显的碳酸钙表聚作用和强烈的石膏及易溶性盐聚积过程、较弱的残积黏化作用和较强的铁质化作用、灌淤熟化过程和现代积盐过程。

石质土是柯坪县第二大土壤类型，占本县地域面积的23%。石质土系发育于石质残积母质上的A层浅薄而又无B层发育的初育土，有程度不同的石灰反应，属于钙质石质土亚类。一般见于无森林覆被、侵蚀强烈的山地。成土作用不明显，没有剖面发育。质地偏砂，含砾石多。地表水土流失严重。

漠境盐土是柯坪县第三大土壤类型，占本县地域面积的13%。由于自然条件发生变化，现已不受地下水活动的影响，停止了积盐过程。主要分布在老洪积冲积平原、干三角洲上部古河道和戈壁地上。

风沙土占柯坪县地域面积的5%。风沙土的主要植被有沙蒿、骆驼蓬、三芒草等，植物生长稀疏，植被覆盖百分率较低。成土母质是风成沙，母质来源是多方面的，主要是岩石风化物和风积物，亦有部分冲积物和湖积物。风沙土是在风的搬迁、堆积下形成的。风沙土形成过程分为流动风沙土阶段、半固定风沙土阶段、固定风沙土阶段，主要形成过程为风沙粒的被固定过程，此外还有人工熟化附加过程。风沙土有机质含量低，阳离子交换量很低。

林灌草甸土占柯坪县地域面积的4%。分布于塔里木盆地海拔800—1000m的区域。形成过程为有机质的积累过程、氧化还原过程、盐化过程。母质层多为河流冲积物。林灌草甸土一般具有枯枝落叶层、粗腐殖质层、腐殖质层、过渡层、潴育层。

本县面积小于3%的土壤类型还有棕钙土、栗钙土、冷钙土、草甸盐土、龟裂土、潮土、草甸土、草毡土、灌淤土等。

本区域中心区气候特征

本区域中心区气候特征值
Regional climate characteristics in central area of the region

气候带：暖温带极干旱气候 Climate region: Warm temperate extremely arid climate	
年平均气温 /℃ Annual average temperature /℃	11.7
年平均最高气温 /℃ Annual average maximum temperature /℃	19.0
年平均最低气温 /℃ Annual average minimum temperature /℃	5.1
年降水量 /mm Annual precipitation /mm	87
≥10℃的积温 /℃ Daily temperature accumulated in a year（≥10℃）/℃	4286
年日照时数 /h Annual sunshine /h	2837
年平均相对湿度 /% Annual average relative humidity /%	50
干燥度 Dryness	10.30

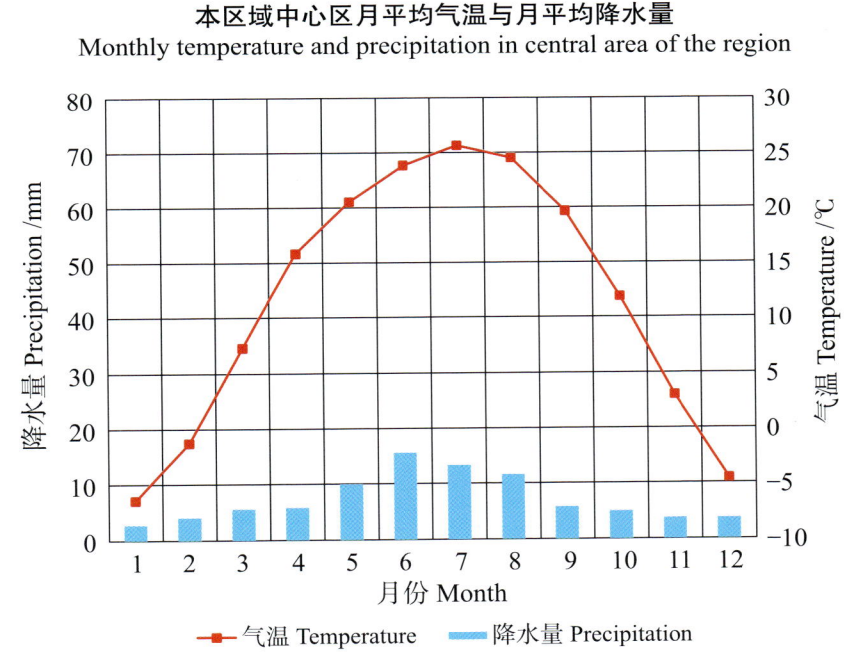

本区域中心区月平均气温与月平均降水量
Monthly temperature and precipitation in central area of the region

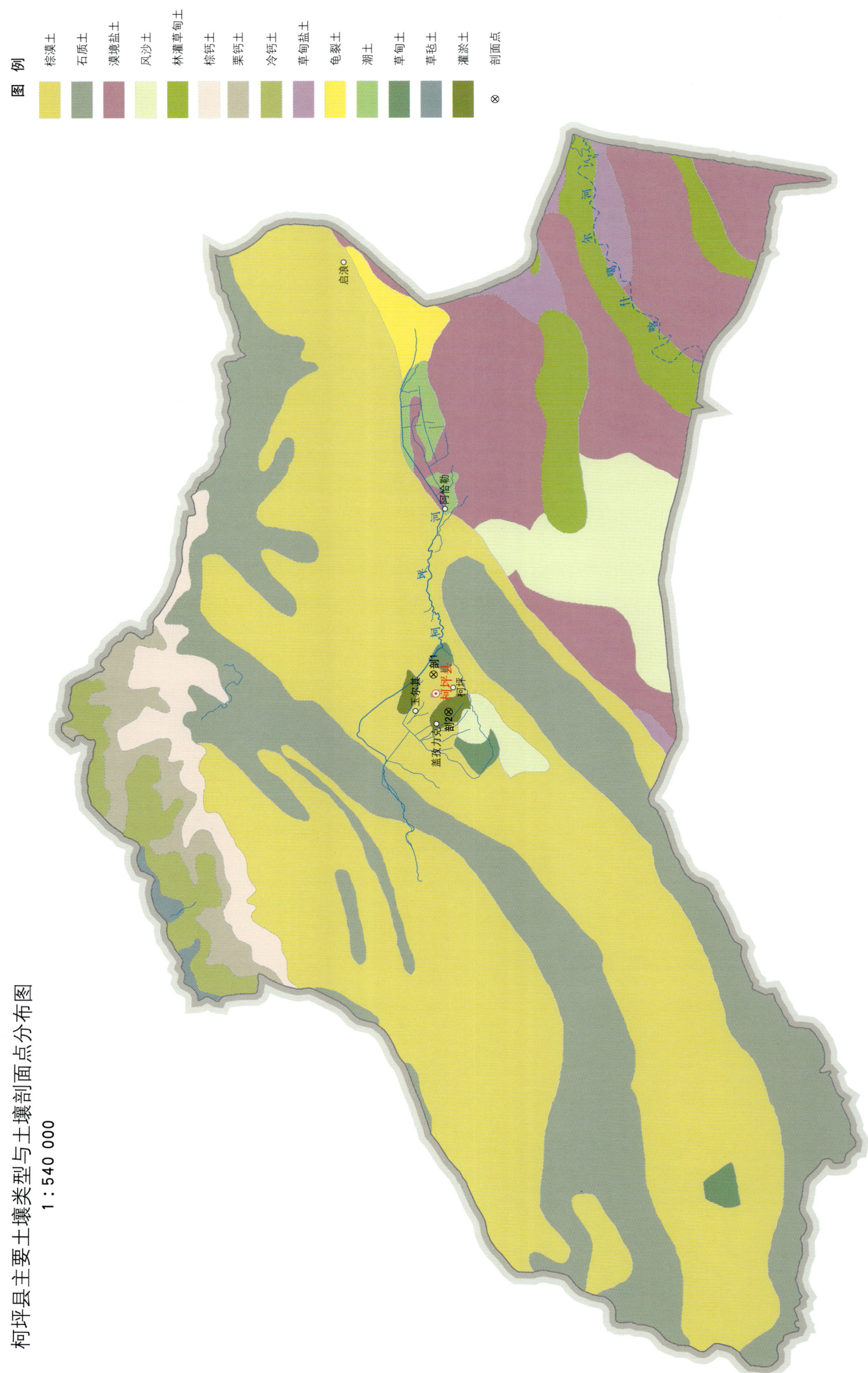

柯坪县主要土壤类型与土壤剖面点分布图
1∶540 000

柯坪县土壤剖面理化性状表

剖面号 Soil profile	土纲 Soil order	土类 Soil great group	亚类 Soil subgroup	土属 Soil genus	土种 Soil species	土层码 Layer code	土层厚度 Depth/cm	颜色 Soil color	质地 Soil texture	土壤结构 Soil structure	pH	有机质 OM/(g/kg)	全氮 TN/(g/kg)	全磷 TP/(g/kg)	阳离子交换量 CEC/(cmol/kg)	土壤母质 Parent material	剖面点坐标 Profile coordinate	匹配指数 Matching index/%
剖1	漠土	棕漠土	灌耕棕漠土	黄土状灌耕棕漠土	灌耕氯盐棕漠土	A₁	0—14	黄棕色	轻壤土	小块状	8.2	7.6	0.46	0.55		洪积物、冲积物	E 79°04′36.5″ N 40°30′26.6″	95
						B₁	14—30	黄棕色	轻壤土	小块状	8.2	7.3	0.44	0.50				
						B₂	30—65	黄棕色	轻壤土	团块状	8.5	6.6	0.34	0.53				
						C	65—100	黄棕色	轻壤土	片状	8.3	7.1	0.43	0.58				
剖2	人为土	灌淤土	灌淤土	淤红土	棕红土	1	0—14	红棕色	中壤土	块状	8.5	19.3	1.10	0.70	6.3		E 79°01′08.4″ N 40°29′20.4″	95
						2	14—45				8.5	7.3	0.41	<0.10	9.1			
						3	45—100	黄棕色	轻壤土	块状	8.5	3.4	0.20	0.43	9.5			

克孜勒苏柯尔克孜自治州

阿图什市

主要土类说明

棕漠土是阿图什市主要土壤类型，占本市地域面积的36%。棕漠土是在极端干旱气候条件下，在砾质冲积、洪积母质上发育形成的一类地带性土壤。成土过程是荒漠化过程。这类土壤与砾石戈壁相关，高等植物很少，有稀疏的白刺、骆驼刺等植物。物理风化强烈，生物积累很少。棕漠土的基本特征是剖面发育微弱，层次分化较差，土层大多较为深厚，以壤土为主，全剖面由砾石或砾石沙子组成，细土物质很少，有机质含量极低。

石质土是阿图什市第二大土壤类型，占本市地域面积的20%。石质土多分布于山丘顶部陡坡，地势陡峻，水蚀风蚀严重，地表岩石裸露，土层浅薄，含岩石碎屑砂粒多，保水保肥力差。石质土无明显元素迁移特征，生物富集作用弱，有机质含量在10g/kg左右，全氮在1g/kg以下，磷、钾含量差异很大，砾石含量高。

草甸盐土是阿图什市第三大土壤类型，占本市地域面积的12%。其形成受地下水常年上下活动的影响，积盐过程和草甸过程相伴进行，但以积盐过程为主。土壤积盐状况各地差异很大，愈干旱积盐愈重，积盐层或盐壳愈厚。表层有一定数量的有机质积累，底土有明显的锈色斑纹。

草毡土占阿图什市地域面积的9%。分布于海拔3000—3600m的原面平缓山坡。成土母质是冰水沉积物。表层有厚度3—10cm不等的草皮，植被根系交织似毛毡状，轻韧而有弹性。表层有机质含量大约为100g/kg。

棕钙土占阿图什市地域面积的7%。棕钙土的形成是以草原土壤腐殖质积累作用和钙积作用为主，发育于温带荒漠草原植被下。地表多砂砾石，剖面上部呈褐棕色，下部为粉末层状或斑块状灰白色钙积层。该土类土壤腐殖质积累作用弱，有机质含量低，生物量低；钙积作用强，钙积层在剖面中位置较高；呈碱性至强碱性，阳离子交换量较低，吸收性复合体为盐基所饱和，其中钠离子所占比例较高；土层较薄，质地较粗，腐殖质层薄，结构性较差，多属砂砾、砂土和砂壤土、轻壤土，土体中钙质有较明显移动。

本市面积小于7%的土壤类型还有冷钙土、栗钙土、寒冻土、灌淤土、潮土、草甸土等。

本区域中心区气候特征

本区域中心区气候特征值
Regional climate characteristics in central area of the region

气候带：中温带干旱气候 Climate region: Mid temperate arid climate	
年平均气温 /℃ Annual average temperature /℃	11.6
年平均最高气温 /℃ Annual average maximum temperature /℃	18.5
年平均最低气温 /℃ Annual average minimum temperature /℃	5.2
年降水量 /mm Annual precipitation /mm	86
≥10℃的积温 /℃ Daily temperature accumulated in a year (≥10℃) /℃	4235
年日照时数 /h Annual sunshine /h	2793
年平均相对湿度 /% Annual average relative humidity /%	52
干燥度 Dryness	10.24

本区域中心区月平均气温与月平均降水量
Monthly temperature and precipitation in central area of the region

阿图什市主要土壤类型与土壤剖面点分布图

1∶800 000

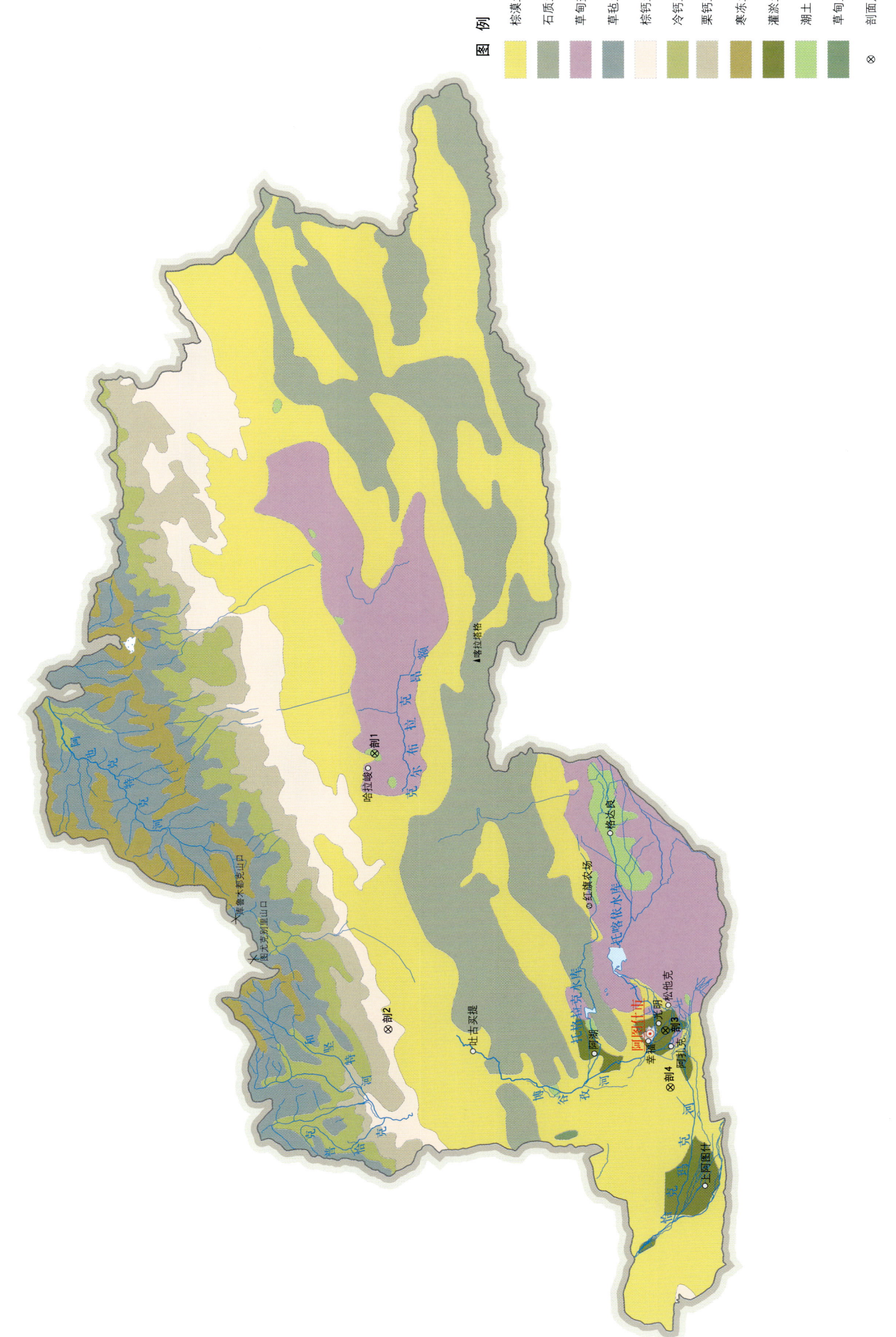

第二编　分县土壤图与土壤剖面数据

阿图什市土壤剖面理化性状表

剖面号 Soil profile	土纲 Soil order	土类 Soil great group	亚类 Soil subgroup	土属 Soil genus	土种 Soil species	土层码 Layer code	土层厚度 Depth/cm	颜色 Soil color	质地 Soil texture	土壤结构 Soil structure	pH	有机质 OM/(g/kg)	全氮 TN/(g/kg)	全磷 TP/(g/kg)	全钾 TK/(g/kg)	阳离子交换量CEC/(cmol/kg)	土壤母质 Parent material	剖面点坐标 Profile coordinate	匹配指数 Matching index/%
剖1	半水成土	潮土	潮土	二潮黄潮土	漏砂二潮黄土	A₁₁	0—17	淡灰黄色	轻壤土	小块状	8.4	18.9	0.76	1.01			冲积物	E 76°50′04.2″ N 40°10′05.5″	87
						A₁₂	17—37	淡灰黄色	轻壤土	片状	8.2	12.8	0.98	0.90					
						Cu₁	37—49	灰白色	细砂土	单粒状	8.3	3.6	0.42	0.95					
						Cu₂	49—100	淡灰黄色	砂土	小块状	8.5	7.3	0.37	0.92					
剖2	干旱土	棕钙土	淡棕钙土			1	0—14	灰黄色	中壤土	小块夹粒状	8.3	18.3	1.00	0.58	18.5	7.3	黄土状母质	E 76°11′49.6″ N 40°09′26.6″	85
						2	14—29	灰黄色	重壤土	小块状	8.4	10.6	0.58	0.56	18.3	5.0			
						3	29—78	灰黄色	中壤土	块状	8.7	7.6	0.40	0.64	20.5	4.7			
						4	78—100	灰黄色	中壤土	块状	8.5	7.2	0.40	0.48	18.4	4.1			
剖3	人为土	灌淤土	灌淤土	黄淤土	黄淤土	1	0—12	淡棕黄色	中壤土	块状夹粒状	8.5	15.0	1.00	0.76	10.2	15.0		E 76°10′54.1″ N 39°41′04.2″	79
						2	12—23	淡棕黄色	中壤土	块状	8.9	13.2	0.72	0.70	11.2	12.3			
						3	23—36	淡棕黄色	中壤土	小粒块状	8.7	12.4	0.83	0.74	9.8	11.4			
						4	36—54	淡黄色	中壤土	块状	8.7	12.9	0.85	0.68	9.3	14.3			
						5	54—100	淡棕黄色	中壤土	大块状	8.2	15.0	0.78	0.64	9.8	16.6			
剖4	漠土	棕漠土	棕漠土	棕漠土	土质漠黄土	Aj	0—2	灰黄色	中壤土	片状	8.6	6.6	0.26	0.60	21.4	10.3	洪积物、冲积物	E 76°03′09.0″ N 39°40′41.5″	94
						A	2—10	淡棕黄色	中壤土	小片状	8.3	5.3	0.33	0.60	22.0	15.1			
						B₁	10—18	灰黄色	中壤土	小块状	8.6	5.3	0.36	0.65	21.8	12.9			
						B₂	18—30	淡棕黄色	重壤土	块状	8.5	4.8	0.36	0.62	22.0	12.9			
						BC	30—51	淡棕黄色	轻壤土	块状	8.7	1.7	0.11	0.55	19.1	7.3			
						C	51—73	黄棕黄色	轻壤土	块状	8.6	2.2	0.23	0.63	19.2	11.2			

阿克陶县

主要土类说明

冷钙土是阿克陶县主要土壤类型，占本县地域面积的 28%。曾称亚高山草原土。其特征表现为：在土壤剖面上部有腐殖质积累，土壤有机质含量为 50g/kg 左右，表层可见簇状草根层。碳酸钙的淀积形态主要是斑点状或脉纹状，含量可达 100—350g/kg。土壤呈微碱性至碱性，pH 为 7.5—8.5。土壤质地较轻，大部分含有石砾。腐殖质层厚度 10—20cm，粒状结构，颜色为灰棕色或棕色。土壤常有受土壤动物扰动的痕迹。

棕钙土是阿克陶县第二大土壤类型，占本县地域面积的 22%。棕钙土的形成是以草原土壤腐殖质积累作用和钙积作用为主，并有荒漠成土过程的一些特点。地表多砂砾石，剖面上部呈褐棕色，下部为粉末层状或斑块状灰白色钙积层。其特征为：自然植被组成趋于旱化，生物量低，土壤腐殖质积累作用弱，有机质含量低；钙积作用强，钙积层在剖面中位置较高；呈碱性至强碱性，阳离子交换量较低，吸收性复合体为盐基所饱和，其中钠离子所占比例较高；质地较粗，土体中钙质有较明显移动。

寒冻土是阿克陶县第三大土壤类型，占本县地域面积的 19%。曾称高山寒漠土。主要分布于高山冰雪带下缘。成土过程以寒冻物理风化为主，弱生物累积。土体浅薄，通体含大量砾石，剖面分化不明显。地表常有由岩石风化碎屑组成的岩幂层；下伏发育差的腐殖质层，厚度 5—10cm，呈灰色、黄灰色、灰黄棕色或灰棕色等多种颜色；向下过渡为岩砾层或永冻层。土体中可见冻融作用形成的片状结构，在水冻层之上常因融雪、融冻水潴积而形成锈纹、锈斑。

棕漠土占阿克陶县地域面积的 9%。棕漠土母质一般为洪积物和冲积物。土层相对较薄，厚度 50—100cm。质地构造较为复杂，灰棕色，较为紧实。土体以砾石为主，夹有粗砂，有发育不明显的孔状结皮，结皮以下为红棕色、淡棕色或玫瑰色，有须状结晶石膏或结盘，地表植被稀疏。

石质土占阿克陶县地域面积的 5%。一般见于无森林覆被、侵蚀强烈的山地。石质土多分布于山丘顶部陡坡，分布区域地势陡峻，水蚀风蚀严重，地表岩石裸露。土层浅薄，含岩石碎屑砂粒多，保水保肥力差。总的来说，石质土无明显的元素迁移特征，一般生物富集作用弱，有机质含量在 10g/kg 左右，全氮含量在 1g/kg 以下，磷、钾含量差异很大，砾石含量高是石质土的共同特点。

本县面积小于 3% 的土壤类型还有草毡土、草甸土、灌淤土、草甸盐土、栗钙土、潮土、灰褐土、水稻土、沼泽土。

本区域中心区气候特征

本区域中心区气候特征值
Regional climate characteristics in central area of the region

气候带：高原寒带干旱气候 Climate region: Plateau frigid arid climate	
年平均气温 /℃ Annual average temperature /℃	11.8
年平均最高气温 /℃ Annual average maximum temperature /℃	18.3
年平均最低气温 /℃ Annual average minimum temperature /℃	5.5
年降水量 /mm Annual precipitation /mm	61
≥ 10℃ 的积温 /℃ Daily temperature accumulated in a year（≥ 10℃）/℃	4290
年日照时数 /h Annual sunshine /h	2748
年平均相对湿度 /% Annual average relative humidity /%	53
干燥度 Dryness	13.05

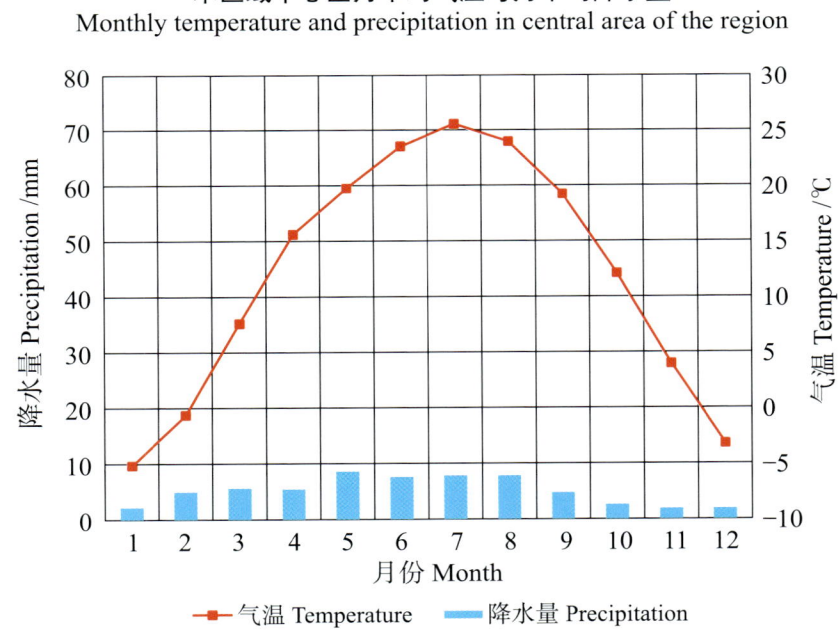

本区域中心区月平均气温与月平均降水量
Monthly temperature and precipitation in central area of the region

阿克陶县主要土壤类型与土壤剖面点分布图

1:900 000

图例：冷钙土、棕钙土、寒冻土、棕漠土、石质土、草毡土、草甸土、灌淤土、草甸盐土、栗钙土、潮土、灰褐土、水稻土、沼泽土、剖面点

阿克陶县土壤剖面理化性状表

剖面号 Soil profile	土纲 Soil order	土类 Soil great group	亚类 Soil subgroup	土属 Soil genus	土种 Soil species	土层码 Layer code	土层厚度 Depth/cm	颜色 Soil color	质地 Soil texture	土壤结构 Soil structure	pH	有机质 OM/(g/kg)	全氮 TN/(g/kg)	全磷 TP/(g/kg)	全钾 TK/(g/kg)	阳离子交换量CEC/(cmol/kg)	土壤母质 Parent material	剖面点坐标 Profile coordinate	匹配指数 Matching index/%
剖1	半水成土	潮土	盐化潮土	硫酸盐化潮土	中度盐化潮土	1	0–14	灰色	黏土	块状、粒状	8.0	15.1	0.99	0.99	26.2	17.4	冲积黄土状母质	E 75°41′19.0″ N 39°17′39.1″	92
						2	14–39	淡棕黄色	黏土	片状	8.0	6.4	0.37	0.37	28.0	14.0			
						3	39–82	淡灰棕色	重壤土	块状	7.9	4.9	0.45	0.45	28.8	10.6			
						4	82–100	黄灰色	轻壤土	块状	8.3	6.2	0.27	0.27	25.3				
剖2	人为土	灌淤土	灌淤土	灰淤土	灰淤土	1	0–18	淡灰棕色	中壤土	小块状、粒状	8.3	12.0	0.95	0.68		11.8		E 76°06′42.8″ N 39°12′58.7″	88
						2	18–41	灰棕色	重壤土	片状	8.5	11.1	0.84	0.68		12.9			
						3	41–72	灰棕色	轻壤土	片状	8.5	10.3	0.77	0.74		10.6			
						4	72–100	淡棕黄色	中壤土	片状	8.6	7.3	0.52	0.77					
剖3	半水成土	草甸土	盐化草甸土	硫酸盐化草甸土	轻盐化草甸土	1	0–18	淡棕黄色	中壤土	块状、粒状	8.7	7.3	0.51	0.53		7.8	冲积物	E 76°02′21.1″ N 39°12′12.2″	81
						2	18–38	淡棕黄色	重壤土	片状	8.1	8.6	0.49	0.45		9.0			
						3	38–53	青灰色	黏土	块状	7.9	7.5	0.33	0.43		12.9			
						4	53–100	淡灰色	黏土	块状	8.4	1.0	0.59	0.40					
剖4	人为土	灌淤土	灌淤土	黄砂灌土	黄砂灌土	A₁₁	0–20	黄棕色	砂壤土	小块状	8.2	6.6	0.39	0.52		5.9	灌溉淤积物	E 75°49′25.0″ N 39°08′44.2″	95
						Ab	20–59	黄棕色	砂壤土	小块状	8.3	6.3	0.37	0.45		6.7			
						Cb	59–100	黄褐色	砂壤土	块状	8.1	11.1	0.77	0.64		10.1			
剖5	漠土	棕漠土	灌耕棕漠土	洪积灰土		1	0–23	淡黄色	轻壤土	小块状	8.3	5.3	0.27	0.63	20.7		洪积冲积母质	E 75°46′52.3″ N 39°08′03.5″	85
						2	23–60	青黄色	重壤土	块状	8.3	5.1	0.35	0.68	23.1				
						3	60–71	灰黄色	重壤土	片状	8.4	7.2	0.29	0.64	27.0				
						4	71–100	淡黄灰色	轻壤土	块状	8.4	3.0	0.19	0.59	21.2				
剖6	盐碱土	草甸盐土	草甸盐土	草甸盐土		1	0–5	灰白色	轻壤土		8.7	17.9	0.78	0.66	22.1			E 76°00′19.8″ N 39°07′51.2″	79
						2	5–17	黄棕色	砂壤土	小块状	8.5	15.8	0.65	0.62					
						3	17–35	棕灰色	重壤土	块状	8.0	6.8	0.44	0.53					
						4	35–100	棕黄色	轻壤土	块状	8.5	4.9	0.33	0.62					
剖7	高山土	草毡土	草毡土	草毡灌土	钙质冷毡土	As	0–11	褐色	砂壤土	小粒状	8.2	56.6	3.36	1.53	19.8	19.6	石灰岩坡积物	E 75°06′40.7″ N 38°58′40.1″	88
						A	11–21	灰黄棕色	砂壤土	小块状	8.1	53.0	2.74	1.16	20.2	12.6			
						AC	21–41	灰黄棕色	砂壤土	小块状	8.2	26.2	1.54	1.09	24.7	8.6			
						C	41–70	灰黄色	砂壤土	块状	8.3	7.7	0.46	1.20					

阿合奇县

主要土类说明

冷钙土是阿合奇县主要土壤类型，占本县地域面积的 27%。曾称亚高山草原土。其特征表现为：在土壤剖面上部有腐殖质积累，土壤有机质含量为 50g/kg 左右，表层可见簇状草根层。腐殖质层厚度 10—20cm，粒状结构，颜色为灰棕色或棕色，土壤常有受土壤动物扰动的痕迹。碳酸钙的淀积形态主要是斑点状或脉纹状，含量可达 100—350g/kg。土壤呈微碱性至碱性，pH 为 7.5—8.5。土壤质地较轻，大部分含有石砾。

草毡土是阿合奇县第二大土壤类型，占本县地域面积的 22%。曾称高山草甸土。分布于海拔 3000—3600m 的原面平缓山坡。成土母质是冰水沉积物。主要形成过程有生草过程、有机质积累过程、有机质腐殖化过程、碳酸钙的淋溶淀积过程和高山冻融过程等。形成特点就是在高山强烈冻融交替条件下，土壤有机质腐殖化程度低，矿物分解弱。表层有厚度 3—10cm 不等的草皮，植被根系交织似毛毡状，轻韧而有弹性。表层有机质含量为 100g/kg 左右，有机质含量随深度向下逐渐减少。

寒冻土是阿合奇县第三大土壤类型，占本县地域面积的 15%。曾称高山寒漠土。分布于高山冰雪带下缘。成土过程以寒冻物理风化为主，弱生物累积。土体浅薄，通体含大量砾石，剖面分化不明显。地表常有由岩石风化碎屑组成的岩幂层；下有发育差的腐殖质层，厚度 5—10cm，呈灰色、黄灰色、灰黄棕色或灰棕色等多种颜色；向下过渡为岩砾层或永冻层。土体中可见冻融作用形成的片状结构，在水冻层之上常因融雪、融冻水潴积而形成锈纹、锈斑。

棕漠土占阿合奇县地域面积的 13%。棕漠土所处地貌地形部位包括山地、山前洪积扇及洪积平原或洪积冲积平原。在地域性温暖、干燥、降水量少的气候影响下，除已开垦农用灌耕棕漠土外，荒地棕漠土的成土过程仍停留在荒漠化的原始阶段，剖面发育很弱，除表层一般具有薄孔状结皮层外，其下是自然沉积层次，物质的移动不明显，表层有机质含量很低，速效氮、磷含量自然也很低，只是速效钾含量丰富，碳酸钙含量较高，在剖面上完全看不到下移和淀积现象，往往是表层含量最高或较高，剖面土壤呈弱碱性，具有强石灰反应。

栗钙土占阿合奇县地域面积的 10%。栗钙土的剖面由栗色腐殖质层、灰白色钙积层与母质层组成。其主要特征是剖面上部呈栗色，下部有菌丝状或斑块状或网纹状的钙积层。质地较轻，多属粉砂土与粉土两级，腐殖质含量比黑土低，是比较肥沃的土壤。

棕钙土占阿合奇县地域面积的 8%。质地一般较粗，以砂砾、砂土、砂质粉土为主。黏重的母质较少。分淡棕钙土和灌溉棕钙土等亚类。

本县面积小于 3% 的土壤类型还有灌淤土、石质土、灰褐土、林灌草甸土等。

本区域中心区气候特征

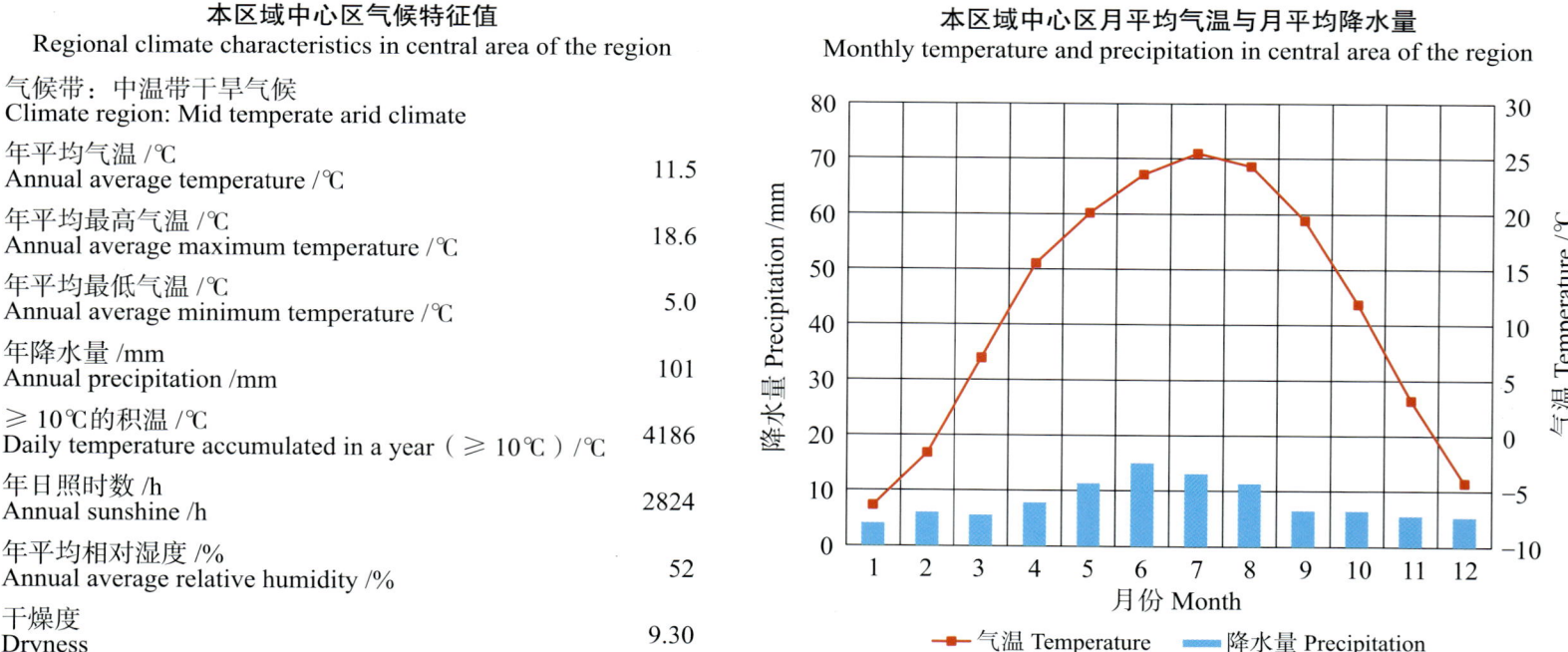

本区域中心区气候特征值
Regional climate characteristics in central area of the region

气候带：中温带干旱气候 Climate region: Mid temperate arid climate	
年平均气温 /℃ Annual average temperature /℃	11.5
年平均最高气温 /℃ Annual average maximum temperature /℃	18.6
年平均最低气温 /℃ Annual average minimum temperature /℃	5.0
年降水量 /mm Annual precipitation /mm	101
≥10℃的积温 /℃ Daily temperature accumulated in a year (≥10℃) /℃	4186
年日照时数 /h Annual sunshine /h	2824
年平均相对湿度 /% Annual average relative humidity /%	52
干燥度 Dryness	9.30

本区域中心区月平均气温与月平均降水量
Monthly temperature and precipitation in central area of the region

阿合奇县主要土壤类型与土壤剖面点分布图

1:620 000

图 例

- 冷钙土
- 草毡土
- 寒冻土
- 棕漠土
- 栗钙土
- 棕钙土
- 灌淤土
- 石质土
- 灰褐土
- 林灌草甸土
- ⊗ 剖面点

第二编 分县土壤图与土壤剖面数据 | 149

阿合奇县土壤剖面理化性状表

剖面号 Soil profile	土纲 Soil order	土类 Soil great group	亚类 Soil subgroup	土属 Soil genus	土种 Soil species	土层码 Layer code	土层厚度 Depth/cm	颜色 Soil color	质地 Soil texture	土壤结构 Soil structure	pH	有机质 OM/(g/kg)	全氮 TN/(g/kg)	全磷 TP/(g/kg)	全钾 TK/(g/kg)	阳离子交换量CEC/(cmol/kg)	土壤母质 Parent material	剖面点坐标 Profile coordinate	匹配指数 Matching index/%
剖1	漠土	棕漠土	灌耕棕漠土	黄土状灌耕棕漠土	表黏棕漠黄土	A₁₁	0—20	灰黄色	重壤土	块状		18.9	0.89	0.95	20.4	15.9	洪积物	E 78°33′12.2″ N 40°57′36.7″	86
						A₁₂	20—32	黄灰色	重壤土	板块状		9.9	0.89	1.29	19.2	12.1			
						B₁	32—55	灰黄色	重壤土	块状		10.2	1.03	1.02	17.9	10.1			
						B₂	55—82	灰黄色	中壤土	块状		11.0	0.77	1.18	17.0				
						C	82—100	灰黄色	中壤土	小块状		8.7	0.47	0.91	17.7				
剖2	漠土	棕漠土	灌耕棕漠土	红土状灌耕棕漠土	红黏棕漠土	A₁₁	0—19	棕红色	黏土	小块状、粒状	7.9	26.2	1.49	0.59		17.4	洪积性红土	E 78°10′26.8″ N 40°55′05.2″	88
						AB	19—39	淡棕红色	重壤土	板块状	8.1	9.1	0.44	0.62		10.6			
						B₁	39—60	红棕色	重壤土	块状	8.1	5.5	0.43	0.45		9.1			
						B₂	60—100	淡黄棕色	中壤土	块状	8.0	5.9	0.21	0.61		14.0			
剖3	漠土	棕漠土	灌耕棕漠土	红土状灌耕棕漠土	底砾棕漠红土	A₁₁	0—32	淡褐色	中壤土	小块状		5.2	0.28	1.09			红土状洪积物	E 78°21′01.1″ N 40°54′16.2″	89
						B₁	32—58	棕红色	重壤土	块状		9.1	0.64	1.29					
						B₂	58—70	淡红棕色	重壤土	块状		6.2	0.58	1.49					
						C	70—												

乌 恰 县

主要土类说明

冷钙土是乌恰县主要土壤类型，占本县地域面积的 25%。曾称亚高山草原土。在土壤剖面上部有腐殖质积累，土壤有机质含量为 50g/kg 左右，表层可见簇状草根层。腐殖质层厚度 10—20cm，粒状结构，颜色为灰棕色或棕色，土壤常有受土壤动物扰动的痕迹。碳酸钙的淀积形态主要是斑点状或脉纹状，且含少量易溶盐与石膏，含量可达 100—350g/kg。土壤呈微碱性至碱性，pH 为 7.5—8.5。土壤质地较轻，大部分含有石砾。

棕钙土是乌恰县第二大土壤类型，占本县地域面积的 22%。乌恰山区春季风大且多，土壤风蚀强烈，经长期吹扬，表层细土被侵蚀，质地变轻，富含粗骨，以至地表形成砾幂，再加上气候干旱，植被稀疏，生物积累过程减弱，因而土壤朝薄层棕钙土演变。在洪积扇的下部，随着地下水位的升高，盐分表聚，盐化过程逐渐加强，可向盐化棕钙土演变。如果随着地下水位的升高，草甸植被的繁殖，草甸化过程逐渐成为主要成土过程，棕钙土便可向草甸土演变。如果加上人为的灌溉、耕作、培肥，经过长期熟化后，棕钙土则可以演变为灌溉土和灌淤土。

草毡土是乌恰县第三大土壤类型，占本县地域面积的 21%。曾称高山草甸土，分布于原面平缓山坡。表层有厚度 3—10cm 不等的草皮，大多用作夏季牧场。植被根系交织似毛毡状，轻韧而有弹性。其表层土壤有机质含量约为 100g/kg，有机质含量随土层深度的向下而降低，腐殖质组成以富里酸占优势，剖面中碳酸钙遭到淋洗，多呈中性反应。

栗钙土占乌恰县地域面积的 12%。栗钙土的形成条件和成土过程主要以生物积累过程和碳酸钙的移动过程为主，但与黑钙土相比则栗钙土的生物积累过程已渐减弱，而钙化过程相对增强。这是因栗钙土区的地势降低，气温渐高，加速了有机质的分解；降水偏少，植被生长较差，土壤有机质含量减少。降水不足，淋溶作用减弱，表土没有明显的淋溶层，而使钙积层表现的部位增高。

棕漠土占乌恰县地域面积的 12%。剖面由砾石或碎石组成，剖面分化较为明显，表层有发育很弱的孔状结皮，呈淡灰色或乳黄色。高等生物的作用微弱，土壤形成过程完全受漠境水热条件所左右，石灰、石膏与易溶性盐的聚积作用更为普遍。棕漠土通常与砾石戈壁相联系，地表有黑色砾幂，土层很薄，而且剖面中含有较多的砾石。土层较厚，含砾石较少的棕漠土，经开垦、耕作、熟化，已演变成灌耕棕漠土。

本县面积小于 3% 的土壤类型还有石质土、寒冻土、草甸土、灌淤土、灰褐土、漠境盐土、潮土等。

本区域中心区气候特征

本区域中心区气候特征值
Regional climate characteristics in central area of the region

气候带：中温带干旱气候 Climate region: Mid temperate arid climate	
年平均气温 /℃ Annual average temperature /℃	11.6
年平均最高气温 /℃ Annual average maximum temperature /℃	18.1
年平均最低气温 /℃ Annual average minimum temperature /℃	5.4
年降水量 /mm Annual precipitation /mm	76
≥10℃的积温 /℃ Daily temperature accumulated in a year (≥10℃) /℃	4223
年日照时数 /h Annual sunshine /h	2737
年平均相对湿度 /% Annual average relative humidity /%	53
干燥度 Dryness	11.38

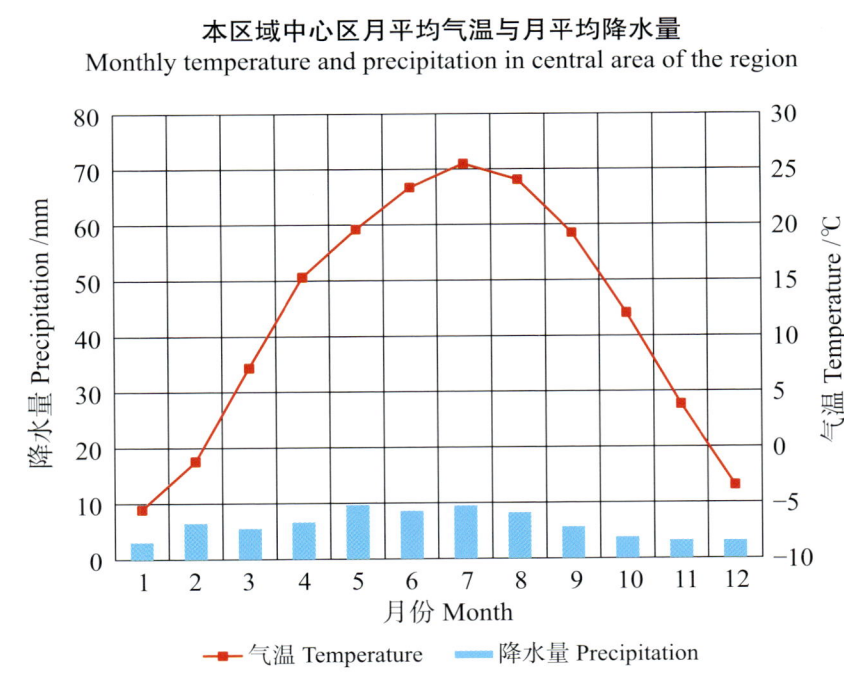

本区域中心区月平均气温与月平均降水量
Monthly temperature and precipitation in central area of the region

乌恰县主要土壤类型与土壤剖面点分布图
1 : 800 000

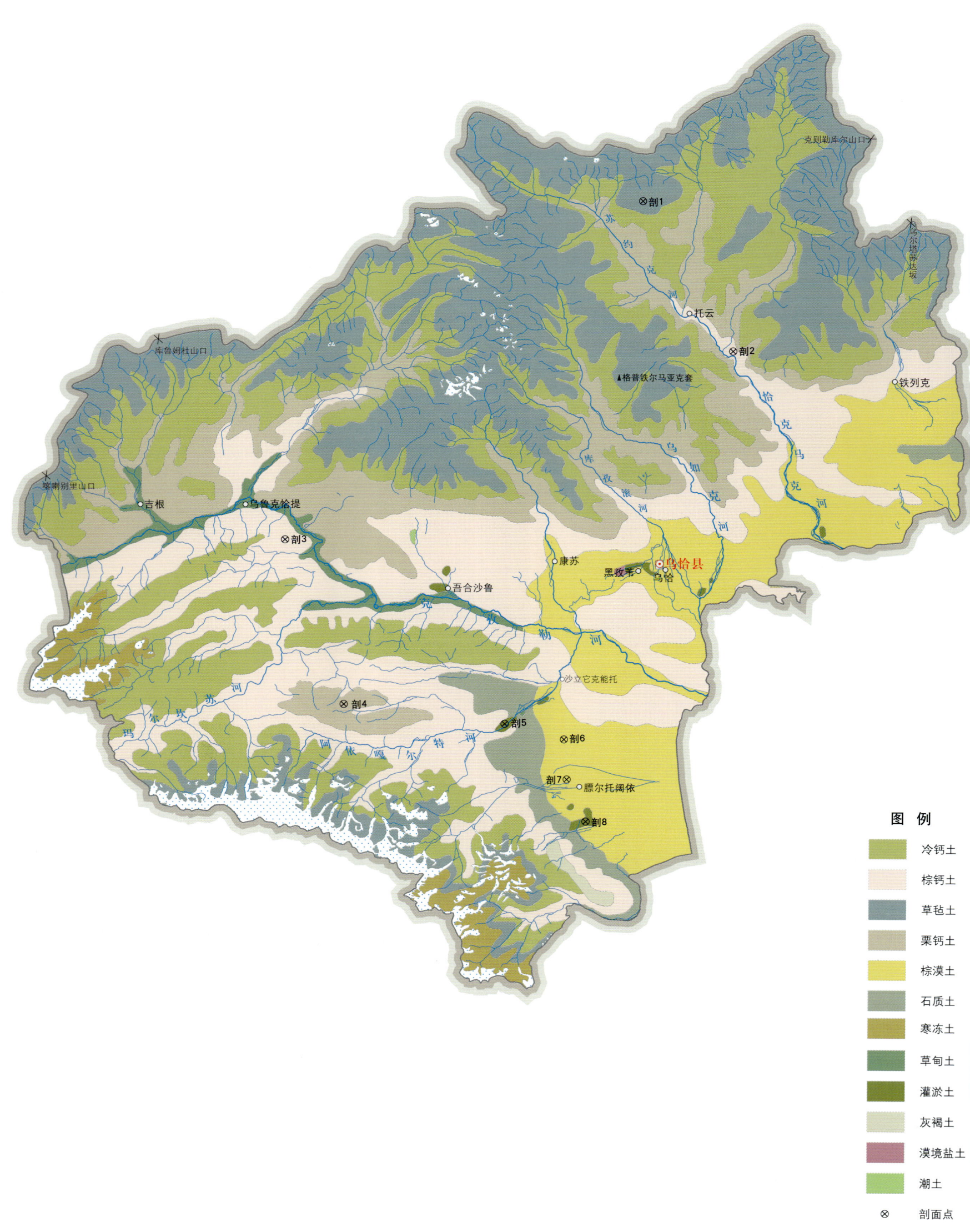

乌恰县土壤剖面理化性状表

剖面号 Soil profile	土纲 Soil order	土类 Soil great group	亚类 Soil subgroup	土属 Soil genus	土种 Soil species	土层码 Layer code	土层厚度 Depth/cm	颜色 Soil color	质地 Soil texture	土壤结构 Soil structure	pH	有机质 OM/(g/kg)	全氮 TN/(g/kg)	全磷 TP/(g/kg)	全钾 TK/(g/kg)	阳离子交换量 CEC/(cmol/kg)	土壤母质 Parent material	剖面点坐标 Profile coordinate	匹配指数 Matching index/%
剖1	高山土	草毡土	草毡土			1	0—7	灰色	中壤土	粒状	8.3	70.0	3.22	0.65	22.7	13.4	冰水沉积物、残积物、坡积物	E 75°13′11.6″ N 40°21′54.0″	88
						2	7—18	灰色	中壤土	粒状	8.4	62.8	2.72	0.49	23.4	10.6			
						3	18—32	暗灰色	中壤土	团粒状	8.6	33.3	1.85	0.36	22.5	10.1			
						4	32—39	灰色	中壤土	小块状	8.5	31.9	1.73	0.47	22.5	9.0			
						5	39—	暗灰色	砾石										
剖2	干旱土	棕钙土	淡棕钙土	淡棕钙土	旱坡淡黄土	A	0—14	棕黄色	轻壤土	小核状	8.3	11.7	0.74	0.85	18.2		残积物、坡积物	E 75°25′16.7″ N 40°05′52.1″	84
						B₁	14—40	灰黄色	轻壤土	大块状	9.0	9.5	0.69	0.86	18.4				
						B₂	40—57	淡棕黄色	轻壤土	块状	8.7	9.1	0.57	1.11	18.3				
						BC₁	57—93	淡黄色	砂土	单粒状	8.6	6.3	0.38	1.48	16.4				
						BC₂	93—100	棕黄色	中壤土	单粒状	9.1	6.8	0.29	1.39	16.4				
剖3	干旱土	棕钙土	淡棕钙土	灌耕淡棕钙土	淡棕红土	A₁₁	0—17	淡棕红色	砂壤土	柱状	8.4	6.7	0.36	0.59		8.4	冲积物	E 74°25′25.0″ N 39°45′34.9″	95
						ABk	17—38	黄棕红色	砂壤土	块状	8.5	7.2	0.36	0.54		5.0			
						B	38—58	棕红色	砂壤土	单粒状	8.5	3.1	0.31	0.50		6.2			
						C	58—100	棕红色	砂壤土	块状	8.2	2.1	0.20	0.50					
剖4	钙层土	栗钙土	淡栗钙土	耕种淡栗钙土	冷旱栗土	A₁₁	0—13	淡栗色	中壤土	小粒状	7.5	26.9	1.45	0.63	20.9	16.2	洪积物、坡积物	E 74°33′28.4″ N 39°28′01.9″	85
						AB	13—28	淡栗色	中壤土	小块状	8.1	28.4	1.15	0.63	20.5	15.5			
						Bk	28—44	棕黄色	中壤土	块状	8.8	14.5	0.60	0.59	21.1	13.0			
						BCk	44—71	棕红色	轻壤土	块状	8.6	6.7	0.32	0.31	19.1	9.9			
						C	71—110	棕红色	轻壤土	块状	8.8	5.3	0.27	0.37	21.5				
剖5	人为土	灌淤土	灌淤土	红淤土	红淤土	1	0—14	棕红色	中壤土	块状、粒状	8.2	21.7	1.62	0.76	20.8			E 74°54′52.6″ N 39°26′02.8″	84
						2	14—48	棕红色	中壤土	块状	8.4	12.0	0.61	0.72	19.4				
						3	48—79	淡棕红色	中壤土	块状	8.0	8.8	0.45	0.68	18.9				
						4	79—100	暗棕红色	中壤土	块状	8.4	10.6	0.56	0.69	19.0				
剖6	漠土	棕漠土	石膏棕漠土			1	0—11	棕灰色	砂壤土	无明显结构	8.3	8.3	0.43	0.26		4.1		E 75°02′45.2″ N 39°24′26.3″	81
						2	11—43	棕色	轻壤土	无明显结构	8.4	8.3	0.50	0.37		4.4			
						3	43—75	灰棕色	砂壤土	块状	8.5	7.1	0.49	0.32		6.9			
						4	75—94	淡红棕色	轻壤土	块状	8.5	5.5	0.43	0.37					
剖7	漠土	棕漠土	灌耕棕漠土	洪积砾土		1	0—14	黄棕色	中壤土	块状	8.4	12.3	0.66	0.56	22.7	7.8	砾质洪积母质	E 75°03′09.7″ N 39°20′06.7″	81
						2	14—29	淡黄棕色	轻壤土	片状	8.5	7.3	0.44	0.63	22.8	9.7			
						3	29—58	黄棕色	轻壤土	片状	9.0	3.5	0.21	0.53	17.7	6.2			
剖8	人为土	灌淤土	灌淤土	黄灌淤土	底砾黄淤土	A₁₁	0—16	淡红棕色	重壤土	块状	8.4	18.9	1.05	0.52			灌溉淤积物	E 75°05′41.3″ N 39°15′37.8″	86
						Ab	16—39	棕色	黏土	块状		15.4	0.89	0.44					
						Cb	39—78	黄棕色	重壤土	块状		6.3	0.39	0.41					
						C	78—												

喀 什 地 区

喀 什 市

主要土类说明

灌淤土是喀什市主要土壤类型，占本市地域面积的 59%。灌淤土是在棕漠土的基础上，经人类的长期生产作用，灌溉淤积和耕作、施肥等措施交叠影响下形成的一类农业土壤。灌淤土的特征为：①有深厚的灌淤熟化层，厚度超过 50cm。据自然冲蚀沟断面观察，古老农区内灌淤土层可达 3m 以上。②全剖面质地和颜色上下均一，一般以壤质为主，由于灌淤母质的本色使之呈红棕色。③经过耕作搅动，没有明显的沉积层次。④灌淤层有一定的结构，孔隙较多，有炭渣、骨碎片、砖瓦屑、蚯蚓粪便等侵入体。⑤剖面内有机质含量由上而下递减，碳酸钙含量上下基本一致。⑥地下水埋深一般较深，土体干燥。

棕漠土是喀什市第二大土壤类型，占本市地域面积的 22%。棕漠土主要分布于洪积扇上部、山前坡地以及中沟、古河道，发育于洪积、坡积母质。洪积扇上部粗骨多细粒少，砾石为主；坡地、冲沟、古河道以细土状黏粒、壤质为主，覆盖于粗骨质之上。地表通常为黑褐色砾幂，但有的则是成片碎石，或是覆盖厚薄不同的砂层，或是点缀疏密、大小不等的砂土包，光秃裸露，几乎无植被覆盖。表层有发育较弱的孔状结皮，颜色为淡红棕色、淡灰棕色、淡黄棕色等，厚度一般不超过 1cm。结皮极不稳定，常因风蚀而被破坏。结皮层下，亚表层有明显的铁质染色层，呈淡红棕色、红棕色，黏粒增加，貌似黏化。其生物积累作用微弱，有机质和全氮的含量均很低。

潮土是喀什市第三大土壤类型，占本市地域面积的 5%。潮土主要分布于扇缘、河阶地以及冲积平原，大多发育于草甸土上，也有因水文地质条件变化而由盐化灌淤土演变而来，或因水旱轮作演变而成。其附加过程为盐分积累过程，形成了其独特的理化性状。

本区域中心区气候特征

本区域中心区气候特征值
Regional climate characteristics in central area of the region

气候带：暖温带极干旱气候 Climate region: Warm temperate extremely arid climate	
年平均气温 /℃ Annual average temperature /℃	11.8
年平均最高气温 /℃ Annual average maximum temperature /℃	18.4
年平均最低气温 /℃ Annual average minimum temperature /℃	5.5
年降水量 /mm Annual precipitation /mm	64
≥10℃的积温 /℃ Daily temperature accumulated in a year（≥10℃）/℃	4328
年日照时数 /h Annual sunshine /h	2744
年平均相对湿度 /% Annual average relative humidity /%	52
干燥度 Dryness	12.12

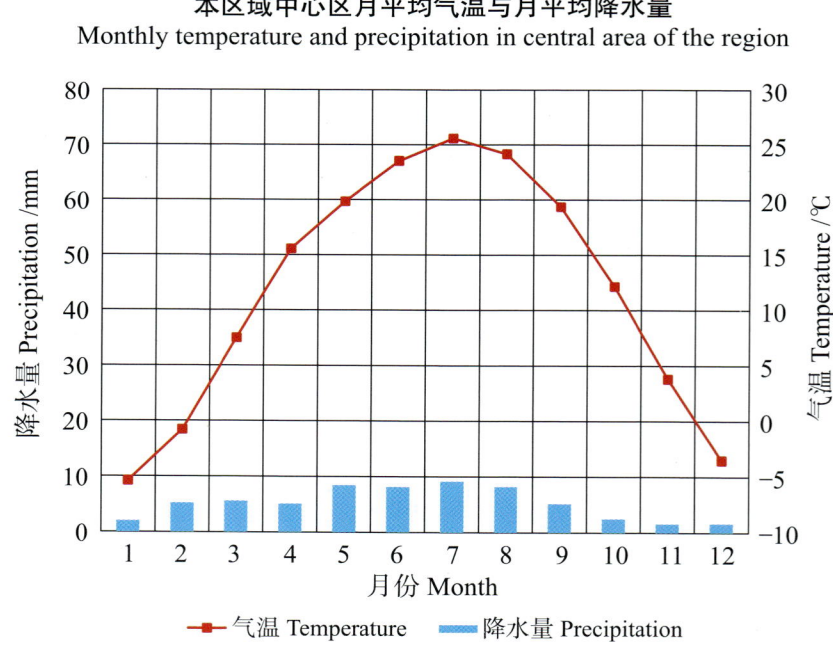

本区域中心区月平均气温与月平均降水量
Monthly temperature and precipitation in central area of the region

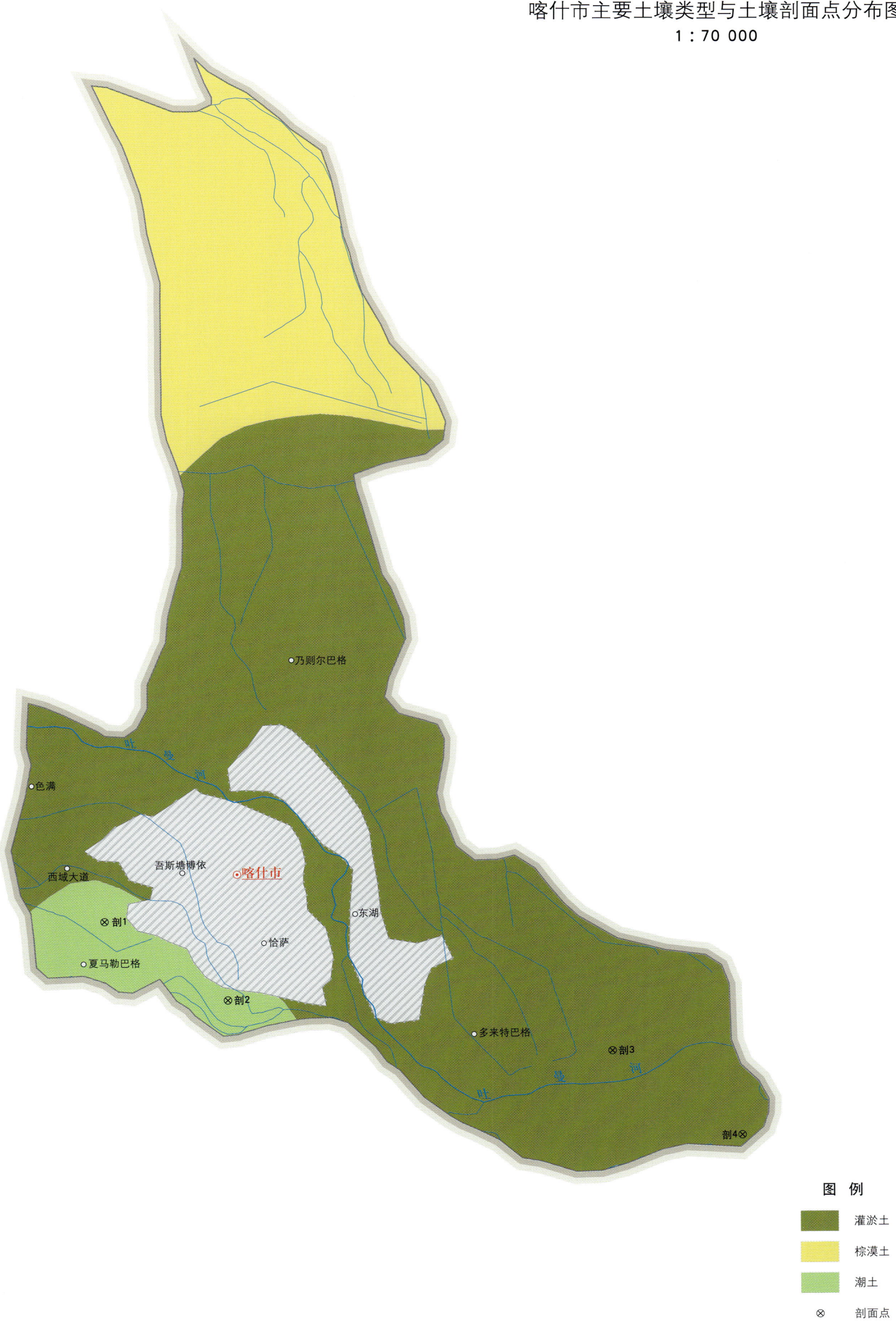

喀什市土壤剖面理化性状表

剖面号 Soil profile	土纲 Soil order	土类 Soil great group	亚类 Soil subgroup	土属 Soil genus	土种 Soil species	土层码 Layer code	土层厚度 Depth/cm	颜色 Soil color	质地 Soil texture	土壤结构 Soil structure	pH	有机质 OM/(g/kg)	全氮 TN/(g/kg)	全磷 TP/(g/kg)	土壤母质 Parent material	剖面点坐标 Profile coordinate	匹配指数 Matching index/%
剖1	半水成土	潮土	盐化潮土	二潮土	强盐化二潮土	1	0—15	淡棕色	中壤土	块状	8.0	10.6	0.76	0.60	灌溉淤积物	E 75°57′26.3″ N 39°27′41.0″	92
						2	15—23	棕色	中壤土	块状	8.0	8.9	0.57	0.56			
						3	23—84	暗棕色	砂壤土	块状	7.9	6.7	0.45	0.55			
						4	84—100	棕色	砂壤土	块状	7.9	3.5	0.25	0.46			
剖2	半水成土	潮土	盐化潮土	二潮土	轻盐化下潮土	1	0—18	淡棕色	中壤土	块状	8.1	6.8	0.35	0.54	灌溉淤积物	E 75°58′50.5″ N 39°26′56.4″	93
						2	18—26	棕色	中壤土	块状	8.2	6.8	0.41	0.52			
						3	26—63	暗棕色	中壤土	块状	8.1	6.6	0.35	0.53			
						4	63—100	灰棕色	砂土	块状	8.1	2.3	0.13	0.44			
剖3	人为土	灌淤土	灌淤土	红淤土	红壤土	1	0—17	淡棕色	中壤土	块状	8.4	6.9	0.46	0.48	灌溉淤积物	E 76°03′15.5″ N 39°26′25.1″	90
						2	17—25	淡棕色	中壤土	块状	8.3	6.7	0.43	0.50			
						3	25—60	棕色	重壤土	块状	8.3	8.4	0.58	0.59			
						4	60—100	棕色	重壤土	块状	8.3	6.2	0.43	0.59			
剖4	人为土	灌淤土	灌淤土			1	0—12	深棕色	砂壤土	粒状	8.5	8.4	0.68	0.34	冲积物	E 76°04′44.0″ N 39°25′37.6″	91
						2	12—27	黄棕色	轻壤土	粒状	8.4	7.0	0.53	0.32			
						3	27—46	灰棕色	砂壤土	粒状	8.2	7.3	0.29	0.44			
						4	46—75	棕色	砂土	粒状	8.7	11.5	0.12	0.32			
						5	75—100	红棕色	中壤土	粒状	8.1	8.4	0.25	0.44			

疏附县

主要土类说明

棕漠土是疏附县主要土壤类型，占本县地域面积的47%。分布在中山区山前部位的洪积裙及冲积扇的上缘和乌帕尔断层上部的种羊场。棕漠土是由冲积母质、洪积母质在荒漠生物气候带下发育而形成的地带性自然土壤。土壤中粗骨质的砾石含量较多，少部分为较厚的黄色细土状壤质颗粒，覆盖在粗骨质上。剖面发育微弱，层次分化极差。植被稀疏，覆盖百分率很低，地面裸露。地表通常为黑色砾幂，但有的则是成片碎石，或是覆盖厚薄不同的砂石，表层有很薄的结皮层，下为疏孔状的鳞片状层。土壤的矿物质分解作用极弱，氧化铁的含量相对较高，形成红棕色的紧实层，但不明显，部分有石膏磐层。

灌淤土是疏附县第二大土壤类型，占本县地域面积的23%。灌淤土是在灌溉、淤积、熟化条件下形成的土壤。在老绿洲区，在灌溉农业条件下，经过人为长期灌淤耕作，定向培育，逐步地由自然土壤发育成灌淤土。其剖面由灌溉淤积物所组成，质地较轻，肥力比较均匀；上下均为壤质土壤，这是由于逐年灌淤加厚并不断耕作施肥所致。剖面土层深厚，厚度在150cm左右。石灰反应均匀，地下水位较低，一般在3m以下。由于灌溉耕作不良，产生次生盐渍化和轻微的潮化现象，成为盐化灌淤土。

草甸盐土是疏附县第三大土壤类型，占本县地域面积的12%。草甸盐土是由各种类型的草甸土逐渐演变而成的。其成土母质主要是冲积母质，有砂黏相间的沉积层次，全剖面发生层次明显。地表均有薄层盐结皮或盐结壳，一般2—4cm；腐殖质层不明显，有较多根系，厚度5—12cm，盐斑明显。其形成受地下水常年上下活动的影响，积盐过程和草甸过程相伴进行，但以积盐过程为主。土壤积盐状况各地差异很大，愈干旱积盐愈重，积盐层或盐壳愈厚。表层有一定数量的有机质积累，底土有明显的锈色斑纹。

草甸土占疏附县地域面积的5%。草甸土一般处于地形平坦、地势较低的部位，是直接受地下水的影响，在草甸植被下发育而成的一类半水成型自然土壤。地下水位较高，一般在1—3m。草甸土的主导成土过程为草甸化过程，也就是有机质积累过程。草甸土形成过程的主要特点：①由于草甸土草本植物生长繁茂，形成生草层；根系发达密织，分布较深，每年入秋死亡后分解，有利于腐殖质积累，从而形成腐殖质层；表层土壤腐殖质含量较高，草甸土分布于各个土壤地带之中，因此腐殖质含量皆比同地带的自成土为高。②草甸土地下水位埋藏深度一般在1—2m，潜水可通过毛管作用到达地表，并随季节性影响，地下水升降频繁，从而引起土体中的氧化还原过程交替进行，常在土壤剖面中出现锈纹、锈斑。

本县面积小于5%的土壤类型还有潮土、石质土、棕钙土、水稻土、风沙土、沼泽土等。

本区域中心区气候特征

本区域中心区气候特征值
Regional climate characteristics in central area of the region

气候带：中温带干旱气候 Climate region: Mid temperate arid climate	
年平均气温 /℃ Annual average temperature /℃	11.7
年平均最高气温 /℃ Annual average maximum temperature /℃	18.2
年平均最低气温 /℃ Annual average minimum temperature /℃	5.5
年降水量 /mm Annual precipitation /mm	68
≥10℃的积温 /℃ Daily temperature accumulated in a year (≥10℃) /℃	4284
年日照时数 /h Annual sunshine /h	2733
年平均相对湿度 /% Annual average relative humidity /%	53
干燥度 Dryness	12.01

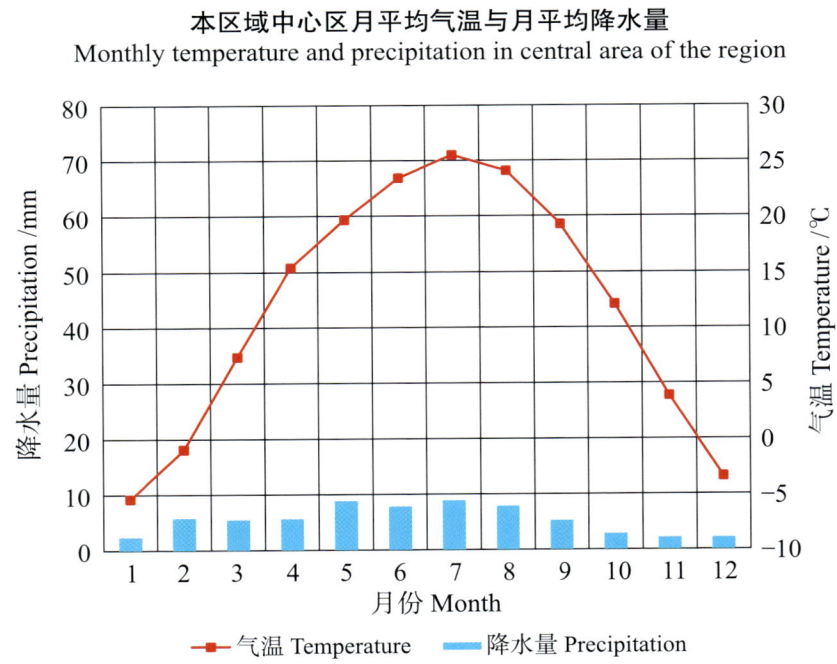

本区域中心区月平均气温与月平均降水量
Monthly temperature and precipitation in central area of the region

疏附县主要土壤类型与土壤剖面点分布图

1:380 000

图 例

棕漠土 | 灌淤土 | 草甸盐土 | 草甸土 | 潮土 | 石质土 | 棕钙土 | 水稻土 | 风沙土 | 沼泽土 | ⊗ 剖面点

疏附县土壤剖面理化性状表

剖面号 Soil profile	土纲 Soil order	土类 Soil great group	亚类 Soil subgroup	土属 Soil genus	土种 Soil species	土层码 Layer code	土层厚度 Depth/cm	颜色 Soil color	质地 Soil texture	土壤结构 Soil structure	pH	有机质 OM/(g/kg)	全氮 TN/(g/kg)	全磷 TP/(g/kg)	全钾 TK/(g/kg)	碱解氮 AN/(mg/kg)	有效磷 AP/(mg/kg)	速效钾 AK/(mg/kg)	阳离子交换量CEC/(cmol/kg)	土壤母质 Parent material	剖面点坐标 Profile coordinate	匹配指数 Matching index/%
剖1	半水成土	草甸土	盐化草甸土			1	0—26	棕灰色	中壤土	块状	8.3	12.7	0.72	0.53							E 76°10′56.6″ N 39°31′02.6″	82
						2	26—58	棕灰色	轻壤土	块状	8.4	5.1	0.36	0.54								
						3	58—86	淡灰色	砂壤土	块状	8.2	3.5	0.38	0.40								
						4	86—120	淡灰色	砂壤土	块状	8.3	5.5	0.32	0.40								
剖2	人为土	灌淤土	灌淤土	棕红灌淤土	底砂红淤土	A_{11}	0—14	棕色	中壤土	团块状		8.2	0.57	0.55						灌溉淤积物	E 75°51′36.0″ N 39°30′20.2″	80
						Ab_1	14—58	灰棕色	重壤土	块状		8.1	0.68	0.58								
						Ab_2	58—80	灰棕色	中壤土			6.7	0.62	0.43								
						Cb	80—120	灰色														
剖3	盐碱土	草甸盐土	草甸盐土			1	0—23	棕红色	砂土	块状	8.7	10.0	0.68	0.41							E 76°22′08.8″ N 39°29′01.7″	80
						2	23—56	红棕色	黏土	块状	8.7	5.7	0.54	0.45								
						3	56—78	棕色	中壤土	块状	8.8	3.3	0.36	0.53								
						4	78—88	灰棕色	砂土	粒状	8.5	3.8	0.26	0.46								
						5	88—120	棕色	黏土	块状	8.0	5.0	0.48	0.45								
剖4	半水成土	潮土	盐化潮土	下潮土	轻盐化壤土	1	0—18	淡棕色	中壤土	块状	8.3	12.0	0.72	0.55		66	1.7				E 75°56′24.0″ N 39°26′38.4″	78
						2	18—45	棕色	中壤土	块状	8.7	8.8	0.54	0.53								
						3	45—79	红棕色	中壤土	块状	8.7	6.6	0.26	0.48								
						4	79—120	棕色	中壤土	块状	8.6	4.7	0.38	0.52								
剖5	半水成土	潮土	盐化潮土	二潮土	轻盐化壤土	1	0—18	淡棕色	中壤土	块状	8.2	11.7	0.74	0.53		69	6.8				E 75°59′14.6″ N 39°26′14.6″	94
						2	18—68	棕色	中壤土	块状	8.2	8.0	0.58	0.48								
						3	68—107	淡棕色	中壤土	块状	8.2	7.6	0.56	0.47								
						4	107—120	灰棕色	砂土	块状	8.3	5.2	0.34	0.44								
剖6	半水成土	潮土	盐化潮土	下潮土	中盐化壤土	1	0—16	淡棕色	轻壤土	块状	8.2	9.3	0.58	0.44		46	1.2				E 75°57′54.0″ N 39°26′01.3″	78
						2	16—60	棕色	黏土	块状	8.5	6.7	0.42	0.44								
						3	60—85	棕色	轻壤土	块状	8.2	5.9	0.42	0.44								
						4	85—110	淡灰色	砂土	块状	8.5	3.8	0.28	0.39								
剖7	半水成土	潮土	盐化潮土	下潮土	强盐化壤土	1	0—17	淡棕色	砂壤土	块状	8.2	17.1	1.06	0.52		66	3.8	433			E 75°58′07.0″ N 39°24′12.6″	83
						2	17—56	淡棕色	砂壤土	块状	8.3	12.2	0.90	0.47								
						3	56—75	黑棕色	中壤土	块状	8.3	67.7	3.60	0.52								
						4	75—106	灰棕色	中壤土	块状	8.3	41.1	2.08	0.56								
						5	106—120	黑色		块状	8.0	154.3	>6.00	0.50								
剖8	人为土	灌淤土	盐化灌淤土	灰淤土	轻盐化灰壤土	1	0—15	灰灰色	轻壤土	块状	8.0	13.5	0.86	0.53		20	1.39	411			E 75°27′29.9″ N 39°22′07.7″	92
						2	15—56	黄灰色	中壤土	块状	8.4	10.7	0.72	0.47								
						3	56—73	灰色	中壤土	块状	8.4	11.8	0.76	0.46								
						4	73—100	黄灰色	中壤土	块状	8.5	10.3	0.58	0.54								
剖9	人为土	灌淤土	灌淤土	淤壤土	红淤泥土	A_{11}	0—20	油橙色	黏壤土	块状	7.9	8.1	0.54	0.65	13.6		8.0		9.4	淤积物	E 75°48′47.2″ N 39°21′36.7″	88
						Ab	20—48	油橙色	黏壤土	块状	8.0	6.1	0.39	0.60	13.6		1.0		6.1			
						C	48—100	油橙色	黏壤土	块状	8.0	4.3	0.33	0.57	12.6		<1.0		5.5			
剖10	人为土	灌淤土	盐化灌淤土	灰淤土	中盐化灰壤土	1	0—14	暗灰色	轻壤土	块状	7.3	11.6	0.58	0.42		18		433			E 75°30′14.0″ N 39°21′11.5″	91
						2	14—39	暗灰色	轻壤土	块状	7.6	8.9	0.58	0.53								
						3	39—79	淡灰色	中壤土	块状	7.2	4.7	0.28	0.52								
						4	79—120	灰白色	重壤土	块状	7.1	4.7	0.40	0.61								

续表 Continued

剖面号 Soil profile	土纲 Soil order	土类 Soil great group	亚类 Soil subgroup	土属 Soil genus	土种 Soil species	土层码 Layer code	土层厚度 Depth/cm	颜色 Soil color	质地 Soil texture	土壤结构 Soil structure	pH	有机质 OM/(g/kg)	全氮 TN/(g/kg)	全磷 TP/(g/kg)	全钾 TK/(g/kg)	碱解氮 AN/(mg/kg)	有效磷 AP/(mg/kg)	速效钾 AK/(mg/kg)	阳离子交换量CEC/(cmol/kg)	土壤母质 Parent material	剖面点坐标 Profile coordinate	匹配指数 Matching index/%
剖11	半水成土	潮土	盐化潮土	二潮土	强盐化壤土	1	0—11	棕色	轻壤土	粒状	7.8	10.0	0.62	0.39		22	<1.0	202			E 75°46′50.5″ N 39°18′59.8″	92
						2	11—42	棕色	中壤土	粒状	7.6	6.7	0.40	0.41								
						3	42—71	棕色	砂壤土	粒状	8.0	4.3	0.30	0.39								
						4	71—112	棕色	砂壤土	粒状	8.0	4.8	0.38	0.34								
剖12	人为土	灌淤土	盐化灌淤土	灰淤土	强盐化灰壤土	1	0—24	暗灰色	轻壤土	块状	8.0	8.1	0.60	0.55		21	<1.0				E 75°33′11.9″ N 39°18′45.4″	95
						2	24—76	淡灰色	中壤土	块状	8.0	7.7	0.56	0.52								
						3	76—94	淡灰色	砂壤土	块状	8.1	6.7	0.44	0.52								
						4	94—110	灰白色	砂壤土	块状	8.5	4.7	0.28	0.52								
剖13	初育土	风沙土	固定风沙土	山坡地固定风沙土		1	0—32	棕灰色	砂壤土	粒状	8.5	2.6	0.14	0.32							E 75°38′27.2″ N 39°18′35.6″	83
						2	32—74	暗灰色	中壤土	块状	8.5	3.5	0.18	0.48								
						3	74—120	淡棕色	中壤土	块状	8.5	2.9	0.30	0.41								
剖14	人为土	灌淤土	盐化灌淤土	硫酸盐盐化灌淤土	硫盐灰淤土	A₁₁	0—15	黄灰色	中壤土	团块状	8.2	13.5	0.86	0.53						灌溉淤积物	E 75°35′19.3″ N 39°17′41.6″	95
						Ab	15—73	黄灰色	轻壤土	团块状	8.3	11.0	0.73	0.47								
						Cb	73—120	黄灰色	中壤土	团块状	8.4	10.3	0.58	0.54								

疏 勒 县

主要土类说明

草甸盐土是疏勒县主要土壤类型，占本县地域面积的27%。其形成受地下水常年上下活动的影响，积盐过程和草甸过程相伴进行，但以积盐过程为主。土壤积盐状况各地差异很大，愈干旱积盐愈重，积盐层或盐壳愈厚。表层有一定数量的有机质积累，底土有明显的锈色斑纹。其成土母质主要是冲积母质，有砂黏相间的沉积层次，全剖面发生层次明显。地表均有薄层盐结皮或盐结壳，一般厚度2—4cm；腐殖质层不明显，有较多根系，盐斑明显。

草甸土是疏勒县第二大土壤类型，占本县地域面积的23%。草甸土的剖面形态可分为三个发生层次，即腐殖质层、锈纹锈斑层、母质层（或潜育层）。草甸土耕层含盐量较高，部分条件好的草甸土已垦殖利用，但时间短，母质的基本特性表现强烈，使耕种熟化过程处于附加过程的地位，土壤发育仅处于灌耕草甸土阶段。另外，发育于河流两岸的草甸土，植被以胡杨林为主，混生红柳、铃铛刺、盐穗木等盐生灌木及芦苇、伴姑娘、甘草、野麻等草甸植物，形成三层结构。表层有机质积累以枯枝落叶为主，在草甸过程中又附加森林化过程，有的还伴以盐化的附加过程。

灌淤土是疏勒县第三大土壤类型，占本县地域面积的21%。灌淤土是自成、半水成、水成土壤以及盐碱土在洪积和人为因素的作用下，经过灌淤、耕作、施肥等熟化过程而形成的具有一定灌淤层、肥力和较低地下水位的土壤。剖面土层厚度在1.5m左右。石灰反应均匀，地下水位较低，一般在3m以下。由于灌溉耕作不良，产生次生盐渍化和轻微的潮化现象，演化为盐化灌淤土。

风沙土占疏勒县地域面积的17%。风沙土是自然营力——风的堆积、搬迁下形成的，是在风蚀、沙压、淋溶过程和生物固沙、聚集营养元素过程的对立统一作用下发展的。其成土作用微弱，层次过渡不明显，下部为埋藏土层，在形态上很大程度表现为母质状态。土体干燥，质地松散，土壤发育较弱，层次简单而不明显。

潮土占疏勒县地域面积的9%。潮土是在半水土的草甸土、水成土的沼泽土、盐土等基础上，经过长期灌耕熟化而形成的土壤，或因水文、地质条件变化而由盐化灌淤土演变而来，也有因水田区实行水旱轮作而逐步演变而成。其灌淤层一般大于30cm。由于水分条件的影响，有机质较易积累，因此含量较高。其所处地貌部位为冲积扇下部和扇缘及河间洼地，处于承压潜水区或有泉水出露带的上缘，由于地下水位的升降，土体潮湿，氧化还原作用交相变换，铁锰离子的氧化还原作用的产物即锈斑、潜育层频频出现，而且钙盐的沉积也可在剖面中明显看出。在矿化度高的地下水影响下，土壤中的水、盐运行规律失去平衡，加速了可溶性盐类的表聚性，成为本县潮土成土的主导附加过程，而灌耕熟化则居为次要附加过程。

本县面积小于3%的土壤类型还有沼泽土等。

本区域中心区气候特征

本区域中心区气候特征值
Regional climate characteristics in central area of the region

气候带：暖温带极干旱气候 Climate region: Warm temperate extremely arid climate	
年平均气温 /℃ Annual average temperature /℃	11.8
年平均最高气温 /℃ Annual average maximum temperature /℃	18.5
年平均最低气温 /℃ Annual average minimum temperature /℃	5.4
年降水量 /mm Annual precipitation /mm	61
≥10℃的积温 /℃ Daily temperature accumulated in a year（≥10℃）/℃	4332
年日照时数 /h Annual sunshine /h	2775
年平均相对湿度 /% Annual average relative humidity /%	53
干燥度 Dryness	12.37

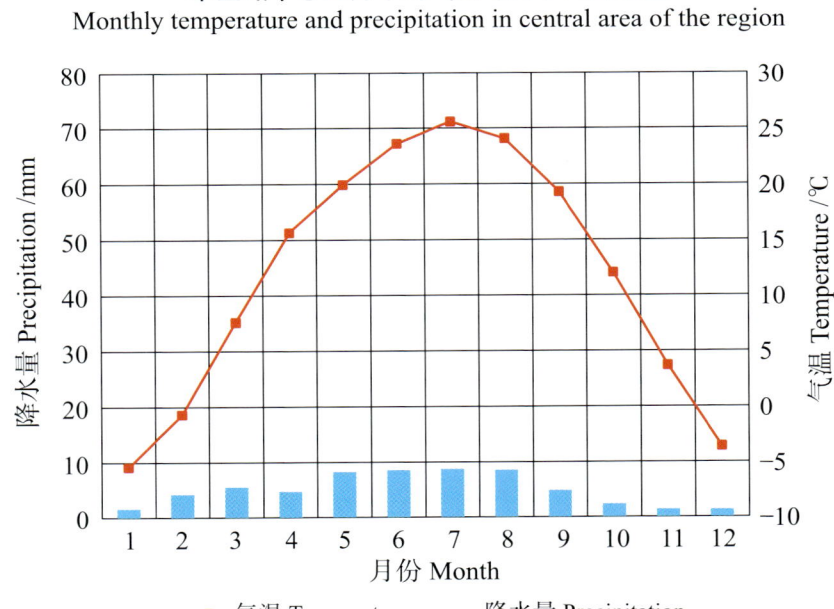

本区域中心区月平均气温与月平均降水量
Monthly temperature and precipitation in central area of the region

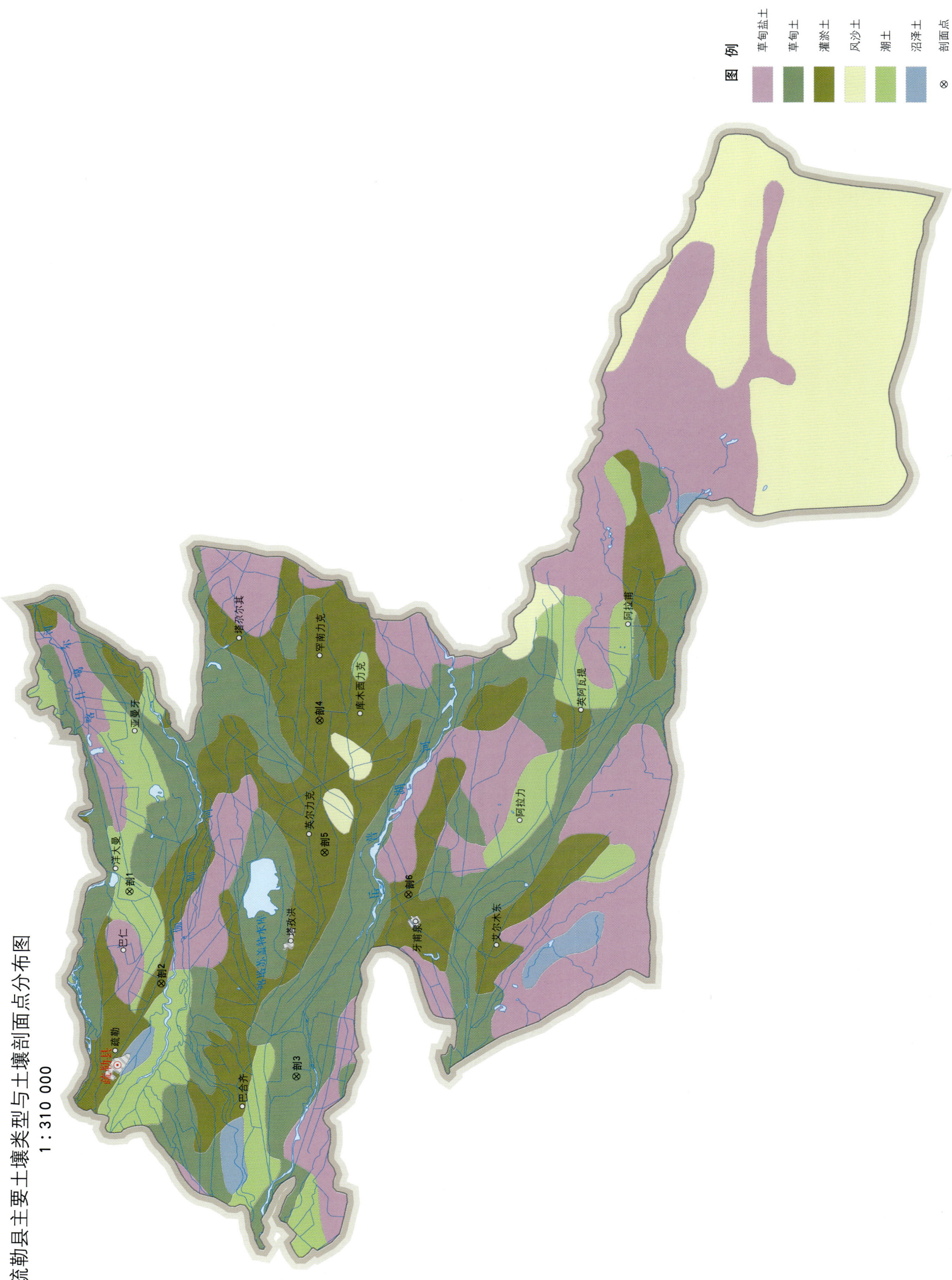

疏勒县主要土壤类型与土壤剖面点分布图
1∶310 000

疏勒县土壤剖面理化性状表

剖面号 Soil profile	土纲 Soil order	土类 Soil great group	亚类 Soil subgroup	土属 Soil genus	土种 Soil species	土层码 Layer code	土层厚度 Depth/cm	颜色 Soil color	质地 Soil texture	土壤结构 Soil structure	pH	有机质 OM/(g/kg)	全氮 TN/(g/kg)	全磷 TP/(g/kg)	全钾 TK/(g/kg)	速效钾 AK/(mg/kg)	土壤母质 Parent material	剖面点坐标 Profile coordinate	匹配指数 Matching index/%
剖1	半水成土	潮土	盐化潮土	盐化下潮土	中盐化下潮灰土	1	0—16	棕灰色	中壤土	块状	8.0	8.7	0.53	0.52			冲积物	E 76°12′20.2″ N 39°23′41.3″	87
						2	16—44	棕灰色	重壤土	块状	8.1	8.7	0.53	0.47					
						3	44—100	棕灰色	黏土	块状	8.1	11.2	0.62	0.45	16.6				
剖2	人为土	灌淤土	盐化灌淤土	盐化红淤土	中盐化红淤土	1	0—22	红棕色	中壤土	块状		10.2	0.74	0.57	16.2		灌溉淤积物	E 76°07′15.6″ N 39°22′25.0″	92
						2	22—57	红棕色	重壤土	块状		9.0	0.65	0.57	16.2				
						3	57—102	红棕色	重壤土	块状		8.0	0.51	0.53	16.2				
						4	102—147	淡红棕色	中壤土	块状		5.8	0.42	0.57	16.0				
剖3	半水成土	草甸土	石灰性草甸土	灌耕石灰性草甸土	灌耕中硫锈黄土	A₁₁	0—20	棕灰色	轻壤土	块状	7.7	12.5	0.88	0.61	25.3	>500	冲积物	E 76°02′09.2″ N 39°16′54.5″	80
						C	20—70	灰棕色	轻壤土	块状	7.5	10.5	0.73	0.58	21.6	185			
						Cu	70—100	淡棕色	重壤土	块状	7.9	7.4	0.52	0.42	37.8	295			
剖4	人为土	灌淤土	盐化灌淤土	硫酸盐盐化灌淤土	中硫盐灰淤土	A₁₁	0—16	淡棕灰色	重壤土	块状	8.2	12.1	0.84	0.65	20.5		灌溉淤积物	E 76°21′37.8″ N 39°15′50.8″	95
						Ab	16—73	淡棕灰色	重壤土	块状	7.6	7.0	0.52	0.64	21.0				
						Cb	73—100	淡棕灰色	中壤土	块状	7.7	5.7	0.52	0.57	25.9				
剖5	人为土	灌淤土	盐化灌淤土	盐化灰淤土	中盐化灰淤土	1	0—17	棕灰色	轻壤土	块状	8.2	11.4	0.60		20.6		灌溉淤积物	E 76°14′23.6″ N 39°15′41.8″	92
						2	17—43	棕灰色	中壤土	片状	8.1	10.0	0.57	0.57	16.8				
						3	43—94	棕灰色	重壤土	片状	8.2	9.4	0.57		22.8				
						4	94—151	棕灰色	重壤土	块状		8.9	0.55		30.1				
剖6	人为土	灌淤土	盐化灌淤土	盐化灰淤土	轻盐化灰淤土	1	0—18	棕灰色	中壤土	块状		10.2	0.67	0.55	14.7		灌溉淤积物	E 76°12′02.9″ N 39°12′16.9″	78
						2	18—76	棕灰色	中壤土	块状		9.0	0.51	0.57	20.5				
						3	76—91	棕灰色	砂壤土	小块状		4.6	0.26	0.51	15.2				
						4	91—153	灰色	轻壤土	块状		4.9	0.38	0.54	20.2				

英吉沙县

主要土类说明

棕漠土是英吉沙县主要土壤类型，占本县地域面积的45%。棕漠土在乌恰乡、托普鲁克乡、艾古斯乡、克孜勒乡、萨罕乡等乡分布较广，主要的形成过程有：①腐殖质积累过程。其分布区植被覆盖百分率低，提供给土壤的有机物质少，土壤腐殖质积累数量极为有限，没有明显的有机质层。②碳酸钙石膏可溶性盐聚积过程。由于气候干旱，母质风化和土壤形成过程中产生的重碳酸钙积累或随短暂的降水向上运移，在表层迅速转化成碳酸钙在表层聚积。③残积黏化作用和较多的铁质化作用。棕漠土残积黏化作用相对较弱，而铁质化作用相对增强，主要是受降水透湿深度和气候干热程度的共同影响。④灌淤熟化过程。处在冲积扇中下部的棕漠土，由于地形平坦，灌溉历史悠久，细土物质多，有明显的灌淤熟化过程，部分已发育成具有深厚灌淤层的灌淤土。

风沙土是英吉沙县第二大土壤类型，占本县地域面积的19%。风沙土广泛分布于绿洲的外围，以固定或半固定风沙土居多，腹地多为流动风沙土。地形对风沙土的影响较为明显，主要发生在冲积平原和开阔的扇形地。风沙土土体干燥，质地松散，土壤发育较弱，层次简单，黏粒和有机质较少。土体水分含量少，流动性强，植被难以生长，植被覆盖百分率较低。

草甸盐土是英吉沙县第三大土壤类型，占本县地域面积的18%。表层有一定数量的有机质积累，底土有明显的锈色斑纹。其成土母质主要是冲积母质，有砂黏相间的沉积层次，全剖面发生层次明显。地表均有薄层盐结皮或盐结壳，一般厚度2—4cm，腐殖质层不明显，有较多根系，厚度5—12cm，盐斑明显。其形成受地下水常年上下活动的影响，积盐过程和草甸过程相伴进行，而以积盐过程为主。土壤积盐状况各地差异很大，愈干旱积盐愈重，积盐层或盐壳愈厚。

灌淤土占英吉沙县地域面积的13%。灌淤土是人为条件下形成的土壤，灌溉是灌淤土形成的主要因素。农业灌溉淤积物成为灌淤土的主要母质来源，经过长期灌溉耕种、施肥，逐渐形成了灌淤层。在灌溉淤积的同时，大量施用农家肥，并通过耕作措施，使土肥相融，改善了土壤结构，在灌溉耕作熟化过程中，形成了肥沃的灌淤层，同时耕作层容重降低，水肥气热相协调，又促进了微生物的活动，使土壤不断得以培肥和改良，其土壤性质与原来土壤有了本质的差别。因此，灌淤土的形成主要是由灌溉淤积过程和同时进行着的耕作熟化过程共同作用的结果。

本县面积小于3%的土壤类型还有草甸土、石质土、潮土、沼泽土等。

本区域中心区气候特征

本区域中心区气候特征值
Regional climate characteristics in central area of the region

气候带：暖温带极干旱气候 Climate region: Warm temperate extremely arid climate	
年平均气温 /℃ Annual average temperature /℃	11.8
年平均最高气温 /℃ Annual average maximum temperature /℃	18.6
年平均最低气温 /℃ Annual average minimum temperature /℃	5.4
年降水量 /mm Annual precipitation /mm	57
≥10℃的积温 /℃ Daily temperature accumulated in a year（≥10℃）/℃	4333
年日照时数 /h Annual sunshine /h	2795
年平均相对湿度 /% Annual average relative humidity /%	54
干燥度 Dryness	12.96

本区域中心区月平均气温与月平均降水量
Monthly temperature and precipitation in central area of the region

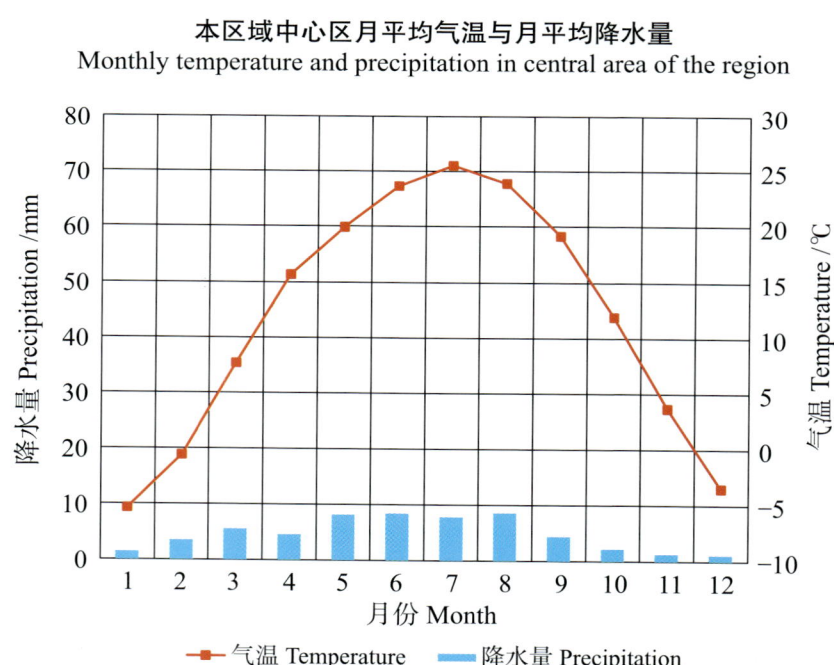

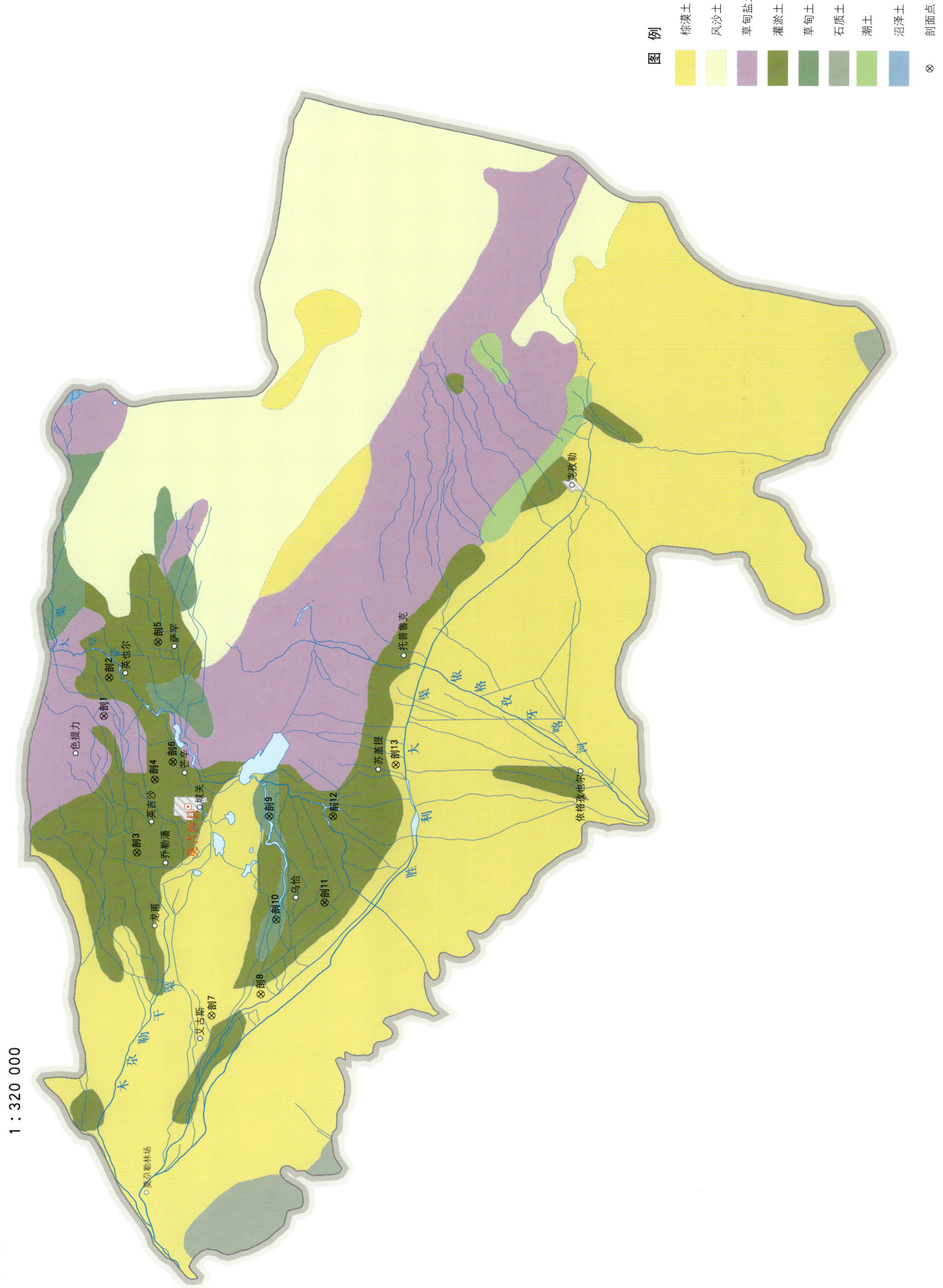

英吉沙县土壤剖面理化性状表

剖面号 Soil profile	土纲 Soil order	土类 Soil great group	亚类 Soil subgroup	土属 Soil genus	土种 Soil species	土层码 Layer code	土层厚度 Depth/cm	颜色 Soil color	质地 Soil texture	土壤结构 Soil structure	pH	有机质 OM/(g/kg)	全氮 TN/(g/kg)	全磷 TP/(g/kg)	剖面点坐标 Profile coordinate	匹配指数 Matching index/%
剖1	盐碱土	草甸盐土	草甸盐土	平原地草甸盐土	氯化物硫酸盐盐土	1	0—20	灰黄色	黏壤土	小块状	8.4	8.0	0.38	0.38	E 76°15′13.0″ N 38°59′15.7″	95
						2	20—55	灰色	砂壤土	小块状	8.6	4.3	0.38	0.51		
						3	55—110	灰色	砂壤土	大块状	8.8	2.5	0.17	0.50		
剖2	人为土	灌淤土	盐化灌淤土	黄淤土	底砂盐壤土	1	0—17	棕灰色	壤土	块状	8.0	9.1	0.60	0.48	E 76°17′21.5″ N 38°59′01.0″	87
						2	17—40	棕灰色	砂壤土	粒状	8.0	8.9	0.60	0.48		
						3	40—65	灰色	砂壤土	块状	7.9	6.4	0.40	0.43		
						4	65—100	黄灰色	砂土		8.5	3.5	0.30	0.38		
剖3	人为土	灌淤土	灌淤土	黄淤土	底石壤土	1	0—27	灰黄色	砂壤土	块状	7.6	7.1	0.40	0.46	E 76°07′31.8″ N 38°57′57.6″	80
						2	27—53	灰黄色	砂壤土	块状	7.5	6.3	0.32	0.46		
						3	53—77	灰色	砂壤土	块状	7.8	5.3	0.34	0.47		
						4	77—102	黄灰色	砂壤土	块状	7.8	4.1	0.64	0.45		
						C	102—	黑灰色			8.0	2.7	0.28	0.37		
剖4	人为土	灌淤土	盐化灌淤土	黄淤土	腰板盐壤土	1	0—20	灰黄色	粉砂壤土	核状	8.5	4.8	0.43	0.48	E 76°11′38.0″ N 38°57′09.4″	95
						2	20—45	灰黄色	砂壤土	核状	8.3	5.1	0.44	0.49		
						3	45—65	黄色	砂壤土	块状	8.4	2.8	0.18	0.44		
						4	65—90	棕红色	粉砂质黏壤土	板状	8.2	4.4	0.26	0.48		
						5	90—120	黄灰色	粉砂壤土	小块状	8.2	4.0	0.26	0.48		
剖5	人为土	灌淤土	盐化灌淤土	黄淤土	盐化壤土	1	0—18	黄灰色	粉砂壤土	小块状	8.3	6.9	0.62	0.49	E 76°19′19.2″ N 38°56′55.7″	87
						2	18—59	灰灰色	砂壤土	片状	7.6	5.6	0.43	0.50		
						3	59—68	棕红色	砂壤土	片状	7.7	5.8	0.42	0.61		
						4	68—102	黄灰色	粉砂质黏壤土	块状	7.7	6.9	0.62	0.50		
						5	102—120	淡灰色	砂壤土	粒状	7.6	4.5	0.38	0.45		
剖6	人为土	灌淤土	灌淤土	黄淤土	底砂黄土	1	0—20	淡灰色	砂壤土	块状		9.2	0.83	0.57	E 76°12′36.4″ N 38°56′22.9″	91
						2	20—47	灰黄色	砂土	块状	8.0	5.0	0.42	0.56		
						3	47—58	灰白色	砂土	块状	7.9	3.9	0.30	0.57		
						4	58—97	深灰色	砂土	块状	7.8	4.7	0.42	0.50		
						5	97—110	淡灰色	砂土	块状	7.9	5.7	0.54	0.53		
剖7	漠土	棕漠土	灌耕棕漠土	山麓平原灌耕棕漠土	底砂黄土	1	0—16	灰色	砂壤土	块状	8.0	11.5	0.53	0.44	E 75°58′24.6″ N 38°54′54.7″	91
						2	16—33	灰色	砂土	块状	7.9	5.5	0.28	0.46		
						3	33—84	灰棕色	砂土	块状	7.8	5.0	0.29	0.49		
						4	84—110	灰黄色	砂土	块状	7.9	5.1	0.37	0.49		
剖8	漠土	棕漠土	灌耕棕漠土	山麓平原灌耕棕漠土	底石黄土	1	0—16	灰黄色	砂土		8.0	6.0	0.37	0.48	E 75°59′33.0″ N 38°52′49.8″	93
						2	16—40	红棕色	砂土	块状	7.5	7.0	0.37	0.49		
						3	40—88	灰白色	砂壤土	块状			0.41	0.64		
						4	88—105	黑灰色		粒状		4.5	0.41	0.48		
						C	105—	灰色	砂壤土	板状	7.7	7.1	0.58	0.52		
剖9	半水成土	草甸土	盐化草甸土	河滩盐化草甸土	河滩草甸土	1	0—27	暗灰色	砂壤土	板状	7.6	6.2	0.44	0.53	E 76°09′28.4″ N 38°52′21.4″	85
						2	27—100	黄灰色					0.47	0.48		
剖10	半水成土	草甸土	盐化草甸土	河滩盐化草甸土	底石盐壤土	1	0—10	青灰色	砂壤土	板状		9.1		0.38	E 76°03′40.3″ N 38°52′07.7″	90
						2	10—40					3.6	0.22			

续表 Continued

剖面号 Soil profile	土纲 Soil order	土类 Soil great group	亚类 Soil subgroup	土属 Soil genus	土种 Soil species	土层码 Layer code	土层厚度 Depth/cm	颜色 Soil color	质地 Soil texture	土壤结构 Soil structure	pH	有机质 OM/(g/kg)	全氮 TN/(g/kg)	全磷 TP/(g/kg)	剖面点坐标 Profile coordinate	匹配指数 Matching index/%
剖11	人为土	灌淤土	灌淤土	黄淀土	灰壤土	1	0—17	灰色	砂壤土	块状	7.9	9.7	0.61	0.50	E 76°04′35.4″ N 38°50′04.6″	92
						2	17—68	棕灰色	砂壤土	块状	7.8	9.5	0.62	0.63		
						3	68—82	暗灰色	砂壤土	块状	8.0	6.6	0.41	0.50		
						4	82—100	棕黄色	砂壤土	块状	7.9	6.7	0.52	0.52		
剖12	人为土	灌淤土	盐化灌淤土	黄淀土	盐化砂土	1	0—18	灰色	细砂土			4.6	0.28	0.48	E 76°09′24.8″ N 38°49′40.1″	82
						2	18—55	灰黄色	细砂土			5.6	0.32	0.52		
						3	55—90	暗灰色	细砂土			5.5	0.34	0.48		
						4	90—100	棕灰色	砂壤土	块状		4.6	0.36	0.52		
剖13	漠土	棕漠土	灌耕棕漠土	山麓平原	黄土	1	0—15	黄灰色	粉砂壤土	块状	7.7	8.2	0.66	0.54	E 76°12′15.8″ N 38°46′59.2″	95
						2	15—65	淡灰色	砂壤土	块状	7.8	4.9	0.40	0.54		
						3	65—100	黄色	粉砂壤土	块状	7.9	4.9	0.40	0.50		

泽普县

主要土类说明

灌淤土是泽普县主要土壤类型，占本县地域面积的31%。灌淤土经多年旱作，施用农家肥，耕翻种植，使得土壤肥力不断提高，土壤结构改良，孔隙增多，质地比较均一。灌淤层中无水平沉积层，由于施肥带进了炭渣、碎砖、骨片等侵入体，有机质含量增加，蚯蚓活动频繁，形成许多管孔，积累大量粪便；长期种植作物，其根茬和残落物为土壤有机质积累创造了条件。灌淤土特征为灌淤层质地颜色上下均一，无明显沉积层纹理；碳酸钙含量上下基本一致，盐分含量较低；土壤熟化程度较高，没有明显犁底层。

潮土占泽普县地域面积的31%。其大部分是在草甸土、沼泽土和盐土的基础上，经过常年耕作、灌溉和改良发育形成的农业土壤，土层深厚较肥沃。其地形相对低洼平坦，加之地面水的汇集，使土体上下层经常含有较多的水分。潮土的主要特点：①土体潮湿，地下水位埋深多在1—3m；②土体中有明显的锈纹、锈斑，有的土体下部因地下水位过高，有蓝灰色潜育层；③有机质含量较高，土体较暗，土质松软；④土性阴凉，土温较低；⑤表层土壤夏季较干，春、秋潮湿。

棕漠土占泽普县地域面积的15%。棕漠土是在极端干旱气候条件下，在砾质冲积、洪积母质上发育形成的一类地带性土壤。成土过程是荒漠化过程。这类土壤与砾石戈壁相联系，生长的高等植物很少，有稀疏的白刺、骆驼刺等植物。成土过程主要受漠境水热条件影响，物理风化强烈，生物积累很少。棕漠土的基本特征是：剖面发育微弱，层次分化较差，全剖面由砾石或砾石沙子组成，细土物质很少，有机质含量极低，植被稀疏。

草甸土占泽普县地域面积的13%。草甸土分布在河滩地、河阶地、扇间洼地、扇形地等地貌部位。草甸土主要特征是：①土体潮湿，地表有草皮层，有暗灰色的腐殖质层，质地为砂土、重壤土；②剖面中下部有锈纹锈斑层，土壤颜色较浅，质地为砂土、中壤土，有机质含量高，部分剖面还有潜育层。土壤表层常见有白色盐霜和盐结皮。

风沙土占泽普县地域面积的4%。本县东部有塔克拉玛干沙漠，沙源丰富，气候干燥，温差大，物理分化强烈，加之风大且频繁，在植被极度稀疏的边缘乡村，由于自然生态平衡失调，风起沙涌，流沙蔓延而形成风沙土。由于人为长期生产活动、固沙造林，加之沙土上天然植被生长覆盖增大，沙丘表面呈半固定状态，形成半固定风沙土；在沙丘间，人们长年灌溉耕种，土壤质地和肥力发生改变，细土物质增多，肥力提高，形成灌溉风沙土。

本县面积小于3%的土壤类型还有草甸盐土等。

本区域中心区气候特征

本区域中心区气候特征值
Regional climate characteristics in central area of the region

气候带：暖温带极干旱气候 Climate region: Warm temperate extremely arid climate	
年平均气温 /℃ Annual average temperature /℃	11.8
年平均最高气温 /℃ Annual average maximum temperature /℃	18.8
年平均最低气温 /℃ Annual average minimum temperature /℃	5.5
年降水量 /mm Annual precipitation /mm	50
≥10℃的积温 /℃ Daily temperature accumulated in a year（≥10℃）/℃	4360
年日照时数 /h Annual sunshine /h	2819
年平均相对湿度 /% Annual average relative humidity /%	54
干燥度 Dryness	14.57

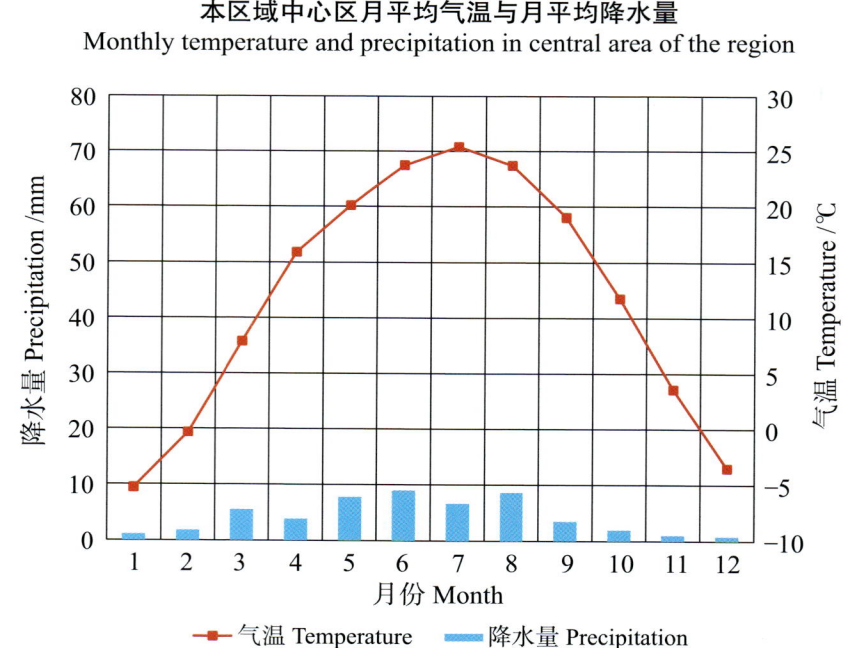

本区域中心区月平均气温与月平均降水量
Monthly temperature and precipitation in central area of the region

泽普县主要土壤类型与土壤剖面点分布图
1∶180 000

图例
- 灌淤土
- 潮土
- 棕漠土
- 草甸土
- 风沙土
- 草甸盐土
- ⊗ 剖面点

第二编　分县土壤图与土壤剖面数据 | 169

泽普县土壤剖面理化性状表

剖面号 Soil profile	土纲 Soil order	土类 Soil great group	亚类 Soil subgroup	土属 Soil genus	土种 Soil species	土层码 Layer code	土层厚度 Depth/cm	颜色 Soil color	质地 Soil texture	土壤结构 Soil structure	pH	有机质 OM/(g/kg)	全氮 TN/(g/kg)	全磷 TP/(g/kg)	剖面点坐标 Profile coordinate	匹配指数 Matching index/%
剖1	半水成土	草甸土	盐化草甸土	下潮地盐化草甸土	重盐化土	1	0—20	灰棕色	砂土	无明显结构	9.0	2.5	0.14	0.56	E 77°24′00.7″ N 38°18′28.8″	86
						2	20—40	灰棕色	砂壤土	块状	8.6	4.0	0.35	0.56		
						3	40—80	蓝灰色	砂壤土	块状	8.6	6.8	0.54			
						4	80—									
剖2	盐碱土	草甸盐土	草甸盐土	扇间洼地草甸盐土	氯化物硫酸盐盐土	1	0—5	黄白色	砂壤土	无明显结构	8.6	3.5	0.11	0.38	E 77°26′18.6″ N 38°14′06.0″	90
						2	5—39	棕灰色	砂土	块状	8.6	1.9	0.13	0.51		
						3	39—69	黄棕色	砂土	无明显结构	8.7	2.0	0.13	0.39		
						4	69—100	黄棕色	砂壤土	块状	8.6	3.9	0.26	0.54		
剖3	半水成土	潮土	灌溉潮土	下潮地	壤土	1	0—17	淡灰棕色	轻壤土	小块状	8.3	12.0	0.63	0.58	E 77°14′18.6″ N 38°14′00.0″	82
						2	17—33	棕灰色	轻壤土	块状	8.0	10.4	0.63	0.62		
						3	33—53	棕灰色	轻壤土	块状	8.4	6.5	0.42	0.62		
						4	53—67	棕灰色	砂壤土	块状	8.3	4.5	0.23	0.60		
						5	67—100	灰棕色	重壤土	大块状	8.5	6.7	0.45	0.57		
剖4	半水成土	潮土	盐化潮土	下潮地	中盐化土	1	0—15	暗灰棕色	轻壤土	块状	8.6	9.5	0.57	0.60	E 77°21′55.4″ N 38°12′27.7″	79
						2	15—38	棕灰色	轻壤土	块状	8.1	9.0	0.54	0.60		
						3	38—100	黄棕色	砂土	无明显结构	8.1	3.3	0.25	0.60		
剖5	人为土	灌淤土	灌淤土	黄土	腰砂土	1	0—17	灰棕色	中壤土	块状	8.0	10.5	0.77	0.77	E 77°19′19.9″ N 38°11′58.9″	93
						2	17—28	棕灰色	中壤土	块状	8.0	8.6	0.62	0.69		
						3	28—55	棕灰色	砂土	无明显结构	8.0	5.0	0.36	0.61		
						4	55—89	棕灰色	轻壤土	块状	8.0	6.6	0.45	0.64		
						5	89—100	灰棕色	砂壤土	块状	7.9	4.3	0.30	0.63		
剖6	半水成土	草甸土	盐化草甸土	下潮地盐化草甸土	轻盐化土	1	0—10	暗灰色	中壤土	块状	7.2	19.0	1.01	0.60	E 77°10′31.4″ N 38°11′42.4″	89
						2	10—45	暗灰色	中壤土	块状	7.2	21.0	1.37	0.61		
						3	45—67	深灰色	轻壤土	块状	7.1	28.0	1.60	0.74		
						4	67—100	灰棕色	中壤土	块状	7.2	14.8	0.68	0.58		
剖7	半水成土	草甸土	盐化草甸土	下潮地盐化草甸土	中盐化土	1	0—13	黄棕色	砂壤土	无明显结构	8.9	6.4	0.48	0.57	E 77°22′52.3″ N 38°10′43.3″	88
						2	13—42	砂壤土	砂壤土	无明显结构	8.8	5.3	0.33	0.62		
						3	42—82	黄棕色	砂壤土	块状	8.9	5.4	0.30	0.59		
						4	82—100	棕黄色	砂土	块状	8.8	5.5	0.35	0.60		
剖8	半水成土	潮土	盐化潮土	下潮地	轻盐化土	1	0—17	棕灰色	中壤土	小块状	8.1	10.1	0.61	0.57	E 77°09′25.6″ N 38°08′42.0″	85
						2	17—73	棕灰色	中壤土	块状	9.0	7.5	0.47	0.58		
						3	73—100	灰棕色	轻壤土	块状	8.0	3.9	0.29	0.54		
剖9	人为土	灌淤土	灌淤土	黄土	底砂土	1	0—17	棕灰色	砂壤土	块状	7.1	9.2	0.71	0.94	E 77°13′51.6″ N 38°07′53.8″	86
						2	17—58	棕灰色	砂壤土	块状	7.1	9.0	0.70	0.65		
						3	58—122	棕黄色	砂土	无明显结构	7.4	3.6	0.54	0.60		
剖10	半水成土	潮土	盐化潮土	下潮地	重盐化土	1	0—16	灰棕色	砂壤土	块状	8.7	8.7	0.66	0.61	E 77°15′03.2″ N 38°06′12.2″	91
						2	16—59	灰棕色	砂壤土	块状	8.4	4.6	0.36	0.56		
						3	59—100	蓝灰色	中壤土	块状	8.2	17.3	0.76	0.56		
剖11	漠土	棕漠土	棕漠土	扇形地棕漠土	砾石土	1	0—13	红棕色	松砂土			<1.0	<0.10		E 77°08′52.8″ N 38°05′40.6″	79
						2	13—60	灰色	松砂土			<1.0	<0.10			
						3	60—					<1.0	<0.10			

续表 Continued

剖面号 Soil profile	土纲 Soil order	土类 Soil great group	亚类 Soil subgroup	土属 Soil genus	土种 Soil species	土层码 Layer code	土层厚度 Depth/cm	颜色 Soil color	质地 Soil texture	土壤结构 Soil structure	pH	有机质 OM/(g/kg)	全氮 TN/(g/kg)	全磷 TP/(g/kg)	剖面点坐标 Profile coordinate	匹配指数 Matching index/%
剖12	漠土	棕漠土	灌耕棕漠土	扇形地	腰砂土	1	0—10	棕灰色	轻壤土	小块状	8.1	6.5	0.33	0.59	E 77°05′12.1″ N 38°05′12.5″	84
						2	10—38	灰棕色	轻壤土	块状	8.2	8.3	0.57	0.60		
						3	38—62	灰色	砂土	无明显结构	8.4	2.0	0.10	0.59		
						4	62—77	棕色	砂壤土	块状	8.2	3.2	0.17	0.78		
						5	77—100	红棕色	轻壤土	块状	8.0	1.8	0.14	0.54		
剖13	漠土	棕漠土	灌耕棕漠土	扇形地	壤土	1	0—20	灰棕色	轻壤土	块状	8.3	4.3	0.28	0.61	E 77°02′31.2″ N 38°04′38.6″	82
						2	20—46	棕灰色	砂壤土	块状	8.2	4.0	0.28	0.63		
						3	46—60	黄棕色	轻壤土	块状	8.0	4.5	0.26	0.54		
						4	60—100	黄棕色		小块状	8.2	4.6	0.30	0.65		
剖14	漠土	棕漠土	灌耕棕漠土	扇形地	漏砂土	1	0—12	灰棕色	中壤土	小块状	8.2	4.5	0.29	0.56	E 77°07′25.0″ N 38°04′30.4″	92
						2	12—30	灰棕色	轻壤土	块状	8.1	4.0	0.26	0.58		
						3	30—100		砂土	无明显结构	8.1	2.6	0.14	0.56		
剖15	人为土	灌淤土	灌淤土	黄土	砂壤土	1	0—15	棕灰色	轻壤土	小块状	8.1	6.1	0.57	0.38	E 77°13′05.2″ N 38°03′00.7″	88
						2	15—52	棕灰色	中壤土	块状	8.2	2.2	0.58	0.10		
						3	52—100	黄棕色	砂土	无明显结构	8.1	4.1	0.60	0.17		
剖16	初育土	风沙土	荒漠风沙土	半固定风沙土	砂土	1	0—100	灰棕色	砂土	无明显结构	8.3	1.4	0.10	0.45	E 77°18′15.8″ N 38°02′29.4″	89
剖17	初育土	风沙土	荒漠风沙土	沙丘间灌溉风沙土	砂土	1	0—18	黄棕色	砂土	无明显结构	8.0	2.2	0.13	0.55	E 77°16′53.8″ N 38°02′07.1″	94
						2	18—100	黄棕色	砂土	无明显结构	8.0	4.5	0.28	0.57		
剖18	漠土	棕漠土	灌耕棕漠土	扇形地	底黏土	1	0—17	棕灰色	中壤土	小块状	8.0	7.5	0.51	0.57	E 77°12′56.2″ N 38°01′29.6″	84
						2	17—55	黄棕色	轻壤土	块状	8.1	5.0	0.28	0.57		
						3	55—80	淡棕色	轻壤土	块状	8.8	2.0	0.11	0.52		
						4	80—100	棕灰色	轻黏土	块状	8.0	6.0	0.35	0.59		
剖19	人为土	灌淤土	灌淤土	黄灌淤土	底砂黄灌淤土	A_{11}	0—15	棕灰色	中壤土	小块状	8.1	6.1	0.38	0.57	E 77°13′42.2″ N 38°01′11.6″	89
						Ab	15—52	棕灰色	轻壤土	块状	8.2	2.2	0.10	0.58		
						Cb	52—100	黄棕色	砂土	单粒状	8.4	2.6	0.17	0.60		
剖20	漠土	棕漠土	灌耕棕漠土	扇形地	底砂土	1	0—13	灰棕色	轻壤土	小块状		5.6	0.40		E 77°11′37.0″ N 38°00′09.0″	91
						2	13—29	灰棕色	轻壤土	块状		5.6	0.41			
						3	29—74	灰棕色	轻壤土	块状		4.4	0.21			
						4	74—86	淡棕色	砂土	无明显结构		3.4	0.31			
						5	86—100	灰棕色	砂土	块状		5.9	0.31			

莎 车 县

主要土类说明

棕漠土是莎车县主要土壤类型，占本县地域面积的23%。生物过程在土壤形成中无明显作用，植被极稀，剖面发育微弱，有机质含量极少，地下水位很低，属自成型土壤，地下水不直接参与土壤发育过程。棕漠土由于地下水位低，经过人工灌溉、施肥、耕种熟化过程，逐渐发育演变成过渡类型的灌溉棕漠土，再演变成灌淤土。

风沙土是莎车县第二大土壤类型，占本县地域面积的19%。成土母质主要是风成沙，部分为冲积物和洪积物。其形成过程大致分为三个阶段：①流动风沙土阶段。植物稀少，存在土壤微生物活动，含有一定植物营养元素，但植物难以定居。②半固定风沙土阶段。随着植物滋生，植被覆盖百分率增大，流沙逐渐成为半固定风沙土状态，表层变紧实，成土特征明显。③固定风沙土阶段。半固定风沙土上的植物进一步发展，出现沙生和旱生植被，阻挡风沙流动而使沙丘固定，使表层更加紧实，出现粗有机质层。

草甸土是莎车县第三大土壤类型，占本县地域面积的14%。草甸土主要发育于冲积物母质上的半水成型土壤，具有显著的生草化过程；在草、灌木等植被作用下，具有腐殖质不断累积的过程和氧化还原过程。其盐渍化严重，有机质含量低，腐殖质层一般不明显。本县草甸土由于荒漠气候的影响，腐殖质积累少，多为浅色草甸土。

棕钙土占莎车县地域面积的11%。其地表多砂砾化，土壤表面有发育微弱的生草皮和假结皮。自然植被组成趋于旱化，生物量低，土壤腐殖质积累作用弱，有机质含量低；钙积作用强；呈碱性至强碱性，阳离子交换量较低，吸收性复合体为盐基所饱和，其中钠离子所占比例较高；质地较粗，多属砂砾、砂土和砂壤土、轻壤土，土体中钙质有较明显移动。

灌淤土占莎车县地域面积的11%。灌淤土是在暖温带荒漠性气候条件下的棕漠土、草甸土等土类，经过灌溉淤积、耕种熟化而发育起来的农业土壤。地下水位一般在3m以下，分布在地势较高的洪积平原和冲积平原上。灌淤层厚达50cm以上，有的深达1—2m，耕层较厚，颜色灰暗、灰黄，结构良好，疏松多孔。灌淤层土壤质地较均一，有机质含量较高，层次过渡不明显。剖面常见炭渣、瓦片等侵入体，有动物活动痕迹，如蚯蚓粪便等。

潮土占莎车县地域面积的9%。母质为河流冲积沉积物。其发生的特点是地下水和灌淤水的浸润过程及耕种熟化过程，并有盐渍化过程参与。其剖面特点是：①通体潮湿，结构发育不完全；②剖面中下部常有锈纹、锈斑，土壤剖面层次过渡较明显；③部分剖面具有盐渍化和潜育化特征；④土性冷凉，热容量大。土质较松软，结构良好，养分含量较高，有较厚的耕作层。

本县面积小于8%的土壤类型还有石质土、冷钙土、草甸盐土、沼泽土、林灌草甸土等。

本区域中心区气候特征

本区域中心区气候特征值
Regional climate characteristics in central area of the region

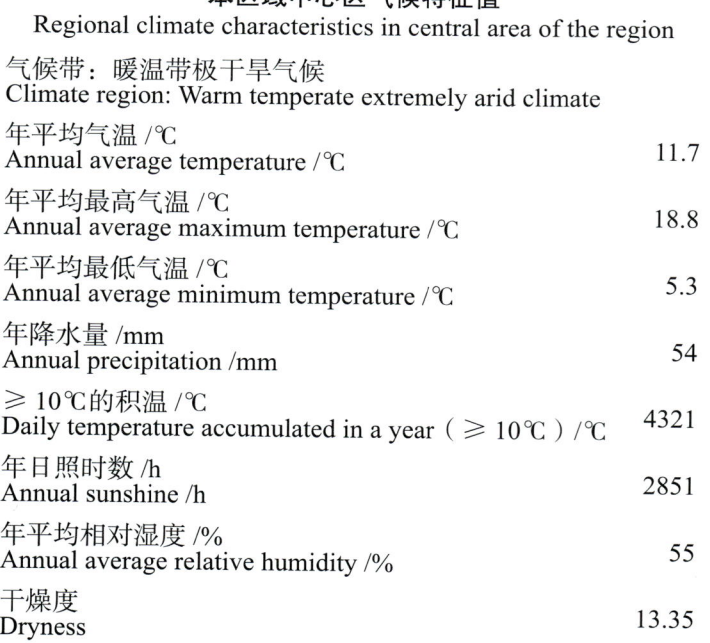

气候带：暖温带极干旱气候 Climate region: Warm temperate extremely arid climate	
年平均气温 /℃ Annual average temperature /℃	11.7
年平均最高气温 /℃ Annual average maximum temperature /℃	18.8
年平均最低气温 /℃ Annual average minimum temperature /℃	5.3
年降水量 /mm Annual precipitation /mm	54
≥10℃的积温 /℃ Daily temperature accumulated in a year (≥10℃) /℃	4321
年日照时数 /h Annual sunshine /h	2851
年平均相对湿度 /% Annual average relative humidity /%	55
干燥度 Dryness	13.35

本区域中心区月平均气温与月平均降水量
Monthly temperature and precipitation in central area of the region

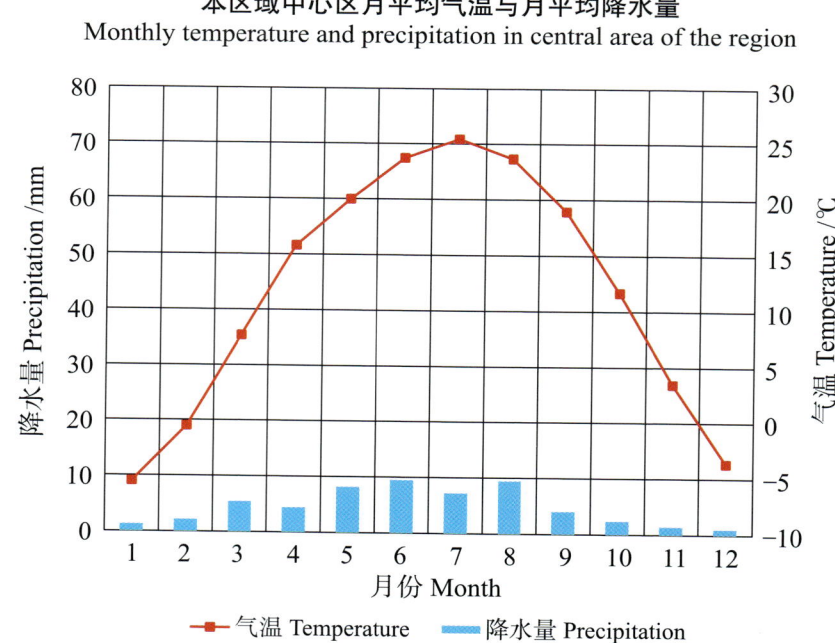

莎车县主要土壤类型与土壤剖面点分布图
1:560 000

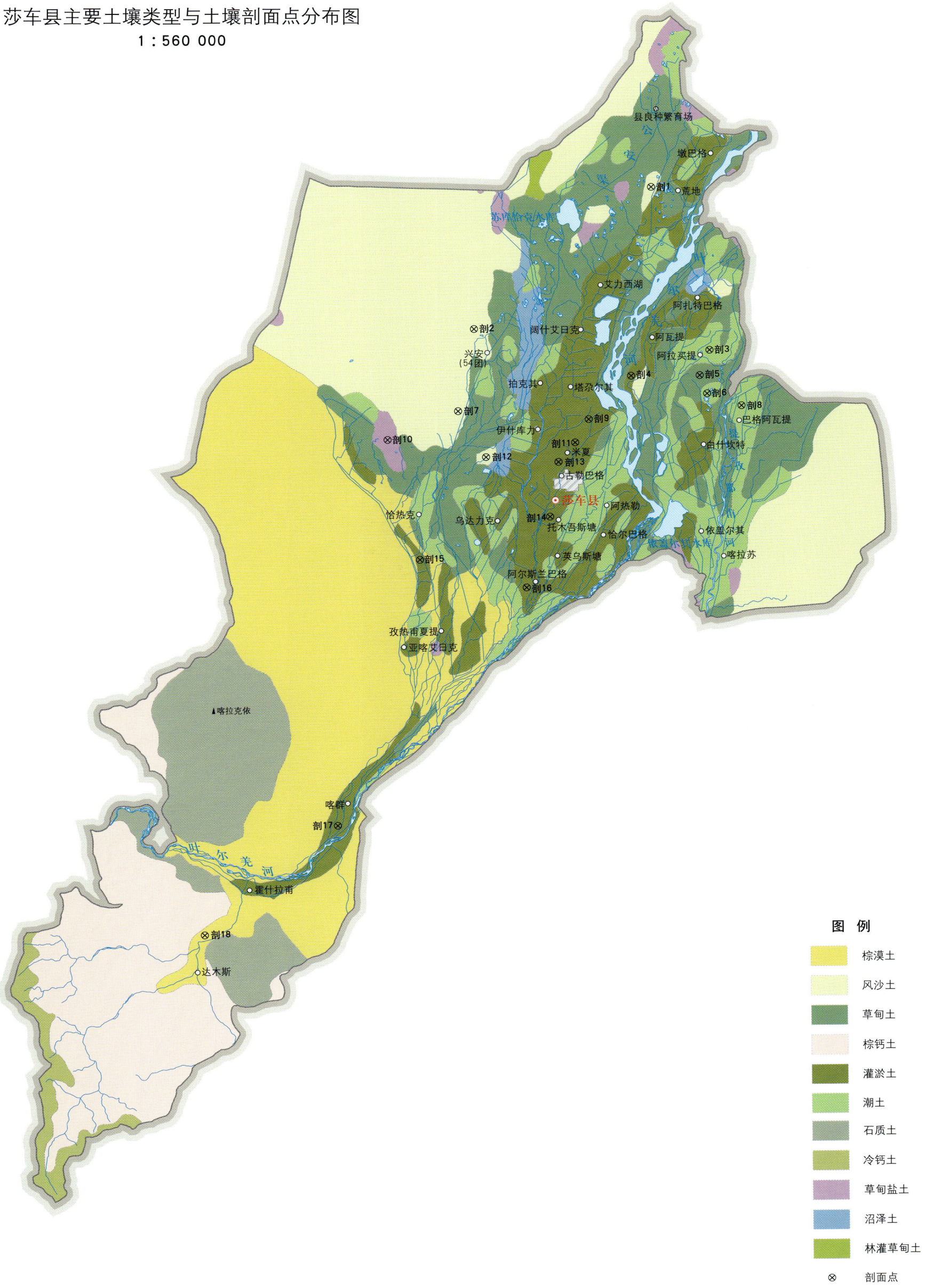

莎车县土壤剖面理化性状表

剖面号 Soil profile	土纲 Soil order	土类 Soil great group	亚类 Soil subgroup	土属 Soil genus	土种 Soil species	土层码 Layer code	土层厚度 Depth/cm	颜色 Soil color	质地 Soil texture	土壤结构 Soil structure	pH	有机质 OM/(g/kg)	全氮 TN/(g/kg)	全磷 TP/(g/kg)	全钾 TK/(g/kg)	阳离子交换量CEC/(cmol/kg)	土壤母质 Parent material	剖面点坐标 Profile coordinate	匹配指数 Matching index/%
剖1	初育土	风沙土	荒漠风沙土	流动风沙土		1	0—100	灰白色	砂土	单粒状								E 77°24′02.5″ N 38°48′55.8″	90
剖2	初育土	风沙土	荒漠风沙土	沙丘间灌溉风沙土	砂土	1	0—14	灰黄色	砂土		7.9	4.9	0.19	0.40				E 77°05′46.0″ N 38°37′37.9″	78
						2	14—100	淡黄色	砂土		7.7	4.5	0.23	0.44					
剖3	半水成土	潮土	盐化潮土	下潮土	轻盐化潮土	1	0—16	黄灰色	砂壤土	块状	7.3	8.4	0.48	0.60				E 77°29′25.4″ N 38°35′22.6″	89
						2	16—40	黄黄色	砂壤土	块状	7.6	7.3	0.36	0.54					
						3	40—70	灰黄色	中壤土	块状	7.6	3.2	0.48	0.58					
						4	70—100	灰黄色	砂土	块状	7.7	5.6	0.21	0.59					
剖4	人为土	灌淤土	盐化灌淤土	硫酸盐盐化灌淤土	硫盐黄淤土	A₁₁	0—17	灰黄色	轻壤土	块状	8.2	9.3	0.49	0.69	20.2		灌溉淤积物	E 77°21′27.4″ N 38°33′27.0″	81
						Ab	17—87	灰黄色	轻壤土	块状	8.2	5.7	0.46	0.48	17.5				
						Cb	87—102	灰黄色	轻壤土	片状	8.1	5.2	0.33	0.71	20.3				
剖5	半水成土	草甸土	盐化草甸土			1	0—17	黄黄色	砂壤土	块状	7.1	7.0	0.37	0.49				E 77°28′21.7″ N 38°33′20.2″	79
						2	17—37	黄黄色	砂土	块状	7.8	3.2	0.18	0.47					
						3	37—100	黄黄色	砂壤土	块状	7.9	6.9	0.34	0.58					
剖6	半水成土	潮土	盐化潮土	下潮土	中盐化潮土	1	0—19	黄黄色	砂壤土	块状	8.2	4.9	0.45	0.62				E 77°29′02.4″ N 38°31′49.8″	81
						2	19—58	黄黄色	砂壤土	块状	8.1	6.7	0.40	0.74					
						3	58—100	灰黄色	砂土	块状	8.1	2.1	0.17	0.54					
剖7	初育土	风沙土	荒漠风沙土	半固定风沙土		1	0—100	黄色	砂土	单粒状								E 77°03′56.5″ N 38°30′55.4″	87
剖8	半水成土	潮土	盐化潮土	下潮土	重盐化潮土	1	0—12	黄黄色	轻壤土	块状	7.9	10.4	0.50	0.74				E 77°32′28.7″ N 38°30′45.0″	88
						2	12—58	灰黄色	轻壤土	块状	7.9	8.2	0.46	0.70					
						3	58—100	黄黄色	砂土	块状	7.1	6.5	0.36	0.69					
剖9	人为土	灌淤土	灌淤土	黄淤土	底砂土	1	0—20	黄黄色	砂壤土	块状	8.0	9.0	0.59	0.59				E 77°17′03.1″ N 38°29′59.3″	78
						2	20—78	灰黄色	砂壤土	块状	8.0	6.4	0.51	0.60					
						3	78—100	黄色	砂土	无明显结构	8.2	2.6	0.37	0.59					
剖10	盐碱土	草甸盐土	草甸盐土			1	0—12	灰白色	砂土	单粒状	8.2	11.4	0.72	0.45				E 76°56′46.0″ N 38°28′42.2″	89
						2	12—27	暗黄色	砂土	小块状	7.6	4.9	0.37	0.67					
						3	27—34	灰黄色	壤土	块状	7.8	5.2	0.37	0.67					
						4	34—75	黄黄色	壤土	单粒状	8.2	2.3	0.16	0.67					
						5	75—100	黄黄色	砂壤土	小块状	8.0	3.6	0.25	0.67					
剖11	人为土	灌淤土	灌淤土	淤壤土	黄淤土	A₁₁	0—20	灰黄色	砂质黏壤土	小块状	8.3	12.0	0.63	1.42	14.8	5.3	淤积物	E 77°15′36.7″ N 38°28′06.6″	78
						Ab₁	20—55	灰黄色	砂质黏壤土	块状	8.3	10.2	0.54	1.44	11.0	5.6			
						Ab₂	55—70	油黄色	壤土	块状	8.3	7.4	0.40	1.39	13.4	5.4			
						C	70—100	黄黄色	壤土	块状	8.4	6.6	0.34	1.32	13.4	5.1			
剖12	初育土	风沙土	荒漠风沙土	沙丘间灌溉风沙土	砂壤土	1	0—15	灰黄色	砂壤土	块状	8.0	2.7	0.50	0.53				E 77°06′36.7″ N 38°27′06.1″	95
						2	15—70	黄色	砂壤土	块状	8.0	3.8	0.18	0.52					
						3	70—100	灰黄色	砂壤土	块状	7.7	2.9	0.46	0.49					
剖13	人为土	灌淤土	灌淤土	黄土	壤土	1	0—18	灰色	壤土	块状	8.0	11.7	0.72	0.64				E 77°13′52.7″ N 38°26′31.6″	88
						2	18—40	黄黄色	壤土	块状	8.0	12.0	0.80	0.63					
						3	40—100	灰黄色	重壤土	块状	8.0	8.6	0.57	0.62					
剖14	人为土	灌淤土	灌淤土	黄土	腰砂黄土	1	0—12	灰黄色	轻壤土	块状	8.0	9.3	0.80	0.63				E 77°12′51.5″ N 38°22′04.4″	95
						2	12—56	青灰色	松砂土	无明显结构	7.9	6.2	0.50	0.60					
						3	56—79	灰黄色	砂土	块状	7.9	3.2	0.11	0.48					
						4	79—100	黄黄色	中壤土	块状	8.0	6.4	0.50	0.64					

续表 Continued

剖面号 Soil profile	土纲 Soil order	土类 Soil great group	亚类 Soil subgroup	土属 Soil genus	土种 Soil species	土层码 Layer code	土层厚度 Depth/cm	颜色 Soil color	质地 Soil texture	土壤结构 Soil structure	pH	有机质 OM/(g/kg)	全氮 TN/(g/kg)	全磷 TP/(g/kg)	全钾 TK/(g/kg)	阳离子交换量CEC/(cmol/kg)	土壤母质 Parent material	剖面点坐标 Profile coordinate	匹配指数 Matching index/%
剖15	人为土	灌淤土	灌淤土	黄土	砂壤土	1	0—20	灰黄色	轻壤土	块状	7.9	9.6	0.55	0.62				E 76°59′40.6″ N 38°18′48.2″	80
						2	20—50	灰黄色	砂壤土	块状	7.8	5.2	0.42	0.58					
						3	50—100	棕黄色	砂壤土	小块状	7.7	2.6	0.18	0.58					
剖16	人为土	灌淤土	灌淤土	黄土	厚层土	1	0—18	暗灰色	砂壤土	块状	8.0	5.1	0.32	0.65				E 77°10′18.1″ N 38°16′18.8″	82
						2	18—60	黄灰色	中壤土	块状	8.0	7.1	0.28	0.59					
						3	60—85	棕黄色	砂壤土	块状	8.0	3.6	0.42	0.66					
						C	85—100												
剖17	人为土	灌淤土	灌淤土	黄土	腰砂黄土	1	0—20	黄灰色	轻壤土	块状	8.2	6.3	0.44	0.64				E 76°50′42.0″ N 37°57′10.1″	80
						2	20—60	灰黄色	砂壤土	块状	8.4	8.4	0.67	0.66					
						3	60—100	淡灰色	黏土	块状	8.4	8.8	0.49	0.64					
剖18	漠土	棕漠土	灌耕棕漠土	扇形地	轻盐化土	1	0—15	棕灰色	轻壤土	块状	7.7	7.8	0.45	0.60				E 76°37′05.9″ N 37°48′25.9″	84
						2	15—53	棕灰色	轻壤土	块状	7.8	5.5	0.31	0.54					
						3	53—88	灰色	轻壤土	块状	7.8	5.5	0.31	0.49					
						4	88—100	棕色	轻壤土	块状	7.7	3.4	0.23	0.60					

叶 城 县

主要土类说明

寒冻土是叶城县主要土壤类型，占本县地域面积的38%。曾称高山寒漠土。成土过程以寒冻物理风化为主，弱生物累积。土层浅薄，石砾含量较多，仅在岩屑中见少量细土物质堆积。植被为稀疏垫状植物及雪莲。土壤pH为8.0左右，石灰反应强烈。地表常有由岩石风化碎屑组成的岩幂层；下有发育差的腐殖质层，厚度5—10cm，呈灰色、黄灰色、灰黄棕色或灰棕色等多种颜色；向下过渡为岩砾层或永冻层。其生态环境恶劣，无交通条件，人迹罕见，土壤理化性质和营养条件差。

棕漠土是叶城县第二大土壤类型，占本县地域面积的14%。多分布于中山区和戈壁滩上。其母质主要为砂砾质洪积物和冲积物。由于叶城县气候极端干旱、少雨，植被生长稀疏，剖面发育微弱，有机质含量极低。地表有砾幂，常有0.1—0.2cm厚的结皮，结皮层下有薄层黏质土层；其下土体呈现铁化合物累积的淡红棕色紧实层和石膏晶体的积累层，海拔越高，石膏层越厚。

棕钙土是叶城县第三大土壤类型，占本县地域面积的13%。棕钙土具有一定的有机质积累。地表多砂砾化，土壤表面有发育较弱的生草层及假结皮，剖面中含有不同数量的粗砂和砾石。腐殖质层较薄，碳酸钙含量在剖面分布的趋势为表层、底层含量低，钙积层较高。

冷钙土占叶城县地域面积的11%。土壤剖面上部有腐殖质积累，腐殖质层厚度10—20cm，粒状结构，颜色为灰棕色或棕色，土壤常有受土壤动物扰动的痕迹。有机质含量为15—30g/kg。碳酸钙的淀积形态主要是斑点状或脉纹状，含量在100—350g/kg，且含少量易溶盐与石膏。土壤pH为7.5—8.5。土壤质地较轻，大部分含有石砾。

风沙土占叶城县地域面积的11%。叶城县东北部位于塔克拉玛干沙漠之中，沙源丰富，在干旱荒漠的气候条件下，土壤极易沙化。南部山脚下，经风力搬运沉积的沙地，呈块状分布。靠近农田处的风沙土，一般地下水位高，生长有旱生芦苇、红柳、骆驼刺等植被，地表有一结皮层，流动性较小，是半固定风沙土。而深入沙海之中的不毛之地的砂粒随风搬运成为波状或垄状沙丘，为流动风沙土。

石质土占叶城县地域面积的6%。石质土多分布于山丘顶部陡坡，分布区域地势陡峻，水蚀风蚀严重，地表岩石裸露，土层浅薄，含岩石碎屑砂粒多，保水保肥力差。总的来说，石质土无明显的元素迁移特征，一般生物富集作用弱，有机质含量在10g/kg左右，全氮含量在1g/kg以下，磷、钾含量差异很大，砾石含量高是石质土的共同特点。土壤pH为4.5—8.5。

本县面积小于3%的土壤类型还有灌淤土、寒漠土、草毡土、草甸土、潮土、林灌草甸土等。

本区域中心区气候特征

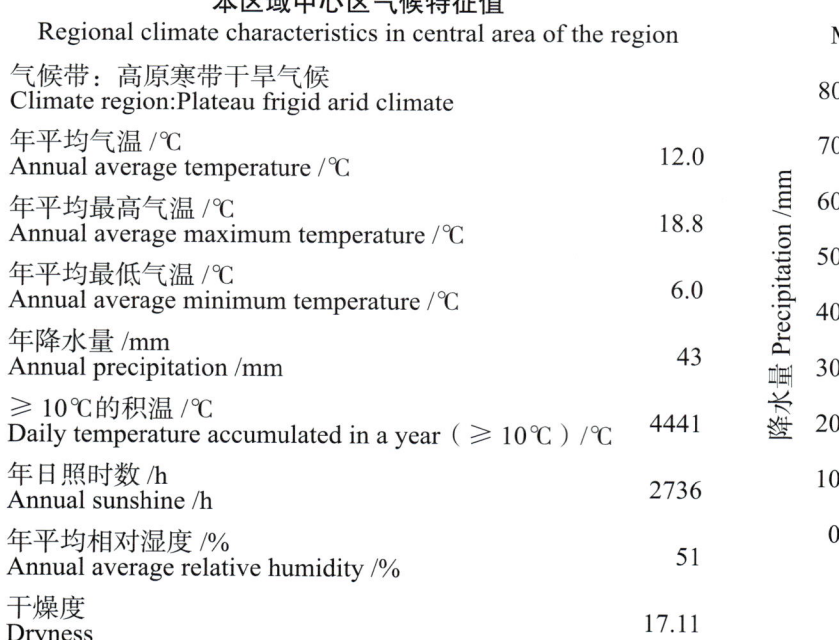

本区域中心区气候特征值
Regional climate characteristics in central area of the region

气候带：高原寒带干旱气候 Climate region: Plateau frigid arid climate	
年平均气温 /℃ Annual average temperature /℃	12.0
年平均最高气温 /℃ Annual average maximum temperature /℃	18.8
年平均最低气温 /℃ Annual average minimum temperature /℃	6.0
年降水量 /mm Annual precipitation /mm	43
≥10℃的积温 /℃ Daily temperature accumulated in a year (≥10℃) /℃	4441
年日照时数 /h Annual sunshine /h	2736
年平均相对湿度 /% Annual average relative humidity /%	51
干燥度 Dryness	17.11

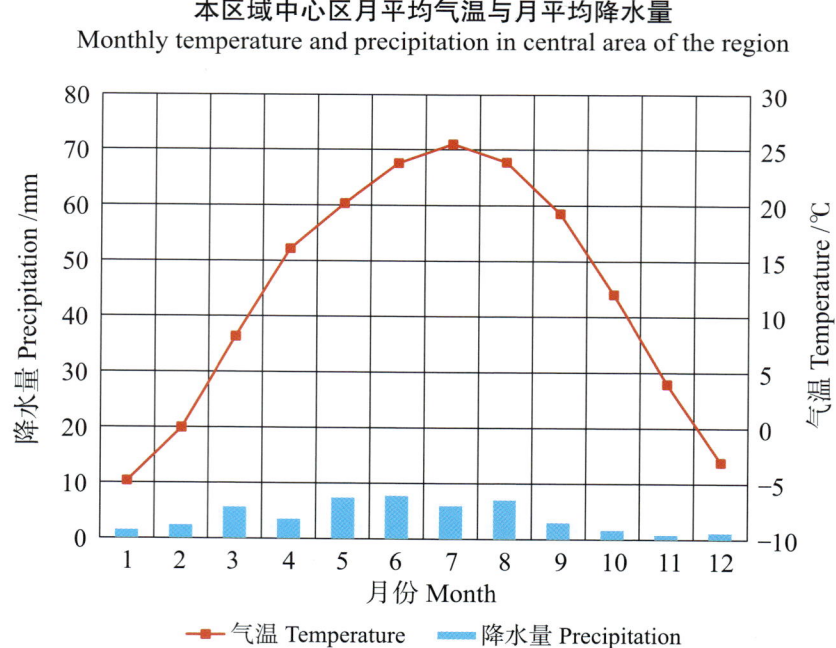

本区域中心区月平均气温与月平均降水量
Monthly temperature and precipitation in central area of the region

叶城县主要土壤类型与土壤剖面点分布图
1:1 080 000

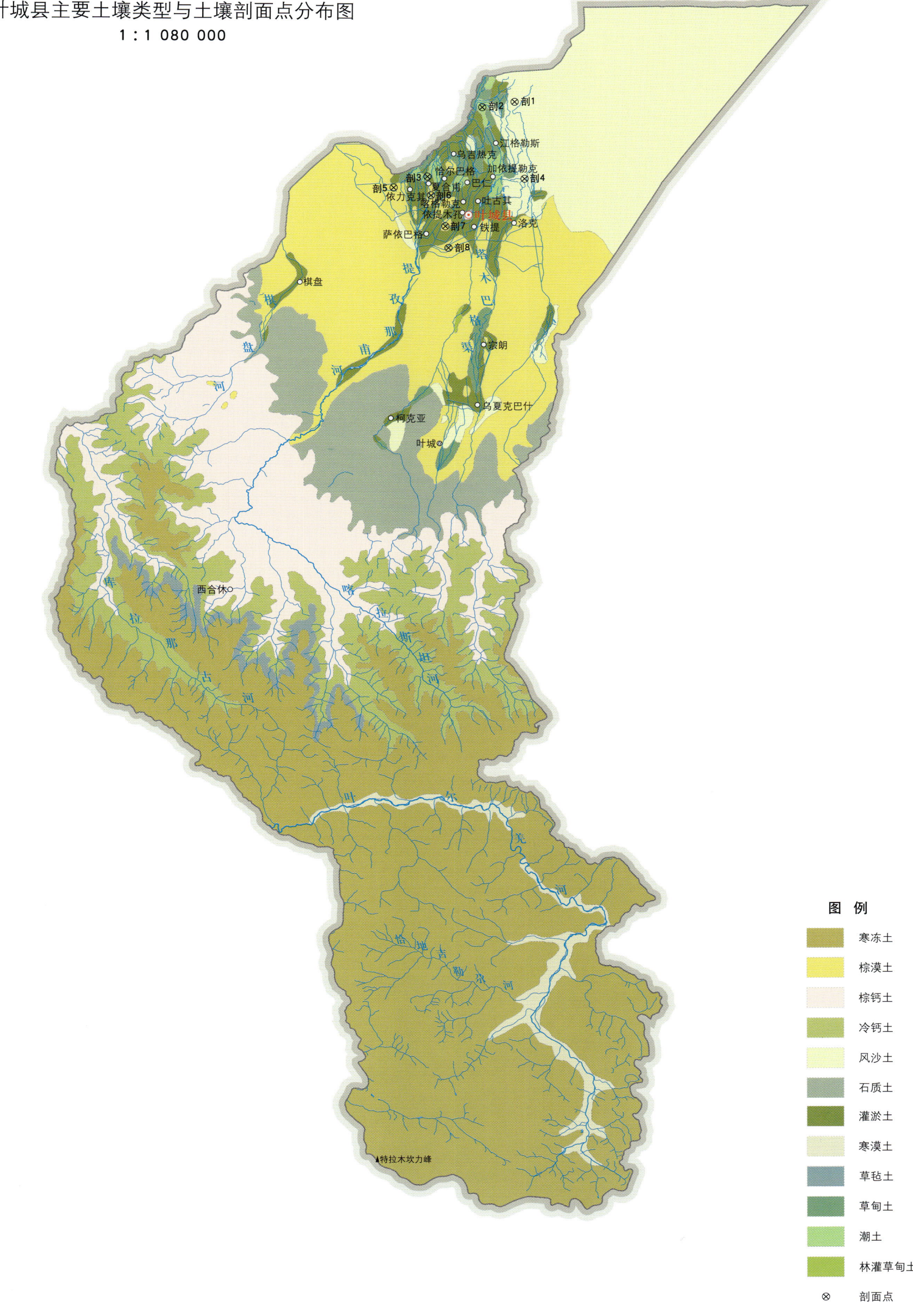

叶城县土壤剖面理化性状表

剖面号 Soil profile	土纲 Soil order	土类 Soil great group	亚类 Soil subgroup	土属 Soil genus	土种 Soil species	土层码 Layer code	土层厚度 Depth/cm	颜色 Soil color	质地 Soil texture	土壤结构 Soil structure	pH	有机质 OM/(g/kg)	全氮 TN/(g/kg)	全磷 TP/(g/kg)	全钾 TK/(g/kg)	剖面点坐标 Profile coordinate	匹配指数 Matching index/%
剖1	初育土	风沙土	荒漠风沙土	沙丘间灌淤风沙土	白砂土	1	0~16	淡黄色	紧砂土	块状	7.6	3.6	0.19			E 77°33′36.4″ N 38°09′31.3″	78
						2	16~100	淡黄色	紧砂土	块状	7.5	2.1	0.19				
剖2	半水成土	潮土	盐化潮土	下潮土	极轻盐化土	1	0~11	黄黄色	砂壤土	块状		7.8	0.38			E 77°27′46.4″ N 38°08′49.6″	81
						2	11~40	黑灰色	砂壤土	块状		11.6	0.57				
						3	40~61	黑灰色	砂壤土	块状		6.6	0.32				
						4	61~80	暗灰色	砂壤土	块状		14.4	0.44				
剖3	半水成土	潮土	盐化潮土	二潮土	轻盐化土	1	0~15	灰黄色	砂壤土	块状	8.0	6.1	0.31	0.86		E 77°17′39.5″ N 37°58′48.0″	88
						2	15~50	灰黄色	砂壤土	块状	8.0	4.1	0.31	2.08			
						3	50~100	灰黄色	砂壤土	块状	7.5	5.7	0.28	>4.00			
剖4	初育土	风沙土	荒漠风沙土	沙丘间灌淤风沙土	黄砂土	1	0~20		轻壤土	粒状	7.9		0.67			E 77°35′02.0″ N 37°58′11.3″	85
						2	20~80	棕黄色	紧砂土	粒状	7.5		0.17				
						3	80~100		重壤土	块状	7.5		0.29				
剖5	漠土	棕漠土	灌耕棕漠土	扇形地	中层白板土	1	0~19	灰黄色	轻壤土	块状	7.7	7.4	0.49			E 77°11′35.2″ N 37°57′17.6″	79
						2	19~55	灰黄色	砂壤土	块状	7.2	6.3	0.46				
						3	55~75	灰黄色	砂壤土	块状	7.7	4.1	0.43				
剖6	漠土	棕漠土	灌耕棕漠土	扇形地	薄层白板土	1	0~22	棕黄色	紧砂土	片状	8.1	2.4	0.15			E 77°18′11.9″ N 37°56′03.8″	87
						2	22~57	棕黄色	中壤土	片状	8.7	8.1	0.40				
剖7	漠土	棕漠土	灌耕棕漠土	扇形地	厚层白板土	1	0~12	灰黄色	砂壤土	块状		3.1	0.20	0.97		E 77°20′40.9″ N 37°51′29.2″	81
						2	12~47	淡黄色	砂土	块状		1.2	<0.10	0.41			
						3	47~80	淡黄色	砂土	块状		1.0	0.14				
						4	80~100	黄棕色	砂土	块状		1.5	0.18	0.83			
剖8	漠土	棕漠土	灌耕棕漠土	淡黄灌耕棕漠土	中层淡黄棕漠土	A_{11}	0~10	淡黄色	轻壤土	块状		8.9	0.54	0.71	20.0	E 77°21′09.4″ N 37°48′18.4″	78
						B_1	10~27	淡黄色	砂壤土	块状		7.1	0.44	0.66	15.0		
						B_2	27~49	淡黄色	砂壤土	块状		5.5	0.35	0.66	20.0		
						C	49~100		砂壤土	块状		3.0	0.23	0.55	22.0		

麦盖提县

主要土类说明

　　风沙土是麦盖提县主要土壤类型，占本县地域面积的73%。风沙土是发育极微弱、稳定性较差的一类自然土壤。其成土母质的来源复杂，而成土过程简单，主要经过风力搬运、分选堆积形成，所以剖面无层次、无结构性、松散。由于水源缺乏，土壤干燥，所以植被稀少，土壤有机质及养分含量低。其分布规律是：分布于地形转折的过渡带、洪积扇扇缘与冲积平原的交接地带或河岸，大面积分布则是在塔里木盆地的塔克拉玛干沙漠，地形多起伏，多包梁洼地。本县东靠塔克拉玛干沙漠，沙源丰富，气候干燥，温差大，物理分化强烈。根据形成过程的阶段分流动风沙土、固定风沙土两个亚类。

　　草甸盐土是麦盖提县第二大土壤类型，占本县地域面积的12%。分布很广，是由各种类型的草甸土逐渐演变而成。草甸盐土的成土母质主要是冲积母质，有砂黏相间的沉积层次，剖面层次明显。地表有薄层盐结皮或盐结壳，腐殖质层不明显，有较多的根系。其盐分表聚性明显，结皮层的含盐量较高，土壤积盐状况各地差异很大，愈干旱积盐愈重，积盐层或盐壳愈厚。表层有一定数量的有机质积累，底土有明显的锈色斑纹。

　　草甸土是麦盖提县第三大土壤类型，占本县地域面积的7%。草甸土多分布于潮土带的外缘，并常与盐土形成复区。其直接受地下水的影响，在草甸植被下发育成的一类水成型自然土壤，地下水位一般在1—3m。草甸土的主导成土过程为草甸化过程，也就是有机质积累过程。本县地域的草甸土由于气候干燥，气温较高，水文条件差，土壤有机质分解较快，累积少，草甸层较薄，土壤表层颜色也较淡，因此浅色草甸土分布最广。

　　本县面积小于3%的土壤类型还有潮土、灌淤土、石质土、沼泽土、林灌草甸土。

本区域中心区气候特征

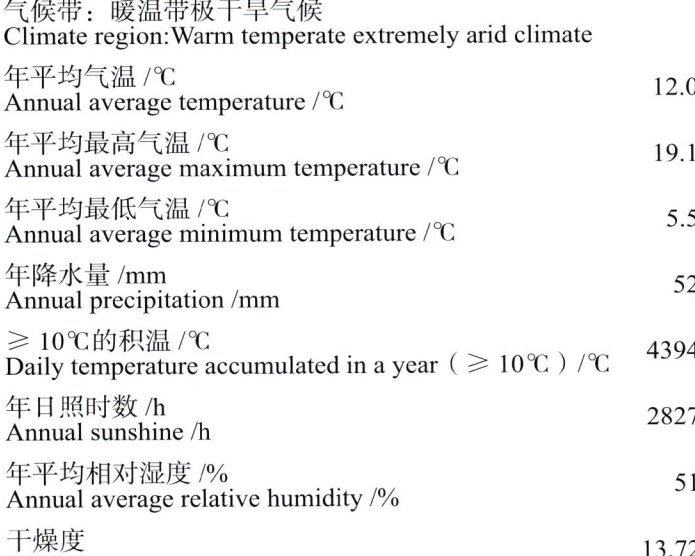

本区域中心区气候特征值
Regional climate characteristics in central area of the region

气候带：暖温带极干旱气候 Climate region: Warm temperate extremely arid climate	
年平均气温 /℃ Annual average temperature /℃	12.0
年平均最高气温 /℃ Annual average maximum temperature /℃	19.1
年平均最低气温 /℃ Annual average minimum temperature /℃	5.5
年降水量 /mm Annual precipitation /mm	52
≥10℃的积温 /℃ Daily temperature accumulated in a year (≥10℃) /℃	4394
年日照时数 /h Annual sunshine /h	2827
年平均相对湿度 /% Annual average relative humidity /%	51
干燥度 Dryness	13.72

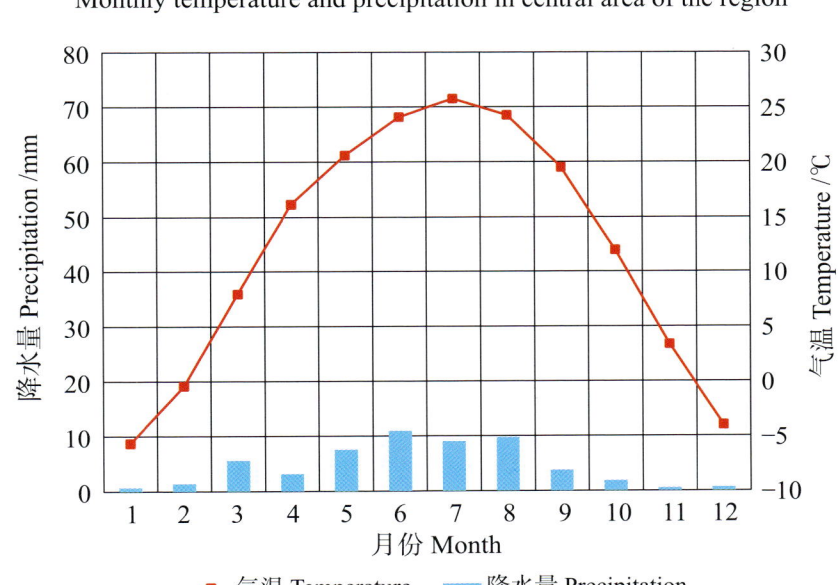

本区域中心区月平均气温与月平均降水量
Monthly temperature and precipitation in central area of the region

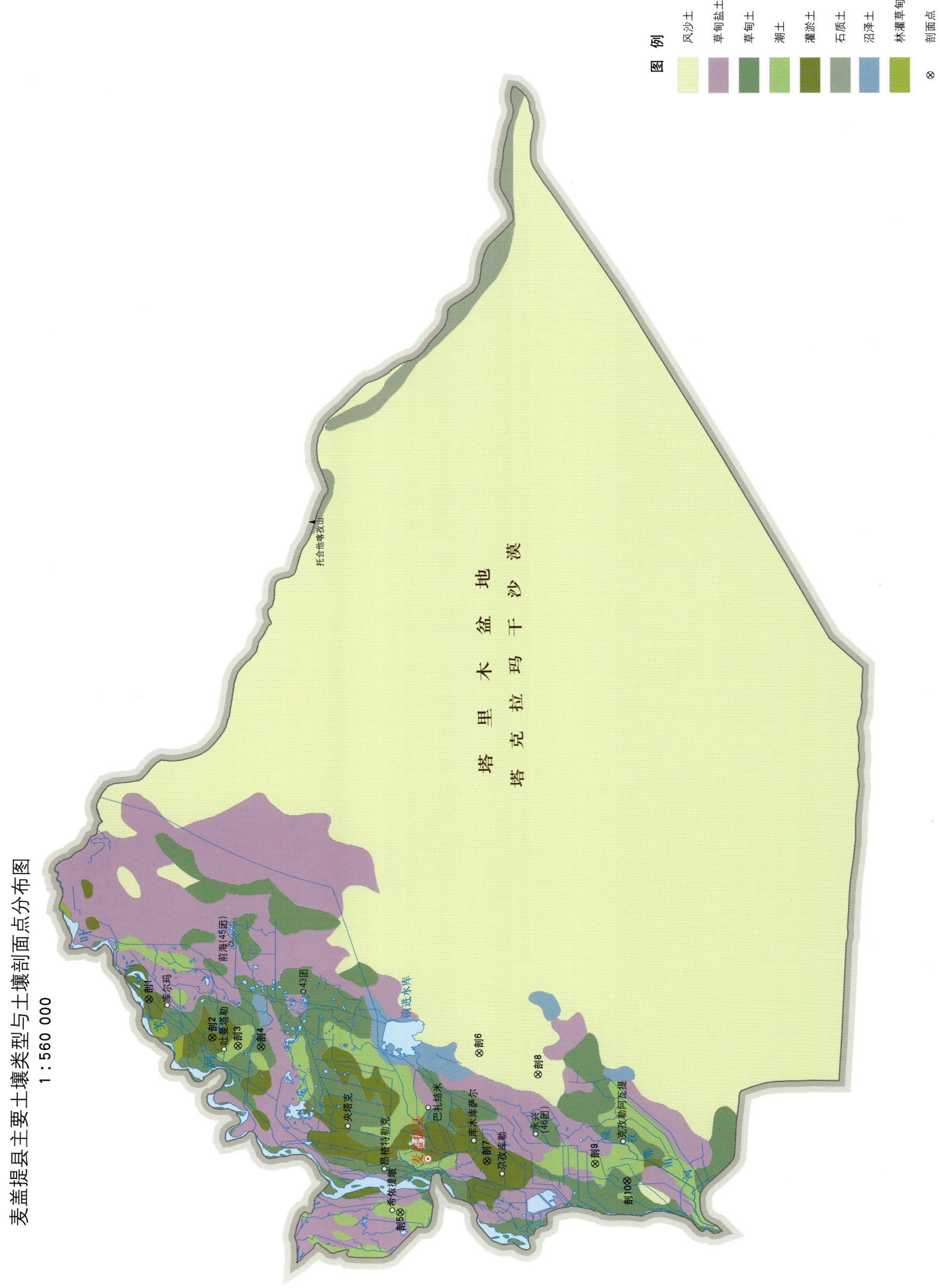

麦盖提县土壤剖面理化性状表

剖面号 Soil profile	土纲 Soil order	土类 Soil great group	亚类 Soil subgroup	土属 Soil genus	土种 Soil species	土层码 Layer code	土层厚度 Depth/cm	颜色 Soil color	质地 Soil texture	土壤结构 Soil structure	pH	有机质 OM/(g/kg)	全氮 TN/(g/kg)	全磷 TP/(g/kg)	土壤母质 Parent material	剖面点坐标 Profile coordinate	匹配指数 Matching index/%
剖1	人为土	灌淤土	盐化灌淤土	黄土母质盐化灌淤土	中盐化灌淤土	1	0—20	灰棕色	轻壤土	中块状	8.2	10.5	0.76	0.28	黄土母质	E 77°51′42.8″ N 39°14′45.2″	80
						2	20—48	淡灰色	轻壤土	小块状	8.1	9.2	0.45	0.32			
						3	48—82	棕灰色	砂壤土	小块状	8.1	5.1	0.37	0.36			
						4	82—118	棕色	粉砂土	无明显结构	8.2	6.1	0.42	0.64			
剖2	人为土	灌淤土	盐化灌淤土	氯化物盐化灌淤土	氯盐黄灌淤土	A₁₁	0—20	灰黄色	轻壤土	块状	8.2	10.5	0.76	0.28	灌溉淤积物	E 77°48′14.0″ N 39°09′54.7″	80
						Ab	20—82	棕黄色	轻壤土	小块状	8.1	7.0	0.41	0.34			
						Cb	82—118	棕黄色	粉砂土	单粒状	8.2	6.1	0.42	0.64			
剖3	半水成土	潮土	盐化潮土	下潮土	轻盐化潮土	1	0—24	黄棕色	砂壤土	小块状	7.9	9.1	0.50	0.45		E 77°47′30.5″ N 39°07′58.8″	95
						2	24—96	黄棕色	粉砂土	无明显结构	8.1	8.2	0.45	0.38			
						3	96—114	淡黄色	粉砂土	无明显结构	7.9	5.4	0.37	0.47			
剖4	半水成土	草甸土	盐化草甸土	缓平地盐化草甸土	中盐化草甸土	1	0—15	黄黄色	砂壤土	小块状	8.2	10.6	0.72	0.72		E 77°47′30.8″ N 39°06′15.8″	93
						2	15—65	棕黄色	砂壤土	小块状	8.3	6.8	0.40	0.72			
						3	65—114	褐色	粉砂土	无明显结构	8.3	3.1	0.18	0.69			
剖5	半水成土	潮土	盐化潮土	下潮土	中盐化潮土	1	0—22	淡黄色	砂壤土		8.2	12.4	0.80	0.60		E 77°31′52.7″ N 38°55′24.6″	79
						2	22—68	黄棕色	砂壤土		8.2	5.9	0.40	0.60			
						3	68—125	棕色	砂壤土		8.2	4.5	0.40	0.60			
剖6	初育土	风沙土	荒漠风沙土	半固定风沙土	沙丘间半固定风沙土	1	0—23	黄棕色	砂土	无明显结构	8.2	3.2	0.16	0.53		E 77°47′44.5″ N 38°50′03.8″	95
						2	23—154	黄棕色	砂土	无明显结构	8.2	4.1	0.21	0.56			
剖7	人为土	灌淤土	盐化灌淤土	黄土母质盐化灌淤土	轻盐化灌淤土	1	0—20	灰灰色	轻壤土	小块状	8.0	9.6	0.78	0.62	黄土母质	E 77°37′14.2″ N 38°49′07.7″	84
						2	20—47	淡灰色	轻壤土	中块状	8.1	8.5	0.57	0.57			
						3	47—98	淡黄色	砂土	无明显结构	8.0	7.3	0.63	0.72			
剖8	初育土	风沙土	荒漠风沙土	沙丘固定风沙土	流动风沙土	1	0—100	灰白色	细砂土	无明显结构		1.4	0.12	0.36		E 77°45′52.6″ N 38°45′37.8″	95
剖9	半水成土	潮土	盐化潮土	下潮土	重盐化潮土	1	0—22	黄棕色	砂壤土	小块状	8.4	8.0	0.65	0.59		E 77°37′25.3″ N 38°41′05.6″	89
						2	22—82	黄棕色	粉砂土	无明显结构	8.3	6.3	0.48	0.42			
						3	82—107	黄灰色	粉砂土	无明显结构	8.1	5.2	0.43	0.47			
剖10	半水成土	草甸土	盐化草甸土	缓平地盐化草甸土	重盐化草甸土	1	0—15	灰褐色	壤土	中块状	8.4	8.9	0.60	0.50		E 77°35′53.5″ N 38°38′40.2″	91
						2	15—42	淡棕色	砂壤土	块状	8.2	6.4	0.40	0.50			
						3	42—129	灰棕色	粉砂土	无明显结构	8.2	6.1	0.30	0.30			

岳普湖县

主要土类说明

　　风沙土是岳普湖县主要土壤类型，占本县地域面积的48%。主要分布于县境内东南部、北部、西部和叶尔羌河两岸部分地段。风沙土的主要成土过程为风蚀风积过程。其形成主要取决于地表风速的大小和地面状况。地形对风沙土的形成影响很明显，从风沙土分布的地形部位来看，风沙土主要发生在冲积平原和开阔的扇形地。风沙土的总体特征是：整个土类沙化，土体干燥，质地松散，土壤发育微弱，层次简单而不明显，在形态上很大程度保持着母质状态。黏粒和有机质含量少，土体水分含量少，流动性较强，植被很难生长，有机质积累较少，氮、磷等养分含量低。

　　草甸盐土是岳普湖县第二大土壤类型，占本县地域面积的35%。草甸盐土是由各种类型的草甸土逐渐演变而成。草甸盐土的成土母质主要是冲积母质，有砂黏相间的沉积层次，剖面层次明显。其形成受地下水常年上下活动的影响，积盐过程和草甸过程相伴进行，但以积盐过程为主。地表有薄层盐结皮或盐结壳，腐殖质层不明显，有较多的根系。其盐分表聚性明显，结皮层的含盐量较高。表层有一定数量的有机质积累，底土有明显的锈色斑纹。

　　草甸土是岳普湖县第三大土壤类型，占本县地域面积的7%。分布在河漫滩、槽形洼地、缓平地，雅丹沙丘间。主要植被有芦苇、狒子茅、胖姑娘、甘草、红柳等。草甸土的特点：①表层有机质含量高于中下部，个别下层埋有腐殖质层；②有盐渍化现象，表层有草盐混合结皮；③碳酸钙含量为54.7—147.1g/kg，上下移动较明显；④石膏含量较少，为0.28%—2.8%；⑤土体一般潮湿，剖面中普遍有锈纹、锈斑；⑥层次过渡明显；⑦有草甸植被。草甸土划分为盐化草甸土、林灌草甸土、荒漠草甸土等亚类。

　　潮土占岳普湖县地域面积的7%。主要分布在干三角洲中下部的绿洲上，潮土形成的母质主要是河流冲积物、沉积物。潮土的形成主要经历两个过程：①地下水和灌溉水的湿润潮化过程，即多量的土壤水分（一般含水量接近于田间持水量）通过毛细管在土壤中上下活动，引起水分和空气的尖锐对立和促成土壤氧化还原作用交替发生的过程；②各种农业措施影响的耕种熟化过程，如通过灌溉与排水改善土壤水气条件状况，增施有机肥，提高养分，改良土壤结构，深耕深翻，使土壤形成疏松的耕作层，改良土壤质地等。

　　本县面积小于3%的土壤类型还有灌淤土等。

本区域中心区气候特征

本区域中心区气候特征值
Regional climate characteristics in central area of the region

气候带：暖温带极干旱气候 Climate region: Warm temperate extremely arid climate	
年平均气温 /℃ Annual average temperature /℃	11.8
年平均最高气温 /℃ Annual average maximum temperature /℃	18.7
年平均最低气温 /℃ Annual average minimum temperature /℃	5.4
年降水量 /mm Annual precipitation /mm	59
≥10℃的积温 /℃ Daily temperature accumulated in a year（≥10℃）/℃	4337
年日照时数 /h Annual sunshine /h	2806
年平均相对湿度 /% Annual average relative humidity /%	53
干燥度 Dryness	12.42

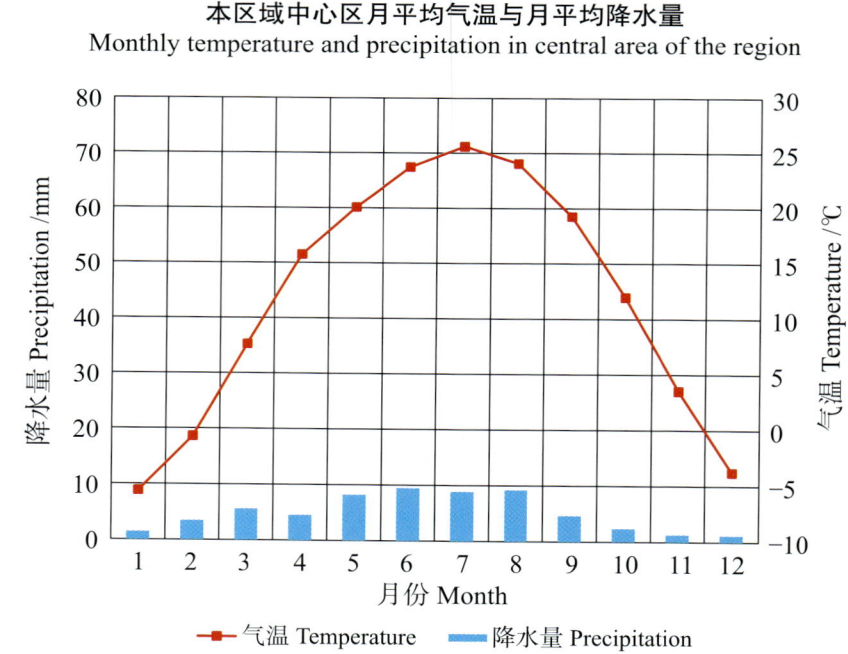

本区域中心区月平均气温与月平均降水量
Monthly temperature and precipitation in central area of the region

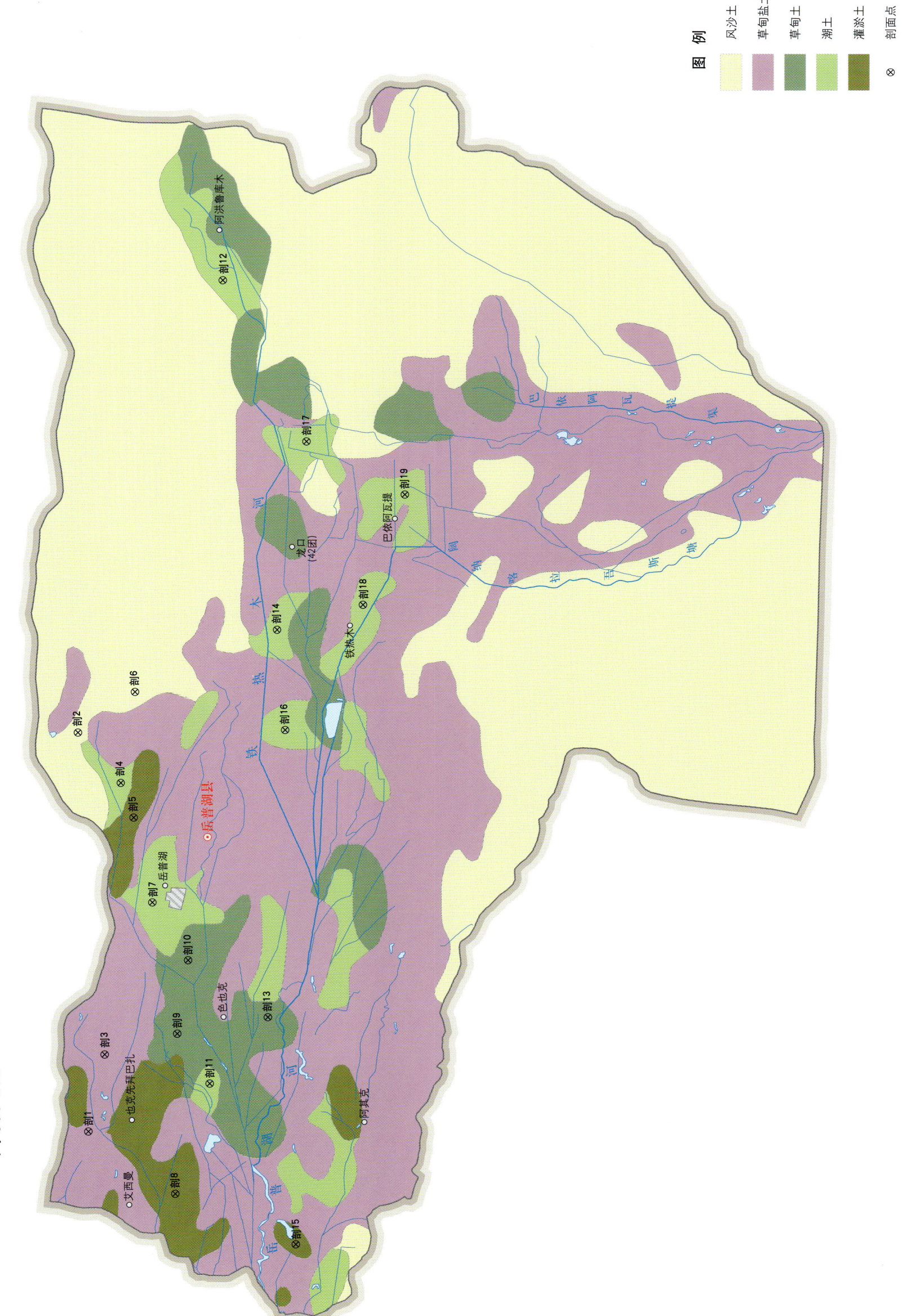

岳普湖县土壤剖面理化性状表

剖面号 Soil profile	土纲 Soil order	土类 Soil great group	亚类 Soil subgroup	土属 Soil genus	土种 Soil species	土层码 Layer code	土层厚度 Depth/cm	颜色 Soil color	质地 Soil texture	土壤结构 Soil structure	pH	有机质 OM/(g/kg)	全氮 TN/(g/kg)	全磷 TP/(g/kg)	剖面点坐标 Profile coordinate	匹配指数 Matching index/%
剖1	盐碱土	草甸盐土	草甸盐土	硫酸盐氯化物草甸盐土	硫酸盐氯化物盐土	1	0—3	棕黄色				12.2	0.56	0.40	E 76°34′27.5″ N 39°17′37.7″	79
						2	3—14	灰白色				22.7	1.50	0.25		
						3	14—51	紫灰色	砂壤土	块状		4.8	0.43	0.39		
						4	51—64	灰色	砂壤土	块状		2.9	0.25	0.46		
						5	64—100	灰色	砂壤土	块状		4.4	0.33	0.46		
剖2	初育土	风沙土	荒漠风沙土	半固定风沙土	表砂土	1	0—21	灰色	砂壤土	片状	7.7	1.8	0.16	0.21	E 76°54′38.9″ N 39°17′37.7″	90
						2	21—42	淡灰色	轻黏土	块状	8.2	5.7	0.47	0.33		
						3	42—62	棕灰色	轻壤土	块状	8.2	2.5	0.16	0.31		
						4	62—89	灰色	砂壤土	块状	8.1	1.6	0.16	0.38		
						5	89—100	棕灰色	黏土	片状	8.2	5.5	0.45	0.41		
剖3	盐碱土	草甸盐土	草甸盐土	氯化物硫酸盐草甸盐土	氯化物硫酸盐盐土	1	0—1.5	白色				9.9	0.82	0.42	E 76°38′17.9″ N 39°16′56.3″	83
						2	1.5—10	紫灰色	轻壤土	块状		8.0	0.78	0.52		
						3	10—49	灰色	砂壤土	块状		5.2	0.27	0.60		
						4	49—100	灰色	轻壤土	块状		3.2	0.25	0.62		
剖4	半水成土	潮土	盐化潮土	退潮土	中盐壤土	1	0—19	灰色	轻壤土	片状	8.2	6.9	0.52	0.35	E 76°52′02.3″ N 39°16′03.4″	93
						2	19—88	灰色	中壤土	片状	8.0	10.5	0.72	0.37		
						3	88—100	灰色	中壤土	片状	8.3	7.6	0.34	0.34		
剖5	人为土	灌淤土	盐化灌淤土	灰土	中盐重壤土	1	0—22	灰色	重壤土	块状	8.0	8.3	0.55	0.31	E 76°50′15.4″ N 39°15′35.6″	93
						2	22—62	紫灰色	中壤土	块状	8.2	7.6	0.55	0.35		
						3	62—100	灰色	中壤土	片状	8.7	5.6	0.47	0.41		
剖6	初育土	风沙土	荒漠风沙土	流动风沙土	细砂土	1	0—30	灰色	砂土	块状					E 76°56′38.0″ N 39°15′24.8″	82
						2	30—100	灰色	重壤土	块状	8.4	10.4	0.80	0.45		
剖7	半水成土	潮土	盐化潮土	硫酸盐盐化潮土	强硫酸盐化潮土	A_{11}	0—20	灰色	重壤土	片状	8.3	6.3	0.58	0.37	E 76°45′55.1″ N 39°14′58.2″	88
						A_{12}	20—50	灰色	轻壤土	块状	8.3	4.8	0.47	0.48		
						Cu_1	50—78	淡灰色	重壤土	块状	8.2	5.2	0.37	0.31		
						Cu_2	78—100	淡灰色	重壤土	块状	8.5	5.4	0.39	0.37		
剖8	人为土	灌淤土	盐化灌淤土	灰土	重盐重壤土	1	0—17	灰色	中壤土	块状	8.9	9.5	0.70	0.39	E 76°31′13.4″ N 39°14′22.6″	88
						2	17—80	灰色	轻壤土	块状	8.7	8.6	0.47	0.39		
						3	80—100	棕灰色	轻壤土	片状	8.4	2.9	0.38	0.25		
剖9	半水成土	草甸土	盐化草甸土	盐化草甸土	重盐重壤土	1	0—27	黄灰色	砂壤土	块状	8.1	3.5	0.35	0.42	E 76°39′15.5″ N 39°14′09.2″	90
						2	27—59	青灰色	中壤土	块状	8.2	3.8	0.35	0.43		
						3	59—100	淡灰色	重壤土	块状		5.8	0.35	0.52		
剖10	半水成土	草甸土	盐化草甸土	盐化草甸土	中盐草甸土	1	0—23	紫灰色	中壤土	片状	8.4	5.3	0.29	0.20	E 76°42′56.2″ N 39°13′40.1″	94
						2	23—95	黄灰色	轻壤土	块状	8.3	5.3	0.33	0.12		
						3	95—128	黄灰色	重壤土	块状	8.3	4.6	0.35	0.11		
						4	128—161	灰色	中壤土	块状	8.4	6.5	0.62	0.43		
剖11	半水成土	潮土	盐化潮土	退潮土	轻盐壤土	1	0—24	灰色	中壤土	块状	8.3	9.0	0.49	0.46	E 76°36′43.2″ N 39°12′57.6″	79
						2	24—49	灰色	轻壤土	块状	8.3	6.8	0.49	0.44		
						3	49—83	灰色	中壤土	块状	8.7	5.5	0.31	0.40		
						4	83—100									

续表 Continued

剖面号 Soil profile	土纲 Soil order	土类 Soil great group	亚类 Soil subgroup	土属 Soil genus	土种 Soil species	土层码 Layer code	土层厚度/ Depth/ cm	颜色 Soil color	质地 Soil texture	土壤结构 Soil structure	pH	有机质 OM/ (g/kg)	全氮 TN/ (g/kg)	全磷 TP/ (g/kg)	剖面点坐标 Profile coordinate	匹配指数 Matching index/%
剖12	半水成土	潮土	盐化潮土	二潮土	轻盐壤土	1	0—24	灰色	中壤土	块状	8.5	12.3	0.82	0.44	E 77° 17′ 24.7″ N 39° 11′ 38.8″	78
						2	24—59	灰色	中壤土	块状	8.3	5.4	0.52	0.44		
						3	59—84	紫灰色	中壤土	块状	8.6	4.8	0.41	0.38		
						4	84—100	紫灰色	重壤土	块状	8.2	1.0	0.12	0.31		
剖13	半水成土	草甸土	盐化草甸土	盐化草甸土	轻盐草甸土	1	0—23	淡灰色	重壤土	块状	8.4	4.9	0.50	0.44	E 76° 39′ 58.3″ N 39° 10′ 41.2″	91
						2	23—74	青灰色	砂土	块状	8.7	3.8	0.24	0.50		
						3	74—100	灰色	砂土	块状	8.8	1.8	0.14	0.35		
剖14	半水成土	潮土	盐化潮土	二潮土	轻盐砂壤土	1	0—27	黄灰色	砂壤土	块状	6.9	7.7	0.43	0.45	E 76° 59′ 36.6″ N 39° 09′ 56.5″	94
						2	27—49	灰色	砂壤土	块状	8.4	5.5	0.58	0.42		
						3	49—100	黄灰色	砂壤土	块状	8.4	3.2	0.29	0.45		
剖15	人为土	灌淤土	灌淤土	灰土	壤土	1	0—20	灰色	中壤土	块状	8.5	8.3	0.62	0.40	E 76° 28′ 32.2″ N 39° 09′ 49.7″	86
						2	20—66	灰色	中壤土	块状	8.4	9.5	0.62	0.35		
						3	66—100	灰色	中壤土	块状	8.3	8.2	0.58	0.35		
剖16	半水成土	潮土	盐化潮土	二潮土	重盐砂壤土	1	0—22	灰色	砂壤土	块状	8.3	9.1	0.87	0.42	E 76° 54′ 31.0″ N 39° 09′ 43.9″	82
						2	22—32	黄灰色	轻壤土	块状	8.5	7.9	0.90	0.41		
						3	32—100	淡灰色	轻壤土	块状	8.5	4.3	0.45	0.39		
剖17	半水成土	潮土	盐化潮土	二潮土	中盐中壤土	1	0—26	灰色	中壤土	片状	8.0	7.6	0.59	0.35	E 77° 09′ 06.8″ N 39° 08′ 37.7″	92
						2	26—69	黄灰色	中壤土	块状	8.2	6.3	0.62	0.40		
						3	69—90	黄灰色	砂壤土	块状	8.5	4.6	0.31	0.40		
						4	90—100	灰色	中壤土	块状	8.8	4.9	0.31	0.36		
剖18	半水成土	潮土	盐化潮土	二潮土	中盐砂壤土	1	0—20	灰色	砂壤土	块状	8.7	6.8	0.41	0.32	E 77° 00′ 46.1″ N 39° 06′ 38.5″	89
						2	20—54	黄色	轻壤土	块状	8.7	5.8	0.29	0.36		
						3	54—75	灰色	轻壤土	片状	8.6	4.4	0.29	0.29		
						4	75—100	灰色	轻壤土	块状	8.4	16.4	0.70	0.41		
剖19	半水成土	潮土	盐化潮土	二潮土	重盐壤土	1	0—21	灰色	中壤土	块状	8.6	8.6	0.58	0.45	E 77° 06′ 18.4″ N 39° 04′ 56.3″	84
						2	21—73	灰色	中壤土	块状	8.6	6.8	0.47	0.69		
						3	73—100	淡灰色	中壤土	块状	8.7	6.4	0.43	0.35		

伽 师 县

主要土类说明

草甸盐土是伽师县主要土壤类型，占本县地域面积的35%。草甸盐土是由各种类型的草甸土逐渐演变而成的。主要分布在克孜河冲积扇扇缘及恰克玛克河洪积、冲积扇扇缘。地面一般生长较多的草本植物，以矮生芦苇为主，伴生甘草、骆驼刺、野麻、铃铛刺、红柳等，植被覆盖百分率较低，为40%—50%。草甸盐土的成土母质主要是冲积母质，有砂黏相间的沉积层次，剖面层次明显。地表有薄层盐结皮或盐结壳，腐殖质层不明显，有较多的根系。其盐分表聚性明显，结皮层的含盐量较高，表层有一定数量的有机质积累，底土有明显的锈色斑纹。

风沙土是伽师县第二大土壤类型，占本县地域面积的27%。分布在地形转折的过渡带，洪积扇扇缘与冲积平原的交界地带，或靠近沙漠的地带，地形多起伏，多包梁洼地。风沙土成土母质的来源复杂，而成土过程简单，主要经过风力搬运、分选堆积形成，所以剖面无层次、无结构性、松散。由于水源缺乏，土壤干燥，所以植被稀少。土壤有机质及养分含量低。

潮土是伽师县第三大土壤类型，占本县地域面积的10%。由于伽师县地处半荒漠地带，地下水位较低（农区多在3m左右），土壤的有机质积累少，分解快，加上耕作历史相对较短，施肥水平低，所以潮土多处于初熟阶段，故不仅潮化相对较弱，而且土色较淡，肥力较低。本县潮土剖面中的氧化还原层下延增厚，多延至0.8m以下，还有锈纹、锈斑。土壤颗粒较细，剖面心底层有黏质土层的占大多数，通体壤质不多。土壤盐分含量普遍较低。

草甸土占伽师县地域面积的8%。主导成土过程为草甸化过程，也就是有机质积累过程。本县地域的草甸土由于气候干旱，气温较高，水文条件差，土壤有机质分解较快，累积少，草甸层薄，土壤表层颜色也较淡。

石质土占伽师县地域面积的7%。石质土由于处在不同的生物气候地带以及由不同岩性的母岩风化物形成，因而理化性质差异较大。石质土无明显的元素迁移特征，一般生物富集作用弱，有机质含量在10g/kg左右，全氮含量在1g/kg以下，磷、钾含量差异很大。砾石含量高是石质土的共同特点。据各地典型剖面分析，大于2mm的砾石含量达到30%—50%。土壤通透性强，黏结力强，容易发生水蚀和重力崩塌。酸碱度变幅大，pH为4.5—8.5。

林灌草甸土占伽师县地域面积的5%。地表有较薄的枯枝落叶层，厚度1—2cm；腐殖质层厚度10—30cm，有机质含量为8—10g/kg；其下即过渡到锈纹锈斑层，该层有明显的石灰斑点淀积，再下出现潜育层。

本县面积小于5%的土壤类型还有棕漠土、灌淤土等。

本区域中心区气候特征

本区域中心区气候特征值
Regional climate characteristics in central area of the region

气候带：暖温带极干旱气候 Climate region: Warm temperate extremely arid climate	
年平均气温 /℃ Annual average temperature /℃	11.8
年平均最高气温 /℃ Annual average maximum temperature /℃	18.8
年平均最低气温 /℃ Annual average minimum temperature /℃	5.4
年降水量 /mm Annual precipitation /mm	66
≥10℃的积温 /℃ Daily temperature accumulated in a year（≥10℃）/℃	4334
年日照时数 /h Annual sunshine /h	2805
年平均相对湿度 /% Annual average relative humidity /%	52
干燥度 Dryness	11.70

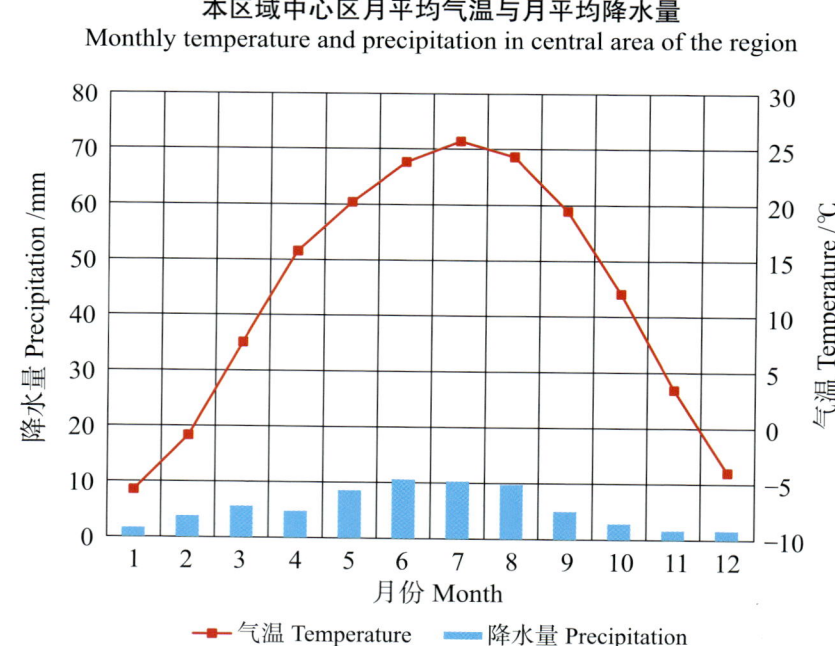

本区域中心区月平均气温与月平均降水量
Monthly temperature and precipitation in central area of the region

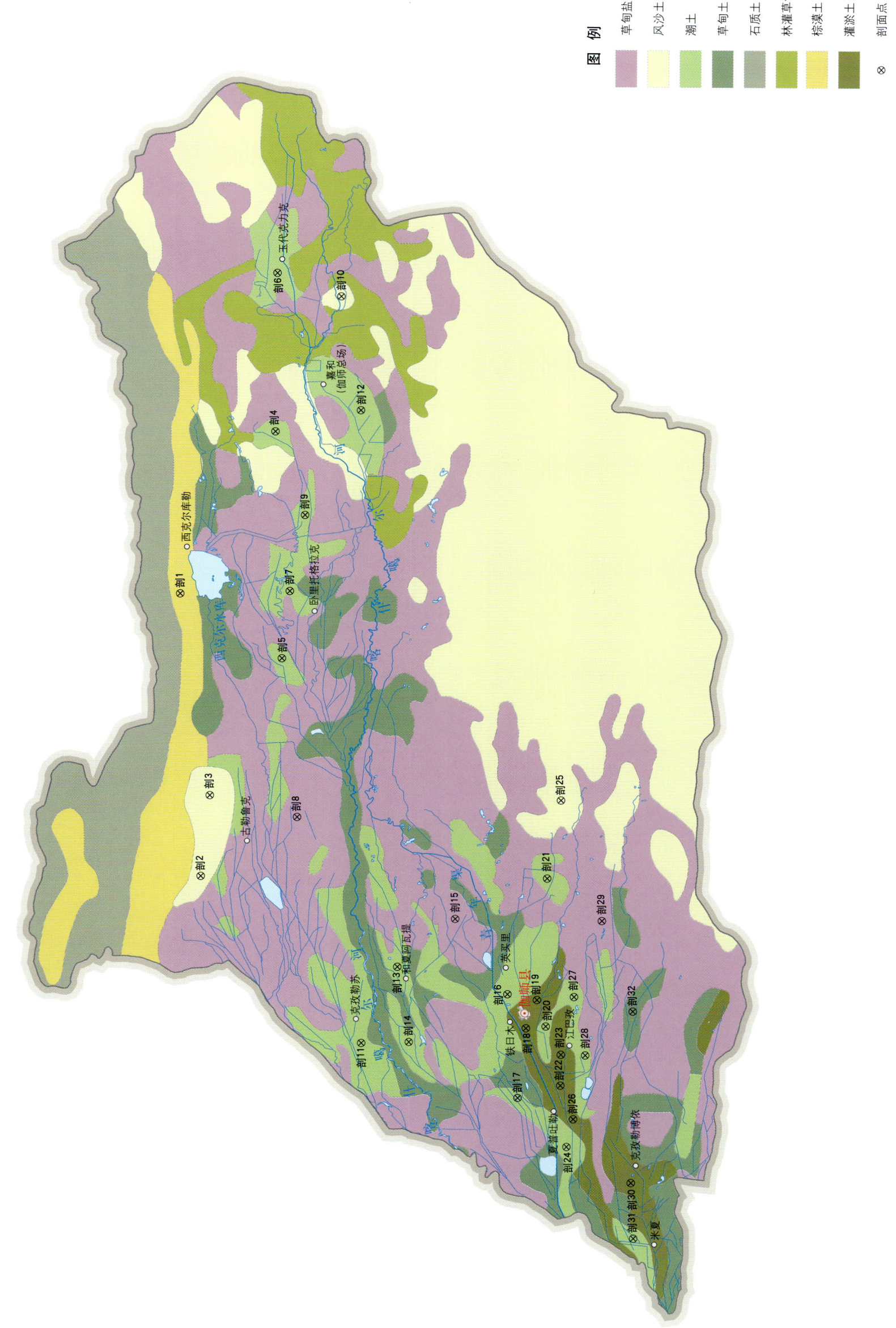

伽师县土壤剖面理化性状表

剖面号 Soil profile	土纲 Soil order	土类 Soil great group	亚类 Soil subgroup	土属 Soil genus	土种 Soil species	土层码 Layer code	土层厚度/cm Depth/cm	颜色 Soil color	质地 Soil texture	土壤结构 Soil structure	pH	有机质 OM/(g/kg)	全氮 TN/(g/kg)	全磷 TP/(g/kg)	剖面点坐标 Profile coordinate	匹配指数/% Matching index/%
剖1	漠土	棕漠土	棕漠土			1	0—14	红棕色							E 77°18′21.6″ N 39°49′23.9″	85
						2	14—60	灰黄色								
						3	60—87	灰棕色								
						4	87—110	棕灰色								
剖2	初育土	风沙土	荒漠风沙土	流动风沙土		1	0—100	灰白色	砂土	单粒状					E 76°55′47.3″ N 39°48′34.9″	92
剖3	初育土	风沙土	荒漠风沙土	灌溉风沙土		1	0—18	黄棕色	轻壤土	块状	8.1	2.4	0.47	0.21	E 77°02′14.3″ N 39°47′56.0″	87
						2	18—72	灰黄色	砂壤土	单粒状	8.1	3.2	0.17	0.21		
						3	72—100	棕红色	中壤土	片状	8.1	5.1	0.45	0.42		
剖4	半水成土	潮土	盐化潮土	下潮土	强盐腿黏湿红土	1	0—15	棕色	中壤土	块状	8.3	12.2	0.83	0.64	E 77°31′02.3″ N 39°43′30.4″	90
						2	15—45	棕色	中黏土	块状	8.5	11.8	0.87	0.59		
						3	45—80	红棕色	中黏土	片状	8.5	8.4	0.52	0.53		
						4	80—120	灰棕色	重黏土	片状	8.6	5.6	0.35	0.68		
剖5	半水成土	潮土	盐化潮土	下潮土	强盐底砂湿红土	1	0—13	淡灰棕色	轻壤土	块状	8.4	5.7	0.42	0.52	E 77°12′59.8″ N 39°43′27.8″	91
						2	13—40	灰棕色	砂壤土	块状	8.5	4.4	0.24	0.45		
						3	40—60	棕灰色	中壤土	块状	8.3	6.0	0.35	0.51		
						4	60—100	黄灰色	紧砂土	无明显结构	8.3	2.5	0.21	0.50		
剖6	半水成土	潮土	盐化潮土	下潮土	中盐底黏湿红土	1	0—13	红棕色	轻壤土	块状	8.0	12.0	0.59	0.64	E 77°43′38.3″ N 39°43′08.4″	88
						2	13—70	灰棕色	中黏土	片状	8.2	10.4	1.04	0.66		
						3	70—90	棕灰色	重黏土	片状	8.3	5.9	0.52	0.51		
						4	90—100	红棕色	重黏土	片状	8.1	8.3	0.76	0.47		
剖7	半水成土	潮土	盐化潮土	下潮土	强盐腿砂湿红土	1	0—15	黄灰色	轻壤土	团块状	8.4	11.0	0.62	0.51	E 77°18′20.2″ N 39°42′54.0″	79
						2	15—27	黄灰色	紧砂土	无明显结构	8.1	9.8	0.66	0.49		
						3	27—82	灰色	中壤土	片状	8.4	4.4	0.31	0.53		
						4	82—100	青灰色	中壤土	无明显结构	8.2	4.0	0.31	0.47		
						5	100—126	棕灰色	轻壤土	片状	8.3	4.4	0.31	0.59		
剖8	盐碱土	草甸盐土	草甸盐土		强盐底黏湿红土	1	0—4	红棕色	重壤土	块状	8.3	6.4	0.62	0.42	E 77°00′21.2″ N 39°42′47.9″	95
						2	4—40	灰棕色	中壤土	块状	8.2	4.9	0.45	0.36		
						3	40—60	黄灰色	中壤土	块状	8.4	2.2	0.17	0.59		
						4	60—85	黄灰色	砂壤土	块状	8.1	4.5	0.31	0.59		
						5	85—100	棕灰色	轻壤土	片状	8.0	7.3	0.66	0.62		
剖9	半水成土	潮土	盐化潮土	下潮土		1	0—17	灰棕色	中壤土	单粒状	8.0	10.0	0.69	0.42	E 77°24′20.5″ N 39°41′53.2″	83
						2	17—45	灰黄色	砂壤土	单粒状	7.9	9.6	0.49	0.55		
						3	45—60	黄灰色	砂壤土	块状	8.2	6.0	0.45	0.57		
						4	60—90	淡红棕色	中壤土	块状	8.3	4.6	0.35			
						5	90—100	棕灰色	轻壤土	无明显结构	8.1	5.3	0.31	0.64		
剖10	初育土	风沙土	荒漠风沙土	固定风沙土		1	0—130	灰棕色	紧砂土	单粒状	8.1				E 77°41′38.8″ N 39°39′23.4″	89
						2	130—220	棕灰色	紧砂土	单粒状	8.5					
剖11	半水成土	潮土	盐化潮土	下潮土	中盐底砂湿红土	1	0—16	淡红棕色	中壤土	块状	8.1	10.9	0.59	0.44	E 76°42′16.9″ N 39°39′16.9″	80
						2	16—73	棕色	松砂土	块状	8.3	6.3	0.56	0.70		
						3	73—100	淡红棕色	中壤土	块状	8.3	<1.0	<0.10	0.59		
剖12	半水成土	潮土	盐化潮土	下潮土	强盐湿红土	1	0—18	红棕色	中壤土	块状	8.5	10.5	0.66	0.52	E 77°32′33.4″ N 39°38′24.7″	81
						2	18—70	红棕色	中壤土	块状	8.0	6.3	0.45	0.55		
						3	70—110	灰棕色	轻壤土	块状	8.4	4.9	0.35	0.53		

续表 Continued

剖面号 Soil profile	土纲 Soil order	土类 Soil great group	亚类 Soil subgroup	土属 Soil genus	土种 Soil species	土层码 Layer code	土层厚度 Depth/cm	颜色 Soil color	质地 Soil texture	土壤结构 Soil structure	pH	有机质 OM/(g/kg)	全氮 TN/(g/kg)	全磷 TP/(g/kg)	剖面点坐标 Profile coordinate	匹配指数 Matching index/%
剖面13	半水成土	潮土	盐化潮土	二潮土	中盐底砂红潮土	1	0—13	灰棕色	中壤土	块状	7.8	8.1	0.56	0.54	E 76°48′13.3″ N 39°37′03.4″	90
						2	13—51	棕灰色	中壤土	块状	7.7	6.7	0.36	0.56		
						3	51—100	灰色	紧砂土	单粒状	7.7	2.8	0.21	0.46		
剖面14	半水成土	潮土	盐化潮土	下潮土	中盐湿红土	1	0—17	灰灰色	中壤土	团状	8.1	11.9	1.03	0.51	E 76°42′18.0″ N 39°36′28.4″	95
						2	17—47	棕色	中壤土	块状	8.0	8.2	0.78	0.61		
						3	47—100	棕灰色	中壤土	块状	8.0	5.6	0.43	0.61		
剖面15	盐碱土	草甸盐土	草甸盐土			1	0—4	黑灰色	轻壤土		8.4	17.3	1.18	0.34	E 76°51′55.8″ N 39°33′33.1″	90
						2	4—15	黄灰色	砂壤土	块状	8.4	4.9	0.42	0.46		
						3	15—82	棕灰色	轻壤土	块状	8.5	4.1	0.31	0.57		
						4	82—100	棕色	轻壤土	块状	7.0	4.6	0.31	0.28		
剖面16	半水成土	潮土	盐化潮土	二潮土	轻盐红潮土	1	0—13	灰棕色	重壤土	块状	7.7	9.9	0.97	0.53	E 76°45′54.0″ N 39°30′33.1″	79
						2	13—70	灰棕色	重壤土	块状	7.8	5.7	0.55	0.59		
						3	70—105	棕灰色	重壤土	块状	8.2	5.7	0.28	0.62		
剖面17	半水成土	潮土	盐化潮土	二潮土	强盐红潮土	1	0—16	灰棕色	中壤土	块状	8.3	8.9	0.73	0.37	E 76°37′44.4″ N 39°30′05.0″	87
						2	16—68	红棕色	重壤土	块状	8.5	6.6	0.42	0.29		
						3	68—94	灰棕色	中壤土	块状	8.5	5.9	0.42	0.34		
						4	94—130	灰棕色	重壤土	块状	8.4	5.6	0.45	0.58		
						5	130—150	黄棕色	重壤土	块状	8.4	4.2	0.38	0.34		
剖面18	人为土	灌淤土	盐化灌淤土	红淤土	强盐红壤土	1	0—14	灰棕色	重壤土	块状	7.9	14.7	0.80	0.64	E 76°43′12.0″ N 39°29′30.5″	81
						2	14—50	淡红棕色	重壤土	块状	8.2	9.8	0.69	0.55		
						3	50—65	淡灰棕色	砂壤土	块状	8.3	4.0	0.31	0.46		
						4	65—100	淡灰棕色	中壤土	块状	8.4	4.3	0.42	0.41		
剖面19	人为土	灌淤土	盐化灌淤土	红淤土	轻盐底砂红壤土	1	0—14	灰棕色	轻壤土	片状	8.3	9.8	0.56	0.55	E 76°45′23.8″ N 39°28′49.4″	81
						2	14—66	黄棕色	重壤土	片状	8.3	4.6	0.38	0.39		
						3	66—100	灰灰色	中壤土	片状	8.1	2.0	0.21	0.52		
剖面20	半水成土	潮土	盐化潮土	二潮土	强盐底砂红壤土	1	0—15	黄棕色	重壤土	无明显结构	8.2	15.4	1.04	0.43	E 76°43′18.5″ N 39°28′19.9″	88
						2	15—65	灰黄棕色	轻壤土	无明显结构	8.1	8.1	0.69	0.37		
						3	65—95	淡灰棕色	紧砂土	团粒状	8.1	4.2	0.38	0.40		
						4	95—126	灰色	紧砂土	单粒状	8.3	2.6	0.17	0.33		
						5	126—180	灰黄色	轻壤土	片状	8.0	3.3	0.21	0.48		
剖面21	半水成土	潮土	盐化潮土	下潮土	中盐腰砂湿红土	1	0—20	黄灰棕色	轻壤土	块状	7.6	8.1	0.80	0.50	E 76°55′01.6″ N 39°28′03.4″	87
						2	20—45	棕灰色	紧砂土	块状	7.7	7.7	0.73	0.61		
						3	45—80	蓝灰色	紧砂土	块状	7.3	1.9	0.17	0.34		
						4	80—100	棕色	轻壤土	块状	7.6	6.1	0.40	0.32		
剖面22	人为土	灌淤土	盐化灌淤土	红淤土	中盐底砂红壤土	1	0—16	淡灰棕色	重壤土	团粒状	8.1	16.8	0.87	0.59	E 76°38′39.1″ N 39°27′32.8″	87
						2	16—79	灰色	中壤土	单粒状	8.1	6.8	0.76	0.59		
						3	79—100	灰色	砂壤土	单粒状	8.1	4.4	0.31	0.56		
剖面23	人为土	灌淤土	盐化灌淤土	红淤土	强盐底砂红壤土	1	0—17	黄灰棕色	中壤土	片状	8.0	2.3	0.21	0.48	E 76°41′03.8″ N 39°27′28.4″	91
						2	17—86	棕色	重壤土	块状	8.0	10.2	0.87	0.55		
						3	86—100	棕灰色	紧砂土	单粒状	8.0	2.5	0.17	0.55		
剖面24	半水成土	潮土	盐化潮土	二潮土	强盐腰砂红潮土	1	0—12	棕色	砂壤土	块状	8.0	5.7	0.51	0.48	E 76°33′48.2″ N 39°27′14.4″	80
						2	12—32	灰灰色	中壤土	块状		2.7	0.13	0.46		
						3	32—45	淡黄棕色	紧砂土	单粒状		5.5	0.29	0.53		
						4	45—100	灰灰色	中壤土	块状				0.46		
剖面25	初育土	风沙土	荒漠风沙土	半固定风沙土		1	0—100	黄色	粉砂土	无明显结构	7.8				E 77°01′13.8″ N 39°27′07.9″	90

续表 Continued

剖面号 Soil profile	土纲 Soil order	土类 Soil great group	亚类 Soil subgroup	土属 Soil genus	土种 Soil species	土层码 Layer code	土层厚度 Depth/cm	颜色 Soil color	质地 Soil texture	土壤结构 Soil structure	pH	有机质 OM/(g/kg)	全氮 TN/(g/kg)	全磷 TP/(g/kg)	剖面点坐标 Profile coordinate	匹配指数 Matching index/%
剖26	人为土	灌淤土	盐化灌淤土	红淤土	轻盐红壤土	1	0—17	灰棕色	中壤土	块状	7.9	10.5	0.73	0.64	E 76°35′57.5″ N 39°26′48.8″	78
						2	17—53	棕色	中壤土	块状	8.0	8.9	0.61	0.55		
						3	53—68	淡红棕色	重壤土	块状	7.9	6.9	0.61	0.55		
						4	68—107	棕灰色	中壤土	块状	7.9	4.9	0.29	0.33		
剖27	半水成土	潮土	盐化潮土	二潮土	中盐红潮土	1	0—18	灰棕色	重壤土	团状	8.0	18.4	1.11	0.30	E 76°45′34.6″ N 39°26′37.0″	94
						2	18—54	灰棕色	重壤土	块状	8.2	8.0	0.55	0.38		
						3	54—89	黄棕色	重壤土	片状	8.2	8.8	0.52	0.45		
						4	89—127	黄灰色	中壤土	块状	8.2	9.0	0.62	0.59		
						5	127—160	红灰色	中壤土	片状	8.1	6.6	0.38	0.41		
剖28	半水成土	潮土	盐化潮土	下潮土	强盐湿红壤土	1	0—14	红棕色		块状	8.5				E 76°40′58.1″ N 39°26′01.3″	94
						2	14—64	棕色		片状	8.4					
						3	64—98	红棕色		块状	8.4					
						4	98—110	黄灰色		块状	8.5					
剖29	盐碱土	草甸盐土	草甸盐土			1	0—8	黄棕色	中壤土	块状	8.4	13.3	0.69	0.50	E 76°51′32.4″ N 39°24′51.8″	91
						2	8—32	黄棕色	中壤土	块状	8.0	4.7	0.42	0.50		
						3	32—67	棕灰色	砂壤土	块状	8.0	4.0	0.38	0.36		
						4	67—100	棕红色	重壤土	片状	7.9	4.0	0.48	0.48		
剖30	人为土	灌淤土	盐化灌淤土	红淤土	中盐红壤土	1	0—14	灰棕色		小块状	8.2	6.9	0.52	0.61	E 76°30′53.6″ N 39°23′28.7″	81
						2	14—37	灰棕色		块状	8.0	9.2	0.80	0.66		
						3	37—89	棕灰色		小块状	8.1	8.1	0.57	0.68		
						4	89—133	棕灰色		块状	8.1	6.3	0.32	0.68		
						5	133—160	棕色		块状	8.2	4.3	0.32	0.57		
						6	160—200	棕灰色		块状	8.2	3.5	0.32	0.45		
剖31	半水成土	潮土	盐化潮土	二潮土	中盐底黏红潮土	1	0—15	棕色	中壤土	粒状	8.7	9.0	0.80	0.39	E 76°26′31.2″ N 39°23′23.6″	84
						2	15—54	棕色	中壤土	块状	8.3	6.7	0.64	0.41		
						3	54—73	灰棕色	轻壤土	片状	8.0	7.7	0.45	0.43		
						4	73—96	棕灰色	轻壤土	块状	7.9	4.4	0.45	0.45		
						5	96—135	红棕色	轻壤土	块状	8.2	5.5	0.52	0.43		
剖32	半水成土	草甸土	盐化草甸土			1	0—12	棕色	轻黏土	块状	8.5	11.6	0.48	0.59	E 76°44′20.8″ N 39°23′09.2″	78
						2	12—26	淡灰棕色	松砂土	无明显结构	8.5	6.5	0.45	0.57		
						3	26—34	深灰棕色	砂壤土	无明显结构	8.1	5.9	0.32	0.52		
						4	34—55	棕灰色	中黏土	片状	7.8	6.4	0.45	0.21		
						5	55—80	蓝灰色	中壤土	片状	7.7	12.4	0.87	0.52		
						6	80—110	灰棕色	轻壤土	片状	7.9	7.1	0.38	0.61		

巴 楚 县

主要土类说明

风沙土是巴楚县主要土壤类型，占本县地域面积的48%。风沙土的总体特征是整个土类沙化，土体干燥，质地松散，土壤发育微弱，层次简单而不明显，在形态上很大程度保持母质状态。黏粒和有机质缺乏，土体水分含量少。其形成大致可分为三个阶段，流动风沙土：处于成土过程的最初阶段；半固定风沙土：流动风沙土受到人为灌溉或洪水的影响，沙面变紧实，剖面开始发育，植被增多，生长沙生芦苇或沙蒿，形成半固定风沙土；固定风沙土：半固定风沙土经引洪灌溉和引水阻砂、封沙育草等一系列防风固沙措施可以发育成固定风沙土。

草甸盐土是巴楚县第二大土壤类型，占本县地域面积的17%。分布较广，由各种类型的草甸土逐渐演变而成。其成土母质主要是冲积母质，有砂黏相间的沉积层次，剖面层次明显。地表有薄层盐结皮或盐结壳，腐殖质层不明显，有较多的根系。草甸盐土盐分表聚性明显，结皮层含盐量较高，表层有一定数量的有机质积累，底土有明显的锈色斑纹。

林灌草甸土是巴楚县第三大土壤类型，占本县地域面积的11%。林灌草甸土在发育初期，由于土壤水分条件良好，其土壤发育特征与一般草甸土相似，残留凋落物少，腐殖质表土层薄，土体盐分含量低。在发育中期，随着林灌生长繁茂，林冠郁闭度增大，林下草类逐渐减少；土体中易溶盐增多，土壤碱性增强。在发育后期，河流继续下切，地下水位下降迅速加深，林灌逐渐衰老退化成疏林，草类也明显减少；土壤漠土化作用加强，土色变淡，有机质含量降低，盐分开始明显积累，地表出现砾幂和林间龟裂等特征。

漠境盐土占巴楚县地域面积的7%。漠境盐土主要是指古代或过去的积盐过程所形成的残余盐土。它是由于自然条件发生变化（例如地质构造运动引起地层上升、河流下切或河流改道等）而形成的，现不受地下水活动的影响，已停止了积盐过程。由于荒漠过程增强，有的被风蚀或表层被风沙埋没，成为埋藏盐土。

草甸土占巴楚县地域面积的6%。草甸土的剖面形态可分为三个发生层次，即腐殖质层、锈纹锈斑层、母质层（或潜育层）。草甸土是直接受到地下水浸润，在草甸植被下发育而成的半水成型土壤，主要发育于冲积物母质上，具有显著的生草化过程；在草、灌木等植被作用下，腐殖质不断累积的过程和氧化还原过程。广泛分布于冲积平原地区，地势平坦，土层深厚，土壤水分充足。

棕漠土占巴楚县地域面积的4%。土壤石灰、石膏、易溶盐分层聚积于地表，可见孔状结皮、砾幂、黑结皮，多砾石，结皮层下见红棕色或玫瑰色铁染色层，下为石膏层，再下为盐磐层。整个土层厚度不足50cm，结皮层以下碳酸钙含量为60—110g/kg，石膏含量为300—550g/kg；盐磐层含盐量为300—600g/kg。盐磐层的存在是棕漠土的重要特征。

本县面积小于3%的土壤类型还有潮土、石质土、龟裂土、沼泽土等。

本区域中心区气候特征

本区域中心区气候特征值
Regional climate characteristics in central area of the region

气候带：暖温带极干旱气候 Climate region: Warm temperate extremely arid climate	
年平均气温 /℃ Annual average temperature /℃	12.1
年平均最高气温 /℃ Annual average maximum temperature /℃	19.4
年平均最低气温 /℃ Annual average minimum temperature /℃	5.4
年降水量 /mm Annual precipitation /mm	58
≥10℃的积温 /℃ Daily temperature accumulated in a year (≥10℃) /℃	4413
年日照时数 /h Annual sunshine /h	2840
年平均相对湿度 /% Annual average relative humidity /%	48
干燥度 Dryness	12.53

本区域中心区月平均气温与月平均降水量
Monthly temperature and precipitation in central area of the region

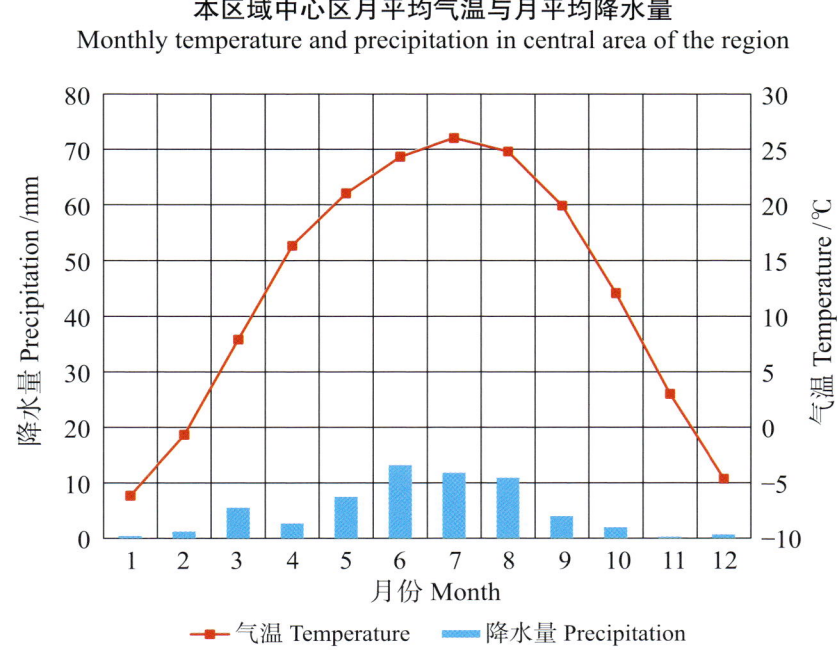

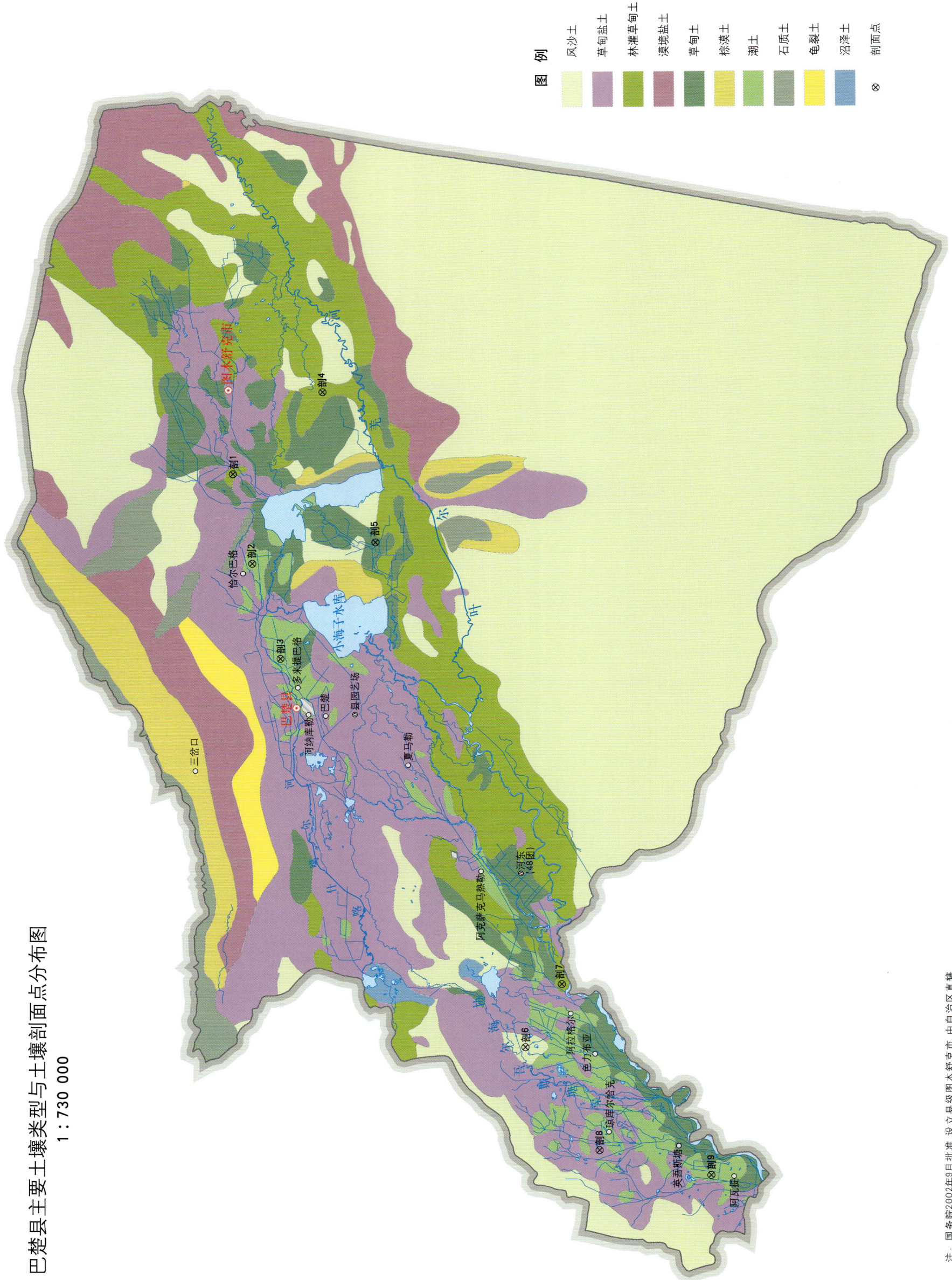

巴楚县主要土壤类型与土壤剖面点分布图
1:730 000

巴楚县土壤剖面理化性状表

剖面号 Soil profile	土纲 Soil order	土类 Soil great group	亚类 Soil subgroup	土属 Soil genus	土种 Soil species	土层码 Layer code	土层厚度 Depth/cm	颜色 Soil color	质地 Soil texture	土壤结构 Soil structure	pH	有机质 OM/(g/kg)	全氮 TN/(g/kg)	全磷 TP/(g/kg)	全钾 TK/(g/kg)	有效磷 AP/(mg/kg)	速效钾 AK/(mg/kg)	土壤母质 Parent material	剖面点坐标 Profile coordinate	匹配指数 Matching index/%
剖1	半水成土	林灌草甸土	林灌草甸土	灌耕林灌草甸土	灌耕轻氯林灌土	A_{11}	0—20	暗灰色	中壤土	块状	7.7	8.0	0.61	0.71	23.4	2.0	342	冲积物	E 79°03′04.0″ N 39°54′43.9″	81
						Cu_1	20—37	深灰色	中壤土	块状	7.5	5.7	0.35	0.82	24.7	2.0	348			
						Cu_2	37—111	淡灰色	砂土	小块状	7.5	6.6	0.35	0.74	20.6	2.0	80			
剖2	半水成土	潮土	盐化潮土	盐化二潮土	中盐化红潮土	1	0—22	灰棕色		块状		10.0	0.76	0.45				河流冲积物、洪积物	E 78°51′26.3″ N 39°52′40.8″	89
						2	22—37	红棕色		块状		7.9	0.72	0.49						
						3	37—68	红棕色		块状		6.8	0.60	0.45						
						4	68—100	红棕色		块状		3.9	0.33	0.44						
剖3	半水成土	潮土	盐化潮土	盐化二潮土	轻盐化红潮土	1	0—16	灰棕色	中壤土	块状	8.1	22.1	1.19	0.69	16.8			冲积物	E 78°39′07.6″ N 39°49′43.0″	78
						2	16—30	暗棕色	中壤土	块状	8.4	18.5	1.11	0.69	18.9					
						3	30—60	淡红棕色	轻黏土	片状	8.1	9.1	0.67	0.46	22.5					
						4	60—145	淡红棕色	中壤土	片状	8.0	4.4	0.49	0.54	19.2					
						5	145—182	淡红棕色	重壤土	片状	8.0	5.3	0.51	0.54	22.5					
						6	182—189	褐色	轻壤土	棱片状	7.8	17.4	0.13	0.54	24.9					
						7	189—229	青灰色	砂壤土	片状	7.9	4.8	0.35	0.51	11.8					
剖4	半水成土	林灌草甸土	盐化林灌草甸土	氯化物盐化林灌草甸土	氯盐化林灌草甸土	A	0—20	褐色	轻壤土	块状	7.4	10.9	0.58	0.60	25.4		278	冲积物	E 79°14′00.2″ N 39°46′12.7″	88
						AC	20—73	灰白色	黏土	片状	8.0	10.3	0.55	0.61	26.3		210			
						Cu_1	73—88	灰黄色	砂土	单粒状	7.3	6.8	0.38	0.64	23.7		160			
						Cu_2	88—110	灰白色	重壤土	块状	7.6	8.9	0.50	0.52	26.0		268			
剖5	半水成土	草甸土	石灰性草甸土	灌耕石灰性草甸土	灌耕中氯锈灰土	A_{11}	0—30	灰黄色	砂壤土	块状		10.7	0.62	0.66	19.9	2.0	95	冲积物	E 78°54′31.3″ N 39°40′47.3″	79
						Cu_1	30—44	灰黄色	砂壤土	片状		4.2	0.25	0.81	21.1	1.0	105			
						Cu_2	44—100	灰黄色	砂壤土	片状		3.1	0.25	0.66	19.2	4.0	83			
剖6	初育土	风沙土	荒漠风沙土	固定风沙土		1	0—78	灰棕色	紧砂土	单粒状		7.4	0.49	0.48					E 77°49′31.1″ N 39°24′49.3″	83
						2	78—110	灰棕色	紧砂土	单粒状		3.3	0.31	0.62						
剖7	半水成土	林灌草甸土	盐化林灌草甸土	硫酸盐盐化林灌草甸土	硫酸化林灌土	Az	0—4	棕灰色	轻壤土	块状		23.2	1.50	0.53				冲积物	E 77°57′47.2″ N 39°21′32.0″	92
						A	4—25	灰色	中壤土	片状		8.2	0.45	0.65	14.8					
						C	25—30	黄灰色	砂壤土	块状		3.3	0.16	0.77	17.9					
						Cu_1	30—70	灰棕色	砂壤土	块状		5.6	0.33	0.69	33.6					
						Cu_2	70—110	灰色	黏土	块状		6.8	0.47	0.67	18.2					
剖8	盐碱土	草甸盐土	草甸盐土			1	0—2	白色		块状		12.1	0.68	0.34	18.2				E 77°36′40.7″ N 39°17′16.4″	88
						2	2—27	灰色	轻壤土	片状		5.7	0.38	0.60	18.0					
						3	27—69	灰色	轻壤土	块状		7.0	0.41	0.38	21.9					
						4	69—85	黄灰色	重壤土	片状		3.7	0.20	0.63						
						5	85—111	灰棕色		块状		4.3	0.32	0.61						
						6	111—137	黄灰色		块状		4.3	0.23	0.64						
						7	137—	灰色		块状		7.0	0.41	0.60						
剖9	半水成土	潮土	盐化潮土	盐化二潮土	强盐化黄潮土	1	0—16	黄灰色	轻壤土	块状		18.3	0.76	0.60	19.3			冲积物	E 77°34′03.7″ N 39°06′22.3″	90
						2	16—27	黄灰色	轻壤土	小片状		9.2	0.57	0.63	21.2					
						3	27—61	黄灰色	重壤土	块状		3.9	0.29	0.74	17.2					
						4	61—81	黄灰色	中壤土	片状		9.9	0.47	0.55	21.7					
						5	81—100	黄灰色	松砂土	单粒状		8.9	0.45	0.69	21.3					
						6	100—126	黄灰色	中壤土	块状		3.2	0.19	0.55	18.9					
						7	126—175	青灰色	中壤土	片状		5.3	0.29	0.38	19.3					

塔什库尔干塔吉克自治县

主要土类说明

寒冻土是塔什库尔干塔吉克自治县主要土壤类型，占本县地域面积的39%。曾称高山寒漠土。分布于高山冰雪带下缘。成土过程以寒冻物理风化为主。弱生物累积，仅在岩屑中见少量细土物质堆积，生长着稀疏垫状植物及雪莲。土壤 pH 为 8.0 左右，石灰反应强烈。土体浅薄，通体含大量砾石，剖面分化不明显。地表常有由岩石风化碎屑组成的岩幂层；下有发育差的腐殖质层，厚度5—10cm，呈灰色、黄灰色、灰黄棕色或灰棕色等多种颜色；向下过渡为岩砾层或永冻层。

冷钙土是塔什库尔干塔吉克自治县第二大土壤类型，占本县地域面积的27%。曾称亚高山草原土，土壤具弱腐殖质积累与钙积特征，有机质含量为 15—30g/kg。表层可见簇状草根层。在土壤剖面上部有腐殖质积累，腐殖质层厚度 10—20cm，粒状结构，灰棕色或棕色。碳酸钙的淀积形态主要呈斑点状或脉纹状，含量为 100—350g/kg，且含少量易溶盐与石膏，土壤 pH 多在 8.0 以上。土壤质地较轻，大部分含有石砾。

棕钙土是塔什库尔干塔吉克自治县第三大土壤类型，占本县地域面积的11%。以草原土壤腐殖质积累作用和钙积作用为主，并有荒漠成土过程的一些特点，成土母质是黄土和砂砾质洪积物、冲积物。地表多砂砾石，剖面上部呈褐棕色，下部为粉末层状或斑块状灰白色钙积层。其特征有：①自然植被组成趋于旱化，生物量低，土壤腐殖质积累作用弱，有机质含量低；②钙积作用强，钙积层在剖面中位置较高；③呈碱性至强碱性，阳离子交换量较低，吸收性复合体为盐基所饱和，其中钠离子所占比例较高；④质地较粗，多属砂砾、砂土和砂壤土、轻壤土，土体中钙质有较明显移动。

寒钙土占塔什库尔干塔吉克自治县地域面积的4%。曾称高山草原土。寒钙土是高山土壤系列中分布面积最大，且有现实利用价值的土类，目前几乎为纯牧用地。因其分布地区海拔高，气候干寒，降水少，暖季短，寒冻和低温持续时间长，多用作夏季放牧地，还因土层薄，颗粒粗，土壤肥力低，故植被生长较差，产草量和载畜能力低，牧用价值远不及分布高度相当的草毡土。其剖面分化较差，表层有时可见藻类、地衣的结皮，腐殖质层呈灰棕色或灰黄色。表层有机质含量为 10—20g/kg，自上而下逐渐减少。

棕漠土占塔什库尔干塔吉克自治县地域面积的4%。棕漠土是在暖温带极端干旱条件下，具有明显盐磐的漠土，常与砾质戈壁共存。该土壤植被覆盖百分率极低，且植株矮小。土壤石灰、石膏、易溶盐分层聚积地表，见孔状结皮、砾幂、黑结皮、多砾石，结皮层下见红棕色或玫瑰色铁染色层，下为石膏层，再下为盐磐层。整个土层厚度不足 50cm，结皮层以下碳酸钙含量为 60—110g/kg，石膏含量为 300—550g/kg；盐磐层含盐量为 300—600g/kg。盐磐层的存在是棕漠土的重要特征。

本县面积小于3%的土壤类型还有草毡土、寒漠土、草甸土、林灌草甸土等。

本区域中心区气候特征

本区域中心区气候特征值
Regional climate characteristics in central area of the region

气候带：高原寒带干旱气候 Climate region: Plateau frigid arid climate	
年平均气温 /℃ Annual average temperature /℃	11.9
年平均最高气温 /℃ Annual average maximum temperature /℃	18.6
年平均最低气温 /℃ Annual average minimum temperature /℃	5.8
年降水量 /mm Annual precipitation /mm	48
≥10℃的积温 /℃ Daily temperature accumulated in a year (≥10℃) /℃	4402
年日照时数 /h Annual sunshine /h	2748
年平均相对湿度 /% Annual average relative humidity /%	52
干燥度 Dryness	15.79

塔什库尔干塔吉克自治县主要土壤类型与土壤剖面点分布图
1:1 100 000

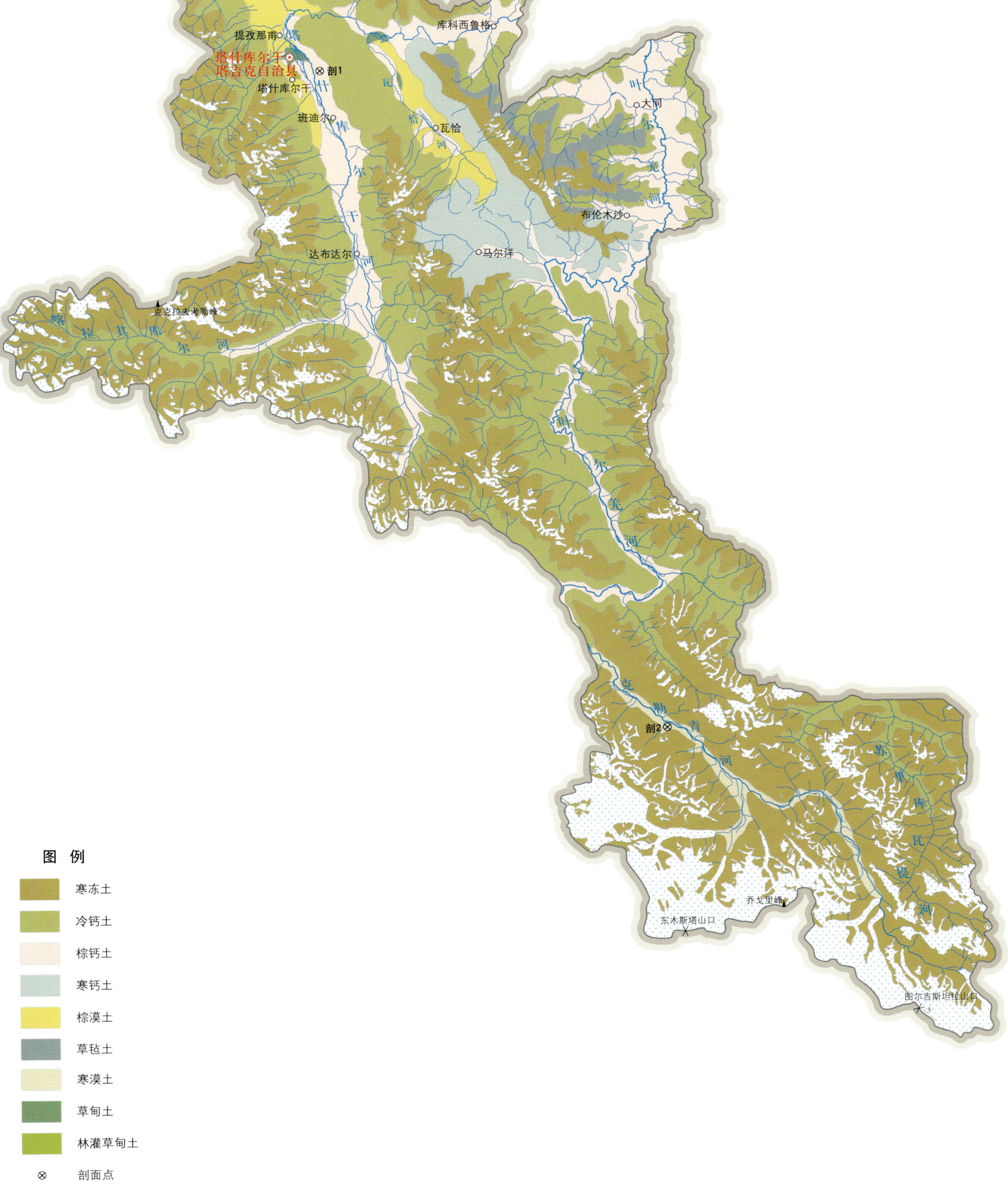

塔什库尔干塔吉克自治县土壤剖面理化性状表

剖面号 Soil profile	土纲 Soil order	土类 Soil great group	亚类 Soil subgroup	土属 Soil genus	土层码 Layer code	土层厚度 Depth/cm	颜色 Soil color	质地 Soil texture	土壤结构 Soil structure	pH	有机质 OM/(g/kg)	全氮 TN/(g/kg)	全磷 TP/(g/kg)	土壤母质 Parent material	剖面点坐标 Profile coordinate	匹配指数 Matching index/%
剖1	干旱土	棕钙土	棕钙土	扇形地山地棕钙土	1	0—10	灰色	中壤土	块状	7.7	15.6	1.25	0.80		E 75°18′28.8″ N 37°44′55.0″	81
					2	10—21	灰色	中壤土	块状	8.1	15.3	1.25	0.80			
					3	21—53	黄灰色	重壤土	块状	8.3	8.1	0.63	0.70			
					4	53—78	棕灰色	中壤土	块状	8.3	5.1	0.47	0.70			
					5	78—89	棕灰色	轻砾质轻壤土	单粒状、块状	8.3	2.8	0.20	0.75			
					6	89—100	棕灰色	重砾质紧砂土		8.4	2.0	0.11	0.29			
剖2	高山土	寒漠土	寒漠土	山坡地寒漠土	1	0—4	棕黄色	中壤土	块状					冰碛物	E 76°12′43.2″ N 36°17′04.9″	83
					2	4—23	棕黄色	重砾质中壤土	块状							
					3	23—45	棕黄色	重砾质轻壤土	块状							
					4	45—100	棕黄色	重砾质轻壤土	块状							

和田地区

和田市

主要土类说明

寒冻土是和田市主要土壤类型，占本市地域面积的49%。曾称高山寒漠土。土层浅薄，通体含大量砾石，剖面分化不明显。土表有微度向上突起的融冻结壳，呈暗灰棕色，以下土层为灰棕色，微显片状结构。土壤质地轻，粗沙、石砾含量较高。土壤呈中性至碱性，pH为7.0—8.5。

寒钙土是和田市第二大土壤类型，占本市地域面积的20%。曾称高山草原土。其剖面分化较差，表层有时可见藻类、地衣的结皮，腐殖质层呈灰棕色或灰黄色。表层有机质含量10—20g/kg，自上而下逐渐减少。其土壤剖面构型为A–Bk–C。腐殖质层（A）发育明显，厚度15—25cm，多呈棕色或灰棕色。钙积层（Bk）一般紧接在A层之下，厚30—60cm，碳酸钙淀积形态呈斑点状、苗丝状，少数呈霜粉状或斑块状，有的在A层下部即有钙积特征，直至底层；Bk层呈棕色、黄棕色或橙色。母质层（C）为各种基岩的残积物或坡积物。

棕钙土是和田市第三大土壤类型，占本市地域面积的8%。棕钙土地表多砂砾石，剖面上部呈褐棕色，下部为粉末层状或斑块状灰白色钙积层。其形成是以草原土壤腐殖质积累作用和钙积作用为主。棕钙土的特征有：①自然植被组成趋于旱化，生物量低，土壤腐殖质积累作用弱，有机质含量低；②钙积作用强，钙积层在剖面中位置较高；③呈碱性至强碱性，阳离子交换量较低，质地较粗，多属砂砾、砂土和砂壤土、轻壤土，土体中钙质有较明显移动。

冷钙土占和田市地域面积的7%。曾称亚高山草原土。特征表现为：在土壤剖面上部有腐殖质积累，土壤有机质含量为50g/kg左右，表层可见簇状草根层。腐殖质层厚度10—20cm，粒状结构，颜色为灰棕色或棕色，土壤常有受土壤动物扰动的痕迹。在剖面的中下部，即30cm或50cm的深度，可见比较明显的钙积层。碳酸钙的淀积形态主要是斑点状或脉纹状，含量可达100—350g/kg。土壤呈微碱性至碱性，pH为7.5—8.5。土壤质地较轻，大部分含有石砾。

本市面积小于5%的土壤类型还有石质土、寒漠土、风沙土、寒原盐土、草毡土、棕漠土、灌淤土、林灌草甸土、草甸土、水稻土等。

本区域中心区气候特征

本区域中心区气候特征值
Regional climate characteristics in central area of the region

气候带：高原寒带干旱气候 Climate region: Plateau frigid arid climate	
年平均气温 /℃ Annual average temperature /℃	12.3
年平均最高气温 /℃ Annual average maximum temperature /℃	19.2
年平均最低气温 /℃ Annual average minimum temperature /℃	6.2
年降水量 /mm Annual precipitation /mm	29
≥10℃的积温 /℃ Daily temperature accumulated in a year（≥10℃）/℃	4571
年日照时数 /h Annual sunshine /h	2647
年平均相对湿度 /% Annual average relative humidity /%	44
干燥度 Dryness	21.85

本区域中心区月平均气温与月平均降水量
Monthly temperature and precipitation in central area of the region

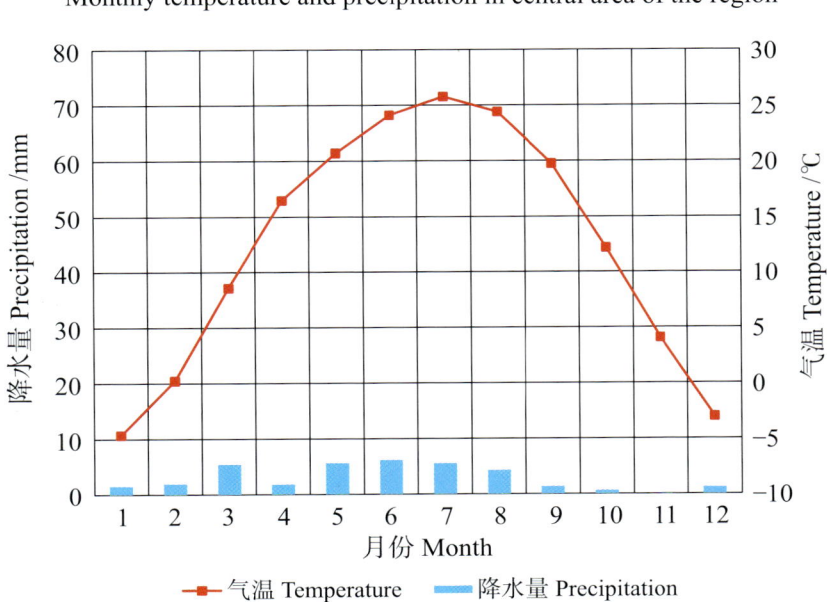

和田县主要土壤类型与土壤剖面点分布图
1:1 360 000

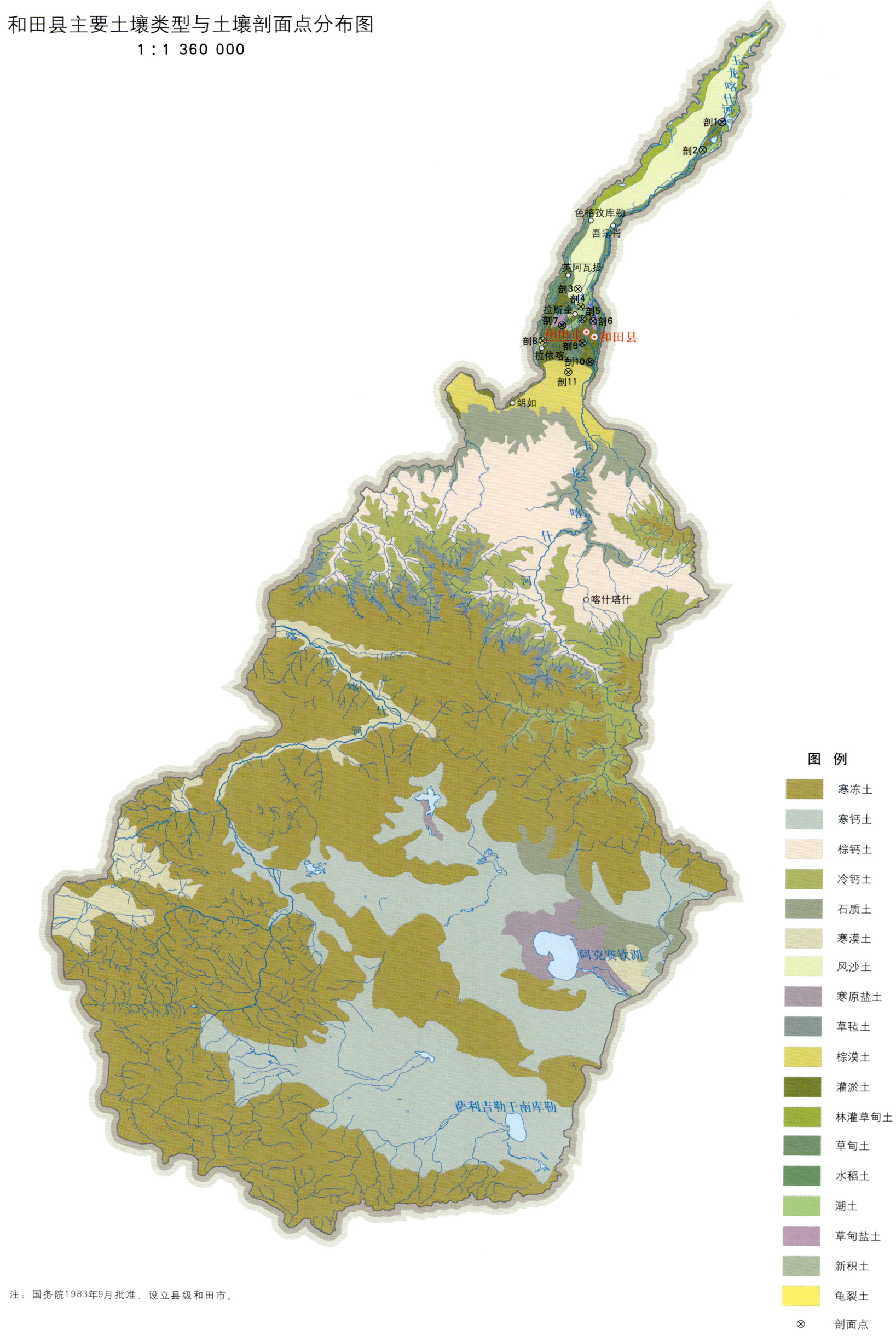

注：国务院1983年9月批准，设立县级和田市。

和田市土壤剖面理化性状表

剖面号 Soil profile	土纲 Soil order	土类 Soil great group	亚类 Soil subgroup	土属 Soil genus	土种 Soil species	土层码 Layer code	土层厚度 Depth/cm	颜色 Soil color	质地 Soil texture	土壤结构 Soil structure	pH	有机质 OM/(g/kg)	全氮 TN/(g/kg)	全磷 TP/(g/kg)	全钾 TK/(g/kg)	有效磷 AP/(mg/kg)	速效钾 AK/(mg/kg)	阴离子交换量CEC/(cmol/kg)	土壤母质 Parent material	剖面点坐标 Profile coordinate	匹配指数 Matching index/%
剖1	盐碱土	草甸盐土	草甸盐土	扇缘草甸盐土	苏打硫酸盐氯化物盐土	1	0–5	淡黄色	砂壤土	块状		8.0	0.33	0.39						E 80°23′46.0″ N 37°46′18.5″	79
						2	5–30	淡黄色	砂壤土	块状		3.0	<0.10	0.70							
						3	30–60		松砂土	无明显结构											
						4	60—														
剖2	半水成土	潮土	盐化潮土	河阶地盐化潮土	底砂盐化氯化物盐土	1	0–30	淡黄色	细砂土		8.7	12.0	0.65	0.53		11.0	425			E 80°19′25.7″ N 37°41′12.1″	95
						2	30–64	淡黄色	中砂土		8.7	5.8	0.33	0.45							
						3	64—	淡黄色	松砂土		8.8	5.5	0.33	0.20							
剖3	初育土	风沙土	荒漠风沙土	固定风沙土	固定风沙土	1	0–17	淡黄色	细砂土	无明显结构	8.8	6.2	0.35	0.48						E 79°51′51.1″ N 37°15′29.5″	78
						2	17–100	淡黄色	细砂土	无明显结构	8.8	2.7	0.13	0.38							
剖4	半水成土	潮土	盐化潮土	扇缘盐化潮土	轻度盐化潮土	1	0–14	淡灰黄色	砂壤土		9.2	14.2		0.78						E 79°52′35.0″ N 37°12′12.6″	92
						2	14–45	淡灰黄色	砂壤土		9.1	8.7	0.30	0.88							
						3	45–100	淡黄色	砂壤土		9.1	8.1	0.40	0.23							
剖5	半水成土	潮土	盐化潮土	扇缘盐化潮土	强度盐化潮土	1	0–18	灰白色	砂壤土	小块状										E 79°53′00.6″ N 37°09′54.0″	91
						2	18–100	灰白色	松砂土												
剖6	盐碱土	草甸盐土	草甸盐土	洼地草甸盐土	苏打氯化物硫酸盐盐土	1	0–5	黄褐色	轻壤土		8.8	16.2	0.75	0.53						E 79°55′19.6″ N 37°09′33.1″	92
						2	5–24	黄褐色	砂壤土		8.8	4.6	0.38	0.53							
						3	24–27	黄白色	轻壤土		8.3	11.1	0.38	0.58							
						4	27–42	黄褐色	砂壤土		8.6	5.1	0.38	0.65							
						5	42–60	黄褐色	砂壤土		8.6	4.2	0.26	0.55							
						6	60–103	灰黑色	轻壤土		8.4	24.7	0.95	0.48							
剖7	人为土	灌淤土	灌淤土	淡砂土	砂质淡黄土	A_{11}	0–16	灰黄色	砂壤土	小块状	8.3	10.0	0.52	0.83	22.8	16.0	40	4.7	淡积物	E 79°48′06.1″ N 37°08′05.6″	86
						Ab	16–30	灰黄色	壤土	块状	8.1	7.7	0.42	0.80	18.1	4.0	20	5.1			
						C	30–100	浊黄色	壤土	块状	8.3	5.5	0.26	0.76	20.6	4.0	25	4.4			
剖8	漠土	棕漠土	棕漠土	棕漠土	棕漠土	1	0–10	淡灰黄色	砂壤土	小块状	9.1	9.5	5.00	0.88						E 79°44′11.4″ N 37°05′49.6″	94
						2	10–25	灰色	粉砂土	小块状	9.0	6.2	0.33	0.88							
						3	25–41	棕灰黄色	砂壤土		9.0	4.5	0.18	0.90							
						4	41–100	淡黄色	砂壤土	小块状	8.8	4.3	0.18	0.95							
剖9	半水成土	草甸土	盐化草甸土	湖滨洼地盐化草甸土	砂壤质盐化草甸土	1	0–36	淡黄色	细砂土	无明显结构	8.5	7.7	0.40	0.65						E 79°53′03.5″ N 37°05′29.4″	89
						2	36–56	淡黄色	细砂土	无明显结构	8.4	5.9	0.30	0.73							
						3	56–79	灰白色	细砂土	无明显结构	8.5	5.0	0.30	0.57							
						4	79—	黄白色	黏土	小块状	8.4	11.0	0.65	0.65							
剖10	人为土	灌淤土	灌淤土	冲积灌淤土	淡黄定砂壤土	1	0–17	淡灰黄色	砂壤土	无明显结构	9.2	8.1	0.50	0.76						E 79°54′47.5″ N 37°02′02.4″	82
						2	17–69	淡黄色	砂壤土	无明显结构	9.2	4.5	0.30	0.70							
						3	69–130	淡黄色	砂壤土	无明显结构	9.4	3.1	0.45	0.60							
剖11	漠土	棕漠土	石膏盐磐棕漠土	石膏盐磐棕漠土	中盐漠黄土	Aj	0–0.5		砂土		8.3	5.0	0.50						洪积物	E 79°50′02.8″ N 37°00′06.1″	81
						B	0.5–5	黄棕色		小粒状	8.6	2.8	0.20								
						By	5–20	黄棕色			8.5	3.4	0.30								
						Bm_1	20–37				8.7										
						Bm_2	37–50				8.7										
						Bm_3	50–60				8.6										

墨 玉 县

主要土类说明

　　风沙土是墨玉县主要土壤类型，占本县地域面积的 79%。风沙土是风沙地区成沙性母质发育的土壤，整个土类沙化，土体干燥，质地疏松，植被稀疏，成土年龄短，发育十分微弱。地下水埋藏较深，剖面简单，层次少而不明显，质地、颜色单一，有机质缺乏，养分含量少，长期处于干旱瘠薄状态，多生长红柳、芦苇、骆驼刺等。其矿物组成中 90% 左右为石英、长石等轻矿物，重矿物含量低，但种类多，其中以闪石、绿帘石、金属矿物及石榴石为主。土壤质地轻，黏粒少，沙性重，土壤发育弱，肥力低，养分缺乏。

　　棕漠土是墨玉县第二大土壤类型，占本县地域面积的 5%。棕漠土是在极端干旱的漠境下形成的土壤。主要分布在西北部及北部冲积荒漠平原带和南部山前戈壁带。自然植被稀少而简单，多数地面光秃。土壤发育微弱，剖面层次分化很差，层次少而不很明显。质地粗而均一，黏粒少，沙性大，多砾石，土体干燥团聚性差。土壤肥力低，透水性强，保水保肥能力差。夏季洪水影响下，北部荒漠平原局部地方地下水位高，高者可在 1.5m 处出现，山前戈壁地段，10m 以下出现地下水。由于地下水深度不一，影响着土层含盐情况，高者因受地下水浸润活动影响，产生不同程度次生盐化；地下水位低者，则不受其影响而无盐渍化存在。

　　灌淤土占墨玉县地域面积的 3%。灌淤土是长期引入高泥沙含量的灌溉水淤灌，在落淤后，即行翻耕，土层逐渐加厚超过 50cm 的土壤。从根本上改变了原来土壤的层次，包括表土及其他土层，均作为埋藏层，从而形成土体深厚，色泽、质地均一，土壤水分物理性状良好的土壤类型。

　　本县面积小于 3% 的土壤类型还有草甸盐土、石质土、棕钙土、林灌草甸土、草甸土、冷钙土、水稻土等。

本区域中心区气候特征

本区域中心区气候特征值
Regional climate characteristics in central area of the region

气候带：暖温带极干旱气候 Climate region: Warm temperate extremely arid climate	
年平均气温 /℃ Annual average temperature /℃	12.1
年平均最高气温 /℃ Annual average maximum temperature /℃	19.3
年平均最低气温 /℃ Annual average minimum temperature /℃	5.7
年降水量 /mm Annual precipitation /mm	43
≥10℃的积温 /℃ Daily temperature accumulated in a year (≥10℃) /℃	4487
年日照时数 /h Annual sunshine /h	2722
年平均相对湿度 /% Annual average relative humidity /%	45
干燥度 Dryness	17.09

本区域中心区月平均气温与月平均降水量
Monthly temperature and precipitation in central area of the region

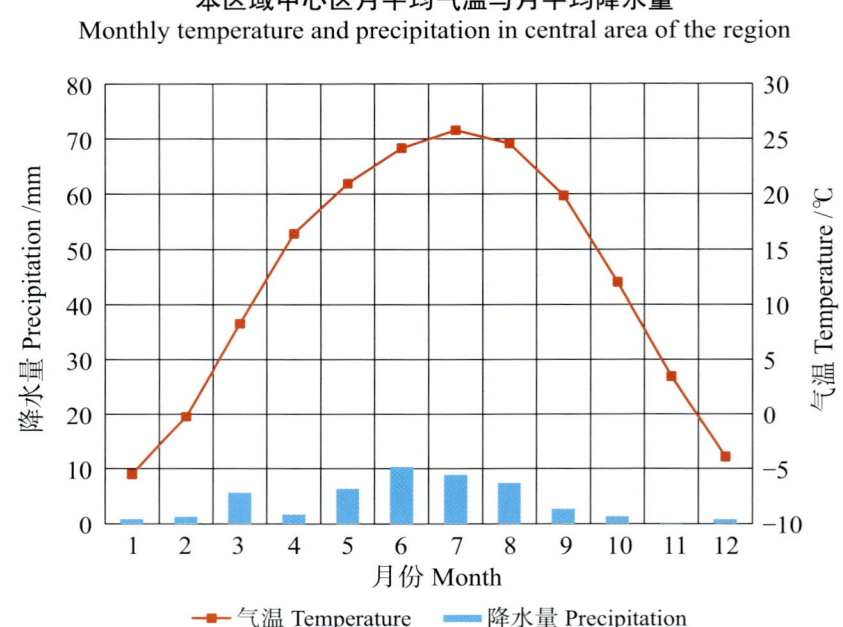

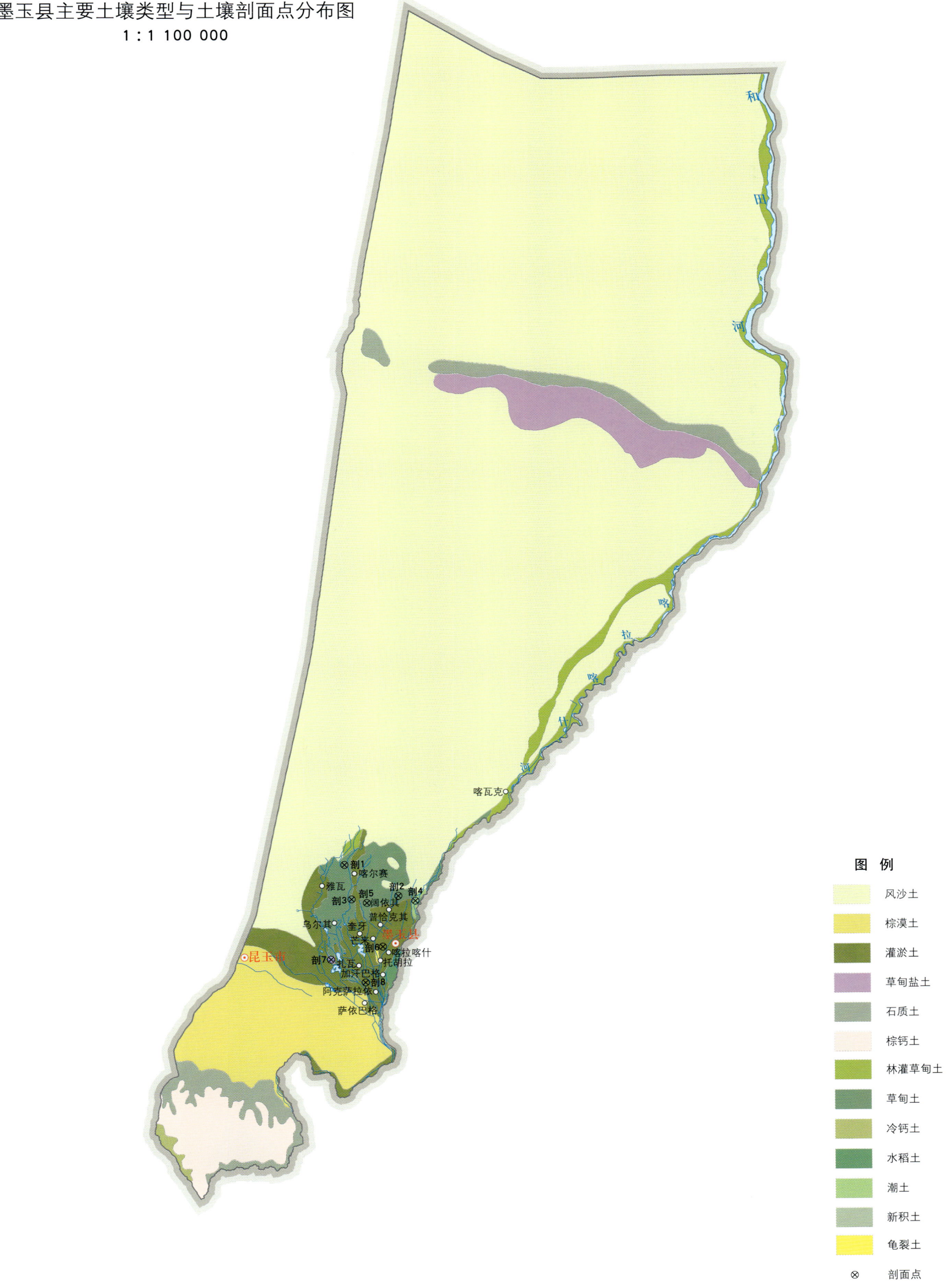

墨玉县土壤剖面理化性状表

剖面号 Soil profile	土纲 Soil order	土类 Soil great group	亚类 Soil subgroup	土属 Soil genus	土种 Soil species	土层码 Layer code	土层厚度 Depth/cm	颜色 Soil color	质地 Soil texture	土壤结构 Soil structure	pH	有机质 OM/(g/kg)	全氮 TN/(g/kg)	全磷 TP/(g/kg)	土壤母质 Parent material	剖面点坐标 Profile coordinate	匹配指数 Matching index,%
剖1	半水成土	草甸土	盐化草甸土	湖滨洼地盐化草甸土	砂壤盐化草甸土	1	0—14	淡棕黄色	砂壤土	小块状	9.0	5.5	0.57	0.56		E 79°34′58.8″ N 37°28′13.1″	87
						2	14—50	灰褐色	砂壤土	小块状	8.7	5.3	0.39	0.59			
剖2	半水成土	草甸土	盐化草甸土	河滩地盐化草甸土	底砂盐化草甸土	1	0—21	淡灰黄色	砂壤土	无明显结构	8.1	6.6	0.58	0.68		E 79°44′56.0″ N 37°23′35.5″	82
						2	21—40	黄灰色	砂壤土	无明显结构	8.3	23.6	0.21	0.82			
						3	40—86	灰白色	松砂土	无明显结构	8.2	2.8	0.21	0.60			
剖3	半水成土	草甸土	盐化草甸土	湖滨洼地盐化草甸土	底砂盐化草甸土	1	0—17	灰黄色	轻壤土	小块状	9.2	11.0	0.80	0.61		E 79°36′20.9″ N 37°22′59.5″	95
						2	17—62	黄褐色	砂壤土	无明显结构	8.6	4.6	0.44	0.62			
						3	62—										
剖4	半水成土	潮土	盐化潮土	河阶地盐化草甸土	中度盐化潮土	1	0—22	淡棕黄色	砂壤土	无明显结构	8.5	4.9	0.31	0.56	河流冲积物	E 79°48′04.7″ N 37°22′51.6″	80
						2	22—69	淡棕黄色	砂壤土	无明显结构	8.5	5.2	0.42	0.56			
						3	69—106	淡棕黄色	砂壤土	无明显结构	8.5	2.6	0.16	0.62			
剖5	半水成土	草甸土	盐化草甸土	湖滨洼地盐化草甸土	全砂盐化草甸土	1	0—16	淡黄黄色	细砂土	无明显结构	9.3	9.7	0.52	0.74		E 79°39′09.4″ N 37°22′27.5″	90
						2	16—66	淡黄色	细砂土	无明显结构	9.3	2.6	0.21	0.64			
						3	66—140	淡黄色	细砂土	无明显结构	8.5	3.5	0.26	0.68			
剖6	人为土	灌淤土	灌淤土	灌淤淡黄土	淡黄全壤砂土	1	0—18	淡棕黄色	砂壤土	无明显结构	8.5	8.3	0.82	0.69	冲积物、洪积物	E 79°42′09.4″ N 37°15′48.6″	92
						2	18—37	淡棕黄色	砂壤土	无明显结构	8.6	7.4	0.67	0.68			
						3	37—100	淡黄色	砂壤土	无明显结构	8.5	4.3	0.54	0.67			
剖7	盐碱土	草甸盐土	草甸盐土	河阶地草甸盐土	底砂盐土（河滩）	1	0—20	灰棕色	砂壤土	无明显结构	8.6	12.2	0.76	0.62		E 79°32′39.5″ N 37°13′49.8″	88
						2	20—50	淡黄色	砂壤土	无明显结构	8.6	4.9	0.38	0.68			
						3	50—										
剖8	人为土	灌淤土	灌淤土	淡黄灌淤土	覆砂淡黄土	A_{11}	0—35	灰白色	粗砂土	单粒状	9.0	7.9	0.41	0.43	风积物、灌溉淤积物	E 79°39′01.1″ N 37°10′25.0″	89
						Ab_1	35—57	淡灰色	砂壤土	不明显块状	8.3	3.3	0.39	0.89			
						Aub_2	57—100	淡黄色	粉砂壤土	块状	8.2	5.9	0.39	0.89			

皮 山 县

主要土类说明

风沙土是皮山县主要土壤类型，占本县地域面积的37%。风沙土形成过程的特点是成土作用十分微弱，而且成土时间不长和很不稳定，这主要是风蚀作用所决定的。由于风力的分选作用，土壤颗粒组成十分均匀，细沙含量较高，粗砂、粉砂和黏砂含量较少。风沙土矿物组成中99%左右为石英、长石等轻矿物，重矿物含量较低。风沙土分布地区多属大陆性干旱型气候，岩石以物理风化为主，化学风化微弱，风化产物多属砂砾质，造成风沙土质地轻、沙性重、黏粒少、土壤发育薄弱，肥力低，养分贫乏。

寒冻土是皮山县第二大土壤类型，占本县地域面积的19%。曾称高山寒漠土。分布于高山冰雪带下缘，寒冻物理风化为主，弱生物累积，土体浅薄，通体含大量砾石，剖面分化不明显，pH在8.0左右，石灰反应强烈。地表常有由岩石风化碎屑组成的岩幂层；下伏发育差的腐殖质层，厚度5—10cm，呈灰色、黄灰色、灰黄棕色或灰棕色等多种颜色；向下过渡为岩砾层或永冻层。土体中可见冻融作用形成的片状结构，在永冻层之上常因融雪、融冻水潴积而形成锈纹、锈斑。

棕漠土是皮山县第三大土壤类型，占本县地域面积的13%。棕漠土是在荒漠干旱气候条件下的自成型土壤。土壤发育微弱，剖面层次分化不明显，质地粗而均一。地下水位一般较低，但也有的高达1.5m左右而产生积盐现象，由于水分作用时间短，干湿交替过程弱。土壤剖面中没有锈纹锈斑和潜育层出现。

冷钙土占本县地域面积的9%。表层有明显的生草层，一般厚度3—5cm，显灰黄棕色或灰棕色、褐棕色，具有较好的粒状结构。腐殖质层颜色稍浅，呈黄棕色或淡褐棕色，厚度10—40cm，土壤常有受土壤动物扰动的痕迹。表层有较强的石灰反应，钙积层大多出现在30—40cm及以下，碳酸钙的淀积形态主要是斑点状或脉纹状，含量可达100—350g/kg。土壤pH为7.5—8.5，质地较轻，大部分含有石砾。

寒漠土占本县地域面积的8%。曾称高山漠土。土体浅薄，一般厚40cm左右。表土层为厚度1—2cm的松脆的孔状结皮。地表可有砾幂和"漆皮"。土壤通体强石灰反应，表皮层以下出现灰白色粉末状或菌丝状碳酸钙淀积物。土体富含砾石，但湖积母质发育者砾石少或不含砾石，颗粒较细，地表有明显龟裂。

棕钙土占本县地域面积的7%。棕钙土位置较低，气候干旱，植被稀疏，表层土壤有机质积累较少。腐殖质层较薄，色浅。有明显的中位盐渍化，钙积层位较高，碳酸钙含量也较高，荒漠化特征明显。土体较松，质地轻上下均一，黏粒少。

本县面积小于3%的土壤类型还有石质土、草毡土、灌淤土、草甸土、林灌草甸土、草甸盐土等。

本区域中心区气候特征

本区域中心区气候特征值
Regional climate characteristics in central area of the region

气候带：暖温带极干旱气候
Climate region: Warm temperate extremely arid climate

年平均气温 /℃ Annual average temperature /℃	12.2
年平均最高气温 /℃ Annual average maximum temperature /℃	19.0
年平均最低气温 /℃ Annual average minimum temperature /℃	6.3
年降水量 /mm Annual precipitation /mm	41
≥10℃的积温 /℃ Daily temperature accumulated in a year（≥10℃）/℃	4492
年日照时数 /h Annual sunshine /h	2698
年平均相对湿度 /% Annual average relative humidity /%	48
干燥度 Dryness	18.40

本区域中心区月平均气温与月平均降水量
Monthly temperature and precipitation in central area of the region

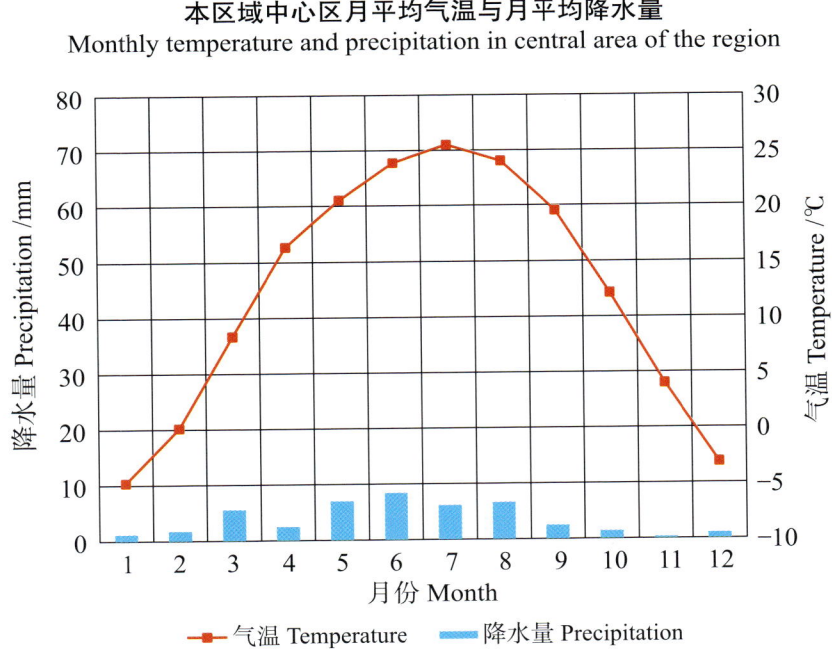

皮山县主要土壤类型与土壤剖面点分布图
1∶1 250 000

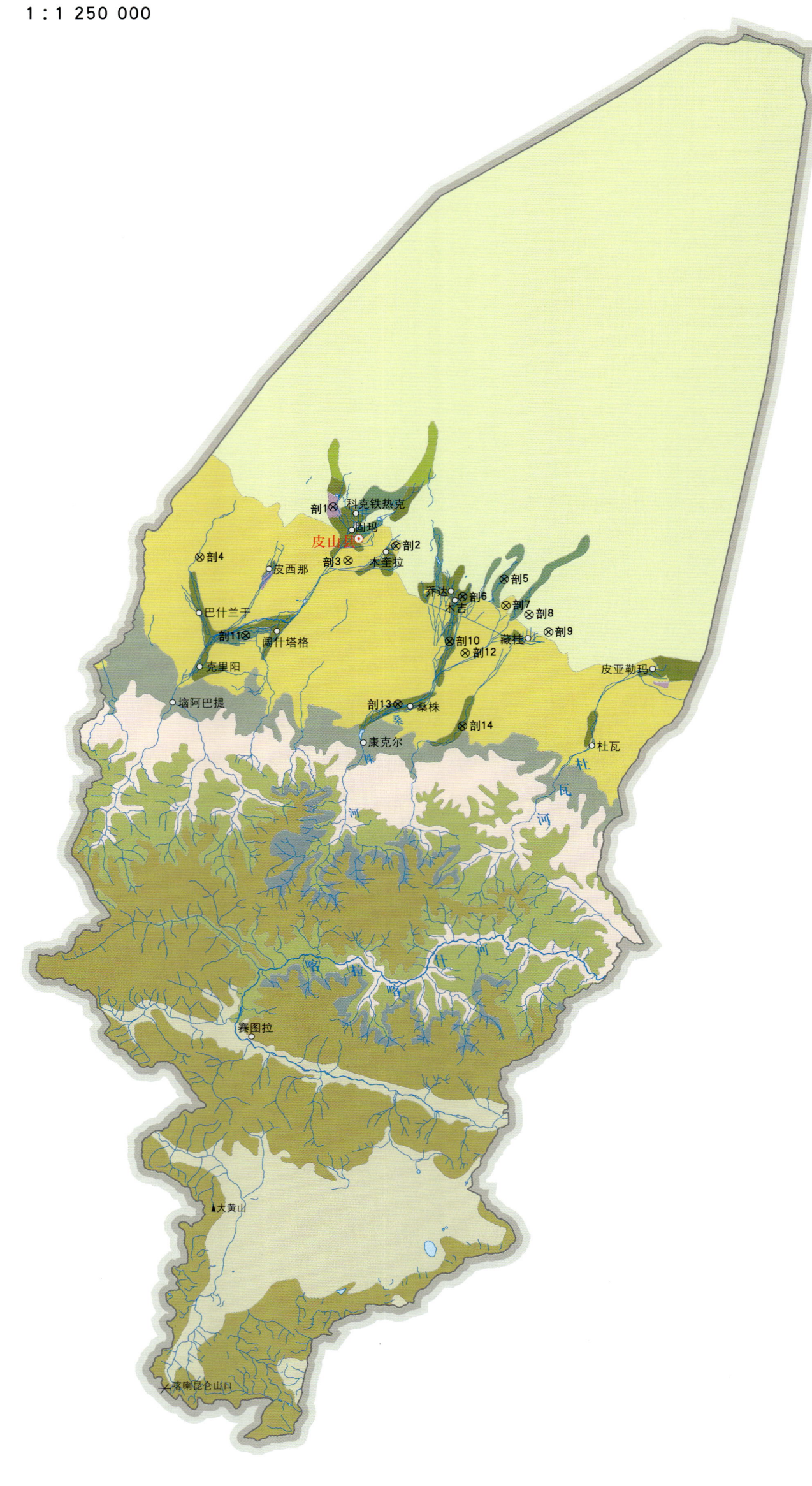

皮山县土壤剖面理化性状表

剖面号 Soil profile	土纲 Soil order	土类 Soil great group	亚类 Soil subgroup	土属 Soil genus	土种 Soil species	土层码 Layer code	土层厚度 Depth/cm	颜色 Soil color	质地 Soil texture	土壤结构 Soil structure	pH	有机质 OM/(g/kg)	全氮 TN/(g/kg)	全磷 TP/(g/kg)	剖面点坐标 Profile coordinate	匹配指数 Matching index/%
剖1	盐碱土	草甸盐土	草甸盐土	碱滩盐化草甸土	苏打硫酸盐氯化物盐土	1	0—1	灰白色	砂壤土	层状	8.6	8.0	0.52	0.54	E 78°12′31.3″ N 37°39′36.7″	90
						2	1—7	黄灰色	砂壤土	无明显结构	8.8	4.2	0.52	0.65		
						3	7—55	淡棕黄色	壤质砂土	无明显结构	9.1	2.2	0.26	0.61		
						4	55—100	灰黑色	壤质砂土	块状	8.4	4.2	0.52	0.49		
剖2	漠土	棕漠土	灌耕棕漠土	灌溉棕漠土	复砂灌溉棕漠土	1	0—17	淡黄色	壤质砂土	无明显结构	8.9	3.7	0.36	0.55	E 78°23′50.3″ N 37°34′15.2″	90
						2	17—100	淡黄色	壤质砂土	无明显结构	8.4	2.5	0.18	0.65		
剖3	漠土	棕漠土	棕漠土	漠化棕漠土	棕漠土	1	0—18	淡棕黄色	壤质砂土	无明显结构	8.5	4.8	0.34	0.61	E 78°15′30.6″ N 37°31′56.3″	90
						2	18—100	淡黄色	壤质砂土	无明显结构	8.7	4.9	0.34	0.56		
剖4	漠土	棕漠土	棕漠土	漠化棕漠土	复砂棕漠土	1	0—5	淡黄色	砂壤土	无明显结构	8.2	3.6	0.36	0.64	E 77°49′25.0″ N 37°31′40.1″	93
						2	5—28	淡黄色	壤质砂土	无明显结构	8.8	3.3	0.31	0.48		
						3	28—75	淡棕黄色	壤质砂土	无明显结构	8.1	2.6	0.36	0.39		
						4	75—100	淡黄色	砂壤土	小块状	8.5	5.4	0.41	0.58		
剖5	半水成土	草甸土	盐化草甸土	碱滩盐化草甸土	碱滩底砂盐化草甸土	1	0—35	灰褐色	砂壤土	块状	8.3	7.4	0.52	0.52	E 78°43′05.2″ N 37°29′52.8″	92
						2	35—75	灰白色	松砂土	无明显结构	8.8	3.9	0.36	0.54		
						3	75—									
剖6	人为土	灌淤土	灌淤土	淡黄土	淡黄全砂土	1	0—18	淡黄色	壤质砂土	无明显结构	8.7	5.2	0.52	0.52	E 78°35′51.0″ N 37°27′09.4″	78
						2	18—77	淡黄色	壤质砂土	无明显结构	8.8	3.4	0.36	0.64		
						3	77—100	淡黄色	壤质砂土	无明显结构	8.5	3.4	0.36	0.52		
剖7	漠土	棕漠土	灌耕棕漠土	盐化灌溉棕漠土	强度盐渍灌溉棕漠土	1	0—17	淡棕黄色	壤质砂土	小块状	8.7	12.0	>6.00	0.66	E 78°43′30.4″ N 37°26′02.0″	82
						2	17—42	淡棕黄色	砂壤土	小块状	8.6	5.7	0.41	0.60		
						3	42—100	淡黄色	砂壤土	无明显结构	8.6	7.1	0.88	0.66		
剖8	风沙土	风沙土	荒漠风沙土	固定风沙土	全砂土	1	0—19	淡黄色	砂壤土	无明显片状	8.4	8.0	0.57	0.54	E 78°47′36.6″ N 37°24′49.3″	88
						2	19—39	淡黄色	砂壤土	不明显片状	8.6	7.5	0.52	0.52		
						3	39—100	淡黄色	砂壤土	无明显结构	8.6	5.0	0.52	0.52		
剖9	风沙土	风沙土	荒漠风沙土	灌溉风沙土	复砂土	1	0—57	淡黄色	壤质砂土	无明显结构	8.1	4.1	0.52	0.54	E 78°51′06.5″ N 37°22′25.3″	94
						2	57—115	淡黄色	砂壤土	小块状	8.4	3.2	0.36	0.61		
						3	115—195	淡黄色	壤质砂土	无明显结构	8.2	5.2	0.49	0.52		
剖10	灌淤土	灌淤土	灌淤土	淡黄土	复砂淡黄砂壤土	1	0—27	淡棕黄色	砂壤土	块状	8.8	3.2	0.36	>4.00	E 78°33′48.2″ N 37°20′37.0″	83
						2	27—100	淡棕黄色	砂壤土	无明显结构	8.7	4.8	0.54	0.67		
剖11	半水成土	草甸土	盐化草甸土	低山带山地盐化草甸土	强度盐碱土	1	0—2	棕黄色	重壤土	小块状	8.3	27.9	1.29	0.64	E 77°58′03.4″ N 37°20′30.5″	78
						2	2—18	青灰色	砂壤土	无明显结构	8.3	5.8	0.52	0.64		
						3	18—100	灰黄色	粉砂壤土	无明显结构	8.2	18.0	1.03	0.58		
剖12	漠土	棕漠土	棕漠土	盐化棕漠土	强度盐渍棕漠土	1	0—35	灰棕黄色	砂壤土	块状	8.9	2.6	0.36	0.58	E 78°36′35.6″ N 37°19′00.1″	94
						2	35—55	灰棕黄色	重壤土	块状	8.9	11.5	1.03	0.52		
						3	55—72	灰棕黄色	砂壤土	块状	8.7	4.7	0.52	0.64		
						4	72—80	黄棕色	黏壤土	层状	8.8	9.7	0.52	0.52		
						5	80—100	淡黄色	砂壤土	小块状	8.7	6.4	0.52	0.51		
剖13	人为土	灌淤土	灌淤土	淡黄土	淡黄砂壤土	1	0—20	淡黄色	砂壤土	小块状	8.8	7.1	0.73	0.58	E 78°25′05.9″ N 37°11′19.0″	83
						2	20—42	淡黄色	砂壤土	无明显结构	8.6	7.1	0.57	0.62		
						3	42—62	淡黄色	壤质砂土	无明显结构	8.7	5.2	0.41	0.56		
						4	62—100	淡黄色	砂壤土	无明显结构	8.6	5.5	0.41	0.58		

续表 Continued

剖面号 Soil profile	土纲 Soil order	土类 Soil great group	亚类 Soil subgroup	土属 Soil genus	土种 Soil species	土层码 Layer code	土层厚度 Depth/cm	颜色 Soil color	质地 Soil texture	土壤结构 Soil structure	pH	有机质 OM/(g/kg)	全氮 TN/(g/kg)	全磷 TP/(g/kg)	剖面点坐标 Profile coordinate	匹配指数 Matching index/%
剖14	人为土	灌淤土	灌淤土	紫红土	紫红砂壤土	1	0—20	紫红色	砂壤土	无明显结构	8.5	3.7	0.36	0.47	E 78°36′31.7″ N 37°08′22.9″	88
						2	20—42	紫红色	砂壤土	无明显结构	8.5	4.0	0.41	0.52		
						C	42—									

洛 浦 县

主要土类说明

风沙土是洛浦县主要土壤类型，占本县地域面积的73%。风沙土是干旱与半干旱地区于沙性母质上形成的仅具有AC层的幼年土，处于土壤发育的初始阶段，成土过程微弱。通体细沙，植被易被破坏，随起沙风而移动。土壤质地轻，沙性重，由于风力的分选作用，土壤颗粒组成十分均匀，细沙含量较高，粗砂、粉砂和黏砂含量较少。风沙土矿物组成中99%左右为石英、长石等轻矿物，重矿物含量较低。风沙土分布地区多属大陆性干旱型气候，岩石以物理风化为主，化学风化微弱，风化产物多属砂砾质，造成土壤发育薄弱，肥力低，养分贫乏。

棕漠土占洛浦县地域面积的10%。棕漠土是在暖温带极端干旱条件下形成的具有明显盐磐的漠土，常与砾质戈壁共存。该土壤植被覆盖百分率极低，且植株矮小。土壤石灰、石膏、易溶盐分层聚积地表，见孔状结皮、砾幂、黑结皮，多砾石，结皮层下见红棕色或玫瑰色铁染色层，下为石膏层，再下为盐磐层。整个土层厚度不足50cm，结皮层以下碳酸钙含量为60—110g/kg，石膏含量为300—550g/kg；盐磐层含盐量为300—600g/kg。盐磐层的存在是棕漠土的重要特征。

林灌草甸土占洛浦县地域面积的4%。漠境河谷平原沿河一带的胡杨林下发育，有交替氧化还原作用，具Ao-AC-C剖面构型。有机质积累明显，在氧化还原交替作用下形成铁锈斑纹与积盐，且含有苏打成分，pH为7.8—8.8。林灌草甸土在发育初期，由于土壤水分条件良好，草甸植被伴随胡杨幼林向乔灌混生群落过渡，其土壤发育特征与一般草甸土相似，残留凋落物少，腐殖质表土层薄，土体盐分含量低。在发育中期，随着林灌生长繁茂，林冠郁闭度增大，林下草类逐渐减少。当河滩下切或改道，地下水位下降较深（5—6m），土壤水分条件开始不适应草甸植被生长的需要，随之以胡杨林伴生灌木植被为主的群落代替了草甸植被，其下发育的土壤剖面分化出明显的枯枝落叶层、腐殖质表土层和氧化还原潴育层。此时，土体中易溶盐增多，苏打普遍积累，土壤碱性增强。在发育后期，河流继续下切，地下水位下降迅速加深，林灌逐渐衰老退化成疏林，草类也明显减少。此时，土壤漠土化作用加强，土色变淡，有机质含量降低，盐分开始明积累，地表出现砾幂和林间龟裂等特征。平原区林灌草甸土植被所需水分的供给，主要来自洪水期河流补给，几乎很难利用天然降水。

草甸土占洛浦县地域面积的4%。草甸土是在冷湿条件下，受地下水浸润并在草甸植被下发育形成的土壤。因所处地下水位较高，受地下水升降与浸润作用，潜水参与土壤形成过程，有明显腐殖质积累，土体出现锈色斑纹层。

本县面积小于3%的土壤类型还有灌淤土、石质土、冷钙土、棕钙土、寒冻土、新积土、水稻土、草甸盐土、潮土等。

本区域中心区气候特征

本区域中心区气候特征值
Regional climate characteristics in central area of the region

气候带：暖温带极端干旱气候 Climate region:Warm temperate extremely arid climate	
年平均气温 /℃ Annual average temperature /℃	12.1
年平均最高气温 /℃ Annual average maximum temperature /℃	19.3
年平均最低气温 /℃ Annual average minimum temperature /℃	5.7
年降水量 /mm Annual precipitation /mm	37
≥10℃的积温 /℃ Daily temperature accumulated in a year（≥10℃）/℃	4531
年日照时数 /h Annual sunshine /h	2669
年平均相对湿度 /% Annual average relative humidity /%	43
干燥度 Dryness	19.43

本区域中心区月平均气温与月平均降水量
Monthly temperature and precipitation in central area of the region

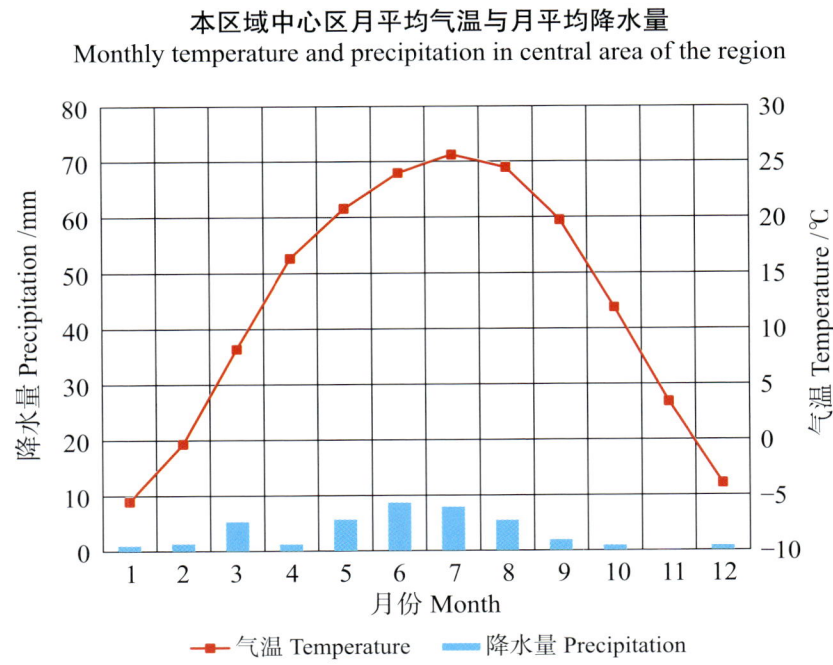

洛浦县主要土壤类型与土壤剖面点分布图
1 : 1 090 000

洛浦县土壤剖面理化性状表

剖面号 Soil profile	土纲 Soil order	土类 Soil great group	亚类 Soil subgroup	土属 Soil genus	土种 Soil species	土层码 Layer code	土层厚度 Depth/cm	颜色 Soil color	质地 Soil texture	土壤结构 Soil structure	pH	有机质 OM/(g/kg)	全氮 TN/(g/kg)	全磷 TP/(g/kg)	剖面点坐标 Profile coordinate	匹配指数 Matching index/%
剖1	初育土	风沙土	流漠风沙土	新积土固定风沙土	全细砂土	1	0—13	淡灰黄色	砂土	无明显结构					E 80°06′55.1″ N 37°11′08.5″	90
						2	13—34	淡灰黄色	砂土	无明显结构						
						3	34—56	淡灰黄色	砂土	无明显结构						
						4	56—92	淡灰黄色	砂土							
剖2	半水成土	草甸土	盐化草甸土	湖滨洼地盐化草甸土	砂壤盐化草甸土	1	0—9	淡黄灰色	砂壤土	小块状	8.6	5.1	0.46	0.68	E 80°15′26.6″ N 37°09′52.9″	78
						2	9—42	褐黄灰色	砂壤土	小块状	9.2	<1.0	0.46	0.66		
						3	42—70	淡黄灰色	砂壤土	小块状	8.6	5.2	0.46	0.68		
						4	70—100	淡黄灰色	细砂土							
剖3	半水成土	潮土	盐化潮土	滨湖洼地盐化潮土	轻度盐土	1	0—17	黄灰色	砂壤土	小片状	8.5	7.0	0.31	0.55	E 80°11′21.5″ N 37°07′10.2″	95
						2	17—37	淡黄灰色	轻壤土		8.5	6.1	0.31	0.60		
						3	37—133	淡灰黄色	砂壤土	块状、粒状	8.7	<1.0	0.41	0.57		
						4	133—203	淡黄灰色	砂壤土							
剖4	半水成土	草甸土	盐化草甸土	河滩盐化草甸土	底砂盐化草甸土	1	0—10	淡黄灰色	砂壤土		8.9	12.0	0.98	0.62	E 80°07′51.2″ N 37°06′42.8″	86
						2	10—33	灰褐色	砂壤土		8.8	18.9	1.24	0.73		
						3	33—54	褐褐灰色	砂壤土		8.8	11.7	0.82	0.70		
						4	54—96	淡褐灰色	细砂土							
剖5	漠土	棕漠土	灌耕棕漠土	灌溉棕漠土	灌溉棕漠土	1	0—14	淡棕黄色	砂壤土	粒状	8.3	8.2	0.67	0.41	E 80°30′25.9″ N 37°04′53.8″	93
						2	14—44	淡棕黄色	砂壤土	小块状	8.5	4.0	0.36	0.43		
						3	44—82	淡棕黄色	砂壤土	小块状	8.4	1.7	0.15	0.37		
剖6	人为土	灌淤土	灌淤土	淡黄灌淤土	淡黄砂灌土	1	0—20	淡黄色	砂壤土	块状、粒状	8.4	8.4	0.54	0.73	E 80°06′39.6″ N 37°02′44.9″	87
						2	20—46	淡黄色	砂壤土	块状、粒状	8.3	6.3	0.70	0.69		
						3	46—106	淡黄色	砂壤土	无明显结构	8.3	5.6	0.33	0.73		
剖7	漠土	棕漠土	灌耕棕漠土	灌溉棕漠土	腰夹壤土	1	0—33	淡黄色	细砂壤土		8.5	2.7	0.31	0.33	E 80°20′19.7″ N 37°02′29.0″	84
						2	33—60	淡灰黄色	中壤土	片状	8.1	8.2	0.67	0.37		
						3	60—100	淡棕黄色	细砂土	小块状	8.2	3.1	0.31	0.29		
剖8	盐碱土	草甸盐土	草甸盐土	湖滨洼地草甸盐土	苏打硫酸盐氯化物盐土	1	0—1	淡灰黄色	砂壤土	小块状					E 80°11′29.8″ N 37°01′41.5″	87
						2	1—10	淡灰黄色	砂壤土	块状						
						3	10—40	淡灰黄色	砂壤土	块状						
						4	40—68									

策 勒 县

主要土类说明

风沙土是策勒县主要土壤类型，占本县地域面积的43%。风沙土是沙漠地区在风成沙性母质上发育起来的土壤。风沙土形成过程的特点是成土作用十分微弱，而且成土时间不长和很不稳定，这主要是风蚀作用所决定的。风沙土由风成沙性母质发育而来，土壤质地轻，沙性重，土壤发育弱，土壤肥力低，有机质的积累过程十分微弱，因此有机质含量极少。由于风力的分选作用，土壤颗粒组成十分均匀，细沙含量较高，粗砂、粉砂和黏砂含量较少。

寒冻土是策勒县第二大土壤类型，占本县地域面积的24%。曾称高山寒漠土。分布于高山冰雪带下缘。成土过程以寒冻物理风化为主，弱生物累积，土体浅薄。土壤质地轻，通体含大量砾石，剖面分化不明显。地表常有由岩石风化碎屑组成的岩幂层；下有发育差的腐殖质层，厚度5—10cm，呈灰色、黄灰色、灰黄棕色或灰棕色等多种颜色；向下过渡为岩砾层或永冻层。土体中可见冻融作用形成的片状结构，在冰冻层之上常因融雪、融冻而形成锈纹、锈斑。土壤呈中性至碱性，pH为7.0—8.5。

棕漠土是策勒县第三大土壤类型，占本县地域面积的16%。棕漠土是在一定的生物气候条件下形成的地带性土壤。其特点是气候干旱而植被稀疏，质地轻，沙性大，黏粒少，土体干燥团聚性差。土壤发育微弱，剖面层次发育不明显，质地粗而均一。表土有机质含量低，一般只有4—6g/kg。地下水位较低，但也有部分因地下水位高而产生积盐现象。由于水分作用时间短，干湿交替过程弱，土壤剖面无锈纹锈斑和潜育层，区别于草甸土和潮土。

棕钙土占策勒县地域面积的6%。棕钙土的特征有：①自然植被组成趋于旱化，生物量低，土壤腐殖质积累作用弱，有机质含量低；②钙积作用强，钙积层在剖面中位置较高；③碳酸钙含量较高，呈碱性至强碱性，阳离子交换量较低，吸收性复合体为盐基所饱和，其中钠离子所占比例较高；④质地较粗，土体中钙质有较明显移动。

冷钙土占策勒县地域面积的6%。曾称亚高山草原土。土壤具弱腐殖质积累与钙积特征，有机质含量为15—30g/kg，碳酸钙含量为50—200g/kg，表层可见簇状草根层。腐殖质层厚度10—20cm，粒状结构，颜色为灰棕色或棕色，土壤常有受土壤动物扰动的痕迹。在剖面的中下部，即30—50cm的深度，可见比较明显的钙积层。碳酸钙的淀积形态主要是斑点状或脉纹状，含量可达100—350g/kg。土壤呈微碱性至碱性，pH为7.5—8.5。土壤质地较轻，大部分含有石砾。

本县面积小于3%的土壤类型还有草甸土、寒漠土、灌淤土、草毡土、石质土等。

本区域中心区气候特征

本区域中心区气候特征值
Regional climate characteristics in central area of the region

气候带：高原寒带干旱气候 Climate region: Plateau frigid arid climate	
年平均气温 /℃ Annual average temperature /℃	12.2
年平均最高气温 /℃ Annual average maximum temperature /℃	19.3
年平均最低气温 /℃ Annual average minimum temperature /℃	5.9
年降水量 /mm Annual precipitation /mm	28
≥10℃的积温 /℃ Daily temperature accumulated in a year (≥10℃) /℃	4583
年日照时数 /h Annual sunshine /h	2635
年平均相对湿度 /% Annual average relative humidity /%	42
干燥度 Dryness	22.24

本区域中心区月平均气温与月平均降水量
Monthly temperature and precipitation in central area of the region

策勒县主要土壤类型与土壤剖面点分布图
1:1 480 000

策勒县土壤剖面理化性状表

剖面号 Soil profile	土纲 Soil order	土类 Soil great group	亚类 Soil subgroup	土属 Soil genus	土种 Soil species	土层码 Layer code	土层厚度 Depth/cm	颜色 Soil color	质地 Soil texture	土壤结构 Soil structure	pH	有机质 OM/(g/kg)	全氮 TN/(g/kg)	全磷 TP/(g/kg)	剖面点坐标 Profile coordinate	匹配指数 Matching index/%
剖1	半水成土	草甸土	盐化草甸土	碱滩盐化草甸土	碱滩盐化草甸土	1	0—1	淡黄色	壤质砂土	无明显结构	8.6	<1.0	0.52	0.56	E 81°00′07.2″ N 37°02′55.7″	81
						2	1—27	黄棕色	壤质砂土	层状	8.4	5.0	0.41	0.49		
						3	27—46	灰黑色	砂壤土	小块状	8.4	10.3	0.52	0.52		
						4	46—100	淡黄色	砂壤土	小块状	8.7	14.6	0.62	0.66		
剖2	人为土	灌淤土	灌淤土	淡黄砂壤土	淡黄砂壤土	1	0—16	淡黄色	砂壤土	小块状	8.6	11.5	0.62	0.66	E 80°48′50.8″ N 37°02′24.0″	84
						2	16—88	淡黄色	砂壤土	小块状	8.5	<1.0	0.52			
						3	88—100									
剖3	初育土	风沙土	荒漠风沙土	固定风沙土	固定风沙土	1	100—	淡黄色	壤质砂土		7.5	6.5	0.52	0.54	E 80°43′21.0″ N 37°02′21.5″	91
剖4	人为土	灌淤土	灌淤土	淡黄砂壤土	复砂 淡黄砂壤土	1	0—17	灰棕色	壤质砂土	无明显结构					E 80°49′01.2″ N 36°59′12.1″	86
						2	17—49	黄棕色	砂壤土	无明显结构						
						3	49—100	棕灰色	砂壤土	小块状						
剖5	漠土	棕漠土	棕漠土	漠化棕漠土	棕漠土	1	0—20	淡黄色	砂壤土	无明显结构	8.4	8.5	0.52	0.54	E 80°48′23.8″ N 36°51′37.1″	86
						2	67—100	淡黄色	砂壤土	无明显结构	8.4	6.9	0.62	0.56		
剖6	高山土	冷钙土	冷钙土	冷钙土	亚高山干草原土	A	0—30	暗棕色	砂壤土	小块状	8.5	16.0	0.98		E 80°58′58.8″ N 36°02′44.9″	90
						Bk	30—80	黄棕色	砂壤土	小块状	8.6	12.7	0.66			
						Ck	80—110	棕黄色	砂壤土	块状	8.8	9.3	0.39			

于 田 县

主要土类说明

风沙土是于田县主要土壤类型，占本县地域面积的51%。风沙土是风成沙性母质发育的土壤。土壤质地轻，沙性重。在绿洲内分布的主要是灌溉风沙土，极端干旱是风沙土形成的主要条件之一。成土母质主要是风成沙，部分为冲积物和湖积物。风沙土的成土过程微弱，成土作用时间短，很不稳定。其形成过程大致分为三个阶段，流动风沙土阶段：植物稀少，存在土壤微生物活动，含有一定植物营养元素，但植物难以定居，处于成土过程的最初阶段；半固定风沙土阶段：随着植被生长，植被覆盖百分率增大，流沙逐渐成为半固定风沙土状态，表层变紧实，成土特征明显；固定风沙土阶段：半固定风沙土上植物进一步发展，出现沙生和旱生植被，阻挡风沙流动而使沙丘固定，使表层更加紧实，出现粗有机质层。

寒冻土是于田县第二大土壤类型，占本县地域面积的13%。又被称为高山寒漠土。生物累积弱，土层薄，含石砾多，仅在岩屑中见少量细土物质堆积，生长着稀疏垫状植物及雪莲。土壤pH为8.0左右，石灰反应强烈。地表常有由岩石风化碎屑组成的岩幂层；下有发育差的腐殖质层，厚度5—10cm，呈灰色、黄灰色、灰黄棕色或灰棕色等多种颜色；向下过渡为岩砾层或永冻层。土体中可见冻融作用形成的片状结构，在水冻层之上常因融雪、融冻水潴积而形成锈纹、锈斑。

棕漠土是于田县第三大土壤类型，占本县地域面积的11%。自然植被群落简单，生长稀疏，多数地面光秃。土壤发育微弱，剖面层次分化差，土壤质地轻，黏力小，沙性大，土体干燥团聚性差。生物积累作用微弱，土壤剖面中看不出明显的腐殖质层次。表土有机质含量较低。土壤形成过程中残存盐分，易溶性盐分较高。受地下水浸润和强烈蒸发结果，盐分向上聚集产生盐化现象。

草甸土占于田县地域面积的5%。草甸土所处的地形部位低平，是地下水位高，地下毛管水前峰能达到地表所形成的土壤。草甸土的形成有地下水直接参与，在其上能发育草甸植被并产生一定生物积累过程的一种土壤。成土母质多为河流冲积物，少量洪积物和湖积物。草甸化过程是草甸土的主要成土过程，包括两个方面，表层土壤有机质积累和下层土壤季节性氧化还原交替的过程，在特殊的水文地质、生物气候作用下，还附加有盐化过程，以及人为开发利用后出现的灌耕熟化过程。

寒漠土占于田县地域面积的4%。曾称高山漠土。土层极薄，厚度20—30cm，剖面分化不明显。土表常有微向上突起的融冻结壳，或绳纹状融冻泥流痕迹。表层呈暗灰棕色，有机质含量小于5g/kg，下部土体为灰棕色坚实冰土层，微显片状结构。土壤通体强石灰反应，表皮层以下出现灰白色粉末状或菌丝状碳酸钙淀积物。

本县面积小于3%的土壤类型还有冷钙土、棕钙土、石质土、寒钙土、草甸盐土、灌淤土、草毡土、沼泽土等。

本区域中心区气候特征

本区域中心区气候特征值
Regional climate characteristics in central area of the region

气候带：暖温带极干旱气候 Climate region: Warm temperate extremely arid climate	
年平均气温 /℃ Annual average temperature /℃	11.8
年平均最高气温 /℃ Annual average maximum temperature /℃	19.5
年平均最低气温 /℃ Annual average minimum temperature /℃	4.7
年降水量 /mm Annual precipitation /mm	28
≥10℃的积温 /℃ Daily temperature accumulated in a year (≥10℃) /℃	4539
年日照时数 /h Annual sunshine /h	2696
年平均相对湿度 /% Annual average relative humidity /%	41
干燥度 Dryness	20.93

本区域中心区月平均气温与月平均降水量
Monthly temperature and precipitation in central area of the region

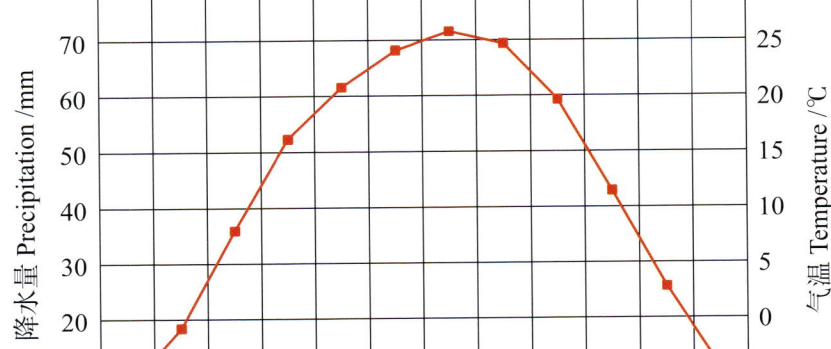

于田县主要土壤类型与土壤剖面点分布图
1:1 500 000

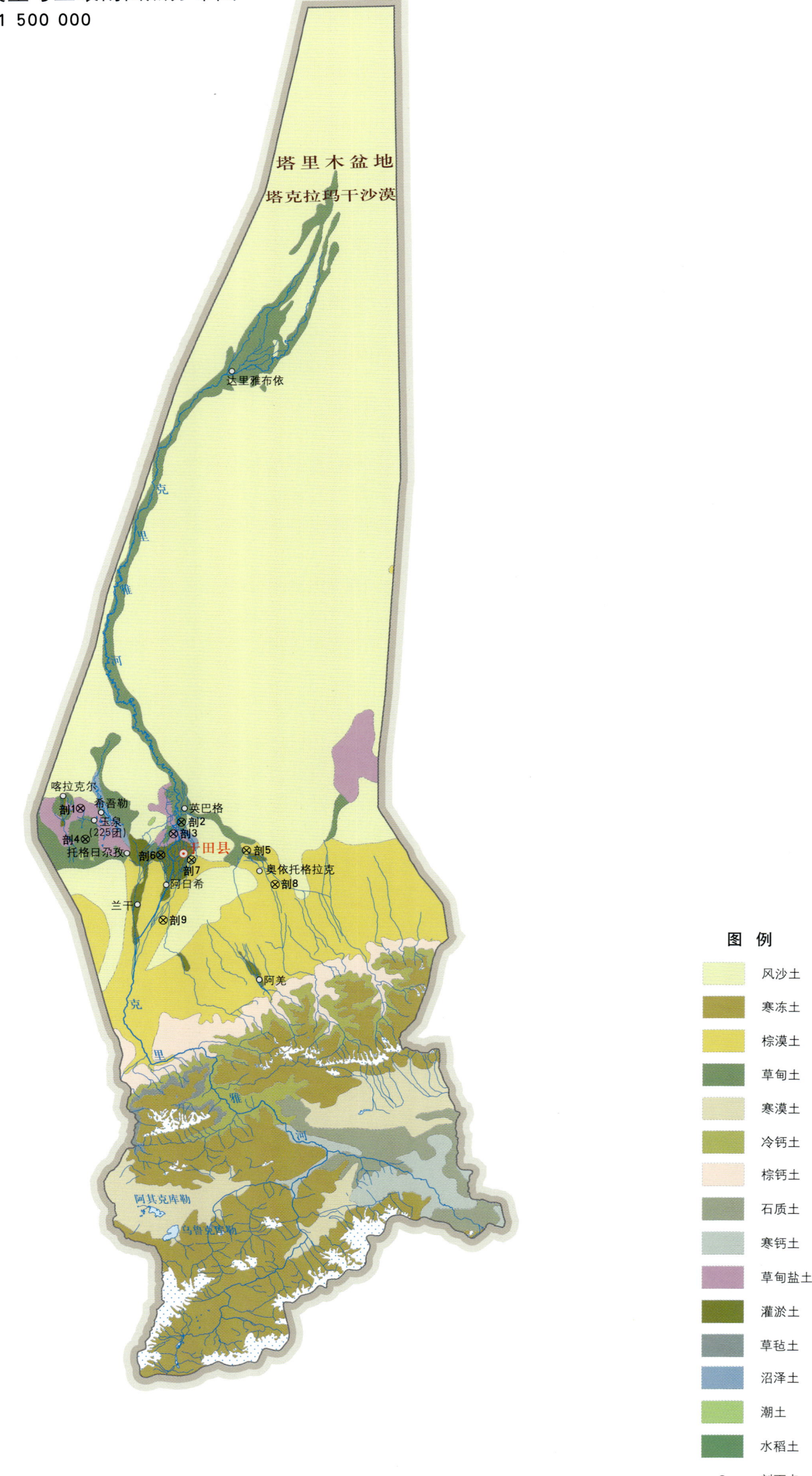

于田县土壤剖面理化性状表

剖面号 Soil profile	土纲 Soil order	土类 Soil great group	亚类 Soil subgroup	土属 Soil genus	土种 Soil species	土层码 Layer code	土层厚度 Depth/cm	颜色 Soil color	质地 Soil texture	土壤结构 Soil structure	pH	有机质 OM/(g/kg)	全氮 TN/(g/kg)	全磷 TP/(g/kg)	剖面点坐标 Profile coordinate	匹配指数 Matching index/%
剖1	盐碱土	草甸盐土	草甸盐土	河阶地草甸盐土	苏打氯化物硫酸盐土	1	0—10	黄灰色	砂壤土	小块状	9.3	5.7	0.62	0.49	E 81°16′57.0″ N 36°59′50.3″	80
						2	10—62	淡灰黄色	砂壤土	小块状	9.2	3.0	0.31	0.56		
						3	62—108	青灰色	松砂土	无明显结构	8.8	1.8	0.21	0.72		
剖2	半水成土	草甸土	盐化草甸土	河滩盐化草甸土	底砂盐化草甸土	1	108—130	淡黄色	砂壤土	块状	8.4	7.3	0.31	0.58	E 81°39′34.2″ N 36°57′07.9″	84
						2	0—30	灰棕色	细砂壤土	块状	8.5	6.2	0.31	0.56		
						3	30—65	黄棕色	细砂壤土	小块状	7.9	12.8	0.52	0.60		
						4	65—80	灰色	轻壤土	块状	8.1	3.7	0.31	0.56		
剖3	盐碱土	草甸土	草甸盐土	河阶地草甸盐土	苏打硫酸盐氯化物盐土	1	80—100	淡灰黄色	松砂土	无明显结构	9.0	6.2	0.46	0.60	E 81°37′46.9″ N 36°54′56.5″	86
						2	12—21	青灰色	松砂土	无明显结构	8.7	2.7	0.21	0.47		
						3	21—45	黄棕色	砂土	无明显结构	8.5	4.3	0.31	0.58		
						4	45—57	青灰色	砂土	片状	8.5	1.6	0.21	0.58		
剖4	半水成土	草甸土	盐化草甸土	湖滨洼地盐化草甸土	砂壤盐化草甸土	1	57—100	灰色	轻壤土	块状	8.5	8.2	0.57	0.56	E 81°18′02.9″ N 36°54′02.5″	78
						2	0—15	灰棕色	砂壤土	块状	>9.5	8.5	0.52	0.58		
						3	15—30	灰褐色	轻壤土	无明显结构	9.0	6.4	0.52	0.66		
						4	30—58	淡棕黄色	细砂壤土	无明显结构	9.2	4.1	0.36	0.56		
剖5	漠土	棕漠土	灌耕棕漠土	灌棕土	细砂灌棕土	1	58—100	淡棕黄色	细砂壤土	无明显结构	9.0	5.0	0.26	0.68	E 81°54′11.2″ N 36°51′43.9″	85
						2	0—17	淡黄色	细砂壤土	无明显结构	9.0	4.3		0.49		
剖6	人为土	灌淤土	灌淤土	灌淤淡黄土	淡黄灌淤土	1	17—100	淡黄色	细砂壤土	无明显结构	9.1	2.9	0.62	0.47	E 81°34′56.3″ N 36°51′01.4″	82
						2	0—18	灰棕黄色	轻壤土	小粒状	8.8	10.1	0.52	0.66		
						3	18—41	棕黄色	砂壤土	小块状	8.6	7.7	0.36	0.64		
剖7	漠土	棕漠土	灌耕棕漠土	灌棕土	灌棕壤土	1	41—110	棕黄色	砂壤土	小块状	8.7	5.2	0.26	0.62	E 81°41′48.1″ N 36°50′02.4″	83
						2	0—15	淡棕黄色	砂壤土	无明显结构	8.6	7.3	0.26	0.68		
						3	15—49	淡黄色	砂壤土	无明显结构	8.7	4.8	0.26	0.66		
剖8	漠土	棕漠土	棕漠土	漠土	棕漠土	1	49—100	淡黄色	砂壤土	无明显结构	8.3	4.4	0.26	0.66	E 82°00′27.0″ N 36°45′20.2″	93
						2	0—27	淡黄色	细砂壤土	分散状、夹杂层状	8.3	7.0	0.52	0.68		
						3	27—45	黄色	细砂壤土	无明显结构	8.5	5.6	0.26	0.72		
						4	45—100	淡黄色	砂土	无明显结构	9.0	4.6	0.36	0.62		
剖9	漠土	棕漠土	棕漠土	漠土	荒漠胡杨林土	1	0—14	灰色	轻壤土	层状	8.9	6.6	0.36	0.64	E 81°35′25.1″ N 36°38′49.9″	91
						2	14—25	淡黄色	细砂壤土	无明显结构	8.9	6.6	0.36	0.64		
						3	25—37	淡黄色	轻砂壤土	块状	9.0	4.6	0.36	0.58		
						4	37—63	淡黄色	细砂壤土	无明显结构	8.9	2.7	0.26	0.52		
						5	63—100									

民 丰 县

主要土类说明

风沙土是民丰县主要土壤类型，占本县地域面积的 41%。风与沙是形成风沙土的两个因素，由于风力搬运沉积，在绿洲附近形成大小不同的连片起伏沙丘和沙滩，构成风沙土的独特自然景观。沙滩地在一定水分条件下，植被便开始生长，以芦苇、红柳等沙生植物为主。只有这些植物着生后，才能提蓄流沙，把流沙固定下来，形成植物丛沙滩。风沙土由风成沙性母质发育而来，土壤质地轻，沙性重，土壤发育弱，土壤肥力低，有机质含量极少。由于风力的分选作用，土壤颗粒组成十分均匀，细沙含量较高，粗砂、粉砂和黏砂含量较少。

寒钙土是民丰县第二大土壤类型，占本县地域面积的 22%。曾称高山草原土。其所在地形主要为高原宽谷、湖盆阶地及山丘坡地、山前倾斜平原、古冰碛平台等。母质为花岗岩、砂岩、砾岩、灰岩等的残积物、坡积物，以及冰碛物、洪积物、冲积物和湖积物。因其分布海拔高，气候干寒，降水少，暖季短，寒冻和低温持续时间长，多用作夏季放牧地。还因土层薄，颗粒粗，土壤肥力低，故植被生长较差，产草量和载畜能力低，牧用价值远不及分布高度相当的草毡土。有机质含量为 10—30g/kg，碳酸钙含量为 50—120g/kg，上部低，下部高，土壤 pH 为 7.5—8.5。

棕漠土是民丰县第三大土壤类型，占本县地域面积的 10%。棕漠土的土壤质地轻，土体松散，粗砂成分多，由于风蚀作用强烈，表层至 10cm 常呈极干燥的分散细沙，整个剖面细土成分少，团聚性极差，在强烈蒸腾作用下，土体干燥。由于气候干燥，淋溶作用甚微，石灰、石膏表聚作用明显。棕漠土易溶性盐含量较高，在原始棕漠土中盐分呈全剖面分布，且有一定的表积现象。在灌溉棕漠土中，盐分含量略有降低。由于土体干燥、水分缺少、盐碱危害等原因，棕漠土植被稀少，表细土被吹走，沙砾残留，有的形成砾幂，生物累积过程弱。

石质土占民丰县地域面积的 5%。石质土是与母岩风化物性质近似的土壤。一般见于无森林覆被、侵蚀强烈的山地。多发育于抗风化力较强的母质上。成土作用不明显，没有剖面发育。质地偏砂，含砾石多。地表水土流失严重。石质土无明显的元素迁移特征，一般生物富集作用弱，有机质含量为 10g/kg 左右，砾石含量高。据各地典型剖面分析，大于 2mm 的砾石含量达到 30%—50%，土壤通透性强，黏结力强，容易发生水蚀和重力崩塌。随区域成土母岩性质及温湿状况不同，土壤可呈酸性、中性及石灰性不等，酸碱度变幅大，pH 为 4.5—8.5。阳离子交换量和盐基饱和度均有一定的区域差异。

本县面积小于 5% 的土壤类型还有寒冻土、寒漠土、草甸盐土、冷钙土、棕钙土、林灌草甸土、草甸土、沼泽土、灌淤土、寒原盐土等。

本区域中心区气候特征

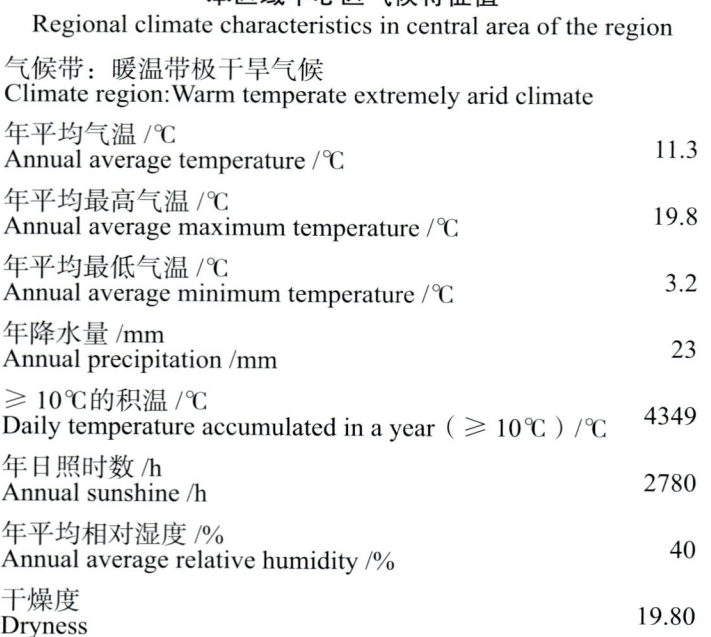

本区域中心区气候特征值
Regional climate characteristics in central area of the region

气候带：暖温带极干旱气候 Climate region: Warm temperate extremely arid climate	
年平均气温 /℃ Annual average temperature /℃	11.3
年平均最高气温 /℃ Annual average maximum temperature /℃	19.8
年平均最低气温 /℃ Annual average minimum temperature /℃	3.2
年降水量 /mm Annual precipitation /mm	23
≥10℃的积温 /℃ Daily temperature accumulated in a year (≥10℃) /℃	4349
年日照时数 /h Annual sunshine /h	2780
年平均相对湿度 /% Annual average relative humidity /%	40
干燥度 Dryness	19.80

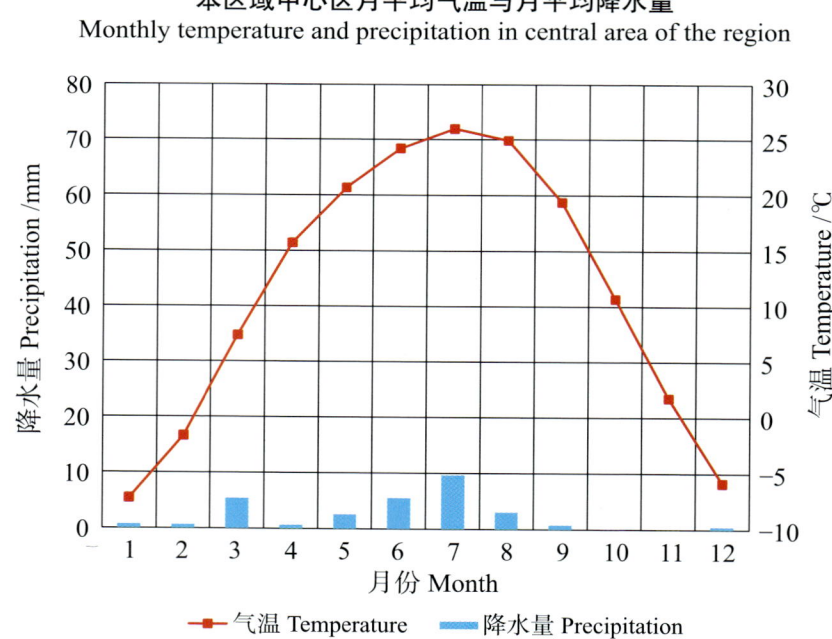

本区域中心区月平均气温与月平均降水量
Monthly temperature and precipitation in central area of the region

民丰县主要土壤类型与土壤剖面点分布图
1∶1 520 000

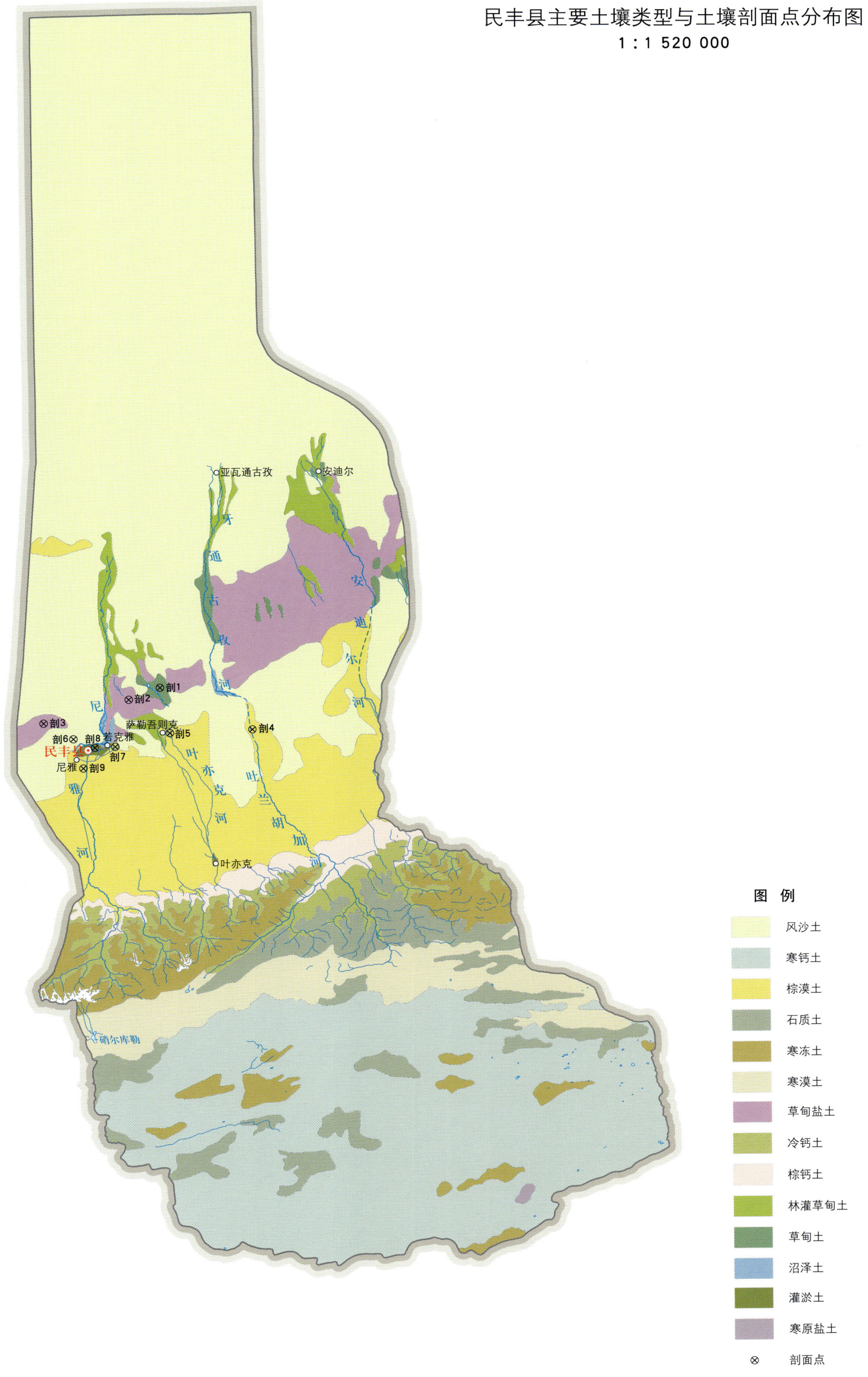

图例

- 风沙土
- 寒钙土
- 棕漠土
- 石质土
- 寒冻土
- 寒漠土
- 草甸盐土
- 冷钙土
- 棕钙土
- 林灌草甸土
- 草甸土
- 沼泽土
- 灌淤土
- 寒原盐土
- ⊗ 剖面点

民丰县土壤剖面理化性状表

剖面号 Soil profile	土纲 Soil order	土类 Soil great group	亚类 Soil subgroup	土属 Soil genus	土种 Soil species	土层码 Layer code	土层厚度 Depth/cm	颜色 Soil color	质地 Soil texture	土壤结构 Soil structure	pH	有机质 OM/(g/kg)	全氮 TN/(g/kg)	全磷 TP/(g/kg)	剖面点坐标 Profile coordinate	匹配指数 Matching index/%
剖1	半水成土	草甸土	盐化草甸土	湖滨洼地盐化草甸土	砂壤盐化草甸土	1	0—22	灰黄色	壤质砂土	无明显结构					E 82°58′34.3″ N 37°15′49.0″	82
						2	22—65	灰色	砂壤土	块状						
						3	65—88	灰黄色	砂壤土	无明显结构						
						4	88—108	灰红色	壤质砂土	小块状						
剖2	盐碱土	草甸盐土	草甸盐土	湖滨洼地草甸盐土	苏打氯化物硫酸盐盐土	1	0—16	黄灰色	壤质砂土	小块状	8.0	13.8	1.03	0.60	E 82°51′02.2″ N 37°13′35.0″	92
						2	16—34	灰黄色	细砂土	小块状	8.0	7.1	0.72	0.56		
						3	34—110	棕灰色	细砂土	粒状	8.2	6.6	0.88	0.56		
剖3	盐碱土	草甸盐土	草甸盐土	湖滨洼地草甸盐土	苏打硫酸盐氯化物盐土	1	0—8	灰白色	砂壤土	块状	8.8	28.4	1.34	0.31	E 82°30′29.9″ N 37°09′14.4″	86
						2	8—15	红褐色	轻黏土	块状	8.4	13.1	1.03	0.99		
						3	15—46	淡灰黄色	砂壤土	无明显结构	8.3	4.8	0.57	0.56		
						4	46—75	红褐色	轻黏土	块state	8.4	5.6	0.57	0.43		
						5	75—124	淡灰黄色	砂壤土	无明显结构	8.4	4.5	0.46	0.49		
剖4	漠土	棕漠土	棕漠土	荒漠林土	荒漠林土	1	0—35	淡黄色	黏土	无明显结构	8.3	10.4	1.19	0.54	E 83°20′22.6″ N 37°07′01.6″	79
						2	35—40	紫红色	砂壤土	小块状	8.4	7.1	0.88	0.60		
						3	40—60	淡紫红色	黏土	小块状	8.4	8.7	0.88	0.54		
						4	60—75	紫红色	黏土	小块状	8.4	6.6	0.88	0.47		
						5	75—100	淡黄色	砂壤土	无明显结构	8.6	5.3	0.57	0.54		
剖5	漠土	棕漠土	灌耕棕漠土	灌溉棕漠土	灌溉棕漠土	1	0—17	淡黄色	砂壤土	无明显结构	8.6	6.9	0.72	0.54	E 83°00′38.5″ N 37°06′46.4″	93
						2	17—100	淡黄色	砂壤土	无明显结构	8.8	3.9	0.46	0.49		
剖6	初育土	风沙土	荒漠风沙土	固定风沙土	全细砂土	1	0—28	淡灰黄色	细砂土	无明显结构	8.7	2.5	0.26	0.35	E 82°37′31.1″ N 37°05′60.0″	95
						2	28—101	黄棕色	轻砂土	无明显结构	8.9	2.3	0.26	0.39		
剖7	漠土	棕漠土	灌耕棕漠土	淡黄灌耕棕漠土	砂质淡黄棕漠土	A₁₁	0—10	灰红色	细砂土	无明显结构	8.6	8.7	0.57	0.54	E 82°47′29.0″ N 37°04′20.3″	91
						B₁	10—60	棕灰色	细砂土	单粒状	8.3	3.3	0.26	0.56		
						B₂	60—100	黄棕色	砂壤土	单粒状	8.2	4.7	0.46	0.55		
剖8	人为土	灌淤土	灌淤土	灌溉淡漠土	淡黄砂壤土	1	0—22	淡灰黄色	砂壤土	小块状	8.5	19.2	1.29	0.62	E 82°42′36.0″ N 37°04′13.4″	88
						2	22—45	灰黄色	砂壤土	无明显结构	8.6	9.0	0.88	0.60		
						3	45—100	黄灰黄色	砂壤土	无明显结构	8.7	6.1	0.46	0.54		
剖9	漠土	棕漠土	棕漠土	漠化棕漠土	棕漠土	1	0—13	灰白色	砂壤土	无明显结构	7.8	6.1	0.57	0.52	E 82°39′42.5″ N 37°00′10.4″	90
						2	13—28	灰棕色	轻砂土	小块状	8.0	7.1	0.72	0.58		
						3	28—100	灰棕色	砂壤土	无明显结构	8.3	17.6	0.88	0.52		

伊犁哈萨克自治州

伊 宁 市

主要土类说明

灰钙土是伊宁市主要土壤类型，占本市地域面积的 34%。灰钙土为半荒漠草原带的土壤，是伊犁河谷的地带性土壤。分布在海拔 560—1000m 的伊犁河谷阶地。母质为冲积性黄土。形成过程中进行着有机残体与腐殖质的分解矿化，毛管水、盐分上升两个阶段。剖面特征为：表层 2—3cm 为疏松具海绵状气孔，呈不规则裂隙的层片状结皮层；腐殖质层较薄，一般厚度 8—12cm，有机质含量为 10—25g/kg；过渡层深厚，约 40cm；中上部 30—40cm 间为钙积层；通体碳酸盐反应强；下部为干燥、稍紧的乳黄色黄土母质层；土壤呈弱碱、碱性，pH 为 7.5—8.2；黏粒有不明显的下移现象。

潮土是伊宁市第二大土壤类型，占本市地域面积的 21%。分布在洪积冲积倾斜平原的扇缘地带、河流冲积平原的低阶地以及山间洼地。潮土是在草甸土或沼泽土开垦种植演化而来，形成的两个重要特征是：地下水位埋藏较浅和耕作熟化程度较深。地下水位一般在 1—3m。熟化培肥阶段是改造阶段的继续和发展。在此阶段，人为措施所进行的耕作、种植、施肥、灌溉等农业技术措施，是潮土培肥熟化的主导过程。长期耕作，表层有机质含量为 10—15g/kg，剖面构型为 A_{11}–A_{12}–Cu 或 A_{11}–C–Cu。

灌漠土是伊宁市第三大土壤类型，占本市地域面积的 16%。灌漠土的土层变化，为冲积扇末端交互沉积所形成。灌漠土的形成需要的条件为：①优越的水热条件；②发达的灌溉农业；③用地养地相结合是灌漠土形成的主导因素。灌漠土剖面主要由耕作层、亚耕层、心土层、母质层组成。土壤中原来上升累积盐分也发生向下淋移，石灰与石膏也有下淋现象。表土层中有机质积累可达 10—30g/kg，出现耕层（A_{11}）与亚耕层（A_{12}）。

本市面积小于 10% 的土壤类型还有草甸土、沼泽土等。

本区域中心区气候特征

本区域中心区气候特征值
Regional climate characteristics in central area of the region

气候带：中温带亚干旱气候 Climate region: Mid temperate sub arid climate	
年平均气温 /℃ Annual average temperature /℃	9.0
年平均最高气温 /℃ Annual average maximum temperature /℃	16.2
年平均最低气温 /℃ Annual average minimum temperature /℃	2.5
年降水量 /mm Annual precipitation /mm	264
≥10℃的积温 /℃ Daily temperature accumulated in a year（≥10℃）/℃	3295
年日照时数 /h Annual sunshine /h	2844
年平均相对湿度 /% Annual average relative humidity /%	65
干燥度 Dryness	2.22

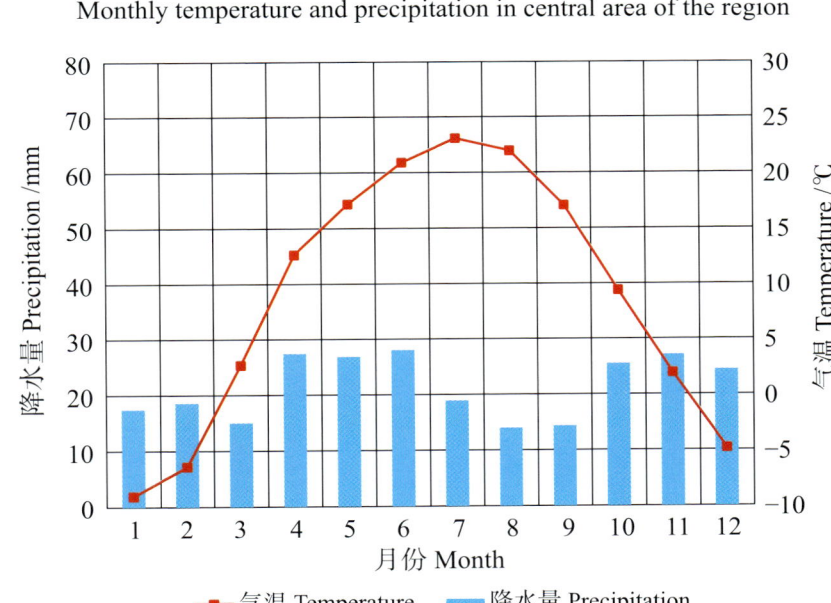

本区域中心区月平均气温与月平均降水量
Monthly temperature and precipitation in central area of the region

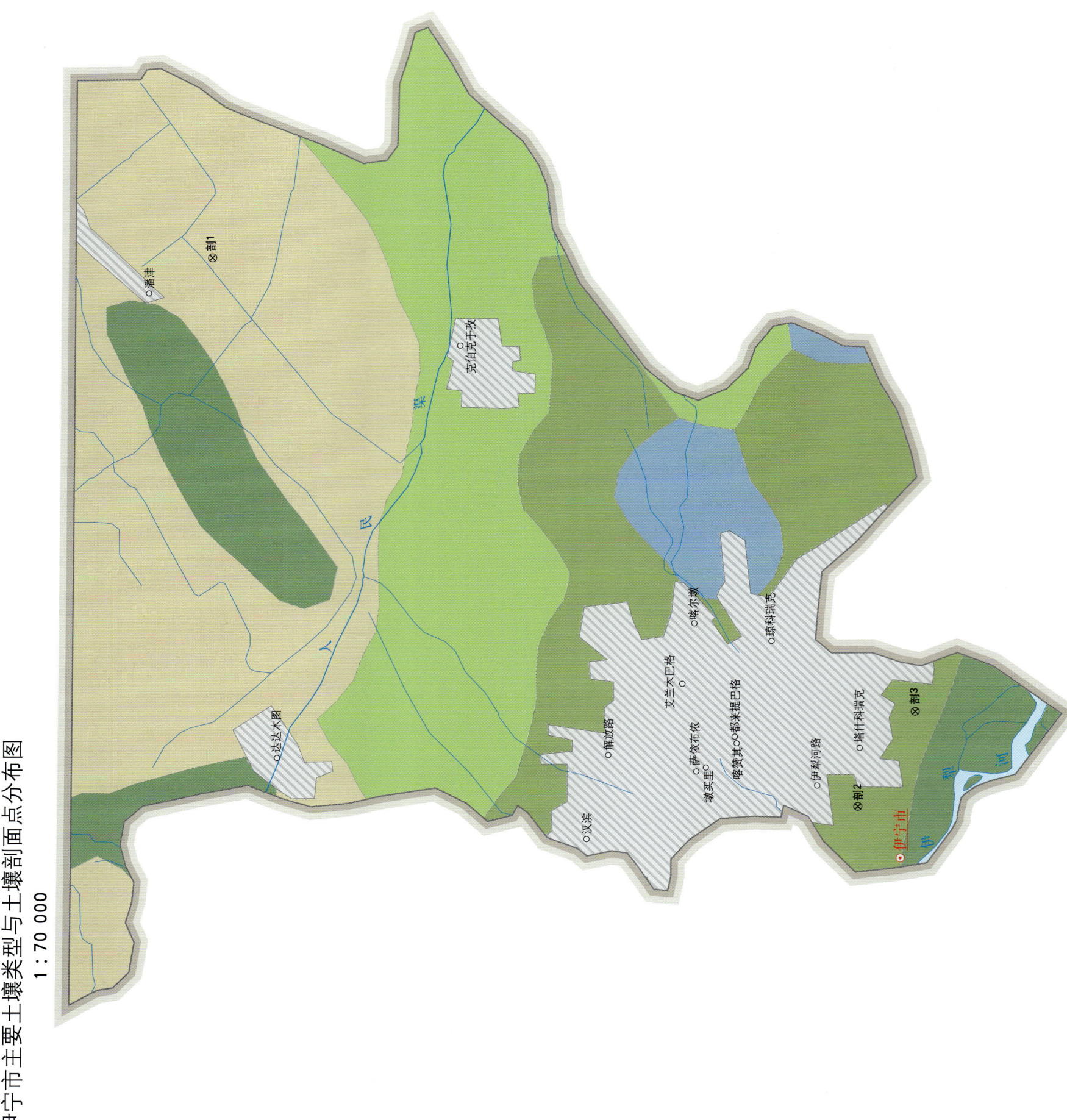

伊宁市土壤剖面理化性状表

剖面号 Soil profile	土纲 Soil order	土类 Soil great group	亚类 Soil subgroup	土属 Soil genus	土种 Soil species	土层码 Layer code	土层厚度 Depth/cm	颜色 Soil color	质地 Soil texture	土壤结构 Soil structure	pH	有机质 OM/(g/kg)	全氮 TN/(g/kg)	全磷 TP/(g/kg)	全钾 TK/(g/kg)	有效磷 AP/(mg/kg)	速效钾 AK/(mg/kg)	土壤母质 Parent material	剖面点坐标 Profile coordinate	匹配指数 Matching index/%
剖1	干旱土	灰钙土	灰钙土	灌耕灰钙土	灰胶土	A₁₁	0—19	淡灰棕色	粉砂质黏壤土	粒状	7.8	26.6	1.57	0.74				冲积性红土,冲积性黄土	E 81°24′40.0″ N 43°59′04.9″	92
						A₁₂	19—26	淡棕灰色	粉砂质黏壤土	块状	7.8	20.7	1.29	0.74						
						B₁	26—79	淡棕黄色	粉砂质黏壤土	块状	7.3	8.3	0.56	0.51						
						B₂	79—100	黄棕色	粉砂质黏土	核状	7.5	9.1	0.58	0.51						
剖2	人为土	灌漠土	灌漠土	灌漠壤土	乌灌土	A₁₁	0—24	灰黄棕色	壤土	块状	8.3	31.0	2.23	1.40	21.0	23.0	325	冲积性黄土状母质	E 81°18′08.6″ N 43°53′49.2″	82
						A₁₂	24—32	棕灰色	壤土	块状	8.3	29.7	1.92	1.36	20.0	10.0	362			
						AC	32—56	黄橙色	壤土	小块状	8.4	17.9	0.86	1.15	19.0	7.0	270			
						Ck₁	56—78	黄橙色	壤土	块状	8.4	12.5	0.71	1.15	19.0	3.0	215			
						Ck₂	78—100	黄棕色	壤土	小块状	8.4	8.6	0.55	1.15	17.0	2.0	208			
剖3	人为土	灌漠土	灌漠土	灌漠壤土	乌油土	A₁₁	0—28	棕黑色	壤土	大块状	8.5	45.5	3.58	2.20	20.5		380	冲积物	E 81°19′16.0″ N 43°53′20.8″	88
						A₁₂	28—35	淡灰色	壤土	块状	8.4	53.1	2.57	2.16	19.5		325			
						AC	35—48	棕色	壤土	块状	8.4	24.5	1.57	1.75	18.0		250			
						Ck₁	48—75	棕色	壤土	块状	8.7	12.7	0.79	0.82	18.5		170			
						Ck₂	75—100	黄棕色	壤土	块状	8.7	8.3	0.51	0.80	16.5		210			

奎 屯 市

主要土类说明

草甸盐土是奎屯市主要土壤类型，占本市地域面积的50%。分布在低阶地和泉水溢出带下缘阶地上。分布区地下水位1—3m，矿化度2—30g/L。植被有芦苇、甘草、苦豆子、盐蒿、马鞭草、盐爪爪等。其形成受地下水常年上下活动的影响，积盐过程和草甸过程相伴进行，而以积盐过程为主。高矿化地下水经毛细管作用上升至地表，盐分累积大于6g/kg以上时，属盐土范畴。具Az–C剖面构型。

灰漠土是奎屯市第二大土壤类型，占本市地域面积的24%。主要分布在海拔900m以下的天山山前洪积冲积扇和古老冲积平原的黄土状母质上。其形成过程有微弱的生物累积过程（腐殖质形成过程）、黏化铁质化过程（紧实层的形成过程）、弱度淋溶过程（碳酸钙有微弱的移动过程）。此外，有的还有草甸化过程，灰漠土地区的盐化现象较普遍。地表有明显结皮层，下为淡棕色片状土层，含砾石。石灰除表聚外，尚可见深层积钙，pH大于8.0，表层有机质积累弱且层薄，含量仅6—15g/kg。

草甸土是奎屯市第三大土壤类型，占本市地域面积的19%。草甸土系发育于地势低平、受地下水或潜水的直接浸润并生长草甸植物的土壤。属半水成土。草甸土的植被主要有芨芨草、芦苇、拂子茅、苦豆子、甘草、滨草等。草甸土的形成，具有很明显的腐殖质积累过程，腐殖质层较明显，地表根系密织。由于地下水季节性的变化，形成好气与嫌气环境，氧化与还原过程的交替进行，使铁、锰等物质产生氧化还原作用，因而土体出现青灰色潜育层和锈斑。草甸土有机质含量较高，腐殖质层较厚，土壤团粒结构较好，水分较充分。

本市面积小于3%的土壤类型还有潮土、沼泽土、灌漠土等。

本区域中心区气候特征

本区域中心区气候特征值
Regional climate characteristics in central area of the region

气候带：中温带干旱气候 Climate region: Mid temperate arid climate	
年平均气温 /℃ Annual average temperature /℃	8.2
年平均最高气温 /℃ Annual average maximum temperature /℃	13.8
年平均最低气温 /℃ Annual average minimum temperature /℃	3.4
年降水量 /mm Annual precipitation /mm	146
≥10℃的积温 /℃ Daily temperature accumulated in a year (≥10℃) /℃	2993
年日照时数 /h Annual sunshine /h	2593
年平均相对湿度 /% Annual average relative humidity /%	54
干燥度 Dryness	3.67

本区域中心区月平均气温与月平均降水量
Monthly temperature and precipitation in central area of the region

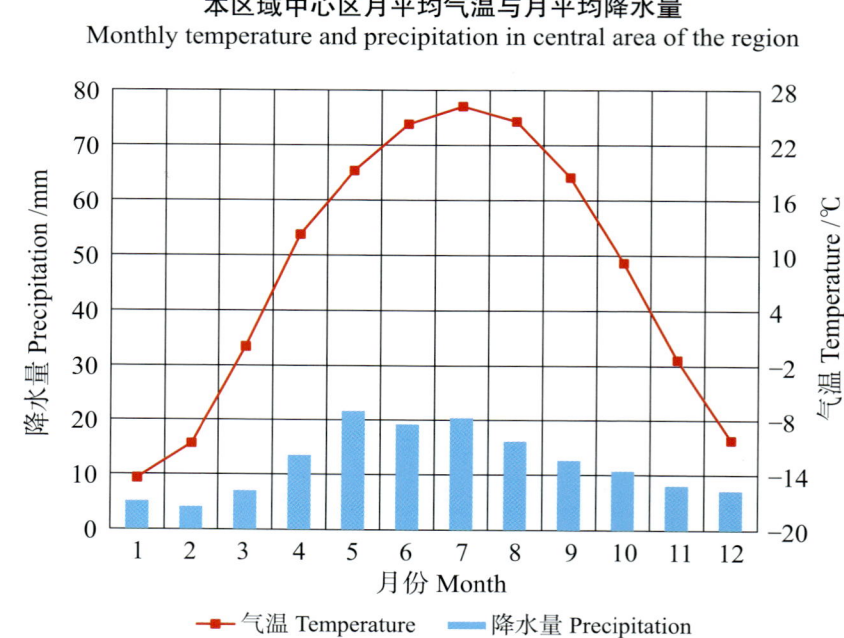

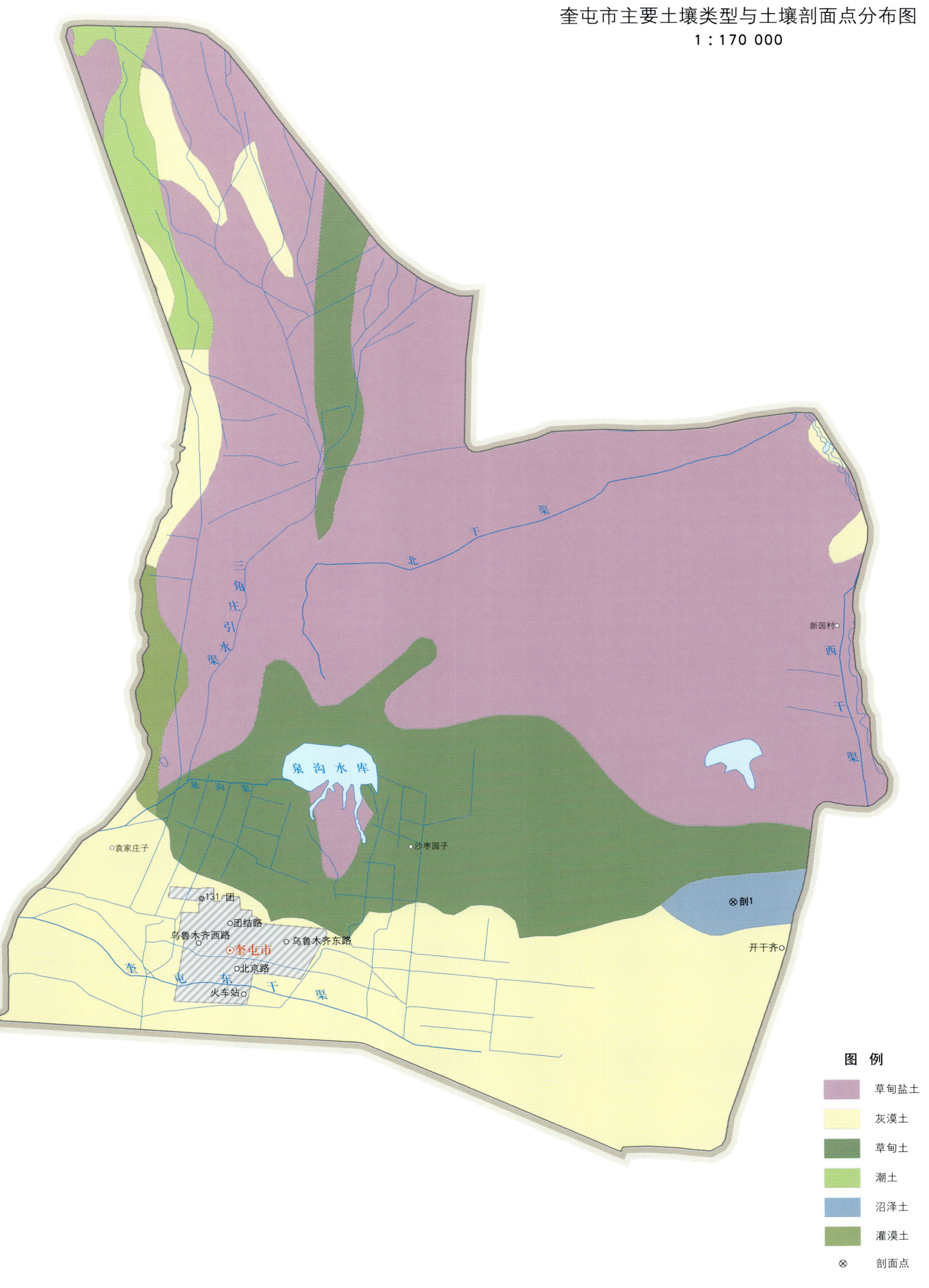

奎屯市土壤剖面理化性状表

剖面号 Soil profile	土纲 Soil order	土类 Soil great group	亚类 Soil subgroup	土属 Soil genus	土种 Soil species	土层码 Layer code	土层厚度 Depth/cm	颜色 Soil color	质地 Soil texture	土壤结构 Soil structure	pH	有机质 OM/(g/kg)	全氮 TN/(g/kg)	全磷 TP/(g/kg)	全钾 TK/(g/kg)	有效磷 AP/(mg/kg)	速效钾 AK/(mg/kg)	土壤母质 Parent material	剖面点坐标 Profile coordinate	匹配指数 Matching index/%
剖1	水成土	沼泽土	草甸沼泽土			Ai	0—7	黑色	中壤土	块状、团粒状	7.6	>250.0	>6.00	1.06	7.9	16.0	382	淤积物	E 85°10′00.8″ N 44°26′30.8″	85
						He₁	7—22	褐棕色			6.2	>250.0	>6.00	0.94	7.8	5.0	200			
						He₂	22—41	褐棕色			5.4	>250.0	>6.00	0.63	13.1	7.0	283			
						He₃	41—64	黑灰色			5.7	>250.0	>6.00	0.78	7.3	8.0	249			
						He₄	64—95	褐灰间灰色	轻黏土		6.1	>250.0	>6.00	0.61	9.2					
						He₅	95—168	青灰色	轻黏土		6.3	>250.0	>6.00	0.62	13.1					
						G	168—													

伊 宁 县

主要土类说明

灰钙土是伊宁县主要土壤类型,占本县地域面积的34%。主要分布在海拔650—800m的山前冲积扇及河流高阶地上。成土母质为黄土和黄土状母质,土壤质地是上部粗,下部细,在扇缘地带多为重壤至黏粒,小面积发育于由红色页岩风化物形成的洪积冲积母质上。其剖面发育微弱,分化不明显,腐殖质层较薄。表层2—3cm为疏松具有海绵状气孔,呈不规则裂隙的层片状结皮层。剖面通体碳酸盐反应强烈。

栗钙土是伊宁县第二大土壤类型,占本县地域面积的23%。主要分布在伊犁地区东部河谷地带,东部四县主要是牧业区。其发育于温带半干旱草原植被下。主要特征是剖面上部呈栗色,下部有菌丝状或斑块状或网纹状的钙积层。其剖面分化较为明显,表层3—5cm为栗灰色的草根密织层,紧接为腐殖质层,中部为钙积层。有机质含量通常在25—50g/kg。

黑毡土是伊宁县第三大土壤类型,占本县地域面积的17%。曾称亚高山草甸土。土壤母质是冰碛物。腐殖质积累明显,腐殖化程度相对较高,盐基不饱和或饱和度低,pH为5.0—8.0。分布黑毡土的区域为高原优良牧场,该土壤也是小麦等作物的高产土壤。剖面构型:表层具有明显的草皮层,灰褐色的腐殖质层,黄棕色的淀积层及母质层。草皮层较薄而松软,腐殖质层较厚,有机质含量较高,有机物的腐殖化程度也较强。

黑钙土占伊宁县地域面积的11%。黑钙土是发育于温带半湿润半干旱地区草甸草原和草原植被下的土壤。其剖面特征是:表层为厚度5—7cm的生草层,草根密织,稍紧实,无石灰反应。腐殖质层厚度30—60cm,颜色较暗,呈黑色或灰褐色,团粒状结构,有机质含量为70—100g/kg,呈中性、微碱性。

草甸土占伊宁县地域面积的5%。草甸土是发育于地势低平、受地下水或潜水的直接浸润并生长草甸植物的土壤。表层有机质含量为10—20g/kg,土壤质地以砂壤土、轻壤土为主。多分布在伊犁河谷的局部地区,地下水位较低,土壤质地不适合植被生长,植被稀疏,腐殖质积累过程较弱。其主要特征是:有机质含量较高,腐殖质层较厚,土壤团粒结构较好,水分较充分。

潮土占伊宁县地域面积的4%。主要分布在山前洪积冲积平原的泉水溢出带、低阶地及山间谷地。潮土是自然条件和农业生产措施的产物,是草甸土、沼泽土经开垦灌耕熟化的土壤。其主导的成土过程是潮化过程和灌耕熟化过程,附加过程主要是灌淤和盐化过程。剖面层次明显,土体潮润、阴湿,下部有明显的锈纹、锈斑。

灰褐土占伊宁县地域面积的4%。又称灰褐色森林土,是半干旱、干旱地区在气候较温凉湿润的山地森林灌丛植被下发育的土壤。其基本特征是:土壤剖面上部为枯枝落叶层、黑褐色的腐殖质层,中部为黏化层,底部多为钙积层。表层疏松富有弹性,具有多孔,保水、透水性能强。

本县面积小于3%的土壤类型还有沼泽土、草毡土、林灌草甸土、灌漠土、寒冻土等。

本区域中心区气候特征

本区域中心区气候特征值
Regional climate characteristics in central area of the region

气候带:中温带亚干旱气候 Climate region:Mid temperate sub arid climate	
年平均气温 /℃ Annual average temperature /℃	8.9
年平均最高气温 /℃ Annual average maximum temperature /℃	16.0
年平均最低气温 /℃ Annual average minimum temperature /℃	2.7
年降水量 /mm Annual precipitation /mm	226
≥10℃的积温 /℃ Daily temperature accumulated in a year(≥10℃)/℃	3290
年日照时数 /h Annual sunshine /h	2778
年平均相对湿度 /% Annual average relative humidity /%	63
干燥度 Dryness	3.04

本区域中心区月平均气温与月平均降水量
Monthly temperature and precipitation in central area of the region

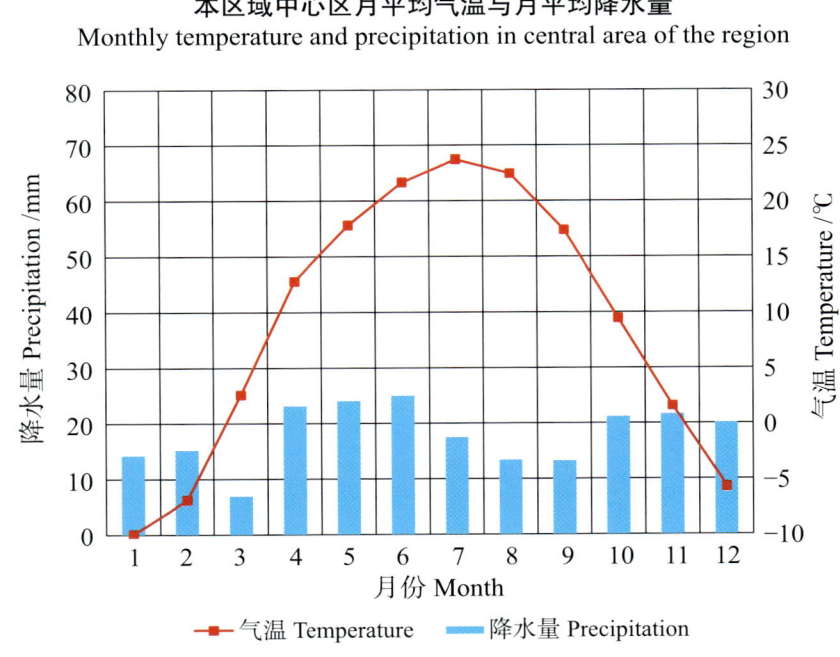

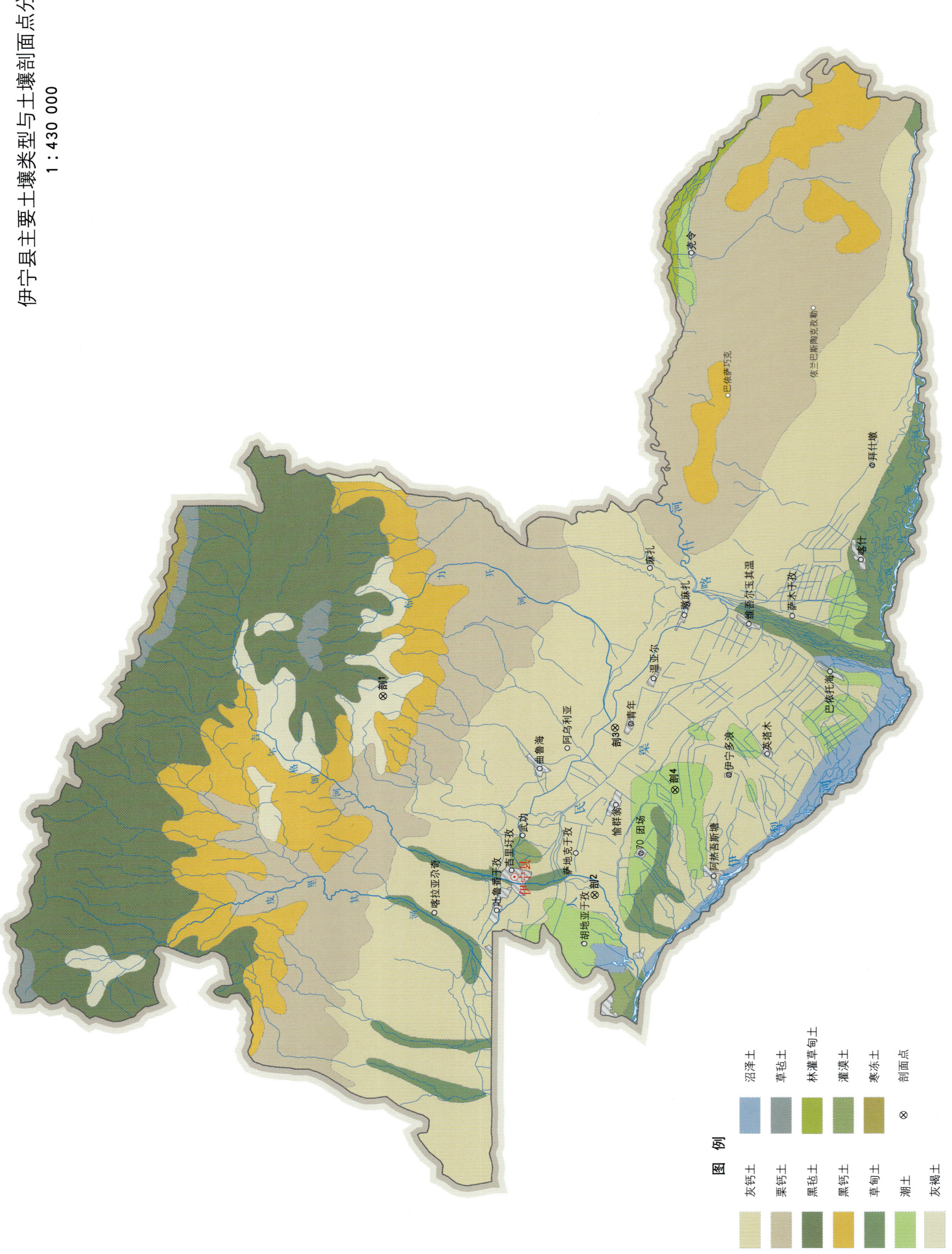

伊宁县土壤剖面理化性状表

剖面号 Soil profile	土纲 Soil order	土类 Soil great group	亚类 Soil subgroup	土属 Soil genus	土种 Soil species	土层码 Layer code	土层厚度 Depth/cm	颜色 Soil color	质地 Soil texture	土壤结构 Soil structure	pH	有机质 OM/(g/kg)	全氮 TN/(g/kg)	全磷 TP/(g/kg)	全钾 TK/(g/kg)	碱解氮 AN/(mg/kg)	有效磷 AP/(mg/kg)	速效钾 AK/(mg/kg)	阳离子交换量 CEC/(cmol/kg)	土壤母质 Parent material	剖面点坐标 Profile coordinate	匹配指数 Matching index/%
剖1	半淋溶土	灰褐土	灰褐土	生草灰褐土	野杏林土	As	0—10	棕褐色	粉砂质壤土	小块状	7.7	85.5	4.41	1.10					23.0	石灰岩坡积物、残积物	E 81°45′53.3″ N 44°06′10.8″	92
						Ah	10—25	灰棕色	粉砂质壤土	小块状	7.8	78.5	4.69	1.10					22.8			
						AB	25—39	暗棕褐色	粉砂质壤土	小块状	7.8	59.5	2.51	1.19					22.0			
						Bk	39—88	棕黄色	粉砂质壤土	小块状	8.0	43.7	2.41	1.19					16.5			
						Ck	88—116	淡棕黄色	粉砂质壤土	块状	8.0	11.1	0.66	0.89					19.5			
剖2	干旱土	灰钙土	灰钙土	灰钙黄土	底砾灰黄土	A₁₁	0—23	灰黄棕色	粉砂质壤土	小块状	8.5	11.9	0.59	0.71			4.0	192		黄土状母质	E 81°29′38.4″ N 43°54′26.6″	93
						A₁₂	23—35	灰黄棕色	粉砂质壤土	块状	8.7	10.2	0.58	0.62			7.0	160				
						AB	35—47	浊黄橙色	粉砂质壤土	块状	8.7	11.0	0.62	0.67			8.0	175				
						Bk	47—76	浊黄橙色	粉砂质壤土	块状	8.7	7.5	0.41	0.67			4.0	120				
						C	76—															
剖3	干旱土	灰钙土	灰钙土	灌耕灰钙土	红胶土	A₁₁	0—18	红棕色	粉砂质黏壤土	块状	8.2	16.4	1.20	0.95	24.5	100	12.0	385	21.3	洪积物、冲积物	E 81°43′06.2″ N 43°53′12.1″	78
						A₁₂	18—26	红棕色	粉砂质黏壤土	大核块状	7.9	15.2	0.98	0.72	24.5	99	2.0	376	20.0			
						B	26—56	红棕色	砂质壤土	小核块状	7.9	6.0	0.40	0.75		69	3.0	370	18.3			
						Bk	56—91	黄棕色	砂质壤土	块状	7.8	6.5	0.34	0.73		47	2.0	134	13.6			
						C	91—116	黄棕红色	重壤土		8.1	3.3	0.18	0.45		37	1.0	67	8.8			
剖4	半水成土	潮土	盐化潮土	硫酸盐盐化潮土		1	0—18	灰色	重壤土	块状、粒状	8.3	33.1	1.75	0.87							E 81°38′02.4″ N 43°49′53.0″	87
						2	18—31	黄灰色	重壤土	不明显块状	8.2	30.6	1.67	0.88								
						3	31—48	青灰色	重壤土	无明显结构	8.6	8.7	0.35	0.97								
						4	48—73	淡黄色	重壤土	无明显结构	8.5	3.1	0.19	0.79								

察布查尔锡伯自治县

主要土类说明

灰钙土是察布查尔锡伯自治县主要土壤类型，占本县地域面积的 37%。灰钙土为伊犁河谷的地带性土壤，分布在伊犁河南岸海拔 612—1200m 的山前洪积冲积平原和二、三级阶地上。灰钙土区地下水埋藏较深，从平原上部至二级阶地一般为 30—50m，在上部可深达 60m。植被属中亚短命植物蒿属半荒漠类型，以冷蒿、角果藜、早熟禾为主，伴生地肤及其他短命植物。由于降雨量少，蒸发量大，故地表植被稀疏，植被覆盖百分率只有 15%—35%。灰钙土有机质含量低，腐殖质层较薄，厚度 8—15cm。

栗钙土是察布查尔锡伯自治县第二大土壤类型，占本县地域面积的 14%。栗钙土分布在海拔 1200—1500m 的黑钙土带以下。土壤熟化程度较低。栗钙土区自然植被为羽茅、蒿属等组成的干草原类型。栗钙土在其形成过程中表层有薄的生草层，同样进行着腐殖质的积聚过程，腐殖质层较薄，呈褐棕色，一般厚度 15—25cm，有机质含量 30—60g/kg，团块状结构。碳酸钙在土体中的移动比较明显，钙积层一般出现在 40cm 左右，呈斑点状或脉纹状。石灰反应从表层开始，一般表层弱反应，中层极强，下层稍强。

草甸土是察布查尔锡伯自治县第三大土壤类型，占本县地域面积的 12%。草甸土主要分布在本县伊犁河低阶地以及扇缘地带。草甸土是直接受地下水浸润，在草甸植被下发育而成的半水成的土壤。草甸土的特征主要分为两个发生层，即腐殖质层和锈色斑纹层。腐殖质层因其有机质含量不同而呈暗色、灰色及棕灰色。底土层颜色较浅。草甸土分布区地下水位一般在 1.5—2.5m，中部有明显的锈色斑纹。草甸土有机质含量较高，一般表层的有机质含量为 20—40g/kg，最高可达 100g/kg 以上。

灰褐土占察布查尔锡伯自治县地域面积的 7%。主要发育于雪岭云杉林下，其次发育于云杉林下的落叶阔叶林和本区残遗群落的野果林。母质常为残积物、坡积物、冰水沉积物或黄土状物质，土层厚度多在 70—80cm。土壤剖面上部为枯枝落叶层、呈黑褐色的腐殖质层，中部为黏化层，底部多为钙积层。

黑钙土占察布查尔锡伯自治县地域面积的 7%。黑钙土主要分布在中山带森林以下，与灰褐色森林土呈复区分布，分布区域海拔 1500—2000m。成土母质以黄土状物质为主。植被主要有猫尾草、鸡脚草、鹅冠草、野苜蓿等，组成多种草类和禾本科草原，植被覆盖百分率达 80%—90%，草层高度一般在 60—70cm。

沼泽土占察布查尔锡伯自治县地域面积的 6%。本县沼泽土主要分布于扇缘低洼处以及河叉低地。地表植被主要为芦苇、蒲草、三棱草，尤其是芦苇成片分布。地下水位大多在 20—70cm，有的长期积水或季节性积水。母质以冲积物为主，质地较细，以中壤土为主。沼泽土的形成过程包括有机质的碳化和潜育化两个基本过程。

本县面积小于 5% 的土壤类型还有黑毡土、草毡土、草甸盐土、潮土、风沙土和寒冻土等。

本区域中心区气候特征

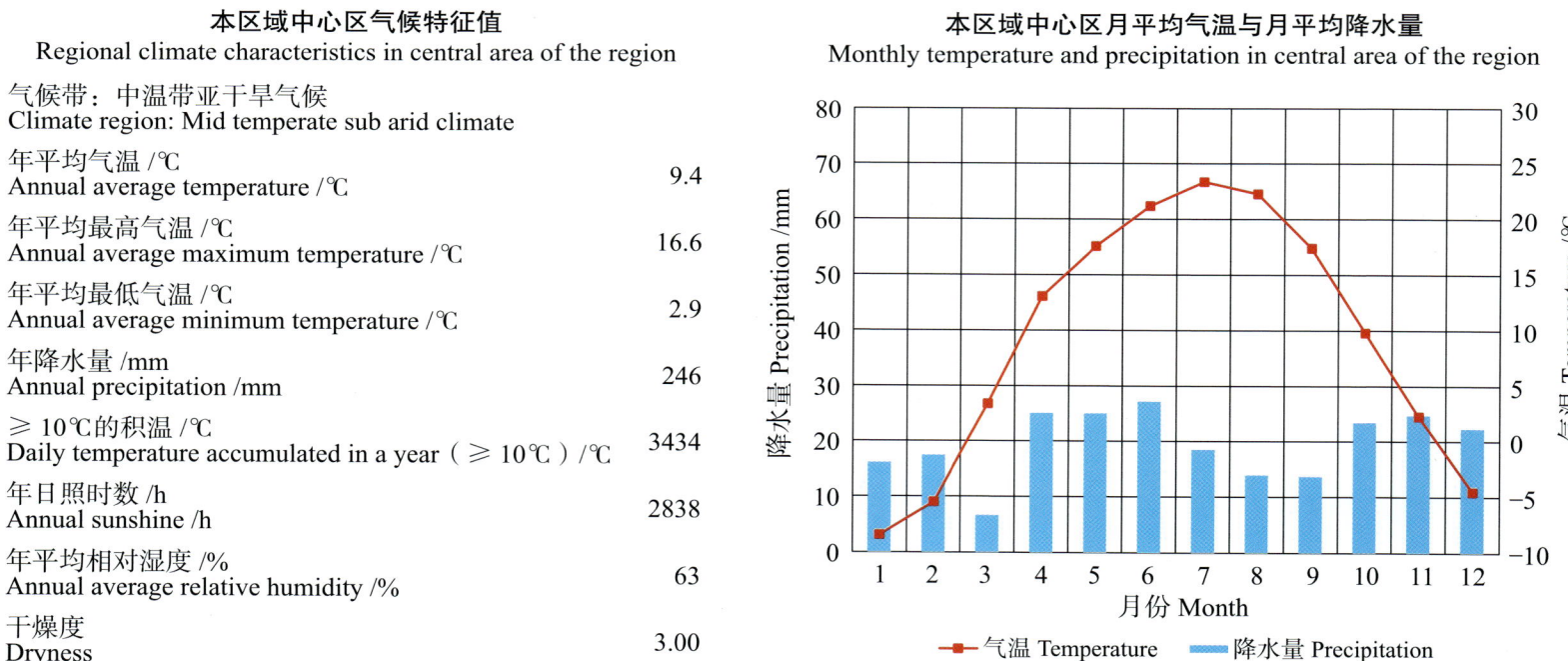

本区域中心区气候特征值
Regional climate characteristics in central area of the region

气候带：中温带亚干旱气候 Climate region: Mid temperate sub arid climate	
年平均气温 /℃ Annual average temperature /℃	9.4
年平均最高气温 /℃ Annual average maximum temperature /℃	16.6
年平均最低气温 /℃ Annual average minimum temperature /℃	2.9
年降水量 /mm Annual precipitation /mm	246
≥10℃的积温 /℃ Daily temperature accumulated in a year (≥10℃) /℃	3434
年日照时数 /h Annual sunshine /h	2838
年平均相对湿度 /% Annual average relative humidity /%	63
干燥度 Dryness	3.00

本区域中心区月平均气温与月平均降水量
Monthly temperature and precipitation in central area of the region

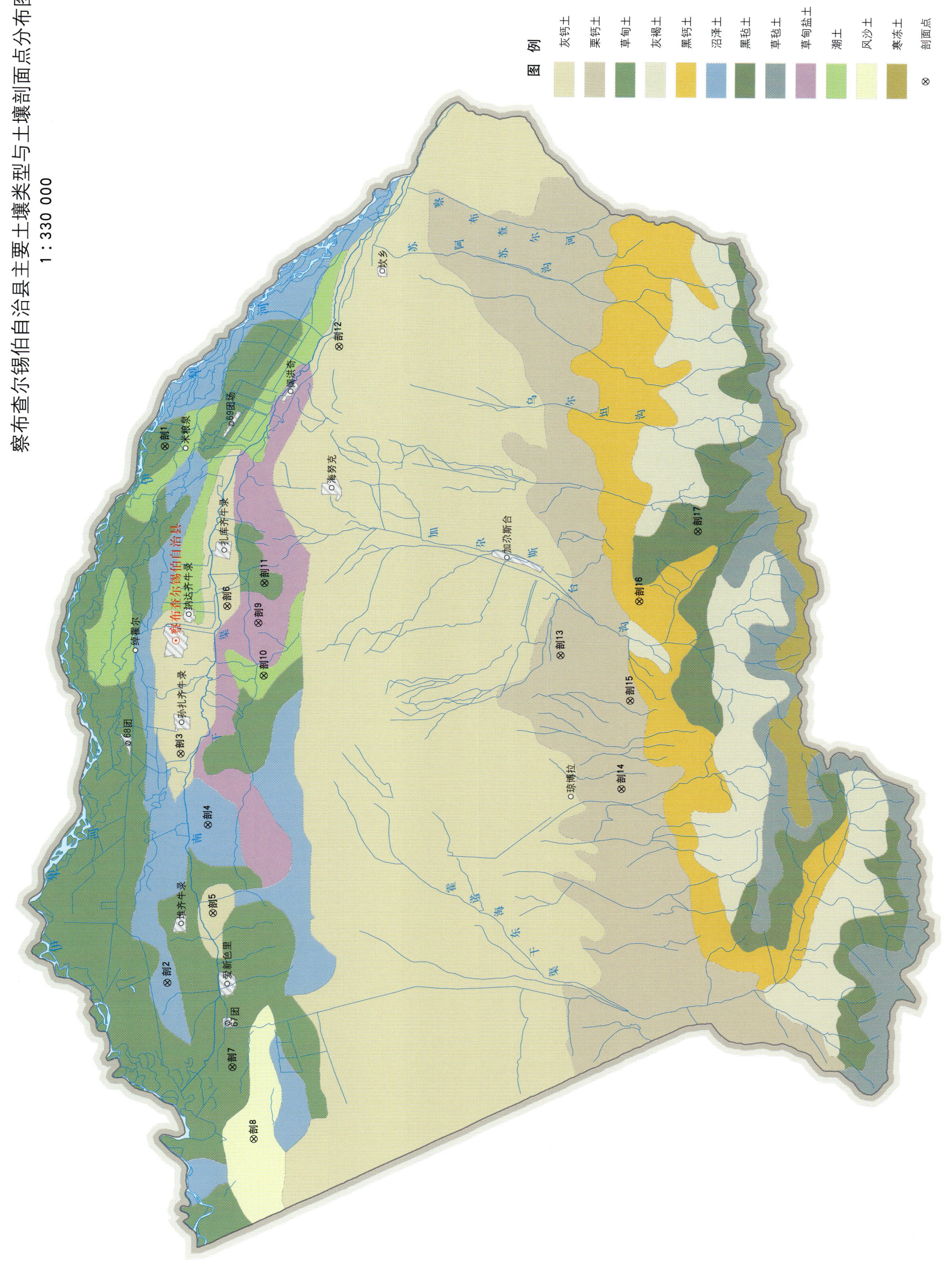

察布查尔锡伯自治县土壤剖面理化性状表

剖面号 Soil profile	土纲 Soil order	土类 Soil great group	亚类 Soil subgroup	土属 Soil genus	土种 Soil species	土层码 Layer code	土层厚度 Depth/cm	颜色 Soil color	质地 Soil texture	土壤结构 Soil structure	pH	有机质 OM/(g/kg)	全氮 TN/(g/kg)	全磷 TP/(g/kg)	全钾 TK/(g/kg)	碱解氮 AN/(mg/kg)	有效磷 AP/(mg/kg)	速效钾 AK/(mg/kg)	阳离子交换量CEC/(cmol/kg)	土壤母质 Parent material	剖面点坐标 Profile coordinate	匹配指数 Matching index/%
剖1	半水成土	草甸土	石灰性草甸土	灌耕石灰性草甸土	中层锈灰黄土	A_{11}	0—16	灰棕色	轻壤土	粒状	8.3	19.3	1.21	0.73						冲积物	E 81°21′27.0″ N 43°50′49.6″	90
						AC	16—32	淡黄灰色	砂壤土	小块状	8.4	19.6	1.31	0.65								
						Cu	32—55	灰棕色	轻壤土	块状	8.2	24.0	1.51	0.60								
						C	55—61	灰白色	细砂土		8.4	9.6	0.65	0.59								
剖2	水成土	沼泽土	草甸沼泽土			1	0—10	棕黑色	轻壤土	块状、粒状	8.2	62.2	3.31	0.77							E 80°47′42.0″ N 43°50′43.4″	88
						2	10—28	黑棕色	中壤土	块状	8.0	31.1	4.58	0.68								
						3	28—45	棕黑色	中壤土	块状	8.2	19.3	1.08	0.73								
						4	45—66	灰黄色	中壤土	块状	7.9	11.5	0.71	0.62								
剖3	干旱土	灰钙土	盐化灰钙土	硫酸盐灰钙泥砂土	盐灰黄土	J	0—2	淡灰色	黏壤土	片状	8.7	10.8	0.52	1.12	20.3	47	16.0	267		冲积物	E 81°02′06.4″ N 43°50′08.2″	89
						A	2—12	黄灰色	壤土	大块状	>9.5	9.5	0.47	1.12	20.8	26	12.0	363				
						AB	12—33	灰黄色	砂壤土	块状	9.3	6.9	0.35	1.01	20.9	20	2.0					
						By	33—85	黄棕色	壤土	块状	8.8	4.6	0.24	0.88	20.2	22	2.0					
						Ck	85—115	淡黄色	砂壤土	块状	8.8	2.9	0.13	0.82	20.7							
剖4	水成土	沼泽土	草甸沼泽土	沼甸土	青灰土	A_{11}	0—23	橄榄黑色	粉砂质黏壤土	粒状、小块状	7.9	64.0	2.83	0.89	18.8		9.0	170	21.6	冲积物	E 80°57′36.4″ N 43°48′56.2″	88
						A_{12}	23—31	灰色	壤质黏土	块状	8.3	15.5	0.73	0.78	21.0		4.0	150	12.5			
						Cg	31—71	淡棕灰色	砂壤土	块状	8.3	6.8	0.31	0.64	19.1		3.0	91	7.3			
						G	71—100	蓝灰色	粉砂质黏土	块状	8.2	7.2	0.33	0.57					8.2			
剖5	干旱土	灰钙土	草甸灰钙土	草甸灰钙土	底锈灰黄土	Ai	0—12	灰黄色	壤土	团块状	8.3	46.0	2.00	1.04	21.8		15.0	>500		冲积物	E 80°52′03.4″ N 43°48′42.8″	87
						A	12—31	暗黄色	黏土	块状	8.9	38.0	1.91	0.80	19.5		2.0	>500				
						AB	31—63	棕黄色	砂壤土	不明显块状	8.8	13.2	0.70	0.60	12.2		2.0	>500				
						Bk	63—105	淡棕黄色	重壤土	块状	8.7	7.4	0.45	0.49			1.0	196				
						Cku	105—125	灰蓝色	重壤土	块状	8.6	5.3	0.31	0.53			1.0	350				
剖6	干旱土	灰钙土	盐化灰钙土			1	0—4	灰黄色	轻壤土	片状	8.2										E 81°11′24.4″ N 43°48′05.8″	94
						2	4—19	黄灰色	轻壤土	小块状	8.5											
						3	19—40	淡棕色	轻壤土	块状	8.8											
						4	40—60	淡棕色	中壤土	块状	8.5											
						5	60—100	黄棕色	轻壤土	块状	8.6											
剖7	半水成土	草甸土	盐化草甸土			1	0—14	深棕色	中壤土	团粒状	8.3	75.7									E 80°42′27.0″ N 43°47′51.4″	86
						2	14—44	暗黄色	重壤土	小块状	8.5	46.8										
						3	44—66	棕黄色	重壤土	无明显结构	8.7											
						4	66—87	灰棕色	重壤土	无明显结构	8.7											
						5	87—101	灰蓝色	松砂土	无明显结构	8.5											
剖8	初育土	风沙土	荒漠风沙土	灌溉风沙土	黄砂土	1	0—14	灰黄色	砂壤土	小块状											E 80°37′59.2″ N 43°46′54.1″	92
						2	14—40	淡灰黄色	轻壤土	块状	8.6	22.2	1.02									
						3	40—70	灰黄色	砂壤土	粒状	8.8	18.1	1.00									
						4	70—101	灰黄色	轻壤土	粒状	8.8	15.7	1.00									
剖9	盐碱土	草甸盐土				1	0—2	淡棕灰色	轻壤土	小块状	8.6											E 81°10′20.3″ N 43°46′43.3″	79
						2	2—5	淡棕灰色	砂壤土	块状	8.9											
						3	5—17	灰棕色	砂壤土	小块状	8.8											
						4	17—32	淡灰黄色	轻壤土	块状	8.6											
						5	32—58	棕灰色	砂壤土	不明显块状	8.9											
						6	58—90	棕灰色	砂壤土	不明显块状	9.1											
						7	90—130				8.8											

续表 Continued

剖面号 Soil profile	土纲 Soil order	土类 Soil great group	亚类 Soil subgroup	土属 Soil genus	土种 Soil species	土层码 Layer code	土层厚度 Depth/cm	颜色 Soil color	质地 Soil texture	土壤结构 Soil structure	pH	有机质 OM/(g/kg)	全氮 TN/(g/kg)	全磷 TP/(g/kg)	全钾 TK/(g/kg)	碱解氮 AN/(mg/kg)	有效磷 AP/(mg/kg)	速效钾 AK/(mg/kg)	阳离子交换量CEC/(cmol/kg)	土壤母质 Parent material	剖面点坐标 Profile coordinate	匹配指数 Matching index/%
剖10	半水成土	潮土	盐化潮土	下潮地	轻壤质轻盐化黄灰土	1	0—19	淡灰色	砂壤土	小块状	8.6	7.9	0.50	0.63							E 81°07′00.8″ N 43°46′28.9″	83
						2	19—33				8.8	3.0	0.19	0.59								
						3	33—44				8.7	3.2	0.12	0.53								
						4	44—80	淡黄灰色	轻壤土	块状	8.3	9.1	0.60	0.54								
						5	80—															
剖11	半水成土	草甸土	石灰性草甸土	灌火甸壤土	钙灰灌甸土	A_{11}	0—23	棕灰色	粉砂质壤土	粒状、小块状	8.2	26.1	1.58	0.78	20.9		3.0		10.7	冲积物	E 81°12′51.1″ N 43°46′27.1″	93
						Cu_1	23—51	灰黄色	粉砂质壤土	块状	8.4	8.4	0.39	0.66			1.0		7.8			
						Cu_2	51—70	橄榄灰色	黏壤土	小块状	8.5	8.0	0.43	0.57			1.0		7.0			
						Cu_3	70—100	淡黄色	砂壤土	无明显结构	8.7	3.9	0.25	0.62			1.0		4.9			
剖12	干旱土	灰钙土	灰钙土	淡灰钙黄土	淡灰黄土	J	0—2	灰黄色	砂质黏壤土	片状	8.6	16.3	0.92	0.95	18.8		19.0	340		黄土状母质	E 81°27′41.8″ N 43°43′09.1″	95
						A	2—25	黄色	黏壤土	块状	8.8	7.4	0.43	0.78	17.6		4.0	255				
						Bk	25—47	灰棕色	砂质黏壤土	块状	8.8	6.3	0.29	0.69	16.9		3.0	148				
						Cy	47—72	灰棕色	砂壤土	块状	8.0	4.1	0.18	0.50	22.0			127				
						C	72—100															
剖13	钙层土	栗钙土	栗钙土	耕种栗钙土	旱耕栗钙土	A_{11}	0—18	栗色	轻壤土	小块状	8.0	31.5	1.45	0.54						黄土状母质	E 81°08′17.2″ N 43°33′25.9″	91
						A_{12}	18—29	淡灰棕色	中壤土	板块状	8.1	22.0	1.14	0.56								
						ABk	29—66	淡灰色	中壤土	块状	8.5	13.4	0.66	0.59								
						Bk	66—102	淡黄色	中壤土	块状	8.6	11.8	0.55	0.69			3.0					
剖14	钙层土	栗钙土	淡栗钙土			1	0—8	灰黄色	砂壤土	块状、粒状	<4.5	24.3	1.48	0.86							E 80°59′53.9″ N 43°30′45.7″	81
						2	8—30	淡黄色	轻壤土	块状	<4.5	18.6	1.18	0.59								
						3	30—50	淡黄白色	轻壤土	块状	<4.5	8.7	0.33	0.30								
剖15	钙层土	栗钙土	暗栗钙土			1	0—6	褐灰色	轻壤土	团粒状	7.3	106.1	5.67	1.93							E 81°05′26.5″ N 43°30′22.3″	87
						2	6—34	暗棕褐色	轻壤土	团块状	7.0	64.1	2.33	1.47								
						3	34—47	黄棕褐色	中壤土	核块状	7.4	34.2	1.86	1.35								
						4	47—62	淡棕褐色	中壤土	核块状	8.0	23.2	1.44	1.68								
						5	62—82	淡黄色	中壤土	块状												
剖16	钙层土	黑钙土				1	0—9	暗棕褐色	轻壤土	团粒状	7.5	157.5	>6.00	3.40		1188	15.5				E 81°11′40.9″ N 43°29′58.6″	86
						2	9—32	暗棕褐色	中壤土	团块状	7.2	82.7	4.23	0.81		>400	7.5					
						3	32—56	淡灰褐色	中壤土	核块状	7.2	54.2	2.93	0.63		>400	4.5					
						4	56—80	淡灰黄色	中壤土	块状	7.4	11.2	0.76	0.26		367	2.0					
						5	80—105	淡黄色	中壤土	核状	7.9	10.6	0.77	0.29								
						6	105—125	淡灰黄色	中壤土	核状	8.2	11.9	0.76	0.54								
剖17	高山土	黑毡土				1	0—5	暗棕褐色	轻壤土	粒状	7.2	>250.0	>6.00	2.28							E 81°16′03.4″ N 43°27′23.8″	90
						2	5—20	暗棕褐色	中壤土	团块状	7.6	242.1	>6.00	2.28								
						3	20—30	棕褐色	轻壤土	团块状	7.9	205.2	>6.00	1.96								
						4	30—53	暗灰棕色	轻壤土	不明显块状	8.2	84.4	3.42	0.49								
						5	53—80	淡棕黄色														

霍 城 县

主要土类说明

灰钙土是霍城县主要土壤类型，占本县地域面积的 35%。灰钙土是伊犁谷地的地带性土壤，广泛发育于覆盖有黄土状母质的高阶地和山前洪积冲积倾斜平原上，地下水埋藏一般在 5—10m 或更深。植被属中亚短命植物蒿属半荒漠类型，以冷蒿、角果藜、早熟禾为主，伴生地肤及其他短命植物。在灰钙土的形成过程中，有生物累积过程、碳酸钙移动过程和黏化过程等。灰钙土表层有机质含量为 10—25g/kg，随地形部位的升高，有机质含量亦逐渐升高。土壤 pH 为 8.0—8.8，总盐含量为 0.1%—0.4%。

黑毡土是霍城县第二大土壤类型，占本县地域面积的 15%。母质以坡积物和残积物为主，也有黄土状物质。剖面特征：表层具有明显的草皮层，灰褐色的腐殖质层，黄棕色的淀积层及母质层。腐殖质层厚度一般在 20—40cm，有机质含量高达 150—250g/kg。土壤表层呈中性，至母质层为弱碱性。碳酸钙及其他碳酸盐淋溶作用强，至剖面底部已明显淀积，一般高度在 50—70cm。

草甸土是霍城县第三大土壤类型，占本县地域面积的 9%。草甸土是发育于比较年轻的沉积物（冲积物、湖积物）成土母质上的一种土壤。它是经过水成土壤的一系列成土过程而形成的。草甸土的形成，具有很明显的腐殖质积累过程。腐殖质层较明显，地表根系密织。土壤剖面的中下部具有青灰色的潜育层。

栗钙土占霍城县地域面积的 8%。植被属于干草原类型，植被成分比较稳定。成土母质主要为黄土状物质和河流冲积物，质地多轻壤土、中壤土。形成的基本过程以腐殖质积累过程和钙化过程为主。腐殖质层有机质含量为 25—50g/kg。栗钙土中的易溶性盐分已基本消失，没有明显的盐渍化表现。

草毡土占霍城县地域面积的 8%。主要分布于海拔 2800—3400m 区域。土壤夜冻昼融现象显著，地表常有冻裂与土滑作用发生。植被以低矮呈垫状的蒿草、苔草为主，植被覆盖百分率为 60%—70%。土壤呈微酸性至中性，剖面碳酸钙含量极低。

灰褐土占霍城县地域面积的 7%。主要发育于雪岭云杉林下，其次发育于云杉林下的落叶阔叶林和本区残遗群落的野果林。母质常为残积物、坡积物、冰水沉积物或黄土状物质，土层厚度 70—80cm。土壤剖面上部为枯枝落叶层、黑褐色的腐殖质层，中部为黏化层，底部多为钙积层。

风沙土占霍城县地域面积的 6%。分布范围大致在霍城县东部平原。风沙土是沙漠地区在风成沙性母质上发育起来的土壤。一般只发育成具有不明显的结皮和稍微变紧的表土层，其下即为松散的沙质母土层。有机质的积累过程十分微弱，因此有机质含量极少。因风蚀和风积作用，表土和深土发生频繁变化，看不出它的发育层次。

本县面积小于 5% 的土壤类型还有黑钙土、寒冻土、沼泽土、潮土、灌漠土、草甸盐土等。

本区域中心区气候特征

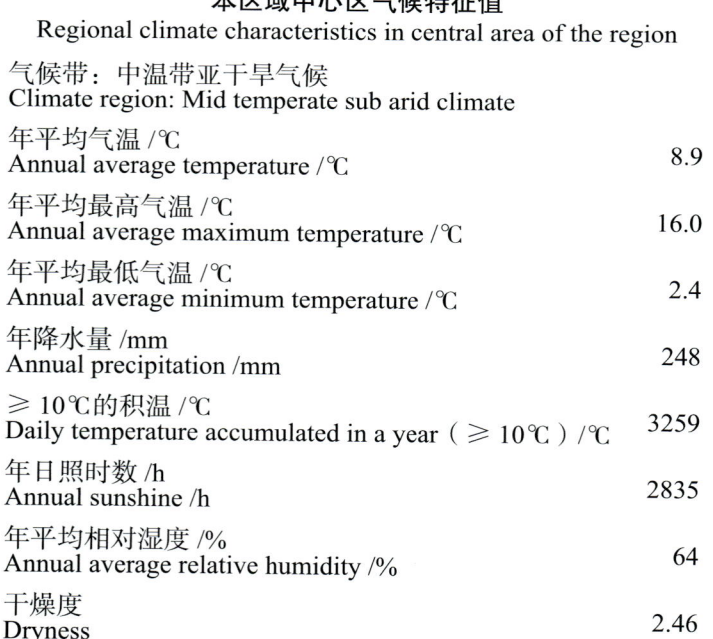

本区域中心区气候特征值
Regional climate characteristics in central area of the region

气候带：中温带亚干旱气候 Climate region: Mid temperate sub arid climate	
年平均气温 /℃ Annual average temperature /℃	8.9
年平均最高气温 /℃ Annual average maximum temperature /℃	16.0
年平均最低气温 /℃ Annual average minimum temperature /℃	2.4
年降水量 /mm Annual precipitation /mm	248
≥ 10℃的积温 /℃ Daily temperature accumulated in a year（≥ 10℃）/℃	3259
年日照时数 /h Annual sunshine /h	2835
年平均相对湿度 /% Annual average relative humidity /%	64
干燥度 Dryness	2.46

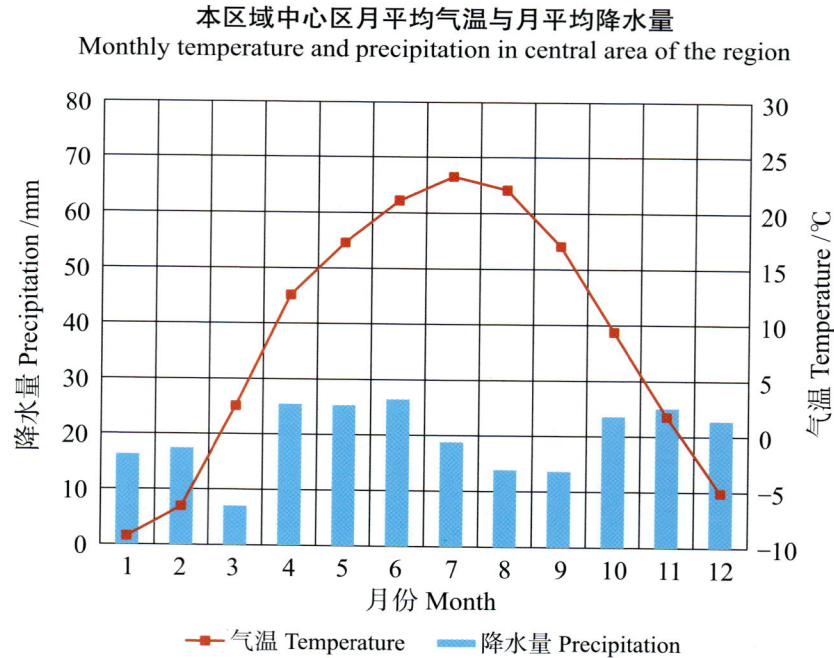

本区域中心区月平均气温与月平均降水量
Monthly temperature and precipitation in central area of the region

霍城县主要土壤类型与土壤剖面点分布图

1:440 000

图例

- 灰钙土
- 黑毡土
- 草甸土
- 栗钙土
- 草毡土
- 灰褐土
- 风沙土
- 黑钙土
- 寒冻土
- 沼泽土
- 潮土
- 灌漠土
- 草甸盐土
- ⊗ 剖面点

注：国务院2014年6月批准，设立县级霍尔果斯市。
国务院2015年3月批准，设立县级可克达拉市，由自治区直辖。

第二编 分县土壤图与土壤剖面数据 | 233

霍城县土壤剖面理化性状表

剖面号 Soil profile	土纲 Soil order	土类 Soil great group	亚类 Soil subgroup	土属 Soil genus	土种 Soil species	土层码 Layer code	土层厚度 Depth/cm	颜色 Soil color	质地 Soil texture	土壤结构 Soil structure	pH	有机质 OM/(g/kg)	全氮 TN/(g/kg)	全磷 TP/(g/kg)	全钾 TK/(g/kg)	碱解氮 AN/(mg/kg)	有效磷 AP/(mg/kg)	阳离子交换量CEC/(cmol/kg)	土壤母质 Parent material	剖面点坐标 Profile coordinate	匹配指数 Matching index/%
剖1	高山土	草毡土				1	0–7	黑褐色	轻壤土	团粒状	6.7	>250.0	>6.00			130	3.2			E 81°17′07.1″ N 44°26′25.8″	92
						2	7–20	褐褐色	轻壤土	团粒状	6.8	138.9	>6.00			102	<1.0				
						3	20–40	棕褐色	轻壤土	团粒状	6.9	87.0	4.83								
						4	40–60	棕黄色	重壤土	团粒状	8.9	10.4									
剖2	钙层土	黑钙土	黑钙土	山地黑钙土		1	0–6	灰黑色	轻壤土	团粒状	7.0	114.5	>6.00	3.12		85	9.5			E 80°58′47.3″ N 44°23′16.1″	86
						2	6–17	暗棕褐色	轻壤土	团粒状	6.6	99.4	>6.00	3.25		84	9.4				
						3	17–42	暗棕褐色	轻壤土	团粒状	6.9	50.1	3.06	2.50			9.5				
						4	42–68	淡青褐色	轻壤土	块状											
						5	68–84	灰棕色	中壤土	块状											
						6	84–103	黄棕色	中壤土	块状											
						7	103–130	棕黄色	中壤土	块状											
剖3	高山土	黑钙土				1	0–4	灰褐色	中壤土	粒状	6.2	>250.0	>6.00	>4.00		160	4.7			E 81°11′04.2″ N 44°22′18.8″	91
						2	4–14	褐灰褐色	中壤土	团块状	5.8	77.0	4.50	3.75		67	1.7				
						3	14–35	灰褐色	中壤土	团粒状	6.8	49.3	2.55	3.12							
						4	35–57	褐黄色	中壤土												
剖4	钙层土	栗钙土	栗钙土	山地栗钙土		1	0–8	暗栗色	轻壤土	粒状	6.6	89.9	5.53	0.93						E 81°08′04.2″ N 44°16′46.2″	85
						2	8–34	栗色	中壤土	团粒状	6.9	61.1	3.39	0.74							
						3	34–71	淡黄色	中壤土	团粒状	7.7	23.6	1.16	0.65							
						4	71–84	淡黄色	中壤土	小核状	8.6	14.5	0.94	0.70							
						5	84–	淡黄色	中壤土	小核状	8.7	13.0	0.65	0.65							
剖5	干旱土	灰钙土	草甸灰钙土	灌耕草甸灰钙土	灌耕底锈灰黄土	A_{11}	0–26	淡黄灰色	中壤土	棱块状	7.7	21.5	1.00	0.80	24.7				冲积物	E 80°30′07.9″ N 44°12′02.9″	82
						A_{12}	26–32	淡黄灰色	中壤土	块状	7.6	19.3	1.14	0.76	26.1						
						Bk	32–93	灰黄色	中壤土	块状	7.7	19.4	0.40	0.66	24.2						
						Cu	93–121	棕黄色	轻壤土	块状	7.8	7.2	0.40	0.66	23.4						
剖6	盐碱土	草甸盐土	草甸盐土			1	0–3		中壤土	无明显结构	8.7	45.6	2.13	0.71						E 80°37′30.7″ N 44°06′57.2″	91
						2	3–42	暗灰色	中壤土	块状	8.8	15.9	0.70	0.73							
						3	42–65	棕灰色	中壤土	块状	9.0	13.4	0.64	0.64							
						4	65–84	青灰色	重壤土		8.6	9.8	0.58	0.51							
剖7	半水成土	草甸土	盐化草甸土			1	0–1		轻壤土	团块状	8.2	19.9	0.92	0.76						E 80°42′02.9″ N 44°05′33.4″	80
						2	1–18	暗灰色	中壤土	块状	8.0	6.9	0.25	0.85							
						3	18–48	灰褐色	中壤土	核状	8.1	5.8	0.25	0.74							
						4	48–77	灰蓝色	轻壤土	核状	8.1	8.7	0.30	0.81							
						5	77–147	黄色	中壤土	片状	8.5	3.5	0.15	0.68							
						6	147–														
剖8	半水成土	潮土	盐化潮土	下潮土	微盐化潮土	1	0–21	暗灰色	中壤土	核块状	8.4	23.3	1.31	0.74						E 80°45′02.9″ N 44°03′36.0″	79
						2	21–42	淡灰色	中壤土	核状	8.2	13.1	1.06	0.81							
						3	42–73	灰色	轻壤土	块状	7.7	13.8	0.71	0.76							
						4	73–100	灰黄色	砂土	无明显结构	7.7	1.8	0.12	0.60							

续表 Continued

剖面号 Soil profile	土纲 Soil order	土类 Soil great group	亚类 Soil subgroup	土属 Soil genus	土种 Soil species	土层码 Layer code	土层厚度 Depth/cm	颜色 Soil color	质地 Soil texture	土壤结构 Soil structure	pH	有机质 OM/(g/kg)	全氮 TN/(g/kg)	全磷 TP/(g/kg)	全钾 TK/(g/kg)	碱解氮 AN/(mg/kg)	有效磷 AP/(mg/kg)	阳离子交换量 CEC/(cmol/kg)	土壤母质 Parent material	剖面点坐标 Profile coordinate	匹配指数 Matching index/%
剖9	初育土	风沙土	荒漠风沙土	灌溉风沙土		1	0—13	灰黄色	砂土	不明显块状	8.6	18.3	0.71	0.83						E 80°47′51.4″ N 43°59′23.3″	92
						2	13—21	灰黄色	砂土	不明显块状	8.7	16.0	0.54	0.81							
						3	21—33	黄灰色	轻壤土	不明显块状	8.8	15.3	0.89	0.94							
						4	33—54	淡灰黄色	砂壤土	不明显块状	8.8	6.5	0.27	0.88							
						5	54—71	黄灰色	砂壤土	不明显块状	8.9	8.9	0.28	0.76							
						6	71—105	浅黄色	砂土	无明显结构	8.8	4.6	0.29	0.74							
剖10	初育土	风沙土	荒漠风沙土	半固定风沙土		1	0—12	黄色	粉砂土	无明显结构	4.8	2.6	0.16	0.47						E 80°30′59.8″ N 43°57′32.8″	92
						2	12—52	黄色	粉砂土	不明显块状	7.7	2.2	<0.10	0.42							
						3	52—115	黄色	粉砂土	无明显结构	6.8	1.5	<0.10	0.30							
剖11	初育土	风沙土	荒漠风沙土	固定风沙土		1	0—13	浅黄色	砂土	无明显结构	7.9	5.5	0.23	0.46						E 80°42′51.8″ N 43°57′24.5″	78
						2	13—130	黄白色	砂土	无明显结构	6.9	4.8	0.48	0.44							
剖12	水成土	沼泽土	草甸沼泽土			1	0—5	棕灰色	轻壤土	无明显结构	8.2	101.6	2.91	0.82						E 80°46′12.7″ N 43°56′41.6″	90
						2	5—19	灰黑色	砂壤土	团块状	8.2	115.0	5.15	0.74							
						3	19—33				8.1	43.3	2.12	0.86							
						4	33—73				8.1	18.4	>6.00	0.86							
剖13	初育土	风沙土	荒漠风沙土	荒漠固沙土	湿漠砂土	A_{11}	0—28	灰黄色	砂壤土	不明显块状	8.9	6.6	0.26	0.67	22.2			13.6	风积砂	E 80°38′32.6″ N 43°54′49.7″	78
						AC	28—41	灰黄色	砂壤土	片状	8.7	8.1	0.57	0.75	17.5			8.1			
						C_1	41—72	淡黄色	壤质砂土	单粒状	8.6	4.2	0.26	0.57	19.5			8.7			
						C_2	72—120	淡黄色	砂壤土	块状	8.9	4.3	0.21	0.72				13.3			

巩留县

主要土类说明

黑钙土是巩留县主要土壤类型，占本县地域面积的 17%。在特克斯河谷地的丘陵和低山呈带状分布。黑钙土是在比较寒冷且多降水，草原植被生长繁茂的条件下形成的土壤。在形成过程中主要进行强烈的腐殖质积累过程，剖面中形成明显的斑眼状钙积层。表层为 5—7cm 厚的生草层，腐殖质层深度达 30—60cm，下为舌状淋溶层，剖面 50—70cm 以下为斑点状或斑眼状的钙积层。土壤呈中性、微碱性。

草毡土是巩留县第二大土壤类型，占本县地域面积的 17%。一般分布在海拔 2800—3400m 区域。成土母质为冰水沉积物、坡积物或残积物。植被以低矮呈垫状的蒿草、苔草为主，植被覆盖百分率 60%—70%。土壤夜冻昼融现象显著，地表常有冻裂与土滑作用发生。草毡土具有软韧弹性，有根系交织密集的草根层，也有发育良好的腐殖质层，主要为分解不完的粗有机质，厚度 20—40cm，有机质含量在 100—200g/kg。

灰褐土是巩留县第三大土壤类型，占本县地域面积的 16%。主要发育于雪岭云杉林下，其次发育于云杉林下的落叶阔叶林和本区残遗群落的野果林。母质常为残积物、坡积物、冰水沉积物或黄土状物质，土层厚度多在 70—80cm。土壤剖面上部为枯枝落叶层、黑褐色的腐殖质层，中部为黏化层，底部多为钙积层。

灰钙土占巩留县地域面积的 15%。主要分布于本县海拔 697—1100m 的西部农区。灰钙土分布于特克斯河下游、伊犁河上游的伊犁谷地（上段）平原。形成过程中有生物累积过程、碳酸钙移动过程和黏化过程。表层有机质含量在 10—20g/kg，腐殖质积累仍然比较明显，多集中在 30cm 以内，有的可深 40—60cm，但含量少，多呈淡黄色，整个剖面的碳酸钙含量都较高，再往下为母质，呈弱碱、碱性。

栗钙土占巩留县地域面积的 14%。栗钙土分布在海拔 1100—1400m 的低山丘陵谷地。剖面形态分化较明显，表层有机质积累较丰富，腐殖质层厚度因所处自然条件的不同而变化甚大，一般为 20—50cm，有机质含量通常在 20—50g/kg。腐殖质层下部出现碳酸钙的淀积层，多呈斑点状或假菌丝体状，碳酸钙的含量在 50g/kg 以上。剖面上中部呈微碱性，但未见盐渍化现象。土壤疏松，质地多为轻壤土、重壤土、粒状或块粒状结构，耕性好，透水性强，孔隙率 52%—65%，土壤肥沃。

草甸土占巩留县地域面积的 7%。由于草甸草本植物生长繁茂，根系发达密织，而且分布较深，每年入秋死亡后在嫌气条件下分解，有利于腐殖质积累，表层土壤腐殖质含量较高。草甸土地下水位高，潜水可通过毛管作用到达地表，并随季节性影响，地下水升降频繁，从而引起土体中的氧化还原过程交替进行，常在土壤剖面中出现锈纹、锈斑。草甸土的潜育化过程不十分明显，没有明显的潜育层。土壤有机质含量较多，颜色较暗，有不同程度的盐化现象，土壤 pH 较高。

本县面积小于 5% 的土壤类型还有黑毡土、寒冻土、潮土、沼泽土、草甸盐土、林灌草甸土等。

本区域中心区气候特征

本区域中心区气候特征值
Regional climate characteristics in central area of the region

气候带：中温带亚干旱气候 Climate region: Mid temperate sub arid climate	
年平均气温 /℃ Annual average temperature /℃	9.5
年平均最高气温 /℃ Annual average maximum temperature /℃	16.3
年平均最低气温 /℃ Annual average minimum temperature /℃	3.4
年降水量 /mm Annual precipitation /mm	187
≥10℃的积温 /℃ Daily temperature accumulated in a year（≥10℃）/℃	3473
年日照时数 /h Annual sunshine /h	2737
年平均相对湿度 /% Annual average relative humidity /%	60
干燥度 Dryness	4.46

本区域中心区月平均气温与月平均降水量
Monthly temperature and precipitation in central area of the region

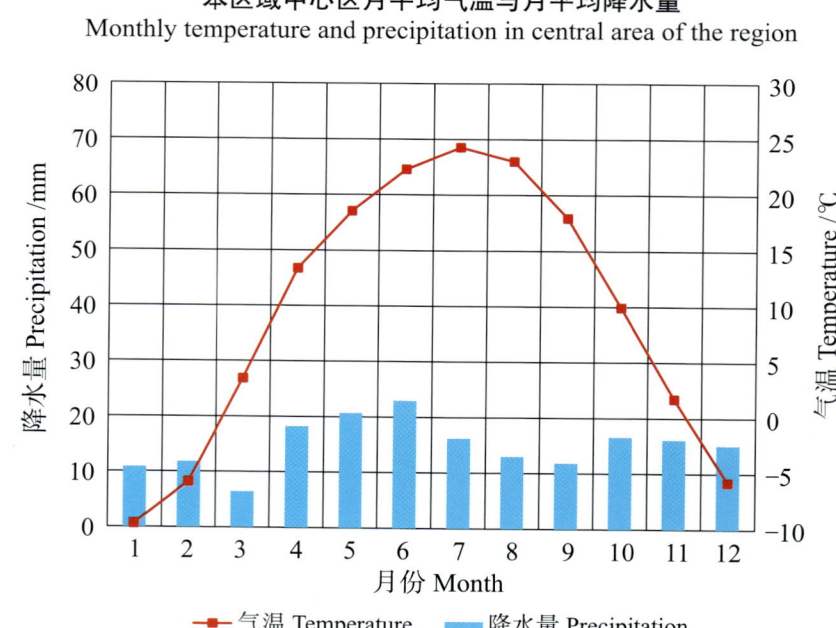

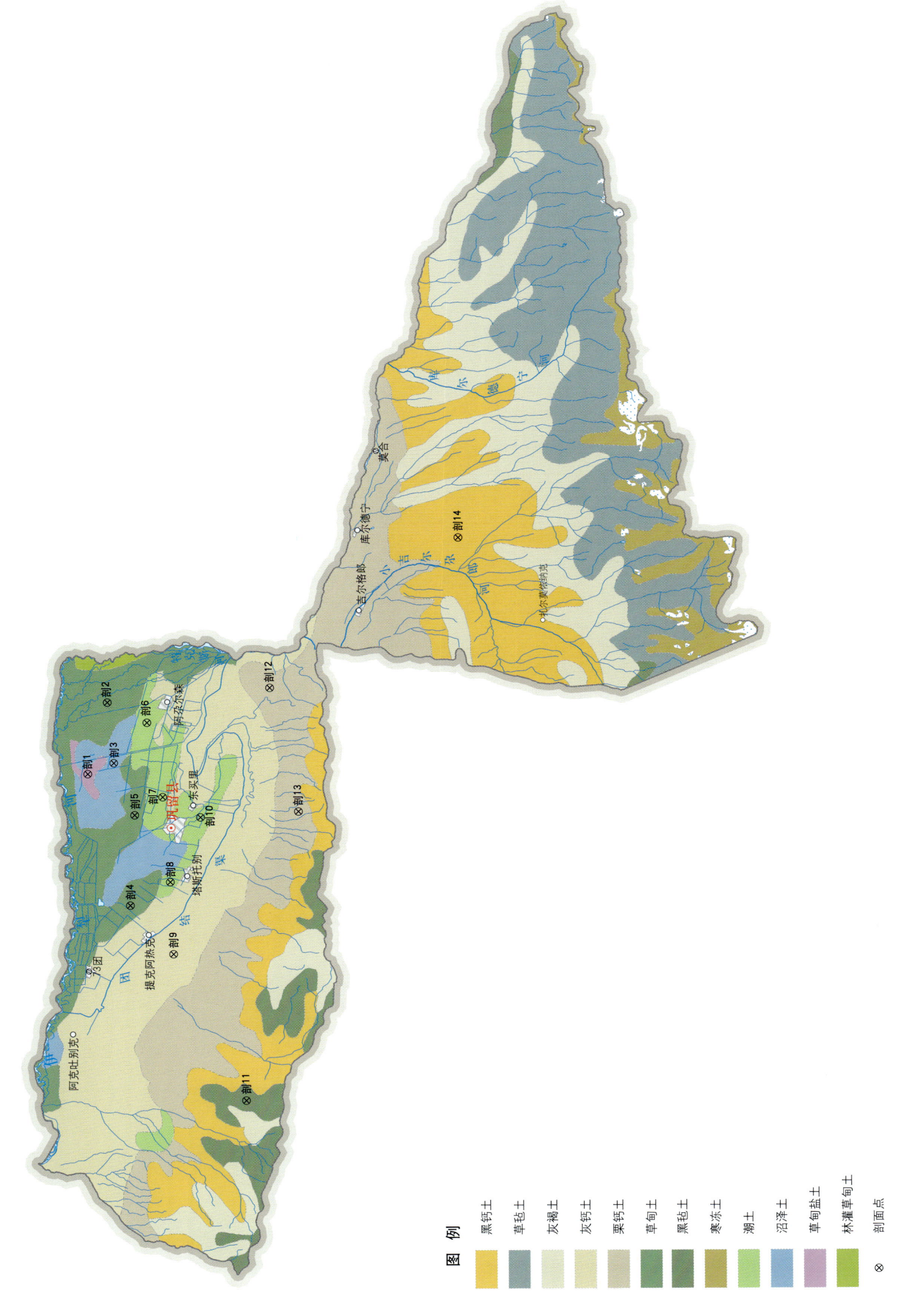

巩留县土壤剖面理化性状表

剖面号 Soil profile	土纲 Soil order	土类 Soil great group	亚类 Soil subgroup	土属 Soil genus	土种 Soil species	土层码 Layer code	土层厚度 Depth/cm	颜色 Soil color	质地 Soil texture	土壤结构 Soil structure	pH	有机质 OM/(g/kg)	全氮 TN/(g/kg)	全磷 TP/(g/kg)	全钾 TK/(g/kg)	碱解氮 AN/(mg/kg)	有效磷 AP/(mg/kg)	速效钾 AK/(mg/kg)	阳离子交换量 CEC/(cmol/kg)	土壤母质 Parent material	剖面点坐标 Profile coordinate	匹配指数 Matching index/%
剖1	盐碱土	草甸盐土	草甸盐土				1	0–1				8.7	47.7	2.33	0.77		14	2.05				E 82° 18′ 15.5″ N 43° 34′ 21.0″	83
							2	1–10				8.4	39.1	1.97	0.79		10	0.74					
							3	10–28				8.1	20.1	0.76	0.74		5	0.48					
							4	28–60				8.6											
							5	60–82				8.9											
							6	82–100				8.6											
剖2	半水成土	草甸土	盐化草甸土	硫酸盐盐化草甸土			1	0–12				8.4	16.7	0.73								E 82° 24′ 45.0″ N 43° 33′ 01.4″	78
							2	12–49				8.3	7.9	0.29									
							3	49–119				8.4	5.4	0.20									
剖3	水成土	沼泽土	草甸沼泽土	硫酸盐			1	0–12	暗灰色	中壤土	块状、粒状	8.3	175.4	>6.00								E 82° 19′ 13.1″ N 43° 32′ 40.9″	79
							2	12–30	暗灰色	中壤土	小块状	8.4	55.9	2.95									
							3	30–92	淡灰色	中壤土	块状	8.2	15.6	0.70									
剖4	半水成土	草甸土	盐化草甸土	氯化物硫酸盐化草甸土			1	0–28				8.4	12.0	0.52								E 82° 06′ 12.2″ N 43° 31′ 47.3″	80
							2	28–66				8.3	5.1	0.25									
							3	66–174				8.3	4.5	<0.10									
剖5	半水成土	草甸土	盐化草甸土	氯化物硫酸盐盐化草甸土			1	0–15				8.4	9.8	0.29								E 82° 14′ 25.8″ N 43° 31′ 23.9″	83
							2	15–38				8.6	7.5	0.23									
							3	38–110				8.5	7.6	0.29									
剖6	半水成土	潮土	潮土	潮壤土	下潮黄土	A_{11}	0–18	黄灰色	粉砂质黏壤土	小粒状、块状	8.2	19.5	1.16	0.75	16.7		4.0	211		冲积物	E 82° 22′ 51.2″ N 43° 30′ 30.6″	91
						A_{12}	18–31	黄灰色	粉砂质黏壤土	块状	8.4	10.7	0.56	0.77	21.2		3.0	180				
						Cu_1	31–54	油黄色	粉砂质黏壤土	块状	8.3	9.2	0.53	0.67			5.0	164				
						Cu_2	54–88	黄棕色	粉砂质黏壤土	块状	8.5	8.5	0.33	0.74			2.0	130				
						Cu_3	88–130	黄棕色	中壤土	大块状	8.2	9.3	0.52	0.80			3.0	159				
剖7	半水成土	潮土	潮土	黄潮土	底黏下潮黄土	A_{11}	0–20	灰黄色	中壤土	小块状	8.4	22.4	1.17	0.50						冲积物	E 82° 16′ 02.6″ N 43° 29′ 36.2″	79
						A_{12}	20–50	淡黄色	中壤土	块状	8.4	9.4	0.39	0.48								
						Cu_1	50–80	棕黄色	中壤土	大块状	8.3	5.6	0.13	0.47								
						Cu_2	80–120	黄棕色	黏土		8.3	11.5	0.73	0.67								
剖8	半水成土	潮土	盐化潮土	硫酸盐氯化物盐化潮土	轻盐化黄灰土	1	0–25				8.7										E 82° 08′ 17.9″ N 43° 29′ 12.8″	91
						2	25–36				8.4											
						3	36–140				8.5											
剖9	干旱土	灰钙土	灰钙土	灰钙黄土	巩留灰黄土	J	0–2	淡灰黄色	粉砂质壤土	片状	8.5	28.5	1.74	0.98	24.0		26.0	373	11.4	黄土状母质	E 82° 01′ 44.0″ N 43° 29′ 05.6″	78
						A	2–13	油黄棕色	粉砂质壤土	块状	8.5	15.2	1.06	0.72	25.6		7.0	335	18.3			
						ABk	13–36	油黄棕色	粉砂质壤土	块状	8.5	14.5	0.99	0.76			9.0	165	21.1			
						Bk	36–50	黄棕色	粉砂质壤土	块状	8.9	11.4	0.83	0.72			12.0	79	17.5			
						C	50–70	黄棕色	壤土	块状	8.7	6.4	0.49	0.73			3.0	149				
剖10	半水成土	潮土	盐化潮土	氯化物硫酸盐	轻盐化灰白土	As	0–30				9.1										E 82° 14′ 07.8″ N 43° 27′ 12.2″	80
						2	30–120				9.0											
						3	120–135				8.6											
剖11	高山土	黑毡土	黑毡土	淋溶型亚高山草甸土	底砾黑毡土	A	0–12	棕褐色	壤质黏土	团粒状	6.0	37.3	2.15	2.45	19.8					花岗岩坡残积物	E 81° 48′ 28.8″ N 43° 24′ 36.4″	81
						A	12–48	棕灰色	壤质黏土	粒状	6.1	27.6	1.54	2.06	20.6							
						AC	48–74	淡灰黄色	壤质黏土	粒状	6.1	27.6	1.54	2.06	20.6							
						C	74–110	灰黄色	壤质黏土	粒状	6.0	21.9	1.11	1.99	22.6							

续表 Continued

剖面号 Soil profile	土纲 Soil order	土类 Soil great group	亚类 Soil subgroup	土属 Soil genus	土种 Soil species	土层码 Layer code	土层厚度 Depth/cm	颜色 Soil color	质地 Soil texture	土壤结构 Soil structure	pH	有机质 OM/(g/kg)	全氮 TN/(g/kg)	全磷 TP/(g/kg)	全钾 TK/(g/kg)	碱解氮 AN/(mg/kg)	有效磷 AP/(mg/kg)	速效钾 AK/(mg/kg)	阳离子交换量CEC/(cmol/kg)	土壤母质 Parent material	剖面点坐标 Profile coordinate	匹配指数 Matching index/%
剖12	钙层土	栗钙土	淡栗钙土			1	0—6	灰黄色	轻壤土	小块状	8.0	28.0	1.41	0.68		57	5.0	327			E 82°25′48.7″ N 43°22′38.6″	82
						2	6—19	淡黄色	重壤土	块状	8.1	16.0	0.60	0.61		27	1.0					
						3	19—75	淡黄色	中壤土	块状	8.3	8.8	0.31	0.55		14	1.0					
						4	75—		砂砾土													
剖13	钙层土	栗钙土	暗栗钙土			1	0—18	棕灰色	轻壤土	小块状	8.0	75.8	4.38	1.03		172	10.0	90			E 82°14′31.2″ N 43°20′57.8″	82
						2	18—30	棕灰色	轻壤土	小块状	8.1	27.5	1.48	0.98		71	9.0					
						3	30—100	暗灰色	轻壤土	块状	8.2	40.0	2.53	1.02		71	10.0					
						4	100—160	黄灰色	紧砂土	块状	8.4	13.1	0.58	0.86		32	7.0					
剖14	钙层土	黑钙土	黑钙土	山地黑钙土		1	0—11				8.0	120.4	5.81	1.19							E 82°39′06.8″ N 43°10′26.4″	78
						2	11—22				8.1	90.8	4.74	1.13								
						3	22—40				8.3	55.8	2.88	1.04								
						4	40—61				8.3	29.3	1.64	0.95								

新 源 县

主要土类说明

黑毡土是新源县主要土壤类型，占本县地域面积的27%。曾称亚高山草甸土。主要分布在海拔1800—2800m的夏季牧场。母质以坡积物和残积物为主，也有黄土状物质。剖面特征：表层具有明显的草皮层，灰褐色的腐殖质层，黄棕色的淀积层及母质层。腐殖质层厚度一般在20—40cm，有机质含量高达150—250g/kg。表层土壤呈中性，至母质层为弱碱性。碳酸钙及其他碳酸盐淋溶作用强，至剖面底部已明显淀积。

栗钙土是新源县第二大土壤类型，占本县地域面积的20%。栗钙土分布在新源中部地区，自西部海拔870m至东部1300m的河谷平原分布着栗钙土。栗钙土形成过程的主要特点同黑钙土有许多相同之处，不过腐殖质积累不如黑钙土那样强烈，腐殖质层不如黑钙土厚，土壤颜色不如黑钙土黑，土壤结构比黑钙土差，稳固性也低，土壤有机质一般在30—70g/kg。而钙化过程则比黑钙土强，它的钙积层比黑钙土高，土壤从表层就有泡沫反应，土壤呈微碱性。栗钙土的腐殖质含量和腐殖质层的厚度比黑钙土差，团粒结构也不如黑钙土明显和稳固。

灰褐土是新源县第三大土壤类型，占本县地域面积的13%。主要发育于雪岭云杉林下，其次发育于云杉林下的落叶阔叶林和本区残遗群落的野果林。母质常为残积物、坡积物、冰水沉积物或黄土状物质。土层厚度70—80cm。土壤剖面上部为枯枝落叶层、黑褐色的腐殖质层，中部为黏化层，底部多为钙积层。腐殖质积累与积钙作用明显的土壤。Ao层有机质可达100g/kg，下见暗色腐殖质层，有弱黏淀特征，见棕褐色土层，钙积层在40—60cm以下出现，铁、铝氧化物无移动，土壤pH为7.0—8.0。

黑钙土占新源县地域面积的13%。分布在新源县的东部（山地黑钙土除外）。黑钙土是在比较寒冷且多降水，草原植被生长繁茂的条件下形成的土壤。在形成过程中主要进行强烈的腐殖质积累过程，剖面中形成明显的斑眼状钙积层。表层为厚度5—7cm的生草层，腐殖质层深度达30—60cm，下为舌状淋溶层，剖面50—70cm以下为斑点状或斑眼状的钙积层。土壤呈中性、微碱性。土壤肥力高，腐殖质层厚，有机质含量一般在70—110g/kg，系团粒状结构，耕性好，生产能力强。

草毡土占新源县地域面积的10%。原称高山草甸土。分布于海拔2800—3400m区域。成土母质为冰水沉积物、坡积物或残积物。土壤夜冻昼融现象显著，地表常有冻裂与土滑作用发生。植被以低矮呈垫状的嵩草、苔草为主。草毡土剖面具有软韧弹性，根系交织密集的草根层，发育良好的腐殖质层，主要为分解不完全的粗有机质，厚度20—40cm，有机质含量为100—200g/kg。土壤呈微酸性至中性。土壤剖面碳酸钙含量极低。

本县面积小于5%的土壤类型还有灰钙土、草甸土、沼泽土、寒冻土、潮土、草甸盐土、林灌草甸土等。

本区域中心区气候特征

本区域中心区气候特征值
Regional climate characteristics in central area of the region

气候带：中温带亚干旱气候 Climate region: Mid temperate sub arid climate	
年平均气温 /℃ Annual average temperature /℃	9.2
年平均最高气温 /℃ Annual average maximum temperature /℃	15.5
年平均最低气温 /℃ Annual average minimum temperature /℃	3.7
年降水量 /mm Annual precipitation /mm	139
≥10℃的积温 /℃ Daily temperature accumulated in a year（≥10℃）/℃	3406
年日照时数 /h Annual sunshine /h	2624
年平均相对湿度 /% Annual average relative humidity /%	56
干燥度 Dryness	5.76

本区域中心区月平均气温与月平均降水量
Monthly temperature and precipitation in central area of the region

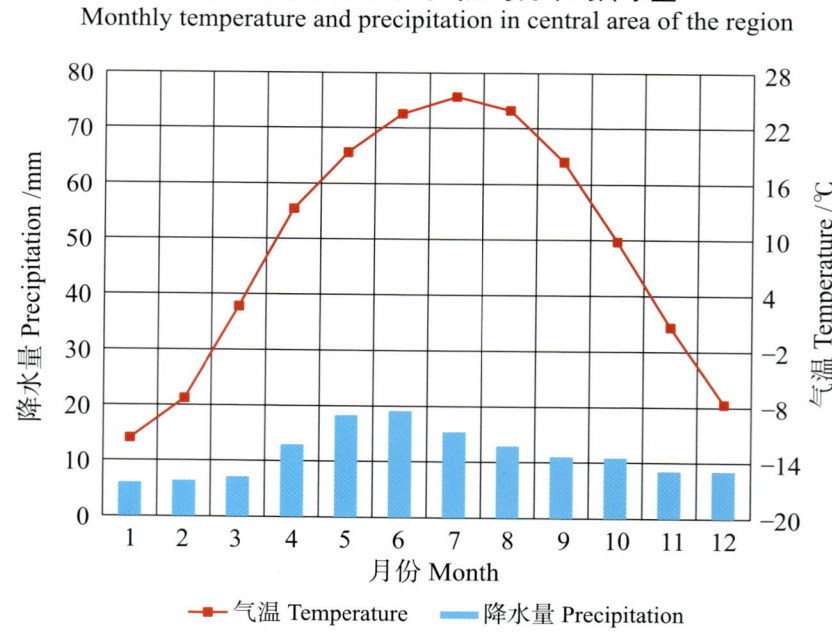

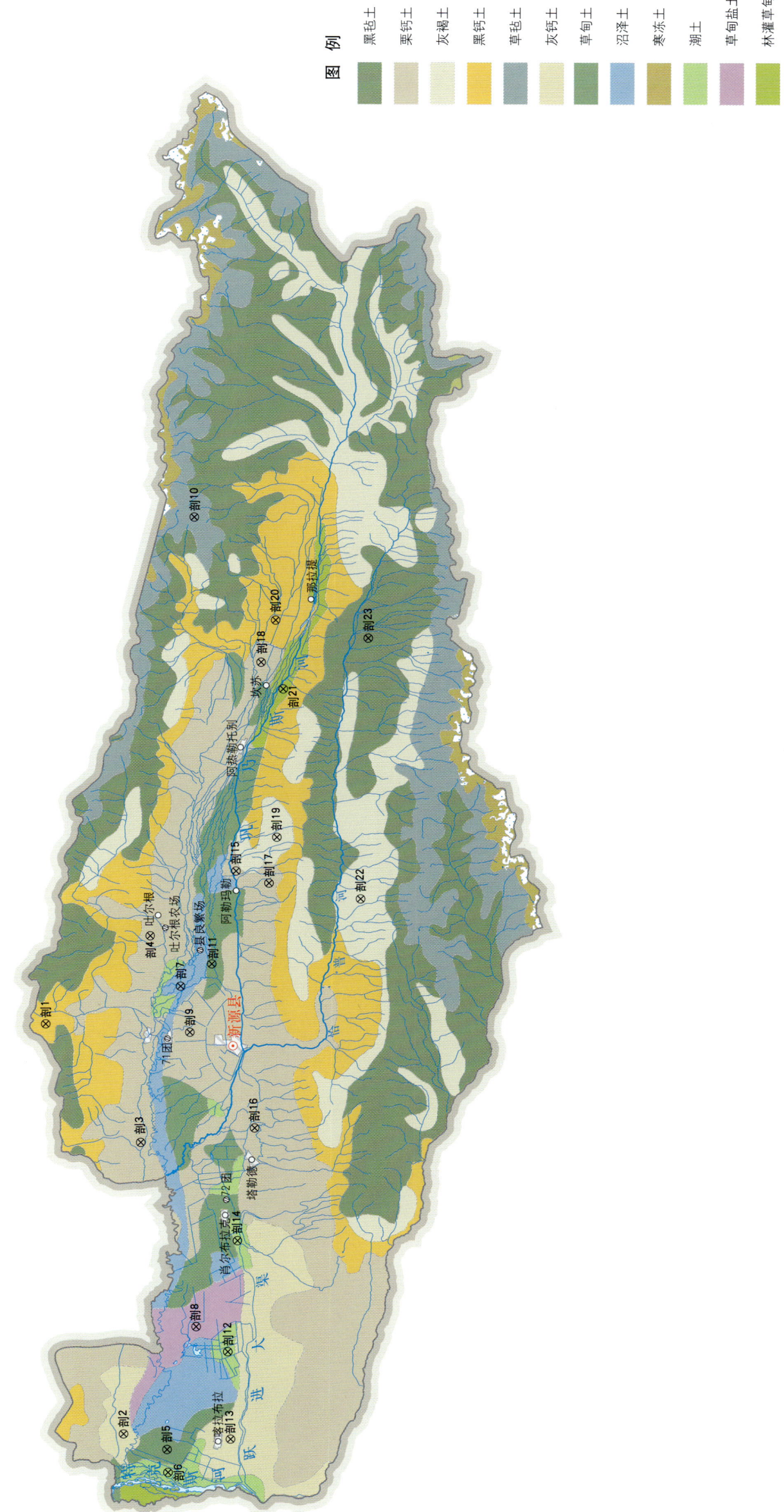

新源县土壤剖面理化性状表

剖面号 Soil profile	土纲 Soil order	土类 Soil great group	亚类 Soil subgroup	土属 Soil genus	土种 Soil species	土层码 Layer code	土层厚度 Depth/cm	颜色 Soil color	质地 Soil texture	土壤结构 Soil structure	pH	有机质 OM/(g/kg)	全氮 TN/(g/kg)	全磷 TP/(g/kg)	全钾 TK/(g/kg)	有效磷 AP/(mg/kg)	速效钾 AK/(mg/kg)	阳离子交换量CEC/(cmol/kg)	土壤母质 Parent material	剖面点坐标 Profile coordinate	匹配指数 Matching index/%
剖1	钙层土	黑钙土	淋溶黑钙土			1	0—14	灰黑色	中壤土	团粒状	7.5	174.8	>6.00	>4.00				33.1		E 83°17′57.1″ N 43°39′29.2″	94
						2	14—23	淡棕黑色	中壤土	粒状	7.3	121.5	>6.00	2.13				27.0			
						3	23—48	棕黑色	中壤土	粒状	7.1	60.8	3.32	1.73				23.6			
						4	48—75	暗棕色		小块状	7.2	18.5	1.12	1.02				18.0			
						5	75—125	淡黄棕色	中壤土	块状	7.3	18.5	1.16	1.19				22.2			
剖2	干旱土	灰钙土	灰钙土			1	0—3	灰黄色	中壤土	片状	8.4	24.5	1.49	2.32				18.0		E 82°35′46.0″ N 43°34′44.4″	95
						2	3—17	淡黄色	中壤土	块状	8.3	13.9	0.93	1.92				19.6			
						3	17—34	棕黄色	中壤土	块状	8.1	11.6	0.64	1.87				13.8			
						4	34—74	淡棕黄色	中壤土	块状	8.0	12.7	0.65	1.83				14.3			
剖3	钙层土	栗钙土	淡栗钙土			1	0—7	黄褐色	轻壤土	块状	8.3	25.0	>6.00	0.82						E 83°05′29.0″ N 43°32′54.6″	87
						2	7—18	棕黄色	中壤土	块状	8.3	18.8	1.12	0.77							
						3	18—34	淡棕黄色	中壤土	块状	8.1	12.5	0.57	0.89							
						4	34—65	淡黄色	重壤土	块状	8.4	11.2	0.72	0.76							
						5	65—90	淡黄色	重壤土	块状	8.4	9.0	0.58	0.81							
剖4	钙层土	栗钙土	暗栗钙土	暗栗黄土	暗栗壤土	A_{11}	0—18	暗棕色	壤质黏土	粒状	7.8	58.4	3.21	1.03	21.7	10.0	245	24.1	黄土状母质	E 83°26′46.3″ N 43°31′43.7″	84
						A_{12}	18—28	黄棕色	壤质黏土	块状	7.7	49.1	2.75	0.97	20.9	8.0	120	23.2			
						AB	28—72	棕灰色	壤质黏土	块状	7.9	28.5	1.61	0.97	21.3	5.0	180	18.8			
						Bk_1	72—90	棕灰色	壤质黏土	块状	8.0	14.3	0.83	0.82	20.5		80	15.3			
						Bk_2	90—100	灰黄色	壤质黏土	块状	8.0	11.1	0.64	0.87	18.8		70	12.8			
剖5	半水成土	草甸土	盐化草甸土			1	0—5	棕灰色	轻壤土	片状	8.5	35.6	1.70	0.84				10.6		E 82°34′04.1″ N 43°31′36.8″	83
						2	5—20	棕褐色	轻壤土	块状	8.5	23.0	1.06	0.76				14.6			
						3	20—34	黄灰色	轻壤土	无明显结构	8.6	21.4	1.10	0.55				5.3			
						4	34—65	灰白色	轻黏土	块状	8.3	15.3	0.78	0.49							
						5	65—93	浅灰色	中壤土	核状	8.5	21.3	1.20	0.85				20.0			
剖6	半水成土	潮土	潮土	黄潮土	中层下潮黄土	A_{11}	0—20	浅灰色	重壤土	块状	8.3	20.0	1.21	0.80				12.7	巩乃斯河冲积物	E 82°31′43.0″ N 43°31′35.0″	82
						A_{12}	20—33	灰黄色	中壤土	块状	8.4	11.5	0.54	0.80				12.5			
						Cu_1	33—50	棕灰色	中壤土	粒状	8.2	158.4	4.80	2.76				34.0			
剖7	水成土	沼泽土	草甸沼泽土			1	0—9	暗黄色	重壤土	块状	8.3	62.5	3.38	2.36				25.7		E 83°21′22.7″ N 43°29′38.8″	85
						2	9—33	暗灰色	轻黏土	无明显结构	8.6	36.9	1.39	1.90				23.1			
						3	33—48	淡蓝灰色	轻黏土	无明显结构	8.6	30.5	1.48	1.79				24.4			
						4	48—64	淡黄棕色	中壤土	块状	8.0	39.6	2.97	2.83				14.8			
剖8	盐碱土	草甸盐土	草甸盐土			1	0—7	暗黄色	轻壤土	块状	8.5	18.7	1.12	2.39				16.2		E 82°46′32.5″ N 43°29′17.2″	93
						2	7—20	灰棕色	中壤土	块状	8.9	16.8	1.12	2.31				14.3			
						3	20—38	淡棕黄色	中壤土	无明显结构	8.8	13.0	0.65	2.04				14.3			
						4	38—57	棕黄色	中壤土	无明显结构	8.9	7.0	0.49	1.81				10.3			
						5	57—83	淡棕黄色	重壤土	无明显结构	8.9	5.7	0.40	1.92				11.4			
						6	83—115	淡灰黄色	重壤土	块状	8.3						197				
剖9	钙层土	栗钙土	栗钙土	耕种栗钙土	灌溉粟灰土	A_{11}	0—22	栗黄色	中壤土	团粒状	8.2	32.9	1.63			4.0	133		洪积物、冲积物	E 83°16′37.9″ N 43°29′05.3″	84
						A_{12}	22—30	黄灰色	中壤土	块状	8.1	26.0	1.29			2.0	75				
						AB	30—60	灰黄色	中壤土	块状	8.2	14.5	0.73			1.0					
						Bk	60—87	淡灰黄色	中壤土	块状	7.9	9.5	0.49								
						C	87—105	淡黄色	中壤土												

续表 Continued

剖面号 Soil profile	土纲 Soil order	土类 Soil great group	亚类 Soil subgroup	土属 Soil genus	土种 Soil species	土层码 Layer code	土层厚度 Depth/cm	颜色 Soil color	质地 Soil texture	土壤结构 Soil structure	pH	有机质 OM/(g/kg)	全氮 TN/(g/kg)	全磷 TP/(g/kg)	全钾 TK/(g/kg)	有效磷 AP/(mg/kg)	速效钾 AK/(mg/kg)	阳离子交换量CEC/(cmol/kg)	土壤母质 Parent material	剖面点坐标 Profile coordinate	匹配指数 Matching index/%
剖10	高山土	草毡土				1	0—13	褐棕色	中壤土	粒状	7.0	137.0	>6.00	2.06				23.9	坡积物	E 84°09′38.5″ N 43°27′24.1″	91
						2	13—37	淡棕色	中壤土	块状、粒状	7.2	54.7	2.85	1.97				23.9			
						3	37—56	淡灰棕色	重壤土	小块状	7.7	13.7	2.94	1.91				20.5			
						4	56—97	黄棕色	重壤土	块状	7.6	8.7	3.08	1.95				22.6			
剖11	半水成土	草甸土	石灰性草甸土	灌耕石灰性草甸土	暗黑底锈土	A_{11}	0—24	灰色	重壤土	块状	8.3	68.9	3.68	1.18					冲积物	E 83°23′37.3″ N 43°27′21.2″	83
						AC	24—33	淡灰色	重壤土	块状	8.4	35.5	1.95	0.93							
						C	33—60	灰棕色	重壤土	块状	8.1	23.4	1.53	0.77							
						Cu	60—100	灰黄色	重壤土	块状	8.4	9.0	0.60	0.68							
剖12	半水成土	潮土	盐化潮土	下潮土	轻盐化黄棕土	1	0—25	红棕色	中壤土	块状	8.8	15.5	0.80	0.79					洪积红土母质	E 82°43′56.3″ N 43°27′03.2″	80
						2	25—48	红棕色	重壤土	块状	9.2	15.7	0.95	0.88							
						3	48—76	红棕色	重壤土	块状	8.9	12.4	0.70	0.82							
						4	76—90	红棕色	中壤土	块状	9.0	7.2	0.38	0.66							
剖13	干旱土	灰钙土	灰钙土	溉耕灰钙土	表砂灰黄土	A_{11}	0—18	灰黄色	砂黏土	无明显结构	8.3	16.4	0.73	0.74				12.2	冲积物	E 82°34′59.9″ N 43°27′01.4″	86
						AB	18—35	灰黄色	砂黏土	无明显结构	8.3	14.1	0.70	0.75				14.0			
						Bbk	35—60	淡黄色	中壤土	块状	8.4	9.4	0.50	0.74				13.3			
						Bb	60—110	淡黄色	中壤土	块状	8.4	9.1	0.49	0.66				12.2			
剖14	半水成土	潮土	潮土	黄潮土	下潮红土	A_{11}	0—20	红棕色	轻黏土	块状	7.8	12.2	0.81	0.87				20.0	冲积物	E 82°55′11.6″ N 43°26′07.8″	94
						A_{12}	20—44	棕红色	轻黏土	块状	8.1	11.1	0.63	0.86				22.8			
						Cu	44—67	暗棕红色	黏土	块状	8.0	7.0	0.50	0.77				25.4			
						Cu_2	67—106	暗棕红色	轻黏土	块状	8.8	7.7	0.50	0.82				22.3			
剖15	钙层土	栗钙土	暗栗钙土	耕种暗栗钙土	油栗土	A_{11}	0—25	暗棕色	中壤土	团粒状	8.1	84.0	4.85	1.40					黄土状母质	E 83°33′06.8″ N 43°25′22.8″	86
						A_{12}	25—38	暗棕色	中壤土	小粒状	8.2	67.4	3.70	1.55							
						AhB	38—58	棕黑色	重壤土	块状	8.2	49.2	2.53	1.35							
						Bk_1	58—89				8.5	28.5	2.00	1.20							
						Bk_2	89—115				8.5	20.7	1.21	1.05							
剖16	钙层土	栗钙土	栗钙土			1	0—6	棕灰色	重壤土	粒状	8.2	44.3	2.61	2.47				17.5	冲积物	E 83°06′37.4″ N 43°24′38.5″	91
						2	6—15	棕灰色	中壤土	团块状	8.2	35.5	2.48	2.15				20.4			
						3	15—43	黄棕色	中壤土	块状	8.1	21.8	1.25	1.96				19.1			
						4	43—71	黄棕色	中壤土	块状	8.4	17.4	1.12	1.95				19.1			
						5	71—110	淡棕黄色	中壤土	块状	8.5	9.7	0.60	1.93				20.4			
剖17	钙层土	栗钙土	暗栗钙土	耕种暗栗钙土	栗绵土	A_{11}	0—20	暗棕灰色	重壤土	小块状	8.1	81.5	4.59	1.47					黄土母质	E 83°31′46.6″ N 43°23′00.6″	81
						A_{12}	20—30	棕灰色	重壤土	块状		66.9	3.77	1.51							
						AhB	30—50	灰棕色	重壤土	块状	8.0	53.0	2.65	1.57							
						Bk_1	50—69	黄棕色	重壤土	块状	8.1	43.0	2.22	1.42							
						Bk_2	69—85	棕黄色	重壤土	块状	8.2	35.3	1.76	1.46							
						Bk_3	85—124	暗棕黄色	中壤土	块状	8.5	29.0	1.30	1.27							
剖18	钙层土	栗钙土	暗栗钙土			1	0—8	暗棕黄色	中壤土	粒状	8.0	74.0	4.79	0.95				21.2	黄土母质	E 83°54′31.3″ N 43°22′59.2″	92
						2	8—27	灰棕色	中壤土	小块状	8.1	56.6	3.17	0.92				21.2			
						3	27—46	黄棕色	中壤土	块状	8.2	31.4	1.73	0.88				22.5			
						4	46—66	淡棕黄色	中壤土	块状	8.4	19.4	1.12	0.88				22.5			
						5	66—93	淡棕黄色	中壤土	块状	8.5	16.2	1.01	0.75				12.0			
						6	93—116	淡棕黄色	中壤土		8.5	8.2	0.58	0.79				18.6			

续表 Continued

剖面号 Soil profile	土纲 Soil order	土类 Soil great group	亚类 Soil subgroup	土属 Soil genus	土种 Soil species	土层码 Layer code	土层厚度 Depth/cm	颜色 Soil color	质地 Soil texture	土壤结构 Soil structure	pH	有机质 OM/(g/kg)	全氮 TN/(g/kg)	全磷 TP/(g/kg)	全钾 TK/(g/kg)	有效磷 AP/(mg/kg)	速效钾 AK/(mg/kg)	阳离子交换量CEC/(cmol/kg)	土壤母质 Parent material	剖面点坐标 Profile coordinate	匹配指数 Matching index/%
剖19	半淋溶土	灰褐土	淋溶灰褐土	老灰褐黄土	新源淡灰褐黄土	As	0—6	暗灰黑色		粒状	7.7								黄土母质	E 83°36′29.2″ N 43°22′19.9″	84
						Ah	6—27	棕黑色	粉砂质壤土	小块状	7.6	89.9	5.50	2.28				26.0			
						AB	27—49	棕色	粉砂质黏壤土	块状	7.5	51.9	2.65	1.76				17.5			
						B₁	49—63	灰棕色	粉砂质黏壤土	块状	7.5	33.3	1.33	1.54				17.3			
						B₂	63—77	黄棕色	粉砂质黏壤土	块状	7.7	27.8	1.27	1.66				15.7			
						Ck	77—125	淡黄橙色	粉砂质壤土	块状	8.1	13.1	0.71	1.48							
剖20	钙层土	黑钙土				1	0—13	黑灰色	重壤土	团粒状	6.2	106.4	>6.00	1.06							81
						2	13—25	黑灰色	重壤土	团粒状	6.3	74.0	4.47	0.91							
						3	25—42	灰褐色		块状、粒状	6.6	45.5	2.67	0.73							
						4	42—67	棕褐色	重壤土	块状	6.9	36.2	2.13	0.65							
						5	67—85	棕褐色	重壤土	块状	7.4	37.0	2.22	0.64							
						6	85—108	黄棕色	中壤土	块状	7.5	17.7	1.18	0.46							
						7	108—122				8.1	7.9	0.45	0.51							
						8	122—145	棕黄色	中壤土	粒状	8.3	6.8	0.38	0.78							
剖21	半水成土	林灌草甸土	林灌草甸土			1	0—7	棕褐色	砂壤土	粒状	7.5	105.7	5.57	2.22				29.6		E 83°51′43.2″ N 43°21′28.4″	90
						2	7—17	浅棕褐色	砂壤土	粒状	7.8	101.9	5.83	2.05				25.0			
						3	17—26			小块状	8.3	9.5	0.45	1.55				3.2			
						4	26—37	黄棕色			8.2	11.3	0.60	1.25				4.2			
						5	37—51	灰棕色	轻壤土	块状	8.4	41.5	2.28	1.87				13.8			
						6	51—72	棕灰色			7.8	5.2	0.32	1.26				7.4			
剖22	半淋溶土	灰褐土	淋溶灰褐土		薄层灰褐黄土	0	0—4	灰棕色		团块状	6.3	238.1	>6.00	2.53	16.7				坡积黄土状母质	E 83°58′46.6″ N 43°21′49.7″	78
						Ai	4—14	黄棕色	壤质黏壤土	团块状	5.3	105.3	3.25	1.55	20.0						
						Ah	14—39	黄棕色	粉砂质黏壤土	块状	5.6	51.2	1.71	1.28	20.2						
						Bt	39—44	灰棕色	粉砂质黏壤土	块状	5.8	32.8	1.48	1.16	21.4						
						C	44—100	棕灰色	粉砂质黏壤土		6.4	10.2	0.59	0.58	20.1						
剖23	高山土	黑毡土	黑毡土	黑色毡土	底钙黑毡土	As	0—15	棕色	黏壤土	小粒状	7.6	220.9	>6.00	1.00	9.7	25.0	470	41.4	石灰岩坡积物	E 83°29′52.4″ N 43°16′26.8″	88
						A	15—35	棕色	黏壤土	小粒状、块状	7.2	126.7	>6.00	0.99	11.5	14.0	275			E 83°56′36.2″ N 43°15′11.5″	
						AC	35—65	浊黄棕色	壤质黏壤土	小粒状、块状	7.9	39.0	2.56	0.74	12.1	4.0	244	24.4			
						C	65—105	淡黄棕色	粉砂质黏壤土	块状	8.0	14.4	0.88	0.72	11.5			11.8			

昭 苏 县

主要土类说明

黑钙土是昭苏县主要土壤类型，占本县地域面积的22%。黑钙土是在比较寒冷且多降水，草原植被生长繁茂的生物、气候条件下形成的土壤。在形成过程中进行着强烈的腐殖质积累过程，与此同时碳酸钙在土壤剖面中明显下移，在剖面中部形成明显的钙积层。剖面特征：表层为3—7cm厚的生草层，草根密织，稍紧实，无石灰反应。腐殖质层厚度达30—60cm，色暗，呈黑色或暗灰褐色，粒状结构，疏松，有机质含量高，一般在70—100g/kg，近山麓地区可达200g/kg以上。腐殖质层以下为舌状淋溶层，颜色逐渐变浅，呈淡黄棕色，结构变差。在剖面40—70cm呈斑点或斑眼状淀积的钙积层，其下为母质层。土壤呈中性、碱性。

寒冻土是昭苏县第二大土壤类型，占本县地域面积的18%。曾称高山寒漠土。分布于高山冰雪带下缘。成土过程以寒冻物理风化为主，通体含大量砾石，剖面分化不明显。地表常有由岩石风化碎屑组成的岩幂层；下伏有发育差的腐殖质层，厚度5—10cm，呈灰色、黄灰色、灰黄棕色或灰棕色等多种颜色；向下过渡为岩砾层或永冻层。土体中可见冻融作用形成的片状结构，在永冻层之上常因融雪、融冻水潴积而形成锈纹、锈斑。

草毡土是昭苏县第三大土壤类型，占本县地域面积的16%。曾称高山草甸土。分布于原面平缓山坡。表层有厚度3—10cm不等的草皮，植被根系交织似毛毡状，轻韧而有弹性，土体一般较湿润，密生高山矮草草甸。地表常因冻融交互作用呈鳞片状滑脱。腐殖质层厚度9—20cm，呈淡灰棕或暗灰色，剖面厚度30—40cm。

黑毡土占昭苏县地域面积的14%。曾称亚高山草甸土。土壤母质是冰碛物。主要有生草过程、有机质积累过程、有机质腐殖化过程、碳酸钙淋溶淀积过程和山地冻融过程等。剖面构型与草甸土相同，但草皮层较薄而松软，腐殖质层较厚，有机质含量较高，有机物的腐化程度也较强。其主要分布于青藏高原东部和东南部。腐殖质积累明显，腐殖化程度相对较高，盐基不饱和或饱和度低，土壤pH为5.0—8.0。

栗钙土占昭苏县地域面积的6%。本县栗钙土母质多为黄土状、洪积冲积性黄土和坡积物，它的成土过程与黑钙土相似。但因地形和气候的影响，腐殖质层没有黑钙土深厚，有机质含量较低，淋溶作用较弱，钙积层出现部位较高，植被以多年生耐旱的禾本科和走茎植物为主，植被覆盖百分率70%—80%。

灰褐土占昭苏县地域面积的5%。灰褐土又称褐色森林土、灰褐色森林土，多在半干旱、干旱地区，腐殖质积累与钙积作用明显的土壤。表层有机质多在300g/kg左右，向下明显减少；下见黑褐色或棕褐色腐殖质层，厚度多在15—30cm，有弱黏淀特征，见棕褐色土层，钙积层在40—60cm以下出现，铁、铝氧化物无移动，土壤pH为7.0—8.0。

本县面积小于3%的土壤类型还有沼泽土、林灌草甸土、草甸土、潮土等。

本区域中心区气候特征

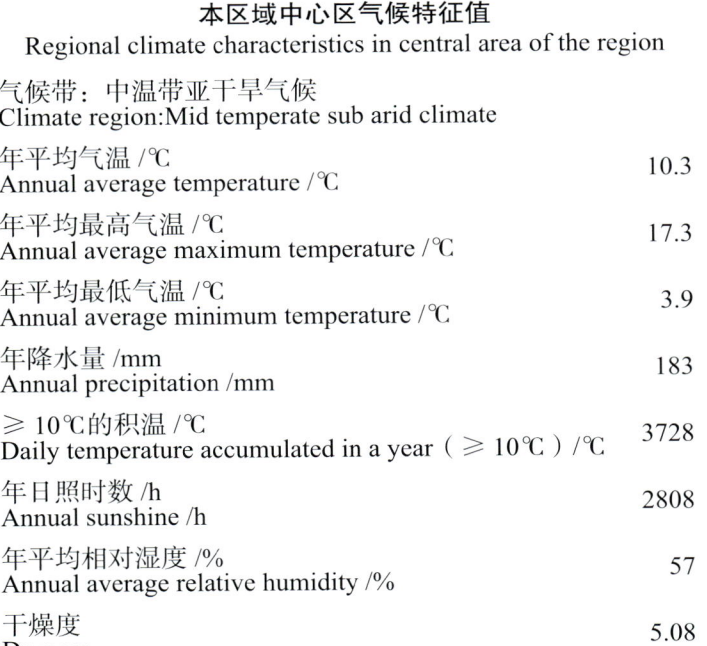

本区域中心区气候特征值
Regional climate characteristics in central area of the region

气候带：中温带亚干旱气候 Climate region:Mid temperate sub arid climate	
年平均气温 /℃ Annual average temperature /℃	10.3
年平均最高气温 /℃ Annual average maximum temperature /℃	17.3
年平均最低气温 /℃ Annual average minimum temperature /℃	3.9
年降水量 /mm Annual precipitation /mm	183
≥10℃的积温 /℃ Daily temperature accumulated in a year（≥10℃）/℃	3728
年日照时数 /h Annual sunshine /h	2808
年平均相对湿度 /% Annual average relative humidity /%	57
干燥度 Dryness	5.08

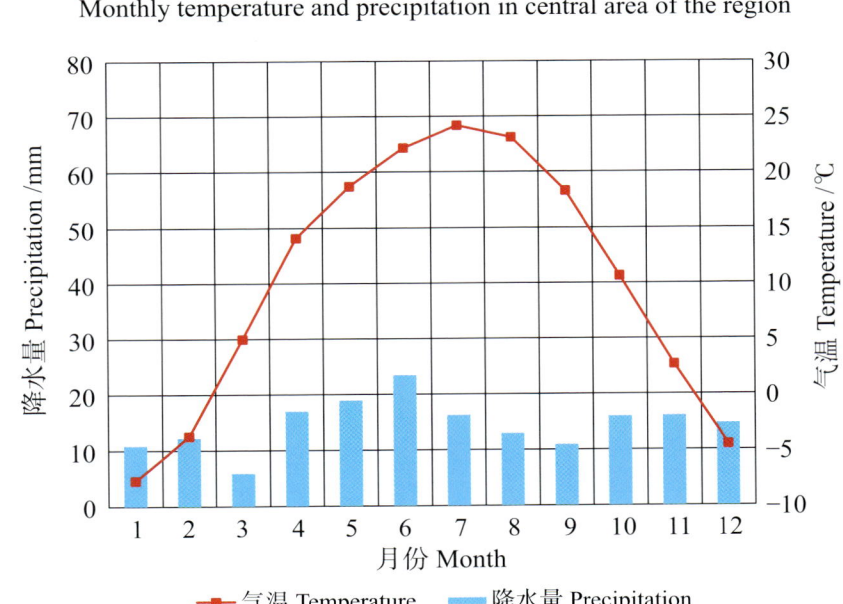

本区域中心区月平均气温与月平均降水量
Monthly temperature and precipitation in central area of the region

昭苏县主要土壤类型与土壤剖面点分布图

1:600 000

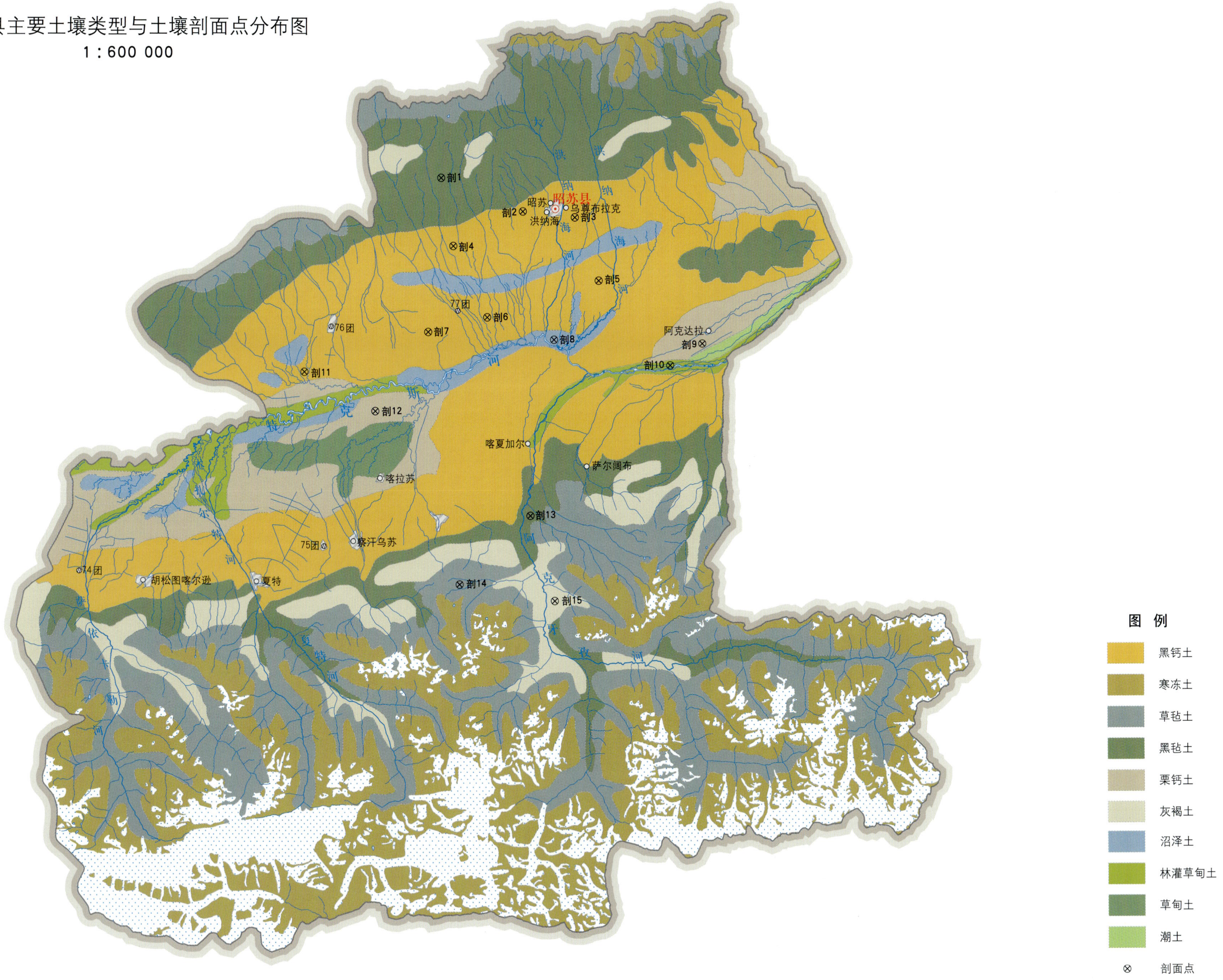

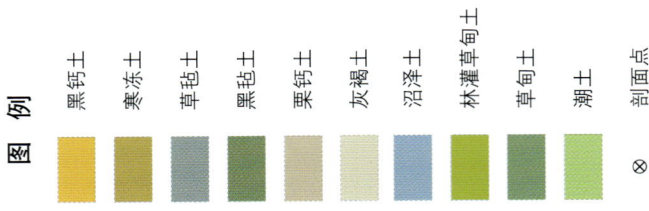

昭苏县土壤剖面理化性状表

剖面号 Soil profile	土纲 Soil order	土类 Soil great group	亚类 Soil subgroup	土属 Soil genus	土种 Soil species	土层码 Layer code	土层厚度 Depth/cm	颜色 Soil color	质地 Soil texture	土壤结构 Soil structure	pH	有机质 OM/(g/kg)	全氮 TN/(g/kg)	全磷 TP/(g/kg)	全钾 TK/(g/kg)	碱解氮 AN/(mg/kg)	有效磷 AP/(mg/kg)	速效钾 AK/(mg/kg)	阳离子交换量 CEC/(cmol/kg)	土壤母质 Parent material	剖面点坐标 Profile coordinate	匹配指数 Matching index/%
剖1	高山土	黑毡土				1	0—7	棕黑色	砂壤土	团粒状	7.2	169.0	>6.00	2.06						黄土状母质、坡积物、残积物	E 80°54′54.7″ N 43°11′56.8″	92
						2	7—24	棕黑色	砂壤土	粒状	8.1	132.9	>6.00	2.09								
						3	24—39		轻壤土	粒状	7.5	93.4	5.25	2.09								
						4	39—45				8.3	17.0	0.89	1.19								
						5	45—50				7.2	111.4	5.96	1.70								
						6	50—55				7.4	61.4	3.84	1.90								
						7	55—60				7.9	43.0	2.44	2.77								
剖2	钙层土	黑钙土		黑黄土	黑壤土	A₁₁	0—18	灰棕色	壤质黏土	小粒状	7.6	87.0	4.91	0.83	20.9		21.0	370	30.0	黄土状母质	E 81°03′49.0″ N 43°09′22.3″	78
						A₁₂	18—30	灰棕色	壤质黏土	块状	8.0	48.1	2.88	0.89	20.9		6.0	290	27.8			
						AhBk	30—56	灰棕色	壤质黏土	块状	8.3	37.0	2.06	0.77	20.1		6.0	265	23.0			
						Bk₁	56—78	浊黄色	壤质黏土	块状	8.5	13.1	0.81	0.77	16.3		1.0	90	13.1			
						Bk₂	78—100	淡黄色	壤质黏土	块状	8.4	6.9	0.39	0.73	16.9			100				
剖3	钙层土	黑钙土		耕作黑钙土	灰黑土	A₁₁	0—26	灰黑色	中壤土	粒状	8.2	77.7	4.48	1.96	25.6		6.0	417		洪积物、冲积物	E 81°09′28.4″ N 43°08′54.6″	89
						A₁₂	26—40	棕černý色	中壤土	粒状	8.4	40.2	2.41	1.89			3.0	165				
						Bk₁	40—60	淡棕黄色	重黏土	块状	8.6	24.9	1.54	1.82			2.0	129				
						Bk₂	60—100	淡黄色	重壤土	块状	8.6	12.7	0.80	1.61			2.0	98				
						As	100—120	暗棕色														
剖4	钙层土	黑钙土		黑黄土	棕黑土	Ah	6—29	暗棕色	粉砂质黏土	团粒状	7.6	76.4	4.30	0.73	22.7	33	9.0	265		黄土状母质	E 80°56′13.9″ N 43°06′43.6″	84
						AhB	29—60	灰黑色	壤质黏土	块状	7.8	37.6	2.00	0.75	18.7	29	6.0	128				
						Bk₁	60—74	淡棕黄色	壤质黏土	核状	8.0	18.8	1.01	0.66	11.8	17		120				
						Bk₂	74—100	灰白色	黏土	块状	8.2	7.8	0.46	0.78	15.9	8		100				
剖5	钙层土	黑钙土		耕种黑钙土	旱黑黏土	A₁₁	0—23	灰黑色	重黏土	粒状	8.1	108.3	5.83	0.94		4				红土母质	E 81°12′00.7″ N 43°04′03.0″	82
						AhB	23—46	灰黑色	重黏土	粒状	8.0	76.0	3.89	0.65								
						Bk₁	46—72	红棕色	黏土	核状	8.3	21.9	1.12	0.58								
						Bk₂	72—100	红棕色	黏土	块状	8.4	9.5	0.63	0.63								
						C	100—120				8.4	7.4	0.51	0.56								
剖6	钙层土	黑钙土				1	0—10	灰黑色	轻壤土	团粒状	7.0	87.5	4.75	1.80		2.3			25.7		E 80°59′53.5″ N 43°01′16.7″	94
						2	10—21	灰黑色	壤质黏土	粒状	8.1	82.6	4.86	1.76		1.7			27.0			
						3	21—51	淡棕黄色	中壤土	核状	8.2	38.4	2.33	1.66		<1.0			16.4			
						4	51—71	棕灰色	轻壤土	块状	8.9	15.9	0.81	1.20		<1.0			12.7			
						5	71—110	淡灰色	砂壤土	块状	8.7	4.8	0.30	1.13		<1.0						
剖7	钙层土	黑钙土		黑黄土	昭苏黑黄土	A₁₁	0—20	棕黑色	粉砂质黏壤土	小粒状	8.3	102.0	3.84	1.53	18.2					黄土状母质	E 80°53′29.4″ N 43°00′09.7″	84
						A₁₂	20—30	灰棕色	粉砂质黏壤土	小粒状	8.3	94.4	3.16	0.68	17.8							
						AhBk	30—56	灰棕色	壤土	块状	8.4	41.1	2.08	0.74	17.4							
						Bk	56—70	灰棕色	粉砂质黏壤土	块状	8.4	19.4	0.99	0.68	17.9							
						C	70—															
剖8	水成土	沼泽土	草甸沼泽土			1	0—25	深黑色	砂壤土	粒状	8.3	88.3	4.36	2.59						冲积物	E 81°07′09.5″ N 42°59′33.0″	95
						2	25—54	青黑色	轻壤土	块状	8.4	19.7	0.98	2.01								
						3	54—82	灰色	中壤土	块状	8.3	63.2	4.02	2.21								
						4	82—100	青灰色	中壤土	无明显结构	8.6	9.5	0.44	1.75								

续表 Continued

剖面号 Soil profile	土纲 Soil order	土类 Soil great group	亚类 Soil subgroup	土属 Soil genus	土种 Soil species	土层码 Layer code	土层厚度 Depth/cm	颜色 Soil color	质地 Soil texture	土壤结构 Soil structure	pH	有机质 OM/(g/kg)	全氮 TN/(g/kg)	全磷 TP/(g/kg)	全钾 TK/(g/kg)	碱解氮 AN/(mg/kg)	有效磷 AP/(mg/kg)	速效钾 AK/(mg/kg)	阳离子交换量CEC/(cmol/kg)	土壤母质 Parent material	剖面点坐标 Profile coordinate	匹配指数 Matching index/%
剖9	钙层土	栗钙土	栗钙土			1	0—6	棕褐色	重壤土	粒状	8.3	72.4	4.22	1.58						黄土状母质	E 81°23′10.0″ N 42°59′12.1″	89
						2	6—23	褐棕色	中壤土	粒状	8.5	41.8	2.34	1.58								
						3	23—37	棕黄色	中壤土	块状	8.5	27.9	1.34	1.65								
						4	37—48	淡棕黄色	中壤土	块状	8.6	30.2	0.80	1.49								
						5	48—74	淡棕黄色	中壤土	块状	9.0	14.1	0.74	1.61								
						6	74—122	棕黄色	中壤土	块状	8.5	9.1	0.47	1.89								
剖10	半水成土	林灌草甸土	林灌草甸土			1	0—14	灰棕色	中壤土	粒状	8.1	62.2	2.64	1.84						黄土状母质	E 81°19′41.5″ N 42°57′32.0″	79
						2	14—22	青灰色	砂壤土	无明显结构	8.7	13.9	0.63	1.61								
						3	22—41	淡青灰色	轻壤土	块状	8.5	10.4	0.58	1.63								
						4	41—100				9.1	6.1	0.45	1.19								
剖11	钙层土	黑钙土	草甸黑钙土	耕种草甸黑钙土	底锈灰钙	A₁₁	0—20	灰黑色	壤土	小团粒状	8.3	148.9	>6.00	1.40	16.5		10.0	>500		冲积物	E 80°40′02.6″ N 42°57′05.0″	92
						A₁₂	20—30	栗黑色	黏壤土	小团粒状	8.5	100.0	5.60	1.20	15.2		5.0	303				
						AhB	30—53	深棕色	壤质黏土	小块状	8.4	64.4	2.94	0.95	16.5		1.0	133				
						B	53—69	黑色	粉砂质黏土	块状	8.1	39.9	1.68	0.71	22.3							
						Bu	69—84	灰黄色	粉砂质黏土	棱块状	7.9	17.3	0.76	0.54	24.5							
						Cu	84—118	粉黄色	粉砂质黏土	块状	7.7	6.3	0.31	0.48	23.8							
剖12	钙层土	栗钙土	草甸栗钙土			1	0—11	暗棕色	中壤土	粒状	8.5	111.4	>6.00	2.10						砂砾岩坡残积物	E 80°47′46.7″ N 42°54′06.1″	86
						2	11—38	栗黑色	中壤土	小块状	8.3	75.3	3.95	1.99								
						3	38—91	青灰色	黏土	块状	8.4	26.9	1.12	0.81								
						4	91—102	灰灰色	黏土	块状	8.5	10.4	0.62	0.58								
						5	102—135	棕灰色	黏土	块状	8.3	10.8	0.76	0.68								
剖13	高山土	黑毡土	饱和型亚高山草甸土	钙质黑毡土		As	0—12	棕褐色	中壤土	团粒状	7.9	72.3	3.94	2.29	20.8					冰水沉积物、坡积、残积物	E 81°04′32.9″ N 42°46′04.8″	86
						Ah	12—50	重壤土	重壤土	块状	8.0	55.8	2.74	1.89	20.9							
						AC	50—70	灰棕色	重壤土	粒状	8.2	9.1	0.57	1.21	14.1							
						Ck	70—120	粉砂土	砂壤土	粒状	7.4	116.6	>6.00	2.48								
剖14	高山土	草毡土				1	0—5	棕褐色	黏土	粒状	7.3	62.0	4.09	1.77							E 80°56′52.4″ N 42°40′49.8″	86
						2	5—21	灰棕褐色	重壤土	核块状	7.6	36.1	2.27	0.77								
						3	21—39	棕褐色	重壤土	核块状	8.2	20.1	1.04	0.35								
						4	39—58	棕褐色	重壤土	块状	8.2	10.3	0.57	0.33								
						5	58—70															
剖15	半淋溶土	灰褐土	淋溶灰褐土	老灰灰黄土	昭苏淡灰褐黄土	O	0—2	黑褐色			6.3									黄土状母质	E 81°07′09.1″ N 42°39′34.2″	85
						Ai	2—10	棕色	壤土	团粒状	6.6	70.6	3.36	2.30	26.6				25.6			
						Ah	10—45	油橙色	粉砂质壤土	块状	6.9	11.5	0.57	0.75	30.1				22.8			
						Bt	45—64	油黄橙色	粉砂质黏土	块状	7.1	11.7	0.55	1.67	30.6							
						C	64—100		黏土													

特克斯县

主要土类说明

黑钙土是特克斯县主要土壤类型，占本县地域面积的19%。在特克斯河谷地的丘陵和低山呈带状分布。黑钙土是在比较寒冷且多降水，草原植被生长繁茂的条件下形成的土壤。在形成过程中主要进行强烈的腐殖质积累过程，剖面中形成明显的斑眼状钙积层。表层为5—7cm厚的生草层，腐殖质层深度达30—60cm，下为舌状淋溶层，剖面50—70cm以下为斑点状或斑眼状的钙积层。土壤呈中性、微碱性。

草毡土是特克斯县第二大土壤类型，占本县地域面积的18%。曾称高山草甸土。主要分布于海拔2800—3400m区域。成土母质为冰水沉积物、坡积物或残积物。土壤夜冻昼融现象显著，地表常有冻裂与土滑作用发生。植被以低矮呈垫状的蒿草、苔草为主。草毡土具有软韧弹性，有根系交织密集的草根层，也有发育良好的腐殖质层，主要为分解不完全的粗有机质，厚度20—40cm，有机质含量为100—200g/kg。土壤表层阳离子交换量为每百克土23.9毫克当量，土壤呈微酸性至中性。土壤剖面碳酸钙含量极低。

栗钙土是特克斯县第三大土壤类型，占本县地域面积的16%。栗钙土主要分布在海拔950—1600m（阳坡海拔1800m）的低山、丘陵、河谷地带。植被以多年生低温耐旱的禾本科为主。母质主要为黄土和洪积物、冲积物。栗钙土的形成仍以腐殖质积累过程和钙化过程为主。钙积层通常出现在40—60cm深处，钙积层中的碳酸钙含量也较高，全剖面均有石灰泡沫反应。

黑毡土占特克斯县地域面积的16%。曾称亚高山草甸土。主要分布在海拔1800—2800m区域。母质以坡积物和残积物为主，也有黄土状物质。剖面特征：表层具有明显的草皮层，灰褐色的腐殖质层，黄棕色的淀积层及母质层。腐殖质层厚度20—40cm，有机质含量高达150—250g/kg。土壤表层呈中性，至母质层为弱碱性。碳酸钙及其他碳酸盐淋溶作用强，至剖面底部已明显淀积，一般高度在50—70cm。

灰褐土占特克斯县地域面积的13%。灰褐土发生于温带干旱、半干旱山地云冷杉下，腐殖积累与钙积作用明显，土壤pH为7.0—8.0。该土壤表层有机质含量可达100g/kg，表层下见暗色腐殖质层，有弱黏淀特征。具Ao–A–B–C剖面构型，B层呈棕褐色，钙积层在40cm以下出现，铁、铝氧化物无移动。

寒冻土占特克斯县地域面积的11%。曾称高山寒漠土。形成过程除了具有同平原或山地中的漠土以及平原的龟裂土某些基本过程，还有寒冻物理风化过程和高山冻融过程。成土母质均为冰碛物，地表有冰碛碎石块。土壤有机质和全氮含量均极低。土壤pH为7.0—8.5，部分有石灰反应。

本县面积小于3%的土壤类型还有潮土、草甸土、林灌草甸土、水稻土、沼泽土等。

本区域中心区气候特征

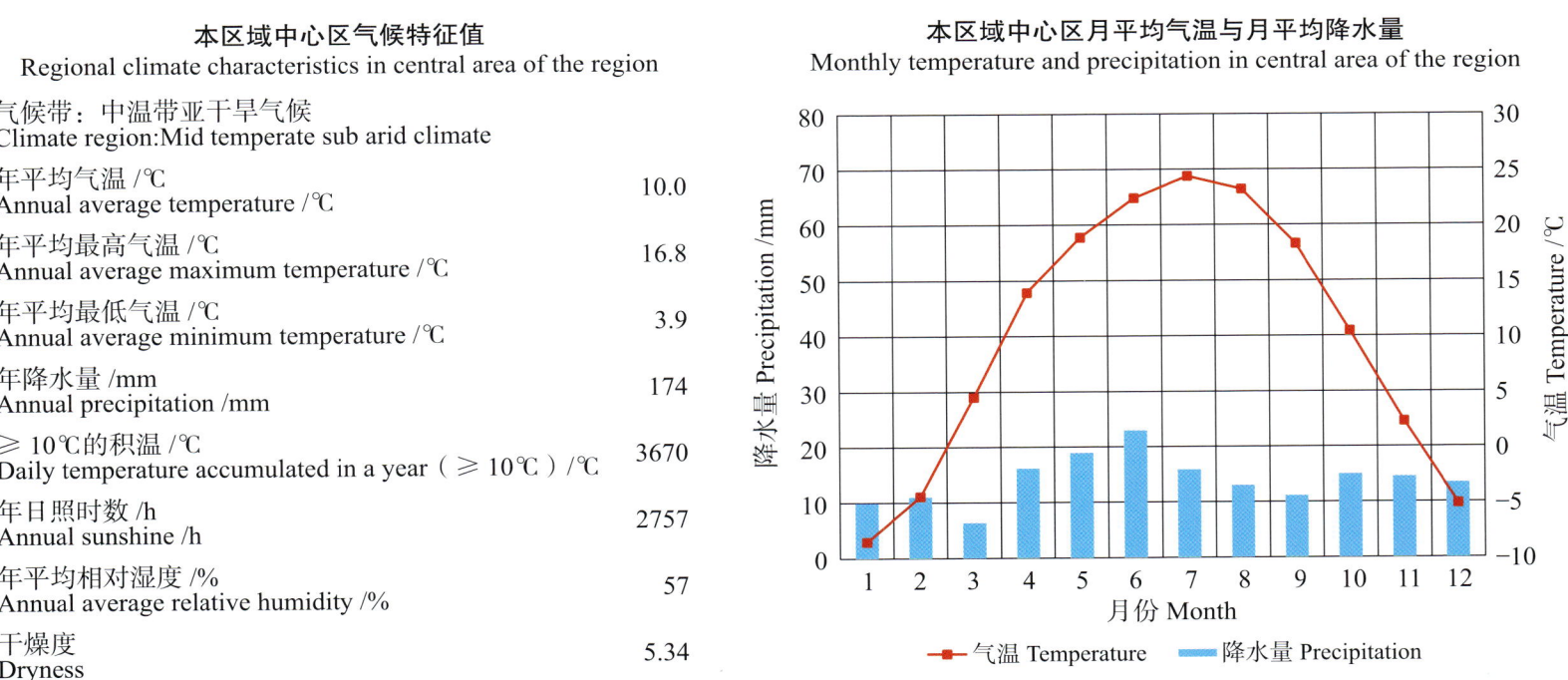

本区域中心区气候特征值
Regional climate characteristics in central area of the region

气候带：中温带亚干旱气候 Climate region: Mid temperate sub arid climate	
年平均气温 /℃ Annual average temperature /℃	10.0
年平均最高气温 /℃ Annual average maximum temperature /℃	16.8
年平均最低气温 /℃ Annual average minimum temperature /℃	3.9
年降水量 /mm Annual precipitation /mm	174
≥10℃的积温 /℃ Daily temperature accumulated in a year (≥10℃) /℃	3670
年日照时数 /h Annual sunshine /h	2757
年平均相对湿度 /% Annual average relative humidity /%	57
干燥度 Dryness	5.34

本区域中心区月平均气温与月平均降水量
Monthly temperature and precipitation in central area of the region

特克斯县主要土壤类型与土壤剖面点分布图
1∶450 000

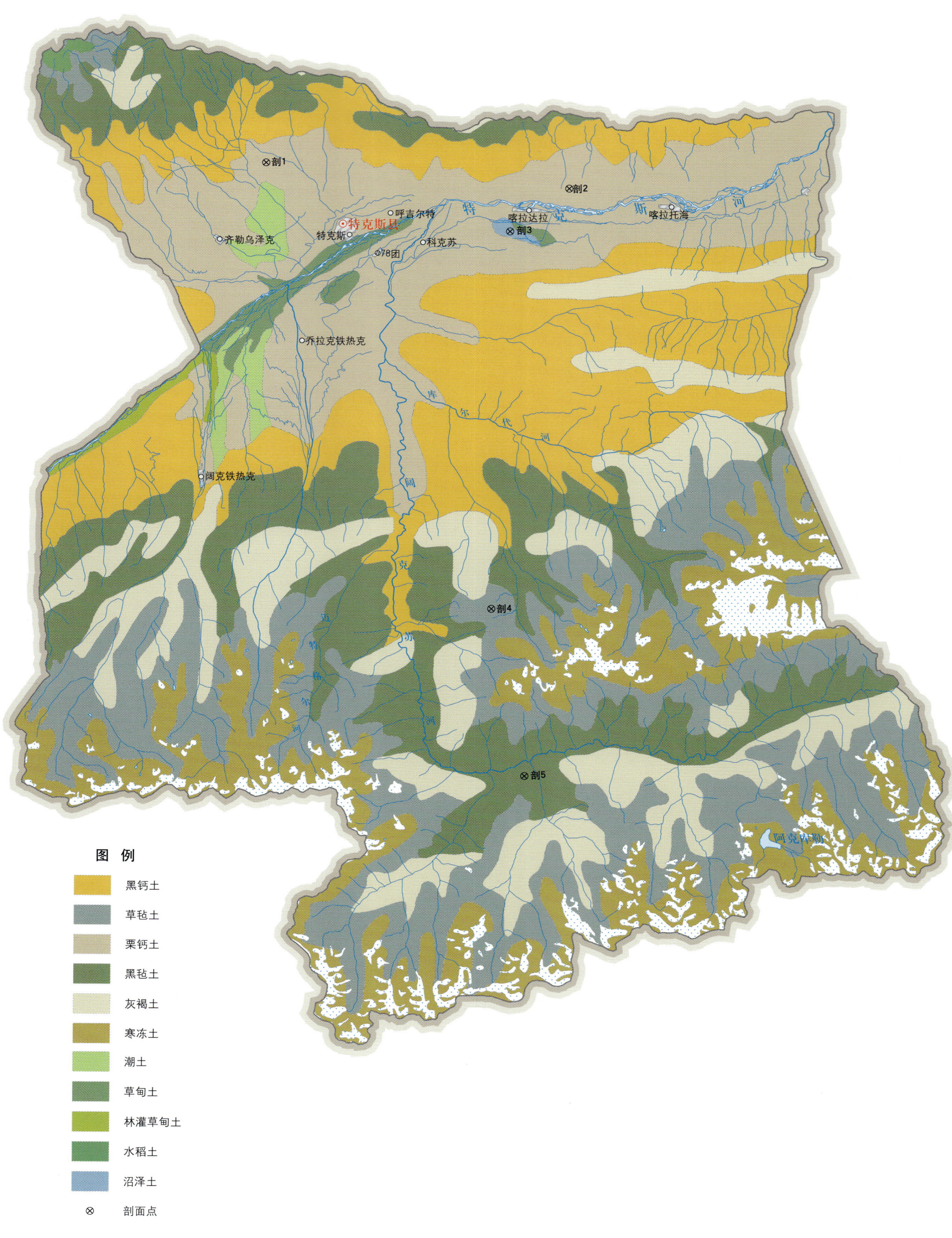

特克斯县土壤剖面理化性状表

剖面号 Soil profile	土纲 Soil order	土类 Soil great group	亚类 Soil subgroup	土属 Soil genus	土种 Soil species	土层码 Layer code	土层厚度 Depth/cm	颜色 Soil color	质地 Soil texture	土壤结构 Soil structure	pH	有机质 OM/(g/kg)	全氮 TN/(g/kg)	全磷 TP/(g/kg)	全钾 TK/(g/kg)	有效磷 AP/(mg/kg)	速效钾 AK/(mg/kg)	土壤母质 Parent material	剖面点坐标 Profile coordinate	匹配指数 Matching index/%
剖1	钙层土	栗钙土	暗栗钙土			1	0–20	灰棕色	轻壤土	块状、粒状	8.7	41.7		1.82					E 81°43′37.9″ N 43°16′54.5″	87
						2	20–50	淡黄色	轻壤-中壤土	块状	8.5	21.1		1.61						
						3	50–85	棕黄色	轻壤-中壤土	块状	8.6	7.9		1.42						
剖2	钙层土	栗钙土	淡栗钙土	淡栗泥砂土	栗灰土	A_{11}	0–17	灰色	砂质黏壤土	块状	8.1	20.2	1.20	0.63	16.9	5.0	99	冲积物	E 82°08′12.1″ N 43°15′06.5″	83
						A_{12}	17–25	灰色	砂质黏壤土	块状	8.1	17.7	1.04	0.71	15.6	4.0	99			
						Bk	25–40	淡黄色	砂壤土	块状	8.1	9.7	0.63	0.67	14.6	4.0	65			
						Ck	40–80	浊黄色	砂壤土	单粒状	8.4	5.0	0.35	0.62	14.9	4.0				
						C	80–100													
剖3	水成土	沼泽土	草甸沼泽土			1	0–15	灰棕色	轻壤土	块状、粒状	8.5	95.1		2.57				黄土状母质	E 82°03′21.6″ N 43°12′31.7″	88
						2	15–35	暗棕色	轻壤土	块状	8.5	63.9		2.30						
						3	35–58	灰白色	中壤土		5.4	44.7		1.60						
						4	58–75	深灰色	中壤土		8.4	32.8		1.54						
剖4	高山土	草毡土				1	0–10	黑褐色	轻壤土	粒状		153.0		2.06					E 82°01′33.6″ N 42°49′20.3″	92
剖5	高山土	黑毡土				1	0–13	灰棕色	轻壤土	无明显结构	7.0	98.0		2.12			12		E 82°04′08.0″ N 42°39′01.8″	78
						2	13–26	黄棕色	松砂土		7.0									
						3	26–35													

尼勒克县

主要土类说明

黑毡土是尼勒克县主要土壤类型,占本县地域面积的31%。曾称亚高山草甸土。主要分布在海拔1800—2800m区域。母质以坡积物和残积物为主,也有黄土状物质。剖面特征:表层具有明显的草皮层,灰褐色的腐殖质层,黄棕色的淀积层及母质层。腐殖质层厚度一般在20—40cm,有机质含量高达150—250g/kg。土壤表层呈中性,至母质层为弱碱性。碳酸钙及其他碳酸盐淋溶作用强,至剖面底部已明显淀积,一般高度在50—70cm。

草毡土是尼勒克县第二大土壤类型,占本县地域面积的19%。曾称高山草甸土。主要分布于海拔2800—3400m区域。成土母质为冰水沉积物、坡积物或残积物。土壤夜冻昼融现象显著,地表常有冻裂与土滑作用发生。植被以低矮呈垫状的嵩草、苔草为主,植被覆盖百分率60%—70%,草高一般在10—20cm。草毡土软韧,有弹性,具根系交织密集的草根层、发育良好的腐殖质层,主要为分解不完全的粗有机质,厚度20—40cm,有机质含量为100—200g/kg。土壤表层阳离子交换量为每百克土23.9毫克当量,土壤呈微酸性至中性。土壤剖面碳酸钙含量极低。

栗钙土是尼勒克县第三大土壤类型,占本县地域面积的16%。植被属于干草原类型,植被成分比较稳定。成土母质主要为黄土状物质和河流冲积物,质地多为轻壤土、中壤土。形成的基本过程以腐殖质积累过程和钙化过程为主。剖面分化比较明显:草根密集层、腐殖质层、钙积层、黄土母质层。腐殖质层有机质含量通常在25—50g/kg。栗钙土中的易溶性盐分已基本消失,没有明显的盐渍化表现。

黑钙土占尼勒克县地域面积的15%。黑钙土是在比较寒冷且多降水,草原植被生长繁茂的条件下形成的土壤。在形成过程中主要进行强烈的腐殖质积累过程,剖面中形成明显的斑眼状钙积层。表层为5—7cm厚的生草层,腐殖质层深度达30—60cm,下为舌状淋溶层,剖面50—70cm以下为斑点状或斑眼状的钙积层。土壤呈中性、微碱性。

寒冻土占尼勒克县地域面积的6%。曾称高山寒漠土。形成过程除了具有同平原或山地中的漠土以及平原的龟裂土某些基本过程,还有寒冻物理风化过程和高山冻融过程。成土母质均为冰碛物,地表有冰碛碎石块。土壤有机质和全氮含量均极低。土壤pH为7.0—8.5,部分有石灰反应。

灰褐土占尼勒克县地域面积的6%。主要发育于雪岭云杉林下,其次发育于云杉林下的落叶阔叶林和本区残遗群落的野果林。母质常为残积物、坡积物、冰水沉积物或黄土状物质,土层厚度70—80cm。土壤剖面上部为枯枝落叶层、黑褐色的腐殖质层,中部为黏化层,底部多为钙积层。

本县面积小于3%的土壤类型还有灰钙土、林灌草甸土、潮土、草甸盐土、沼泽土等。

本区域中心区气候特征

本区域中心区气候特征值
Regional climate characteristics in central area of the region

气候带:中温带亚干旱气候 Climate region: Mid temperate sub arid climate	
年平均气温 /℃ Annual average temperature /℃	9.0
年平均最高气温 /℃ Annual average maximum temperature /℃	15.3
年平均最低气温 /℃ Annual average minimum temperature /℃	3.4
年降水量 /mm Annual precipitation /mm	142
≥10℃的积温 /℃ Daily temperature accumulated in a year (≥10℃) /℃	3311
年日照时数 /h Annual sunshine /h	2622
年平均相对湿度 /% Annual average relative humidity /%	58
干燥度 Dryness	5.19

本区域中心区月平均气温与月平均降水量
Monthly temperature and precipitation in central area of the region

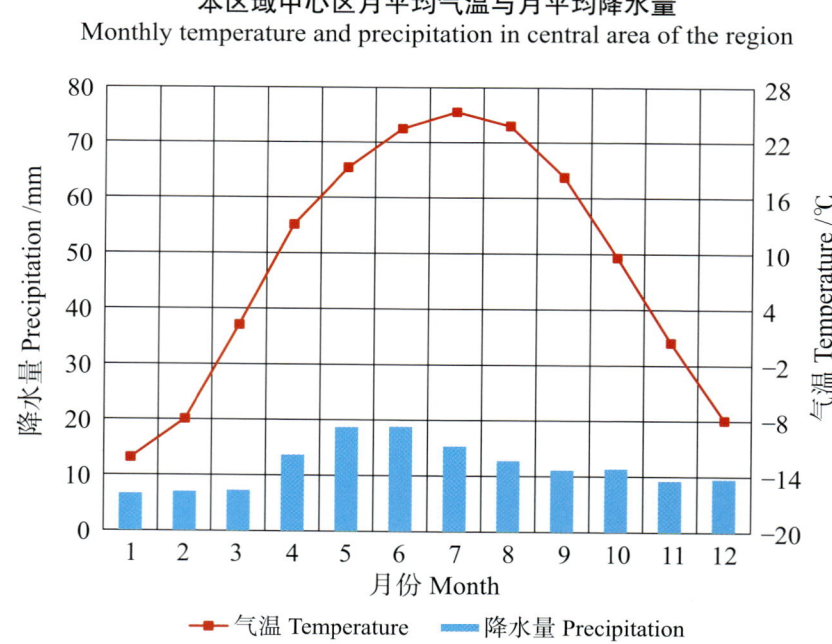

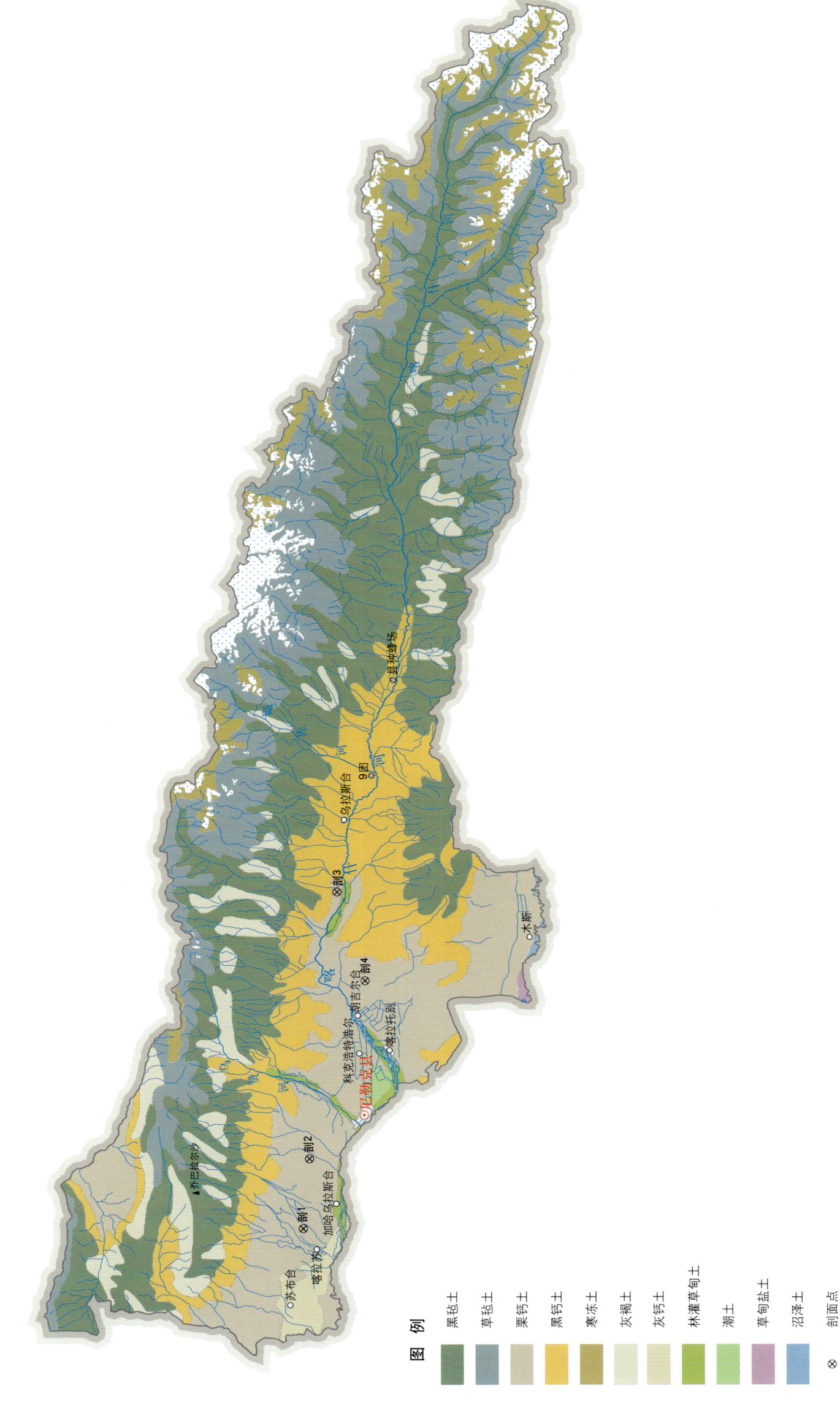

尼勒克县主要土壤类型与土壤剖面点分布图

尼勒克县土壤剖面理化性状表

剖面号 Soil profile	土纲 Soil order	土类 Soil great group	亚类 Soil subgroup	土属 Soil genus	土种 Soil species	土层码 Layer code	土层厚度 Depth/cm	颜色 Soil color	质地 Soil texture	土壤结构 Soil structure	pH	有机质 OM/(g/kg)	全氮 TN/(g/kg)	全磷 TP/(g/kg)	全钾 TK/(g/kg)	碱解氮 AN/(mg/kg)	有效磷 AP/(mg/kg)	速效钾 AK/(mg/kg)	阳离子交换量CEC/(cmol/kg)	土壤母质 Parent material	剖面点坐标 Profile coordinate	匹配指数 Matching index/%
剖1	钙层土	栗钙土	淡栗钙土	山地淡栗钙土		1	0—9	淡棕灰色	轻壤土	粒状	8.2	24.7	1.05	0.68	15.9	124	4.5	>500	11.9		E 82°14′35.5″ N 43°53′24.0″	79
						2	9—24	灰棕色	中壤土	小块状	8.3	18.8	0.89	0.60	18.4	49	3.4	113	10.3			
						3	24—61	黄棕色	中壤土	块状	8.3	14.8	0.67	0.61				98	8.6			
						4	61—83	淡棕红色	中壤土	块状	8.4	9.7	0.52	0.58				70	11.4			
						5	83—111				8.4	7.6	0.47	0.28				57				
剖2	钙层土	栗钙土	栗钙土	耕种栗钙土	中层壤栗土	A₁₁	0—24	黄棕色	中壤土	小粒状	8.3	37.9	2.03	0.96						洪积物、冲积物	E 82°23′49.9″ N 43°52′43.0″	83
						AB	24—37	黄灰色	中壤土	块状	8.3	23.4	1.17	0.75								
						Bk	37—56	灰黄色	轻壤土	块状	8.4	17.4	0.86	0.75								
						C	56—															
剖3	钙层土	栗钙土	暗栗钙土	平原暗栗钙土		1	0—3	暗栗灰色	中壤土	粒状	7.5	86.4	4.69	0.87		3					E 82°59′16.4″ N 43°49′35.8″	86
						2	3—25	暗栗灰色	中壤土	粒状	7.6	72.6	3.84	0.77		2						
						3	25—44	栗棕色	中壤土	块状、粒状	8.2	41.8	2.23	0.68		2						
						4	44—62	灰棕色	中壤土	小块状	8.0	27.0	1.48	0.42		11						
						5	62—89	棕黄色	轻壤土	块状	8.2	19.2	1.03	0.65		9						
剖4	钙层土	栗钙土	栗钙土	耕种栗钙土	红栗土	A₁₁	0—24	栗棕色	中壤土	小块状	8.4	34.5	1.83	0.55						冲积性红土母质	E 82°47′17.9″ N 43°47′10.3″	90
						AB	24—36	淡棕红色	中壤土	块状	8.4	20.4	1.25	0.32								
						Bk	36—60	红棕色	轻壤土	块状	8.5	11.1	0.75	0.22								
						C	60—107	棕红色	轻黏土	块状	8.5											

塔 城 地 区

塔 城 市

主要土类说明

棕钙土是塔城市主要土壤类型，占本市地域面积的28%。该类土壤是在温凉、干旱、旱生荒漠草原的生物气候条件下发育而成的一类地带性土壤。母质为洪积物、冲积物、堆积物。质地较轻，粒级较粗，这是棕钙土的共同特点，有效土层深浅不一，土色多为黄棕、棕黄或灰棕色。其腐殖质层较薄，多在15—30cm，有机质含量在10—20g/kg，剖面从上到下逐渐减少。全剖面有石灰反应，有淀积的白色斑点状或菌丝状的钙积层。

栗钙土是塔城市第二大土壤类型，占本市地域面积的19%。栗钙土发育于温带半干旱草原植被下。其质地较轻，多属砂壤土和轻壤土。基本发生层次是由腐殖质层、过渡层及母质层组成的。腐殖质层厚度15—30cm，暗栗钙土更厚，呈栗色或者暗栗色，粒状结构，松软、干燥，根系较为集中，石灰反应较弱。其主要特征是剖面上部呈栗色，下部有菌丝状或斑块状或网纹状的钙积层。

草甸土是塔城市第三大土壤类型，占本市地域面积的16%。主要分布在扇缘地下水溢出带、山间低谷带、河湖漫滩和低阶地三角洲，多呈狭窄的带状贯穿于各种地带性土壤中，是发育于地势低平、受地下水或潜水的直接浸润并生长草甸植物的土壤。其主要特征是有机质含量较高，腐殖质层较厚，土壤团粒结构较好，水分较充分。其具有三个发生层次，分别为生草层、腐殖质层和锈色斑纹层。

黑钙土占塔城市地域面积的11%。黑钙土是发育于温带半湿润半干旱地区草甸草原和草原植被下的土壤。剖面层次分化明显，由腐殖质层、腐殖质舌状淋溶层、钙积层及母质层组成。其腐殖质层较厚，表层有机质含量较高，自然肥力较高。其主要特征是土壤中有机质的积累量大于分解量，土层上部有一黑色或灰黑色肥沃的腐殖质层，在此层以下或土壤中下部有石灰富集的钙积层。

本市面积小于10%的土壤类型还有黑毡土、潮土、草甸盐土、沼泽土等。

本区域中心区气候特征

本区域中心区气候特征值
Regional climate characteristics in central area of the region

气候带：中温带干旱气候 Climate region: Mid temperate arid climate	
年平均气温 /℃ Annual average temperature /℃	6.4
年平均最高气温 /℃ Annual average maximum temperature /℃	12.5
年平均最低气温 /℃ Annual average minimum temperature /℃	1.1
年降水量 /mm Annual precipitation /mm	134
≥10℃的积温 /℃ Daily temperature accumulated in a year (≥10℃) /℃	2363
年日照时数 /h Annual sunshine /h	2809
年平均相对湿度 /% Annual average relative humidity /%	56
干燥度 Dryness	5.01

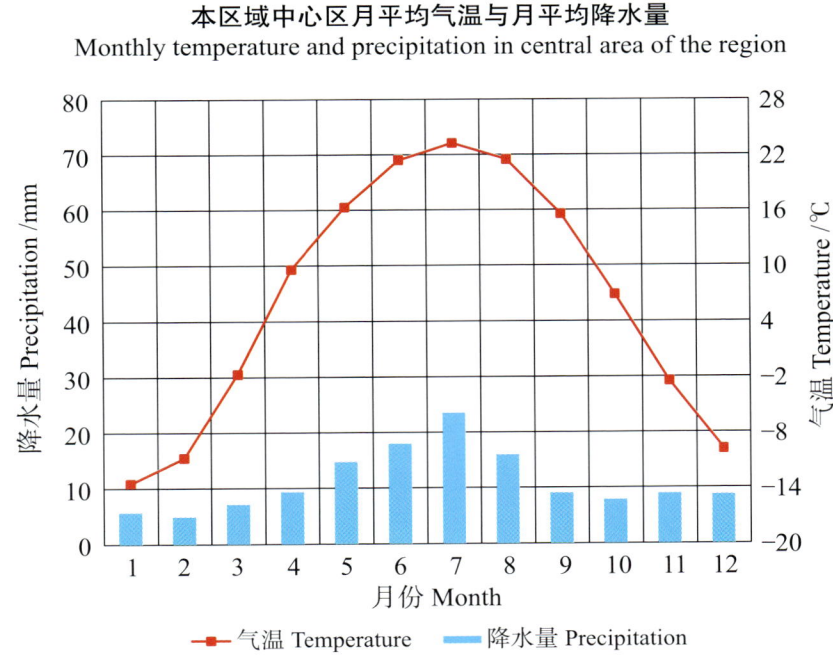

本区域中心区月平均气温与月平均降水量
Monthly temperature and precipitation in central area of the region

塔城市主要土壤类型与土壤剖面点分布图
1:320 000

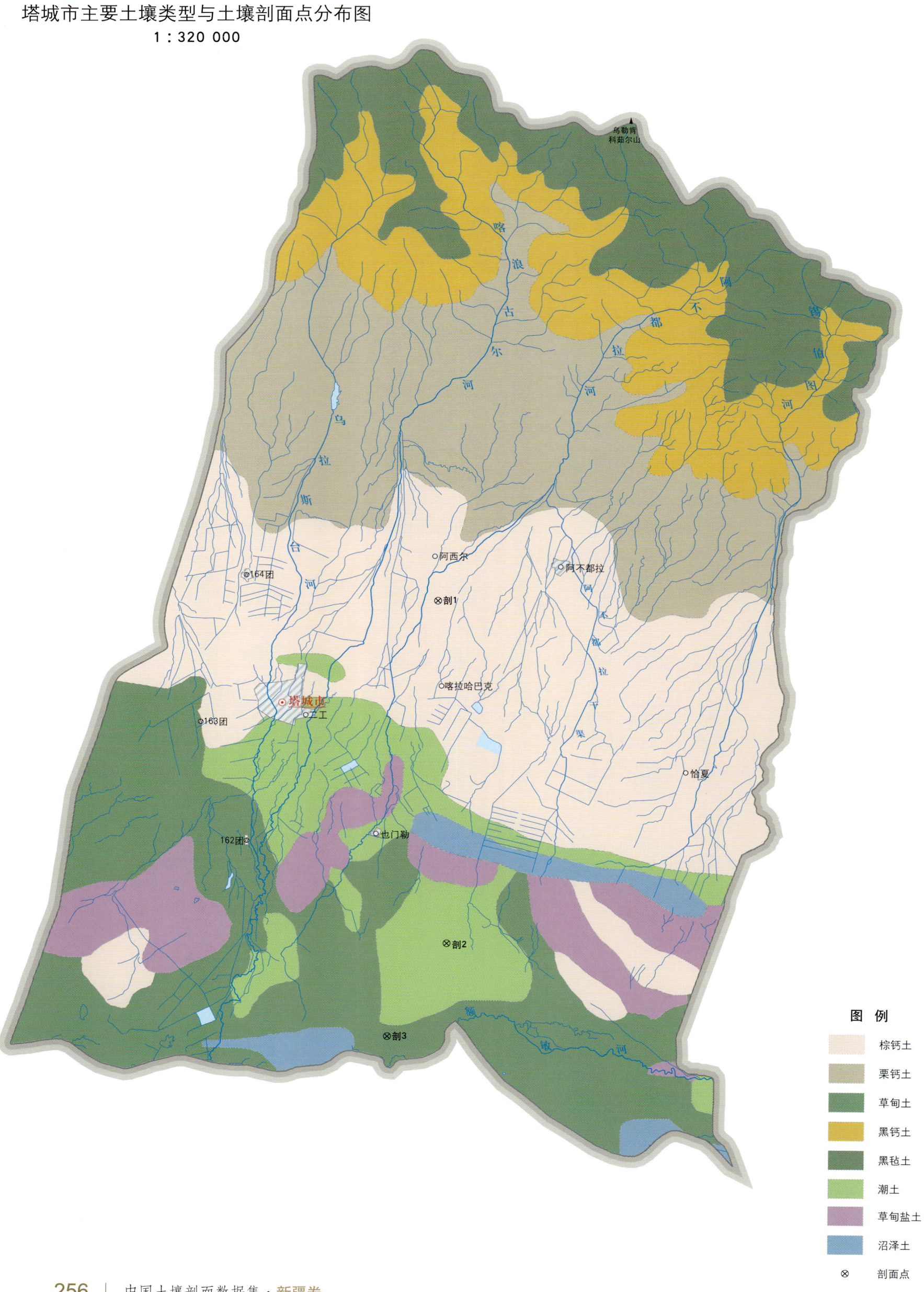

塔城市土壤剖面理化性状表

剖面号 Soil profile	土纲 Soil order	土类 Soil great group	亚类 Soil subgroup	土属 Soil genus	土种 Soil species	土层码 Layer code	土层厚度 Depth/cm	颜色 Soil color	质地 Soil texture	土壤结构 Soil structure	pH	有机质 OM/(g/kg)	全氮 TN/(g/kg)	全磷 TP/(g/kg)	全钾 TK/(g/kg)	有效磷 AP/(mg/kg)	速效钾 AK/(mg/kg)	阴离子交换量 CEC/(cmol/kg)	土壤母质 Parent material	剖面点坐标 Profile coordinate	匹配指数 Matching index/%
剖1	干旱土	棕钙土	棕钙土	棕钙黄土	阿西尔棕黄土	A_{11}	0—20	灰棕色	黏壤土	小块状	8.0	16.8	0.98	0.66	21.0	2.0	190	12.8	黄土状母质	E 83°08′45.6″ N 46°49′22.1″	80
						A_{12}	20—30	灰棕色	黏壤土	块状	8.1	16.1	0.91	0.64	21.3	3.0	190	13.3			
						ABk	30—50	浊黄橙色	壤质黏土	块状	8.1	9.9	0.63	0.67	13.8	3.0	120	12.3			
						Bk	50—90	灰黄棕色	黏壤土	块状	8.2	6.7	0.41	0.63	18.0			9.7			
						Ck	90—100	浊黄橙色	砂质黏壤土	块状	8.2	3.7	0.20	0.58	16.7			9.3			
剖2	半水成土	潮土	盐化潮土	苏打盐化潮土		1	0—22		砂壤土		8.9	25.4	1.67	0.79						E 83°08′50.6″ N 46°33′47.5″	79
						2	22—38		轻壤土		9.2	12.6	0.85	0.69							
						3	38—54		砂壤土		9.3										
						4	54—100		中壤土		9.2	6.0	0.56	0.75							
剖3	半水成土	草甸土	石灰性草甸土	火甸黏土	黑黏锈土	Az	0—9	灰色	壤质黏土	小粒状	7.9	70.9	3.40	0.94	17.5	26.0	>500	20.7	冲积物	E 83°04′58.1″ N 46°29′38.8″	78
						A	9—21	灰黄色	黏土	块状	7.9	38.0	1.91	0.94	19.8	5.0	330	24.5			
						AC	21—40	灰色	黏土	块状	7.9	44.0	2.00	0.90	18.5	3.0	170	26.6			
						Cu	40—75	浊黄色	砂质壤土	片状	8.8	8.1	0.44	0.74	17.8	1.0	60	7.4			
						C	75—100	灰黄色	壤质砂土	块状	8.4	8.1	0.43	0.79	18.2	7.0	40	6.6			

乌苏市

主要土类说明

灰漠土是乌苏市主要土壤类型,占本市地域面积的11%。广泛分布在乌沙地区天山北麓山前倾斜平原与古老的冲积平原上。地表具有多角形裂缝,表土为发育较好的荒漠结皮层,呈淡灰色的干面包状,此层以下为淡灰棕色或淡棕色的片状结构层,其下为黏化、铁质化过程所形成的淡红棕色或褐棕色的紧实层,可见白色斑点状或菌丝状碳酸钙淀积。

草毡土是乌苏市第二大土壤类型,占本市地域面积的10%。其成土母质多为冰碛物,粗骨质或较细的冰水沉积物,以及残积物、坡积物。植被以低矮呈垫状的蒿草、苔草、高山蓼为主。表层有厚度3—10cm不等的草皮,根系交织似毛毡状,轻韧而有弹性,地表常因冻融交互作用呈鳞片状滑脱。

黑毡土是乌苏市的主要土壤类型,占本市地域面积的9%。主要分布于青藏高原东部和东南部。其母质是冰碛物。表层生草过程强烈,有机质大量聚积,剖面形态分化较为明显,草根密织,呈棕灰色,富有弹性,有机质含量高达300g/kg。其腐殖质积累明显,呈暗褐色,腐殖化程度相对较高,盐基不饱和或饱和度低,土壤pH为5.0—8.0。

草甸土是乌苏市的主要土壤类型,占本市地域面积的9%。其母质多为冲积物、洪积物、湖积物,地区的差异性较为明显。草甸土是发育于地势低平、受地下水或潜水的直接浸润并生长草甸植物的土壤,属半水成土。其发生有三个层次,分别是生草层、腐殖质层和锈色斑纹层。其主要特征是有机质含量较高,腐殖质层较厚,土壤团粒结构较好,水分较充分,土壤积盐过程较强。

灰棕漠土占乌苏市地域面积的8%。灰棕漠土是温带漠境气候条件下粗骨母质上发育的地带性土壤。土壤表层为发育较好的干面包状结皮,厚度约3cm,呈淡灰色,混有碎石,质地较粗,呈不明显的片状结构层。土层中有机质的含量较低,腐殖质组成中的胡敏酸和富里酸含量均较低,石灰反应明显。

草甸盐土占乌苏市地域面积的8%。其形成受地下水常年上下活动的影响,积盐过程和草甸过程相伴进行,而以积盐过程为主。土壤积盐状况各地差异很大,愈干旱积盐愈重,积盐层或盐壳愈厚。表层有一定数量的有机质积累,底土有明显的锈色斑纹。其剖面层次分化明显,地表通常有盐霜或薄盐结皮。

栗钙土占乌苏市地域面积的8%。剖面上部呈栗色,下部有菌丝状或斑块状或网纹状的钙积层。腐殖质含量比黑钙土少,是比较肥沃的土壤。质地较轻,多属砂壤土和轻壤土。表层有机质含量为25—60g/kg,土体干燥,供肥强度小,碳酸钙含量少,石灰反应微弱。

本市面积小于8%的土壤类型还有黑钙土、寒冻土、风沙土、棕钙土、潮土、林灌草甸土、灰褐土、灌漠土、新积土、沼泽土等。

本区域中心区气候特征

本区域中心区气候特征值
Regional climate characteristics in central area of the region

气候带:中温带干旱气候 Climate region: Mid temperate arid climate	
年平均气温 /℃ Annual average temperature /℃	8.4
年平均最高气温 /℃ Annual average maximum temperature /℃	14.2
年平均最低气温 /℃ Annual average minimum temperature /℃	3.4
年降水量 /mm Annual precipitation /mm	125
≥10℃的积温 /℃ Daily temperature accumulated in a year (≥10℃) /℃	3088
年日照时数 /h Annual sunshine /h	2579
年平均相对湿度 /% Annual average relative humidity /%	55
干燥度 Dryness	4.64

本区域中心区月平均气温与月平均降水量
Monthly temperature and precipitation in central area of the region

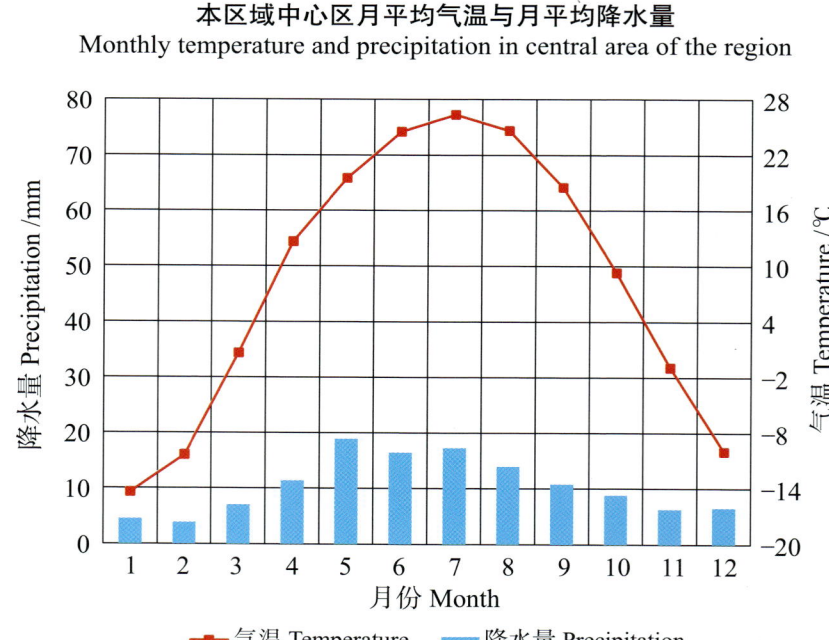

乌苏市主要土壤类型与土壤剖面点分布图
1:670 000

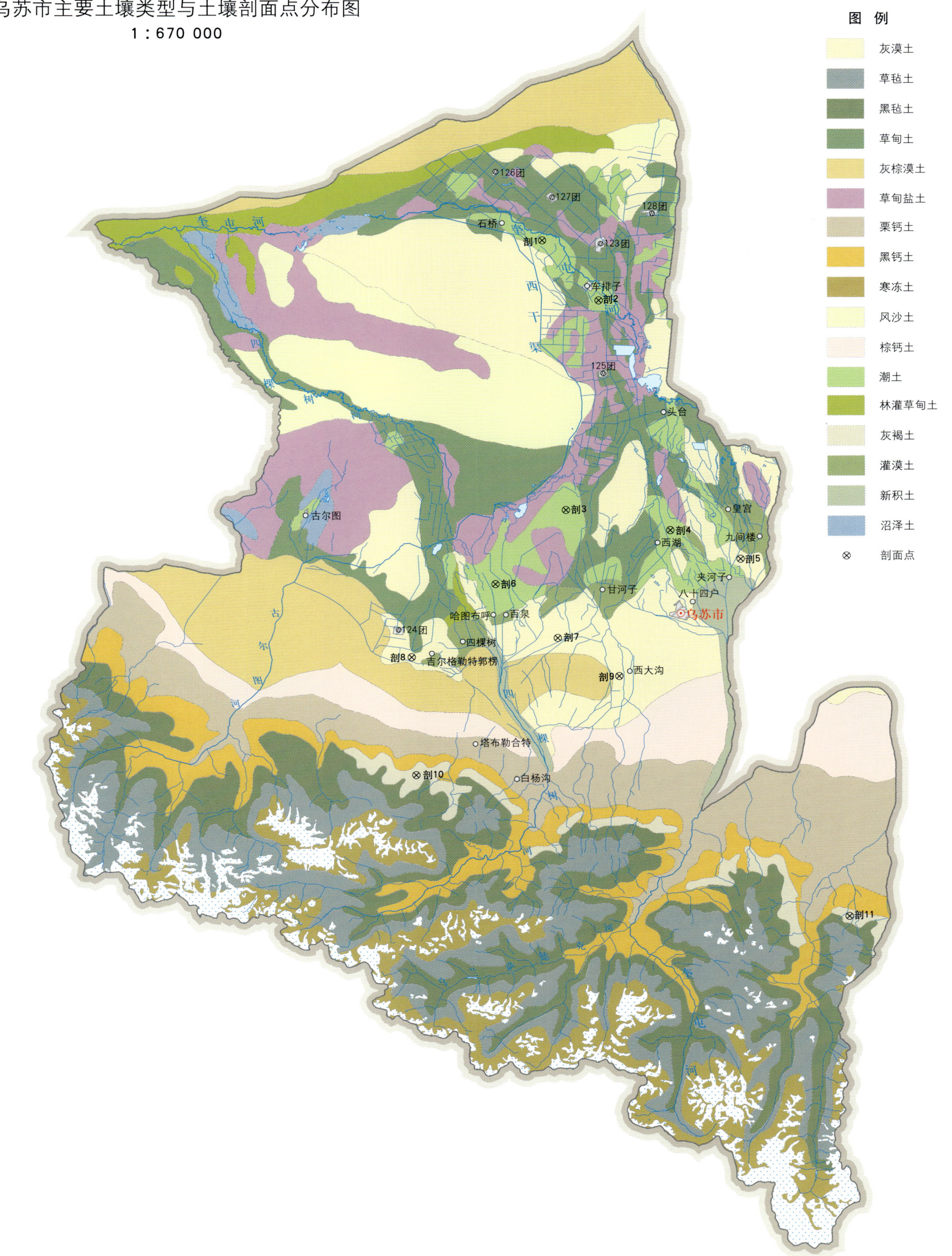

注：国务院1996年7月批准，撤销乌苏县，设立乌苏市。

图例：灰漠土、草毡土、黑毡土、草甸土、灰棕漠土、草甸盐土、栗钙土、黑钙土、寒冻土、风沙土、棕钙土、潮土、林灌草甸土、灰褐土、灌漠土、新积土、沼泽土、⊗ 剖面点

乌苏市土壤剖面理化性状表

剖面号 Soil profile	土纲 Soil order	土类 Soil great group	亚类 Soil subgroup	土属 Soil genus	土种 Soil species	土层码 Layer code	土层厚度 Depth/cm	颜色 Soil color	质地 Soil texture	土壤结构 Soil structure	pH	有机质 OM/(g/kg)	全氮 TN/(g/kg)	全磷 TP/(g/kg)	全钾 TK/(g/kg)	碱解氮 AN/(mg/kg)	有效磷 AP/(mg/kg)	土壤母质 Parent material	剖面点坐标 Profile coordinate	匹配指数 Matching index/%
剖1	半水成土	潮土	盐化潮土	盐化灰潮土	盐化灰潮土	1	0—27	淡栗色	中壤土	粒状	8.1	24.2	1.25	0.91		67	5.0		E 84°22′32.5″ N 44°58′43.7″	78
						2	27—73	黄褐色	砂壤土	块状	8.8	3.8	0.21	0.58		9				
						3	73—100	黄褐色	中壤土	粒状										
剖2	半水成土	潮土	潮土	黑潮土	黑潮土	1	0—34	淡栗色	中壤土	粒状	9.4	53.9	2.06	0.55	18.9	109	5.0		E 84°29′39.8″ N 44°53′29.4″	82
						2	34—66	淡栗色	中壤土	粒状	9.3	45.6	1.98	0.78	20.6	69				
						3	66—100	棕灰色	中壤土	块状	8.8	12.1	0.28	0.59	29.2	52				
剖3	半水成土	潮土	潮土	青潮土	青潮土	1	0—25	淡紫色	砂壤土	块状	8.3	44.1	4.39	0.78	8.6	193	7.0		E 84°26′28.3″ N 44°34′31.1″	93
						2	25—40	深灰色	中壤土	小块状	8.3	31.1	1.26	0.62	26.6	105				
						3	40—50	深灰色	中壤土	粒状	8.3	11.1			18.0	46				
						4	50—66	淡灰色	中壤土	块状		14.7	1.01	0.56	29.2	49				
						5	66—86	淡灰色	砂壤土	粒状		3.3			28.3	14				
						6	86—100	青灰色	中壤土	小块状		3.3	0.25	0.67	32.6	22				
剖4	半水成土	潮土	潮土	灰潮土	灰潮土	1	0—30	棕灰色	中壤土	小块状	8.8	32.8	2.06	0.59	28.3	105	1.0		E 84°39′11.9″ N 44°32′57.1″	95
						2	30—80	灰棕色	轻黏土	块状	8.6	17.7	0.57	0.83	24.0	56				
						3	80—100	棕色	中黏土	粒状	>9.5	32.5	1.30	0.63	17.2	76				
剖5	漠土	灰漠土	灌耕灰漠土	砂土	白砂土	1	0—28		砂壤土			5.6	0.64	0.58		10	1.0		E 84°47′47.8″ N 44°30′32.4″	87
						2	28—47		轻壤土			4.7	0.31	0.56		10				
						3	47—86		轻壤土			4.0	0.25	0.56		7				
						4	86—100		轻壤土			4.1	0.39	0.59		6				
剖6	半水成土	潮土	潮土	退潮土	灰土	1	0—35	淡褐色	中壤土	块状	8.9	33.1	1.64	0.98	20.6	59	2.0		E 84°18′11.5″ N 44°27′40.7″	79
						2	35—60	淡褐色	轻黏土	粒状	8.6	14.1	0.58	0.60	23.2	32				
						3	60—80	淡褐色	中黏土	块状	8.6	5.5	0.18	0.65	28.3	24				
						4	80—100	深褐色	中壤土	粒状	8.6	13.1	0.47	0.83	30.9	41				
剖7	漠土	灰漠土	灌耕灰漠土	砂土	白砂土	1	0—30	淡褐色	砂壤土	小块状									E 84°25′55.6″ N 44°22′58.4″	90
						2	30—70	淡褐色	轻壤土	块状										
						3	70—90	深褐色	砂壤土	块状										
						4	90—100	淡褐色	砂砾土	无明显结构										
剖8	漠土	灰漠土	灌耕灰漠土	戈壁黄土	白板土	1	0—30	棕灰色	中壤土	块状	7.9	5.5	0.16	0.62	2.1	19	2.0		E 84°08′19.0″ N 44°20′51.4″	94
						2	30—70	棕灰色	中壤土	块状	8.1	5.0	0.16	0.72	21.9	18				
						3	70—100	淡灰色	砂壤土	粒状	8.6	3.8	<0.10	0.53	21.4	5				
剖9	漠土	灰漠土	灌耕灰漠土	戈壁黄土	戈壁黄土	1	0—20	淡褐色	轻壤土	粒状	8.4	6.5	0.47	0.89		11	15.0		E 84°33′28.4″ N 44°19′41.2″	95
						2	20—70	淡褐色	轻壤土	片状	8.6	3.9	0.25	0.68		4				
						3	70—100	淡褐色	轻壤土		8.4	2.9	0.25	0.69		5				
剖10	半淋溶土	灰褐土	灰褐土	灰褐泥土	灰褐泥土	As	0—9		壤土		7.2							砂砾岩坡积物	E 84°09′19.1″ N 44°10′16.0″	89
						Ah	9—57	棕黑色	壤土	团块状	7.8	88.0	4.01	1.59	21.6					
						ABk	57—66	油黄橙色	粉砂质黏壤土	片状	8.1	34.0	1.60	1.17	22.4					
						Bk	66—96	淡黄色	黏壤土	片状	8.5	15.0	0.67	1.16	21.5					
						Ck	96—110		砂壤质黏土		8.6	12.0	0.43	1.67	19.9					

续表 Continued

剖面号 Soil profile	土纲 Soil order	土类 Soil great group	亚类 Soil subgroup	土属 Soil genus	土种 Soil species	土层码 Layer code	土层厚度 Depth/cm	颜色 Soil color	质地 Soil texture	土壤结构 Soil structure	pH	有机质 OM/(g/kg)	全氮 TN/(g/kg)	全磷 TP/(g/kg)	全钾 TK/(g/kg)	碱解氮 AN/(mg/kg)	有效磷 AP/(mg/kg)	土壤母质 Parent material	剖面点坐标 Profile coordinate	匹配指数 Matching index/%
剖11	半淋溶土	灰褐土	灰褐土	灰褐土	中层灰褐土	O	0—1											坡积黄土状母质	E 85°01′52.3″ N 43°58′25.7″	85
						As	1—4	灰褐色	粉砂质黏壤土		5.4	>250.0	>6.00	2.25	20.1					
						Ah	4—15	灰褐色	粉砂质黏土	团块状	6.2	111.3	5.90	1.09	28.4					
						AB	15—34	灰棕色	粉砂质黏土	块状	7.1	27.8	1.14	0.93	23.6					
						Bk	34—80	黄棕色	粉砂质黏土	块状	7.1	22.8	0.98	0.68	22.8					
						Ck	80—110	棕黄色	粉砂质黏壤土			13.4	0.57	0.72	20.2					

沙 湾 市

主要土类说明

灰漠土是沙湾市主要土壤类型，占本市地域面积的 23%。灰漠土是石膏盐层土中稍微湿润的类型，是温带漠境边缘细土物质上发育的土壤。其成土母质系由黄土状或红土状细土物质组成，石灰性较强，多以粗粉砂、细砂质或细砂、粗粉砂的中壤为主。地表具有多角形裂缝，表土为发育良好的荒漠结皮层，呈淡灰色的干面包状。剖面通体多为壤质土，紧实层黏粒含量稍高；腐殖质层不明显，石灰反应强烈，表层碳酸钙含量较少。

风沙土是沙湾市第二大土壤类型，占本市地域面积的 13%。成土母质以冲积物和风积物为主，成土作用极其微弱，有机质积累很少，剖面层次不明显，一般只具有不明显的结皮和稍微变紧实的表土层，其下即为松散的沙质母质层。

棕钙土是沙湾市第三大土壤类型，占本市地域面积的 12%。多分布在山前丘陵和丘间洼地的农牧交错带，地表多砂砾石，剖面上部呈褐棕色，下部为粉末层状或斑块状的灰白色钙积层。土层浅薄，质地较轻，大多含有不同数量的粗砂与砾石。耕层有机质含量为 14.95g/kg、全氮含量为 1.24g/kg。

栗钙土占沙湾市地域面积的 8%。腐殖质层厚度多在 5—10cm，呈栗色或暗栗色，粒状结构松软、干燥，根系较集中，石灰反应微弱；过渡层约 20cm，较紧实，块状结构，颜色较上层略淡，根系稍少，土体稍润，有石灰反应；钙积层呈灰白色或淡灰色，有假菌丝状、斑纹状石灰新生体，一般出现在 30—50cm 及以下，厚度 20—40cm 不等，紧实，大块状结构，石灰反应强烈，根系很少。

寒冻土占沙湾市地域面积的 6%。寒冻物理风化为主，弱生物累积，土体浅薄，通体含大量砾石，剖面分化不明显。地表常有由岩石风化碎屑组成的岩幂层；下伏发育差的腐殖质层，厚度 5—10cm，呈灰色、黄灰色、灰黄棕色或灰棕色等多种颜色；向下过渡为岩砾层或永冻层。

草甸盐土占沙湾市地域面积的 6%。由各种类型的草甸土逐渐演变而成。其形成受地下水常年上下活动的影响，积盐过程和草甸过程相伴进行，但以积盐过程为主。土壤积盐状况各地差异很大，愈干旱积盐愈重，积盐层或盐壳愈厚。表层有一定数量的有机质积累，底土有明显的锈色斑纹。

草毡土占沙湾市地域面积的 6%。是密生高山矮草草甸的湿润土体，分布于原面平缓山坡。表层有厚度 3—10cm 不等的草皮，植被根系交织似毛毡状，轻韧而有弹性。土壤色泽较深，有机质含量较高，底土见锈色斑纹。

黑毡土占沙湾市地域面积的 6%。表层生草过程强烈，有机质大量积聚，剖面形态分化明显，腐殖质积累明显，腐殖化程度相对较高，盐基不饱和或饱和度低，土壤 pH 为 5.0—8.0。

本市面积小于 5% 的土壤类型还有潮土、草甸土、黑钙土、灰褐土、新积土、灌漠土、沼泽土、灌淤土、林灌草甸土、漠境盐土等。

本区域中心区气候特征

本区域中心区气候特征值
Regional climate characteristics in central area of the region

气候带：中温带干旱气候 Climate region: Mid temperate arid climate	
年平均气温 /℃ Annual average temperature /℃	8.1
年平均最高气温 /℃ Annual average maximum temperature /℃	13.8
年平均最低气温 /℃ Annual average minimum temperature /℃	3.3
年降水量 /mm Annual precipitation /mm	162
≥10℃的积温 /℃ Daily temperature accumulated in a year（≥10℃）/℃	3000
年日照时数 /h Annual sunshine /h	2581
年平均相对湿度 /% Annual average relative humidity /%	54
干燥度 Dryness	3.52

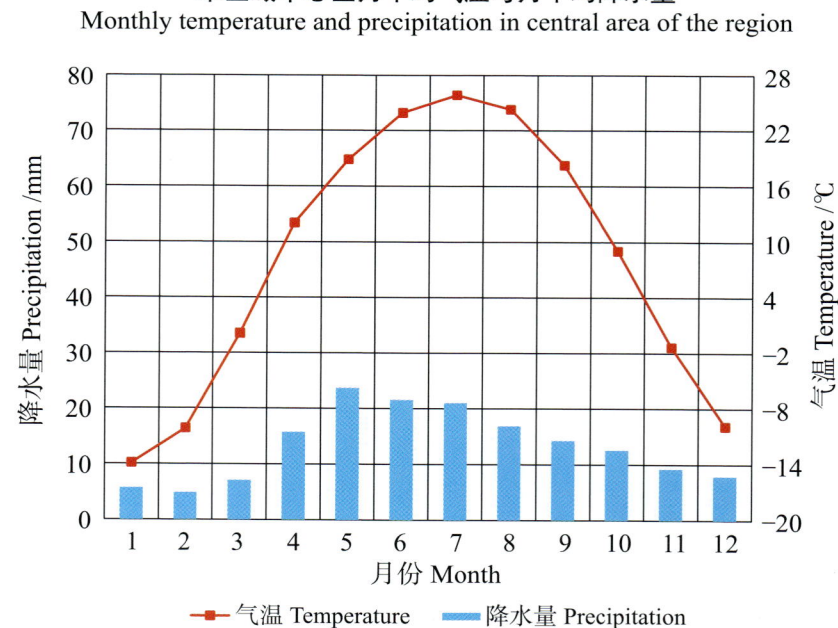

本区域中心区月平均气温与月平均降水量
Monthly temperature and precipitation in central area of the region

沙湾市主要土壤类型与土壤剖面点分布图
1∶740 000

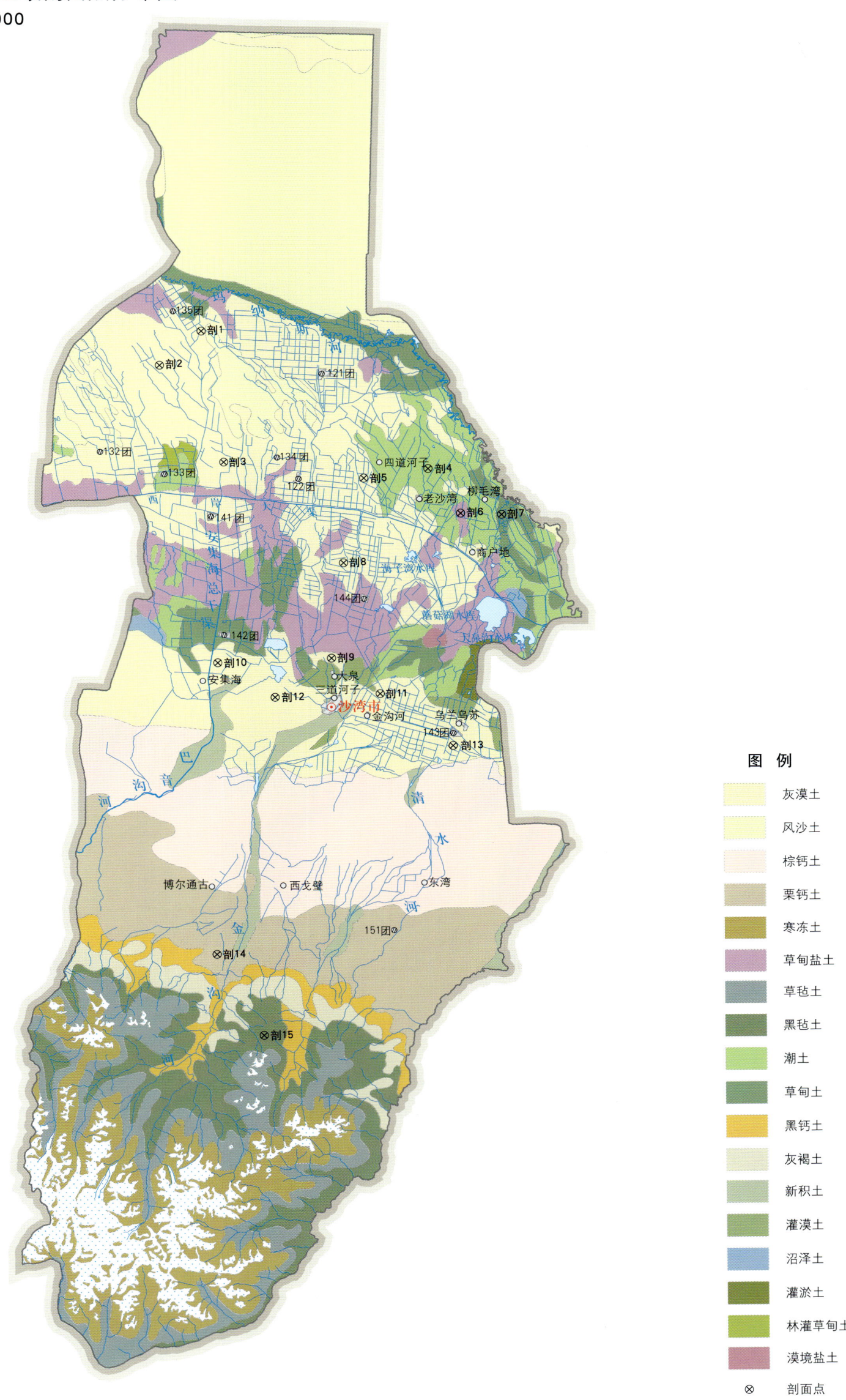

注：国务院2021年1月批准，设立县级沙湾市。

沙湾市土壤剖面理化性状表

剖面号 Soil profile	土纲 Soil order	土类 Soil great group	亚类 Soil subgroup	土属 Soil genus	土种 Soil species	土层码 Layer code	土层厚度 Depth/cm	颜色 Soil color	质地 Soil texture	土壤结构 Soil structure	pH	有机质 OM/(g/kg)	全氮 TN/(g/kg)	全磷 TP/(g/kg)	全钾 TK/(g/kg)	有效磷 AP/(mg/kg)	速效钾 AK/(mg/kg)	阳离子交换量 CEC/(cmol/kg)	土壤母质 Parent material	剖面点坐标 Profile coordinate	匹配指数 Matching index/%
剖1	漠土	灰漠土	盐化灰漠土	硫酸盐黄土状灰漠土		1	0—31				8.5	2.4	0.17	0.75						E 85°20′08.2″ N 44°52′58.4″	78
						2	31—44				8.4	15.5	0.63	0.87							
						3	44—63				8.2	12.1	0.63	0.82							
						4	63—77				8.3	12.8	0.63	0.63							
						5	77—100				8.1	4.6	0.17	0.96							
剖2	漠土	灰漠土	灌耕灰漠土	黄土状灌耕灰漠土		1	0—30				8.4	12.4	0.69	0.88						E 85°15′10.1″ N 44°49′52.0″	87
						2	30—60				8.3	6.8	0.50	0.87							
						3	60—100				8.3	6.4	0.42	0.90							
剖3	漠土	灰漠土	灌耕灰漠土	黄土状灌耕灰漠土	重硫酸盐灌漠黄土	A₁	0—30	灰棕色	中壤土	小块状	8.7	10.3	0.60	0.70	22.1	22.0	470		冲积物、洪积物	E 85°23′09.6″ N 44°41′16.4″	84
						Bz	30—47	淡黄色	中壤土	块状	8.7	4.1	0.24	0.60	20.4	4.0	252				
						B	47—76	灰黄色	中壤土	小块状	8.8	4.3	0.24	0.62							
						C	76—110	黄棕色	重壤土	块状	8.7	5.2	0.30	0.58							
剖4	半水成土	潮土	盐化潮土	硫酸盐潮土		1	0—28		黏土		8.3	20.9	1.60	0.93					冲积物、洪积物	E 85°47′55.0″ N 44°40′56.3″	91
						2	28—42		中壤土		8.3	6.2	0.50	0.70							
						3	42—89		中壤土		8.3	4.7	0.40	0.75							
剖5	漠土	灰漠土	灌耕灰漠土	黄土状灌耕灰漠土	重氯盐灌耕黄土	A₁₁	0—25	淡灰色	中壤土	粽状	8.6	7.7	0.50	0.97						E 85°40′08.8″ N 44°40′00.5″	92
						Bz	25—45	灰棕色	砂壤土	小块状	8.9	2.5	0.17	0.68							
						BC	45—100	红棕色	中壤土	块状	8.7	2.2	0.17	0.71							
剖6	盐碱土	草甸盐土				1	0—0.5		轻壤土		8.2	25.4	1.30	0.80						E 85°51′54.4″ N 44°36′58.7″	84
						2	0.5—5		砂壤土		8.5	20.2	1.20	0.84							
						3	5—40		黏土		8.7	4.8	0.40	0.80							
						4	40—52		中壤土		8.7	5.9	0.50	0.87							
						5	52—100		轻壤土		8.8	3.5	0.30	0.77							
						6	100—150		轻壤土		8.7	3.3	0.20	0.84							
剖7	半水成土	草甸盐土				1	0—4	棕灰色	中壤土	块状	8.8	36.5	1.90	0.96	16.4					E 85°56′53.2″ N 44°36′53.6″	84
						2	4—21	黄灰色	重壤土	块状	9.1	14.8	0.72	0.89	20.7						
						3	21—53	黄色	砂壤土	板状	8.9	9.7	0.58	0.73	19.8						
						4	53—74	淡黄色	砂质土	片状	9.2	4.1	0.20	0.64	18.9						
						5	74—104	淡灰色	壤土	块状	9.1	3.4	0.16	0.63	19.9						
剖8	漠土	灰漠土	盐化灰漠土	硫酸盐灰漠泥砂土	盐漠钙土	J	0—2	棕灰色	黏土	板状	8.9	14.2	0.81	1.00	21.8	2.0	88	8.5	洪积物、冲积物	E 85°37′49.4″ N 44°32′25.1″	92
						Ak	2—6	淡棕色	黏壤土	片状	8.7	10.3	0.62	1.13	23.3	1.0	103	8.1			
						Bk	6—16	淡红棕色	黏壤土	块状	8.7	4.7	0.27	0.94	22.8		36	7.4			
						Bz₁	16—27	棕灰色	黏壤土	小块状	8.5	4.1	0.24	0.74	22.3		21	6.0			
						Bz₂	27—54	淡棕灰色	砂壤土	小块状	8.6	3.3	0.21	0.72	20.4		11	8.0			
						Bzy	54—90	淡棕灰色	壤土	小块状	8.3	3.2	0.18	0.55	17.7			8.9			
						Cy	90—98	淡灰色	砂壤土	片状	8.5	2.9	0.15	0.65	21.7						
剖9	漠土	灰漠土	盐化灰漠土	氯化物灰漠泥砂土	氯盐钙质黄土	J	0—2	淡黄灰色	壤质黏土	团块状	8.0	9.6						8.7	洪积物、冲积物	E 85°36′31.0″ N 44°23′53.5″	82
						Bz₁	2—9	淡黄棕色	粉砂质黏土	无明显结构	8.4	5.8						8.8			
						Bz₂	9—21	淡黄棕色	黏土	无明显结构	8.4	5.1						7.4			
						Cz₁	21—41	淡黄棕色	黏土		7.9	4.3									
						Cz₂	75—130	淡黄棕色	黏壤土												

续表 Continued

剖面号 Soil profile	土纲 Soil order	土类 Soil great group	亚类 Soil subgroup	土属 Soil genus	土种 Soil species	土层码 Layer code	土层厚度 Depth/cm	颜色 Soil color	质地 Soil texture	土壤结构 Soil structure	pH	有机质 OM/(g/kg)	全氮 TN/(g/kg)	全磷 TP/(g/kg)	全钾 TK/(g/kg)	有效磷 AP/(mg/kg)	速效钾 AK/(mg/kg)	阳离子交换量CEC/(cmol/kg)	土壤母质 Parent material	剖面点坐标 Profile coordinate	匹配指数 Matching index/%
剖面10	漠土	灰漠土	灌耕灰漠土	灌耕灰漠泥砂土	盖砂黄灰土	A$_{11}$	0—21	淡灰黄色	砂壤土	小团块状	9.0	14.6	0.70	0.30	18.4			7.2	冲积物	E 85°22′48.0″ N 44°23′20.0″	91
						B$_1$	21—50	淡黄色	砂壤土	团块状	8.7	5.6	0.50	0.40	22.0			5.2			
						B$_2$	50—100	淡黄色	砂质黏壤土	块状	8.7	4.0	0.40	0.70	23.5			8.1			
剖面11	漠土	灰漠土	灌耕灰漠土	红土状灌耕灰漠土	硫盐灌耕红土	A$_{11}$	0—30	淡棕红色	中壤土	块状	8.2	8.6	4.00	1.00					红土状沉积物	E 85°42′25.6″ N 44°20′43.1″	95
						B	30—50	棕红色	中壤土	块状	8.6	8.6	0.79	0.70							
						BC	50—100	淡红棕色	轻壤土	团块状	8.7	13.4	0.70	0.60							
剖面12	漠土	灰漠土		灰漠土	灰漠黄土	J	0—3	淡黄灰色	轻壤土	不明显片状	8.3	7.3	0.45						冲积、洪积、黄土状母质	E 85°29′46.7″ N 44°20′16.8″	83
						A	3—11	黄灰色	轻壤土	块状	8.7	6.3	0.38								
						B$_1$	11—26	淡红棕色	轻壤土	块状	8.7	5.0	0.32			7.0	410				
						B$_2$	26—40	棕灰色	砂壤土		8.8	4.0	0.23			7.0	295				
						BC	40—74	黄棕色	轻壤土	棱块状	8.8	3.2	0.19			3.0	105				
						C	74—104	淡黄色	中壤土	小块状	8.8	3.7	0.22								
剖面13	漠土	灰漠土	灌耕灰漠土	黄土状灌耕灰漠土		A$_{11}$	0—26	黄灰色	轻壤土	小块状	8.5	9.6	0.63	0.66					洪积物、冲积物	E 85°51′15.8″ N 44°16′06.6″	84
						B$_1$	26—37	棕色	中壤土	块状	8.4	8.6	0.50	0.64		3.0	139				
						B$_2$	37—54	黄棕色	轻壤土	小块状	8.5	7.8	0.39	0.65		4.0	103				
						C	54—														
剖面14	钙层土	栗钙土	暗栗钙土	暗栗钙土	暗栗土	As	0—5	暗栗色											黄土状母质	E 85°23′12.1″ N 43°57′06.5″	90
						Ah	5—23	暗栗色	砂壤土	小粒状	8.3	54.8	3.13	0.65	17.9						
						AhB	23—49	灰棕色	砂壤土	小块状	8.5	40.4	2.15	0.69	14.0						
						Bk	49—69	灰黄色	砂壤土	块状	8.7	26.1	1.23	0.82	17.1						
						BCk	69—97	淡黄色	砂壤土	块状	8.8	16.6	0.82	0.78	17.4						
剖面15	高山土	黑毡土	黑色土				1	0—15				7.6	135.2	>6.00					46.9		E 85°28′57.4″ N 43°49′52.7″	94
						2	15—25				7.8	48.9	2.10					23.0			
						3	30—40				8.0	29.6	1.40					23.5			
						4	60—70				8.1	15.7						11.7			
						5	90—100				8.2	13.0						10.2			

额 敏 县

主要土类说明

栗钙土是额敏县主要土壤类型，占本县地域面积的27%。栗钙土基本发生层是由腐殖质层、过渡层、钙积层和母质层组成。腐殖质层厚度多在5—10cm，暗栗钙土更厚些，呈栗色或暗栗色，粒状结构松软、干燥，根系较集中，石灰反应微弱；过渡层厚度约20cm，暗栗钙土中腐殖质漏痕明显，较紧实，块状结构，颜色较上层略淡，根系稍少，土体稍润，有石灰反应；钙积层呈灰白色或淡灰色，有假菌丝状、斑纹状石灰新生体，一般出现在30—50cm及以下，厚度20—40cm不等，紧实，大块状结构，石灰反应强烈，根系很少。

棕钙土占额敏县地域面积的21%。棕钙土是由腐殖质积累与碳酸盐移动两个主要成土过程作用而形成的地带性土壤。土壤剖面一般由三个基本层构成，即淡棕色腐殖质层、灰白色钙积层和母质层。腐殖质层与钙积层之间的过渡较薄。地表多沙砾化，棕钙土的水分状况为季节性弱淋溶型，故钙积层位较高，多出现于20—30cm处，最深者可达40cm，钙积层较为紧实，一般厚度20—30cm，石灰含量因地区而异，变动在10%—30%，钙积层的形状以层状为主，间有斑块状。

黑钙土占额敏县地域面积的21%。黑钙土是发育于温带半湿润半干旱地区草甸草原和草原植被下的土壤。其形成是由强烈的腐殖质积累过程与石灰淋溶淀积过程共同作用的结果。剖面层次分化较明显，其腐殖质层较厚，表层有机质含量较高，自然肥力较高。

黑毡土占额敏县地域面积的12%。曾称亚高山草甸土。腐殖质积累明显，腐殖化程度相对较高，盐基不饱和或饱和度低，土壤pH为5.0—8.0，分布于高原优良牧场，也是小麦等作物的高产土壤。表层生草过程强烈，有机质大量积聚，剖面形态分化明显，生草层厚度5cm左右，草根密织，呈棕灰色。土壤呈微酸性至中性。

灰棕漠土占额敏县地域面积的8%。灰棕漠土是温带漠境气候条件下粗骨母质上发育的地带性土壤。土壤表层为发育较好的干面包状结皮，厚约3cm，呈淡灰色，混有碎石，质地较粗，呈不明显的片状结构层。土层中有机质的含量较低，腐殖质组成中的胡敏酸和富里酸含量均较低，石灰反应明显。

潮土占额敏县地域面积的5%。潮土的成土过程主要是潮化过程和耕作熟化过程。潮土有机质层深厚，有机质含量高，一般在20—40g/kg；氧化还原层明显，出现明显的红棕色锈纹、锈斑，一般在剖面的50cm左右即可发现；土体阴凉，作物生育期较晚，开春时土体冰凉，地表积雪融化较慢，土壤含水量高，土温上升慢；潮土土体通常湿润，尤其剖面中下部湿度更大；由于长期受地下水的影响，水中所溶的盐分会不同程度地积于地表或土体中，潮土中的极轻盐化潮土分布普遍。

本县面积小于5%的土壤类型还有草甸土、草甸盐土、林灌草甸土、沼泽土等。

本区域中心区气候特征

本区域中心区气候特征值
Regional climate characteristics in central area of the region

气候带：中温带干旱气候 Climate region: Mid temperate arid climate	
年平均气温 /℃ Annual average temperature /℃	6.2
年平均最高气温 /℃ Annual average maximum temperature /℃	12.1
年平均最低气温 /℃ Annual average minimum temperature /℃	1.1
年降水量 /mm Annual precipitation /mm	125
≥10℃的积温 /℃ Daily temperature accumulated in a year（≥10℃）/℃	2281
年日照时数 /h Annual sunshine /h	2812
年平均相对湿度 /% Annual average relative humidity /%	53
干燥度 Dryness	3.15

本区域中心区月平均气温与月平均降水量
Monthly temperature and precipitation in central area of the region

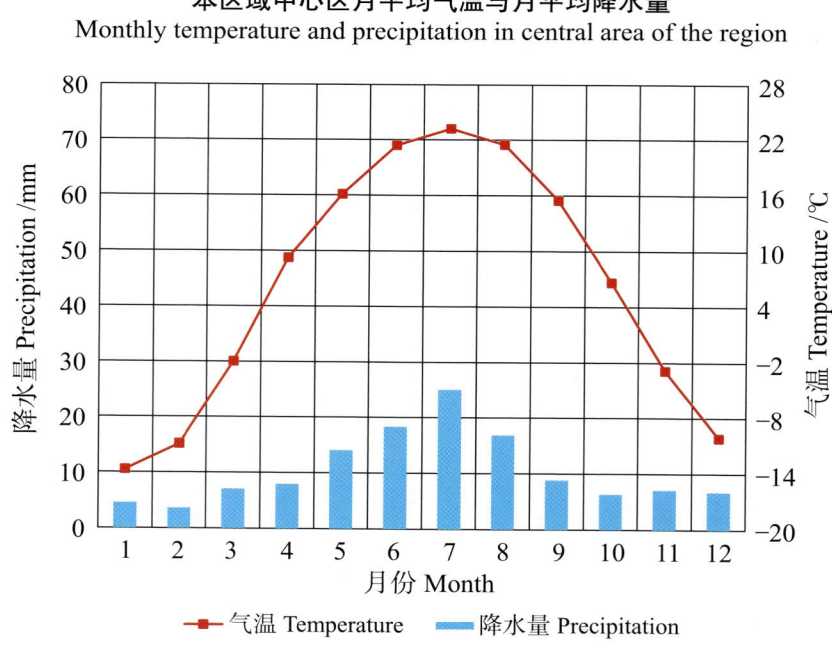

额敏县主要土壤类型与土壤剖面点分布图

1∶480 000

图例
- 栗钙土
- 棕钙土
- 黑钙土
- 黑毡土
- 灰棕漠土
- 潮土
- 草甸土
- 草甸盐土
- 林灌草甸土
- 沼泽土
- ⊗ 剖面点

第二编　分县土壤图与土壤剖面数据 | 267

额敏县土壤剖面理化性状表

剖面号 Soil profile	土纲 Soil order	土类 Soil great group	亚类 Soil subgroup	土属 Soil genus	土种 Soil species	土层码 Layer code	土层厚度 Depth/cm	颜色 Soil color	质地 Soil texture	土壤结构 Soil structure	pH	有机质 OM/(g/kg)	全氮 TN/(g/kg)	全磷 TP/(g/kg)	全钾 TK/(g/kg)	有效磷 AP/(mg/kg)	土壤母质 Parent material	剖面点坐标 Profile coordinate	匹配指数 Matching index/%
剖1	钙层土	栗钙土	暗栗钙土	耕种暗栗钙土	中层暗栗钙土	A_{11}	0—20	黑灰色	重壤土	小粒状	7.5	46.3	1.88	0.49			黄土状母质	E 83°35′46.3″ N 46°52′54.8″	88
						AhB	20—36	灰色	中壤土	小粒状	7.7	43.9	1.89	0.46					
						Bk	36—52	棕黄色	中壤土	块状	8.2	30.3	1.60	0.78					
						Ck	52—												
剖2	干旱土	棕钙土	棕钙土	棕钙土	砾顶棕钙土	Aj	0—3.5	棕灰色	中壤土	片状	8.1	37.0	1.68				洪积物、冲积物	E 83°52′04.8″ N 46°48′19.8″	91
						A	3.5—32	灰棕色	中壤土	团块状	8.3	16.8	0.81						
						AB	32—43	淡棕色	中壤土	团块状	8.4	13.2	0.67						
						Bk_1	43—54	棕黄色	中壤土	块状	8.0	11.4	0.58						
						Bk_2	54—68	淡棕黄色	中壤土	块状	8.4	8.6	0.48						
						BC	68—79	淡棕黄色	轻壤土		8.4	8.0	0.40						
						C	79—102		中壤土		7.4	5.4	0.24						
剖3	干旱土	棕钙土	棕钙土	棕钙土	棕壤	Aj	0—6	灰棕色	黏壤土	片状	8.1	16.2	1.01	0.84	21.0		黄土状母质	E 84°07′36.8″ N 46°45′37.8″	95
						A	6—19	灰棕色	粉砂质黏壤土	块状	8.1	16.2	1.01	0.84	21.0				
						Bk_1	19—35	灰棕色	粉砂质黏壤土	块状	8.2	13.1	0.75	0.94	20.9				
						Bk_2	35—60	黄棕色	粉砂质黏壤土	块状	8.2	11.7	0.71	0.86	21.6				
						C_1	60—78	淡棕色	粉砂质黏壤土	块状	8.4	9.3	0.56	0.91	21.2				
						C_2	78—110	淡棕色	粉砂质黏壤土	块状	8.5	6.3	0.40	0.81	19.8				
剖4	干旱土	棕钙土	草甸棕钙土			1	1—22		中壤土		8.2	23.0	1.15	0.68		9.0		E 83°46′57.4″ N 46°42′16.9″	85
						2	22—39		中壤土		8.1	19.2	0.96	0.75		1.0			
						3	39—60		重壤土		8.2	14.2	0.71	0.62		2.0			
						4	60—100		中壤土		8.3	8.0	0.40	0.50		1.0			
剖5	盐碱土	草甸盐土	草甸盐土			1	0—22		中黏土		8.6	31.0	2.69	0.92		1.0		E 83°27′32.8″ N 46°34′01.6″	78
						2	22—44		轻黏土		8.9	21.9	1.27	0.62					
						3	44—65		轻黏土		8.8	20.4	1.24	0.87					
						4	65—85		轻黏土		9.1	9.9	0.67	0.77					
						5	85—100		中黏土		8.9	10.0	0.40	0.89					
剖6	半水成土	潮土	盐化潮土	苏打盐化潮土	苏打轻盐化潮土	A_{11}	0—22	灰灰色	中壤土	核状	9.4	28.0	1.66	0.53			冲积物	E 83°44′00.2″ N 46°31′40.1″	80
						A_{12}	22—48	深灰色	重黏土	核状	>9.5	17.8	1.10	0.51					
						Cu_1	48—73	淡灰色	重黏土	小粒状	>9.5	7.3	0.49	0.43					
						Cu_2	73—100	淡灰色	重黏土	小粒状	9.4	6.1	0.44	0.21					

托 里 县

主要土类说明

棕钙土是托里县主要土壤类型，占本县地域面积的38%。棕钙土是在草原向荒漠过渡的生物气候条件下形成的地带性土壤。在草原土壤系列中，棕钙土的腐殖质积累过程相对最弱，碳酸钙积累过程最强。地表多砂砾，土壤表面有微弱的多角形的裂缝和假结皮，腐殖质层一般在18—25cm，有机质含量为10—20g/kg。碳酸钙虽有明显的移动，但淋溶层不厚，碳酸钙在剖面中的累积层位较高，一般在18—30cm，含量在80—110g/kg。

栗钙土是托里县第二大土壤类型，占本县地域面积的37%。栗钙土是腐殖质积累和钙化两个主要成土过程共同作用的产物，剖面发育完整。腐殖质层厚度20—30cm，有机质含量一般在20—60g/kg。腐殖质以胡敏酸为主，使土壤颜色呈栗色。剖面中下部一般在40—70cm，有明显的钙积层，碳酸钙含量多在100—250g/kg，钙积层之下为母质层，质地多属轻壤土、中壤土。土壤为中性至微碱性，pH为7.5—8.5，表层有团粒结构，但不稳固。

灰棕漠土是托里县第三大土壤类型，占本县地域面积的17%。灰棕漠土是温带漠境气候条件下粗骨母质上发育的地带性土壤。其主要发育于砾质洪积物上，粗骨性较强，细土物质较少，地表形成一层砾幂，具有黑褐色的荒漠漆皮。土壤表层为发育良好的干面包状结皮，厚度约3cm，呈浅灰色，混有碎石，质地较粗，有机质含量低，腐殖质组成中的胡敏酸和富里酸含量均很低。石灰的表聚作用明显，表层石灰含量也较高。

石质土占托里县地域面积的4%。石质土是指与母岩风化物性质近似的土壤，一般见于无森林覆被、侵蚀强烈的山地。多发育于抗风化力较强的母质上。多分布于山丘顶部陡坡，地势陡峻，水蚀风蚀严重，地表岩石裸露，土层浅薄，含岩石碎屑砂粒多，保水保肥力差。

本县面积小于3%的土壤类型还有黑钙土、草甸土、草甸盐土、黑毡土、林灌草甸土、碱土等。

本区域中心区气候特征

本区域中心区气候特征值
Regional climate characteristics in central area of the region

气候带：中温带干旱气候 Climate region: Mid temperate arid climate	
年平均气温 /℃ Annual average temperature /℃	8.0
年平均最高气温 /℃ Annual average maximum temperature /℃	13.6
年平均最低气温 /℃ Annual average minimum temperature /℃	3.2
年降水量 /mm Annual precipitation /mm	108
≥10℃的积温 /℃ Daily temperature accumulated in a year（≥10℃）/℃	2871
年日照时数 /h Annual sunshine /h	2672
年平均相对湿度 /% Annual average relative humidity /%	53
干燥度 Dryness	4.58

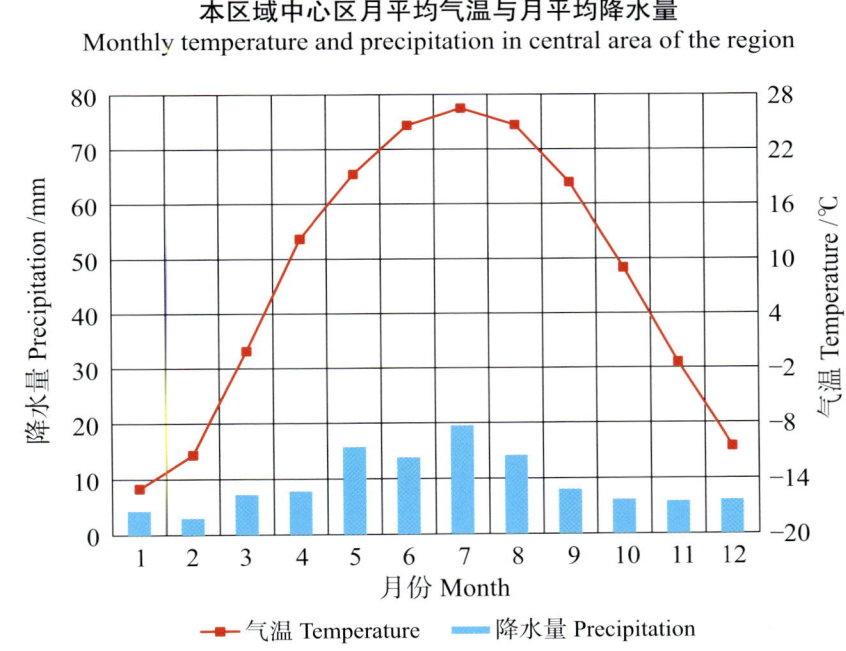

本区域中心区月平均气温与月平均降水量
Monthly temperature and precipitation in central area of the region

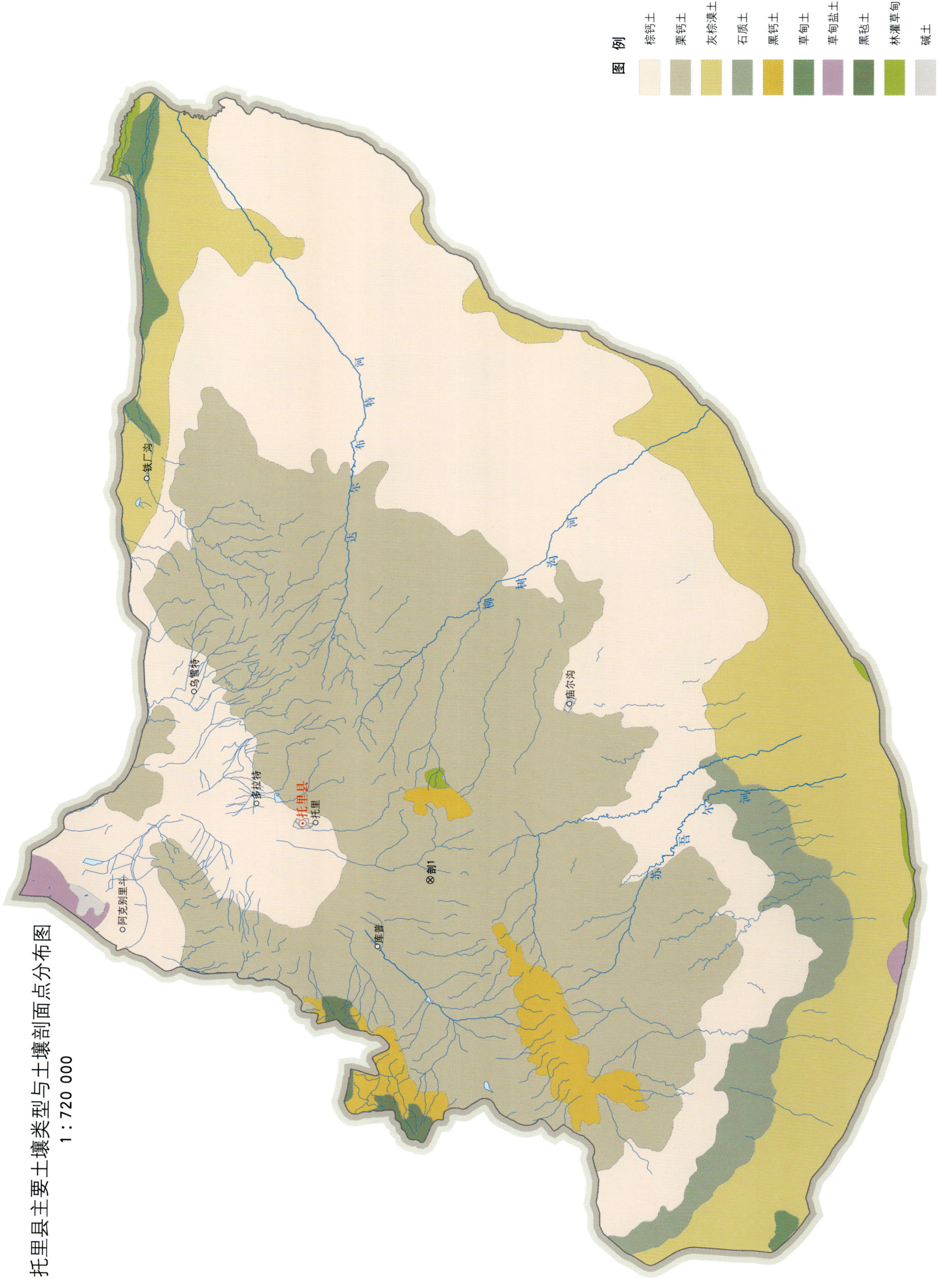

托里县主要土壤类型与土壤剖面点分布图
1∶720 000

托里县土壤剖面理化性状表

剖面号 Soil profile	土纲 Soil order	土类 Soil great group	亚类 Soil subgroup	土属 Soil genus	土种 Soil species	土层码 Layer code	土层厚度 Depth/cm	颜色 Soil color	质地 Soil texture	土壤结构 Soil structure	pH	有机质 OM/(g/kg)	全氮 TN/(g/kg)	全磷 TP/(g/kg)	土壤母质 Parent material	剖面点坐标 Profile coordinate	匹配指数 Matching index/%
剖1	钙层土	栗钙土	栗钙土	耕种栗钙土	中层砂砾土	A₁₁	0—15	灰黄棕色	轻壤土	小块状	8.6	36.2	2.47	0.68	坡积物、残积物	E 83°27′59.0″ N 45°44′31.6″	92
						AB	15—22	暗黄棕色	轻壤土	小块状	8.8	32.2	2.20	0.68			
						Bk	22—40	淡棕色	轻壤土	块状	8.8	25.7	1.61	0.79			
						C	40—										

裕 民 县

主要土类说明

栗钙土是裕民县主要土壤类型，占本县地域面积的42%。栗钙土是温带半干旱地区干草原上钙化过程和草原腐殖质化过程共同作用形成的地带性土壤。其成土母质多为黄土状母质，残积风化物、坡积物、洪积物、冲积物等。颗粒组成因母质不同而有很大差异，质地偏轻，多属砂壤土和轻壤土。主要特征是剖面上部呈栗色，下部有菌丝状或斑块状或网纹状的钙积层。

棕钙土是裕民县第二大土壤类型，占本县地域面积的24%。棕钙土是在荒漠草原植被下，黄土状母质上，经过腐殖质积累与碳酸盐移动两个主要成土过程的长期共同作用而形成的地带性土壤。其地表多砂砾石，剖面上部呈褐棕色，下部为粉末层状或斑块状的灰白色钙积层。土层浅薄，质地较轻，含有不同数量的粗砂与砾石。

黑钙土是裕民县第三大土壤类型，占本县地域面积的13%。黑钙土是发育于温带半湿润草甸草原下具深厚腐殖质层和碳酸钙淋溶淀积层的土壤。其主要特征是土壤中有机质的积累量大于分解量，土层上部有黑色或灰黑色肥沃的腐殖质层，腐殖质层厚度50—70cm，有机质含量为50—180g/kg。在此层以下或土壤中下部有石灰富集的钙积层，钙积层明显，呈灰棕色。

石质土占裕民县地域面积的5%。石质土是指与母岩风化物性质近似的土壤。其多分布于山丘顶部陡坡，地势陡峻，水蚀风蚀严重，地表岩石裸露，土层浅薄，含岩石碎屑砂粒多，保水保肥力差，多发育于抗风化力较强的母质上。成土作用不明显，没有剖面发育。质地偏砂，含砾石多。

草甸盐土占裕民县地域面积的4%。其形成受地下水常年上下活动的影响，积盐过程和草甸过程相伴进行，而以积盐过程为主。剖面层次分化明显，地表通常有盐霜或薄盐结皮。其下为腐殖质层，根系较多，有较多盐斑，有机质含量为15—25g/kg，此层以下即为具有较多锈色斑纹和少量盐斑的紧实层，底部还常见有石灰结核。

黑毡土占裕民县地域面积的4%。主要分布于青藏高原东部和东南部。土壤母质是冰碛物。黑毡土腐殖质积累明显，腐殖化程度相对较高，盐基不饱和或饱和度低，土壤pH为5.0—8.0，土体中碳酸钙的淋溶与淀积在不同地区有明显的差别。

草甸土占裕民县地域面积的4%。草甸土是在草甸植被下由地下水的浸润而形成的土壤类型。表层生草过程强烈，有机质大量聚积，剖面形态分化明显，生草层厚5cm左右，草根密织，呈棕灰色，富弹性，有机质含量高达300g/kg。其下为腐殖质层，呈暗褐色，粒状结构，腐殖质层以下土色逐渐变淡，粗骨性越来越显著，腐殖质染色层下伸很深，甚至可达50cm左右，潮湿，在碎石的背面可见锈斑。

本县面积小于3%的土壤类型还有沼泽土、灰棕漠土、草毡土、灰色森林土等。

本区域中心区气候特征

本区域中心区气候特征值
Regional climate characteristics in central area of the region

气候带：中温带干旱气候 Climate region: Mid temperate arid climate	
年平均气温 /℃ Annual average temperature /℃	7.4
年平均最高气温 /℃ Annual average maximum temperature /℃	13.5
年平均最低气温 /℃ Annual average minimum temperature /℃	2.1
年降水量 /mm Annual precipitation /mm	128
≥10℃的积温 /℃ Daily temperature accumulated in a year（≥10℃）/℃	2718
年日照时数 /h Annual sunshine /h	2712
年平均相对湿度 /% Annual average relative humidity /%	57
干燥度 Dryness	3.73

本区域中心区月平均气温与月平均降水量
Monthly temperature and precipitation in central area of the region

裕民县主要土壤类型与土壤剖面点分布图
1:410 000

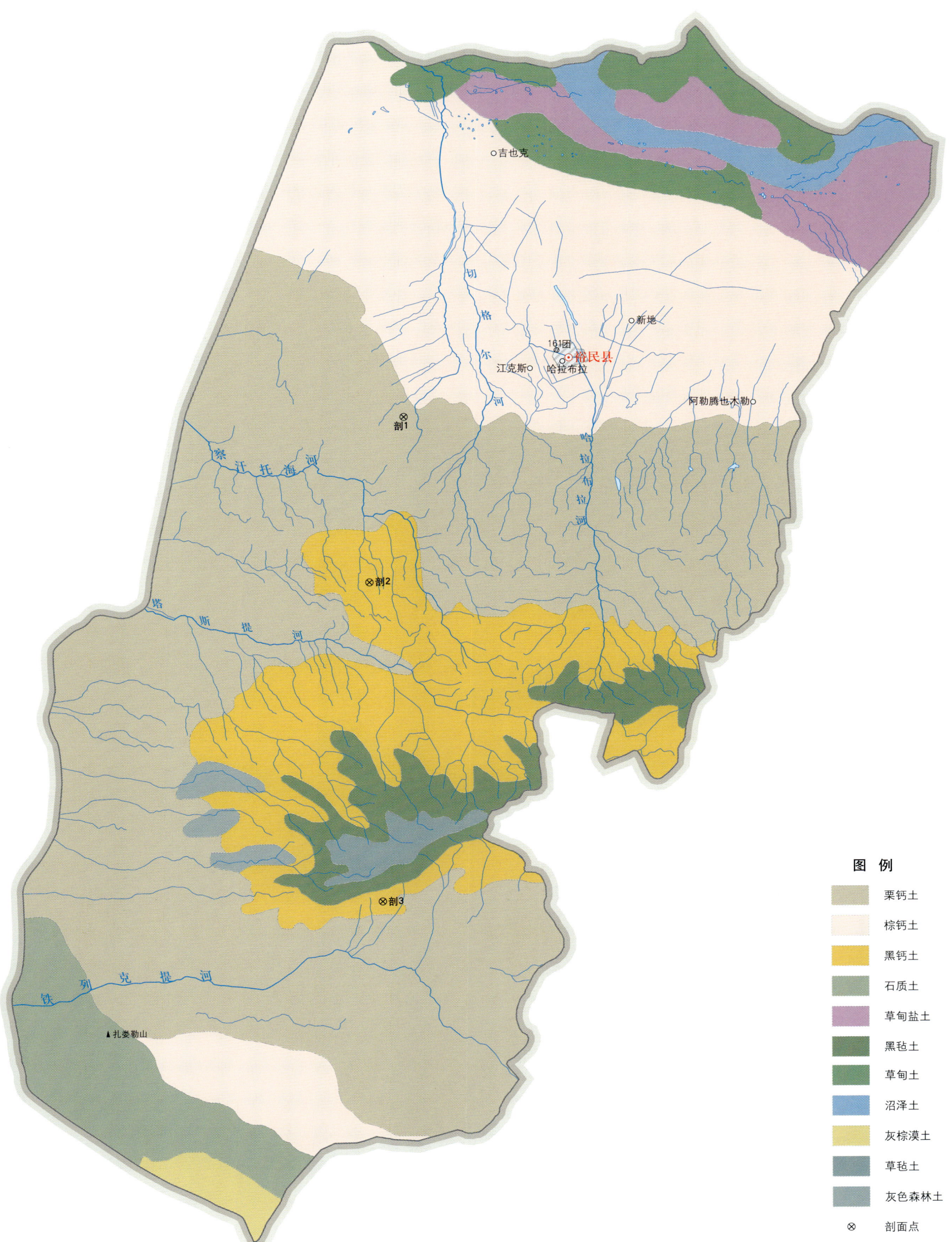

裕民县土壤剖面理化性状表

剖面号 Soil profile	土纲 Soil order	土类 Soil great group	亚类 Soil subgroup	土属 Soil genus	土种 Soil species	土层码 Layer code	土层厚度 Depth/cm	颜色 Soil color	质地 Soil texture	土壤结构 Soil structure	pH	有机质 OM/(g/kg)	全氮 TN/(g/kg)	全磷 TP/(g/kg)	全钾 TK/(g/kg)	有效磷 AP/(mg/kg)	速效钾 AK/(mg/kg)	阳离子交换量CEC/(cmol/kg)	土壤母质 Parent material	剖面点坐标 Profile coordinate	匹配指数 Matching index/%
剖1	钙层土	栗钙土	淡栗钙土	耕种淡栗钙土	旱耕栗黄土	A$_{11}$	0—20	棕黄色	轻壤土	小块状	8.9	25.7	1.42	0.67		3.0	220		黄土状母质	E 82°46′08.0″ N 46°09′03.6″	87
						AB	20—34	棕黄色	轻壤土	小块状	8.8	19.8	0.69	0.99							
						Bk	34—63	棕黄色	轻壤土	块状	8.7	15.4	0.68	0.61							
						C	63—100	淡黄色	中壤土	块状	8.8	3.2	0.50	0.46							
剖2	钙层土	黑钙土	黑钙土	黑黄土	黑绵土	A$_{11}$	0—20	暗棕色	粉砂质壤土	小粒状	7.8	82.5	4.52	1.00	21.5			2.2	黄土母质	E 82°43′13.8″ N 45°59′57.5″	85
						A$_{12}$	20—29	暗棕色	粉砂质黏壤土	小块状	7.8	84.0	4.63	1.00	21.8			2.2			
						Ah	29—45	棕色	黏壤土	小核状	7.9	74.9	3.92	0.94	23.1			2.1			
						AhB	45—63	灰棕色	粉砂质黏壤土	小块状	8.0	45.4	2.49	0.85	23.4			2.8			
						Bk$_1$	63—88	黄棕色	黏壤土	块状	8.4	22.1	1.22	0.69	20.0			12.9			
						Bk$_2$	88—119	棕黄棕色	黏壤土	块状											
剖3	钙层土	黑钙土	黑钙土	黑钙土	砾黑土	Ah	0—20	灰棕色	砂壤土	块状	7.6	97.9	5.67	2.10	16.4	12.0	90		砂砾质洪积物、冲积物	E 82°43′38.3″ N 45°42′16.6″	81
						AhB	20—40	棕灰色	壤质砂土	块状	7.3	52.7	3.01	1.77	16.4	7.0	42				
						B	40—58	淡灰棕色	壤质砂土	块状	7.2	65.7	2.30	1.61	19.6	4.0	54				
						C	58—	淡棕色	砂土		8.0	80.2	4.42	1.66	15.7	5.0	50				

和布克赛尔蒙古自治县

主要土类说明

灰棕漠土是和布克赛尔蒙古自治县主要土壤类型，占本县地域面积的 28%。灰棕漠土主要发育于砾质洪积物上，粗骨性强，细土物质少，地表形成一层砾幂，具有黑褐色的荒漠漆皮。土壤表层为发育良好的干面包状结皮，厚约 3cm，呈淡灰色，混有碎石，其下为红棕色或淡褐棕色的紧实层，由于质地较粗，呈不明显的片状结构层，厚度 10—15cm。土层有机质含量很低。石灰的表聚作用明显，表层石灰含量最高。

风沙土占和布克赛尔蒙古自治县地域面积的 21%。其成土母质以冲积物和风积物为主，植被稀少，成土作用极其微弱，有机质积累很少，剖面层次不明显，一般只具有不明显的结皮和稍微变紧实的表土层，其下即为松散的沙质母质层。根据风沙土形成过程的阶段性，可分为流动风沙土、半固定风沙土和固定风沙土。

棕钙土占和布克赛尔蒙古自治县地域面积的 14%。该类土壤是在温凉、干旱、旱生荒漠草原的生物气候条件下发育而成的一类地带性土壤。母质为洪积物、冲积物、堆积物。质地较轻，土层较薄，粒级较粗，有效土层深浅不一，土色多为黄棕、棕黄或灰棕色。全剖面有石灰反应，有淀积的白色斑点状或菌丝状的钙积层。在河阶和洪沟两侧，剖面表层或通体含有 5%—10% 的砾质。

栗钙土占和布克赛尔蒙古自治县地域面积的 13%。栗钙土发育于温带半干旱草原植被下。其质地较轻，多属沙壤和轻壤两级。基本发生层次是由腐殖质层、过渡层及母质层组成的。其主要特征是剖面上部呈栗色，下部有菌丝状或斑块状或网纹状的钙积层。腐殖质含量比黑钙土少，表层有机质含量为 25—60g/kg，是比较肥沃的土壤。

草甸盐土占和布克赛尔蒙古自治县地域面积的 6%。草甸盐土是由草甸土经过积盐过程逐渐演变而成，属于草甸土和盐土的过渡类型。其形成受地下水常年上下活动的影响，积盐过程和草甸过程相伴进行，而以积盐过程为主。土壤积盐状况各地差异很大，愈干旱积盐愈重，积盐层或盐壳愈厚。表层有一定数量的有机质积累，底土有明显的锈色斑纹。

灰漠土占和布克赛尔蒙古自治县地域面积的 5%。表土孔状结皮，上边具有不规则或多角形的裂纹；下边的孔隙像蜂窝，从上到下变小和减少。结皮厚 1—4cm 不等，淡灰色或棕灰色，干燥松脆，易顺着上边的裂纹开裂散碎。下面的薄片或鳞片状结构厚 1—5cm，孔隙更少，松散易碎。紧实层厚度 5—15cm，呈褐棕色或黄棕色，结构为块状或柱状，黏粒含量达 20%—28%，比上下土层多 5%—10%。

林灌草甸土占和布克赛尔蒙古自治县地域面积的 5%。土壤质地以轻壤土、中壤土为主。从剖面结构来看，其土表 2—3cm 为孔状结皮，或具有不明显的片状结构，此层下为带红棕或褐棕色的腐殖质层，一般厚度 15—25cm，有机质含量为 15—25g/kg，腐殖质层以下为氧化还原层，可见明显的锈斑纹。剖面通体石灰反应强烈。

本县面积小于 3% 的土壤类型还有黑钙土、草甸土、黑毡土、龟裂土、沼泽土、草毡土、漠境盐土、灰色森林土等。

本区域中心区气候特征

本区域中心区气候特征值
Regional climate characteristics in central area of the region

气候带：中温带干旱气候 Climate region: Mid temperate arid climate	
年平均气温 /℃ Annual average temperature /℃	4.8
年平均最高气温 /℃ Annual average maximum temperature /℃	11.0
年平均最低气温 /℃ Annual average minimum temperature /℃	-0.4
年降水量 /mm Annual precipitation /mm	162
≥10℃的积温 /℃ Daily temperature accumulated in a year（≥10℃）/℃	1842
年日照时数 /h Annual sunshine /h	2832
年平均相对湿度 /% Annual average relative humidity /%	54
干燥度 Dryness	0.83

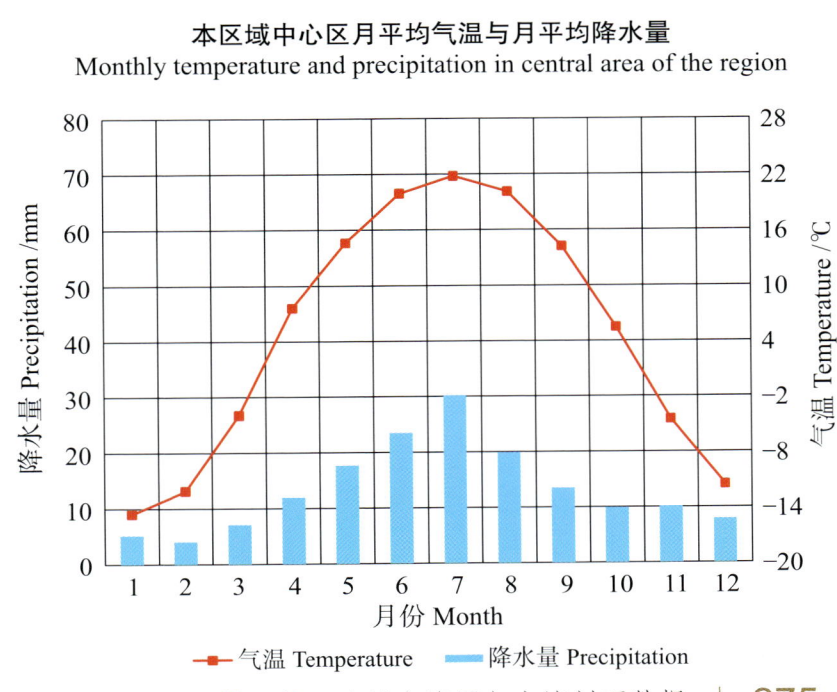

本区域中心区月平均气温与月平均降水量
Monthly temperature and precipitation in central area of the region

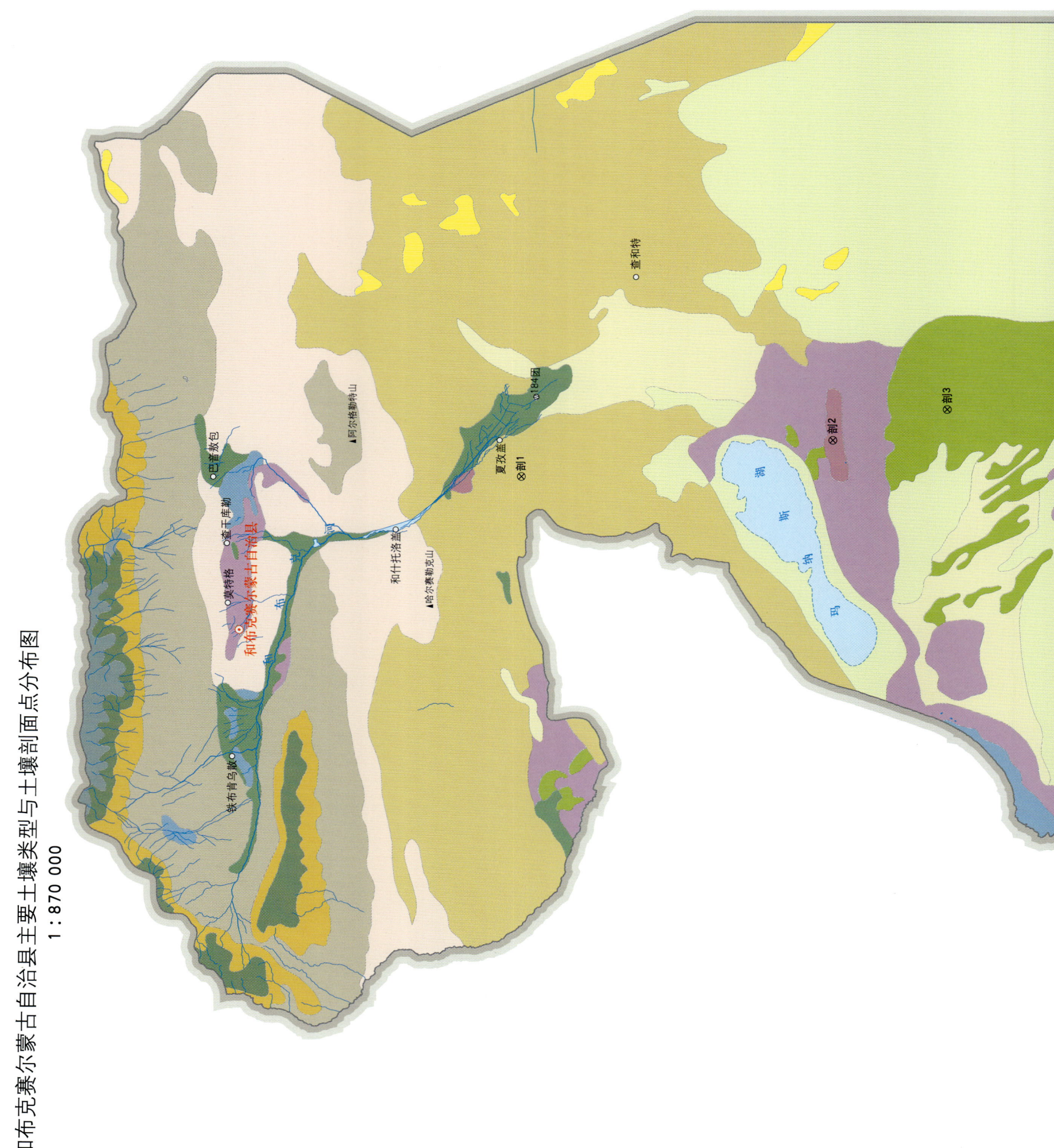

和布克赛尔蒙古自治县主要土壤类型与土壤剖面点分布图
1:870 000

和布克赛尔蒙古自治县土壤剖面理化性状表

剖面号 Soil profile	土纲 Soil order	土类 Soil great group	亚类 Soil subgroup	土属 Soil genus	土种 Soil species	土层码 Layer code	土层厚度 Depth/cm	颜色 Soil color	质地 Soil texture	土壤结构 Soil structure	pH	有机质 OM/(g/kg)	全氮 TN/(g/kg)	全磷 TP/(g/kg)	全钾 TK/(g/kg)	碱解氮 AN/(mg/kg)	有效磷 AP/(mg/kg)	速效钾 AK/(mg/kg)	阳离子交换量CEC/(cmol/kg)	土壤母质 Parent material	剖面点坐标 Profile coordinate	匹配指数 Matching index/%
剖1	漠土	灰棕漠土	石膏灰棕漠土	青灰棕漠泥砂土	石膏漠灰土	J	0—2	棕灰色	砂质黏壤土	片状	8.4	9.3	0.60	0.97	18.8					砾质洪积物	E 86°08′28.7″ N 46°18′07.9″	78
						Ak	2—7	灰棕色	黏壤土	块状	8.3	6.5	0.38	0.99	18.8							
						By	7—37	红棕色	砂壤土	块状	8.0	2.5	0.16	0.24	14.1							
						Cy	37—90	灰白色			8.4											
剖2	盐碱土	残余盐土	硫酸盐残余盐土	干白盐温泥		Az₁	0—5	黄灰色	黏壤土	小粒状	7.9	6.0	0.31	0.94	20.2	37	16.0	258	10.9	冲积物	E 86°14′50.3″ N 45°45′23.4″	82
						Az₂	5—20	灰黄色	黏壤土	小粒状、块状	8.5	7.8	0.37	0.84	18.8	80	12.0	348	13.2			
						Cz₁	20—40	黄棕色	粉砂质黏壤土	小块状	8.5	9.5	0.46	0.72	20.3	109	6.0	343	15.0			
						Cz₂	40—85	黄棕色	壤质黏土	小块状	8.2	8.9	0.50	0.70	20.3				18.6			
						C	85—100	橄榄棕色	砂质黏壤土	块状	8.3	3.9	0.22	0.64	22.6				8.5			
剖3	半水成土	林灌草甸土	林灌草甸土			1	0—2				8.2	29.4	2.00								E 86°19′49.1″ N 45°33′21.6″	84
						2	2—5				8.3	42.5	2.60									
						3	20—30				8.4	13.7	1.00									
						4	40—50				8.5	13.6	0.80									
						5	60—70				8.5											

阿勒泰地区

阿勒泰市

主要土类说明

棕钙土是阿勒泰市主要土壤类型，占本市地域面积的34%。棕钙土是由生物累积和碳酸钙移动淀积两个主要成土过程共同作用而形成的地带性土壤。一般具有三个基本层次，分别为腐殖质层、钙积层与母质层。剖面中石灰反应从上到下由强变弱。

黑毡土是阿勒泰市第二大土壤类型，占本市地域面积的15%。曾称亚高山草甸土。植被由蒿草、苔草、羊茅等为主的多种草类组成。成土母质通常以坡积物、残积物为主，部分为冰碛物或冰水沉积物，个别还有黄土母质。主要形成过程为生草过程、有机质积累过程、有机质腐殖化过程、碳酸钙的淋溶淀积过程和山地冻融过程等。五个发生层次分别为生草层、有机质层、淋溶层、钙积层和母质层。

草毡土是阿勒泰市第三大土壤类型，占本市地域面积的11%。曾称高山草甸土。成土母质通常以坡积物、残积物为主，部分为冰碛物或冰水沉积物，极个别的为黄土母质等。形成过程有生草过程、有机质积累过程（包括腐殖化过程）、淋溶过程、淀积过程（包括钙化过程）和高山冻融过程等。一般具有四个主要发生层次，为有机质层（包括生草层）、淋溶层、钙积层和母质层。

栗钙土占阿勒泰市地域面积的9%。成土母质多为黄土，其次为坡积物与冰碛物。形成过程有明显的有机质积累过程和钙化过程。表层土壤有机质含量为25g/kg，土体呈微碱到碱性，阳离子交换量一般为10.5—20cmol/kg，土体表层碳酸钙含量很少。

黑钙土占阿勒泰市地域面积的9%。分布于山地丘陵带。形成过程具有明显的腐殖质积累过程和钙化过程，同时伴有草甸化过程和退化过程。基本发生层由生草层、腐殖质层、过渡层、钙积层、母质层组成。有机质集中在20—30cm的腐殖质层，含量为90—200g/kg。阳离子交换量在钙层土中最高。

本市面积小于8%的土壤类型还有草甸土、灰色森林土、沼泽土、潮土、寒冻土、风沙土、草甸盐土、林灌草甸土等。

本区域中心区气候特征

本区域中心区气候特征值
Regional climate characteristics in central area of the region

气候带：中温带干旱气候 Climate region: Mid temperate arid climate	
年平均气温 /℃ Annual average temperature /℃	4.4
年平均最高气温 /℃ Annual average maximum temperature /℃	10.6
年平均最低气温 /℃ Annual average minimum temperature /℃	−1.5
年降水量 /mm Annual precipitation /mm	187
≥10℃的积温 /℃ Daily temperature accumulated in a year（≥10℃）/℃	1592
年日照时数 /h Annual sunshine /h	2993
年平均相对湿度 /% Annual average relative humidity /%	59
干燥度 Dryness	1.52

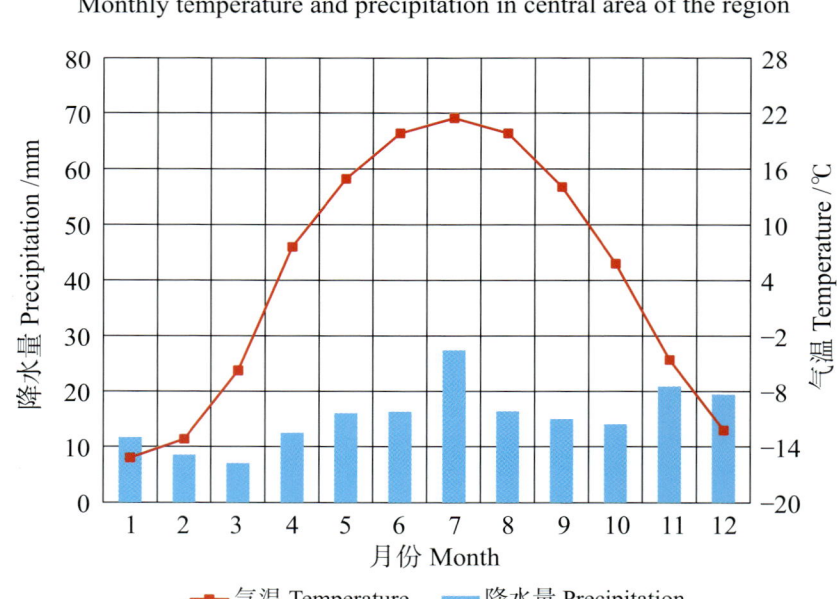

本区域中心区月平均气温与月平均降水量
Monthly temperature and precipitation in central area of the region

阿勒泰市主要土壤类型与土壤剖面点分布图
1:510 000

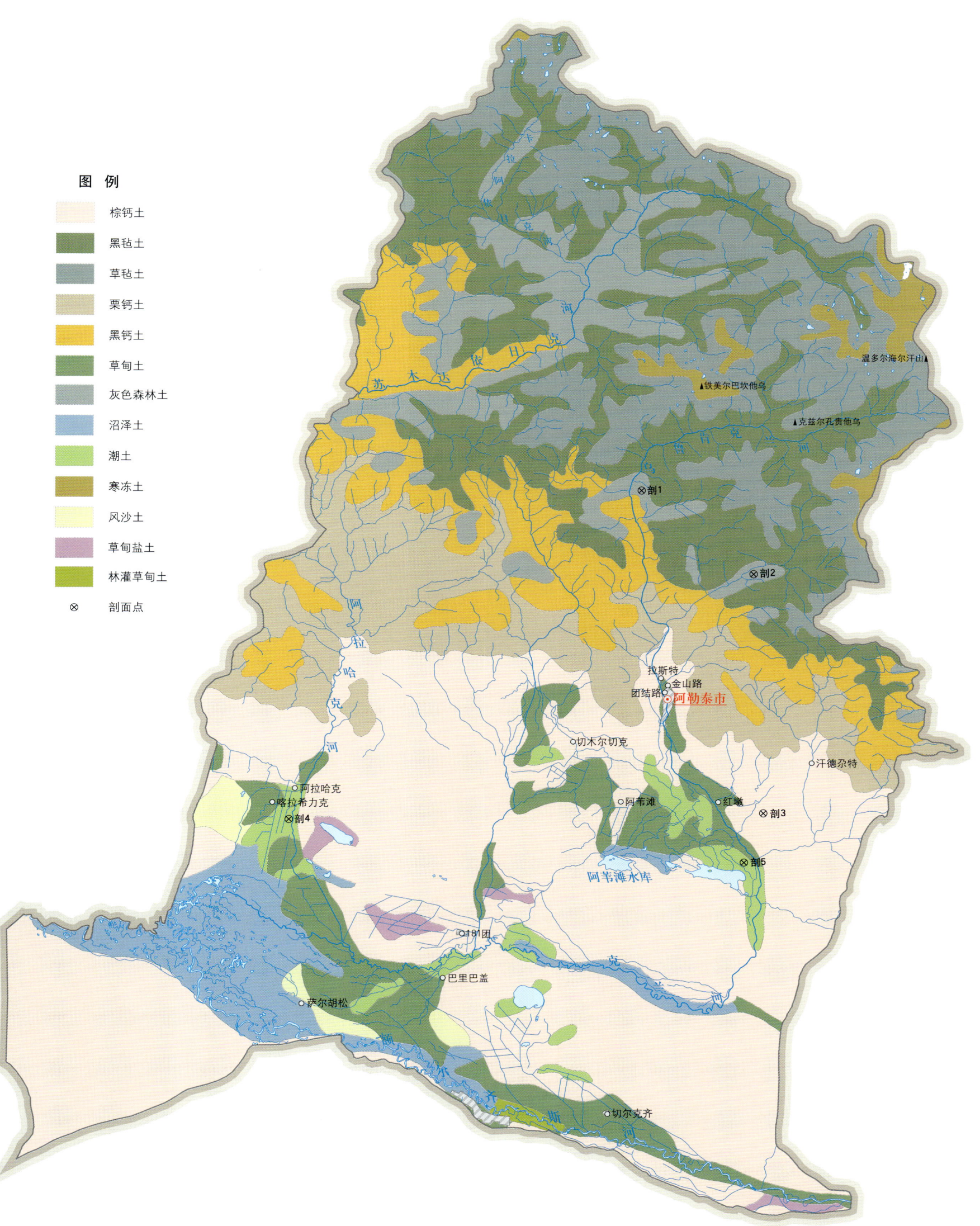

阿勒泰市土壤剖面理化性状表

剖面号 Soil profile	土纲 Soil order	土类 Soil great group	亚类 Soil subgroup	土属 Soil genus	土种 Soil species	土层码 Layer code	土层厚度 Depth/cm	颜色 Soil color	质地 Soil texture	土壤结构 Soil structure	pH	有机质 OM/(g/kg)	全氮 TN/(g/kg)	全磷 TP/(g/kg)	全钾 TK/(g/kg)	碱解氮 AN/(mg/kg)	有效磷 AP/(mg/kg)	速效钾 AK/(mg/kg)	土壤母质 Parent material	剖面点坐标 Profile coordinate	匹配指数 Matching index/%
剖1	半淋溶土	灰色森林土	灰色森林土	淡灰色森林土	薄层淡灰土	Oi	0—1	棕褐色			5.7	222.7	>6.00	1.02	13.8				花岗岩坡积物	E 88°05′32.6″ N 48°05′48.8″	86
						Ab	1—3	棕黄色	中壤土	团粒状	5.6	26.1	1.09	0.40	19.5						
						B	3—9	棕色	中壤土	粒状	5.7	17.3	0.75	0.50	18.3						
						C	9—30	灰棕色	轻壤土	粒状	6.2	12.2	0.53		14.3						
剖2	半淋溶土	灰色森林土	灰色森林土	淡灰色森林土	厚层淡灰土	O	30—42		黏壤土		5.2	122.7	2.23	0.51					花岗岩坡积物	E 88°16′56.3″ N 47°59′44.2″	83
						Ah	0—12	棕灰色	黏壤土	团块状	5.4	18.6	0.61	0.30	16.1						
						B₁	12—36	淡灰黄色	壤土	片状	5.8	8.1	0.32	0.38	18.8						
						B₂	36—78	淡黄棕色	砂质黏壤土	块状	6.2	5.1	0.27	0.48	17.6						
						C	78—93		砂质黏壤土		6.4										
剖3	干旱土	棕钙土	盐化棕钙土	硫酸盐棕钙泥黄土	阿勒泰棕黄土	Az₁	93—	灰棕色	中砾质砂质壤土	小块状	9.2	10.8	0.49	0.93	15.9	36	26.0	>500	冲积物、洪积物	E 88°17′31.6″ N 47°42′33.1″	80
						Az₂	0—3	黄橙色	中砾质砂质壤土	块状	9.1	6.6	0.34	0.97	17.6	19	12.0	>500			
						Bk	3—12	黄棕色	轻砾质壤土	块状	8.9	6.6	0.33	0.74	17.0	19	6.0	>500			
						Ck	12—37	灰黄棕色	重砾质黏壤土	片状	9.0	8.9	0.47	0.71	19.4						
						C	37—53	红棕色													
剖4	半水成土	潮土	潮土	潮砂土	下潮灰砂土	A₁₁	53—67	黄灰色	壤质砂土	小块状	8.2	18.6	1.08	0.55	11.9		1.0	>500	冲积物	E 87°29′00.6″ N 47°42′28.4″	82
						A₁₂	0—23	灰黄色	壤质砂土	单粒状	8.2	5.5	0.71	1.21	15.2		5.0	297			
						Cu₁	23—36	灰黄色	壤质砂土	块状	8.2	7.2	0.51	0.71	19.5		3.0	486			
						Cu₂	36—48	淡黄色	壤质砂土	单粒状	8.4	3.2	0.27	0.96	11.3						
剖5	半水成土	潮土	盐化潮土	硫酸盐潮土	轻盐锈土	A₁₁	48—100	黄灰色	砂质土	块状	7.6	9.2	0.91	0.49	19.5	26	4.0	151	冲积物	E 88°15′28.1″ N 47°39′00.7″	84
						A₁₂	0—20	黄灰色	砂质黏壤土	块状	8.0	8.8	0.47	0.26	20.8	24	4.0	140			
						Cz	20—28	泣黄色	壤质黏土	块状	8.1	6.8	0.52	0.28	13.2						
						Czu	28—55	亮黄棕色	黏壤土	棱块状	7.9	3.3	0.22	0.19	19.7						
							55—100														

布尔津县

主要土类说明

棕钙土是布尔津县主要土壤类型，占本县地域面积的23%。棕钙土所处地势较平坦，为一级阶地。荒漠草原植被以针茅、孤茅、蒿类为主要类型。棕钙土是由生物累积和碳酸钙移动淀积两个主要成土过程共同作用而形成的地带性土壤。一般具有三个基本层次，分别为腐殖质层、钙积层与母质层。

栗钙土占布尔津县地域面积的14%。在布尔津县耕地土壤中，主要分布在辖区内窝依莫克乡。本区以山地草原植被占优势，并有较多的兔儿条等灌木，往下为山地半荒漠草原植被。栗钙土是在温带半干旱草原下形成的具有栗色腐殖质层和灰白色钙积层的土壤。该土壤表层为栗色腐殖质层，厚度20—30cm，有机质含量为15—45g/kg。其下，灰白色钙积层发育明显，钙积层见于20—30cm深处，厚度达20—40cm，呈斑点状或层状积钙。石膏及易溶盐局部聚积。

黑钙土占布尔津县地域面积的14%。分布在山地丘陵带。具有明显的腐殖质积累过程和钙化过程，同时伴有草甸化过程和退化过程。基本发生层由生草层、腐殖质层、过渡层、钙积层、母质层组成。

黑毡土占布尔津县地域面积的13%。原称亚高山草甸土。植被由蒿草、苔草、羊茅等为主的多种草类组成。成土母质通常以坡积物、残积物为主，部分为冰碛物或冰水沉积物，个别还有黄土母质。主要形成过程为生草过程、有机质积累过程、有机质腐殖化过程、碳酸钙的淋溶淀积过程和山地冻融过程等。五个发生层次为生草层、有机质层、淋溶层、钙积层和母质层。

草毡土占布尔津县地域面积的12%。原称高山草甸土。成土母质通常以坡积物、残积物为主，部分为冰碛物或冰水沉积物，极个别的为黄土母质等。形成过程有生草过程、有机质积累过程（包括腐殖化过程）、淋溶过程、淀积过程（包括钙化过程）和高山冻融过程等。一般具有四个主要发生层次，分别为有机质层（包括生草层）、淋溶层、钙积层和母质层。

风沙土占布尔津县地域面积的6%。该县属半荒漠气候带，并处于风口，年平均风速4.7m/s，已接近起沙风的下限。额尔齐斯河北岸各支流三角洲上冲积物及部分砂石层和南岸的冲积物，成为风沙土发育的沙源。干旱缺水的气候条件，多风、沙源充足，构成了风沙土发育的充分条件。

棕色针叶林土占布尔津县地域面积的5%。在布尔津海拔1800—2400m的深山区有少量分布。母质多为粗粒的花岗岩风化残积物或坡积物。成土特点主要表现在弱酸性腐殖质积累、泥炭化过程和轻度淋溶的黏化过程、冻结隐灰化过程等。表层土壤有机质和全氮含量都很高，阳离子交换量较高。

本县面积小于5%的土壤类型还有灰色森林土、寒冻土、草甸土、沼泽土、潮土、林灌草甸土等。

本区域中心区气候特征

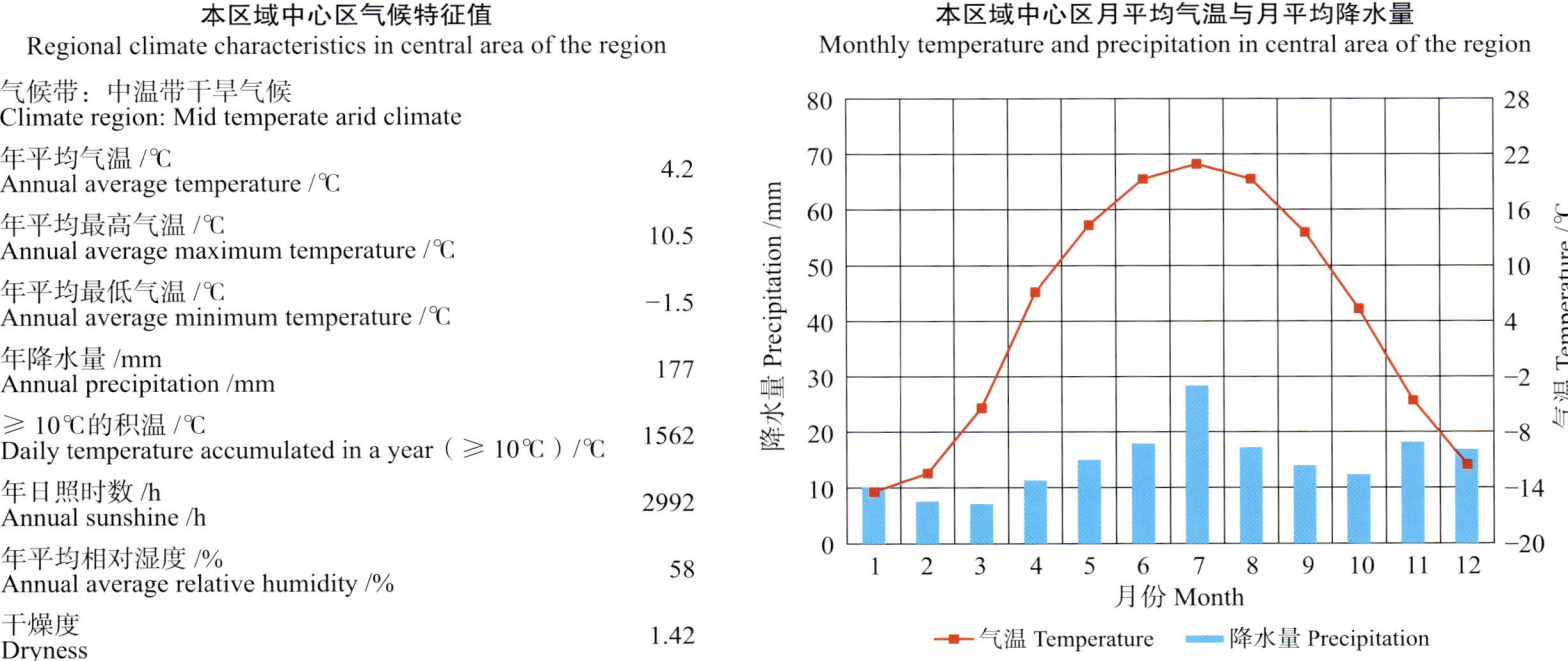

本区域中心区气候特征值
Regional climate characteristics in central area of the region

气候带：中温带干旱气候 Climate region: Mid temperate arid climate	
年平均气温 /℃ Annual average temperature /℃	4.2
年平均最高气温 /℃ Annual average maximum temperature /℃	10.5
年平均最低气温 /℃ Annual average minimum temperature /℃	−1.5
年降水量 /mm Annual precipitation /mm	177
≥10℃的积温 /℃ Daily temperature accumulated in a year（≥10℃）/℃	1562
年日照时数 /h Annual sunshine /h	2992
年平均相对湿度 /% Annual average relative humidity /%	58
干燥度 Dryness	1.42

本区域中心区月平均气温与月平均降水量
Monthly temperature and precipitation in central area of the region

布尔津县主要土壤类型与土壤剖面点分布图
1 : 630 000

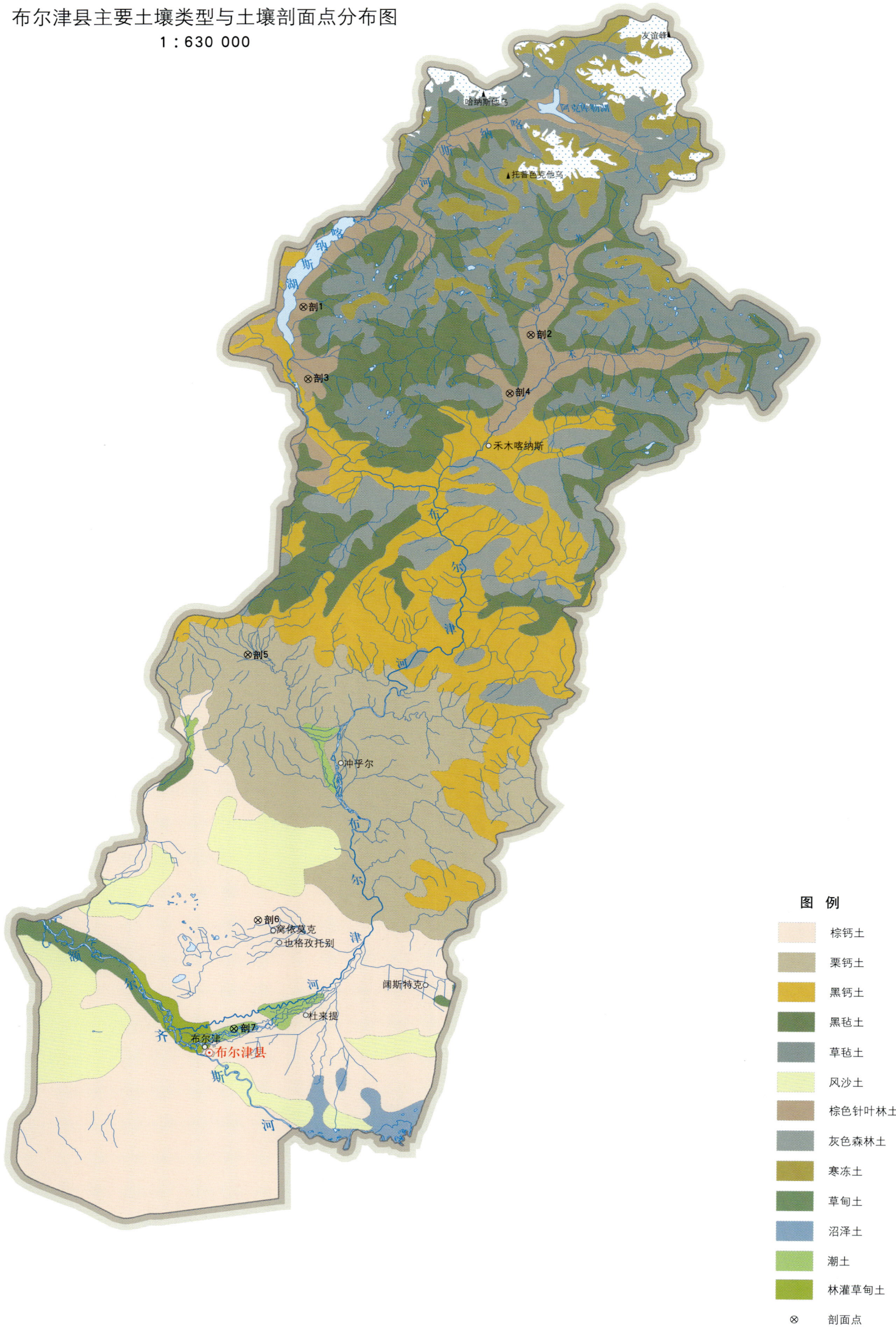

布尔津县土壤剖面理化性状表

剖面号 Soil profile	土纲 Soil order	土类 Soil great group	亚类 Soil subgroup	土属 Soil genus	土种 Soil species	土层码 Layer code	土层厚度 Depth/cm	颜色 Soil color	质地 Soil texture	土壤结构 Soil structure	pH	有机质 OM/(g/kg)	全氮 TN/(g/kg)	全磷 TP/(g/kg)	全钾 TK/(g/kg)	碱解氮 AN/(mg/kg)	有效磷 AP/(mg/kg)	速效钾 AK/(mg/kg)	阳离子交换量 CEC/(cmol/kg)	土壤母质 Parent material	剖面点坐标 Profile coordinate	匹配指数 Matching index/%
剖1	淋溶土	棕色针叶林土	棕色针叶林土	寒棕林土	寒棕土	O	0–3				5.9									花岗岩坡残积物	E 87° 02′ 46.7″ N 48° 46′ 01.2″	88
						Hi	3–8															
						Ah	8–19	浊黄橙色	壤质黏土	粒状	5.9	62.6	1.74	0.52	10.8				32.1			
						B	19–36	浊黄橙色	重砾壤质黏土	块状	6.3	21.3	0.85	0.50	20.3				22.6			
						C_1	36–44	淡灰橙色	砂质黏壤土	片状	6.3	15.4	0.61	0.44	21.5				13.6			
						C_2	44–80	浊黄橙色	砂质黏壤土		6.5	9.6	0.45	0.28	22.8							
剖2	淋溶土	棕色针叶林土	棕色针叶林土	棕色针叶林土	砾质棕色土	O	0–4													花岗岩残积物	E 87° 31′ 07.7″ N 48° 43′ 34.7″	89
						Ai	4–12	棕色			6.2	>250.0	>6.00	1.39	10.4							
						A_2	12–19	灰棕色	黏壤土	团粒状	5.6	100.7	4.03	1.20	18.7							
						B_1	19–26	灰棕色	黏壤土	团块状	6.1	22.8	0.99	0.92	22.3							
						B_2	26–46	灰棕色	黏壤土		6.8	13.4	0.65	0.93	23.1							
						C	46–67	青灰色	砂质黏壤土		6.6											
剖3	淋溶土	棕色针叶林土	棕色针叶林土	生草棕色针叶林土	生草棕色土	O	0–4													花岗岩残积物	E 87° 03′ 23.4″ N 48° 39′ 50.8″	87
						As	4–12	暗棕色	中壤土	粒状	5.7	>250.0	>6.00	0.98	12.4							
						A_2	12–33	淡灰棕色	细砂土		6.1	18.5	0.69	0.61	19.5							
						B_1	33–43	灰黄棕色	中壤土	粒状	6.0	8.9	0.41	0.11	15.5							
						B_2	43–52	淡灰棕色			6.2	9.4	0.43	0.99	18.2							
						C	52–80	灰黄色			6.6											
剖4	淋溶土	棕色针叶林土	棕色针叶林土	棕色针叶林土	厚层棕色土	O	0–3													花岗岩坡积物	E 87° 28′ 27.5″ N 48° 38′ 35.2″	91
						Ai	3–7	黑褐色	中壤土	团块状	6.5	11.0	0.72	1.22	10.2							
						A_2	7–26	棕褐色	中壤土	团粒状	6.7	66.9	2.73	0.78	21.8							
						B_1	26–43	棕色	中壤土	团块状	7.0	17.6	0.80	0.47	22.5							
						B_2	43–66	棕色	重壤土	团块状	7.5	11.8	0.53	0.56	21.2							
						Ck	66–106	灰白色	中壤土	团块状	8.4	11.0	0.72	0.61	16.5							
剖5	钙层土	栗钙土	暗栗钙土			1	0–5	深灰色	中壤土	片状	6.8	112.9	3.77	1.51	27.2	40	40.0	>500		花岗岩坡积物	E 86° 56′ 01.3″ N 48° 16′ 14.2″	83
						2	5–45	暗灰色	中壤土	粒状	7.1	56.6	2.52	1.98	11.9	136	20.0	>500				
						3	45–67	棕黄色	中壤土	块状					13.0							
						4	67–100		中壤土						14.2							
剖6	干旱土	棕钙土	淡棕钙土			1	0–3	片状	砂土	片状	7.8	7.6	0.25	0.26	15.0					花岗岩坡积物	E 86° 57′ 28.1″ N 47° 53′ 28.0″	81
						2	3–9	淡黄色	砂土	块状	7.4	5.6	0.55	0.19								
						3	9–21	淡黄色	砂土	块状	7.9	4.9	0.25	0.29								
						4	21–42	棕黄色	砂土	块状	8.0	9.4	0.81	0.28								
						5	42–90	灰白色	稻砂土													
剖7	半水成土	潮土	脱潮土	灰脱潮土	脱潮灰土	A_{11}	0–18	砂灰色	砂壤土	块状	8.2	20.2	0.81	0.80	18.4	43	2.0	>500		冲积物	E 86° 54′ 38.9″ N 47° 44′ 06.7″	90
						A_{12}	18–24	淡灰色	砂质壤土	块状	8.4	20.7	1.20	0.70	22.7	37	7.0	>500				
						Cu_1	24–57	灰黄色	壤质砂土	块状	8.0	5.8	0.65	0.55	22.0							
						Cu_2	57–87	灰黄色	壤土	层状	8.0	6.8	0.40	0.40	20.6							
						Cu_3	87–110	淡黄色	砂壤土													

富 蕴 县

主要土类说明

灰棕漠土是富蕴县主要土壤类型，占本县地域面积的44%。成土母质最主要为砾质洪积物、冲积物和石质坡积物、残积物，均富含粗骨性石砾。灰棕漠土的形成过程主要是土壤荒漠化过程，是在干旱荒漠气候条件下形成的土壤。其主要特点：由于自然植被稀疏，气候干燥，蒸发量大，地下水位低，生物在成土过程中所起作用微弱，所以土壤有机质平均含量低。土壤中的易溶性盐分被埋藏，碳酸钙含量较高，并常聚积在表层。土壤发育较差，颜色呈灰棕、棕黄或黄色，土壤比较板结，多砾质，质地以砂型为主。

棕钙土是富蕴县第二大土壤类型，占本县地域面积的21%。成土过程中有腐殖质积累和钙化过程。在乌伦古河一带由于夏季干旱气候的影响，受雨水的淋溶作用较弱，所以钙化过程较强烈。土壤残积的钙与植物残体分解释放的钙未能得到淋溶。一般具有三个基本层次，分别为腐殖质层、钙积层与母质层。一般剖面，由上到下，石灰反应从强烈到强、中、弱，整个剖面无明显的钙积层。

草毡土是富蕴县的主要土壤类型，占本县地域面积的6%。曾称高山草甸土。成土母质通常以坡积物、残积物为主，部分为冰碛物或冰水沉积物，极个别的为黄土母质等。形成过程有生草过程、有机质积累过程（包括腐殖化过程）、淋溶过程、淀积过程（包括钙化过程）和高山冻融过程等。一般具有四个主要发生层次，分别为有机质层（包括生草层）、淋溶层、钙积层和母质层。

栗钙土是富蕴县的主要土壤类型，占本县地域面积的6%。成土母质多为黄土，其次为坡积物与冰碛物。表层土壤有机质含量为25g/kg，土体呈微碱到碱性，阳离子交换量一般为10.5—20cmol/kg，土体表层碳酸钙含量很少。主要成土过程是腐殖质积累和钙盐移动过程。富蕴县栗钙土所处地带，夏季雨水较多，淋溶作用比较强烈。据外业观察，大多数剖面在60cm左右，形成明显的钙积层，厚度在30cm左右。质地大多为壤土，比较疏松，但耕层往往有少量的砾石，土层较厚。

本县面积小于5%的土壤类型还有风沙土、黑钙土、黑毡土、灰色森林土、冷钙土、草甸土、龟裂土、漠境盐土、潮土、石质土、沼泽土等。

本区域中心区气候特征

本区域中心区气候特征值
Regional climate characteristics in central area of the region

气候带：中温带干旱气候 Climate region: Mid temperate arid climate	
年平均气温 /℃ Annual average temperature /℃	3.4
年平均最高气温 /℃ Annual average maximum temperature /℃	11.0
年平均最低气温 /℃ Annual average minimum temperature /℃	-3.1
年降水量 /mm Annual precipitation /mm	194
≥10℃的积温 /℃ Daily temperature accumulated in a year (≥10℃) /℃	1377
年日照时数 /h Annual sunshine /h	2901
年平均相对湿度 /% Annual average relative humidity /%	59
干燥度 Dryness	1.40

本区域中心区月平均气温与月平均降水量
Monthly temperature and precipitation in central area of the region

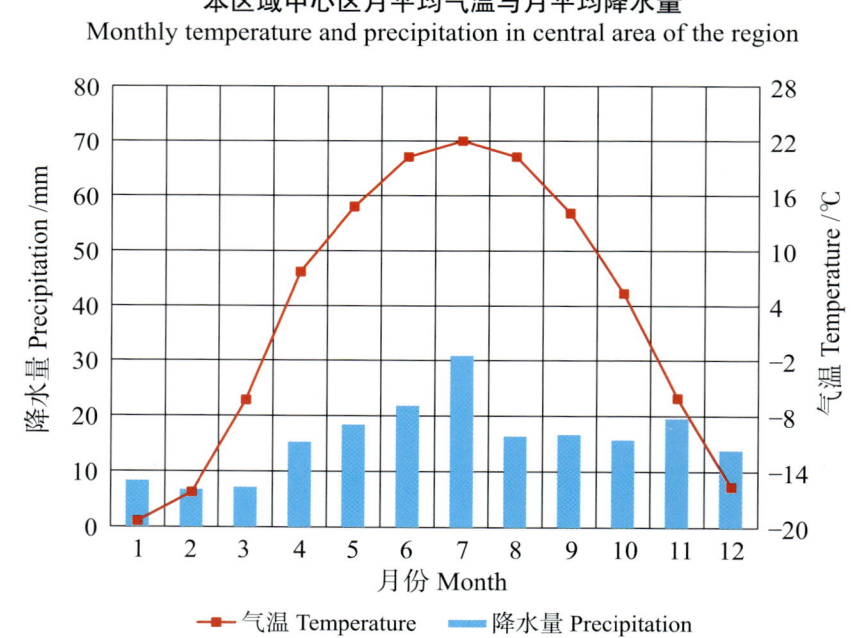

富蕴县主要土壤类型与土壤剖面点分布图
1∶1 120 000

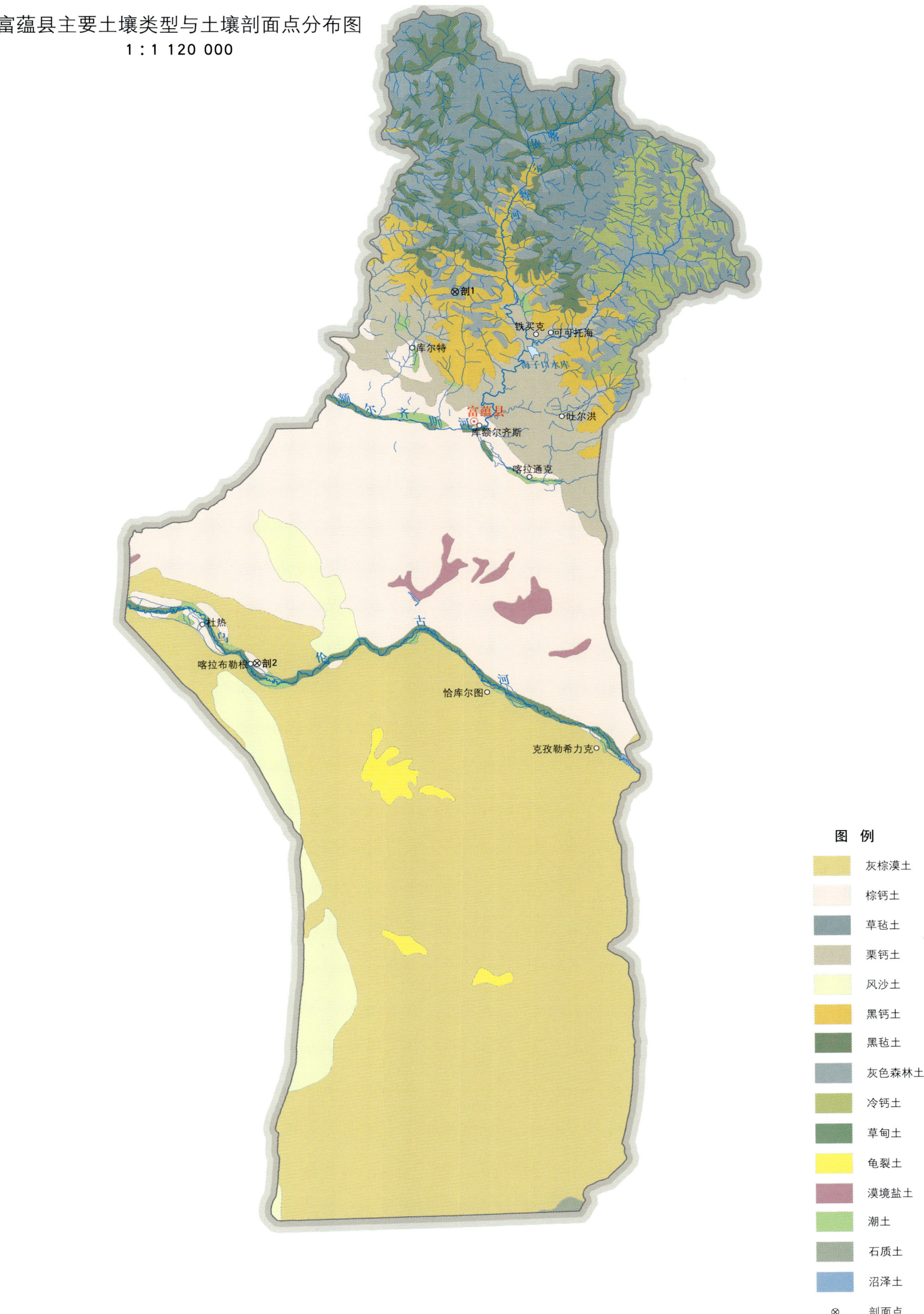

富蕴县土壤剖面理化性状表

剖面号 Soil profile	土纲 Soil order	土类 Soil great group	亚类 Soil subgroup	土属 Soil genus	土种 Soil species	土层码 Layer code	土层厚度 Depth/cm	颜色 Soil color	质地 Soil texture	土壤结构 Soil structure	pH	有机质 OM/(g/kg)	全氮 TN/(g/kg)	全磷 TP/(g/kg)	全钾 TK/(g/kg)	阳离子交换量 CEC/(cmol/kg)	土壤母质 Parent material	剖面点坐标 Profile coordinate	匹配指数 Matching index/%
剖1	半淋溶土	灰色森林土	灰色森林土	麻灰土	富蕴麻灰土	O	0—3		黏壤土		6.5						花岗岩坡积物	E 89°27′38.2″ N 47°20′10.3″	84
						Ai	3—8		黏壤土		6.7								
						Ah	8—18	灰棕色	黏壤土	团粒状	7.1	38.4	1.16	0.46	14.1	18.2			
						B₁	18—54	棕灰色	砂壤土	团粒状	7.9	7.1	0.34	0.67	12.0	12.4			
						B₂	54—66	棕色	壤质黏土	片状	8.3	10.2	0.46	0.58	14.4	11.5			
						C	66—73	淡灰色	壤质黏土	小块状	8.3	23.8	0.99	0.59					
剖2	干旱土	棕钙土	淡棕钙土	灌耕淡棕钙土	淡棕黄土	A₁₁	0—17	灰黄色	砂壤土	小块状	9.1	4.4	0.20	0.49			冲积物	E 88°42′49.7″ N 46°24′37.1″	82
						AB	17—30	棕灰色	砂壤土	小块状	9.0	3.4	0.21	0.50					
						B	30—60	棕黄色	砂黄土	块状	9.0	3.5	0.22	0.50					
						BC	60—80	棕黄色	砂壤土	小块状	9.0	3.5	0.27						

福 海 县

主要土类说明

风沙土是福海县主要土壤类型，占本县地域面积的 29%。福海县沙土均为荒漠风沙土，发育于沙性风积母质上。本县准噶尔盆地北缘或腹中是古代湖相沉积物，布伦托海是近代湖相沉积物，沙源丰实，气候干燥、炎热，大风频繁，逆风地带沙土飞扬，背风地带沙土堆积，形成沙丘、沙垄。准噶尔盆地北缘及腹中风沙土面积最大，有固定风沙土、半固定风沙土、流动风沙土（沙漠），乌伦古河三角洲、布伦托海沿湖一带的固定风沙土与半固定风沙土面积也不小。

棕钙土是福海县第二大土壤类型，占本县地域面积的 28%。棕钙土是一种地带性土壤，主要分布在额尔齐斯河、乌伦古河两岸以及两河之间的低阶地或高阶地。多为古老的冲积、洪积、堆积平原黄土状母质。棕钙土土层较薄，质地较粗，地表有少量或中量的小砾石，多为砂壤土与砂土。由于气候干旱炎热，荒漠平原植被覆盖百分率为 30%—50%。其成土过程：有机质积累微弱，表层石灰反应程度不等，碳酸钙和其他可溶性盐类的淋溶作用微弱。在剖面 10—40cm 形成明显的钙积层。剖面呈微碱性或者碱性。盐分有不同程度的积累，剖面下部多为砾石粗砂，漏水漏肥现象严重。地表 3—4m 以下为不透水的第三纪泥岩。

灰棕漠土占福海县地域面积的 26%。广泛发育于砾质洪积冲积扇、剥蚀高地及风蚀残丘上。成土母质最主要为砾质洪积物、冲积物和石质坡积物、残积物，均富含粗骨性石砾。该土壤地表见砾幂及褐色结皮，亦见干面包状结皮；石灰表聚，下见纤维状石膏聚积，亦见铁质黏化现象。

本县面积小于 3% 的土壤类型还有黑毡土、栗钙土、草甸土、灰色森林土、龟裂土、黑钙土、草毡土、草甸盐土、林灌草甸土、沼泽土、潮土、寒冻土、漠境盐土等。

本区域中心区气候特征

本区域中心区气候特征值
Regional climate characteristics in central area of the region

气候带：中温带干旱气候 Climate region: Mid temperate arid climate	
年平均气温 /℃ Annual average temperature /℃	4.1
年平均最高气温 /℃ Annual average maximum temperature /℃	10.8
年平均最低气温 /℃ Annual average minimum temperature /℃	−1.7
年降水量 /mm Annual precipitation /mm	197
≥10℃的积温 /℃ Daily temperature accumulated in a year（≥10℃）/℃	1619
年日照时数 /h Annual sunshine /h	2846
年平均相对湿度 /% Annual average relative humidity /%	58
干燥度 Dryness	1.51

本区域中心区月平均气温与月平均降水量
Monthly temperature and precipitation in central area of the region

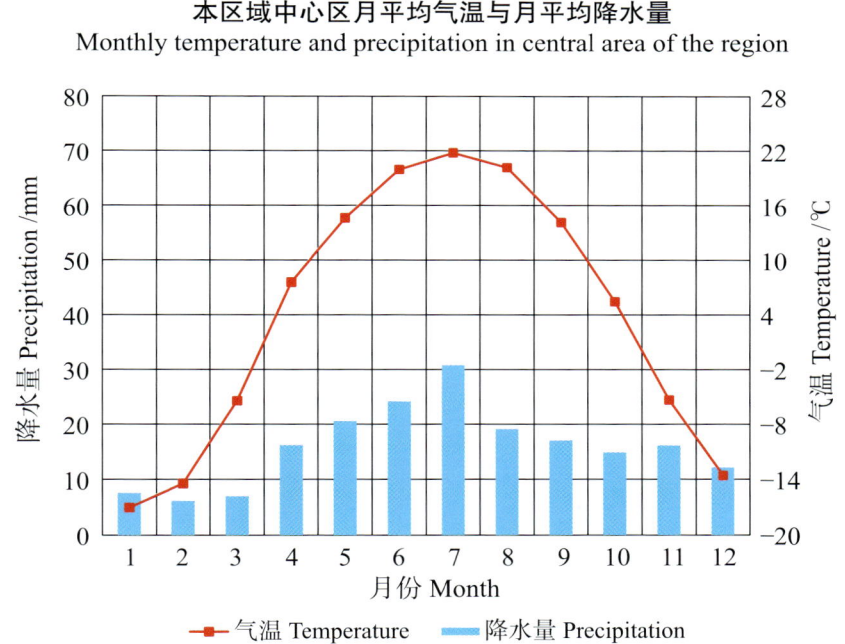

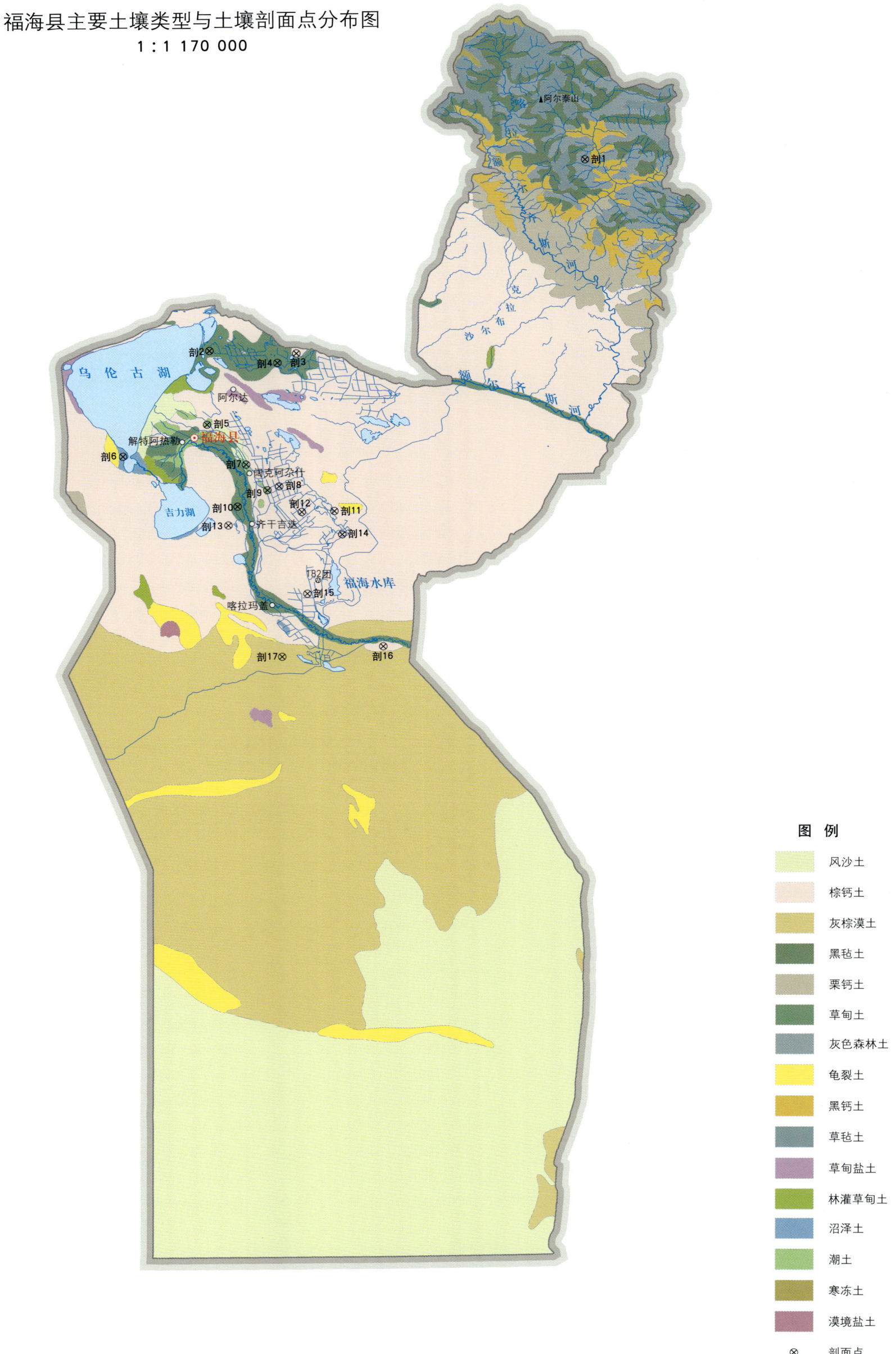

福海县主要土壤类型与土壤剖面点分布图
1:1 170 000

福海县土壤剖面理化性状表

剖面号 Soil profile	土纲 Soil order	土类 Soil great group	亚类 Soil subgroup	土属 Soil genus	土种 Soil species	土层码 Layer code	土层厚度 Depth/cm	颜色 Soil color	质地 Soil texture	土壤结构 Soil structure	pH	有机质 OM/(g/kg)	全氮 TN/(g/kg)	全磷 TP/(g/kg)	全钾 TK/(g/kg)	碱解氮 AN/(mg/kg)	有效磷 AP/(mg/kg)	速效钾 AK/(mg/kg)	土壤母质 Parent material	剖面点坐标 Profile coordinate	匹配指数 Matching index/%
剖1	半淋溶土	灰色森林土	灰色森林土	淡灰色森林土	中层淡灰土	Ai	0—5	暗黄棕色	黏壤土	团粒状	6.7	24.0	0.84	0.40	20.1				花岗岩坡积物	E 88°56′10.7″ N 47°48′26.3″	89
						Ah	5—18	黄黄棕色	砂质黏壤土	小块状	6.7	10.1	0.48	0.34	20.1						
						B	18—42	黄棕色	砂壤土	块状	6.5	7.1		0.43	20.8						
						C	42—80	黄黄灰色	砂壤土	块状	7.9	23.5	0.85	0.64							
剖2	半水成土	草甸土	盐化草甸土	干三角洲盐化草甸土	中盐化土	2	20—54	黄棕色	中壤土	片状	7.4	24.1	0.81	0.81						E 87°32′52.4″ N 47°20′03.5″	86
						3	54—66	暗黄色	中壤土	片状	7.0	35.1	1.19	0.54							
						4	66—100	灰白色	砂壤土		7.0	5.0	0.18	0.25							
剖3	干旱土	棕钙土	淡棕钙土	灌耕淡棕钙土	砾质燥黄土	A_{11}	0—22	黄灰色	多砾质轻壤土	块状	8.2	11.3	0.44	0.51	21.2		6.0	148		E 87°51′51.1″ N 47°19′29.3″	80
						B_1	22—29	黄黄色	多砾质轻壤土	块状	8.2	4.6	0.23	0.35	22.0		2.0	133			
						B_2	29—48	淡红棕色	卵石夹砂壤土		8.1	2.5									
						C	48—80	棕黄色													
剖4	半水成土	草甸土	盐化草甸土	干三角洲盐化草甸土	轻盐化土	1	0—20	淡灰黄色	砂壤土	块状	7.4	16.1	0.81	0.71					洪积物、冲积物	E 87°47′41.6″ N 47°18′05.4″	85
						2	20—37	灰黄色	轻壤土	片状	7.3	24.2	1.13	0.89							
						3	37—68	黄黄色	中壤土	核状	7.6	26.1	0.86	0.91							
						4	68—86		松壤土		7.1	1.8	<0.10	0.52							
剖5	半水成土	潮土	盐化潮土	下潮地	轻盐化土	1	0—22	淡黄色	松砂土	块状	8.4	7.6	0.31	0.43						E 87°32′13.2″ N 47°08′40.6″	81
						2	22—37	黄黄色	轻壤土	块状	8.4	7.2	0.31	0.43							
						3	37—50	黄黄色	轻壤土	核状	8.4	10.8	0.36	0.43							
						4	50—69	灰白色	轻壤土	核块状	8.4	4.2	0.15	0.52							
						5	69—83	淡黄色	黏壤土		8.4										
						6	83—100	淡黄色	砂壤土												
剖6	水成土	沼泽土	草甸沼泽土			1	0—6	深棕色	砂壤土	块状	7.5	97.5	2.85	0.61						E 87°13′52.0″ N 47°03′49.3″	89
						2	6—19	灰棕色	中壤土	块状	7.3	6.2	0.20	0.25							
						3	19—36	黑灰色	砂土	块状	7.2	5.7	0.34	0.20							
剖7	半水成土	潮土	盐化潮土			1	0—24	淡黄色	中壤土	块状	8.2	18.4	0.97	1.20						E 87°40′35.8″ N 47°02′25.4″	90
						2	24—48	灰黄色	中壤土	核状	8.4	8.6	0.31	0.90							
						3	48—110	暗黄色	重壤土	核状	8.2	10.2		0.60							
						4	110—		细砂土												
剖8	干旱土	棕钙土	盐化棕钙土		重盐化土	1	0—1.5	淡棕色	砂壤土	块状	8.4	11.5	0.48	0.38						E 87°47′44.9″ N 46°58′59.2″	86
						2	1.5—10	灰棕色	中壤土	核状	8.4	8.8	0.34	0.67							
						3	10—33	淡黄色	中壤土	块状	8.2	5.7	0.50	0.33							
						4	33—64	棕黄色	砂土	块状	7.8	2.9	0.22	0.31							
						5	64—100	淡黄色	砾石土	无明显结构	7.2	1.2	0.10	0.21							
剖9	半水成土	潮土	盐化潮土	下潮地		1	0—24	灰黄色	中壤土	块状	8.2	15.4	0.97	1.15						E 87°45′10.1″ N 46°58′25.3″	89
						2	24—49	灰灰色	中壤土	块状	8.4	8.6	0.31	0.85							
						3	49—110	暗黄色	重壤土	核状	8.2	10.2		0.61							
						4	110—		细砂土												
剖10	半水成土	草甸土	盐化草甸土	凹地盐化草甸土	轻盐化土	1	0—15	淡棕黄色	砂壤土	核块状										E 87°38′38.4″ N 46°55′57.0″	88
						2	15—60	淡棕色	砂壤土	核块状											
						3	60—100	灰白色	砂土	小核状											

续表 Continued

剖面号 Soil profile	土纲 Soil order	土类 Soil great group	亚类 Soil subgroup	土属 Soil genus	土种 Soil species	土层码 Layer code	土层厚度 Depth/cm	颜色 Soil color	质地 Soil texture	土壤结构 Soil structure	pH	有机质 OM/(g/kg)	全氮 TN/(g/kg)	全磷 TP/(g/kg)	全钾 TK/(g/kg)	碱解氮 AN/(mg/kg)	有效磷 AP/(mg/kg)	速效钾 AK/(mg/kg)	土壤母质 Parent material	剖面点坐标 Profile coordinate	匹配指数 Matching index/%
剖11	干旱土	棕钙土	盐化棕钙土	坡地盐化棕钙土	中盐化土	1	0—25	黄灰色	松砂土	块状	8.1	8.0	0.40	0.46						E 87°59′37.7″ N 46°55′04.4″	79
						2	25—49	灰黄色	砂土	块状	7.6	3.4	0.10	0.41							
						3	49—81	灰黄色	松砂土	片状	8.2	4.3	0.59	0.21							
						4	81—100	灰黄色	重壤土	块状	7.5	4.1	0.23	0.43							
剖12	干旱土	棕钙土	淡棕钙土	戈壁地淡棕钙土	淡黄壤土	1	0—7	淡黄色	中壤土	块状		7.7	0.69	0.42						E 87°52′34.0″ N 46°55′00.5″	88
						2	7—22	淡灰黄色	中壤土	块状		7.3	0.42	0.20							
						3	22—55	灰黄色	砂土	块状		6.2	0.42	0.41							
						4	55—70	青黄色	砂土			2.7	0.28	0.41							
						5	70—100	黄棕色	松砂土			13.0	0.69	0.32							
剖13	干旱土	棕钙土	淡棕钙土	坡地淡棕钙土	淡黄壤土	1	0—21	灰黄色	中壤土	核状	7.7	10.7	0.78	0.50						E 87°36′36.7″ N 46°53′03.8″	82
						2	21—45	淡黄色	重壤土	核状	7.5	7.5	0.54	0.59							
						3	45—100	淡棕色	重壤土	核状	7.5	7.7	0.65	0.49							
剖14	干旱土	棕钙土	盐化棕钙土	戈壁地盐化棕钙土	轻盐化土	1	0—1	灰白色	松砂土	块状		12.3	0.38	1.04						E 88°01′14.2″ N 46°51′27.0″	91
						2	1—14	淡黄灰色	轻壤土	块状		3.7	0.34	1.00							
						3	14—38	淡棕黄色	轻壤土	块状		5.1	0.37	0.68							
						4	38—53	黄棕色	砂土	块状		7.0	0.51	0.46							
						5	53—100	棕黄色	松砂土			2.9	0.44	1.37							
剖15	干旱土	棕钙土	盐化棕钙土	戈壁地盐化棕钙土	中盐化土	1	0—15	淡棕黄色	轻砂土	无明显结构		11.4	0.35	0.56						E 87°53′31.6″ N 46°42′23.8″	82
						2	15—21	淡棕黄色	轻壤土	块状		7.1	0.24	0.59							
						3	21—30	灰棕色	砂壤土	块状		4.8	0.27	0.51							
						4	30—46	黄棕色	松砂土			7.3	0.27	0.11							
						5	46—100	淡棕黄色	砂壤土			9.7	0.43	1.01							
剖16	干旱土	棕钙土	盐化棕钙土	坡地盐化棕钙土	轻盐化土	1	0—20	黄棕色	松砂土	块状	8.4	7.6	0.81	0.82						E 88°09′40.7″ N 46°34′05.5″	87
						2	20—36	黄棕色	砂土	块状	8.0	8.1	0.93	0.72							
						3	36—100	黄棕色	砾石砂土		7.3	4.6	0.47	0.61							
剖17	漠土	灰棕漠土	灰棕漠土			1	0—8	灰黄色	砂壤土	片状	8.2	6.0	0.46	1.16	24.6	4	5.0	375		E 87°47′55.3″ N 46°32′41.3″	81
						2	8—18	灰黄色	砂壤土	层状	8.2	4.9	0.28	0.40	29.2	2	2.0	129			
						3	18—30	淡棕黄色	砂壤土	层状	8.2	2.9	0.17	0.47	27.9						
						4	30—50	淡棕色	轻壤土	块状	8.3	1.6	0.22	0.37	27.3						
						5	50—70	棕色	轻壤土	无明显结构											
						6	70—100		轻壤土	无明显结构											

哈巴河县

主要土类说明

棕钙土是哈巴河县主要土壤类型，占本县地域面积的28%。棕钙土分布在北起阿尔泰山脉下部，南至额尔齐斯河南岸与吉木乃县交界处，东与布尔津县相接，西达阿拉克别克河。地面生长着干旱、半荒漠草原植被，如黎科灰草、菊科蒿草等，有机质分解迅速。有明显的碳酸钙淀积层，但由于降水量小，淋溶深度浅而不彻底。

风沙土是哈巴河县第二大土壤类型，占本县地域面积的17%。哈巴河县的风沙土是由风蚀堆积而成的。风沙土由于成土时间短暂，无剖面发育，属C型、(A)-C型及A-C型土，反映了风沙流动堆积与固定的不同阶段。

黑钙土是哈巴河县第三大土壤类型，占本县地域面积的13%。分布在山地丘陵带。形成过程具有明显的腐殖质积累过程和钙化过程，同时伴有草甸化过程和退化过程。基本发生层由生草层、腐殖质层、过渡层、钙积层、母质层组成。有机质集中在20—30cm，含量为90—200g/kg。阳离子交换量在钙层土中最高。

栗钙土占哈巴河县地域面积的10%。主要成土过程也是腐殖质与钙盐积累过程。由于雨水较丰沛，钙的淋溶作用比较强烈，在剖面40cm以下形成厚度25—30cm的钙积层。

黑毡土占哈巴河县地域面积的7%。植被由蒿草、苔草、羊茅等为主的多种草类组成。成土母质通常以坡积物、残积物为主，部分为冰碛物或冰水沉积物，个别还有黄土母质。主要形成过程为生草过程、有机质积累过程、有机质腐殖化过程、碳酸钙的淋溶淀积过程和山地冻融过程等。五个发生层次分别为生草层、有机质层、淋溶层、钙积层和母质层。

草毡土占哈巴河县地域面积的5%。成土母质通常以坡积物、残积物为主，部分为冰碛物或冰水沉积物，极个别的为黄土母质等。形成过程有生草过程、有机质积累过程（包括腐殖化过程）、淋溶过程、淀积过程（包括钙化过程）和高山冻融过程等。一般具有四个主要发生层次，分别为有机质层（包括生草层）、淋溶层、钙积层和母质层。

草甸土占哈巴河县地域面积的5%。主要母质为河流冲积物，也有少量洪积物、湖积物。地下水埋藏深度一般在1—3m，矿化度1—3g/L。草甸植被发育良好，但类型比较简单。基本上可以分为两个发生层，分别为腐殖质层和锈色斑纹层。有大量的有机质积累，普遍具有盐化特征。

灰色森林土占哈巴河县地域面积的5%。成土母质主要以坡积物为主，其次为残积物。成土过程为强度腐殖质积累过程、相对较弱的酸性淋溶及黏化淀积过程、微弱的钙积过程。剖面层次为枯落物层、粗腐殖质层、腐殖质层、隐灰化层、淀积层、母质层。有机质和全氮含量较高，阳离子交换量较高。具有轻度灰化特征，又有残积钙特点。

本县面积小于5%的土壤类型还有棕色针叶林土、林灌草甸土、草甸盐土、潮土、沼泽土、寒冻土、龟裂土等。

本区域中心区气候特征

本区域中心区气候特征值
Regional climate characteristics in central area of the region

气候带：中温带干旱气候 Climate region: Mid temperate arid climate	
年平均气温 /℃ Annual average temperature /℃	4.2
年平均最高气温 /℃ Annual average maximum temperature /℃	10.5
年平均最低气温 /℃ Annual average minimum temperature /℃	-1.4
年降水量 /mm Annual precipitation /mm	160
≥10℃的积温 /℃ Daily temperature accumulated in a year (≥10℃) /℃	1601
年日照时数 /h Annual sunshine /h	2966
年平均相对湿度 /% Annual average relative humidity /%	56
干燥度 Dryness	1.51

本区域中心区月平均气温与月平均降水量
Monthly temperature and precipitation in central area of the region

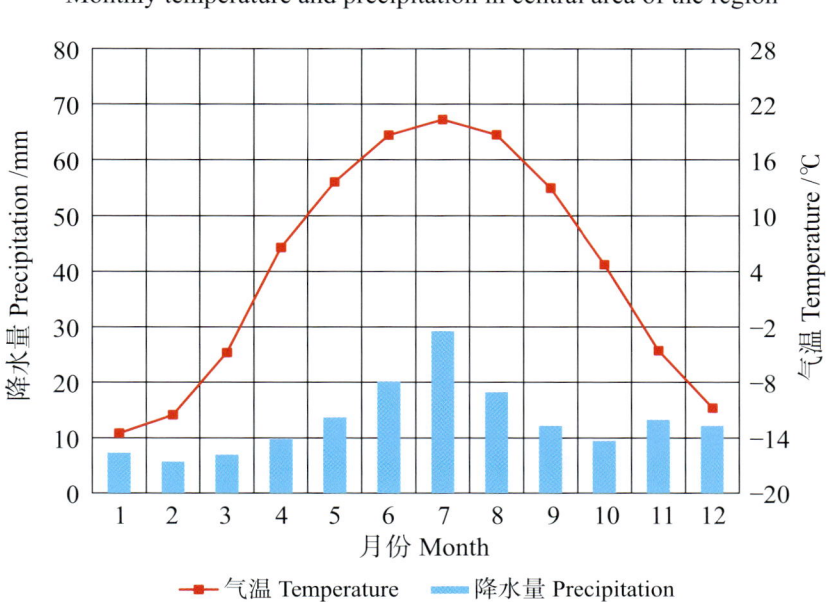

哈巴河县主要土壤类型与土壤剖面点分布图
1:590 000

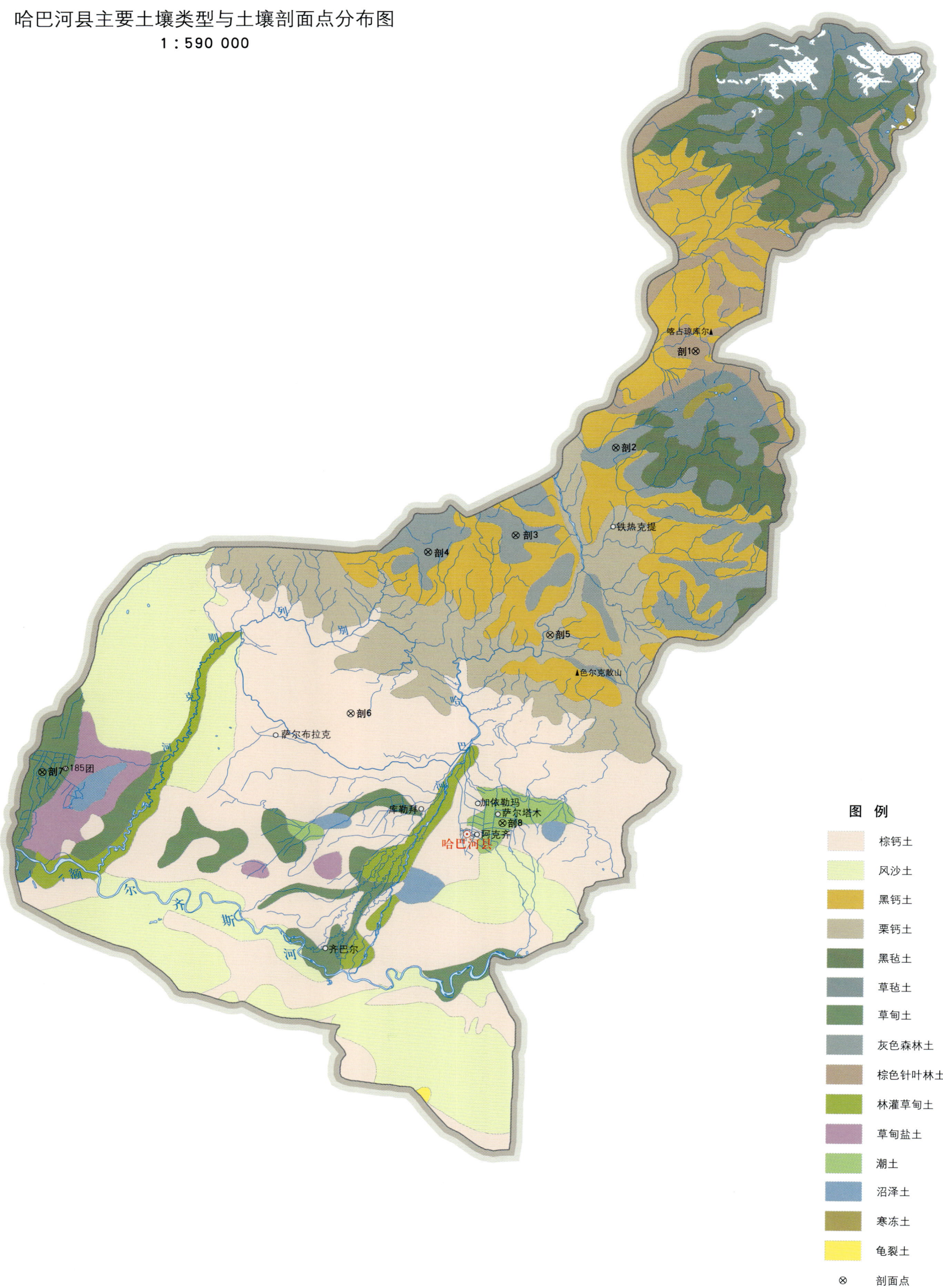

哈巴河县土壤剖面理化性状表

剖面号 Soil profile	土纲 Soil order	土类 Soil great group	亚类 Soil subgroup	土属 Soil genus	土种 Soil species	土层码 Layer code	土层厚度 Depth/cm	颜色 Soil color	质地 Soil texture	土壤结构 Soil structure	pH	有机质 OM/(g/kg)	全氮 TN/(g/kg)	全磷 TP/(g/kg)	全钾 TK/(g/kg)	碱解氮 AN/(mg/kg)	有效磷 AP/(mg/kg)	速效钾 AK/(mg/kg)	阳离子交换量CEC/(cmol/kg)	土壤母质 Parent material	剖面点坐标 Profile coordinate	匹配指数 Matching index/%
剖1	淋溶土	棕色针叶林土	棕色针叶林土	棕色针叶林土	中层棕色土	O	0~7	灰褐色	轻壤土	团粒状	6.9	>250.0	>6.00	1.06	16.2					花岗岩坡积物	E 86°51′31.3″ N 48°42′49.7″	94
						A₁	7~12	红棕色	轻壤土	粒状	6.9	54.5	2.47	0.74	28.7							
						A₂	12~22	淡棕红色	中壤土	粒状	7.6	39.9	4.68	0.53	26.5							
						AB	22~30	淡棕红色	中壤土	核粒状	6.9	28.9	1.29	0.70	38.2							
						B	30~60	淡棕红色	中壤土		7.2	15.2	2.10	0.76	>40.0							
						C	60—															
剖2	半淋溶土	灰色森林土	暗灰色森林土	腐暗灰土	暗灰土	O	0~2														花岗岩坡积物	E 86°42′08.3″ N 48°34′57.4″	93
						Ai	2~9															
						Ah	9~24	棕灰色	壤质黏土	团粒状	6.9	41.3	1.43	0.58	20.0				24.1			
						B	24~40	灰棕色	壤质黏土	小块状	7.7	20.0	0.71	0.51	22.0				17.8			
						Ck	40~57	黄橙色	砂质黏壤土		8.6											
剖3	半淋溶土	灰色森林土	灰色森林土	腐灰土	淡灰土	O	0~8	黑棕色	黏土		7.1	65.5	3.34	0.97	22.2		24.0	450	17.9	花岗岩残积物、坡积物	E 86°30′23.4″ N 48°27′46.4″	94
						Ah	8~25	棕黑色	重砾喷质黏土	小粒状	7.3	26.9	0.94	0.41	23.4		9.0	170	19.4			
						B₁	25~50	棕灰色	重砾壤质黏土	小粒状	7.2	15.6	0.60	0.44	21.3			170	20.7			
						B₂	50~70	灰棕色	重砾壤质黏土	块状	8.0	18.4	0.63	0.55	21.3			155				
						Ck	70~100	淡棕灰色	砂质壤土													
剖4	半淋溶土	灰色森林土	暗灰色森林土	暗灰色森林土	砾质暗灰土	O	0~2	棕灰色												花岗岩坡积物	E 86°20′05.6″ N 48°26′21.1″	79
						Oi	2~10	棕灰色	砂质黏壤土	团粒状	5.6	>250.0	>6.00	1.42	6.2	34	35.0	318				
						Ah	10~35	棕灰色	黏土	小块状	5.5	26.3	0.90	0.60	20.3	10	23.0	235				
						B₁	35~45	淡灰棕色	黏土	块状	6.0	18.8	0.73	0.55	20.6	9	20.0	185				
						B₂	45~65	灰黄色	黏土	块状	5.6	12.7	0.52	0.54	20.0	5	18.0	210				
						C	65~110	淡黄灰色	砂质壤土	无明显结构	7.3	6.9	0.36	0.65	19.3			80				
剖5	钙层土	栗钙土	暗栗钙土	暗栗钙土	砾质暗栗土	O	0~2	棕灰色												坡积物	E 86°34′34.7″ N 48°19′43.0″	81
						As		黄灰色	细砂土	无明显结构		16.5	0.62	0.42	18.4							
						Ah	6~17	黄灰色	细砂土	小粒显结构	6.6	9.7	3.29	0.81	27.0		14.0	160				
						AhB	17~40	棕色	砂土	片状	7.7	7.8	1.50	0.77	24.9		8.0	100				
						Bk₁	40~65	棕色	砂土	小块状	8.0	7.6	0.38	0.69	21.9			70				
						Bk₂	65~105	淡黄色	砂土	小块状	8.0	12.2	1.52	0.65	21.6			70				
						C		白色	粗砂土	小块状	8.2	14.1	1.41	0.55	24.9							
剖6	干旱土	棕钙土	棕钙土			A₁₁	0~27	灰色	砂壤土	不明显块状	8.4	10.8	0.64	0.33	18.0		9.0	102			E 86°11′16.4″ N 48°13′08.0″	78
						C	27~43	灰色	中砾质紧砂土	单粒状	8.6	7.4	0.36	0.23	17.8		7.0	122				
						Cu	43~91	淡黄色	细砂土	单粒状	8.8	1.3	<0.10	0.13	15.5		1.0					
剖7	半水成土	草甸土	石灰性草甸土	灌耕石灰性草甸土	砂质锈黄土	1	0~1.5	淡黄色	中壤土	块状	7.0	15.3	1.22	>4.00	16.5	39	29.0	>500		冲积物	E 86°35′16.1″ N 48°07′54.1″	85
						2	1.5~24	黄棕色	中壤土	块状	8.3	16.7	1.08	1.80	18.6	33	26.0	>500				
						3	24~38	灰棕色	粗砂土	块状	7.8	7.7	>6.00	1.10	17.5	7	26.0	>500				
剖8	半水成土	潮土	盐化土	盐化黄潮土	中盐化黄土	4	38~60	白色	砂壤土	块状	8.4				24.9						E 86°29′13.6″ N 48°04′21.7″	95
						5	60~70	灰黄色	砾石土	块状	7.6				20.0							
						6	70~110	棕黄色	砂土、中壤土	块状	7.6				14.1							

青 河 县

主要土类说明

棕钙土是青河县主要土壤类型，占本县地域面积的 27%。棕钙土是由生物累积和碳酸钙移动淀积两个主要成土过程共同作用而形成的地带性土壤。形成过程中具有腐殖质积累与碳酸钙移动淀积过程，又具有微弱的黏化与铁质化过程。一般具有三个基本层次，分别为腐殖质层、钙积层与母质层。

栗钙土是青河县第二大土壤类型，占本县地域面积的 23%。成土母质多为黄土，其次为坡积物与冰碛物。形成过程有明显的有机质积累过程和钙化过程。表层土壤有机质含量为 25g/kg 左右，土体呈微碱到碱性，阳离子交换量一般为 10.5—20cmol/kg，土体表层碳酸钙含量很少。

灰棕漠土是青河县第三大土壤类型，占本县地域面积的 18%。广泛发育于砾质洪积冲积扇、剥蚀高地及风蚀残丘上。成土母质最主要为砾质洪积物、冲积物和石质坡积物、残积物，均富含粗骨性石砾。该土壤地表见砾幂及褐色结皮，亦见干面包状结皮；石灰表聚，下见纤维状石膏聚积，亦见铁质黏化现象。

冷钙土占青河县地域面积的 10%。曾称亚高山草原土。成土母质以坡积物、残积物为主，部分为冰碛物、冰水沉积物或洪积物，黄土母质只在局部地区出现。冷钙土的形成过程具有较强的有机质积累过程、腐殖化过程、比草毡土稍弱的淋溶过程、钙积过程（或称钙化过程）。剖面形态分为生草层、有机质层、淋溶层、钙积层和母质层。

黑钙土占青河县地域面积的 10%。分布在山地丘陵带。形成过程具有明显的腐殖质积累过程和钙化过程，同时伴有草甸化过程和退化过程。基本发生层由生草层、腐殖质层、过渡层、钙积层、母质层组成。有机质集中在 20—30cm，其含量在 90—200g/kg。阳离子交换量在钙层土中最高。

草毡土占青河县地域面积的 5%。原称高山草甸土。成土母质通常以坡积物、残积物为主，部分为冰碛物或冰水沉积物，极个别的为黄土母质等。形成过程有生草过程、有机质积累过程（包括腐殖化过程）、淋溶过程、淀积过程（包括钙化过程）和高山冻融过程等。一般具有四个主要发生层次，为有机质层（包括生草层）、淋溶层、钙积层和母质层。

草甸土占青河县地域面积的 4%。主要母质为河流冲积物，也有少量洪积物、湖积物。地下水埋藏深度一般在 1—3m，矿化度 1—3g/L。草甸植被发育良好，但类型比较简单。草甸化过程是草甸土的主要成土过程，包括表层土壤有机质积累和下层土壤季节性氧化还原交替过程。基本上可以分为两个发生层：腐殖质层与锈色斑纹层。有大量的有机质积累，普遍具有盐化特征。

本县面积小于 3% 的土壤类型还有灰色森林土、草甸盐土、寒冻土、石质土、沼泽土等。

本区域中心区气候特征

本区域中心区气候特征值
Regional climate characteristics in central area of the region

气候带：中温带亚干旱气候 Climate region: Mid temperate sub arid climate	
年平均气温 /℃ Annual average temperature /℃	3.6
年平均最高气温 /℃ Annual average maximum temperature /℃	11.5
年平均最低气温 /℃ Annual average minimum temperature /℃	-3.1
年降水量 /mm Annual precipitation /mm	186
≥10℃的积温 /℃ Daily temperature accumulated in a year（≥10℃）/℃	1488
年日照时数 /h Annual sunshine /h	2951
年平均相对湿度 /% Annual average relative humidity /%	59
干燥度 Dryness	0.36

本区域中心区月平均气温与月平均降水量
Monthly temperature and precipitation in central area of the region

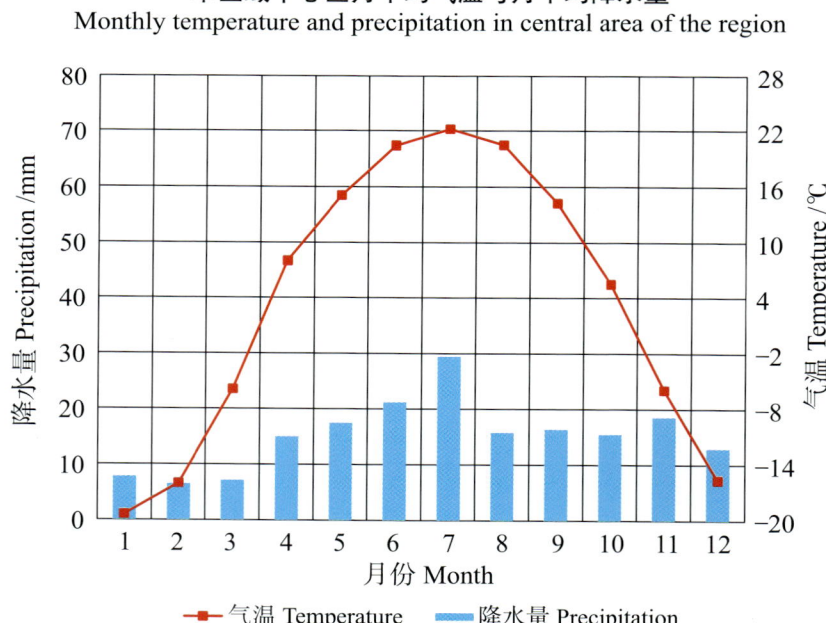

青河县主要土壤类型与土壤剖面点分布图
1:850 000

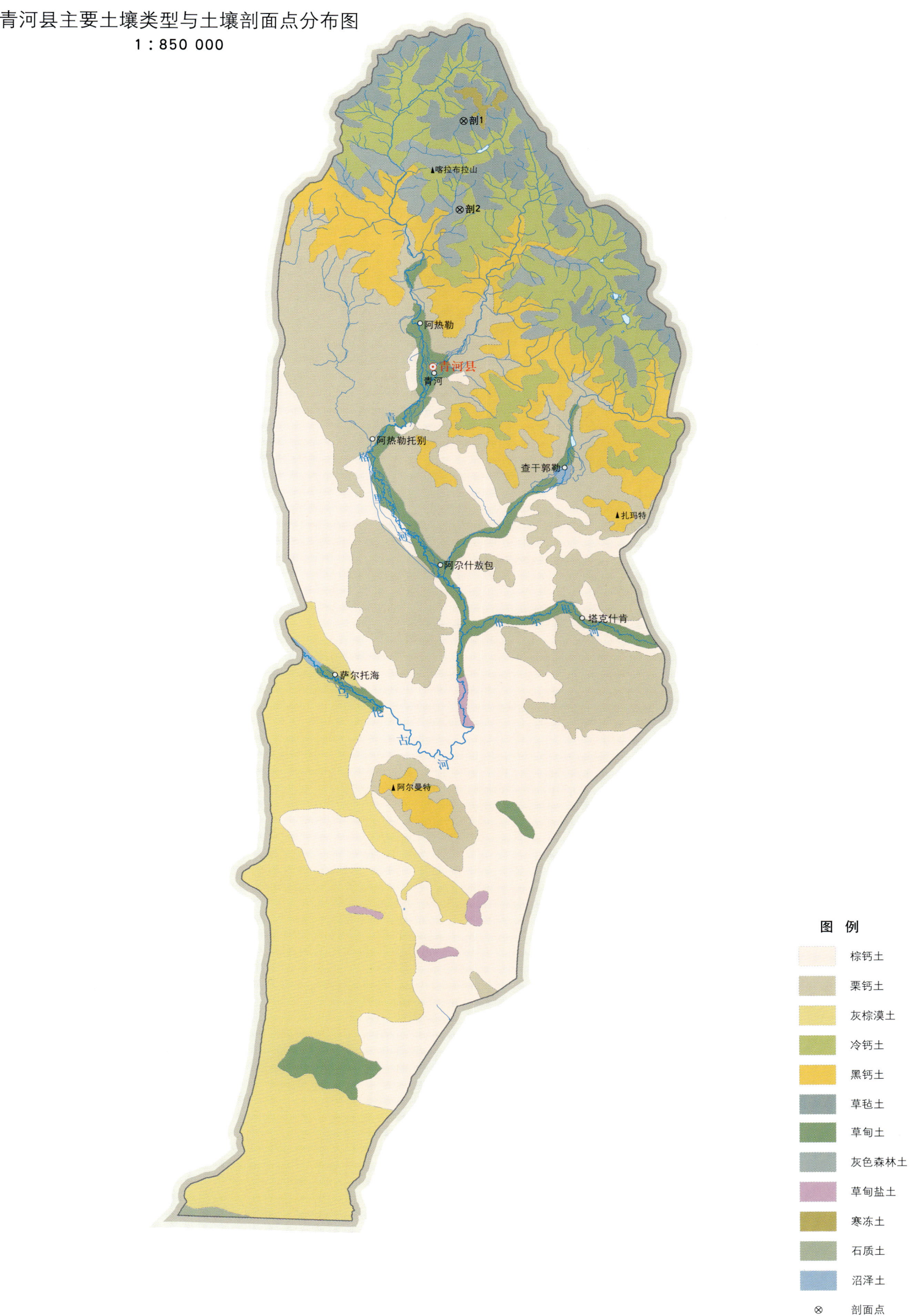

青河县土壤剖面理化性状表

剖面号 Soil profile	土纲 Soil order	土类 Soil great group	亚类 Soil subgroup	土属 Soil genus	土种 Soil species	土层码 Layer code	土层厚度 Depth/cm	颜色 Soil color	质地 Soil texture	土壤结构 Soil structure	pH	有机质 OM/(g/kg)	全氮 TN/(g/kg)	全磷 TP/(g/kg)	全钾 TK/(g/kg)	阳离子交换量CEC/(cmol/kg)	土壤母质 Parent material	剖面点坐标 Profile coordinate	匹配指数 Matching index/%
剖1	高山土	草毡土	草毡土	草毡壤土	青河冷冻土	As	0—6										花岗岩坡积物	E 90°26′04.6″ N 47°08′56.8″	89
						A	6—18	灰黄棕色	黏壤土	团粒状	5.6	36.4	2.95	0.65	12.7				
						AC	18—26	浊黄棕色	壤质黏土	片状	5.7	26.6	1.50	0.70	14.8				
						C	26—43	浊黄棕色	黏壤土	块状	5.9	26.2	1.60	0.60	13.8				
剖2	半淋溶土	灰色森林土	灰色森林土	麻灰土	青河麻灰土	O	0—2	深暗棕色			6.4						花岗岩坡积物	E 90°25′56.3″ N 46°58′30.0″	81
						Ah	2—11	棕色	黏壤土	小块状	6.4	35.6	1.61	0.29	21.6	19.5			
						B₁	11—29	浊棕色	黏壤土	小块状	6.5	14.0	0.77	0.35	22.2	13.8			
						B₂	29—43	棕色	壤质黏土	块状	6.5	9.7	0.46	0.38	23.2	15.2			
						C	43—100												
							100—115	淡黄色	砂壤土		7.9	11.3	1.40	0.65	10.0	14.0			

新疆维吾尔自治区直辖县级市

石河子市

主要土类说明

灰漠土是石河子市主要土壤类型，占本市地域面积的 41%。主要分布在冲积洪积扇与古老冲积平原之间的交界地带及河谷阶地上。因成土母质大多数是黄土，土壤的砾质化程度很弱。荒漠结皮层厚 1—4cm 不等；下面的薄片或鳞片状结构厚 1—5cm，孔隙更少，松散易碎；紧实层厚 5—15cm，下为过渡层，再下为可溶性盐和石膏聚集层。地表有明显结皮层，下为淡棕色片状土层，含砾石。石灰表聚外，尚可见深层积钙，pH 大于 8.0，表层有机质积累弱且层薄，含量仅 6—15g/kg。

棕钙土是石河子市第二大土壤类型，占本市地域面积的 17%。棕钙土是由生物累积和碳酸钙移动淀积两个主要成土过程共同作用而形成的地带性土壤。三个基本层次分别为腐殖质层、钙积层和母质层。自然植被组成趋于旱化，生物量低，土壤腐殖质积累作用弱，有机质含量低；钙积作用强，钙积层在剖面中位置较高；呈碱性至强碱性，阳离子交换量较低，吸收性复合体为盐基所饱和，其中钠离子所占比例较高；质地较粗，多属砂砾、砂土和砂壤土、轻壤土，土体中钙质有较明显移动。

潮土是石河子市第三大土壤类型，占本市地域面积的 13%。潮土是发育于富含碳酸盐或不含碳酸盐的河流冲积物上，受地下潜水作用，经过耕作熟化而形成的一种半水成土壤。主导成土过程包括潮化过程和耕种熟化过程，还附加形成过程。土壤腐殖质积累过程较弱。剖面层次分化明显，一般可分为耕作层、犁底层、心土层和底土层。

草甸土占石河子市地域面积的 13%。由地下水直接参与，在其上发育草甸植被并产生了一定生物积累过程的半水成土壤。主要母质为河流冲积物，也有少量洪积物、湖积物。草甸土的形成有潜育过程和腐殖质积累过程。草甸土有腐殖质层、锈色斑纹层。有较大量的有机质积累。腐殖质组成以胡敏酸为主，胡敏酸与富里酸的比值高达 1.5—2.5。由于草甸土肥力水平较高，生产潜力较大，已广为利用。但在水分过多时易出现湿害或受洪水威胁，有的还受盐碱影响。

本市面积小于 4% 的土壤类型还有灌淤土、新积土、沼泽土、灌漠土、草甸盐土等。

本区域中心区气候特征

本区域中心区气候特征值
Regional climate characteristics in central area of the region

气候带：中温带干旱气候 Climate region: Mid temperate arid climate	
年平均气温 /℃ Annual average temperature /℃	7.7
年平均最高气温 /℃ Annual average maximum temperature /℃	13.3
年平均最低气温 /℃ Annual average minimum temperature /℃	2.9
年降水量 /mm Annual precipitation /mm	193
≥10℃的积温 /℃ Daily temperature accumulated in a year（≥10℃）/℃	2869
年日照时数 /h Annual sunshine /h	2577
年平均相对湿度 /% Annual average relative humidity /%	55
干燥度 Dryness	2.38

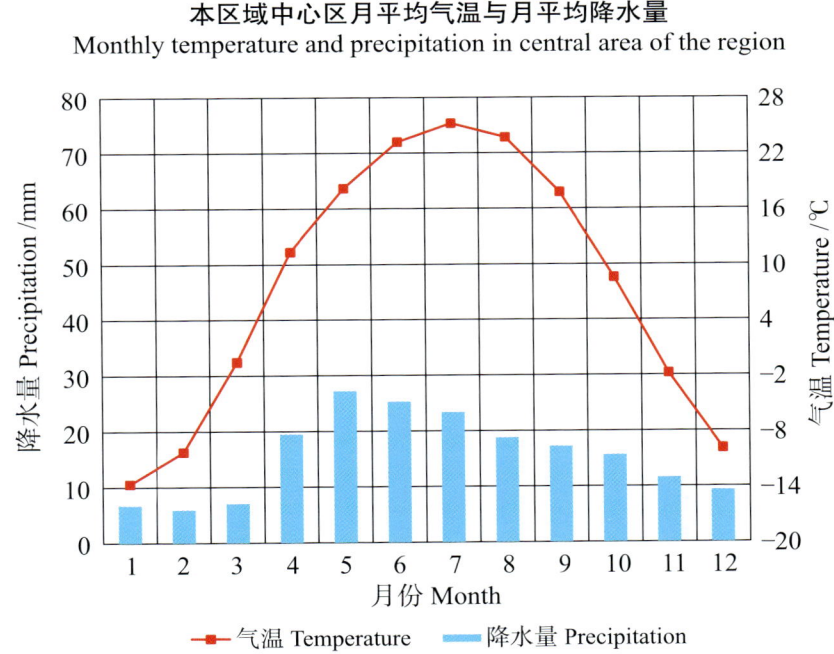

本区域中心区月平均气温与月平均降水量
Monthly temperature and precipitation in central area of the region

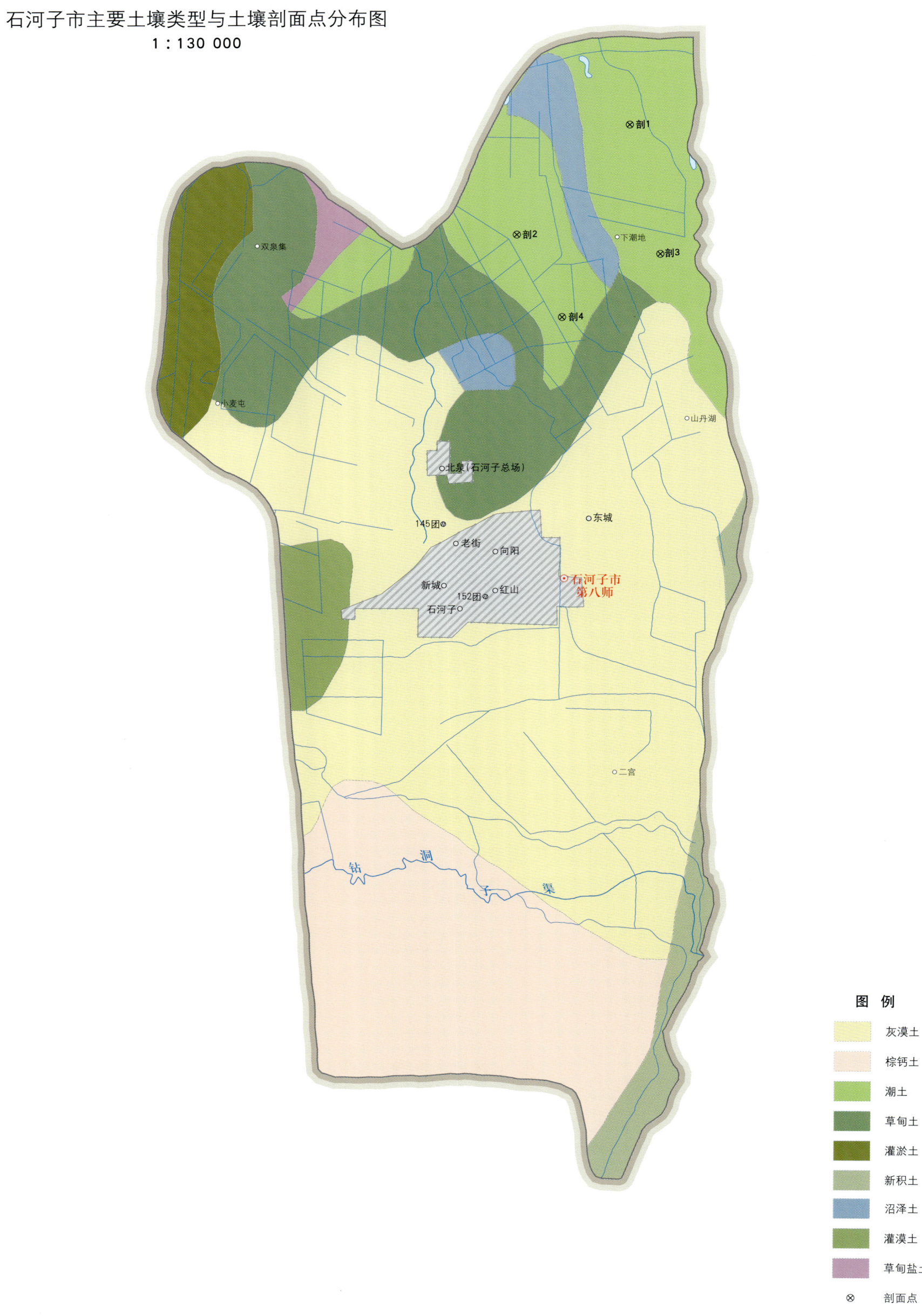

石河子市主要土壤类型与土壤剖面点分布图
1:130 000

石河子市土壤剖面理化性状表

剖面号 Soil profile	土纲 Soil order	土类 Soil great group	亚类 Soil subgroup	土属 Soil genus	土种 Soil species	土层码 Layer code	土层厚度 Depth/cm	颜色 Soil color	质地 Soil texture	土壤结构 Soil structure	pH	有机质 OM/(g/kg)	全氮 TN/(g/kg)	全磷 TP/(g/kg)	全钾 TK/(g/kg)	有效磷 AP/(mg/kg)	速效钾 AK/(mg/kg)	阳离子交换量 CEC/(cmol/kg)	土壤母质 Parent material	剖面点坐标 Profile coordinate	匹配指数 Matching index/%
剖1	半水成土	潮土	潮土	潮壤土	黏底二潮黄土	A_{11}	0—14	灰色	砂壤土	粒状	8.4	14.2	0.68	0.75	18.0	4.0	126	8.2	冲积物	E 86°05′08.5″ N 44°26′09.6″	94
						AC	14—30	灰色	砂壤土	小块状	8.4	15.2	0.71	0.74	18.3	1.0	124	8.6			
						Cu_1	30—54	淡灰色	壤质黏土	块状	8.0	19.4	0.94	0.70	18.3	5.0	99	7.2			
						Cu_2	54—80	深灰色	粉砂质黏土	块状	8.1	9.3	0.52	0.79	18.0	4.0	100	13.5			
剖2	半水成土	潮土	湿潮土	青湿潮土	湿潮青土	A_{11}	0—20	黑色	轻壤土	小块状	8.4	57.0	2.91	0.53		5.0	79		冲积物	E 86°02′27.6″ N 44°24′10.4″	95
						A_{12}	20—33	灰色	中壤土	小块状	8.2	44.6	2.54	0.52		5.0	89				
						Cu	33—67	蓝灰色	重壤土	层块状	8.2	28.1	1.45	0.46		4.0	121				
						Cg	67—90	淡灰色	黏土	小块状	8.1	18.2	0.95	0.49		2.0	88				
剖3	半水成土	潮土	潮土	潮黏土	下潮灰黏土	A_{11}	0—15	灰色	黏壤土	粒状、块状	7.9	56.9	3.20	1.10	13.0		165		冲积物	E 86°05′54.6″ N 44°23′51.4″	83
						AC	15—30	灰色	壤质黏土	块状	7.9	59.6	3.10	1.05	13.5		200				
						Cu_1	30—66	淡灰色	壤质黏土	块状	7.8	24.7	1.26	0.72	15.3		139				
						Cu_2	66—100	淡灰色	壤质黏土	块状	7.8	19.6	1.02	0.60	12.1		139				
剖4	半水成土	潮土	湿潮土	青湿潮土	湿潮土	A_{11}	0—21	暗灰色	黏壤土	块状	8.7	65.8	3.15	0.78	8.0	4.3	364		冲积物	E 86°03′34.2″ N 44°22′42.6″	87
						A_{12}	21—28	深灰色	黏壤土	块状	8.6	53.2	2.71	0.66	8.0	2.3	138				
						Cu_1	28—60	灰灰色	黏壤土	小块状	8.6	28.6	1.60	0.52	8.1	1.7	89				
						Cu_2	60—105	棕灰色	黏壤土	块状	8.6	11.5	0.69	0.49	12.7						

附 录

附录1　新疆维吾尔自治区县级行政区及分县主要土壤类型与土壤剖面点分布图地域名对照表

地级行政区划	县级行政区划[1)	分县主要土壤类型与土壤剖面点分布图地域名[2)	地级行政区划	县级行政区划[1)	分县主要土壤类型与土壤剖面点分布图地域名[2)
乌鲁木齐市	天山区	市辖区*	昌吉回族自治州	昌吉市	昌吉市
	沙依巴克区			阜康市	阜康市
	新市区			呼图壁县	呼图壁县
	水磨沟区			玛纳斯县	玛纳斯县
	头屯河区			奇台县	奇台县
	达坂城区			吉木萨尔县	
	乌鲁木齐县			木垒哈萨克自治县	木垒哈萨克自治县
	米东区	米东区	博尔塔拉蒙古自治州	博乐市	博乐市
克拉玛依市	独山子区	市辖区*		阿拉山口市	
	克拉玛依区			精河县	精河县
	白碱滩区			温泉县	温泉县
	乌尔禾区		巴音郭楞蒙古自治州	库尔勒市	库尔勒市
吐鲁番市	高昌区	高昌区		轮台县	轮台县
	鄯善县	鄯善县		尉犁县	尉犁县
	托克逊县	托克逊县		若羌县	若羌县
哈密市	伊州区	伊州区		且末县	且末县
	巴里坤哈萨克自治县	巴里坤哈萨克自治县		焉耆回族自治县	
	伊吾县			和静县	和静县
				和硕县	和硕县
				博湖县	博湖县

续表

地级行政区划	县级行政区划[1]	分县主要土壤类型与土壤剖面点分布图地域名[2]	地级行政区划	县级行政区划[1]	分县主要土壤类型与土壤剖面点分布图地域名[2]
阿克苏地区	阿克苏市	阿克苏市	和田地区	和田市	和田市
	库车市	库车市		和田县	
	温宿县	温宿县		墨玉县	墨玉县
	沙雅县			皮山县	皮山县
	新和县	新和县		洛浦县	洛浦县
	拜城县	拜城县		策勒县	策勒县
	乌什县	乌什县		于田县	于田县
	阿瓦提县	阿瓦提县		民丰县	民丰县
	柯坪县	柯坪县	伊犁哈萨克自治州	伊宁市	伊宁市
克孜勒苏柯尔克孜自治州	阿图什市	阿图什市		奎屯市	奎屯市
	阿克陶县	阿克陶县		霍尔果斯市	
	阿合奇县	阿合奇县		伊宁县	伊宁县
	乌恰县	乌恰县		察布查尔锡伯自治县	察布查尔锡伯自治县
喀什地区	喀什市	喀什市		霍城县	霍城县
	疏附县	疏附县		巩留县	巩留县
	疏勒县	疏勒县		新源县	新源县
	英吉沙县	英吉沙县		昭苏县	昭苏县
	泽普县	泽普县		特克斯县	特克斯县
	莎车县	莎车县		尼勒克县	尼勒克县
	叶城县	叶城县	塔城地区	塔城市	塔城市
	麦盖提县	麦盖提县		乌苏市	乌苏市
	岳普湖县	岳普湖县		沙湾市	沙湾市
	伽师县	伽师县		额敏县	额敏县
	巴楚县	巴楚县		托里县	托里县
	塔什库尔干塔吉克自治县	塔什库尔干塔吉克自治县		裕民县	裕民县
				和布克赛尔蒙古自治县	和布克赛尔蒙古自治县

续表

地级行政区划	县级行政区划[1]	分县主要土壤类型与土壤剖面点分布图地域名[2]	地级行政区划	县级行政区划[1]	分县主要土壤类型与土壤剖面点分布图地域名[2]
阿勒泰地区	阿勒泰市	阿勒泰市	新疆维吾尔自治区直辖县级市	石河子市	石河子市
	布尔津县	布尔津县		阿拉尔市	
	富蕴县	富蕴县		图木舒克市	
	福海县	福海县		五家渠市	
	哈巴河县	哈巴河县		北屯市	
	青河县	青河县		铁门关市	
	吉木乃县			双河市	
				可克达拉市	
				昆玉市	
				胡杨河市	

注：1）为民政部于 2022 年 3 月发布的《2021 年中华人民共和国行政区划代码》中的县级行政区名称。该名称也作为本数据集分县目录。分县排序按《2021 年中华人民共和国行政区划代码》中的地级、县级行政区排列。

2）分县主要土壤类型与土壤剖面点分布图地域名是全国第二次土壤普查中分县采样调查、制图的县级行政区名称。分县主要土壤类型与土壤剖面点分布图采用的县级行政域是从国家测绘局获取的 1∶25 万 DLG（公众版）数据（使用许可协议编号：非 2011—1011）。附录 1 显示了全国第二次土壤普查时的县级行政区域名与《2021 年中华人民共和国行政区划代码》中的县级行政区名称之间的关联。附录 1 中仅有《2021 年中华人民共和国行政区划代码》中的县级行政区名称，而没有对应的分县主要土壤类型与土壤剖面点分布图地域名的分县，表示该县级行政区无土壤剖面数据，未纳入分县目录。

* 在附录 1 中，凡分县主要土壤类型与土壤剖面点分布图地域名表示为"市辖区"的地域，均指在全国第二次土壤普查中，在城市中心区及近郊区完成的采样调查和制图。此时，县级行政区名称与分县主要土壤类型与土壤剖面点分布图地域名不是完全的对应关系。如乌鲁木齐市市辖区主要土壤类型与土壤剖面点分布图代表土壤调查中乌鲁木齐市城区及近郊区的土壤分布状况。此时将"市辖区"作为这一节的标题。

附录2 专题图基础地理要素图例

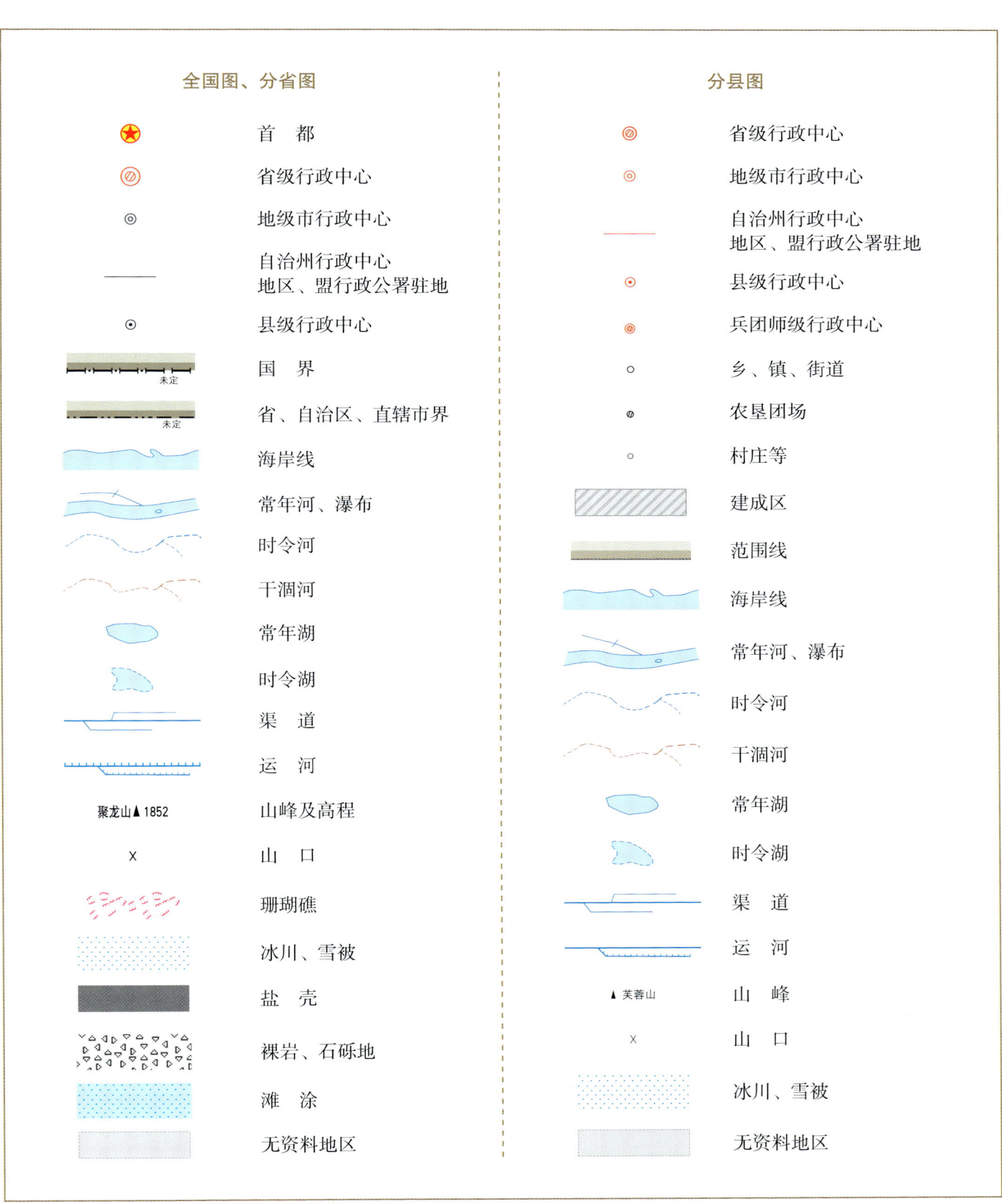

附录3 土壤图土类图例

图例	土类名	色码（RGB）	色码（CMYK）	图例	土类名	色码（RGB）	色码（CMYK）
	砖红壤	253, 139, 149	0, 56, 26, 0		棕钙土	250, 221, 212	2, 17, 13, 0
	赤红壤	253, 160, 170	0, 47, 17, 0		灰钙土	230, 214, 165	11, 15, 40, 1
	红 壤	252, 199, 209	1, 29, 6, 0		灰漠土	246, 237, 182	4, 6, 36, 0
	黄 壤	250, 238, 14	2, 5, 92, 0		灰棕漠土	232, 207, 118	8, 19, 62, 1
	黄棕壤	247, 231, 171	3, 9, 40, 0		棕漠土	238, 220, 86	5, 12, 76, 1
	黄褐土	249, 236, 121	2, 5, 64, 0		黄绵土	249, 223, 2	1, 13, 93, 0
	棕 壤	238, 218, 147	6, 14, 50, 1		红黏土	247, 149, 143	1, 52, 33, 0
	暗棕壤	226, 181, 98	9, 33, 68, 2		新积土	184, 199, 156	30, 11, 44, 2
	白浆土	223, 226, 205	15, 7, 22, 0		龟裂土	254, 252, 55	0, 7, 86, 0
	棕色针叶林土	206, 169, 142	18, 35, 40, 4		风沙土	242, 242, 180	6, 2, 39, 0
	灰化土	183, 169, 182	31, 31, 16, 4		石灰（岩）土	176, 175, 85	28, 21, 75, 9
	漂灰土*	220, 219, 162	15, 9, 44, 1		火山灰土	223, 167, 170	11, 41, 19, 2
	燥红土	250, 161, 9	0, 46, 95, 0		紫色土	199, 177, 221	28, 31, 0, 0
	褐 土	225, 201, 153	12, 21, 43, 1		磷质石灰土	240, 250, 156	7, 1, 51, 0
	灰褐土	228, 219, 186	12, 12, 30, 0		石质土	171, 181, 150	35, 18, 43, 5
	黑 土	142, 164, 151	46, 21, 38, 8		粗骨土	196, 187, 132	23, 21, 53, 4
	灰色森林土	162, 178, 175	40, 19, 27, 4		草甸土	128, 171, 117	51, 14, 63, 7

续表

图例	土类名	色码（RGB）	色码（CMYK）	图例	土类名	色码（RGB）	色码（CMYK）
	黑钙土	230，188，50	6，30，88，1		潮　土	169，219，118	34，1，68，0
	栗钙土	214，195，161	17，22，37，2		砂姜黑土	191，202，188	29，13，26，1
	栗褐土	240，213，157	5，18，43，1		林灌草甸土	171，191，44	31，12，93，5
	黑垆土	201，204，125	22，12，60，3		山地草甸土	132，184，161	52，9，42，3
	沼泽土	144，183，212	49，14，8，2		灌漠土	158，184，110	39，12，67，6
	泥炭土	150，140，173	46，41，10，6		草毡土	150，172，169	45，20，29，6
	草甸盐土	222，145，201	21，49，0，0		黑毡土	129，157，106	48，19，63，14
	滨海盐土	232，206，217	10，22，5，0		寒钙土	198，214，203	26，8，21，1
	酸性硫酸盐土	187，159，184	29，38，9，3		冷钙土	194，194，96	23，15，72，5
	漠境盐土	209，130，159	16，58，11，3		冷棕钙土	183，186，169	31，20，32，3
	寒原盐土	187，159，184	29，38，9，3		寒漠土	235，223，181	9，12，33，0
	碱　土	227，211，211	13，18，11，0		冷漠土	223，197，102	11，22，68，2
	水稻土	107，176，107	59，9，72，3		寒冻土	196，171，79	19，29，77，8
	灌淤土	136，146，47	38，24，90，21				

注：*漂灰土，《中国土壤分类与代码》（GB/T 17296—2009）中无此土类，在全国第二次土壤普查中完成的中国1∶100万土壤图和分县土壤图中含漂灰土，主要分布于西藏自治区南部，总面积约为112 km^2。

附录 4 中国主要土壤类型简表

土纲名[1]	土类名[2]	主要成土条件及特征[3]	分布区域	WRB 土组名[4]	MR[5]/%	百分比[6]/%
铁铝土纲 Ferrallisols	砖红壤 Latosols	热带雨林或季雨林下，强烈脱硅富铝化，游离铁占全铁的 80%，土壤呈砖红色，具 A-Bs-Bv-C 剖面构型	海南、广东等	Acrisols	29	0.46
	赤红壤 Latosolic red soils	南亚热带季雨林下，脱硅富铝化程度次于砖红壤、强于红壤，铁的游离度介于二者之间，土壤呈赤红色，具 A-Bs-C 剖面构型	广东、云南、广西、福建等	Acrisols	40	2.23
	红壤 Red soils	中亚热带常绿阔叶林下，中度脱硅富铝化，具有深厚红色土层，具 A-Bs-Bv 或 A-Bs-C 剖面构型	南部的江西、福建、湖南等	Cambisols	35	6.79
	黄壤 Yellow soils	亚热带湿润气候条件下，多见于海拔 700—1200m 的山区，中度富铝化，土壤有机质累积较多，土壤呈黄色，具 O-A-AB-B-C 剖面构型	贵州、四川、云南、西藏、台湾等	Cambisols	45	2.65
淋溶土纲 Alfisols	黄棕壤 Yellow-brown soils	北亚热带暖湿落叶阔叶林下，弱度富铝化，母质多为砂页岩及花岗岩风化物，黏化特征明显，土壤呈黄棕色，具 A-B-C 或 A-(B)-C 剖面构型	长江中下游沿江低山丘陵区，以及云南、贵州、四川、陕西、西藏等	Cambisols	39	2.37
	黄褐土 Yellow-cinnamon soils	北亚热带地区，黄土状母质，无游离碳酸钙，黏化淀积明显，土壤呈灰黄棕色，具 A-B-C 或 A-Bt-C 剖面构型	河南、安徽面积最大，陕南、鄂北、江苏、川东北、江西等地也有分布	Luvisols	58	0.59
	棕壤 Brown soils	湿润暖温带地区，处于硅铝风化阶段，盐基已淋失，土体见黏粒淀积，土壤呈棕色，具 O-A-Bt-C 剖面构型	辽东至苏北低山丘陵，以及内蒙古、河南、西藏、云南、湖北等地的山地垂直带	Luvisols	51	2.73
	暗棕壤 Dark brown soils	湿润温带地区，针阔叶混交林下，弱酸性淋溶，有机质集明显，土体 B 层呈棕色，具 O-A-B-C 剖面构型	黑龙江、吉林、内蒙古等	Cambisols	48	4.12

续表

土纲名[1]	土类名[2]	主要成土条件及特征[3]	分布区域	WRB 土组名[4]	MR[5]/%	百分比[6]/%
淋溶土纲 Alfisols	白浆土 Bleached baijiang soils	湿润温带平缓岗地森林草原下，上层土壤周期性滞水，还原铁、锰，漂洗形成灰黄色至灰白色白浆土层 E，具 Ah–E–Bt–C 剖面构型	黑龙江、吉林等	Luvisols	46	0.49
	棕色针叶林土 Brown coniferous forest soils	寒温带针叶林下，酸性淋溶，表层盐基饱和度降低，B 层呈棕色，具 O–A–AB–B–C 剖面构型	内蒙古、黑龙江、四川、云南、吉林、新疆等	Cambisols	47	1.15
	灰化土 Podzolic soils	寒冷湿润针叶林下，表层有机质层深厚，强烈淋溶和 SiO_2 淀积形成灰化层 A_2，具 A_1–A_2–B–BC 剖面构型	西藏	Podzols	100	<0.01
半淋溶土纲 Semi-alfisols	燥红土 Torrid red soils	热带、亚热带干旱河谷与雨区稀树草原下形成的盐基饱和的红色土壤，具 A–B–C（D）剖面构型	海南、贵州、云南、四川等	Luvisols	100	0.08
	褐土 Cinnamon soils	暖温带半湿润，黏化与钙质淋移淀积，盐基饱和，B 层呈棕褐色，具 A–B–Bk–C 剖面构型	河北、山西、北京等	Cambisols	48	2.88
	灰褐土 Gray-cinnamon soils	温带干旱、半干旱山地云冷杉下，腐殖质累积与钙积作用明显，弱黏淀特征，具 Ao–A–B–C 剖面构型	甘肃、内蒙古、新疆、西藏、青海、宁夏等地的山地垂直带	Cambisols	43	0.65
	黑土 Black soils	温带半湿润草甸草原下，具深厚的腐殖质层，无石灰性的黑色土壤，底层轻度淋溶，具 A–ABh–BhC–C 剖面构型	东北平原	Phaeozems	31	0.68
	灰色森林土 Gray forest soils	温带森林植被下，腐殖质层深厚，弱度淋溶，剖面下部见硅粉，具 O–A–AB 或（B）–BC–C 剖面构型	内蒙古、新疆、河北	Phaeozems	77	0.34
钙层土 Pedocals	黑钙土 Chernozems	温带半湿润草甸草原下，具深厚的腐殖质层、碳酸钙淋溶淀积层	内蒙古、新疆、吉林、黑龙江、青海、甘肃	Chernozems	50	1.51
	栗钙土 Castanozems	温带半干旱草原下，具有栗色腐殖质层和灰白色钙积层	内蒙古、新疆、河北、山西、吉林等	Kastanozems	61	4.18
	栗褐土 Castano-cinnamon soils	暖温带半干旱草原及灌木下，弱度黏化和弱度淋溶，通体有石灰反应	山西、内蒙古、河北	Cambisols	40	0.47
	黑垆土 Dark loessial soils	黄土高原上，由黄土母质发育，有机质含量低，腐殖质层深厚，无明显黏化层	甘肃面积最大，其次为陕北和宁南地区	Cambisols	59	0.21
干旱土 Aridisols	棕钙土 Brown caliche soils	温带干旱草原向荒漠过渡区，具浅棕色薄腐殖质层、灰白色薄钙积层，钙积层接近地表	内蒙古、甘肃、青海、新疆	Cambisols	36	2.81
	灰钙土 Sierozems	暖温带干草原下，母质多为黄土，低腐殖质、弱淋溶，具腐殖质层和钙积层	甘肃、宁夏、新疆、青海、内蒙古、陕西	Cambisols	63	0.50

续表

土纲名[1]	土类名[2]	主要成土条件及特征[3]	分布区域	WRB 土组名[4]	MR[5]/%	百分比[6]/%
漠土 Desert soils	灰漠土 Gray desert soils	温带干旱漠境边缘区	宁夏、内蒙古、甘肃、新疆等	Cambisols	44	0.72
	灰棕漠土 Gray-brown desert soils	温带干旱中心	新疆、内蒙古等	Cambisols	78	3.11
	棕漠土 Brown desert soils	暖温带极干旱漠境中心	新疆、甘肃等	Cambisols	65	2.69
初育土 Amorphic soils	黄绵土 Loessial soils	黄土高原上，由黄土母质直接翻耕形成，具 A-C 剖面构型	陕西、甘肃、山西、宁夏等	Cambisols	33	1.97
	红黏土 Red primitive soils	由第三纪红色黏土及部分第四纪老黄土发育	陕西、甘肃、河南、山西、辽宁等	Regosols	48	0.07
	新积土 Neo-alluvial soils	新近冲积、洪积、坡积、塌积或人工堆垫，具 A-C 或（A）-C 剖面构型	全国各地，以吉林、陕西面积最大，其次为黑龙江、宁夏、四川等	Fluvisols	51	0.57
	龟裂土 Takyr	干旱、漠境地区山前细土洪积微弱发育，表层为不规则龟裂结皮	新疆、甘肃、内蒙古、宁夏	Cambisols	72	0.06
	风沙土 Aeolian soils	半干旱、干旱及滨海地区，由风成沙性母质发育	新疆、内蒙古、甘肃、青海等	Arenosols	75	7.03
	石灰（岩）土 Limestone soils	由热带、亚热带石灰岩母质发育	贵州、广西、四川、湖南等	Cambisols	80	1.73
	火山灰土 Volcanic ash soils	由火山喷发碎屑、粉尘状堆积物发育，具 A-C 剖面构型	黑龙江、江苏、海南等	Andosols	53	0.04
	紫色土 Purplish soils	由热带、亚热带紫红色岩层侵蚀发育，土层浅薄，具 A-C 剖面构型	四川、云南、湖南、贵州、广西等	Cambisols	68	2.44
	磷质石灰土 Phospho-calcic soils	热带珊瑚岛礁上，由海鸟粪与珊瑚礁风化物形成	南海的西沙、南沙、东沙、中沙诸岛	Arenosols	81	<0.01
	石质土 Lithosols	石质山地岩石风化残积物，风化层厚度一般小于 10cm，具 A-R 剖面构型	西北和华北山地	Leptosols	100	1.87
	粗骨土 Skeletal soils	基岩风化残积物、坡积物，属于 A-C 或（A）-C 剖面构型	辽宁、内蒙古、山东、浙江等地的河谷阶地、丘陵、低山和中山	Regosols	93	1.76
水成土 Aqueous soils	沼泽土 Bog soils	所处地势低洼，长期地表积水，还原作用形成潜育层 G，泥炭或腐泥层厚度小于 50cm，具 H-G 剖面构型	黑龙江、青海、内蒙古等地的沟谷、平原河湖滨低洼地区均有分布，主要分布于东北	Gleysols	53	1.53
	泥炭土 Peat soils	泥炭层 H 厚度大于 50cm，其下为潜育层 G，具 H-G 剖面构型	青海、四川、黑龙江、吉林等	Histosols	48	0.06

续表

土纲名[1]	土类名[2]	主要成土条件及特征[3]	分布区域	WRB 土组名[4]	MR[5]/%	百分比[6]/%
半水成土 Semi-aqueous soils	草甸土 Meadow soils	冷湿条件下受地下水浸润并在草甸植被下发育，有明显腐殖质累积，铁、锰氧化还原形成锈纹层 Cu，具 A-Cu 或 A-C-Cu 剖面构型	黑龙江、内蒙古、新疆、四川等	Cambisols	92	3.54
	潮土 Fluvo-aquic soils	河流冲积平原或低平阶地耕作土壤，地下水位高，底土氧化还原交替形成锈纹层 Cu，具 A_{11}-A_{12}-Cu 或 A_{11}-C-Cu 剖面构型	主要分布于黄淮海平原，内蒙古、辽宁、湖北等地的河谷平原，滨湖低地与山间谷地也有分布	Cambisols	85	3.71
	砂姜黑土 Lime concretion black soils	河湖沉积物经脱沼与长期耕作形成，底土见砂姜	主要分布于安徽、河南、山东、江苏等，河北、湖北、广西等地也有分布	Cambisols	79	0.54
	林灌草甸土 Shrubby meadow soils	漠境河谷平原沿河一带的胡杨林下发育，有交替氧化还原作用，具 Ao-AC-C 剖面构型	新疆、内蒙古、甘肃等	Cambisols	87	0.24
	山地草甸土 Mountain meadow soils	中海拔山顶平台草甸植被下发育的薄层土壤，草皮层 As 下见铁锰锈纹、胶膜，具 As-A-C-D 剖面构型	除青藏高原及西北高山区以外，各省、自治区、直辖市均有分布，以西部为多，西南部次之	Cambisols	60	0.04
盐碱土 Alkali-saline soils	草甸盐土 Meadow solonchaks	草甸土、潮土、沼泽土地区，盐分累积量大于 6g/kg，有盐化表土层 Az，具 Az-C 剖面构型	从长江口到松辽平原均有分布	Solonchaks	55	1.21
	滨海盐土 Coastal solonchaks	母质为滨海沉积物，盐分来自海水和高矿化潜水，通常含盐量为 10g/kg，具 Az-Cz 剖面构型	山东、浙江、福建等沿海地区	Solonchaks	47	0.31
	酸性硫酸盐土 Acid sulphate soils	热带、南亚热带滨海低平原的海潮可及处，红树林残体形成的硫化物经氧化形成硫酸，土壤呈强酸性	海南、广东、广西、福建、台湾等	Solonchaks	36	<0.01
	漠境盐土 Desert solonchaks	极端干旱的漠境条件，含盐量通常在 100g/kg 以上	新疆、青海、甘肃等	Solonchaks	50	0.31
	寒原盐土 Frigid plateau solonchaks	青藏高寒地区退缩内陆湖盆、河间洼地	西藏	Solonchaks	88	0.10
	碱土 Solonetzes	碱化度（交换性钠占阳离子交换量百分比）大于 20%	零星分布于东北、华北、西北的内陆地区	Solonetz	50	0.06
人为土 Anthrosols	水稻土 Paddy soils	长期季节性淹灌、排水，水下翻耕，氧化还原交替，形成多种发生层分异：淹育层 Aa、犁底层 Ap、渗育层 P、潴育层 W 与潜育层 G	全国各地，以四川、江西、湖南等地面积为大	Anthrosols	83	4.93
	灌淤土 Irrigated warped soils	引用高泥沙含量灌溉水淤灌，加厚土层大于 50cm	新疆、宁夏、甘肃、河北、青海、西藏等	Anthrosols	70	0.22

续表

土纲名[1]	土类名[2]	主要成土条件及特征[3]	分布区域	WRB 土组名[4]	MR[5]/%	百分比[6]/%
人为土 Anthrosols	灌漠土 Irrigated desert soils	干旱荒漠地区，坎儿井水长期耕灌	新疆、甘肃、宁夏、青海等地的荒漠绿洲地带	Anthrosols	68	0.12
高山土 Alpine soils	草毡土 Felty soils	高寒区平缓高原面上，强度生草腐殖质累积与弱度氧化还原形成草毡层	青海、西藏、四川、新疆等	Cambisols	69	5.46
	黑毡土 Dark felty soils	高寒区略较温湿的原面上，草毡层初步分解，色泽较暗，有机质含量较高	西藏、四川、新疆、甘肃等	Cambisols	61	2.73
	寒钙土 Frigid calcic soils	高寒半干旱区，弱度腐殖质累积，底层积钙	西藏、青海、新疆、甘肃等	Calcisols	70	7.88
	冷钙土 Cold calcic soils	高寒区冷凉半干旱原面下，具弱腐殖质累积与钙积特征	新疆、西藏、甘肃等	Cambisols	45	1.43
	冷棕钙土 Cold brown calcic soils	高寒区温凉的半干旱河谷处，土壤弱腐殖质累积，弱度淋溶与积钙	西藏	Cambisols	67	0.09
	寒漠土 Frigid desert soils	高寒干旱条件下成土	青藏高原西北部海拔4000m以上地区，涉及新疆、四川、西藏、青海等	Cryosols	87	0.29
	冷漠土 Cold desert soils	亚高山冷凉干旱条件下成土	西藏海拔4500m以下的湖盆、河谷及山地中下部	Cambisols	42	0.03
	寒冻土 Frigid frozen soils	高山冰川冰缘地带条件下，以物理风化为主	青藏高原冰缘地区，涉及新疆、西藏、甘肃等	Leptosols	100	3.23

注：1）中国土壤分类系统中土纲名及土纲英译名。
2）中国土壤分类系统中土类名及土类英译名。
3）本栏所用土层及后缀代码释义。
　　自然土壤：A 表土层，As 草根层、草毡层，A_2 灰化层，B 母质特征消失的表下层，C 受成土作用少的母质层，D 未受成土作用影响的碎屑层，R 坚硬岩石层，E 漂白层、白浆层，H 泥炭状有机质层，Hi 纤维状泥炭层，He 半分解泥炭层，O 凋落物有机质层。
　　旱地土壤：A_{11} 早耕层，A_{12} 亚耕层，C_1 心土层，C_2 底土层。
　　水田土壤：Aa 耕作层（淹育层），Ap 犁底层（淹育层），P 渗育层，W 潜育层，G 潜育层，Gw 脱潜层，M 腐泥层。
　　土层后缀代码：d 漂灰特征，c 铁结核或硬结核，f 冰冻特征，h 有机质淀积，k 石灰聚积，n 碱化特征，q 硅聚积，t 黏粒淀积，v 网纹特征，x 脆盘，z 易溶盐聚积，su 硫化物聚积，b 埋藏或重叠，e 漂洗特征，g 潜育特征，i 弱分解有机质，m 胶结或固结，p 人工扰动，s 三氧化二物聚积，u 锈色斑纹，w 色泽或结构发育，y 石膏聚积，mo 铁锰胶膜。
4）世界土壤资源参比基础（world reference base for soil resources，WRB）工作组发布土组名，WRB 土组划分原则与中国分类系统中土纲接近。
5）WRB 土组对中国分类系统中各土类的最大可参比性（maximum referencibility，MR）。
6）该土类面积占各土类总面积的百分比。

附录5　新疆维吾尔自治区主要土壤类型表

土纲名[1]	土类名[2]	WRB 土组名[3]	MR[4]/%	百分比[5]/%
淋溶土纲 Alfisols	棕色针叶林土 Brown coniferous forest soils	Cambisols	47	0.1
半淋溶土纲 Semi-alfisols	灰褐土 Gray-cinnamon soils	Cambisols	43	0.7
	灰色森林土 Gray forest soils	Phaeozems	77	0.2
钙层土 Pedocals	黑钙土 Chernozems	Chernozems	50	1.6
	栗钙土 Castanozems	Kastanozems	61	4.4
干旱土 Aridisols	棕钙土 Brown caliche soils	Cambisols	36	8.6
	灰钙土 Sierozems	Cambisols	63	0.4
漠土 Desert soils	灰漠土 Gray desert soils	Cambisols	44	1.1
	灰棕漠土 Gray-brown desert soils	Cambisols	78	5.1
	棕漠土 Brown desert soils	Cambisols	65	14.3
初育土 Amorphic soils	新积土 Neo-alluvial soils	Fluvisols	51	0.1
	龟裂土 Takyr	Cambisols	72	0.3
	风沙土 Aeolian soils	Arenosols	75	22.7
	石质土 Lithosols	Leptosols	100	5.1
水成土 Aqueous soils	沼泽土 Bog soils	Gleysols	53	0.6
半水成土 Semi-aqueous soils	草甸土 Meadow soils	Cambisols	92	2.6
	潮土 Fluvo-aquic soils	Cambisols	85	0.9
	林灌草甸土 Shrubby meadow soils	Cambisols	87	1.2
盐碱土 Alkali-saline soils	草甸盐土 Meadow solonchaks	Solonchaks	55	3.8
	漠境盐土 Desert solonchaks	Solonchaks	50	1.0

续表

土纲名[1]	土类名[2]	WRB 土组名[3]	MR[4]/%	百分比[5]/%
人为土 Anthrosols	灌淤土 Irrigated warped soils	Anthrosols	70	0.6
	灌漠土 Irrigated desert soils	Anthrosols	68	0.2
高山土 Alpine soils	草毡土 Felty soils	Cambisols	69	3.1
	黑毡土 Dark felty soils	Cambisols	61	1.7
	寒钙土 Frigid calcic soils	Calcisols	70	3.5
	冷钙土 Cold calcic soils	Cambisols	45	4.9
	寒漠土 Frigid desert soils	Cryosols	87	1.4
	寒冻土 Frigid frozen soils	Leptosols	100	6.0

注：1）中国土壤分类系统中土纲名及土纲英译名。
2）中国土壤分类系统中土类名及土类英译名。
3）世界土壤资源参比基础（world reference base for soil resources, WRB）工作组发布土组名，WRB 土组划分原则与中国分类系统中土纲接近。
4）WRB 土组对中国分类系统中各土类的最大可参比性（maximum referencibility, MR）。
5）该土类面积占新疆维吾尔自治区区域面积的百分比，土类面积不足本自治区区域面积 0.05% 的土类未列入本表。

附录6 分省土壤有机质含量图有机质含量分级图例

图例	分级序号	色码（CMYK）	色码（RGB）	图例	分级序号	色码（CMYK）	色码（RGB）
	1	2, 2, 17, 0	255, 255, 220		8	38, 0, 74, 0	157, 218, 104
	2	4, 1, 35, 0	248, 255, 190		9	42, 0, 80, 0	146, 210, 90
	3	8, 0, 47, 0	238, 255, 165		10	48, 1, 85, 0	132, 200, 80
	4	17, 0, 53, 0	220, 249, 150		11	52, 4, 89, 1	123, 190, 70
	5	23, 0, 60, 0	203, 242, 135		12	54, 11, 94, 3	115, 175, 55
	6	28, 0, 62, 0	185, 235, 130		13	61, 18, 98, 7	92, 158, 37
	7	34, 0, 68, 0	169, 225, 118		14	64, 24, 100, 15	70, 138, 20

附录7　新疆维吾尔自治区典型剖面 0—20cm 土层土壤理化性状中位数与平均数

土壤理化性状[1]	新疆维吾尔自治区[2]			西北地区[3]			全国[4]		
	中位数	平均数	样本量*	中位数	平均数	样本量*	中位数	平均数	样本量*
有机质 /（g/kg）	12.0	27.5	657	12.7	25.3	5132	18.6	25.4	53243
pH	8.2	8.2	620	8.2	8.0	4727	6.8	6.8	54014
全氮 /（g/kg）	0.73	1.31	646	0.85	1.41	4954	1.06	1.37	49409
全磷 /（g/kg）	0.63	0.83	614	0.65	0.77	4844	0.60	0.78	50185
全钾 /（g/kg）	19.5	18.7	160	19.4	19.3	3034	18.0	17.5	29736
碱解氮 /（mg/kg）	33	48	110	57	98	1597	90	114	19316
有效磷 /（mg/kg）	5.0	7.4	189	5.0	7.5	2643	4.4	7.5	23100
速效钾 /（mg/kg）	251	274	135	149	171	2529	90	110	23841
阳离子交换量 /（cmol/kg）	14.3	16.6	77	12.3	15.0	3210	13.1	14.8	22361

注：1）土壤全氮、全磷、全钾、碱解氮、有效磷、速效钾含量均以 N、P、K 纯养分量计。
　　2）本卷收录的新疆维吾尔自治区典型土壤剖面共计 701 个。通过对剖面数据的土层厚度转换，附录 7 给出了这些典型剖面 0—20cm 土层土壤理化性状中位数与平均数。全国第二次土壤普查剖面采样为典型土类采样，而非网格化采样。0—20cm 土层土壤理化性状中位数与平均数不代表本自治区土壤理化性状平均状况。但全国第二次土壤普查是我国最早的大样本量调查，附录 7 所示的 0—20cm 土层土壤理化性状中位数与平均数对了解新疆 20 世纪 80 年代土壤肥力性状量化指标具有一定参考价值。
　　3）西北地区包括陕西、甘肃、宁夏、青海和新疆 5 个省、自治区，本数据集收录该地区的剖面共计 6078 个。
　　4）本数据集全集收录的剖面共计 63792 个。
　　*样本量的单位为"个"。

附录 8　新疆维吾尔自治区主要土地利用类型 0—30cm 土层土壤有机质含量[1]

土地利用类型	新疆维吾尔自治区		西北地区[2]		全国	
	占自治区区域面积百分比 /%[3]	有机质 /(g/kg)	占地域面积百分比 /%	有机质 /(g/kg)	占地域面积百分比 /%	有机质 /(g/kg)
耕地	4.30	11.93	5.62	12.35	13.52	18.65
园地	0.65	8.97	0.95	9.58	2.13	16.68
林地	7.46	13.44	12.67	19.03	30.04	26.96
草地	31.76	16.18	36.49	20.20	27.97	19.18
湿地	0.93	10.15	2.62	14.55	2.48	17.56

注：1）各土地利用类型 0—30cm 土层土壤有机质含量由本卷编制的新疆维吾尔自治区土壤有机质含量图和自然资源部土地科学数据中心编制的 2019 年 1∶100 万比例尺全国土地利用缩编图通过叠加、计算生成。其中，耕地包括水田、水浇地和旱地；园地包括果园、茶园和其他园地；林地包括有林地、灌木林地和其他林地；草地包括天然牧草地、人工牧草地和其他草地；湿地包括沼泽地、沿海滩涂和内陆滩涂。
2）西北地区包括陕西、甘肃、宁夏、青海和新疆 5 个省、自治区。
3）土地利用类型占自治区区域面积百分比根据第三次全国国土调查发布的 2019 年土地利用现状分类面积汇总数据计算生成。

附录9 新疆维吾尔自治区耕地、园地、林地和草地中主要土壤类型占比[1]

新疆维吾尔自治区								西北地区[2]								全国							
耕地		园地		林地		草地		耕地		园地		林地		草地		耕地		园地		林地		草地	
土类名	占比/%	土类名	占比/%	土类名	占比/%	土类名	占比/%	土类名	占比/%	土类名	占比/%	土类名	占比/%	土类名	占比/%	土类名	占比/%	土类名	占比/%	土类名	占比/%	土类名	占比/%
草甸盐土	18.7	棕漠土	22.3	风沙土	24.3	棕钙土	17.5	黄绵土	14.88	黄绵土	21.19	黄绵土	11.11	草毡土	18.22	水稻土	14.90	水稻土	14.29	红壤	16.69	寒钙土	21.77
草甸土	15.5	灌淤土	18.9	草甸盐土	13.2	栗钙土	11.1	草甸盐土	8.90	褐土	14.26	风沙土	11.09	寒钙土	13.62	潮土	14.26	红壤	13.07	暗棕壤	10.32	草毡土	14.43
潮土	12.8	草甸土	13.3	林灌草甸土	10.5	棕漠土	8.7	黑垆土	7.35	棕漠土	9.00	黄棕壤	9.69	棕钙土	8.99	草甸土	9.09	砖红壤	11.52	黄壤	7.00	栗钙土	9.72
灰漠土	10.1	潮土	12.4	草甸土	9.3	灰棕漠土	8.1	草甸土	6.94	灌淤土	7.96	棕壤	8.63	栗钙土	7.39	褐土	6.12	褐土	10.52	黄棕壤	6.33	棕钙土	7.37
棕钙土	9.9	草甸盐土	9.9	风沙土	5.2	冷钙土	8.0	潮土	6.93	黑垆土	6.44	褐土	8.01	灰棕漠土	6.96	紫色土	4.75	赤红壤	9.64	棕壤	5.83	寒冻土	5.30
灌淤土	5.6	风沙土	8.2	漠境盐土	4.7	草毡土	7.5	褐土	6.56	潮土	6.17	灰褐土	4.97	寒冻土	4.95	红壤	4.70	紫色土	5.64	赤红壤	5.07	风沙土	4.77
棕漠土	4.2	灌漠土	4.1	灰棕漠土	4.3	风沙土	6.2	灰钙土	5.38	草甸土	5.31	草甸盐土	4.86	冷钙土	4.94	黑土	3.36	粗骨土	4.96	褐土	4.59	灰棕漠土	4.35
栗钙土	4.1	灰钙土	2.4	黑钙土	3.7	寒冻土	4.5	灰漠土	4.62	风沙土	4.80	草毡土	4.40	棕漠土	4.00	黑钙土	3.17	潮土	4.83	紫色土	4.50	黑钙土	4.01
合计	81.0	合计	91.5	合计	75.2	合计	71.7	合计	61.60	合计	75.10	合计	62.80	合计	69.10	合计	60.35	合计	74.47	合计	60.33	合计	71.71

注：1）耕地、园地、林地和草地中主要土壤类型占比由各自治区土壤图和自然资源部土地科学数据中心编制的2019年1:100万比例尺全国土地利用缩编图通过叠加、计算生成。其中，耕地包括水田、水浇地和旱地；园地包括果园、茶园和其他园地；林地包括有林地、灌木林地和其他林地；草地包括天然牧草地、人工牧草地和其他草地。当某省、自治区，直辖市中某土地利用类型所含各土壤类型较多时，本表仅列出占比比较大的土壤类型。
2）西北地区包括陕西、甘肃、宁夏、青海和新疆5个省、自治区。

附录10 《中国土壤剖面数据集》参编单位

国家科技基础性工作专项重点项目"我国1∶5万土壤图籍编撰及高精度数字土壤构建"主持与参加单位	
中国农业科学院农业资源与农业区划研究所	湖南农业大学
中国科学院南京土壤研究所	西北农林科技大学
中国农业科学院农业环境与可持续发展研究所	沈阳大学
中国科学院地理科学与资源研究所	山东省国土测绘院
国家基础地理信息中心	辽宁省基础测绘院
全国农业技术推广服务中心	黑龙江省农业科学院土壤肥料与环境资源研究所
中国农业大学	海南省农业科学院
华中农业大学	上海市农业科学院生态环境保护研究所
中国地质大学（北京）	城信迪赛（北京）科技有限公司
参加数据集各分卷审核和修订工作的单位	
北京市农林科学院植物营养与资源研究所	广西农业科学院农业资源与环境研究所
河北省农林科学院农业资源环境研究所	重庆市农业技术推广总站
山西省农业科学院农业环境与资源研究所	贵州省农业科学院土壤肥料研究所
辽宁省农业科学院植物营养与环境资源研究所	云南省农业科学院农业环境资源研究所
吉林省农业科学院农业资源与环境研究所	甘肃省农业科学院土壤肥料与节水农业研究所
江苏省农业科学院农业资源与环境研究所	青海省农林科学院土壤肥料研究所
福建省农业科学院	宁夏农林科学院农业资源与环境研究所
江西省土壤肥料技术推广站	新疆农业科学院土壤肥料与农业节水研究所
山东省农业科学院农业资源与环境研究所	西藏自治区农牧科学院
湖南省土壤肥料研究所	

续表

参加分县大比例尺纸质土壤图与土种志收集的单位	
北京市耕地建设保护中心	福建省农田建设与土壤肥料技术总站
天津市农田建设管理处	山东省土壤肥料总站
河北省土壤肥料总站	河南省土壤肥料站
山西省耕地质量监测保护中心	湖北省耕地质量与肥料工作总站（湖北省土壤肥料调查测试中心）
内蒙古自治区土壤肥料和节水农业工作站	湖南省土壤肥料工作站
辽宁省土壤肥料总站	广东省农业科学院农业资源与环境研究所
吉林省土壤肥料总站	河池市土壤肥料工作站
黑龙江八一农垦大学	成都土壤肥料测试中心
上海市农业技术推广服务中心	云南省土壤肥料工作站
江苏省农业科学院	陕西省耕地质量与农业环境保护工作站
扬州市土壤肥料站	甘肃省耕地质量建设保护总站
安徽省土壤肥料总站	

注：表中各参编单位仅出现一次，参与多项工作的单位不重复列出。

参考文献

［1］张维理，徐爱国，张认连，等. 土壤分类研究回顾与中国土壤分类系统的修编［J］. 中国农业科学，2014，47（16）：3214-3230.

［2］张维理，KOLBE H，张认连，等. 世界主要国家土壤调查工作回顾［J］. 中国农业科学，2022，55（18）：3565-3583.

［3］MCBRATNEY A B，MENDONÇA SANTOS M L，MINASNY B. On digital soil mapping［J］. Geoderma，2003（117）：3-52.

［4］USDA. Natural Resources Conservation Service［EB/OL］. Soils National Soil Information System（NASIS）［2021-12-01］. http://www.nrcs.usda.gov/wps/portal/ nrcs/detail/soils/survey/cid=nrcs142p2_053552.

［5］CSIRO Land and Water. Australian Soil Resource Information System（ASRIS）［EB/OL］.［2021-12-01］. http://www.asris.csiro.au/asris.

［6］European Soil Data Centre［EB/OL］.［2021-12-01］. http://eusoils.jrc.ec.europa.eu/.

［7］全国土壤普查办公室. 全国第二次土壤普查暂行技术规程［M］. 北京：农业出版社，1979.

［8］张维理，张认连，徐爱国，等. 中国1∶5万比例尺数字土壤的构建［J］. 中国农业科学，2014，47（16）：3195-3213.

［9］张维理，傅伯杰，徐爱国，等. 中国土壤调查结果的地统计特征［J］. 中国农业科学，2022，55（13）：2572-2583.

［10］张维理. 海量空间数据提取、整合与制图表达方法概要［J］. 中国农业科学，2014，47（16）：3231-3249.

［11］张维理. 智能化海量空间信息分析与地图制图软件包 IMAT 设计及构建［J］. 中国农业科学，2014，47（16）：3250-3263.

［12］《第一次全国地理国情普查地图集》编纂委员会. 第一次全国地理国情普查地图集［M］. 北京：中国地图出版社，2019.

［13］中国地图出版社. 中国地图集［M］. 3版. 北京：中国地图出版社，2022.

［14］全国土壤质量标准化技术委员会. 土壤制图 1∶25 000 1∶50 000 1∶100 000 中国土壤图用色和图例规范：GB/T 36501—2018［S］. 北京：中国标准出版社，2018.

［15］张维理，KOLBE H，张认连. 土壤有机碳作用及转化机制研究进展［J］. 中国农业科学，2020，53（2）：317-331.

［16］周北燕，石家星. 中华人民共和国地形图［M］. 北京：中国地图出版社，2009.

［17］《中华人民共和国气候图集》编委会. 中华人民共和国气候图集［M］. 北京：气象出版社，2002.

［18］中国标准化与信息分类编码研究所，全国农业技术推广服务中心. 中国土壤分类与代码：GB/T 17296—1998［S］.

［19］中国标准研究中心. 中国土壤分类与代码：GB/T 17296—2000［S］.

［20］全国信息分类编码标准化技术委员会. 中国土壤分类与代码：GB/T 17296—2009［S］. 北京：中国标准出版社，2009.

［21］ISSS，ISRIC，FAO. World Reference Base for Soil Resources. Wageningen/Rome，1998.

［22］SHI X Z, YU D S, XU S X, et al. Cross-reference for relating Genetic Soil Classification of China with WRB at different scales［J］. Geoderma, 2010（155）: 344-350.
［23］全国土壤普查办公室. 中国土种志　第一卷［M］. 北京：中国农业出版社，1993.
［24］全国土壤普查办公室. 中国土种志　第二卷［M］. 北京：中国农业出版社，1994.
［25］全国土壤普查办公室. 中国土种志　第三卷［M］. 北京：中国农业出版社，1994.
［26］全国土壤普查办公室. 中国土种志　第四卷［M］. 北京：中国农业出版社，1995.
［27］全国土壤普查办公室. 中国土种志　第五卷［M］. 北京：中国农业出版社，1995.
［28］全国土壤普查办公室. 中国土种志　第六卷［M］. 北京：中国农业出版社，1996.
［29］全国土壤普查办公室. 中国土壤［M］. 北京：中国农业出版社，1998.